Dieter Osteroth (Hrsg.)

Taschenbuch für Lebensmittelchemiker und -technologen

Band 2

Mit 159 Abbildungen

Springer-Verlag Berlin Heidelberg GmbH

Dr. rer. nat. Dieter Osteroth †

ISBN 978-3-642-63506-9

CIP-Kurztitelaufnahme der Deutschen Bibliothek

Taschenbuch für Lebensmittelchemiker und -technologen. – Berlin ; Heidelberg ; New York ;
London ; Paris ; Tokyo ; Hong Kong ; Barcelona ; Budapest : Springer.
NE: Lebensmittelchemiker und -technologen
Bd. 2 Dieter Osteroth (Hrsg.). – 1991
   ISBN 978-3-642-63506-9   ISBN 978-3-642-58220-2 (eBook)
   DOI 10.1007/978-3-642-58220-2
NE: Osteroth, Dieter [Hrsg.]

Satzarbeiten: Fotosatz-Service Köhler, Würzburg

SPIN: 10006943   52/3020 – 5432   – Gedruckt auf säurefreiem Papier

Geleitwort

Durch Veränderungen im Bewußtsein der Verbraucher ist das Bedürfnis nach zusammenhängenden Informationen über das komplexe Gebiet der Lebensmittel gewachsen. Daneben hat die stürmische Entwicklung auf dem Gebiet der Lebensmittelchemie, insbesondere durch Fortschritte der modernen Analytik, zu neuen Erkenntnissen über die Zusammensetzung von Lebensmitteln geführt. Im Hinblick auf den gemeinsamen Europäischen Markt müssen neue Beurteilungsgrundsätze durch lebensmittelrechtliche Änderungen beachtet werden. So ist durch die „EG-Richtlinie über die Amtliche Lebensmittelüberwachung" der Lebensmittelchemiker als Sachverständiger – von der Probenahme bis zur lebensmittelrechtlichen Beurteilung – sowohl in der Überwachung, als auch in der Industrie und in freiberuflichen Laboratorien noch stärker gefordert.

Es ist wichtig, als Sachverständiger, sei es in der amtlichen Überwachung oder als Qualitätssicherungsbeauftragter in der Ernährungsindustrie („Controller"), die gültigen lebensmittelrechtlichen Bestimmungen sowie die wichtigsten Methoden der Lebensmittelanalytik und -technologie zu kennen und ernährungsbezogene sowie toxikologische Aspekte in die Gesamtbeurteilung mit einzubeziehen.

Daher ist es zu begrüßen, daß mit diesem Taschenbuch die notwendigen Grundkenntnisse über lebensmittelchemische, lebensmittelrechtliche und lebensmitteltechnologische Zusammenhänge erworben werden können. Neben vielen Hinweisen auf spezifische analytische Verfahren führt das Taschenbuch auch in Fachgebiete ein, die eine umfassende Begutachtung eines Lebensmittels erst ermöglichen, wie z. B. sensorische Prüfung, Statistik, Mikrobiologie, Ernährungslehre und Toxikologie. Dieses Taschenbuch hilft sicher auch den Sachverständigen und Vertretern anderer Disziplinen, die zusammen mit den Lebensmittelchemikern und -technologen dem Verbraucherschutz dienen. Es gibt ihnen die Möglichkeit, die notwendigen Grundkenntnisse zu erwerben, die Zusammenhänge zu erkennen.

Das zu jedem Kapitel gehörende Literaturverzeichnis und viele Hinweise auf weiterführende Literatur ermöglichen dem Leser, sich vertieft mit der komplexen Materie vertraut zu machen.

Dieses Taschenbuch erhebt nicht den Anspruch, Ersatz für Lehr- oder Handbücher zu sein. Wenn es jedoch dazu verhilft, die Beurteilung von Lebensmitteln unter Beachtung der neuesten wissenschaftlichen und rechtlichen Kenntnisse zu erleichtern, hat es seinen Zweck erfüllt und dient damit dem Verbraucherschutz.

Erreicht wird dieses durch die knappe und leicht verständliche Darstellung der wesentlichen Fakten.

März 1991   Dr. Hans Lange

Vorwort

Die Aufgabe von Teil 2 des Taschenbuches soll es in erster Linie sein, den mit der Lebensmittelüberwachung betrauten Lebensmittelchemikern zu einem ersten Überblick über die wichtigsten Verfahren zu verhelfen, die in der Lebensmittelindustrie üblich sind; aber auch Ärzte, Veterinäre, Apotheker und Ernährungswissenschaftler können dieses Werk als kurze Einführung in dieses Fachgebiet benutzen, ebenso auch Studenten und Naturwissenschaftler, die sich neu einarbeiten wollen. Um dabei den Blick nicht allein auf die Lebensmitteltechnologie zu verengen, wurden auch ausgewählte Verfahren aus dem weiteren Umfeld dieser Branche behandelt, so etwa die Gewinnung von Ölen und Fetten oder die Verfahren der Zuckerindustrie. Zugleich werden auch Themen wie Hygiene in Lebensmittelbetrieben, Abwasseraufarbeitung oder die GMP-Richtlinien aufgegriffen.

Mit Absicht wurde auf die Behandlung wissenschaftlicher und technischer Details verzichtet: Das Werk will keine Lehr- und Handbücher ersetzen, sondern lediglich eine erste Auskunft geben sowie auf weiterführende Literatur hinweisen.

Die Herstellung von Kosmetika wurde nicht berücksichtigt, weil es sich hier im wesentlichen um Misch-, Abfüll- und Konfektioniervorgänge handelt; die entsprechenden Prozesse in der Lebensmittelindustrie haben gleichfalls keine Berücksichtigung finden können.

Den Autoren danke ich an dieser Stelle für ihre Geduld und ihr Verständnis sehr herzlich. Dem Verlag danke ich für die trotz mancher Schwierigkeiten ungetrübte gute Zusammenarbeit.

Bielefeld, im März 1991   Dieter Osteroth

Inhaltsverzeichnis

1.4   Möglichkeiten der Haltbarmachung von Lebensmitteln durch physikalische Verfahren   39
W. E. L. Spieß, Th. Grünewald und W. Wolf

1.5   Extraktion mit überkritischen Gasen   61
O. G. Vitzthum

Autoren

	Kapitel
Prof. Dr.-Ing. Gerd Baron Fachhochschule Lippe Liebigstraße, 4920 Lemgo	7.3
Prof. Dr. H. Bolling Bundesforschungsanstalt für Getreide- und Kartoffelverarbeitung, Institut für Müllereitechnologie Schützenberg 12, 4930 Detmold	3.1
Dr. Jürgen-Michael Brümmer Bundesforschungsanstalt für Getreide- und Kartoffelverarbeitung, Institut für Bäckereitechnologie Schützenberg 12, 4930 Detmold	3.2
Prof. Dr.-Ing. Hans Joachim Delavier An den Teichen 2, 3300 Braunschweig-Stöckheim	6.1
Prof. Dr. Firnhaber Fachhochschule Lippe, FB Lebensmitteltechnologie Liebigstraße, 4920 Lemgo	7.1
Dipl.-Chem. Karl Frommhold Union Deutsche Lebensmittelwerke Dammtorwall 15, 2000 Hamburg 36	2.4
Dr. Günther Fuchs Deutsche Granini Postfach 20 23, 4800 Bielefeld 1	7.2
Günther Gotsch Kammeweg 77, 2409 Scharbeutz 1	6.2
Paul Greiß c/o Firma Th. Goldschmidt Lenbachstraße 22, 4300 Essen 1	1.2
Dr. Bernd Grothues c/o Fa. Walter Rau, Neusser Öl und Fett AG Industriestraße 36–40, 4040 Neuss 1	2.2
Dr. Th. Grünewald Bundesforschungsanstalt für Ernährung Engesserstraße 20, 7500 Karlsruhe	1.4

                                                                                              Kapitel

Dr. Karl Holtmann   16
ETO Nahrungsmittelfabriken
Mörscher Straße 17–25, 7505 Ettlingen

Dr.-Ing. J. Kleinert-Zollinger   6.3
Seestraße 238, CH-8038 Zürich

Dr. Winfried Knechtel   7.2
Deutsche Granini
Postfach 20 23, 4800 Bielfeld 1

Dr. W. Krane   11
Hinschweg 12, 2857 Langen/Bremerhaven

Heinz Laber   7.5
c/o Asbach & Co., Forschung und Entwicklung
Am Rottland 2–10, 6220 Rüdesheim

Prof. Dr. Hans-Gerhard Ludewig   3.3
Fachhochschule Lippe, Fachbereich Lebensmitteltechnologie
Liebigstraße 87, 4920 Lemgo

Dr. Anita Menger   3.4
Bülowstraße 20a, 4930 Detmold

Dr.-Ing. Wolf-Dietrich Müller   10
Lebensmitteltechnologie/Fleischermeister
Wickenreuther Allee 54, 8650 Kulmbach

Dipl.-Chem. Hans Nordiek   2.3
Parkweg 77, 5810 Witten

Walter Oeser   1.1
Eidelstedter Weg 120, 2083 Halstenbek

Dr. Adrian Perco   12
Anglerweg 12, A-1220 Wien

Gert Dieter Philipp   15.1
Ingenieurbüro für Lebensmitteltechnik
Rohlandtstraße 2, 2090 Winsen (Luhe)

Prof. Dr. A. Rapp   7.4
Direktor der Bundesforschungsanstalt für Rebenzüchtung
Geilweilerhof, 6741 Siebeldingen über Landau

Prof. Dr.-Ing. H. Reuter   9
Leiter des Instituts für Verfahrenstechnik, Bundesanstalt für Milchforschung
Herrmann Weigmann-Str. 1, 2300 Kiel 1

Dr.-Ing. Werner Scheffel   4
c/o Pfanni-Werke, Otto Eckart KG
Grafinger Straße 6, 8000 München 80

                                                                                                           Kapitel

Dr. Fred Siewek   14
c/o Ostmann Gewürzfabrik
Friedrich-Hagemann-Straße 56, 4800 Bielefeld 17

Dr. Spicher   3.5
Bundesforschungsanstalt für Getreide- und Kartoffelverarbeitung
Postfach 23, 4930 Detmold

Prof. Dr.-Ing. W. E. L. Spieß   1.4
Bundesforschungsanstalt für Ernährung
Engesserstraße 20, 7500 Karlsruhe

Prof. Dr. E. A. Stadlbauer   1.3
Fachhochschule Gießen-Friedberg, FB Mathematik, Naturwissenschaften und
Datenverarbeitung
Wiesenstraße 14, 6300 Gießen

Dr. Elard Stein von Kamienski   17
Am Menkebach 11 a, 4800 Bielefeld 11

Dr. Klaus F. Sylla   8
Ohmstraße 5, 2800 Bremen 33

Prof. Dr. Günther Tegge   5
Kiewningstraße 13, 4930 Detmold

Dr. Helmut Uhlig   1.6
Auf dem Wingert 4, 6101 Rossdorf

Prof. Dr. Otto G. Vitzthum   1.5
Jacobs Suchard Corporate, Research & Development
Weser-Ems-Straße 3–5, 2800 Bremen 44

Dr. Dipl.-Ing. Klaus Weber   2.1
Extraktionstechnik GmbH
Postfach 76 03 69, 2000 Hamburg 76

Dipl.-Ing. H. O. Weiss   13
Ingenieurbüro H. O. Weiss
Postfach 12 29, 8907 Thannhausen

Dr. W. Wolf   1.4
Bundesforschungsanstalt für Ernährung
Engesserstraße 20, 7500 Karlsruhe

1 Allgemeine Verfahren und Grundsätze

1.1 GMP-Richtlinien

W. Oeser, Halstenbek

1 Einleitung

GMP-Richtlinien sind seit Ende der sechziger Jahre durch die staatlichen
Gesundheitsbehörden zunächst für den Bereich der Herstellung und Qualitätskontrolle von Arzneimitteln formuliert worden. Weltweit gibt es zahlreiche
solcher Richtlinien, die entweder nur nationale Bedeutung haben oder aber –
wie z. B. im Bereich der Pharmaceutical Inspection Convention – eine
Grundlage für den gegenseitigen Warenaustausch zwischen den Vertragsstaa-
ten bilden.
Inhaltlich lehnen sich diese GMP-Richtlinien alle an die GMP-Richtlinien der
Weltgesundheitsorganisation an, deren erste aus dem Jahre 1968 den Titel
trägt: „Draft Requirements for Good Manufacturing Practice in the Manufacture and Quality Control of Drugs and Pharmaceutical Specialities". GMP ist
die Abkürzung für „Good Manufacturing Practice".
Inzwischen muß man davon ausgehen, daß die GMP-Prinzipien eine über den
Pharmabereich hinausgehende Anerkennung gefunden haben. Die Qualitäts-
sicherung in der Herstellung und durch Qualitätskontrollen spielt in allen
Bereichen industrieller Fertigung eine zunehmend größere Rolle. Im Bereich
Lebensmittel- und Kosmetiktechnologie bietet sich eine direkte Anwendung
dieser für den Pharmabereich formulierten Prinzipien an.
Dabei handelt es sich um Anforderungen, die u. a. an folgende Bereiche gestellt
werden, womit diejenigen genannt sind, die allgemeine Bedeutung haben:
- Personal,
- Räumlichkeiten,
- Technische Ausrüstung,
- Hygiene,
- Ausgangsmaterialien,
- Herstellungsvorgänge,
- Etikettierung und Verpackung,
- Qualitätskontrollsystem,
- Selbstkontrolle.

2 Personal

Es wird verlangt, daß verantwortliche Personen für die Herstellung einerseits
und die Qualitätskontrolle andererseits bestellt werden, und daß diese Perso-

nen eine der Tätigkeit adequate Ausbildung sowie zusätzliche praktische
Erfahrungen besitzen. Neben diesen Schlüsselpersonen sollte technisch ausge-
bildetes Personal zur Verfügung stehen, das die Produktionsvorgänge aufgrund von vorher erstellten Verfahrensvorschriften ausführt.

3 Räumlichkeiten

Für die Bereiche
- Warenannahme,
- Lagerung von Rohstoffen,
- Lagerung von Etiketten und Packmaterial,
- Herstellung,
- Qualitätskontrolle,
- Lagerung von Fertigware,
- Lagerung von Halbfertigware

sollten ausreichend große und getrennte Bereiche zur Verfügung stehen, deren
Zugang kontrolliert wird.

In den Lagerbereichen muß eine Quarantänelagerung für die Materialien
vorgesehen werden, die noch nicht für die Produktion zur Verfügung stehen,
weil sie noch nicht auf ihre Eignung geprüft sind oder weil sie sich als
untauglich erwiesen haben. Es muß weiterhin eine Zone ausgewiesen werden,
in der das Material vor der Einlagerung bemustert wird.

In den Produktionsbereichen muß ausreichend Platz vorhanden sein, damit
keine wechselseitigen Beeinflussungen zwischen unterschiedlichen Produktionslinien entstehen („cross-contamination"). Sie müssen so ausgelegt werden, daß bereits durch den Materialfluß erwartet werden kann, daß die Gefahr
des Auslassens einer Herstellungsstufe auf ein Mindestmaß beschränkt bleibt.

Besonderer Wert wird auf die hygienische Ausgestaltung dieser Bereiche gelegt:
„Die Gebäude sollten so geplant und gebaut sein, daß das Eindringen von
Tieren und Insekten verhindert wird. die Innenflächen (Wände, Fußböden und
Decken) sollten glatt und frei von Rissen sein, nicht abblättern, leicht zu
reinigen und, wenn nötig, zu desinfizieren sein."

Viele dieser Forderungen lassen sich nur umsetzen, wenn dazu Veränderungen
an den äußeren Gegebenheiten der Fertigung vorgenommen werden. Das
heißt, daß man in vielen Fällen bauliche Veränderungen nicht wird vermeiden
können. Das bedeutet aber auch, daß bei der Neukonzeption von Betrieben
und Anlagen unbedingt GMP-Gesichtspunkte mitberücksichtigt werden müssen, wenn man zukünftigen Forderungen gerecht werden will.

4 Technische Ausrüstung

Entsprechend der Zielsetzung, Verwechselungen, Verunreinigungen und Un-
termischungen zu vermeiden, wird erwartet, daß die technische Ausrüstung
speziell für den vorgesehenen Verwendungszweck sich als geeignet erwiesen

hat. Man spricht von Validierung der Ausrüstung und meint damit, daß belegbar geprüft wurde, daß das vorgesehene Verfahren mit der vorgesehenen Ausrüstung zu dem gewünschten Ziel innerhalb kontrollierter Grenzen führt. Reinigungs- und Desinfektionsmöglichkeiten sind vorzusehen, insbesondere bei Produktwechsel. Die Reinigungsschritte sind zu dokumentieren.

5 Hygiene

Neben der Einhaltung der bestehenden rechtlichen Normen wie zum Beispiel der Hygieneverordnung wird erwartet, daß für die Reinigung und Instandhaltung der Räumlichkeiten ein schriftliches Hygieneprogramm vorliegt. Darin ist festzulegen:
- die zu reinigenden Räume und die Häufigkeit der Reinigung,
- die durchzuführenden Reinigungsverfahren und erforderlichenfalls die Reinigung zu verwendenden Geräte und Materialien,
- das mit der Reinigung betraute und dafür verantwortliche Personal.

6 Ausgangsmaterialien

Bei der Herstellung dürfen nur spezifizierte und kontrollierte Ausgangsmaterialien eingesetzt werden. Das bedeutet, daß von jeglichem Material, das bei der Produktion verwendet oder verarbeitet wird, ein Anforderungsprofil zu erstellen ist, an dem dann schließlich jede einzelne Partie zu messen ist. Jede Partie ist zu untersuchen und bei Eignung ausdrücklich freizugeben.

7 Herstellungsvorgänge

Es werden Anforderungen an die Sauberkeit, an die Eignung der technischen Ausrüstung und, zur Vermeidung von Verwechselungen, an die Kennzeichnung der Behälter und Maschinen gestellt. Zur Vermeidung von Verunreinigungen wird gefordert:
- jeder Produktionsvorgang muß in einem separaten Bereich durchgeführt werden,
- das Personal muß Arbeitskleidung tragen,
- bei staubentwickelnden Prozessen ist ein ausreichendes Abluftsystem vorzusehen,
- niemand darf bei der Produktion eingesetzt werden, der als Überträger von Krankheitserregern angesehen werden muß.

Alle Herstellungsvorgänge sind lückenlos zu dokumentieren. Die Herstellung ist durch sogenannte „Inprozeß-Kontrollen" zu begleiten, zu steuern und abzusichern. Dazu werden Prüfungen während der laufenden Produktion erforderlich, die möglich sein sollen, ohne daß der Prozeß abgeschaltet wird.

8 Etikettierung und Verpackung

Etiketten und Verpackungsmaterialien sind wie Ausgangsmaterialien zu behandeln. Das heißt, daß sie vor Einsatz geprüft und bei Eignung freigegeben werden müssen, und daß über den Verbrauch abgerechnet wird. Es werden Vorschläge gemacht, wie man das Risiko einer Fehletikettierung, etwa durch Ausgabe einer bestimmten Anzahl codierter Etiketten (wobei die nicht verbrauchten Stücke vernichtet werden müssen) vermeiden kann.

9 Qualitätskontrollsystem

Eine umfassende und fortlaufende Kontrolle aller Produktionsvorgänge unabhängig von den laufenden Kontrollen während der Herstellung ist eine der Kernforderungen der GMP-Richtlinien; dazu ist eine von der Produktion unabhängige Qualitätssicherungseinheit erforderlich, für die ausreichend Laborkapazitäten für die Untersuchungen zur Verfügung stehen müssen. Dabei fordern die Richtlinien, daß jede Partie, jede Charge nach festgelegten Kriterien überprüft wird und nur nach Bestätigung der Qualität für den Vertrieb freigegeben wird. Ein fixiertes Verfahren für die Musterziehung ist erforderlich.

10 Selbstkontrolle

Da das Prinzip der Good Manufacturing Practices von der Eigenverantwortung des Herstellers getragen wird, empfehlen die Richtlinien konsequenterweise regelmäßig interne Inspektionen durchzuführen und auszuwerten.

11 Literatur

Oeser W, Sander A (1986) Pharmabetriebsverordnung – Grundregeln für die Herstellung von Arzneimitteln (GMP). Wissenschaftliche Verlagsgesellschaft Stuttgart

1.2 Hygienemaßnahmen in der Lebensmittelindustrie

P. Greiß, Essen

1 Einleitung

Wer frische, einwandfreie Lebensmittel herstellen und anbieten will, muß der Sauberkeit der Betriebsanlagen sowie der Personalhygiene Aufmerksamkeit schenken. Eine „sichtbare und riechbare Sauberkeit" ist keineswegs Gewähr dafür, daß die in optisch sauberen Betrieben hergestellten Lebensmittel nicht schon bei der Zwischenlagerung, auf dem Transport oder beim Handel verderben bzw. was noch schlimmer ist, beim Konsumenten mehr oder weniger gefährliche Lebensmittelvergiftungen auslösen können. Erst „mikrobiologische Sauberkeit" des Lebensmittelbetriebes schafft die Voraussetzung für die Fabrikation bekömmlicher Nahrungsmittel. Würde die mikrobiologische Qualitätskontrolle von Lebensmitteln erst anhand stichprobenartiger Untersuchungen im Handel vorgenommen, so ließen sich dadurch evtl. Verstöße des Produzenten gegen lebensmittelhygienische Grundregeln nicht ausräumen.
Um einen effektiven Konsumentenschutz zu erreichen, sind für die Betriebe Hygienepläne zu erarbeiten, in denen Grenzzahlen noch tolerierbarer Keime auf allen Stufen der Produktion festgelegt sind. Die Normeinhaltung ist zu kontrollieren; mit einzubeziehen ist die Statuskontrolle der Hände des Personals und der Gesundheitszustand des Personals. Die Überwachung von Reinigungs- und Desinfektionsmaßnahmen beinhaltet auch die Ermittlung der mikrobiologischen Beschaffenheit des Leitungswassers und der Raumluft.

2 Qualitätsvoraussetzungen

Weil der Mensch als Kontaminationsquelle eine wichtige Rolle spielt, müssen alle betriebshygienischen Überlegungen an dieser Stelle ansetzen. Das Bundesseuchengesetz regelt die Einsetzbarkeit des gesundheitlich überwachten Personals in den Produktionsabteilungen aller Lebensmittelbetriebe. Das Personal in Lebensmittelbetrieben muß in verständlicher Weise hygienisch motiviert werden; andernfalls wird es nicht nach jeder Arbeitsunterbrechung (Pause, Toilettenbenutzung) die Hände gründlich reinigen und gut desinfizieren.
Da eine keimfreie Gewinnung von Rohwaren unmöglich ist, andererseits jedoch die Ausgangskeimzahl auf die Qualität der Verarbeitungsprodukte durchschlägt, ist der Überwachung des Kontaminationsgrades von Frischfleisch, Geflügel, Gemüse, Obst und Gewürzen besondere Aufmerksamkeit zu schenken.

Das Wachstum von Mikroorganismen ist u. a. temperaturabhängig. Durch Kühlung wird das Wachstum von Mikroorganismen zwar gehemmt, doch kommt es dabei nicht zu völliger Abtötung pathogener oder toxigener Keimarten. Um jedoch in Kühlräumen Anreicherungen mit Schimmelpilzarten und Kälte tolerierenden Bakterien auszuschließen, sollte auch hier zweckmäßigerweise wöchentlich einmal eine gründliche Säuberung und Desinfektion vorgenommen werden.

Ungehemmter Produktionsfluß ist eine wichtige Voraussetzung für die Herstellung einwandfreier Qualitätserzeugnisse; Ruhepausen schaden dem Produkt, zumal in dieser Zeit unnötiges Wachstum von Mikroorganismen erfolgen kann. Lebensmittelbetriebe benötigen Wasser von hoher Trinkwasserqualität. Schließlich ist noch der Hygiene der Distributionsketten Beachtung zu schenken. *Der Erfolg aller betriebshygienischen Maßnahmen hängt aber in erster Linie von der Bereitschaft des Personals zu derem gewissenhaften Vollzug ab.* Um das Hygienebewußtsein der Mitarbeiter zu motivieren, müssen einige unumgängliche Voraussetzungen erfüllt werden: So muß dem Personal in sanitären Nebenräumen des Betriebes die Möglichkeit zum Wechsel der Straßen- gegen saubere Berufskleidung verschafft werden; die Pausenräume sollen ansprechend ausgestattet sein, und die Toilettenanlagen in den Betrieben sollten als Visitenkarte für die Einstellung zur Betriebshygiene angesehen werden. In der Nähe des Arbeitsplatzes müssen Voraussetzungen für eine ordnungsgemäße Handreinigung und Desinfektion des Personals geschaffen werden, d. h. an Waschplätzen müssen neben Warm- und Kaltwasser noch Seifen- und Desinfektionslösungen sowie einmal zu benutzende Papier- oder Rollhandtücher angeboten werden. Diese Forderung ist u. a. Bestandteil der 1975 verabschiedeten und rechtswirksam gewordenen Arbeitsstättenverordnung.

Dem Personal ist klarzumachen, daß Reste eines Lebensmittels, die nach Produktionsschluß in oder an Betriebseinrichtungen aller Art verbleiben, als unerwünschte, die nachfolgende Produktion mikrobiologisch gefährdende, Fremdstoffe angesehen werden müssen.

Wischtücher haben in Lebensmittelbetrieben keine Daseinsberechtigung: Wenn nämlich Einrichtungsgegenstände mit Hilfe stark kontaminierter Wischtücher gesäubert werden, kommt es zu einer qualitätsbedrohenden Keimverschmierung an den zu reinigenden Oberflächen.

Abfallbehälter aller Art werden oftmals als Betriebsanhängsel angesehen, deren Sauberkeit keinerlei Beachtung zu verdienen scheint; dabei wird übersehen, daß mit unsauberen Behältnissen dieser Art nach flüchtigem Entleeren eine unübersehbare Vielzahl von Krankheitskeimen und Lebensmittelverderbern an die Produktionsstätten zurückgeführt werden kann. Gerade diese Mikroorganismen tragen oft zur unverantwortlichen Erhöhung des Keimpegels in Lebensmittelbetrieben bei.

3 Marktveränderungen/Käuferverhalten

Die Diskussion der Medien über gesunde Ernährung führte im Kaufverhalten der Bevölkerung zur verstärkten Nachfrage nach unbehandelten, naturbelassenen Lebensmitteln. Konservierungsmittel sind mehr denn je verpönt; bestenfalls werden noch Genußsäuren toleriert, mit denen eine begrenzte mikrobiologische Stabilität unkonservierter Feinkosterzeugnisse erreicht wird.

Eingeschränkt wird die Haltbarkeit nichtkonservierter Lebensmittel durch das Vorhandensein von Wasser, das für das Wachstum von Mikroorganismen unentbehrlich ist. Nicht alles im Lebensmittel vorhandene Wasser steht aber den Mikroben zur Verfügung, denn viele Nahrungsbestandteile binden Wasser; daher wurde mit „activity of water" ein Begriff eingeführt, der bei der Bewertung des freien Wasserbedarfs unterschiedlicher Mikroben als a_w-Faktor herangezogen wird.

Die meisten Lebensmittelverderber haben ein Wachstumsoptimum oberhalb $a_w = 0{,}98$; mit sinkender Wasseraktivität nehmen die Wachstumsraten kontinuierlich ab. Neben pH-Wert und a_w-Wert spielt zur Eindämmung eines Lebensmittelverderbs die Kühllagerung eine entscheidende Rolle. Die Hygieneverordnungen der Länder schreiben pauschal vor: Verderbliche Lebensmittel sind zu kühlen.

In der Tabelle von Rödel (1975) wird in Zusammenhang mit pH- und a_w-Wert die Haltbarkeit und die erforderliche Lagerungstemperatur dargestellt. Diese Tabelle, zunächst für Fleischerzeugnisse gedacht, kann auch für Fisch-, Feinkost- und ähnliche Erzeugnisse angewendet werden.

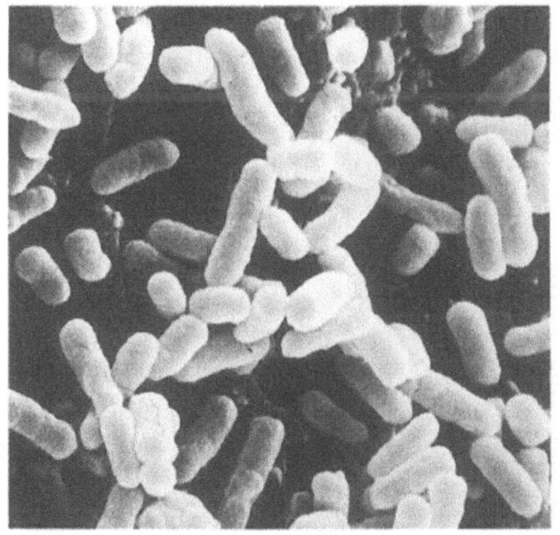

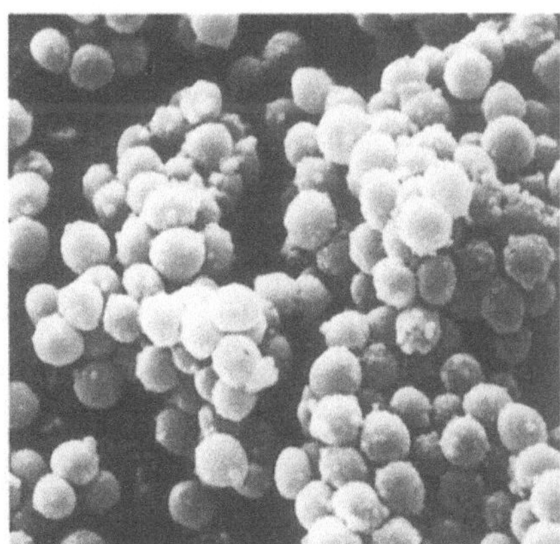

Abb. 1　　　　　　　　　　　**Abb. 2**

Abb. 1. Infektionserreger: Salmonellen, gramnegative Stäbchenbakterien

Abb. 2. Verursacher von Lebensmittelvergiftungen: toxinbildende grampositive Kokkenbakterien, Staphylokokkus aureus

Tabelle 1. pH- und a_w-Wert als Leitkriterium für die Haltbarkeit von Lebensmitteln

Haltbarkeit	pH- u. a_w-Wert	erforderliche Lagertemperatur
Lagerfähigkeit	pH < 5,20 und a_w < 0,95 oder pH < 5,00 oder a_w < 0,91	Kühlung nicht erforderlich
verderblich	pH $\leq$ 5,20 $\geq$ 5,00 oder $a_w \leq$ 0,95 $\geq$ 0,91	max. 10 °C
leicht verderblich	pH > 5,20 und a_w > 0,95	max. 5 °C

Nach Rödel (1975)

4 Kontrolle

Wenn die Kontrolle der Produktionsqualität erst auf der letzten Verteilerstufe, nämlich beim Lebensmittelhandel, ansetzt, ist in produktionstechnischer Hinsicht nichts mehr zu retten: Unbedingt notwendig ist daher die konsequente Durchführung mikrobiologischer Stufenkontrollen im Betrieb mit dem Ziel, jeden auch noch so kleinen hygienischen Produktionsfehler unverzüglich auszumerzen. Die Betriebskontrollmaßnahmen erstrecken sich dabei auf das Verkosten der Erzeugnisse (Aufdecken von Geschmacksfehlern durch Fremdstoffe), auf das Bestimmen des Gehaltes einer Ware an ausgewählten Hygieneleitkeimen (etwa Salmonellen) und auf Ermittlung der Zuverlässigkeit ausgewiesener Haltbarkeitsangaben (durch Kontaminationskeime wesentlich beeinflußbar). Mit der Kontrolle der Rohprodukte und der Verarbeitungsschritte bis hin zum Endprodukt muß die Überwachung von Rezepten und Kennzeichnungsvorschriften einhergehen.

Mit der Liberalisierung des Warenverkehrs in der EG wird die Lebensmitteleinfuhr vereinfacht; d. h. aber auch, daß ab 1992 jedes EG-Land auf seinem Markt Lebensmittel akzeptieren muß, die nach den Vorschriften des Herstellungslandes produziert wurden und dort als verkehrsfähig gelten.

Der Lebensmittelkonsument geht davon aus, daß die Lebensmittel in der EG qualitätsmäßig in Ordnung sind und erwartet, daß überall in der EG mit gleicher Sorgfalt produziert wird; das ist jedoch häufig ein Trugschluß.

Die OECD hat eine Richtlinie zur Laborüberwachung erstellt. Deutsche Lebensmittelchemiker fordern eine vereinheitlichte Richtlinie; dazu sind 1988 „Grundsätze zur guten Laborpraxis" (GLP) von der Fachgruppe Lebensmittelchemie und gerichtliche Chemie der GDCh (jetzt „Fachgruppe Lebensmittelchemie in der GDCh") vorgestellt worden. Es ist zu erwarten, daß die Einführung des Kontrolleiters zur Pflicht wird; kleinere Lebensmittelbetriebe könnten mit freiberuflichen Lebensmittelchemikern zusammenarbeiten. Mit den GLP-Grundsätzen soll zugleich auch sichergestellt werden, daß in den

Tabelle 2. Infektionskette am Beispiel Schlachtgeflügel

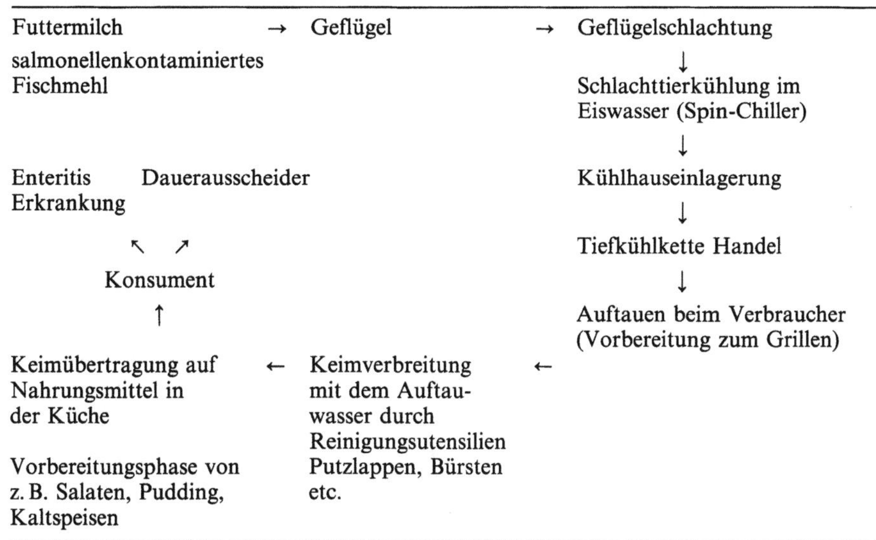

Laboratorien der Lebensmittelindustrie und der Überwachungsbehörden nach
gleichen Prinzipien gearbeitet wird.

5 Entkeimungstechniken in der Lebensmittelindustrie

In Lebensmittelbetrieben werden überwiegend wäßrige Gebrauchsverdünnungen chemischer Desinfektionsmittel angewendet. Da jeder Oberflächenentkeimung zum Entfernen von Resten der Desinfektionslösung eine Schlußspülung mit Leitungswasser folgen soll, ist unbedingt darauf zu achten, daß das Spülwasser von bester Trinkwasserqualität ist.
Jeder Oberflächendesinfektion soll eine gründliche Reinigung vorausgehen, denn die Bekämpfung einer Infektion setzt in erster Linie die Beseitigung aller die Fremdorganismen einschließenden mechanischen Verunreinigungen voraus. Reinigung bewirkt optische Sauberkeit; Desinfektion hat mikrobiologische Reinheit zum Ziel.
So gesehen sind Reinigung und Entkeimung zwei Begriffe, die nicht voneinander getrennt werden dürfen.
In diesem Zusammenhang muß auf Gefahren hingewiesen werden, die bei zu kurzer Einwirkzeit eines Desinfektionsmittels auf Mikroorganismen oder bei Anwendung eines Desinfektionsmittels in zu geringer Konzentration auftreten können: Eine nur reversible Schädigung von Mikroorganismen könnte die Folge sein. Gerade aus solchen zunächst subletal betroffenen Keimpopulationen werden wieder erholte Mikroorganismen selektiert und gegen die betreffenden Desinfektionswirkstoffe resistent.

Die wichtigsten Parameter im Desinfektionsgeschehen sind darum die Konzentration des angewendeten Mittels und die aufgewandte Kontaktzeit; weiterhin ist auch die Anwendungstemperatur bedeutsam (warme Lösungen wirken stärker biozid als kalte).

So falsch eine Reinigung ohne nachfolgende Desinfektion auch sein mag, ebenso unsinnig wäre es, die Reinigung zugunsten der Desinfektion zu vernachlässigen. Das Desinfektionsmittel kann nur schwer ohne eine Blut-, Eiweiß-, Fett-, Stärke- und sonstige Lebensmittelreste beseitigende Reinigung an die in geschützten Winkeln nistenden Schadkeime herangeführt werden.

Der Begriff „Reinigung" hat aber bei der Anwendung von chemischen Desinfektionsmitteln gerade im Lebensmittelbereich eine nicht zu vernachlässigende Bedeutung wegen Verschmutzungen, die trotz Vorreinigung infolge ihrer geringen Größe visuell nicht wahrnehmbar sind. Es handelt sich um filmbildende Rückstände, aber auch Mikroorganismen; diese leben, sind vermehrungsfähig und ihr Verschmutzungspotential wächst, denn unabhängig von der Anfangsmenge werden sie im Laufe der Zeit zunehmen. Bedauerlicherweise ist das Bewußtsein für die Notwendigkeit der Beseitigung von visuell nicht wahrnehmbarem Schmutz beim Personal in Lebensmittelbranchen oft noch nicht im gewünschten Ausmaß vorhanden.

Verantwortlich für die Reinigungswirkung eines Flächendesinfektionsmittels ist in erster Linie sein Gehalt an Tensiden, die ja bei Erreichen der sog. kritischen Mizellbildungskonzentration Aggregate bilden, in denen wasserunlösliche organische Moleküle, wie sie z. B. in fettigem Schmutz vorliegen, gelöst werden; so wird erreicht, daß der mikrobizide Wirkstoff besser und schneller selbst an die Mikroben herangeführt wird, die in kapillaren und furchenunebenen Oberflächen sitzen, weil Tenside die Grenzflächenspannung des Wassers herabsetzen.

Während anionische oder nichtionogene Tenside – als reine Waschtenside – über keine mikrobiziden Eigenschaften verfügen, sind in allen tensidischen Desinfektionsmitteln Wirkstoffe enthalten, die der Gruppe der kationischen Tenside zugerechnet werden, in erster Linie quarternäre Ammoniumverbindungen mit geringer Reinigungskraft. Amphotenside vereinen ein breites mikrobizides Wirkungsspektrum und hohe Waschaktivität. Wenn in der Lebensmittelindustrie aus Rationalisierungsgründen nur ein Arbeitsgang bei der Behandlung von Flächen gefordert wird, also gleichzeitig gereinigt und desinfiziert werden soll, dann ist mikrobiziden Amphotensiden der Vorzug zu geben.

6 Luftentkeimung

In der Lebensmittelindustrie wird nur selten mit gasförmigen Desinfektionsmitteln gearbeitet. Es ist aber bekannt, daß ein wesentliches Infektionsrisiko durch das Erregerreservoir „Luft" erwächst.

Mikroorganismen können sich in der Luft nicht dauerhaft ansiedeln; sie existieren hier als mehr oder weniger zufällige Verunreinigungen. Sie verbinden

sich mit zwei Partikelarten, nämlich mit feinsten Wassertröpfchen aus Atemluft oder Klimaanlagen sowie mit Staubpartikeln. Eine niedrige Partikelzahl der Luft ist ein bedeutendes Kriterium für bestimmte Industriezweige (Weltraumtechnik und Elektronik), wichtiger für Lebensmittelproduzenten ist jedoch ein niedriger Keimgehalt in der Luft.
Um sich ein Bild über den Keimgehalt der Produktions- und Abfüllbetriebe zu verschaffen, sind mikrobiologische Luftkeimzahlbestimmungen unerläßlich.

Tabelle 3. Luftkeimsammelgeräte. Es eignen sich z. B.:

Gerät	Hersteller
Typ MD 3	Sartorius, Göttingen
Reuter-Centrifugal-Sampler	Biotest, Frankfurt/Main
Deso-Microber KS	K. Salzmann, Bern, Schweiz
Luftkeimsammler 1 + 2	Swiss-Food Inselspital, Bern, Schweiz

Als wirksame Chemikalien für die Luftsterilisation in Lebensmittelbetrieben oder bei der Lagerung bestimmter Rohstoffe kamen bisher nur Ethylenoxid oder Formaldehyd in Betracht. Während der Produktion – beim Maschinenlauf – schied Ethylenoxid aus sicherheitstechnischen Gründen (Ethylenoxid ist hochexplosiv) von vornherein aus; weiterhin wirkt es bereits in Konzentrationen, bei denen es noch nicht wahrgenommen wird, haut- und schleimhauttoxisch und ist darüber hinaus ein Inhalationsgift mit mutagener und kanzerogener Wirkung. Deshalb wurde in den letzten Jahren die Luftentkeimung vielfach mit Formaldehyd praktiziert. Wird die als Formalin in den Handel kommende gesättigte wäßrige Lösung von Formaldehyd verdampft, entsteht ein Gemisch aus gasförmigem Formaldehyd und Wasserdampf, dessen mikrobizide Wirksamkeit erst oberhalb einer relativen Luftfeuchte von 70% beginnt. Einfaches Verdampfen wäßriger Formaldehydlösungen zur Raumdesinfektion stellt daher ein in seiner Wirksamkeit sehr unsicheres Entkeimungsverfahren dar, denn bereits geringgradige Temperaturdifferenzen, wie sie in Räumen oft vorliegen, bedingen eine Herabsetzung der für die Keimschädigung erforderlichen hohen Luftfeuchte durch Kondensation von Wasserdampf an niedriger temperierten Flächen.
Bezogen auf Formaldehyd sind einer unzulässigen Exposition des Personals über die Raumluft dadurch Grenzen gesetzt, weil der max. Arbeitsplatzkonzentrationswert von 1 ppm ($1,2 \text{ mg/m}^3$) in etwa auch die Geruchsschwelle für Formaldehyd darstellt. Empfindliche Personen nehmen das Gas bereits in Konzentrationen unterhalb des MAK-Wertes geruchlich wahr. Nach einer Einwirkzeit müssen die Formalindämpfe durch Ammoniak neutralisiert werden. Insgesamt gesehen handelt es sich um ein aufwendiges und umständliches Prozedere.

Eine rationelle Luftdekontamination in Produktions- und Abfüllräumen gewährleisten Thermalnebelgeräte, die nach dem Puls-Jet-System arbeiten. Die Ultra-low-volume-Technik der Swingfogger besteht aus einer konisch geformten Verbrennungskammer und einem Schwingrohr, dem Resonator. Ein Benzin-Luft-Gemisch wird in die Verbrennungskammer eingeführt und durch eine Zündkerze gezündet. Die Explosion des Gemisches erzeugt eine Druckwelle, die durch den schmalen Resonator und den Vernebelungskopf nach außen austritt. Dieser Prozeß wird in der Sekunde 80mal wiederholt. Der in der Verbrennungskammer nach jeder Explosion verbleibende Gasanteil genügt zur Entzündung des folgenden Gemisches. Ein optimaler Desinfektionserfolg wird nur durch genügend lange Einwirkzeit gewährleistet. Wichtig ist, daß der Trägerstoff mit dem Desinfektionsmittelwirkstoff kompatibel ist und ein stabiler Nebel über mehrere Stunden in der Hallenluft sichtbar steht.

Tabelle 4. Heißnebelgeräte und Desinfektionsmittel für die Luftentkeimung. Es eignen sich z. B.:

Gerät	Hersteller
Swingfog: SN 50, SN 80, SN 100	Motan GmbH, Isny/Allgäu
Pulsfog: K 3, K 4, K 10	Stahl GmbH, Überlingen/Bodensee
Nebelgeräte: TF 30, TF 75 HD, TF 95 HD	Igeba GmbH, Weitnau/Bayern
Luftdesinfektionsmittel Tegofog	Th. Goldschmidt AG, Essen

7 Arbeitsschutz

Während der Fogger selbsttätig die Räume ausnebelt, ist eine Überwachung während des Ausbringens des Desinfektionsmittelnebels, d. h. das Verbleiben von Bedienungspersonal in den Räumen, nicht erforderlich. Beim An- und Abschalten des Apparates sollte der Gerätebetreiber eine Atemschutzmaske mit entsprechendem Filter tragen.
Die Luftentkeimung soll die herkömmliche Flächen- bzw. Raumdesinfektion keinesfalls ersetzen, kann sie jedoch mit dem Ziel optimaler Betriebshygiene wertvoll ergänzen.

8 Entkeimen mit UV-Strahlen

Die Luftentkeimung mit UV-Licht hat in Lebensmittelproduktion und -lagerung keine große Bedeutung; die Verwendung von UV-Lampen ist in der Bundesrepublik Deutschland nur unter der Voraussetzung statthaft, daß Lebensmittel keiner direkten Bestrahlung ausgesetzt werden.
Das Hauptanwendungsgebiet für die UV-Entkeimung ist die Aufbereitung von Trink- und Abwässern; so bedienen sich die Getränkeindustrie, die in ihrem Herstellungsverfahren weitgehendst auf keimfreies (Mineral-)Wasser angewie-

sen ist, aber auch andere Zweige der Lebensmittelindustrie, die Reinstwasser benötigen, häufig der UV-Strahltechnik.

Ein Molkereibetrieb, der Kunststoffbecher vor dem Befüllen mit Joghurt oder Kefir durch UV-Bestrahlung entkeimen will, sollte vor Anschaffung einer solchen Anlage die Abfüllkapazität mit der Leistungsfähigkeit des Strahlers in Einklang bringen; es ist denkbar, daß ein einziger Hochleistungs-UV-Strahler der neusten Generation, z. B. ein Quecksilber-Mitteldruckstrahler im Wellenlängenbereich von 180 bis 260 nm, selbst bei hohen Durchsatzmengen ausreicht.

Kleine UV-Strahlertypen bis zu 2 kW können mit 220-V-Netzstrom betrieben werden; mittlere und größere Leistungen bringen UV-Strahler bis zu 30 kW, für deren Betrieb ein Transformator erforderlich ist. Technische Beratungen führt u. a. aus: Heraeus GmbH, Hanau.

Bestrahlen von Lebensmitteln mit radioaktiven Elementen, wie Kobalt und Caesium, ist in der Bundesrepublik Deutschland nicht gestattet. Einige EG-Nachbarn der Bundesrepublik Deutschland dekontaminieren Schlachtgeflügel mit ionisierten Strahlen, und z. B. in Holland bestehen keine ernährungsphysiologischen Bedenken. Mit der Harmonisierung des EG-Binnenmarktes in den 90er Jahren wird eine generelle Entscheidung über die Möglichkeit zur Lebensmittelbestrahlung erwartet.

9 Die Auswahl geeigneter Desinfektionsmittel für die Lebensmittelindustrie

Die richtige Auswahl des für einen bestimmten Verwendungszweck optimalen Desinfektionsmittels ist keine leichte Aufgabe, denn in der Lebensmittelwirtschaft können weder hochtoxische Desinfektionswirkstoffe noch Präparate mit ausgeprägtem Eigengeruch oder -geschmack benutzt werden; auch der Einsatz aggressiver materialzerstörender Chemikalien ist nicht möglich.

In die engere Wahl kommen bei der Flächendesinfektion tensioaktive Desinfektionsmittel, etwa Amphotenside, Quats, in der Wirksamkeit sich synergistisch verhaltende quaternäre Ammoniumsalze und Biguanide oder alkylierte Oligoamine.

Es können auch die primär destruktiv angreifenden Desinfektionsmittel auf Peressigsäurebasis eingesetzt werden, allerdings bedarf es einer Intensivschulung des Personals beim Umgang mit Peressigsäure und vorherige Abklärung der Materialverträglichkeit.

Die Effizienz einer Desinfektion im Lebensmittelbereich unter Praxisbedingungen sollte durch Kontrolluntersuchungen im Betrieb überprüft werden, weil die Wirksamkeit unter Feldbedingungen von verschiedenen Faktoren (z. B. Wasserhärte, Temperatur, Verschmutzungsgrad) abhängt. Hierfür stehen z. B. Abklatsch- und Tupferverfahren zur Verfügung.

Der Ausschuß „Desinfektion in der Veterinärmedizin" der Deutschen Veterinärmedizinischen Gesellschaft hat 1987 die erste Liste der nach einheitlichen

Tabelle 5. Vorteile der Peressigsäure-Desinfektion

Bakterizid, sporozid, fungizid, virusinaktivierend
Wirksamkeit auch bei niedrigen Temperaturen (5 °C)
Gebrauchslösung ungiftig
unbedenkliche Rückstände Essigsäure/Sauerstoff

Abtötungszeiten in Minuten (Suspensionstest)

bei Bakterien:	Anwendungs-konzentration	Einwirkungstemperatur		
		5 °C	10 °C	20 °C
Staph. aureus	0,2%	10	5	3,0
grampositive Kokke	0,5%	5	3	1,5
3×10^8 [a]				
Pseudomonas aerogenes	0,2%	8	4	2,5
gramnegatives Stäbchen	0,5%	4	3	1,5
3×10^7 [a]				

bei Hefen:	Anwendungs-konzentration	Einwirkungstemperatur		
		5 °C	10 °C	20 °C
Sacch. cerevisiae	0,2%	30	15	3,0
8×10^7 [a]	0,5%	15	10	1,5
Cand. mycoderma	0,2%	120	100	45,0
8×10^7 [a]	0,5%	45	45	20,0

[a] Keimzahl pro ml Einsaat

Tabelle 6. Die Einsatzmöglichkeiten von Desinfektionsmitteln

In geschlossenen Systemen (Umpump-CIP-Verfahren)
In manuellen Sprüh- und Scheuerverfahren
Auf offenen Flächen, u. a. Maschinen, Inventar

CIP-Verfahren	Manuelles Verfahren	
Nach Vorreinigung	Nach Vorreinigung	Kombination Reinigung und Desinfektion
1. organ. Säuren	1. quaternäre Ammoniumverbindungen	1. alkalische Reinigerkombination mit Chlor
2. Aktivchlor	2. Amphotenside	2. Biguanide in organischen Säuren
3. Peressigsäure – Peressigsäure und Wasserstoffperoxid	3. Glutardialdehyd Glyoxal in Kombination mit Quats	3. Betain, Aminoxidkombination
4. Aldehydkombinationen	4. Fettalkyl-Oligoamin und kationaktive Tenside	

Tabelle 7. Auszug der Biozid-Wirkstoffe geprüfter und anerkannter Desinfektionsmittel gemäß DVG für Bereiche der Be- und Verarbeitung von Tieren stammender Lebensmittel *)

Wirkstoffbasis	Zu beachten
Aktivchlor	in belasteten Bereichen unter B, bei Milch und Milchprodukten keine DVG-Listung als geeignetes Desinfektionschemikal, Kältefehler = Wirkverlust bei niedrigen Temperaturen.
Organische Säuren	Materialverträglichkeit, keine DVG-Listung als geeignete Desinfektionschemikale bei Milch- und Milchprodukten.
Quaternäre Ammoniumverbindungen	das Leistungsprofil ist weitgehend abhängig vom quantitativen Wirkstoffeintrag (WS im Produktkonzentrat), Haftvermögen an Oberflächen = Rückstandsproblematik. Quatwirklücken im gramnegativen Keimspektrum (z. B. bei Pseudomonaden) werden geschlossen durch Beigaben von Biguaniden zu Quats, synergistischer Effekt.
Mikrobizide Amphotenside	breites Wirkungsspektrum – bei Konzentrationserhöhung auch in niedrigen Temperaturbereichen (10 °C), bei CIP-Umpumpverfahren sind Amphotenside wegen Schaumbildung nur begrenzt einsetzbar.
Aldehyde Glutardialdehyd Glyoxal	Länderhygienegesetzgebung beachten: Verbot von Formalin in fleischverarbeitender Industrie (Bayern), MAK-Werte Formaldehyd (US-Studie!).
Peressigsäure	Alterungserscheinungen bei Schlauch- und Gummidichtungen; Verätzungsgefahr beim Ansatz der Gebrauchslösung aus Konzentrat; plötzliche Zersetzung der PER-Verbindung bis hin zu Explosionen von Behältnissen. Peressigsäure ist im CIP-Verfahren bei Edelstahl (VA) nach gründlicher Vorreinigung sehr gut einsetzbar.

methodischen Richtlinien geprüften Desinfektionsmittel für den Bereich der Gewinnung, Be- und Verarbeitung von Tieren stammender Lebensmittel vorgelegt. Für den Praktiker ist es wichtig, daß unterschiedliche Lebensmittelbereiche in getrennten Abschnitten abgehandelt werden; so werden z. B. Milch und Milchprodukte von anderen Lebensmitteln tierischer Herkunft (Fleisch, Fisch, Geflügel) gesondert und unter Kriterien der Belastungen dargestellt. Unter Belastung versteht man nicht nur den Eiweißfehlernachweis, sondern auch den Wirkverlust verschiedener Biozide bei niedrigen Temperaturen. So liegt der DVG-Anspruch an Desinfektionsverfahren für die Lebensmittelindustrie weit über Empfehlungen des Europarates, Straßburg, 1987 (ISBN 92-871-01006-9) „The test method for antimicrobial activity of desinfectant in food hygiene".
Der Ausschuß „Desinfektion in der Veterinärmedizin der DVG" erwartet von der Listung geprüfter Präparate für den Lebensmittelbereich einen sinnvollen und rationellen Einsatz von Desinfektionsmitteln, der Wirksamkeit gewährleistet und unnötige Rückstandsbelastung der Lebensmittel vermeidet.

Sachverständige: Lebensmittel – Konserven – Tiefkühlkost

Herr Professor Dr. Dr. Pieldner,
Waldstr. 12, 7000 Stuttgart 70, Tel.: 07 11 / 76 21 14
Frau Diplombiologin R. Zschaler, Natec-Institut Hamburg,
Behringstr. 154, 2000 Hamburg 50, Tel.: 040 / 7 72 77 15
Herr Professor Dr. Klaus Wünscher, Lebensmittelchemiker,
Gräferstr. 36, 4920 Lemgo, Tel.: 0 52 61 / 20 25

Sachverständiger: Vorratshaltung/Ungezieferschäden

Herr Professor Dr. Werner Peschke,
Scheibenberg 216, 7487 Veringenstadt 2, Tel.: 0 75 77 / 39 19

Qualitätssicherung: Rationalisierung der Produktion in Fleischwarenbetrieben, EG-Expertisen, Statuskontrollen, chem.-techn. Analysen

Herr Dr. med. vet. habil. H. Kraus,
Lindenweg 33, 5657 Haan/Rheinland 2, Tel.: 0 21 04 / 6 02 96
mit zugelassenem Labor für amtliche Gegenprobenuntersuchungen.

Abklatschnährboden für mikrobiologische Kontrollen:

BAG, Biologische Arbeitsgemeinschaft GmbH,
Postfach 11 58, 6302 Lich/Hessen,
Tel.: 0 46 04 / 20 26, Telex: 48 21 786

10 Literatur

Edelmeyer (Essen) Rückstandsnachweis und toxische Relevanz von Bioziden für die Lebensmittelindustrie. Fleischwirtschaft 62/4. 1982, Verlagshaus Sponholz, Frankfurt/M

Edelmeyer (Essen) Hygiene-Erfolge durch Planung und Kontrollen/Planning and controls bring hygienic success/Succès au niveau de l'hygiène grâce à la planification et aux contrôles/Exitos en la higiene mediante planificación y controles. International Magazine for Meat Processors in Trade and Industry „Die Fleischerei", März 1987, Hans Holzmann Verlag, Bad Woerishofen

Greiß (Essen) Hygiene Aspekte aus der Praxis, Swiss-Food 10 a/87. Verlag Dr. Felix Wüst, CH-8700 Küsnacht (ZH)

Greiß (Essen) Produktionssicherheit. Lebensmitteltechnik, 05/83. Rhenania-Verlag Hamburg

Greiß (Essen) Applikationstechniken für Desinfektionsmittel. Welt der Milch, 05/89, Heinrich-Verlag, Hildesheim

Prändl (Wien) Hygiene im Wandel der Technologie. „Die Fleischwirtschaft" 61 (2) 1981, Verlagshaus Sponholz, Frankfurt/M

Terbeck (Hannover) Hygieneanforderungen in der Lebensmittelindustrie. Bundesgesundheitsblatt 20, Nr. 25/12/77. Karl Heymannsverlag, Köln 41

1.3 Umweltschutz (Abluft- und Abwasser) in der Nahrungs- und Genußmittelindustrie

E. A. Stadlbauer, Gießen

1 Rechtlicher Rahmen

1.1 Abluft

Von den genehmigungsbedürftigen Anlagen der Lebens- und Genußmittelindustrie dürfen nach dem Bundes-Immissionsschutzgesetz (BImSchG) vom 14. Mai 1990 keine schädlichen Umweltauswirkungen oder Belästigungen ausgehen (BGBl. I, S. 880).

Danach sind über das bisherige Verwertungsgebot hinaus Reststoffe zu vermeiden (§ 5, Abs. 1, Nr. 3) und vorhandene Energieeinsparpotentiale durch ein internes Abwärmenutzungsgebot zu verwerten (§ 5, Abs. 1, Nr. 4).

Rechtsverordnungen zum BImSchG konkretisieren die gesetzlichen Grundsätze, z. B. Emissionsbegrenzungen für halogenierte Kohlenwasserstoffe bei der Hopfenextraktion oder Entkoffeinierung von Kaffee.

Die Technische Anleitung zur Reinhaltung der Luft (TA-Luft) ist eine allgemeine Verwaltungsvorschrift, die den Behörden den einheitlichen Vollzug der gesetzlichen Bestimmungen des BImSchG ermöglichen soll. In der TA-Luft vom 27. 2. 1986 (BAnz. 1986, Nr. 58 Beilage) bilden die Vorschriften zur Emissionsbegrenzung nach dem Stand der Technik sowie die Festlegung eines einheitlichen Meß- und Beurteilungsverfahrens wesentliche Präzisierungen.

1.2 Abwasser

Das komplexe Netzwerk gesetzlicher Regelungen zum Schutz der Oberflächengewässer und zur Abwassereinleitung hat für die Betriebe der Lebens- und Genußmittelindustrie eine besondere Bedeutung. Wasserwirtschaftlich erläßt der Bund Rahmengesetze, die durch Landesgesetze [1] ausfüllungsbedürftig sind. Diesbezügliche Bundesgesetze sind:

- Gesetz zur Ordnung des Wasserhaushalts (Wasserhaushaltsgesetz – WHG) in der Fassung der Bekanntmachung vom 23. September 1986. (Neubekanntmachung des WHG v. 16. 10. 1976 (BGBl. I, S. 3017) in der ab 1. 1. 1987 geltenden Fassung.) (BGBl. I, S. 1529, ber. S. 1654, geänd. durch Art. 5 G zur Umsetzung d. Richtlinie d. Rates v. 27. 6. 1985 üb. d. Umweltverträglichkeitsprüfung bei best. öffentl. u. privaten Projekten v. 12. 2. 1990, BGBl. I, S. 205).

Zum Wasserhaushaltsgesetz (WHG) siehe auch folgende landesrechtliche Gesetze:
Baden-Württemberg: WasserG i. d. F. der Bek. v. 1. 7. 1988 (GBl. S. 269);
Bayern: WasserG i. d. F. der Bek. v. 3. 2. 1988 (GVBl. S. 33);

Berlin: WasserG v. 3. 3. 1989 (GVBl. S. 605, geänd. durch G v. 14. 12. 1989, GVBl. S. 2156);
Bremen: WasserG i. d. F. der Bek. v. 1. 9. 1983 (GBl. S. 473, ber. S. 519, zuletzt geänd. durch Bek. v. 18. 7. 1989, Gbl. S. 293);
Hamburg: WasserG v. 20. 6. 1960 (GVBl. S. 335, zuletzt geänd. durch G v. 9. 10. 1986, GVBl. S. 322);
Hessen: WasserG i. d. F. der Bek. v. 12. 5. 1981 (GVBl. S. 154, zuletzt geänd. durch G v. 29. 11. 1989, GVBl. S. 404);
Niedersachsen: WasserG i. d. F. der Bek. v. 28. 10. 1982 (GVBl. S. 425, zuletzt geänd. durch G v. 22. 3. 1990, GVBl. S. 101);
Nordrhein-Westfalen: WasserG i. d. F. v. 4. 7. 1979 (GVBl. S. 488, zuletzt geänd. durch G v. 20. 6. 1989, GVBl. S. 366);
Rheinland-Pfalz: LandeswasserG v. 4. 3. 1983 (GVBl. S. 31);
Saarland: WasserG i. d. F. v. 25. 1. 1982 (ABl. S. 129, geänd. durch G v. 23. 1. 1985, ABl. S. 229);
Schleswig-Holstein: WasserG i. d. F. v. 17. 1. 1983 (GVBl. S. 24, ber. S. 133, zuletzt geänd. durch G v. 19. 12. 1983, GVBl. S. 458).

- Gesetz über Abgaben für das Einleiten von Abwasser in Gewässer (Abwasserabgabengesetz – AbwAG) in der Fassung vom 5. 3. 1987 (BGBl. I, S. 880). Dabei wird:
  - Die Einführung des Standes der Technik für die Einleitung von gefährlichen Stoffen in Gewässer gemäß dem neuen § 7 a WHG abgaberechtlich unterstützt.
  - Ein Bonus-Malussystem erlaubt bei Über- und Unterschreitung der nach § 7 a WHG festgesetzten Bescheidewerte, die Verschmutzerabgabe überproportional zu erhöhen bzw. zu ermäßigen.

Somit resultieren Investitionen und Verfahrensentscheidungen bei der Abwasserreinigung in der Lebens- und Genußmittelindustrie betriebswirtschaftlich aus der Vermeidung der Starkverschmutzerzulage nach AbwAG und der innerbetrieblichen Nutzung der biologisch modifizierten Abwasserinhaltsstoffe z. B. in Form von energiereichem Biogas zur Senkung der umweltschutzbedingten Ausgaben.
Eine Zusammenfassung (Stand 1985) von Verwaltungsvorschriften und Mindestanforderungen an das Einleiten von gereinigtem Abwasser aus der Lebensmittelindustrie in Gewässer ist in [8] gegeben. Aktualisierungen sind z. B. in den Vorschriften – Suchregister für Behörden (Richard Boorberg Verlag, Stuttgart, München, Hannover) zu entnehmen.
Gesetzliche Anforderungen an die Abwasserreinigung resultieren auch aus dem Wasch- und Reinigungsmittelgesetz – WRMG – i. d. F. v. 5. 3. 1987 (BGBl. I, 1987, S. 875), dem Chemikaliengesetz – ChemG – zum Schutz vor gefährlichen Stoffen i. d. F. der Bekanntmachung vom 14. 3. 1990 (BGBl. I, S. 521), der Klärschlammverordnung vom 25. 6. 1982 (BGBl. I, S. 734), basierend auf § 15 des Gesetzes über die Vermeidung und Entsorgung von Abfällen (Abfallgesetz-AbfG) vom 27. 8. 1986 (BGBl. I, S. 1410, ber. durch BGBl. 1986 I, S. 1501, geänd. durch Art. 2 G zur Umsetzung d. Richtlinie d. Rates v. 27. 6. 1985 über die Umweltverträglichkeitsprüfung bei best. öffentl. u. privaten Projekten v. 12. 2. 1990, BGBl. I, S. 205, und Art. 2 Drittes G zur Änd. d. BImSchG v. 11. 5. 1990, BGBl. I, S. 870) und Regelungen des supra- und internationalen Rechts.

2 Technische Maßnahmen

2.1 Abluftbehandlung

Die primär kostengünstigste Näherung ist die Bekämpfung der Emission geruchsintensiver und/oder (umwelt)-schädlicher Stoffe an der Quelle, z. B. durch emissionsverhindernde Dimensionierung von Bauteilen und Anwendung emissionsarmer Produktionsverfahren.

Sekundärmaßnahmen der Luftreinhaltung betreffen die Errichtung und den Betrieb von Abluftreinigungsanlagen. Diese lassen sich in physikalisch-chemische Methoden und biologische Verfahren einteilen.

2.1.1 Physikalisch-chemische Reinigungsverfahren [2, 3]

- Abscheidung von Aerosolen durch Trockenfilter (Elektrofilter, VDI 3678, VDI-Richtlinie, März 1980, Gewebefilter, VDI 3677, VDI-Richtlinie, Juli 1980) und Naßabscheider (Venturiwäscher, Füllkörperkolonnen, VDI 3679, VDI-Richtlinie, Mai 1980)
- Abluftbehandlung durch Oxidation (osmogener) gasförmiger Inhaltsstoffe mit Ozon oder Sauerstoff (VDI 2443, VDI-Richtlinie, Januar 1980)
- Thermische (VDI 2442, VDI-Richtlinie, Juni 1987) oder Katalytische Abluftverbrennung (VDI 3476, VDI-Richtlinie, Juni 1990)
- Adsorption an Filtern mit Aktivkohle, Kieselgel, Schlacken, Ionenaustauschern, Torf etc. als Füllmaterial (s. auch 2.1.2.1)
- Absorption in Wäschern, z. B. Strahlguß-, Venturi-, Düsen-, und Kreuzstromwäschern.

Der Nachteil dieser Verfahren besteht in der teilweisen Verlagerung des Abluftproblems in die Bereiche der Abwasserreinigung und Deponie. In der Praxis werden daher zunehmend umweltbiotechnologische Verfahren zur Abluftreinigung in Form von Biofiltern und Biowäschern eingesetzt.

2.1.2 Biologische Abluftreinigung mittels Biofilter und Biowäscher

Diese Techniken vereinigen die Sorption der Geruchs- und/oder Inhaltsstoffe in der wässerigen Phase mit dem nachfolgenden oxidativen Abbau durch Mikroorganismen. Die Inhaltsstoffe der Abluft dienen als Energie- und/oder Baustoffquelle im mikrobiellen Stoffwechsel [4, 34].

Grundsätzliche Voraussetzung für die biologische Reinigung ist die Abbaubarkeit der Abluftkomponenten. Sie ist gegebenenfalls in Vorversuchen zu ermitteln. Eine Zusammenstellung ausgewählter geruchsintensiver Einzelkomponenten, deren Abbauweg und die dabei beteiligten Mikroorganismen ist in Tabelle 1 dargestellt [7, 33].

Vorteile bestehen im niederigen Temperatur- und Druckniveau dieser Prozesse (niedriger Energieeintrag) und in der Tatsache, daß eine echte Mineralisierung der Abluftbestandteile unter Schließung von Stoffkreisläufen (Bildung von Kohlendioxid, Wasser und Mineralstoffen) erfolgt. Längerfristig ist die industrielle Reststoffproblematik nur „im Dialog mit Mikroorganismen" umweltverträglich lösbar.

Tabelle 1. Mikrobiologischer Abbau von luftverunreinigenden, geruchsintensiven Stoffen [33]

Substrat	Abbauprodukte	Abbauweg	Mikroorganismen
Methanol Formaldehyd	CO_2, H_2O	Assimilation über Serin-Transhydroxymethylase-Weg	Pseudomonas AM 1
Niedere Alkohole und Fettsäuren	Acetyl-CoA	β-Oxidation	viele Bakterien und Pilze
Methylketone		Subterminaler Angriff durch Monooxygenasen	*Pseudomonas multivorans*
Dimethylamin	Methylamin und Formaldehyd	Hydroxylase	*Pseudomonas aminovorans*
n-Propylamin	Propionat	Amin-Dehydrogenase	*Mycobacterium convolutum*
Phenol	Acetaldehyd und Pyruvat	meta-Spaltung	*Pseudomonas putida*
Phenol	Acetyl CoA und Succinat	ortho-Spaltung	*Trichosporon cutaneum*
n-Kresol	Protokatechusäure	ortho-Spaltung	*Pseudomonas fluorescens*
m-Kresol	Fumarat und Pyruvat	Gentisinsäure-Weg	*Pseudomonas* sp.
Benzaldehyd	Benzylalkohol und Benzoesäure	Dismutation	*Acetobacter ascendens*
Anilin	2-Hydroxyacetanilid 4-Hydroxyanilin		*Aspergillus ochraceous*
Anilin	Catechol	Dioxygenierung	*Nocardia* sp.
Pyridin 4-Methylpyridin			*Pseudomonas* sp.
Indol	Catechol		*Chromobacterium violaceum*
Indol	Tryptophan		*Neurospora crassa*
Campher	Lactonsäure		*Pseudomonas putida*
3-Fluorphenol 4-Fluorphenol 4-Chlorphenol	Acetyl-CoA, Succinat und HF bzw. HCl	ortho-Spaltung	*Bacterium* NClB 8250
Methylmercaptan			*Pseudomonas Bacillus Norcadia Flavobacterium Micrococcus*
Methylmercaptan, Dimethylsulfid, Dimethyldisulfid			*Thiobacillus*
4-Methylmer-captophenol	4-Methylsulfinyl-phenol	Oxidation	*Nocardia calcarea*
4-Methylsul-finylphenol	Methylsulfinyl-muconsäure-semialdehyd	meta-Spaltung	*Nocardia calcarea*

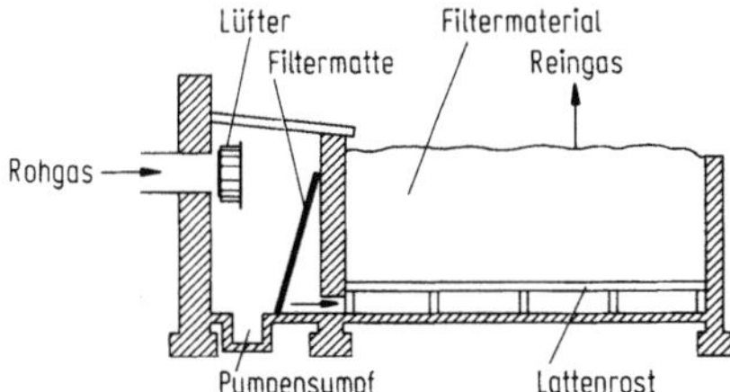

Abb. 1. Schema eines Biofilters zur Abluftreinigung [32]

2.1.3 Bauformen biologischer Abgasreinigungssysteme

2.1.3.1 Biofilter

Der prinzipielle Aufbau eines Biofilters ist in Abb. 1 dargestellt. Danach wird die befeuchtete (!) Abluft beim Durchströmen einer lockeren Schüttung oberflächenreicher, wasserhaltiger, organischer Trägermaterialien von den dort siedelnden Mikroorganismen abgebaut. Typische Biofiltermaterialien sind: Erde, Rinden, Kompost, Torf/Reisig, z. T. mit eingemischten Zuschlagsstoffen.

Bevorzugte Anwendung: Zurückhaltung hydrophober Stoffe

Dimensionierung: VDI-Richtlinie 3477 [5] mit den Parametern Verweilzeit, Filterflächenbelastung und biologischer Filterleistung. Letztere ist durch die abgebaute Menge an Abluftinhaltsstoffen pro Kubikmeter Filter und Stunde charakterisiert.

Filterhöhen: In der Regel 0,5–3 m. Die Verweilzeit des Abluftstromes im Biofilter liegt im Bereich von 20 Sekunden. Typische Abscheidegrade liegen in der Regel über 80% mit Abbauraten von über 70 g Inhaltsstoffen pro Kubikmeter Filtervolumen und Stunde [32].

2.1.3.2 Biowäscher

Abbildung 2 zeigt das Schema eines Biowäschers. Hierbei erfolgt die Reinigung des Abgases durch einen Naßwäscher (Absorptionsphase) gekoppelt mit einer

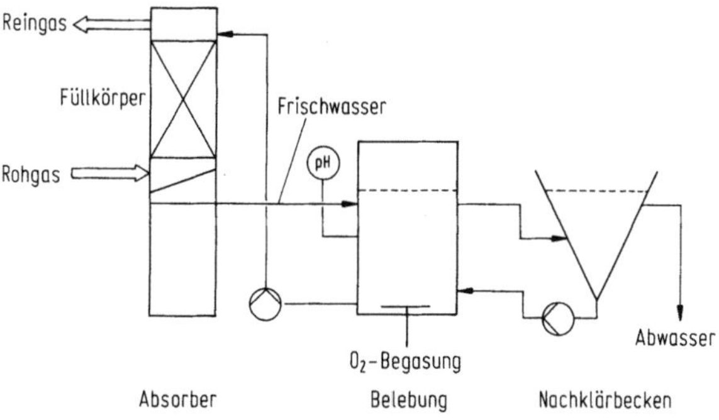

Abb. 2. Schema eines Biowäschers nach dem Belebtschlammverfahren [32]

getrennten biologischen Abbaustufe in einem Belebungsbecken (Regenerationsphase). Die Beladung der Waschflüssigkeit mit den Abluftinhaltsstoffen wird vom Konzentrationsgradienten zwischen der Gasphase und der Flüssigkeit kontrolliert. Der Stoffübergang in der Absorptionskolonne kann durch Prallflächen für die wässerige Mikroorganismenaufschwemmung erhöht werden.

Somit sind für den kontinuierlichen Betrieb sowohl die Schaffung und Erneuerung der Kontaktflächen Gas/Flüssigkeit als auch die Regeneration der beladenen Waschlösung unter optimalen Bedingungen im Belebungsbecken von entscheidender Bedeutung.

Bevorzugte Anwendung: Zurückhaltung hydrophiler Stoffe.

Biowäscher nach dem Tropfkörperverfahren vereinigen Adsorption und Regeneration in einer Stufe [6]. Bestandteile sind flüssigkeitsberieselte Füllkörpermaterialien aus grobkörnigen Naturstoffen ($\varnothing$ 5–10 cm) oder Kunststoffe definierter Geometrie mit einem Hohlraumanteil > 95%. Durch Ansiedlungswachstum von Mikroorganismen bildet sich auf den Oberflächen ein aktiver Biofilm, der über Rieselwasser mit Feuchtigkeit und Spurenelementen versorgt wird. Das zu reinigende Abgas wird im Gegenstrom zum Rieselwasser durch den Tropfkörper geführt. Wasserlösliche Stoffe gelangen in die flüssige Phase und diffundieren in den Biofilm. Dort erfolgt der mikrobielle Abbau unter Mineralisation.

Auch die direkte Einleitung von Abluft in (betriebsinterne) Belebungsanlagen wird praktiziert.

2.1.4 Verfahrensvergleich

Biowäscher sind energieaufwendigere Systeme als Biofilter. Sie sind auch für hochbelastete Abgase und schwankende Abgasströme geeignet. Das Belebungsbecken stellt eine Art Puffer für die hydrophilen Schadstoffe dar. In den Abbau kann steuernd eingegriffen werden (pH, Belüftung, Nährstoffversorgung, Wärmeregulierung). Bei aggressiven Abgasen kommt die betriebstechnische Trennung von Rohgas und Mikroorganismen im Belebungsbecken vorteilhaft zur Geltung [34].

Biofilter sind wegen ihrer vergleichsweise niedrigen Bau- und Betriebskosten auch für kleinere Betriebe finanzierbar [32]. Sie stellen zuverlässige Reinigungssysteme speziell bei Abgasen mit verschiedenen osmogenen und schwerlöslichen Inhaltsstoffen dar. Kürzere Intervalle, z.B. Betriebsstillstand am Wochenende sind verkraftbar, sofern eine hinreichende Luftzufuhr gewährleistet wird (Anaerobzonen).

In beiden Fällen bereitet die quantitative Rückhaltung stark hydrophober Spurenkomponenten aufgrund des geringen Konzentrationsgefälles von flüssiger Phase und Gasphase gewisse Schwierigkeiten.

Bezüglich der mathematischen Modellierung von Biofiltern und Biowäschern einschließlich der Filterkinetik und Mikrobiologie sei auf [34] verwiesen. Realisierte Projekte sind u.a. in [3, 32, 34] beschrieben.

2.2 Abwasserbehandlung

2.2.1 Betriebsanalyse

Das Abwasser der Lebens- und Genußmittelindustrie ist häufig durch hohe Konzentrationen an biologisch abbaubaren Stoffen charakterisiert (Tabelle 2). Die direkte Einleitung dieser organischen Verschmutzung in eine kommunale Kläranlage verursacht für den Betrieb hohe Abwasserabgaben [1]. Ökologisch und betriebswirtschaftlich sinnvoller ist eine Vorbehandlung des Rohwassers am Ort der Entstehung.

Die produktbezogenen Lösungsstrategien setzen die Ermittlung des betriebsspezifischen Wasserverbrauchs, Abwasseranfalls und der darin enthaltenen organischen Schmutzfracht, z. B. gemessen als Summenparameter Chemischer Sauerstoffbedarf (CSB) und/oder Biologischer Sauerstoffbedarf in n Tagen (BSB_n) aus allen Produktionsbereichen voraus.

Der Chemische Sauerstoffbedarf (CSB) entspricht der stöchiometrischen Menge an Sauerstoff um eine gegebene chemische Verbindung vollständig zu Kohlendioxid und Wasser zu oxidieren. Für 1 Mol Glucose ergibt sich:

$$C_6H_{12}O_6 + 6\,O_2 \rightarrow 6\,CO_2 + 6\,H_2O$$
$$180\,g \quad + 192\,g \quad\quad 264\,g + 108\,g$$

Damit: 1 g Glucose $\hat{=}$ 1,07 g CSB.

In der Abwasserpraxis mit komplexen Substraten wird häufig Kaliumdichromat als Oxidationsmittel verwendet ($Cr(VI) \rightarrow Cr(III)$) und das Sauerstoffäquivalent photometrisch oder titrimetrisch ermittelt [35, 36]. Der biochemische Sauerstoffbedarf ist definiert als die Sauerstoffmenge (mg/l), die benötigt wird, um eine biologisch oxidierbare organische Substanz bei 20 °C im Dunklen durch Mikroorganismen zu metabolisieren [36]:

Kohlenhydrate		
Salze	O_2	$CO_2 + H_2O + NH_4^+ + Salze$
Proteine	$\xrightarrow{\hspace{3cm}}$	$+$
Sonstige organische	Mikroorganismen	Mikrobielle Biomasse
Stoffe		

Größenordnung: $BSB_5 \approx 0{,}65 \cdot CSB$.

Im statistischen Mittel wird je Einwohner 60 g BSB_5 je Tag an das Abwasser abgegeben. Damit ist auf der Basis des BSB_5 jedem Industrieabwasser ein sogenannter Einwohnergleichwert (EWG) zuzuordnen.

Produziert beispielsweise ein Betrieb 600 m³/Abwasser pro Tag mit einer mittleren BSB_5 Konzentration von 1000 g/m³ so ergeben sich folgende Einwohnergleichwerte:

$$\frac{600\,m^3 \cdot 1000\,g\,BSB \cdot d\,EWG}{d\,m^3 \; 60\,g\,BSB} = 10\,000\,EWG$$

Mittlere Einwohnergleichwerte aus verschiedenen Sparten der Lebens- und Genußmittelindustrie sind in [37] aufgeführt. Größenordnung: Brauerei pro

Tabelle 2. Kenndaten zur Abwasserbeschaffenheit bei der industriellen Nahrungs- und Genußmittelbereitung. Dabei handelt es sich um Literaturdaten aus [8], die im Einzelfall je nach Betriebsstruktur, Jahres- und Tageszeit erheblichen Schwankungen unterworfen sein können

Rohabwasser aus	pH-Bereich	Verschmutzungsbereiche		Spezifische Abwasser-menge (belastet)	Verwertung Reinigungsverfahren [a] Bemerkung
		CSB (mg/l)	BSB$_5$ (mg/l)		
Zuckerherstellung (Rüben)	4,6–6,4	7 500–10 000	5 000– 7 000	0,3–0,6 m^3/t Rüben	a, b, c, d Leicht abbaubar
Stärkeherstellung					b, c, e,
Weizenstärke	4,5– 5,5	18 000–50 000	12 300–18 300	2,0–6,5 m^3/t Mehl	
Kartoffelstärke		5 700	4 900	1,0–4,0 m^3/t Kartoffeln	
Maisstärke	4,3– 4,5	8 000–30 000	9 500–14 000	0,8–1,4 m^3/t Mais	
Reisstärke	10,4–11,4		10 000–15 000	7,5–12 m^3/t Reis	
Pektinherstellung	≦2 (80 %)	≦13 800	≦5 800		c
Molkerei	9 –10,5	700– 3 000	500– 2 000	1–2 m^3/1000 kg Milch	a, b, c, f, k
Hefefabrikation	4,8– 6,5	5 000–25 000	3 500–18 000	10–40 m^3/t Melasse	b, c; Sulfatgehalt: ca. 600–1 200 mg/l
Brauerei	3,9–12,8		1 080– 4 270	0,4–0,6 m^3/hl Bier	Abwasser meist alkalisch CSB/BSB ≈ 1,4–1,8 a, c, k
Mälzerei	7,7	1 730		0,5–2,9 m^3/t Gerste	CSB/BSB ≈ 1,3–1,8 a, c, k

[a] *Reinigungsverfahren:* a = aerobe Methoden; b = Bodenbehandlung (Verregnungen, Verrieseln); c = Anaerobe Methoden (s. Tabelle 2); d = Teiche; e = Fällung; f = Verfütterung; k = öffentliche Kanalisation

Tabelle 2 (Fortsetzung)

Rohabwasser aus	pH-Bereich	Verschmutzungsbereiche		Spezifische Abwasser-menge (belastet)	Verwertung Reinigungsverfahren [a] Bemerkung
		CSB (mg/l)	BSB$_5$ (mg/l)		
Brennerei/Spirituosen	2,5– 3,3	ca. 35 000	ca. 20 000	unterschiedliche Mengen und Belastungen je nach Rohstoffen und Verfahren	Brennschlempen und Lutterwasser weisen BSB und CSB-Werte bis 100 000 mg/l auf. niedriger pH a, c, d, f, k
Sauerkrautfabrik	< 7	ca. 15 000	ca. 6 500	ca. 500 kg Lake/t Kohl	CSB bis 85 000 mg/l bei Frischlake Sauerlake, past. Lake a, b, c, d
Schlachthof	7,5–10,2	3 800–6 075	1 600–3 700	500–2000 l/Rind 300– 600 l/Schwein 35– 50 l/Hähnchen	Feststoffanteile a, c, k
Fischerei	7,1–10,2	940–3 280	500–2 400	70 m³/t Fisch	leicht abbaubar a, k, d

1000 l Bier etwa 150–350 EWG, Molkerei pro 1000 l Milch etwa 25–70 EWG, Stärkefabrik pro Tonne Mais oder Weizen etwa 500–900 EWG.

2.2.2 Reinigungsverfahren

Basierend auf der Betriebsanalyse und der lokalen Situation sind aus den möglichen technischen Elementen der Abwasserreinigung betriebsoptimierte Verfahrenskombinationen zu verwirklichen. Vorgeschlagen werden mechanische, chemisch-physikalische und biologische Operationen.
Mechanische Verfahrensschritte dienen zur Rückhaltung ungelöster Stoffe (z. B. durch Grob- und Feinrechen, Siebanlagen, Filtration, Sedimentation, Flotationsanlagen, Fett- und Ölabscheider). Dies erleichtert in der Regel die nachfolgenden Reinigungsprozesse. In einem ökologisch sinnvollen Verbund von Reststoffen können die abgetrennten organischen Bestandteile als Grundstoffe für andere Produkte, z. B. Trägermaterial für Vitaminzusätze der Tierhaltung, Tierfutter, Kompostsubstrat etc. aufgewertet werden.
Chemisch-physikalische Verfahrensschritte betreffen Neutralisation, Fällung, Adsorption, Verbrennung etc. Beispielsweise wird nach dem Dekantieren die flüssige Phase beim Brennereiabwasser mit Calcium- oder Natriumhydroxid neutralisiert. Beim calciumhaltigen Abwasser der Zuckerherstellung bietet sich eine Ausfällung als Calciumcarbonat mittels Kohlendioxid aus der biologischen Reinigung an. Größenordnung: 10 t pro Tag [38].
Für die so aufbereitete flüssige Phase des organisch belasteten Industrieabwassers sind zur Reduktion des die Schadwirkung und Abwasserabgabe bestimmenden CSB-Gehalts biologische Verfahrensschritte notwendig. Diese werden nachfolgend ausführlicher beschrieben.

2.2.2.1 Anaerobe und aerobe Abwasser-Behandlung

In den letzten Jahren zeichnet sich beim Abwasser der Lebens- und Genußmittelindustrie eine Bevorzugung der anaeroben Vorreinigung gefolgt von einer aeroben Nachreinigung ab. Vorteil dieser Verfahrenskombination: Bei anaeroben Abwasserreinigungsverfahren werden nur ca. 4% der Schmutzfracht in Leibessubstanz der Mikroorganismen (Schlamm) umgewandelt (Abb. 3). Das im Prozeß entstehende Biogas kann als betriebsinterne Energiequelle die umweltschutzbedingten Kosten senken. Bei aeroben Verfahren entstehen aus etwa 50% der Schmutzfracht hingegen Schlammberge, die als Überschußschlamm nachfolgend stabilisiert bzw. entsorgt werden müssen. Dar-

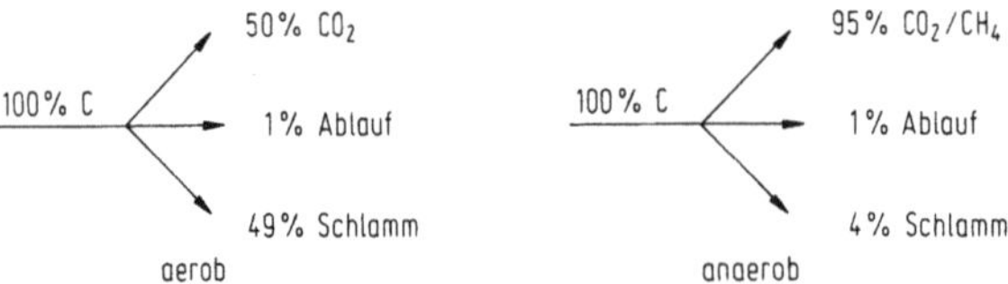

Abb. 3. Vergleich der Kohlenstoffbilanz beim aeroben und anaeroben Abbau organischer Verbindungen

über hinaus besteht ein erheblicher Energieeintrag in Form der Sauerstoffbe-
lüftung.

Anaerobe Bioreaktoren

Bei der anaeroben Abwasserreinigung werden die komplexen organischen
Substrate unter Luftausschluß (anaerob) in vier aufeinanderfolgenden Schritten (Hydrolyse, acidogene und acetogene Phase sowie der Methanbildung) in
ein Gemisch von Kohlendioxid und energiereichem Methangas umgewandelt
[9, 10]. Beispielsweise läßt sich der anaerobe Glucoseabbau durch die stöchio-
metrische Gleichung:

$$C_6H_{12}O_6 \rightarrow 3\,CO_2 + 3\,CH_4$$

beschreiben.

Die fakultativ anaeroben bzw. strikt anaeroben Mikroorganismen haben
überwiegend lange Generationszeiten: Acidogene Bakterien: 1–48 h; Acetogene Bakterien: 9 h–10 d; Methanbakterien: 6 h–5 d. Daher fallen nur 3–5%
des eliminierten CSB als Überschußschlamm an [11].

Ausgehend von der anaeroben Faulung kommunaler Art in volldurchmischten
Reaktoren mit Suspensawachstum wurden in den letzten 15 Jahren Hochleistungssysteme entwickelt (Abb. 4). Diese Fermenter sind Ergebnis und Anwendung des mikrobiologischen und biochemischen Erkenntnisfortschritts
[13, 14, 31]. Sie sind ausgerichtet auf die anaerobe Vorreinigung großer
Volumina organisch stark belasteter Abwässer der Nahrungs- und Genußmittelindustrie sowie des Agrarbereichs auf CSB-Ablaufwerte um 1000 ppm bei
relativ kurzer Verweilzeit.

Zu den neuen Konzeptionen zählen: Kontaktverfahren mit Suspensa –
Rückführung (Anaerobe Belebung); Reaktoren mit Ansiedlungswachstum
(Festbettreaktoren, Anaerobfilter, Schwebe- und Fließbettreaktoren), pulsge-
triebene Anaerobfermenter sowie Schlammbettreaktoren (UASB) mit Bakte-
rien-Pelletbildung und interner Phasentrennung [11, 30, 39, 40]. Die Verfah-
renskonzepte schließen häufig eine Vorversäuerung bei pH 3,5–6,5 und
einer optimalen Prozeßtemperatur von 30–33 °C sowie Methanisierung bei
pH 6,5–7,5 und 33–37 °C in Form sog. zweistufiger Verfahren mit ein.
Nährstoff/Nährsalzminium: CSB/N/P = 800/5/1.

Gemeinsam ist diesen modernen Systemen die Rückhaltung von aktiver
Biomasse. Vor- und Nachteile sowie Einsatzbereiche der verschiedenen
anaeroben Verfahrenstechniken werden in [30] diskutiert. Neben der mesophi-
len Prozeßführung ist auch der anaerobe Abbau im thermophilen Bereich (50–
65 °C) technisch realisiert.

Vorzüge dieser „Methangärung" sind:
- Realisierung einer hohen CSB-Raumbelastung
- kein Energieinput, sondern Energiegewinn in Form von 0,3–0,4 m³ Biogas
  pro Kilogramm eliminierten CSB entsprechend 1,9–2,6 KWh/kg CSB
- nur 3–5% des eliminierten CSB fallen als weiter zu entsorgender Überschußschlamm an.

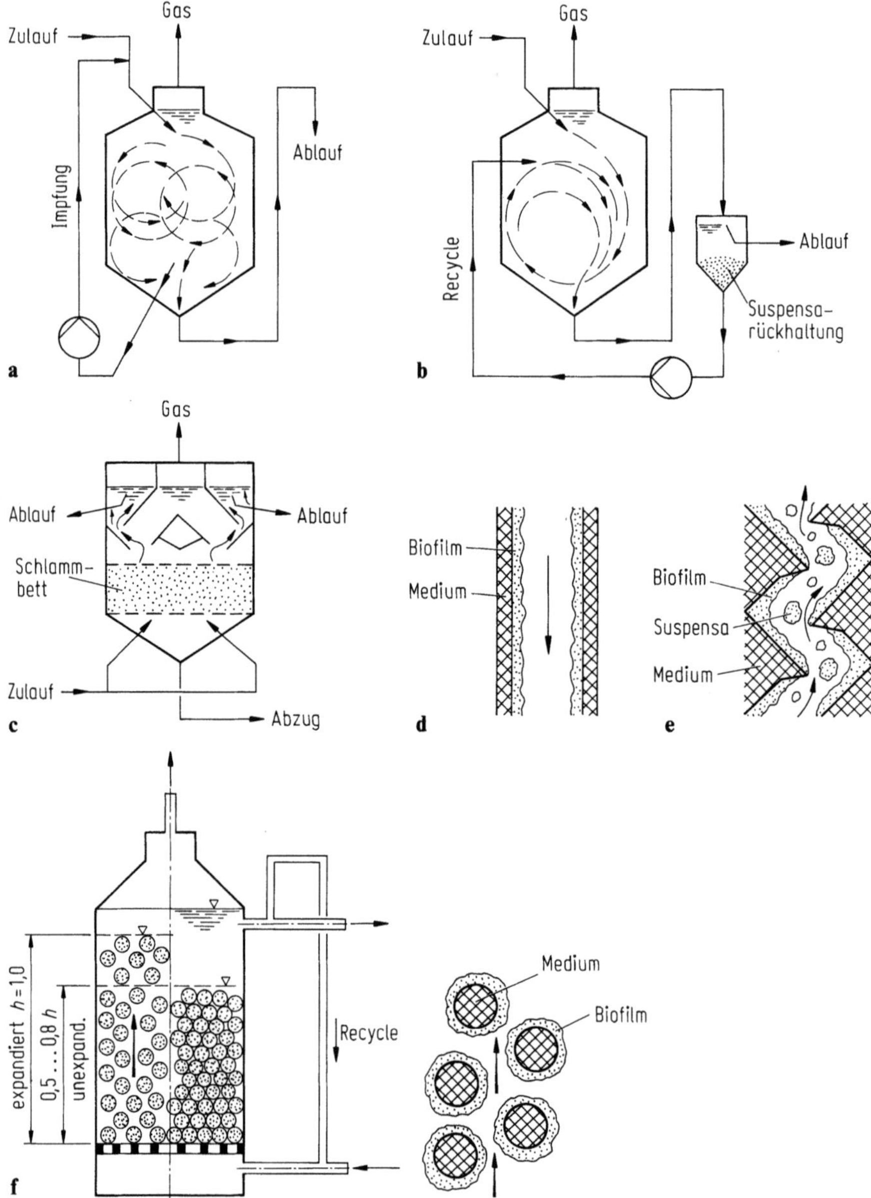

Abb. 4. Schematische Darstellung grundlegender Reaktortypen bei der anaeroben Industrie-abwasser-Reinigung [10].

a Durchlauf-Reaktor (complete mixing),
b Anaerober Kontaktprozeß (Anaerobe Belebung),
c Upflow Anaerobic Sludge Blanket (UASB),
d Röhren-Reaktor,
e Festbettreaktor (Anaerobfilter),
f Schwebbett-, Fließbett- bzw. Wirbelbettreaktor

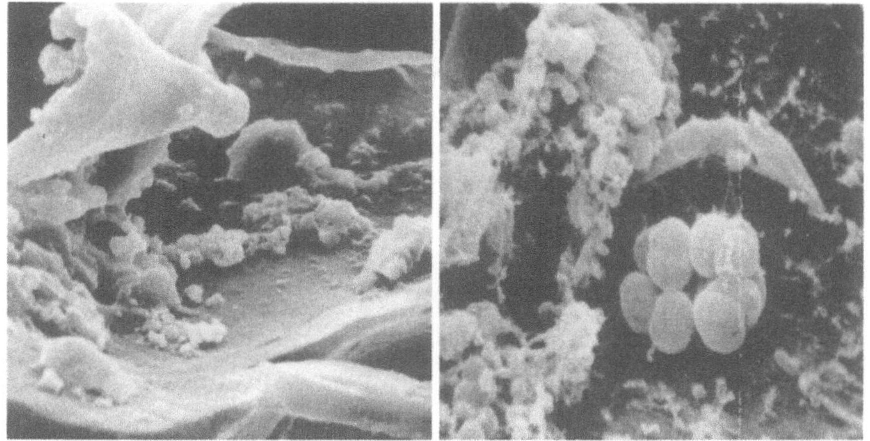

Abb. 5. Rasterelektronenmikroskopische Aufnahmen [39]. **a** natives PUR Trägermaterial vor dem Einsatz im Bioreaktor. Vergrößerung 1500fach. **b** PUR-Träger aus einem pulsgetriebenen anaeroben Schlaufenreaktor mit Bakterienbesiedlung: kugelige Gebilde (Kokken), längliche bis längs-ovale Gebilde sowie fädige Strukturen. Vergrößerung 9000fach. (Aufnahmen: Prof. Dr. Rosenbauer, Universität Düsseldorf)

Der Erfolg der modernen Konzepte liegt in der Entkopplung von Aufenthaltszeit des zu reinigenden Abwassers im Reaktor von den relativ langen Generationszeiten der Methanbakterien. Abbildung 5 zeigt entsprechende Mikroorganismen, die auf Polyurethanträgern (PUR) immobilisiert sind. Durch diese Konzentrierung und Zurückhaltung der mikrobiellen Schmutzstoff-Fresser kann man hydraulische Verweilzeiten von weniger als einem Tag realisieren und mit aeroben Verfahren unter Verringerung der Betriebskosten konkurrieren.

Anaerobe Verfahren sind insbesondere geeignet für Industrieabwasser von Zucker-, Stärke-, Hefe-, Pektin-, Carragen-, Kaugummifabriken sowie Betriebe der Obst-, Gemüse- und Kartoffelverwertung sowie Abläufe aus Molkereien, Brauereien, Brennereien, Schlachthöfen und Fleisch- und Fischverarbeitung.

Die anaerobe Vorreinigung ist in der Zuckerindustrie und bei Brennereien mit am stärksten eingesetzt. Tabelle 3 vermittelt eine Vorstellung von der Leistungs- und Anpassungsfähigkeit der anaeroben Mikroorganismen bei moderner Verfahrenstechnik [30].

Zur Erreichung der Vorfluterreife des Abwassers wird eine aerobe Stufe nachgeschaltet (anaerob-aerobe Behandlung). Bei einer Einleitung in das Entsorgungsnetz der kommunalen Kläranlage verringert sich aufgrund der enormen CSB-Reduktion (75–95%) die Abwasserabgabe erheblich.

Aerobe Bioreaktoren

Die aeroben Mikroorganismen haben kurze Generationszeiten (ca. 2 h). Daher werden ca. 50% der Schmutzfracht in mikrobieller Biomasse integriert. Der

Tabelle 3. Synopsis von Literaturangaben zur Raumbelastung $B_{R,CSB}$, organischer Schlammbelastung $B_{oTS,CSB}$ und zum CSB-Abbaugrad η in großtechnischen Anaerobanlagen.

$B_{R,CSB}$ in kg CSB/m$^3 \cdot$ d

$B_{oTS,CSB}$ in kg CSB/kg oTS $\cdot$ d

$$\eta\% = \frac{(CSB\,(Zulauf)) - (CSB\,(Ablauf)) \cdot 100}{CSB\,(Zulauf)}$$

Abwasserart bzw. Abwasser aus	Reaktor-volumen m^3	Verfahrens-technik	$B_{R,CSB}$ kg/m$^3 \cdot$ d	$B_{oTS,CSB}$ kg/kg $\cdot$ d	η_{CSB} %	Literatur	Nr.
Zuckerherstellung	16 000	An. Belebung	0,63	1,3	90	Sixt (1979)	16
Zuckerherstellung	2 100	An. Belebung	6,7−12,9	1,5−(3,0)	>95	Saake (1986)	17
Zuckerherstellung	800	UASB-Reaktor	15−10	1,0	80−95	Pette et al. (1981)	18
	200	UASB-Reaktor	14	1,3	90		
Zuckerherstellung	1 568	UASB-Reaktor	15,5	0,80	88	Tschersich (1982)	19
Zuckerherstellung	−	An. Belebung	5,0	1,8	92	Huss (1984)	20
Zuckerherstellung	1 070	UASB-Reaktor	5,6	1,4**	95		
Zuckerherstellung	2 000	UASB-Reaktor	2−5	1,1−1,4**	97	Demuynck et al. (1984)	21
Zuckerherstellung	800	UASB-Reaktor	5,0	0,5	91		
Wein-Brennerei	1 890	An. Belebung	1,5	0,24	98	Ross (1980)	22
Wein-Brennerei	1 090	UASB-Reaktor	2,8	0,25	97	Ross (1980)	
Brennerei	300	An. Belebung	2,2−2,5	0,17−0,19	90	Demuynck et al. (1984)	21
Brennerei	4 000	UASB-Reaktor	7,0	0.64	85	Demuynck et al. (1984)	
Zitronensäureherstellung	10 000	An. Belebung	1,3−1,4	0,16−0,29	75−83	Saake (1986)	17
Hefeherstellung	1 900	An. Belebung	2,8−3,9	0,24−0,37	77−82	Saake (1986)	
Molkereiabwasser	84	An. Belebung	0,88	0,13	−	Anderson et al. (1980)	23

Tabelle 3 (Fortsetzung)

Abwasserart bzw. Abwasser aus	Reaktor-volumen m^3	Verfahrens-technik	B$_{R,CSB}$ kg/m$^3 \cdot$ d	B$_{oTS,CSB}$ kg/kg $\cdot$ d	η_{CSB} %	Literatur	Nr.
Sauerkraut- und Sauer-konservenherstellung	5000	An. Belebung	1,5	0,40*	96	Sixt (1979)	16
Gemüseverarbeitung	5000	An. Belebung	2–4,2	0,11–0,28	90–95	Demuynck et al. (1984)	21
Pektinherstellung	3500	An. Belebung	1,65	0,21	88	Seyfried et al. (1983a)	23
Pektinherstellung	3500	An. Belebung	1,8–2,0	0,17–0,22	88	Saake (1986)	17
Pektin- und Carragenan-herstellung	3618	An. Belebung	4–6	0,3–0,5**	93	Seyfried (1974a)	24
Pektinherstellung	3000	An. Belebung	1,7–5,3	0,03–0,1	85	Demuynck et al. (1984)	21
Weizen-Stärkeherstellung	900	An. Belebung	3,6	1,4*	65	Demuynck et al. (1984)	21
Mais-Stärkeherstellung	3000	UASB-Reaktor	2–3	0,15	93–95	Ross (1984)	25
Brauereiabwasser	4680	UASB-Reaktor	6,7	0,7	92	Sax (1982)	26
fleischverarbeitende Industrie	2670	An. Belebung	4,3	1,1	88	Mosey (1981)	27
fleischverarbeitende Industrie	7117	An. Belebung	0,84	0,50*	95	Ranos et al. (1966)	28

verbleibende Anteil wird in anorganische Endprodukte, d. h. Kohlendioxid, Wasser und Mineralsalze umgewandelt. Für den aeroben Glucoseabbau ergibt sich:

$$C_6H_{12}O_6 + 6O_2 \rightarrow 6CO_2 + 6H_2O.$$

Basierend auf den in den 20er Jahren im Bereich der kommunalen Kläranlagen entwickelten aeroben Abwasserreinigungssystemen stehen heute für die Belange der Nahrungs- und Genußmittelindustrie „maßgeschneiderte" Reaktoren zur Verfügung.

Tropfkörper

Ein Tropfkörper besteht in der Regel aus einem 3 bis 4 m hohen zylindrischen Behälter, der mit Brockenmaterialien oder hohlräumigen Kunststoffelementen gefüllt ist [41]. Von oben wird Abwasser mittels Drehsprengler gleichmäßig verteilt aufgegeben und rieselt durch die Tropfkörperfüllung. Während der Anfahrphase überzieht sich das Füllmaterial mit einer Schleimschicht (Biofilm, Tropfkörperrasen), die eine Lebensgemeinschaft von Bakterien, Pilze, Protozoen, Kleinkrebsen, Würmern und Insektenlarven darstellt.
Beim Durchtropfen wird Sauerstoff zum aeroben Abbau der Schmutzstoffe aufgenommen. Zur biologischen Teilreinigung von Abwasser der Nahrungsmittelindustrie wurden bei Tropfkörpern BSB_5 Raumbelastungen von 5 kg $BSB_5/m^3 \cdot d$ und höher „gefahren" und Wirkungsgrade von ca. 50% erzielt. Scheibentropfkörper auch Tauchtropfkörper genannt sind Niederenergiesysteme. Dabei ist der Biofilm auf Kunststoffmaterialien wie z. B. Polystyrol oder Polyurethan fixiert. Durch Rotation um eine Zentralachse sind diese periodisch dem zu reinigenden Abwasser und dem Luftsauerstoff ausgesetzt.

Belebungsverfahren

Beim Belebtschlammverfahren findet der mikrobielle Abbau der Abwasserinhaltsstoffe in einem „Bakterienaquarium", d. h. einem belüfteten Belebungsbecken aus Beton oder Stahlblech statt [36]. Die Organismen (aerobe Bakterien, Protozoen) schweben in der turbulenten Strömung des Belüftungsbeckens.
Zur Anreicherung der Bakterienmasse muß dem Belebungsbecken eine „Feststoff-Falle" nachgeschaltet werden. In diesem Nachklärbecken trennen sich die Schlammflocken (mehr oder weniger vollständig) vom gereinigten Abwasser und können in die Belebungsbecken zurückgeführt werden. Überschußschlamm wird abgezogen und gesondert stabilisiert.
Der Eintrag von Luft oder Sauerstoff erfolgt durch Druckbelüfter, Oberflächenbelüfter (Kreisel- oder Stabwalzenbelüfter).
Die Übernahme dieser verfahrenstechnischen Prinzipien zur Reinigung organisch hochbelasteter Industrieabwässer in den letzten 20 Jahren erforderte gewisse Modifikationen [7]:
- Geschlossene Bauweise des Belebungsbeckens zur Verringerung der Geruchsemissionen und Möglichkeit der Weiterbehandlung des Abgases.

– Platzsparende Bauweise in turmartigen Behältern wie z. B. Bio-Hochreaktor der Fa. Hoechst oder Turmbiologie der Fa. Bayer [44].
– Effizientere Belüftersysteme (Injektorbelüftung, Radialstromdüsen), die die Ausnutzung des Sauerstoffeintrags von 5–15% auf ca. 80–85% steigern und zur Senkung der Energiekosten beitragen. Zum Vergleich: Etwa 80% der elektrischen Energie der Anlagen wird für Belüftungsaufgaben verbraucht [42–44].
– Effektive Abtrennung der Biomasse durch Sedimentation oder Begasungsflotation.
– Intensive Durchmischung und/oder Dispergierung für den Stoff- und Wärmeübergang erfolgt in Schlaufenreaktoren mit Gas-, Propeller- und Strahlantrieb [42, 49] sowie in neuentwickelten pulsgetriebenen Schlaufenreaktoren [39]. Dabei haben sich der Hubstrahlreaktor [43] und Kompaktreaktor [45] in der praktischen Erprobung als effektive, platzsparende Hochleistungssysteme mit kurzer Verweilzeit erwiesen.

Tabelle 4. Beispiele leistungsfähiger Aerobanlagen zur Reinigung von Brauereiabwasser

	Königsbacher Brauerei	Bitburger Brauerei	
		1983	später
Wassermenge (m^3/d)	2000	6000	(7200)
O_2-Eintrag (tato)	5,0	(10,5)	(12,6)
Wasserhöhe (m)	19–21	15	–21
max. Reaktorvolumen (m^3)	6600		7300
CSB im Zulauf (ppm)	2000	1500	–2000
CSB im Ablauf (ppm)	35–50	50	–70
Elimination (%)	97,5–98,3	95,3	–97,5

Ergebnisse dieser optimierten aeroben Verfahrenstechniken der Abwasserreinigung sind in Tabelle 4 am Beispiel von Brauereien veranschaulicht. Weitere Beispiele aus dem Bereich der Nahrungs- und Genußmittelindustrie sind ausführlich in [42–45] beschrieben.
Ein großtechnisches Beispiel der aeroben Nachreinigung eines anaerob vorbehandelten Abwassers ist bei der Lehrter Zucker AG realisiert [15]. Bei einem CSB-Zulauf der Anaerobstufe von 5200–9400 mg/l (pH 4,6–6,4), einem CSB-Ablauf der Anaerobstufe von 1300–3400 mg/l (pH 7,2–8) wird durch die aerobe Weiterbehandlung in der Turmbiologie letztlich ein Ablaufwert der Aerobstufe von 80–140 mg CSB/l (pH 7,6–8) erreicht. Dies entspricht einer Gesamtreinigung von 98,5%.

Teichverfahren

Abwasserteiche sind großflächige, natürliche oder technische Behandlungsanlagen, die in der Nahrungs- und Genußmittelindustrie insbesondere der Zuckerindustrie aber auch bei der Agraralkoholgewinnung in Ländern mit

warmem Klima Eingang gefunden haben. Je nach dem Ausmaß der Belüftung
können aerobe (Oxidationsteiche) oder aerob/anaerobe Verhältnisse vorherrschen. Schließlich dienen Schönungsteiche der weitergehenden Reinigung von
vorgereinigtem Abwasser [7, 8, 46, 47].

2.3 Elimination von N- und P-Verbindungen

Zur Vermeidung der Eutrophierung von Gewässern wird als sog. 3. Reini-
gungsstufe die Entfernung von Stickstoff (Nitrat, Ammonium) und Phosphat
aus dem Abwasser vorgenommen. Die biochemische Stickstoffelimination
[7, 29] gliedert sich in die Stufen Nitrifikation und Denitrifikation:

Nitrifikation: Unter Sauerstoffzufuhr wird Ammonium mikrobiell in zwei
Schritten in Nitrit und Nitrat umgewandelt:

$$NH_4^+ + 1{,}5\,O_2 \xrightarrow{\ \text{Nitrosomonas}\ } NO_2^- + 2\,H^+ + H_2O$$

$$NO_2^- + 0{,}5\,O_2 \xrightarrow{\ \text{Nitrobacter}\ } NO_3^-$$

Denitrifikation: In Abwesenheit von Sauerstoff wird Nitrat mittels Wasser-
stoffdonatoren wie z. B. Methanol durch fakultativ anaerobe Mikroorganismen zu Distickstoff und OH^--Ionen umgewandelt:

$$NO_3^- + 5\,H \rightarrow 0{,}5\,N_2 + OH^- + 2\,H_2O$$

Diese Verfahren gewinnen auch bei der biologischen Trink- und Betriebswas-
seraufbereitung (Nitratproblematik) neben der Adsorption von Nitrat an
Aktivkohle zunehmend an Bedeutung.
Alternative Methoden sind Strippverfahren (Entfernung als Ammoniak und
Fixierung in Biofiltern), Fällung als $MgNH_4PO_4$, Ionenaustausch und Um-
kehrosmose [48].
Phosphat kann auf biologischem Wege in Belebtschlamm-Organismen oder
Algen integriert [46] oder als $Ca_3(PO_4)_2$, $FePO_4$ oder $AlPO_4$ ausgefällt werden
[7, 48].

3 Literatur

1. Rechtswörterbuch (L. Meyer-Gossner(Hrsg)) 10. Auflage, C. H. Beck'sche Verlagsbuch-
   handlung, München 1990
2. Menig H (1977) Luftreinhaltung durch Adsorption, Absorption und Oxidation. Deutscher Fachschriften-Verlag, Braun & Co.KG, Wiesbaden
3. Gudernatsch H, Stemmildt S, Schwenecke HJ, Renz W (1981) Verfahren und Geräte zur
   Abgasreinigung. In: Ullmanns Encyklopädie der technischen Chemie, Bd 6 (Weise E
   (Hrsg)), 4. Aufl, Umweltschutz und Arbeitssicherheit, Verlag Chemie Weinheim, Deer-
   field Beach, Florida, Basel S 293–314
4. Fischer F, Homans WJ, Bardtke D (1985) Biologische Abluftreinigung. Supplement
   Umweltschutz-Umweltanalytik 3, S 30–33

5. VDI (1989) Biologische Abgas-/Abluftreinigung, VDI-Richtlinie Entwurf Februar
6. VDI 3478 (1985) „Biologische Abluftreinigung + Biowäscher" VDI-Richtlinie Juli
7. Präve P, Faust U, Sittig W, Sukatsch DA (1984) Handbuch der Biotechnologie, Akademische Verlagsgesellschaft, 2. Aufl, Wiesbaden
8. Lehr- und Handbuch der Abwassertechnik (1985) (Hrsg Abwassertechn. Vereinigung e.V. in St. Augustin) 3., überarb. Aufl Bd V: Organisch verschmutzte Abwässer der Lebensmittelindustrie. Verlag Ernst & Sohn, Verlag für Architektur u. techn. Wiss.
9. Sahm H (1984) Anaerobic Wastewater Treatment. In: Advances in Biochemical Engineering/Biotechnology 29:84–115 Fiechter A (ed), Springer, Berlin Heidelberg New York Tokyo
10. Stadlbauer EA, Sixt H, Konstandt HG (1982) Biogasanlagen, Energieerzeugung und Umweltschutz durch Biogastechnologie. Industrieabwässer, Landwirtschaft, Deponie, Kontakt und Studium Bd 103, Expert Verlag Grafenau/Württ.
11. Stronach SM, Rudd T, Lester JN (1986) Anaerobic Digestion Processes in Industrial Wastewater Treatment. Springer, Biotechnology Monographs
12. Dietrich KR (1960) Ablaufverwertung und Abwasserreinigung in der biochemischen Industrie. Dr. Alfred Hüthig Verlag GmbH, Heidelberg
13. Münchener Beiträge zur Abwasser-, Fischerei- und Flußbiologie (1983) Anaerobe Abwasser- und Schlammbehandlung, Bd 36. Biogastechnologie. Oldenburg Verlag München
14. Anaerobic Treatment of Wastewater in Fixed Film Reactors (1983) Henze M (ed) Proceedings of a Specialised seminar of the IAWPRC held in Copenhagen, Denmark, 16–18 June, 1982, (Water science and technology; v. 15:8/9) Pergamon Press, Oxford New York Toronto Sydney Paris Frankfurt
15. Dankert HJ, Pascik Imre (1983) Anaerob-aerobe Behandlung von Abwässern aus der Zuckerherstellung. Ein neues Verfahren der Lehrter Zucker AG, Zuckerind. 108:847–852
16. Sixt H (1979) Reinigung organisch hochverschmutzter Abwässer mit dem anaeroben Belebungsverfahren am Beispiel von Abwässern der Nahrungsmittelherstellung. Veröffentlichungen des Instituts für Siedlungswasserwirtschaft der Universität Hannover, Heft 50
17. Saake M (1986) Abscheidung und Rückhalt der Biomasse beim anaeroben Belebungsverfahren und in Festbett-Reaktoren. Veröffentlichungen des Instituts für Siedlungswasserwirtschaft und Abfalltechnik der Universität Hannover, Heft 68
18. Pette KC, Vletter R, de Winds E, Gils W, van (1981) Full scale anaerobic treatment of best-sugar wastewater. Proceedings of the 35th Industrial waste Conference, 13–15 May 1980, Purdue University, Lafayette, Indiana, Ann Arbor Science; Ann Arbor, Mich, 635–642
19. Tschersich J (1982) Biothane – ein Verfahren zur anaeroben Abwasserreinigung und Biogas-Gewinnung, Zuckerind. 107:838–842
20. Huss L (1984) Das Anamet-Verfahren. Zuckerind. 109:133–136
21. Damuynck M, Nyns EJ, Palz W (1984) Biogas Plants in Europa, A Practical Handbook (included Compendium). Solar energy R. & D. in the European Community, Series, E, Energy from Biogas, vol 6
22. Ross WR (1980) Treatment of Concentrated Industrial Organic Wastes by Means of the Anaerobic Digestion Process. 3rd International Congress on Industrial Waste Water and Wastes, Stockholm, Febr.
23. Seyfried CF, Bode H, Saake M (1983) Anaerobic Treatment Plant for the Industrial Effluent of a Pectine Producing Company-Process Design and operating results. Proceedings of the European Symposium, AWWT. November, Noordwijkerhout, Netherlands S 468
24. Seyfried CF (1974) The treatment of organic effluents from non-food industries. Industrial Aspects of Biochemistry, Spencer B (ed) 1974, Federation of European Biochemical Societies, S 405–4299
25. Ross WR (1984) The phenomenon of sludge pelletisation in the anaerobic treatment of a maize processing waste. Water SA, vol 10, S 197–204

26. Sax RI (1982) Advantages of the Biothane System for the Anaerobic Pretreatment of Industrial Wastewater. Modern Brewery Age 35:5–10
27. Mosey FE (1981) Anaerobic Biological Treatment of Food Industry Waste Waters. Wat. Pollut. Control, S 273–289
28. Rands MB, Cooper DE (1966) Development and Operation of a Low cost Anaerobic Plant for Meat Wastes. Proceedings of the 21th Industrial Waste Conference, Purdue University, Lafayette, Indiana
29. Mann Th, Pascik I (1985) Die Bayer Turmbiologie. Supplement Umweltschutz – Umweltanalytik 3:19–27
30. Seyfried CF, Saake M (1986) Verfahren der anaeroben Reinigung von Industrieabwässern. Korrespondenz Abwasser 33:877–892
31. Henze M, Harremoës P, Anaerobic Treatment of Wastewater in Fixed-Film Reactors – A Literature Review, in (14) p 1–101
32. Windsperger A (1989) Einsatz biologischer Verfahren zur Reinigung lösungsmittelhaltiger Abgase. GIT Supplement Umweltanalytik Umweltschutz 1:24–33
33. Steinmüller W, Claus G, Kutzner HJ (1979) Mikrobiologischer Abbau von luftverunreinigenden Stoffen. Staub-Reinh.-Luft 39:149–153
34. Simon OP, Ottengraf (1986) Exhaust Gas Purification in: Biotechnology (Rehm HJ & Reed G, eds) vol 8, Microbial Degradation (Schönborn W, vol, ed), VCH Verlagsges. Weinheim, S 425–452
35. Deutsche Einheitsverfahren zur Wasser-, Abwasser- und Schlammuntersuchung. Fachgruppe Wasserchemie der CDCh in Gemeinschaft mit NAW im DIN Deutsches Institut für Normung e.V. 3. Aufl, 1981, VCH Verlag Weinheim
36. Verstraete W, van Vaerenbergh E, Aerobic Activated Sludge, in (34) pp 43–112
37. Imhoff K, Imhoff KR, Taschenbuch der Stadtentwässerung, 26. Aufl, R. Oldenbourg Verlag, München Wien
38. Huber L, Metzner G, Examples of Industrial Waste Water Treatment, in (34) pp 269–305
39. Etzold M, Hoogveldt J, Küfner B, Quurck J, Stadlbauer EA (1989) Pulsgetriebener Schlaufenreaktor. GIT Supplement Umweltanalytik Umweltschutz 1:18–23
40. Nyns E-J, Biomethanation Processes, in (34) pp 207–267
41. Bishop PL, Kinner NE, Aerobic Fixed-Film Processes, in (34) pp 113–176
42. Blenke H (1985) Biochemical Loop Reactors. In: Biotechnology (Rehm HJ & Reed G, eds), vol 2: Fundamentals of Biochemical Engineering (Bauer H, ed) vol VCH Verlags. pp 465–517
43. Bauer H, Biological Waste Water Treatment in a Reciprocating Jet Bioreactor, in (42) pp 519–535
44. Zlokarnik M, Tower-shaped Reactors for Aerobic Biological Waste Water Treatment, in (42) pp 537–569
45. Räbiger N, Vogelpohl A (1983) Der Kompaktreaktor, ein neuentwickelter Schlaufenreaktor mit hoher Stoffaustauschleistung. Chem. Ing. Tech. 55:486–487
46. Mara DD, Pearson H, Artificial Freshwater Environment: Waste Stabilization Ponds, in (34) pp 177–206
47. Abwassertechnologie (1984) Inst. Fresenius GmbH, W. Schneider; Forschungsinst. für Wassertechnologie an der RWTH Aachen, B. Böhnke; Springer, Berlin Heidelberg New York Tokyo
48. Weissbrodt W, Abwasserbehandlung, in (1) pp 417–464
49. Etzold M, Stadlbauer E (1990) Design and Operation of Pulsed Anaerobic Digesters Bioprocess Engineering 5:7–12

1.4 Möglichkeiten der Haltbarmachung von Lebensmitteln durch physikalische Verfahren

W. E. L. Spieß, W. Wolf und Th. Grünewald, Karlsruhe

1 Einleitung

Die meisten der heute auf dem Markt angebotenen, verarbeiteten Lebensmittel werden durch Anwendung thermischer Konservierungsverfahren, d. h. durch Wärmeanwendung, Kältebehandlung oder durch Wasserentzug haltbar gemacht. Sterilisieren, Gefrieren und Trocknen sind als die traditionellen Konservierungsverfahren anzusprechen. Neben den thermischen Verfahren, die die wichtigsten Prozesse der physikalischen Verfahren darstellen, gibt es noch eine Reihe anderer sowohl physikalischer als auch chemischer bzw. biochemischer Verfahren (s. Tabelle 1), die jedoch entweder spezielle Produkteigenschaften ausbilden, eine geringe wirtschaftliche Bedeutung besitzen oder besondere Produkteigenschaften für ihren Einsatz voraussetzen. Zu nennen sind hier beispielhaft Sauergemüse, fermentierte Fleischwaren sowie Sauermilcherzeugnisse. Eine kleinere Zahl traditioneller Verfahren wie das Räuchern findet nur noch eingeschränkt Verwendung, bzw. ist vom Gesetzgeber nicht mehr zugelassen. Letzteres gilt insbesondere für den Zusatz einiger chemischer Konservierungsmittel. Auch die sogenannten physikalischen Verfahren beeinflussen die Haltbarkeit der Produkte durch Eingriffe in chemische und biochemische Prozesse, die in allen Lebensmitteln ablaufen. Durch Wärmeeinwirkung werden z. B. Eiweißstrukturen zerstört (Enzyminaktivierung), durch Temperaturabsenkung werden Reaktionsgeschwindigkeiten gesenkt, durch Gefrieren und Trocknen wird die Wasseraktivität eines Erzeugnisses erniedrigt.

Der Schwerpunkt dieses Beitrages liegt auf der Darstellung der Wärmeanwendung bei der Haltbarmachung von Lebensmitteln, die im wesentlichen das Erhitzen, Kühlen und Gefrieren sowie die Trocknung (Wasserentzug) umfaßt.

Lebensmittel bzw. deren Rohwaren unterliegen vielfältigen Veränderungen, die z. T. erwünscht (z. B. Reifungsvorgang), meist jedoch unerwünscht sind. Die Veränderungen werden durch eine Reihe von Faktoren ausgelöst, die ganz grob in äußere (Temperatur, Feuchtigkeit, Zusammensetzung der Atmosphäre, Licht, Mikroorganismen, etc.) und innere Einflußgrößen (Enzyme; Konzentration und Verteilung der Inhaltsstoffe) eingeteilt werden können. Insbesondere das Zusammenwirken der verschiedenen Faktoren führt zu Veränderungen eines Produktes, wobei diese über verschiedene Stufen der Wertminderung bis zum völligen Verderb führen können. Aufgabe der Lebensmitteltech-

Tabelle 1. Stabilisierungsverfahren

Physikalische Verfahren	Chem. biochem. Verfahren
Thermische Verfahren	*Konventionelle Verfahren*

Wärmeanwendung
– Blanchieren
   Weitgehende Enzyminaktivierung, Brechen des Zellturgors pflanzlicher Zellen (wird nur in Kombination mit anderen Verfahren eingesetzt)
– Pasteurisieren
   Teilweise Mikroorganismenabtötung; Enzyminaktivierung
– Sterilisieren
   Mikroorganismenabtötung bis zur praktischen Sterilität; Enzyminaktivierung
Kälteanwendung
– Kühlen
   Verlangsamung chemischer und biochemischer Prozesse (Verlangsamung des Mikroorganismenwachstums)
– Gefrieren
   Weitgehende Unterbindung chemischer und biochemischer Prozesse (Vollständige Unterbindung des Mikroorganismenwachstums)
Wasserentzug
– Konzentrieren
– Trocknen
   Weitgehende Unterbindung chemischer und biochemischer Prozesse (vollständige Unterbindung des Mikroorganismenwachstums)
	– Salzen
	   Entzug von Wasser, Denaturierung von Eiweiß, Ausbildung einer spez. nicht pathogenen Mikroorganismenflora, hierdurch Unterstützung fermentativer Prozesse
	– Pökeln
	   Entzug von Wasser, Denaturierung von Eiweiß, Ausbildung einer spez. nicht pathogenen Mikroorganismenflora, hierdurch Unterstützung fermentativer Prozesse; Umrötung von Fleisch
	– Räuchern
	   Entzug von Wasser, Denaturierung von Eiweiß, Hemmung des Mikroorganismenwachstums
	– Zuckern
	   Erhöhung des Trockensubstanzanteils
	– Säuern (Essigsäure)
	   Hemmung von Stoffwechselvorgängen

Mechanische Verfahren	*Fermentationsverfahren*

Zerkleinern
– Homogenisieren
– Mahlen Sichten
Filtrieren
– Entkeimungsfiltration
   Entfernung von Mikroorganismen
– Umgekehrte Osmose
	– Enzymatische Säuerung (Milchsäure)
	   Unterbindung/Hemmung von Stoffwechselvorgängen, chemische Umsetzungen, Ausbildung einer nichtpathogenen Mikroorganismenflora
	– Alkoholische Gärung

Sonstige Verfahren	*Zusatzstoffverfahren*

– Bestrahlung mit ionisierenden Strahlen
   Abtöten von Mikroorganismen; Hemmung der Stoffwechselaktivität bei höheren Pflanzen, Verhinderung des Auskeimens
– CA-Lagerung
   Hemmung der Stoffwechselaktivität bei höheren Pflanzen (Keimhemmung bei Sproßorganen)
– Verpackung
	– Zusatz von Substanzen mit Konservierungs-Eigenschaften
	   Hemmung des Mikroorganismenwachstums und chemischer Umsetzungen

nik ist es, soweit sie sich mit der Haltbarmachung von Lebensmitteln beschäftigt, den Einfluß der äußeren bzw. inneren Faktoren, die eine Qualitätsveränderung auslösen können, auszuschalten bzw. in ihrer Wirkung zu hemmen.

Bei der z. Zt. besonders nachhaltig vorgetragenen Forderung, vermehrt frische und unveränderte Produkte zu vermarkten, kommt der Ausschaltung der *äußeren* Faktoren besondere Bedeutung zu. Für diese Zielsetzung wurden bereits eine Reihe von Verfahren, die nicht oder nur wenig in die Struktur des Gutes eingreifen bzw. seine Beschaffenheit nur wenig verändern, wie z. B. das CA-Lagerverfahren, Verpackung in lichtundurchlässigem Material, oberflächliches Erhitzen oder gar Bestrahlen mit ionisierenden Strahlen entwickelt.

Die Beeinflussung der *inneren* Faktoren sowie die Ausschaltung von Mikroorganismen, die die bedeutsamste Rolle beim Lebensmittelverderb spielen, erfordern jedoch i. a. tiefgreifende Maßnahmen, wie diese die oben genannten thermischen Verfahren darstellen.

Mikroorganismenwachstum kann verhindert werden durch Veränderung der Milieubedingungen (pH-Wert, Temperatur, a_w-Wert) und durch thermische Abtötung, die insbesondere beim Vorhandensein pathogener Mikroorganismen unerläßlich ist.

Von großer Bedeutung bei der thermischen Abtötung ist, daß sich die verschiedenen Mikroorganismenarten sehr unterschiedlich verhalten. Ähnliches gilt für Enzyme, die durch mehr oder minder starke Wärmeeinwirkung inaktiviert werden können. Durch Kälteanwendung und Wasserentzug kann die Aktivität von Mikroorganismen und die Intensität der katalytischen Wirkung von Enzymen herabgesetzt oder vollständig gehemmt werden.

In Tabelle 1 sind die im folgenden zu besprechenden Verfahren zusammen mit anderen Verfahren zur Lebensmittelkonservierung kurz charakterisiert.

2 Anwendung von Kälte

Der Einsatz kältetechnischer Verfahren in der Lebensmittelindustrie erfolgt grundsätzlich aus zwei verschiedenen Gründen: Zur Schaffung günstiger Temperaturbedingungen für die Herstellung und Verarbeitung bestimmter Erzeugnisse sowie zur Verlängerung der Lagerungsfähigkeit.

Die Absenkung des Temperaturniveaus bei der *Verarbeitung* ist insbesondere notwendig in der Milchwirtschaft, in der Getränkeindustrie sowie in der Fett-, Fleisch- und Backindustrie. Da das Temperaturniveau hierbei im allgemeinen über der Temperatur des Gefrierbeginns der Erzeugnisse liegt, spricht man hier auch von Kühlverfahren. Eine Umwandlung von Wasser in Eis, d. h. ein Gefrieren der Lebensmittel zur Verarbeitung ist bei der Herstellung von Speiseeis, zur Durchführung von Gefrierkonzentrierungsverfahren und zur Vorbereitung des Gefriertrocknungsverfahrens erforderlich.

Die Anwendung der Kältetechnik zur *Verlängerung der Lagerfähigkeit* erfolgt ebenfalls in Form von Kühl- und Gefrierverfahren. Einer *Kühllagerung* unterworfen werden in erster Linie Produkte, die nur kurzfristig vor der

Verarbeitung oder dem Verzehr gelagert werden sollen, wie z. B. Obst, Gemüse, Milch, Fleisch und Fleischwaren, oder solche Produkte, die durch Gefrieren so verändert werden, daß sie nicht mehr ihren ursprünglichen Genußwert besitzen wie z. B. Blattsalate, Tomaten, Gurken. Eine Verbesserung der Qualität kühlgelagerter Produkte wird in einigen Fällen durch die Veränderung der Lageratmosphäre erreicht (Obst, Gemüse, Fleisch, vorverarbeitete Speisen).

Einer Gefrierlagerung werden Produkte unterworfen, die über längere Zeiträume (3–18 Monate) gelagert werden sollen. Die Gefrierlagerung von Lebensmitteln ist aus volkswirtschaftlicher Sicht mit die wichtigste Art der Kältebehandlung von Lebensmitteln, da es hiermit möglich ist, die moderne Industriegesellschaft mit Erzeugnissen zu versorgen, deren sensorische und ernährungsphysiologische Qualität auch nach längerer Lagerung der Qualität von erntefrischen oder frisch verarbeiteten Produkten sehr nahe kommt.

2.1 Die Grundlagen des Gefriervorganges

Der Hauptbestandteil der wichtigsten leichtverderblichen Lebensmittel, die durch Gefrieren haltbar gemacht werden, ist Wasser. Mageres Rindfleisch hat beispielsweise einen Wassergehalt von 70–75%, Gemüse und Obst je nach Art 75–95% (s. Tabelle 2).

Das Wasser kommt in Lebensmitteln nie rein vor, sondern es enthält stets Salze und andere lösliche Stoffe wie z. B. Proteine oder Kohlenhydrate. Vereinfacht gesprochen, können Lebensmittel demnach als wäßrige Lösungen angesehen werden, deren Gefrierverhalten in einigen Erscheinungsformen dem von Wasser entspricht, in anderen vom Gefrierverhalten von Wasser erheblich abweicht. Analog dem Gefrieren von reinem Wasser kristallisiert das Wasser in Lebensmitteln ebenfalls in Form von Eiskristallen aus, wobei jeder Kristall nur aus reinem Wasser besteht. Gelöste Substanzen werden somit in Form von nicht gefrierbaren Restlösungen konzentriert. Bei Gefriertemperaturen unmit-

Tabelle 2. Wassergehalte einiger wichtiger Lebensmittel in % H_2O (bezogen auf das Gesamtgewicht)

Produkt	% H_2O	Produkt	% H_2O
Rindfleisch	73	Kopfsalat	94,5
Schweinefleisch	70	Tomaten	94,0
Fisch (fett)	65	Blumenkohl	92
Fisch (mager)	78	Erbsen	76
Milch	88	Kartoffeln	77,2
Hartkäse	35	Erdbeeren	89
(Emmentaler 45% Fett)		Pfirsiche	88
Weichkäse	52	Äpfel	86
(Camembert 45% Fett)			
Eiklar	87	Kirschen	86
Eigelb	50	Nüsse	5–22

Tabelle 3. Gefrierbeginn einiger Lebensmittel

Produkt	Gefrier-beginn [°C]	Produkt	Gefrier-beginn [°C]
Fleisch	$-0,6$ bis $-1,2$	Tomaten, Himbeeren	$-0,9$
Fisch	$-0,6$ bis -2	Blumenkohl	$-1,1$
Milch	$-0,5$	Zwiebel, Erbsen, Erdbeeren	$-1,2$
Eiklar	$-0,45$	Pfirsiche	$-1,4$
Eigelb	$-0,65$	Äpfel, Birnen	-2
Kopfsalat	$-0,4$	Pflaumen	$-2,4$
		Kirschen	$-4,5$
		Kastanien, Nüsse	$-6,7$

telbar unterhalb des Gefrierpunktes und langsamem Wärmeentzug bilden sich wenige Kristallkeime, die dann langsam zu großen Kristallen wachsen können. Wird dagegen bei tiefen Temperaturen und schnellem Wärmeentzug gefroren, so bilden sich mehr Keime, die auch schneller zu dann kleinen Kristallen wachsen.

Die wichtigsten Unterschiede zum Gefrierverhalten von reinem Wasser sind:
- Der Gefrierbeginn von Lebensmitteln liegt nicht bei 0 °C, sondern darunter (s. Tabelle 3).
- Das Wasser in Lebensmitteln gefriert nicht bei einer konstanten Temperatur, sondern in einem Temperaturintervall (etwa zwischen $-0,5\,°C$ bis $-35\,°C$).
- Von dem insgesamt in einem frischen Lebensmittel enthaltenen Wasser gefriert nur ein Teil, das sogenannte ausfrierbare Wasser. Der Rest ist so fest an die Trockensubstanz gebunden, daß es selbst bei tiefen Temperaturen nicht ausfrierbar ist. Als Faustregel gilt hier, daß 1 g Eiweiß oder Stärke 0,4 g Wasser zu binden vermögen.

2.2 Der Einfluß der Gefriergeschwindigkeit auf die Eisbildung von Gewebeverbänden

Der Prozeß des Auskristallisierens von Wasser stellt einen Trennvorgang dar. Für die Qualität der durch Gefrieren konservierten Produkte ist es sehr wesentlich, daß er weitgehend reversibel verläuft. Schädigungen der empfindlichen biologischen Systeme wie Proteine, Enzyme, resultieren meist aus dem Auftreten von stark konzentrierten Restlösungen.

Beim Gefrieren von Geweben frischer tierischer oder pflanzlicher Lebensmittel bildet sich das Eis normalerweise zuerst in den Zellzwischenräumen, da die Konzentration an gelösten Stoffen in den Zellen meist höher ist und dementsprechend die Temperatur des Gefrierbeginns in den Zellen etwas tiefer liegt als in den Zellzwischenräumen. Bei Fleisch wachsen die ersten Eiskristalle i. a. im Bindegewebe entlang den Muskelfasern. Durch die Eisbildung steigt die Konzentration der nicht gefrorenen Lösung, so daß ein Konzentrationsgefälle zum Zellinneren entsteht und Wasser aus den Zellen in die Zwischenräume diffundiert und dort mitgefriert. Infolge der geringen Diffusionsgeschwindigkeit des Wassers aus der Zelle kommt es bei schnellem Gefrieren auch unabhängig vom Kristallwachstum in der Umgebung zu einer Eisbildung in den Zellen, so daß ein gleichmäßiges Kristallgefüge ausgebildet wird. Beim sehr langsamen Gefrieren reicht die Diffusionsgeschwindigkeit des Wassers dagegen aus, um Wasser für die Eisbildung in den Zellzwischenräumen nachzuliefern. Da mehr und mehr Wasser in diese eindringt, bilden sich infolge der stetigen Anreicherung an löslichen Stoffen in den Zellen und wegen der dadurch bedingten Verschiebung der Temperatur des Gefrierbeginns auf eine tiefere Temperatur auch im weiteren Verlauf des Gefrierprozesses in den Zellen keine Eiskristalle. Zwischen den Muskelfasern entstehen jedoch große, unregelmäßig geformte Eismassen bei gleichzeitiger starker Deformation der Zellen.

Die Gefriergeschwindigkeit bzw. die Art der Kristallbildung ist insbesondere von Bedeutung bei Produkten mit einem zarten Zellverband (verschiedene Obst- und Gemüsesorten). Diese Produkte können bei Anwendung niedriger Gefriergeschwindigkeiten stark in ihrem Gewebeverband geschädigt werden, so daß nach dem Auftauen mit Saftaustritt und Veränderung in der Textur gerechnet werden muß. Weitere negative Qualitätsveränderungen bei langsamem Gefrieren unverpackter Güter sind in dem durch Sublimation des Eises bedingten Gewichtsverlust zu sehen (bis zu 7%). Bei sehr schnellem Gefrieren liegen diese Verluste bei 1% oder darunter. Beim Bewerten eines technischen Gefriervorganges muß die Zeit, die benötigt wird, um das Temperaturintervall vom Gefrierbeginn bis $-5\,°C$ zu durchfahren, besonders kritisch betrachtet werden. In diesem Intervall erstarrt der größte Teil des Wassers. Die in der Restlösung konzentrierten Salze, Säuren, Enzyme usw. sind jedoch noch so beweglich und aktiv, daß zahlreiche qualitätsmindernde Reaktionen mit erhöhter Umsetzungsgeschwindigkeit ablaufen können.

2.3 Das Verhalten von Mikroorganismen beim Gefrieren

Durch die Eisbildung beim Gefrieren wird den Mikroorganismen das für ihre Lebenstätigkeit erforderliche Wasser entzogen. Wenn das gesamte ungebundene Wasser gefroren ist, vermögen sich keine Mikroorganismen mehr zu vermehren bzw. zu entwickeln. Einige kryophile Mikroorganismen tolerieren jedoch ein äußerst knappes Angebot an nichtausgefrorenem Wasser und können sich auch auf den gefrorenen Lebensmitteln noch vermehren. Bakterien stellen ihr Wachstum bei etwa $-7\,°C$ ein. In stark wasserhaltigen Produkten sind bei dieser Temperatur bereits etwa 90% des freien Wassers gefroren. Bei Temperaturen unterhalb $-10\,°C$ vermögen sich normalerweise auch die anspruchslosen Hefen und Schimmelpilze nicht mehr zu vermehren; die Grenztemperaturen für das Wachstum einiger dieser Keimarten liegen bei etwa $-12\,°C$ bzw. $-15\,°C$. Bei dem Gefrierprozeß geht auch die Gesamtkeimzahl mehr oder weniger stark zurück. Dieser Rückgang ist nicht nur auf die

Senkung der Temperatur, sondern auch auf die Eiskristallbildung zurückzuführen. Wie ein Versuch zeigte, überlebten in einer auf $-3\,°C$ *unterkühlten* Nährlösung 97% und in der *gefrorenen* Lösung bei der gleichen Temperatur nur 2% der Mikroorganismen.

Wieviele Keime durch den Gefrierprozeß geschädigt werden, hängt von der Art der Mikroorganismen, des Lebensmittels und in besonderem Maße auch von der Durchführung des Gefrierprozesses ab. Insbesondere bei den modernen mit großen Gefriergeschwindigkeiten arbeitenden Einfrierverfahren ist nur eine geringe Verminderung der Keimzahl durch den Gefriervorgang zu erwarten, so daß eine hygienisch einwandfreie Verarbeitung der Produkte dringend geboten ist.

2.4 Technische Gefriereinrichtungen

Einfrierverfahren werden im allgemeinen in diskontinuierliche und kontinuierliche Verfahren eingeteilt.

Eine weitere Unterteilung ist hinsichtlich der Art des Wärmeübergangs – Konvektion, Leitung oder Verdampfen – üblich.

Bei dem Wärmeübergang durch Verdampfen wird die dem Produkt zu entziehende Wärme als Verdampfungswärme eines mit dem Produkt in direktem Kontakt stehenden siedenden oder sublimierenden Kälteträgers (kryogene Gase) durch Abtransport des Dampfes entzogen.

Der Wärmetransport durch Strahlung ist bei niedrigen Temperaturen bedeutungslos.

Welche Verfahren bzw. Apparate für das Gefrieren der verschiedenen Produkte eingesetzt werden, entscheidet sich aufgrund folgender Kriterien:
– Art des Produktes (stückig, flüssig oder pastös),
– geometrische Abmessungen des Produktes,
– erforderliche Einfriergeschwindigkeit.

2.4.1 Diskontinuierliche Anlagen mit Wärmeübertragung durch Konvektion

Anlagen dieses Typs, deren Größenskala von den kleinsten (Gefrierfächer, Gefrierschränke, Gefriertruhen) bis zu den größten (Gefriertunnel, Gefrierräume) Dimensionen reicht, sind am weitesten verbreitet, weil universell einsetzbar.

Gefrierräume sind begehbar und besitzen im allgemeinen nur eine schwache Luftumwälzung.

Gefriertunnel stellen den Übergang zu kontinuierlich arbeitenden Gefrieranlagen dar. Es werden hierbei Hordenwagen durch den Tunnel geschoben.

Da Gefriertunnel nicht für den Aufenthalt von Personen vorgesehen sind, können hohe Luftgeschwindigkeiten eingestellt werden, so daß bei kleinstückigen Gütern hohe Gefriergeschwindigkeiten erzielt werden können.

2.4.2 Kontinuierliche Anlagen mit Wärmeübertragung durch Konvektion

Gefriertunnel mit Schalendurchlauf

Eine Weiterentwicklung von Tunnelgefrieranlagen für Hordenwagen sind Gefriertunnel mit Schalendurchlauf. Bei dieser Bauart wird das Gut in Schalen auf Transportbändern durch den Tunnel bewegt. Das Verfahren eignet sich für das Gefrieren von verpackten Erzeugnissen wie Milchprodukte, Gemüse, Fleisch usw. Bei entsprechend hohen Luftgeschwindigkeiten und relativ flacher Ausbreitung des Gutes lassen sich große Einfriergeschwindigkeiten erzielen. Anstelle des einfachen, waagerechten Bandes in einem entsprechenden Tunnel können als Fördervorrichtung auch Paternosteraufzüge oder ähnliches verwendet werden.

Mehretagige Großanlagen von hoher Leistung werden auch für das Gefrieren von Geflügel, Fisch und anderen unregelmäßig geformten Stücken verwendet. Bei neuentwickelten Bandgefrieranlagen wird das Förderband als endloses Spiralband ausgebildet; hierdurch können relativ kompakte Bauweisen erzielt werden.

Fließbettgefrieranlagen

Zum Gefrieren freifließender Produkte wie kleinstückige Gemüseerzeugnisse (Erbsen, Mais, Bohnen, Paprika-Schnitzel) eignet sich besonders gut das Gefrieren in einem Fließbett. In Fließbett- oder Wirbelbettgefrieranlagen strömt kalte Luft von unten durch das flach ausgebreitete Gut und hält die einzelnen Gutsteilchen in Schwebe. Die Gutsteile werden hierbei einzeln vom Kaltluftstrom umspült und eingefroren. Durch die Überlagerung einer Transportbewegung des Gutes wird das Verfahren kontinuierlich durchgeführt. Aufgrund der hohen Wärmeübertragungsleistung im Wirbelbett besitzen Fließbettanlagen einen niedrigen spez. Raumbedarf.

2.4.3 Diskontinuierliche Gefrierverfahren mit Wärmeübertragung durch Leitung

Bei der Wärmeübertragung durch Leitung, das heißt bei innigem Kontakt zwischen kalten und warmen Flächen sind geringere Temperaturdifferenzen für die Übertragung der selben Wärmemengen im Vergleich zur Wärmeübertragung durch Konvektion erforderlich.

Plattenfroster

Eine der ältesten Bauarten von Gefrieranlagen ist der Plattenfroster. Die Anlage besteht aus einem Stapel horizontal angeordneter, gekühlter Platten. Mit speziell gefertigten Hordenwagen werden die Plattenzwischenräume mit dem verpackten, einzufrierenden Produkt, das sich auf Schalen oder Blechen befindet, beschickt.

Mittels einer hydraulischen Vorrichtung werden die Platten gleichförmig abgesenkt und aufeinander gepreßt, wodurch ein außerordentlich guter Kontakt zwischen Platten und Produkt entsteht. Nachteilig ist, daß sich der

Apparat für druckempfindliche und unverpackte, flüssige Produkte sowie für kleinstückiges Schüttgut, das nicht zusammenfrieren darf, nicht eignet. Plattengefrierapparate mit senkrechten Plattenschächten werden insbesondere für das Gefrieren von flüssigen Lebensmitteln wie Milch und Milcherzeugnissen, Fruchtsäfte, Kaffee-Extrakt, pürierter Spinat, Flüssigei, Eiklar, ferner schüttfähiges Gut wie Fisch, Krabben, Kleinfleisch usw. eingesetzt.

2.4.4 Kontinuierliche Gefrierverfahren mit Wärmeübertragung durch Leitung

Kontinuierliche Gefrieranlagen mit konduktiver Wärmeübertragung zeichnen sich insbesondere für das Gefrieren von flüssigen Produkten durch hohe Leistung, geringen Platzbedarf und niedrige Anschaffungskosten aus.

Walzengefrierapparate

Walzengefrierapparate werden vorwiegend für kleine Leistungen gebaut. Das Auftragen des Produktes auf die Walze kann prinzipiell auf verschiedene Weise erfolgen, jedoch hat sich bei kleinen Einheiten ein einfaches Eintauchen der Walze in das Produkt als geeignet erwiesen. Die gleichförmige Schichtdicke auf der Walze kann durch Eintauchtiefe und Drehzahl der Walze und die damit gegebene Verweilzeit eines Walzensegments im Bad eingestellt werden. Das an der Walze angefrorene Gut wird durch entsprechend installierte Kratzleisten von der Walze abgeschabt.

Gefrierapparate mit Stahlbandförderung

Bei diesen Anlagen wird das Gefriergut auf ein von unten gekühltes endloses Stahlband eines Bandförderers aufgetragen und durch eine Verteilwalze in gleichmäßiger Schichtdichte auf dem Band verteilt. An der hinteren Umlenkrolle des Bandes bricht das gefrorene Produkt wegen der Verformung des Stahlbandes in Schollen vom Band und kann nach einem Zerkleinerungsprozeß einer weiteren Verarbeitung (z.B. Gefriertrocknung) zugeführt werden.

2.4.5 Gefrieren in verdampfenden Flüssigkeiten

Durch die vielfältigen Entwicklungen auf dem Gebiet der Kryotechnik stehen als preiswerte Kühlmittel auch verflüssigte Gase zur Verfügung. In der Gefriertechnik hat sich – insbesondere zur Bewältigung von Produktionsspitzen bzw. zur Abdeckung saisonaler Produktionsphasen – die Nutzung von flüssigem Stickstoff und flüssiger Kohlensäure zum Gefrieren von Lebensmitteln durchgesetzt. Aufgrund des guten Wärmeübergangs der verdampfenden Flüssigkeit und der großen Temperaturdifferenz zwischen Flüssiggas und Gefriergut können hohe spezifische Gefrierleistungen erzielt werden. Kryogengefrieranlagen, die als Band-Tunnelanlagen ausgebildet werden, besitzen niedrige Investitionskosten und wegen der hohen Kosten für das „verlorene Kühlmittel" vergleichsweise hohe Betriebskosten.

2.5 Die Lagerstabilität tiefgefrorener Lebensmittel

Lebensmittel, die mit dem Hinweis tiefgefroren – oder gleichsinnigen Angaben – in den Verkehr gebracht werden, müssen beim Gefriervorgang auf Temperaturen von $-18\,°C$ oder tiefer gebracht werden. Darüber hinaus müssen diese Produkte bei Temperaturen von $-18\,°C$ oder tiefer transportiert, gelagert und an den Endverbraucher abgegeben werden. Zulässig ist lediglich ein kurzfristiger Temperaturanstieg beim Transport und Verkaufsvorgang sofern dieser $3\,°C$ bzw. $6\,°C$ nicht überschreitet.

Trotz der niedrigen Lagertemperatur, die in der Praxis bei $-25\,°C$ oder tiefer liegt, sind tiefgefrorene Erzeugnisse nur bedingt haltbar. Chemische Umsetzungen der unterschiedlichsten Art führen je nach Zusammensetzung des Lebensmittels mehr oder weniger schnell zu Qualitätsveränderungen, die in erster Linie die sensorischen Eigenschaften der Erzeugnisse stark beeinträchtigen und zur Verkehrsuntauglichkeit der Produkte führen.

Die tiefgefrorenen Lebensmittel lassen sich in Bezug auf ihre Lagerstabilität in Gruppen mit geringer, mittlerer und hoher Lagerungsempfindlichkeit einteilen. Bis zum Erreichen einer praktischen Handelsqualität, die ausschließlich durch die Veränderung sensorischer Eigenschaften definiert ist, können bei einer angenommenen Lagerungstemperatur von $-18\,°C$ folgende Haltbarkeitszeiten angegeben werden:
- Lagerungsunempfindliche Güter, wie Gemüse und Obst, ca. 11 bis 15 Monate
- Güter mit mittlerer Lagerungsempfindlichkeit, wie Rindfleisch und Geflügel, ca. 9 bis 12 Monate
- Lagerungsempfindliche Güter, wie fettreiches Fleisch und Fisch, ca. 6 bis 9 Monate.

Eine Zusammenstellung von Lagerzeiten verschiedener Produkte ist in Tabelle 4 angegeben.

Werden die Produkte bei Temperaturen tiefer als $-18\,°C$ gelagert, so können die genannten Lagerzeiten für die Mehrzahl tiefgefrorener Lebensmittel verlängert werden. Bei einer kleinen Gruppe von tiefgefrorenen Produkten, wie z. B. gesalzenes Rindfleisch, Fertiggerichte mit Schinken und dergleichen, muß nach dänischen Untersuchungen bei einer Temperaturabsenkung auf etwa $-25\,°C$ mit einer Verkürzung der Haltbarkeit gerechnet werden. Eine deutliche Verlängerung der Haltbarkeit derartiger – umgekehrt stabiler – Produkte wird bei höheren Temperaturen ($-10\,°C$) und sehr viel tieferen Temperaturen erreicht ($-30\,°C$ und tiefer).

Die Kinetik der qualitätsmindernden Reaktionen wird in der Literatur mit Gesetzmäßigkeiten, die einer chemischen Reaktion erster Ordnung entsprechen, beschrieben. In neueren Untersuchungen wurde gezeigt, daß eine Reihe von Veränderungen auch entsprechend der Reaktionen 0. und 2. Ordnung zu beschreiben sind.

Neben der Veränderung der sensorischen Eigenschaften ist beim Einfriervorgang und der anschließenden Gefrierlagerung auch mit der Veränderung von Inhaltsstoffen zu rechnen. Diese Veränderungen sind jedoch im allgemeinen

Tabelle 4. Praktische Lagerungszeiten (PSL) ausgewählter Lebensmittel in Monaten bei verschiedenen Lagerungstemperaturen

Produkt	−12 °C	−18 °C	−24 °C
Früchte			
Himbeeren/Erdbeeren	5	24	>24
Pfirsiche, Aprikosen, Kirschen	4	18	>24
Fruchtsaftkonzentrat	−	24	>24
Gemüse			
Grüne Bohnen	4	15	>24
Broccoli	−	15	24
Rosenkohl	6	15	>24
Möhren	10	18	>24
Blumenkohl	4	12	24
Maiskolben	−	12	18
Pilze	2	8	>24
Erbsen, grün	6	24	>24
Paprika, rot und grün	−	6	2
Pommes frites	9	24	>24
Spinat, gehackt	4	18	>24
Zwiebeln	−	10	15
Lauch (blanchiert)	−	18	−
Fleisch und Geflügel			
Rind, Schlachtkörper (unverpackt)	8	15	24
Rind, Steaks und ähnliche Teile	8	15	24
Rinderhackfleisch	6	10	15
Kalb, Schlachtkörper (unverpackt)	6	12	15
Kalb, Steaks und ähnliche Teile	6	12	15
Schwein, Schlachtkörper (unverpackt)	6	10	15
Schwein, Steaks und ähnliche Teile	6	10	15
Hähnchen, ganz	9	18	>24
Hähnchen, Teile	9	18	>24
Fische und Schalentiere			
Fett-Fisch, glasiert (mit Wasser)	3	5	> 9
Mager-Fisch	4	9	>12
Garnelen (gekocht/geschält)	2	5	> 9
Eier			
Flüssigei	−	12	>24
Milch und Milchprodukte			
Sauerrahmbutter, ungesalzen pH 4,7	15	18	20
Sauerrahmbutter, gesalzen pH 4.7	8	12	14
Süßrahmbutter, ungesalzen pH 6.6	−	>24	>24
Süßrahmbutter, gesalzen (2 %) pH 6.6	20	>24	>24
Sahne	−	12	15
Speiseeis	1	6	24
Bäcker- und Konditoreiwaren			
Kuchen (Quark-, Biscuit-, Schokoladenkuchen, Obsttorten)	−	15	24
Brot	−	3	−
Teig	−	12	18

nur sehr wenig ausgeprägt und sind mit Ausnahme der Lipidveränderungen und des Vitamin C-Abbaues keine, die Lagerzeit begrenzenden Faktoren.

So lassen z. B. Untersuchungen erkennen, daß während der Gefrierlagerung keine erfaßbaren Veränderungen der Eiweißfraktion auftreten. Festgestellt wurde, daß mit länger werdender Lagerzeit nach dem Auftauen zunehmend Proteine und Aminosäuren in den Tropfsaft übergehen.

Die wichtigsten Veränderungen an der Lipidfraktion werden durch Oxidationsvorgänge ausgelöst. Diese Vorgänge laufen z. T. noch bei Temperaturen unter $-30\,°C$ ab.

Beobachtet wurde im Temperaturbereich um $-30\,°C$ ein oxidativer Abbau mehrfach ungesättigter Fettsäuren zu sensorisch unangenehm hervortretenden Spaltprodukten. Der ernährungsphysiologische Wert eines tiefgefrorenen Lebensmittels kann durch diese Oxidationsvorgänge direkt beeinträchtigt werden (essentielle Fettsäuren, Vitamin A usw.).

Durch Sauerstoffausschluß, die Anwendung tiefer Lagertemperaturen und den Zusatz von Antioxidantien werden die oxidativen Veränderungen bei einer Reihe von Erzeugnissen in ihrem Umfang verringert.

Neben den durch Oxidation bedingten Fettveränderungen werden bei der Gefrierlagerung thermisch nicht vorbehandelter Produkte, wie z. B. Gewürzkräutern, enzymatisch katalysierte Veränderungen an der Fettfraktion beobachtet. Diese Veränderungen können zu einer starken Beeinträchtigung des produktspezifischen Geschmacks führen.

Die verfügbaren Untersuchungen über die Stabilität von Kohlenhydraten zeigen, daß bei dieser Stoffgruppe während einer Gefrierlagerung keine erkennbaren Veränderungen zu erwarten sind.

Vereinzelte Beobachtungen über einen Rückgang von wasserlöslichen Kohlenhydraten in der Größenordnung von $0,1-5\,\%$ dürften auf Auslaugverluste bei Vorbehandlungsmaßnahmen (z. B. Waschen, Blanchieren) sowie auf Tropfverluste nach dem Auftauen zurückzuführen sein.

Die Verluste an Vitaminen bei der Verarbeitung und Lagerung von Gemüseerzeugnissen hängen von der Art des betrachteten Vitamins, d. h. von dessen chemischer Konstitution, der Ausgangskonzentration im Substrat, den Verfahrensbedingungen bei der Verarbeitung (Expositionszeit und -temperatur, O_2-Gehalt, pH-Wert, Licht, Anwesenheit von Metallionen etc.) und der Lagertemperatur ab.

Die größten Verluste treten praktisch in allen Fällen bei der Vorbehandlung (Vorlagerung, Sortieren, Waschen, Schneiden, Blanchieren) und der Gefrierlagerung der verarbeiteten Produkte auf, die Verluste beim eigentlichen Gefriervorgang sind dagegen als gering anzusehen.

Die verfügbaren Daten über die Vitaminerhaltung in tiefgefrorenen Gemüse- und Obsterzeugnissen während der Gefrierlagerung zeigen übereinstimmend, daß Vitamin C während der Gefrierlagerung deutlichen Veränderungen unterworfen ist, während die anderen betrachteten Vitamine dagegen weitgehend stabil sind. So zeigen Vitamine der B-Gruppe und die untersuchten fettlöslichen Vitamine während der Gefrierlagerung geringere Verluste als Vitamin C. Kurzfristige Temperaturerhöhungen bewirken im Gehalt von Vitamin C einen

Rückgang, während bei den Vitaminen der B-Gruppe und bei Carotin keine auffällige Verminderung des Gehaltes während der Gefrierlagerung zu beobachten ist. Die Veränderung der B-Vitamine und von Carotin während der Lagerung scheinen daher im Gegensatz zu Vitamin C nur bedingt von der Lagertemperatur abhängig zu sein. Soll bei einer Gefrierlagerung von Gemüse oder Obst ein Vitaminabbau nahezu vollständig unterbunden werden, so müssen Lagerbedingungen zur Anwendung kommen, unter denen Vitamin C stabil ist. In den meisten Fällen dürfte dies bei einer Lagertemperatur um $-30\,°C$ gewährleistet sein. Bei dieser Temperatur kann davon ausgegangen werden, daß auch die B-Vitamine sowie Vitamin K und Provitamin A während der Gefrierlagerung erhalten bleiben.

Der Gehalt an Vitaminen im Fleisch und fleischhaltigen Halbfertig- und Fertigerzeugnissen hängt von einer Reihe von Faktoren – in erster Linie von der Art und den Aufzuchtbedingungen eines Schlachttieres ab.

3 Trocknung

Die Trocknung ist ein dem Gefrieren verwandtes Verfahren, da das Wirkungsprinzip, ähnlich wie bei dem Gefrieren der Wasserentzug bzw. die Erniedrigung des a_w-Wertes ist. Die meisten Lebensmittel sind ihrem physikalischen Aufbau nach als kolloidale, kapillarporöse Stoffe anzusprechen, in denen das Wasser in den verschiedensten Bindungsformen vorliegt. Bei der Trocknung verdampft das Wasser von der Oberfläche des Gutes. Als Oberfläche ist zu Beginn der Trocknung zunächst nur die äußere Oberfläche anzusprechen, im weiteren Verlauf jedoch auch die durch die Vielzahl der im Gut eingeschlossenen Makroporen gebildeten Phasengrenzflächen. Triebkraft für den Transport des Wassers aus der kolloidalen Phase zur Oberfläche ist in erster Linie das Konzentrationsgefälle des Wassers vom Zentrum des Gutes zur Oberfläche. Mit fortschreitender Trocknung tritt als weitere Triebkraft noch der Preßdruck hinzu, der durch das Schrumpfen der äußeren Schichten eines Partikels hervorgerufen wird. Mit dem Wasser werden auch molekulardisperse Substanzen, wie Salze und Zucker, im Gut transportiert. Der ursprünglich in einem frischen Erzeugnis vorhandene ausgewogene Verteilungszustand der verschiedenen Inhaltsstoffe zueinander wird also beim Trocknen verändert und z.T. irreversiblen Verschiebungen unterworfen.

Für die Qualitätserhaltung der Produkte während der Trocknung und der sich anschließenden Lagerung ist der Verteilungszustand der Inhaltsstoffe von ausschlaggebender Wichtigkeit, da Qualitätsveränderungen unmittelbar von der Verteilung der niedermolekularen Stoffe abhängen. Chemische Veränderungen, wie Reaktionen zwischen reduzierenden Zuckern und Aminogruppen oder Oxydationserscheinungen, sind bei schnellen Trocknungsvorgängen wesentlich stärker ausgeprägt als bei langsam ablaufenden Vorgängen, da bei letzteren der Konzentrationsausgleich innerhalb eines Gutpartikels viel weitgehender ist. Die Veränderungen in einem trocknenden Produkt beschränken sich jedoch nicht auf die durch Konzentrationsverschiebungen bewirkten

Reaktionen. Durch die je nach Trocknungsverfahren mehr oder weniger starke thermische Belastung des Gutes werden darüber hinaus eine Reihe weiterer, die Qualität beeinträchtigender Reaktionen eingeleitet. Hierunter fallen die Denaturierung von Eiweiß und die Verminderung des Quellvermögens von Gelen sowie die Karamelisierung von Kohlenhydraten.

3.1 Trocknungsverfahren und Apparate

Die einfachste Bauform großtechnischer Trockner ist der absatzweise arbeitende Hordentrockner bei dem heiße, trockene Luft im Gleich- oder Gegenstrom über das zu trocknende Produkt geführt wird. Aus dieser Grundform haben sich für kontinuierlichen Betrieb Formen mit beweglich angeordneten Horden, wie der Kanal- oder der Tunneltrockner, entwickelt.

Auf Hordentrocknern und den verwandten Bauarten werden überwiegend stückige Obst- und Gemüseprodukte, wie Aprikosen, Äpfel, Karotten, Erbsen, verschiedene Kohlarten und Zwiebeln getrocknet, in Sonderfällen auch Fleisch- und Fischprodukte.

Die Produkte müssen je nach Art und Beschaffenheit verschiedenen Vorbereitungsverfahren unterworfen werden. Diese Verfahrensschritte umfassen im allgemeinen das Sortieren, Waschen, Zerkleinern und Blanchieren des Gutes. Soweit aus lebensmittelrechtlichen Gründen erlaubt, werden insbesondere Gemüse, wie Karotten und Kartoffeln, zur Erhöhung der Lagerstabilität vor dem Trocknungsvorgang sulfitiert. Der eigentliche Trocknungsvorgang bei der Hordentrocknung dauert im allgemeinen mehrere Stunden. Die Trocknungstemperaturen liegen anfangs meist zwischen 60 und 90 °C und werden im Verlauf des Trocknungsprozesses auf Werte zwischen 50 und 70 °C abgesenkt.

Die Notwendigkeit, neben stückigen Gütern auch flüssige und pastenförmige Lebensmittel trocknen zu müssen, führte zu Beginn unseres Jahrhunderts zur Entwicklung des Walzentrockners. Auf eine von innen beheizte Walze wird durch geeignete Vorrichtungen ein dünner Film des zu trocknenden pastösen Gutes aufgetragen und nach einer vorgegebenen Verweilzeit von der sich drehenden Walze mit Kratzleisten abgeschabt. Die Verweilzeiten des dünnen Materialfilmes auf der Walze sind im allgemeinen sehr kurz und überschreiten selten eine halbe Minute, in Sonderfällen können sie jedoch bis zu 2 Stunden dauern. Um in der kurzen Trocknungszeit ausreichend niedrige Restwassergehalte von etwa 3–7% erzielen zu können, muß das Gut bei relativ hohen Walzentemperaturen getrocknet werden; diese liegen in der Regel bei etwa 100 °C.

Aus ihrer Stellung als vorherrschendes Verfahren zur Trocknung flüssiger und pastöser Lebensmittel wurde die Walzentrocknung in den letzten 30 Jahren von der Sprühtrocknung verdrängt. Bei der Sprühtrocknung wird das flüssige oder breiförmige Trocknungsgut über schnell rotierende Scheiben oder Sprühdüsen in feinster Verteilung in das Trocknungsmedium – meist heiße Luft – in den oberen Teil eines sog. Sprühturmes eingespeist und während des Absinkens zum Behälterboden getrocknet. Das trockene Gut wird im unteren Turmteil als Pulver entnommen.

Die Größe der kugelförmigen Gutsteilchen schwankt dabei je nach Führung des Prozesses zwischen 5 µm und 500 µm. Die Verweilzeit eines Teilchens im Turm reicht von wenigen Sekunden bis zu einigen Minuten. Sie wird beeinflußt von der Turmhöhe, der Luftführung im Turm und der Teilchengröße. Die Temperaturen des Trocknungsmediums „Luft" erreichen je nach Trockner und Turmzone 150–200 °C, die Gutstemperaturen liegen dagegen aufgrund der ständigen Verdampfung des Wassers aus den Gutsteilchen wesentlich niedriger (50–70 °C).

Die Verfahrensgrundlagen des modernsten großindustriell angewandten Trocknungsverfahrens, der Gefriertrocknung, unterscheiden sich grundsätzlich von den beschriebenen Verfahren. Bei der Gefriertrocknung wird der Großteil des Wassers zunächst ausgefroren und dann unter Umgehung der flüssigen Phase durch Sublimation aus dem Gut abgeführt; zurück bleibt ein hochporöses Gebilde mit schwammartiger Struktur, das in Farbe und Form weitgehend dem Ausgangsprodukt nahekommt. Das Gefriertrocknungsverfahren wird im allgemeinen in Vakuumanlagen bei Drucken unter 1 mbar durchgeführt.

3.2 Lagerstabilität getrockneter Produkte

Die Gründe für den möglichen Verderb getrockneter Produkte während der Lagerung sind sehr verschieden. Bei nicht blanchierten Produkten wie Früchten, Gewürzkräutern oder Pilzen, jedoch auch bei Fleisch, überwiegen bei Wassergehalten über 10 % enzymatische Veränderungen. In blanchiertem Material treten dagegen oxidative Veränderungen und Reaktionen zwischen reduzierenden Zuckern und Aminogruppen, Qualitätsveränderungen, die jedoch auch in nichtblanchiertem Gut auftreten können, in den Vordergrund. Die überwiegende Zahl dieser chemischen Umsetzungen ist an das Vorhandensein von Sauerstoff und Wasser gebunden; sie können daher in mehr oder weniger großem Umfang unterdrückt werden, wenn – z. B. durch geeignete Verpackungsmaßnahmen – sowohl Wasserdampf als auch Sauerstoff aus der unmittelbaren Umgebung des lagernden Produktes verdrängt werden.

4 Anwendung von Wärme

Durch die Anwendung von Wärme werden, wie bereits erwähnt, Mikroorganismen abgetötet und Enzyme inaktiviert. Die wichtigsten Verfahren sind das Pasteurisieren und das Sterilisieren. Der Unterschied zwischen Pasteurisieren und Sterilisieren besteht lediglich in der Intensität der Wärmebehandlung und damit auch in dem unterschiedlichen Konservierungseffekt. Beim Pasteurisieren wird die Mikroorganismenabtötung und Enzyminaktivierung nur in dem Umfang angestrebt, daß die gewünschte Haltbarkeit entweder durch die Pasteurisierung allein oder in Kombination mit einem anderen Verfahrens-

schritt wie z. B. einer pH-Wert-Absenkung oder einer Kühllagerung erzielt
wird. Das Verfahren wird insbesondere bei Milch, Obstsäften und Süßmosten,
Fruchtpürees, Bier und Sauergemüse angewendet. Bei der Sterilisation erfolgt
zusätzlich zur Abtötung pathogener und toxinbildender Mikroorganismen
(wie sie auch bei der Pasteurisation erfolgt) eine Abtötung all der Mikroorganismen, die bei den üblichen Lagerungsbedingungen einen Verderb des
Produktes verursachen könnten. Entscheidend für den Unterschied zwischen
Pasteurisieren und Sterilisieren ist die Kombination von Temperatur und Zeit,
und es ist nicht richtig, die Grenze zwischen Pasteurisieren und Sterilisieren bei
100 °C zu ziehen. Allerdings kommen die meisten Pasteurisierungsverfahren
mit Behandlungstemperaturen unter 100 °C aus.

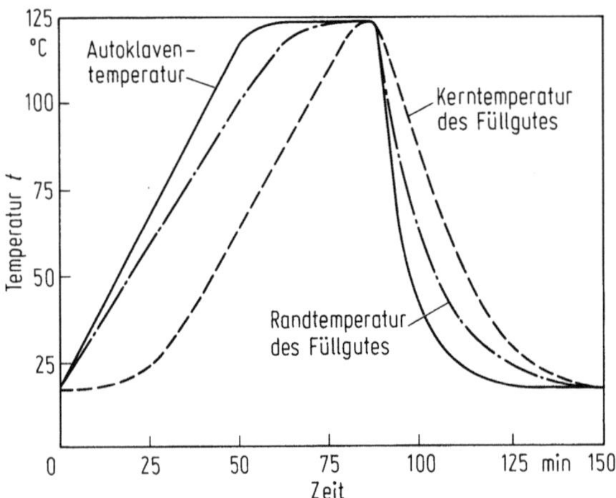

Abb. 1. Temperaturverlauf beim Sterilisationsprozeß

4.1 Probleme der Wärmeübertragung

Da die zur Abtötung der Mikroorganismen und zur Inaktivierung der Enzyme
erforderliche Temperatur an jedem Punkt eines Produktes erreicht werden
muß, besteht die Problematik darin, dem Produkt gerade soviel Wärme
zuzuführen, wie zur Erreichung dieses Effektes erforderlich ist, andererseits
hierbei die anderen wärmeempfindlichen Inhaltsstoffe (z. B. Vitamine) so
wenig wie möglich zu schädigen. Aus verfahrenstechnischer Sicht ist deshalb
die Wärmeübertragung das Hauptproblem. In Abb. 1 ist der entsprechende
Zusammenhang qualitativ dargestellt.
Wärmeübertragung durch Konvektion tritt bei flüssigen oder pastösen
Produkten auf, die selbst aufgrund der Eigenkonvektion eine Strömung
ausbilden oder bei denen eine Gutsbewegung durch technische Hilfsmittel
erzwungen werden kann. Ausschließlich Wärmeübertragung durch Leitung

tritt bei allen festen Lebensmitteln auf. Hier kommt es besonders darauf an, die Prozeßbedingungen im Sinne einer guten Qualitätserhaltung zu optimieren. In Abb. 1 ist qualitativ der Temperaturverlauf von Behandlungsmedium und Produkt (Rand- und Kerntemperatur) dargestellt. Die Produkttemperatur hinkt der eigentlichen Behandlungstemperatur jeweils nach und es ist deshalb unerläßlich, die genauen Kurvenverläufe in den Produkten zu kennen, um die Prozesse sicher – im Sinne der Mikroorganismenabtötung und Enzyminaktivierung – zu gestalten.

Die Tatsache, daß das Erreichen z. B. einer ausreichenden Stabilität bei gleichzeitiger Aufrechterhaltung der Qualität überhaupt möglich ist, beruht auf dem in Abb. 2 wiedergegebenen Sachverhalt.

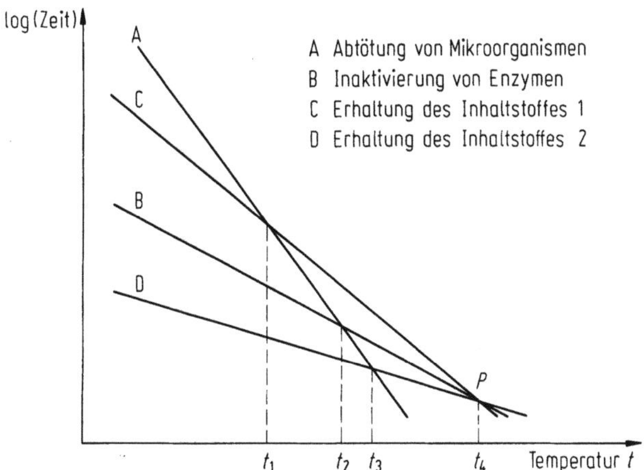

Abb. 2. Verfahrensoptimierung bei der Hitzesterilisation

Zur Abtötung der Mikroorganismen sind Bedingungen entsprechend Gerade A anzuwenden (Gerade A charakterisiert alle Behandlungen mit dem gleichen Abtötungseffekt). Entsprechendes gilt für Enzyme sowie für relevante Inhaltsstoffe. Der qualitative Verlauf berücksichtigt den bekannten Sachverhalt, daß Mikroorganismen und Enzyme bei Anwendung höherer Temperaturen in wesentlich kürzeren Zeiten abgetötet bzw. inaktiviert werden können, während die Inhaltsstoffe bei Anwendung höherer Temperaturen und kürzerer Zeiten besser erhalten bleiben. Die optimalen Prozeßbedingungen im genannten theoretischen Fall wären demzufolge die Sterilisationstemperatur t_4 mit der zugehörigen Sterilisationszeit. Bei diesen Prozeßbedingungen würden die Mikroorganismen abgetötet (Punkt P liegt oberhalb der Geraden A), Enzyme gerade ausreichend inaktiviert (Punkt P liegt auf der Kurve B) und die beiden genannten wärmeempfindlichen Inhaltsstoffe praktisch nicht geschädigt (Punkt P liegt auf den Kurven C und D).

4.2 Wärmebehandlungsverfahren

4.2.1 Pasteurisieren

Das Pasteurisieren erfolgt überwiegend nachdem die Produkte in die Behältnisse (Dosen, Gläser, Flaschen) verpackt und keimdicht verschlossen sind, und zwar in Heißwasser oder auch Heißdampf. Hierbei handelt es sich überwiegend um kontinuierliche Apparate, d. h. die Behältnisse werden kontinuierlich durch die Apparate hindurch transportiert und hierbei vorgewärmt, pasteurisiert und danach abgekühlt. Bei Flüssigkeiten wird jedoch auch häufig die folgende Verfahrensweise angewendet: Das Produkt wird kontinuierlich durch Wärmeaustauscher gepumpt, erhitzt, pasteurisiert und gekühlt und danach unter aseptischen Bedingungen in die Behältnisse (in neuerer Zeit insbesondere halbstarre oder flexible Verpackungsmaterialien) abgefüllt. Milch z. B. wurde früher in Form einer sogenannten Dauererhitzung bei 62–65 °C während 30 Minuten in Flaschen pasteurisiert. Heute wird eine sogenannte Kurzzeiterhitzung auf 71–74 °C für 30–40 Sekunden oder die sogenannte Hocherhitzung auf mindestens 85 °C für ca. 10 Sekunden und anschließende Kühlung auf 5 °C kontinuierlich mit jeweils aseptischer Abfüllung angewendet. Die Vorteile solcher Verfahren (hohe Temperatur, kurze Zeit) im Hinblick auf die Produktqualität sind mit den Ausführungen zu Abb. 2 zu erklären.

4.2.2 Sterilisieren

Die Verfahrensvarianten für die Sterilisation sind sehr vielfältig und von einer Reihe von Faktoren abhängig. Im Prinzip lassen sich auch hier folgende Varianten hinsichtlich Ablauf der einzelnen Vorgänge unterscheiden:
- Füllen und Verschließen der Behältnisse, Sterilisieren
- Sterilisieren, aseptisches Abfüllen in die Behältnisse und Verschließen.

Die zuletzt genannte Variante wird bisher hauptsächlich bei Flüssigkeiten (z. B. H-Milch) angewandt. Die Sterilisation von bereits in Behältnissen (Dosen, Gläser, Kunststoffe) verpackten Produkten kann sowohl in absatzweisen als auch in kontinuierlich arbeitenden Anlagen erfolgen. Sterilisiermedium ist überwiegend Heißwasser bzw. Heißdampf, wobei das Arbeiten unter Druck unerläßlich ist, um Temperaturen oberhalb von 100 °C zu erreichen. Um die Wärmeübertragung günstig zu gestalten, werden feste Produkte häufig in flachen Behältnissen sterilisiert (z. B. Wurstkonserven). Bei flüssigen und fließfähigen Füllgütern (z. B. Suppen, Produkte in Flüssigkeit) besteht die Möglichkeit, die Wärmeübertragung durch eine Bewegung (Rotation) der Behältnisse während der Sterilisation erheblich zu beschleunigen. Durch die Bewegung wird eine rasche und gute Durchmischung und damit schnelle und gleichmäßige Erwärmung erzielt, so daß höhere Temperaturen ohne Schädigung der Inhaltsstoffe angewendet werden können.
Bei den Qualitätsveränderungen, wie sie in hitzesterilisierten Lebensmitteln zu beobachten sind, ist zu unterscheiden zwischen den Veränderungen, die während des eigentlichen Sterilisationsprozesses auftreten und solchen, die

während der z. T. langfristigen Lagerung (6–24 Monate) zu erwarten sind, da bedingt durch das stark unterschiedliche Temperaturniveau meist unterschiedliche Reaktionsmechanismen vorherrschen. So ist bei der Lagerung häufiger mit Qualitätsminderungen aufgrund nichtenzymatischer Bräunungsreaktionen, oxidativer Veränderungen von Vitaminen, Aromastoffen und Fetten sowie Texturveränderungen bei festen Lebensmitteln zu rechnen.

Bei den durch die Hitzebehandlung bedingten Qualitätsveränderungen sind z. B. für tierische Lebensmittel insbesondere Änderungen der Proteinstrukturen (Verminderung des Wasserbindevermögens, Verfestigung von Faserproteinen usw.), bei Obst- und Gemüseprodukten insbesondere die Beeinträchtigung der sensorischen Qualität (Geschmack, Farbe, Textur), bei Milchprodukten der hohe Lysinverlust und bei Obst- und Fleischerzeugnissen die z. T. hohen Vitaminverluste (wobei sich die verschiedenen Vitamine sehr unterschiedlich verhalten) zu nennen.

Darüber hinausgehende allgemeingültige Aussagen über die Qualitätsveränderungen sterilisierter Produkte sind kaum zu treffen, da Produktzusammensetzung, pH-Wert der Erzeugnisse und das angewandte Verfahren (je nach Produktionsziel) die beobachteten Veränderungen der sensorischen und ernährungsphysiologischen Qualität sehr stark beeinflußt.

4.2.3 Mikrowellenerhitzung

Die Mikrowellenerhitzung ist eine reine Wärmebehandlung, bei der durch Einstrahlung und Absorption von elektromagnetischen Wellen die Wärme im Inneren des Produktes erzeugt wird. Die Frequenzen der Mikrowellen (MW) befinden sich im Spektrum der elektromagnetischen Wellen auf der langwelligen Seite des sichtbaren Lichtes und liegen zwischen 900 und 2500 MHz. Vor allem die Frequenz von 2450 MHz wird allgemein bei Haushaltsgeräten und Großküchenanlagen zum Auftauen und Erhitzen von einzelnen Produkten oder Fertiggerichten verwendet. Problemlos lassen sich Produkte mit einem hohen Gehalt an Wasser erhitzen, da dessen dielektrischer Verlustfaktor besonders hoch und daher die Energieabsorption groß ist. Beim Auftauen ergibt sich allerdings aufgrund der unterschiedlichen Energieabsorption von Wasser und Eis die Schwierigkeit, daß sich bereits aufgetaute Teile wesentlich schneller erhitzen als die noch gefrorenen.

Bei der industriellen Lebensmittelproduktion und -verarbeitung werden Mikrowellengeräte bisher nur in geringem Umfang eingesetzt. Gründe dafür sind die hohen Anlagekosten und die sehr ungleichmäßige Erwärmung, bedingt durch die inhomogene Zusammensetzung der Produkte. Verpackte Produkte werden zur Verbesserung der Wärmeverteilung mitunter im Wasserstrom durch das Mikrowellenfeld geführt.

Beispiele für eine industrielle Anwendung sind das Auftauen von großen Fleischstücken bei gleichzeitiger Gegenkühlung durch Luft, das Bräunen von Kartoffelchips, das Vorbacken von Kleingebäck und das Pasteurisieren von Joghurt.

5 Sonstige Verfahren

Von den physikalischen Konservierungsverfahren (s. Tabelle 1) sollen hier kurz noch zwei weitere behandelt werden, die im Blickpunkt des Interesses stehen: die CA-Lagerung und die Behandlung mit ionisierenden Strahlen.

5.1 CA-Lagerung

Um auch einen Teil frisch geernteter bzw. frisch gewonnener Produkte für einen längeren Zeitraum marktfähig zu halten, hat sich in den letzten Jahren für verschiedene Produkte (z. B. Äpfel, Kohl) die Lagerung in kontrollierter Atmosphäre, durchgesetzt. Hierbei wird zusätzlich zur Kühllagerung (niedrige Lagerungstemperaturen und entsprechende Luftfeuchtigkeiten) die Lageratmosphäre verändert und eine spezifische, dem Lagergut angepaßte Zusammensetzung der Atmosphäre im Lager eingestellt. Reifungs- und Alterungsprozesse von frischem Obst und Gemüse, aber auch von Fleisch, werden i. a. durch eine Atmosphäre mit erhöhtem CO_2- und vermindertem O_2-Gehalt erheblich verlangsamt. Für Obst und Gemüse liegen günstige Konzentrationen von CO_2 etwa im Bereich zwischen 2 und 12%, die von O_2 zwischen 1 und 10%. Die dritte Gaskomponente ist Stickstoff.

5.2 Behandlung mit ionisierenden Strahlen

Für die Bestrahlung von Lebensmitteln werden als Strahlenquellen einerseits die Radioisotope ^{60}Co und ^{37}Cs verwendet, die harte, durchdringende Gammastrahlen aussenden, andererseits Elektronenbeschleuniger mit einer Maximalenergie von 10 MeV. Bei beiden Anlagetypen ist die Gewähr gegeben, daß zwar in den Produkten eine Ionisation von Atomen und Molekülen erfolgt, die ausreicht, um den gewünschten Stabilisierungseffekt zu erzielen, daß aber keine Radioaktivität im Produkt induziert wird. Ein Maß für die Strahlenwirkung ist die Strahlendosis, gemessen in Gray (Gy), wobei 1 Gy = 1 J/kg entspricht. Da selbst für eine Strahlenpasteurisation nur 10 kGy, d. h. 10 J/g benötigt werden, tritt praktisch keine Erwärmung des Produktes auf.
Praktisch alle Verderbsarten lassen sich durch eine Bestrahlung beeinflussen, doch erfordern sie unterschiedliche Dosiswerte. Im niedrigen Dosisbereich können mit 20–150 Gy Zwiebeln und Kartoffeln irreversibel am Keimen gehindert werden. Die Bekämpfung von Schädlingen wie Insekten und Trichinen (Getreide, Fleisch) gelingt mit einer Dosis von 350–1000 Gy. Im mittleren Dosisbereich, der von 1–10 kGy reicht, ist sicher das Hauptanwendungsgebiet einer möglichen Anwendung der Bestrahlung zu sehen. Einmal wird vor allem die Zahl der den Verderb bewirkenden Mikroorganismen verringert (Fleisch, Fisch, Obst) und damit die Haltbarkeit des Produktes verlängert, zum anderen werden die pathogenen Mikroorganismen eliminiert. Dies entspricht der Pasteurisation oder Hygienisierung (Gewürze). Dabei kann wegen der geringen Wärmeentwicklung die Bestrahlung der Produkte im tiefgefrorenen Zustand (Hähnchen, Garnelen) erfolgen. Bei Früchten kann

zusätzlich eine Verzögerung des Reifungsprozesses erreicht werden. Der Strahlensterilisation, die Dosiswerte von 10–50 kGy erfordert, kommt schon wegen der hohen Bestrahlungskosten kaum Bedeutung zu. Überdies können strahlenchemische Reaktionen – meist als Folge der bei der Radiolyse gebildeten Radikale – zu ungünstigen sensorischen Veränderungen des Produktes führen.

Spezifische, nur durch Bestrahlung entstehende Verbindungen konnten allerdings bisher nicht entdeckt werden, so daß der Nachweis einer erfolgten Bestrahlung am Produkt nicht ohne weiteres möglich ist.

Durch die Bestrahlung werden die Enzyme nicht inaktiviert. Soweit es sich nicht um Trockenprodukte wie z.B. Gewürze handelt, muß – falls die Bestrahlung zum Zwecke der Verlängerung der Haltbarkeit erfolgt – eine zusätzliche Enzyminaktivierung durch Hitze vorgenommen, oder die bestrahlten Produkte müssen gekühlt oder gefroren gelagert werden.

Die Lebensmittelbestrahlung kann die klassischen Konservierungsverfahren nicht ersetzen, sondern höchstens ergänzen. Sie steht vor allem in Konkurrenz zur Verwendung von Chemikalien, die zur Keimungshemmung oder zur Bekämpfung von Schädlingen im Produkt oder zur Keimzahlreduzierung bei Trockenprodukten verwendet werden, soweit deren Anwendung, die in zunehmendem Maße als bedenklich angesehen wird, in verschiedenen Ländern bereits verboten ist.

Der industriellen Anwendung der Lebensmittelbestrahlung steht in vielen Ländern das allgemeine gesetzliche Verbot entgegen, das durch die nationale Gesetzgebung nur schrittweise für einzelne Produkte gelockert wird. Nur vereinzelte Länder haben sich bisher der Empfehlung der Weltgesundheitsorganisation (WHO) angeschlossen, die Bestrahlung allgemein bis zu einer Dosis von 10 kGy zuzulassen. Die Empfehlung ist begründet durch die Ergebnisse einer eingehenden Prüfung der gesundheitlichen Aspekte bei Verzehr bestrahlter Lebensmittel. Der Rat der Europäischen Gemeinschaft hat einen Vorschlag für eine Richtlinie zur Lebensmittelbestrahlung erarbeitet (s. Tabelle 5). Im

Tabelle 5. Vorschlag des Ministerrates der EG für die Zulassung der Bestrahlung von Lebensmitteln (Höchstdosen)

Lebensmittelgruppe	Maximale durchschnittliche Gesamtdosis/kGy
1. Erdbeeren, Papayas, Mangos	2
2. Trockenfrüchte	1
3. Hülsenfrüchte (Gemüse)	1
4. Gemüse, dehydratisiert	10
5. Getreideflocken	1
6. Zwiebeln und Knollen	0,2
7. Aromatische Kräuter, Gewürze	10
8. Garnelen	3
9. Geflügelfleisch	7
10. Froschschenkel	5
11. Gummi arabicum	10

Bereich der Europäischen Gemeinschaft werden in industriellem Maßstab bereits Gewürze in Holland, Belgien und Frankreich, sowie tiefgefrorene Produkte, vor allem Garnelen, in Holland bestrahlt.

Als Strahlenquellen werden meist Bestrahlungsanlagen verwendet, die vor allem für die Strahlensterilisation von medizinischen Einwegprodukten dienen. Spezielle großtechnische Lebensmittelbestrahlungsanlagen gibt es bisher nur wenige. Beispiele hierfür sind Obst- und Gemüsebestrahlungsanlagen in Südafrika, eine Kartoffelbestrahlungsanlage mit ^{60}Co in Japan, und eine Getreidebestrahlungsanlage in der Sowjetunion (Odessa), die mit zwei Linearbeschleunigern als Strahlenquellen ausgerüstet ist.

6 Literatur

Anon (1981) Wholesomeness of irradiated food. WHO Technical Report Series N. 659

Anon (1988) Vorschlag für eine Richtlinie des Rates zur Angleichung der Rechtsvorschriften der Mitgliedsstaaten über mit ionisierenden Strahlen behandelte Lebensmittel und Lebensmittelbestandteile. (KOM (83) 654 endg. – SYN 169)

Bohling H, Hansen H (1973) Verfahren zur Verzögerung des Qualitätsabfalls von frischem Obst und Gemüse. Chemikerzeitung 97:443

Diehl JF (1977) Food irradiation. Food Eng 2:22 und 47

Dinglinger D, Flechtenmacher W, Gutschmidt J, Jung G, Paulus K, Sauerbrunn J, Spieß W, Wolf W (1972) Kältetechnologie in der Lebensmitteltechnik. B. Behr's Verlag, Hamburg

Grünewald T (1985) Lebensmittelbestrahlung. Z Lebensm Unters Forsch 180:357–368

Gutschmidt J (1974) Qualitätskriterien der Nahrung: Beeinflussung der Qualität durch Kälte. Intern Z Vit- u Ern Forsch, Beiheft Nr 14:115

Hansen H (1977) Methoden der Nacherntebehandlung von Kartoffeln, Obst und Gemüse. Landw Forsch Sonderheft 34/1:115

Institut International du Froid / International Institute of Refrigeration (1986) Recommandations pour la preparation et la distribution des aliments congeles / Recommendations for the processing and handling of frozen foods. 3. Edition. Paris

Paulus K (1969) Technologie des Sterilisierens und dadurch bewirkte Veränderungen im Gut. Z f Allgemeinmedizin 45:1529

Paulus K (1974) Qualitätskriterien der Nahrung: Beeinflussung der Qualität durch Hitze. Intern Z Vit- u Ern Forsch, Beiheft Nr 14:108

Paulus K (1976) Zum gegenwärtigen Stand der Wärmebehandlung von Lebensmitteln. Z Lebensm-Technol u -Verfahrenstechnik 27:1

Wolf W, Spieß W (1976) Lebensmitteltrocknung. Z Lebensm-Technol u -Verfahrenstechnik 27:8

1.5 Extraktion mit Überkritischen Gasen

O. G. Vitzthum, Bremen

1 Einleitung

Die Beobachtung, daß man mit komprimierten Gasen Feststoffe lösen kann, wurde erstmals vor 100 Jahren von Hannay und Hogarth gemacht. Sie lösten Kaliumiodid in überkritischem Ethanol und fällten das Salz durch Drucksenkung wieder aus. Ende der 50iger Jahre dieses Jahrhunderts beschrieb Schuse die Extraktion von Ceresinwachs aus Ozokerit mit Hilfe von komprimiertem Propan und Propylen. In den 60iger Jahren entwickelte Zosel aus der Entdeckung der Löslichkeit von Triäthylaluminium in komprimiertem Ethylen ein allgemeines Prinzip der Stofftrennung, das bis 1987 zu etwa 1000 Veröffentlichungen und Patenten geführt hat (Randall [1], Krukonis [2], Flament et al. [3], Perrut [28]).

2 Grundlagen

2.1 Der überkritische Zustand

Betrachtet man das pT-Diagramm eines Stoffes wie CO_2, so findet man drei Bereiche mit unterschiedlichen Aggregatszuständen:
– fest – flüssig – gasförmig (Abb. 1).

Die Kurven beschreiben die Übergangsbedingungen von einem Zustand in den anderen. Übt man Druck auf gasförmiges CO_2 aus, so erhält man normalerweise entweder flüssige oder feste Kohlensäure, je nach eingesetzter Systemtemperatur. Wird jedoch eine Temperatur oberhalb der kritischen Temperatur gewählt, – sie liegt für CO_2 bei 31,15 °C – so läßt sich das Gas – unabhängig von der Höhe des angewandten Drucks – nicht mehr verflüssigen. Den Bereich oberhalb der kritischen Temperatur und des kritischen Drucks nennt man „überkritisch" oder „fluid".

2.2 Überkritische Lösungsmittel

Gase, die unter den oben erwähnten Bedingungen eingesetzt werden, nennt man überkritische oder fluide Lösungsmittel. Viele von ihnen haben interessante Lösungseigenschaften für bestimmte Stoffklassen. Die gute Löslichkeit läßt sich aus der Tatsache erklären, daß bei Drücken in Bereichen von 100–

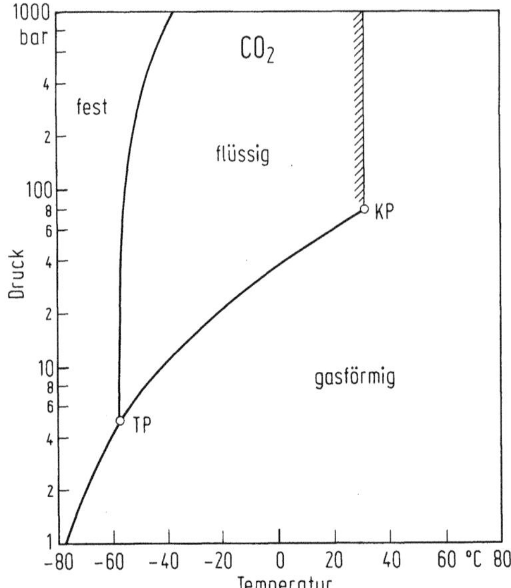

Abb. 1. Zustandsdiagramm von CO$_2$

300 atm. die Moleküle des fluiden Mediums auf ähnlich geringe Abstände zusammengedrückt werden, wie bei konventionellen flüssigen Lösungsmitteln. Beide Arten von Lösungsmitteln haben hierbei vergleichbare Dichten, aber unterscheiden sich deutlich in anderen physikalisch-chemischen Parametern, wie z. B. Viskosität und Diffusion.

Wie man aus Tabelle 1 entnehmen kann, ähneln einige Eigenschaften der fluiden Gase wie Dichte und Diffusionskoeffizienten denen einer Flüssigkeit, andere wie die Viskosität, denen eines Gases. Der Dichteverlauf gegen den Druck bei unterschiedlicher Temperatur ist für CO$_2$ aus Abb. 2 ersichtlich. Daraus ist zu entnehmen, daß sich die Diffusionsbereiche der überkritischen Fluide deutlich von denen normaler Flüssigkeiten unterscheiden (Abb. 3). Bei konventionellen Lösungsmitteln kann die Löslichkeit von Stoffen nur durch die Temperatur beeinflußt werden. Normalerweise nimmt sie mit steigender Temperatur zu. Die Lösungskraft überkritischer Fluide jedoch ist eine Funktion von Temperatur und Druck. Dies läßt sich aus Abb. 4 entnehmen, in welcher die Löslichkeit von Naphthalin in CO$_2$ bei verschiedenen Drücken und Temperaturen gezeigt wird.

Tabelle 1. Physikalische Eigenschaften von Gasen, Flüssigkeiten und Fluiden

	Gase	überkritische Gase	Flüssigkeiten
Dichte (g/ccm)	0,001	0,03–0,8	1
Viskosität (cSt)	0,01	0,01–0,1	0,5–1
Diffusionskoeffizient (cm^2/s)	10^{-1}	10^{-3}–10^{-4}	10^{-5}

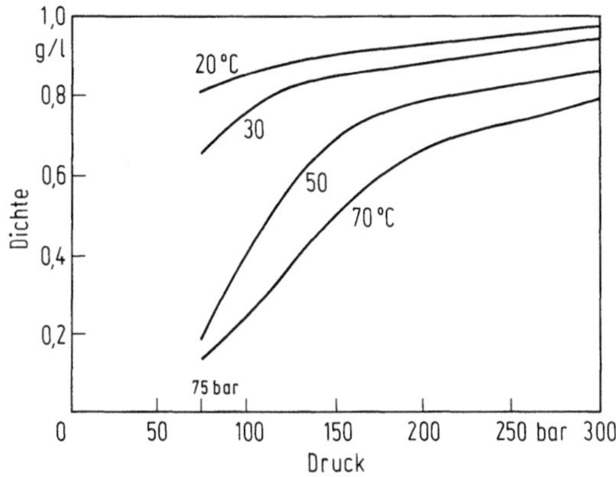

Abb. 2. Dichte-Druckverlauf für flüssiges und überkritisches CO_2

Etwa 40 verschiedene Stoffe hat man bisher auf ihre Verwendung als überkritische Fluide untersucht. Eine kleine Anzahl davon wurde erfolgreich getestet (Tabelle 2).

Interessant ist, daß auch ein Edelgas (Xe) gute Lösungseigenschaften als überkritisches Fluid aufweist; dies ist wahrscheinlich auf seine hohe Polarisierbarkeit zurückzuführen.

Produktspezifische und wirtschaftliche Gründe reduzieren obige Liste signifikant, insbesondere wenn man den Einsatz fluider Gase in der Lebensmittelextraktion vorsieht:

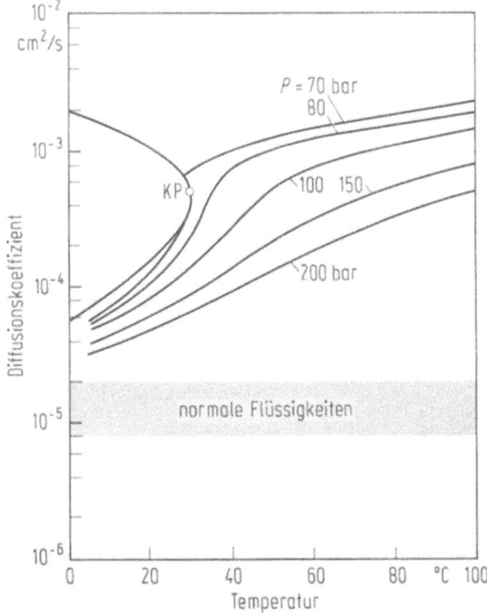

Abb. 3. Abhängigkeit des Diffusionskoeffizienten von CO_2 von Druck und Temperatur

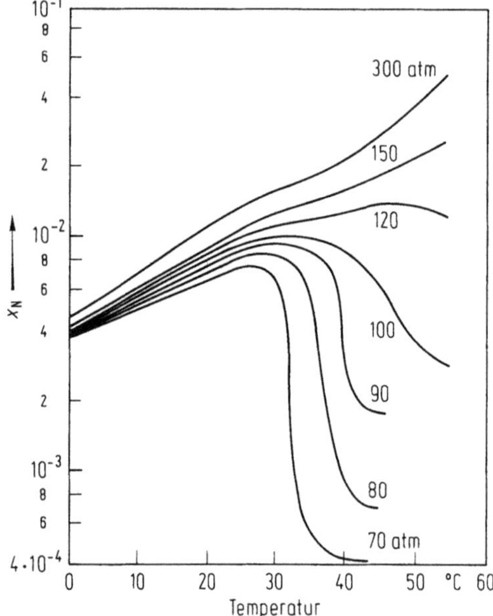

Abb. 4. Löslichkeit von Naphthalin in CO_2

Tabelle 2. Kritische Parameter überkritischer Fluide

Chem. Bezeichnung	T_c (°C)	P_c (bar)
Kohlendioxyd	31,2	73,8
Distickstoffmonoxyd	36,6	72,4
Xenon	16,8	58,0
Ethan	32,4	48,8
Ethylen	9,4	50,4
Propan	36,8	42,5
Wasser	374,1	220,5

Bei N_2O ist die chemische Stabilität noch nicht geklärt, Xe ist zu teuer, die Alkane sind brennbar und lassen ggf. Rückstände im Produkt zurück; Wasser hat eine zu hohe kritische Temperatur. Für die Lebensmittelbearbeitung bleibt daher als ideales Extraktionsmittel nur überkritisches CO_2 übrig.

2.3 Das Extraktionsverfahren

Die Löslichkeit von lösbaren Komponenten in überkritischen Fluiden steigt nach Abb. 4 mit zunehmendem Druck, also zunehmender Dichte, an. Die Extraktionsgeschwindigkeit hängt bei Naturstoffen außer vom Druck und der Temperatur oft zusätzlich von der temperaturabhängigen Diffusion der zu extrahierenden Komponenten im Inneren der Naturstoffmatrix ab. Die Löslichkeit in komprimierten Gasen bei überkritischen Bedingungen ist größer

als in verflüssigten Gasen bei unterkritischen Bedingungen; so hat z.B. überkritisches CO_2 eine 2–3-fache bessere Löslichkeit als unterkritisches flüssiges CO_2 (Hubert, Vitzthum [4]). Temperaturerhöhung kann, wie ferner aus Abb. 4 ersichtlich ist, einerseits zu einer Zunahme der Löslichkeit bei hohen Drücken und andererseits zu einer Abnahme bei niedrigen Drücken führen. Die überkritische Extraktion wird z. Zt. vorwiegend als diskontinuierlicher Prozeß betrieben, wobei das Fluid kontinuierlich in einem Kreislauf geführt wird, der aus einer Extraktions- und einer Abscheidungsstufe besteht.
Drei verfahrenstechnische Wege für die Extraktion mit überkritischem CO_2 haben sich durchgesetzt [4]:

1. Abscheidung durch Druckänderung (Abb. 5).

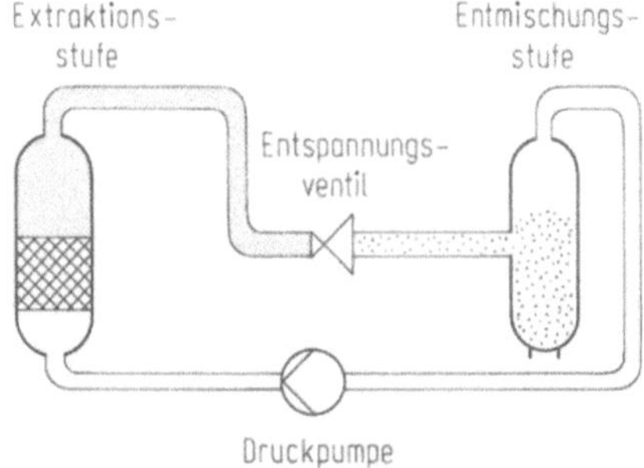

Abb. 5. Abscheidung durch Druckänderung

Aus dem Extraktionsbehälter werden die löslichen Komponenten vom Fluid mittels einer Pumpe in den Abscheidebehälter transportiert. Auf dem Wege dorthin wird die homogene Phase über ein Drosselventil auf unterkritische Bedingungen entspannt; die Dichte, und damit die Löslichkeit sinkt; der gelöste Stoff fällt aus und wird im Abscheidebehälter vom Gas getrennt. Das Gas wird zum Fluid rekomprimiert und in den Kreislauf zurückgegeben.
Dieses Verfahren eignet sich gut zur Extraktgewinnung aus Hopfen, Gewürzen, Ölsaaten etc.

2. Abscheidung durch Temperaturänderung (Abb. 6).

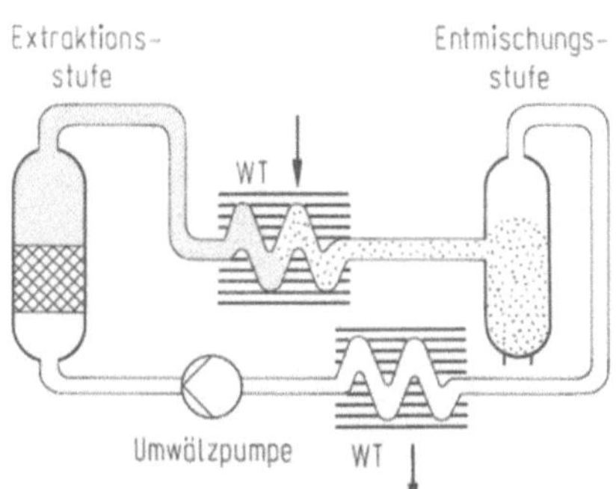

Abb. 6. Abscheidung durch Temperaturänderung

Statt einer Druckabsenkung kann die Phasentrennung Fluid/gelöster Stoff auch durch Temperaturänderung erreicht werden, wenn man den Kreislauf über geeignete Wärmetauscher führt.

3. Abscheidung durch Adsorption (Abb. 7).

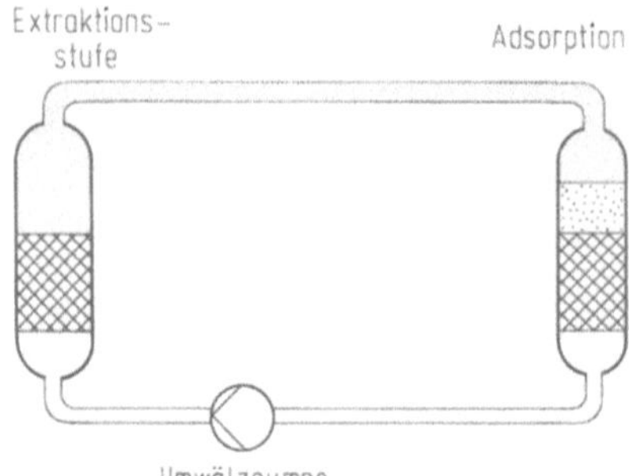

Abb. 7. Abscheidung durch Adsorption

Hierbei wird der im fluidem Gas gelöste Extrakt isobar und isotherm auf einem geeigneten Adsorber, meist Aktivkohle oder Ionenaustauscher, abgeschieden. Dieser Prozeß wird eingesetzt, wenn der Naturstoff von extrahierbaren Komponenten wie Coffein, Theobromin oder Nikotin befreit werden soll. Verfahrenstechnische Hinweise für den Bau und die Optimierung von Anlagen zur Hochdruckextraktion von Naturstoffen geben u. a. Lack [5], Eisenbach [6], Brunner [7], Rivzi et al. [8], Quirin et al. [9], Körner [10], Vollbrecht [11] und Coenen, Kriegel [12].

3 Einsatzmöglichkeiten im Lebensmittelbereich

3.1 Überkritisches CO_2 als Lösungsmittel

Für die extraktive Bearbeitung von Lebensmitteln hat sich fluides CO_2 aufgrund der folgenden spezifischen Eigenschaften bestens bewährt:
- hoher Reinheitsgrad,
- chemische Inertheit, d. h. es reagiert nicht mit Lebensmittelinhaltstoffen,
- chemische Stabilität,
- Unbrennbarkeit
- niedriger Siedepunkt; dadurch leicht wieder entfernbar aus Lebensmittelextrakt und -rückstand,
- keine toxische Bedenken hinsichtlich Rückstände in Lebensmitteln,
- CO_2 ist ein in der Natur ubiquitärer Stoff und in vielen Lebensmitteln wie Mineralwasser, gebackenen und gerösteten Produkten vorhanden; es kommt in der Luft vor und ist die Atmungssubstanz der Pflanzen,
- preisgünstiges Lösungsmittel,
- kann oft als natürliche Kohlensäure aus unterirdischen Quellen gewonnen werden.

Produktspezifische Vorteile für CO_2 sind:
- Extrahierbarkeit von hitzeempfindlichen Stoffen bei niedrigen Temperaturen,
- hohe Selektivität für bestimmte Verbindungen wie z. B. Coffein,
- Ausschluß der oxydativen Zerstörung, z. B. bei den ätherischen Ölen (Fenchel u. a.)
- Fraktionierte Extraktion möglich aufgrund eines Dichtekontinuums von 0,3–0,8, was durch unterschiedliche Temperaturen und Drücke eingestellt werden kann.

Die Möglichkeiten der Bildung von Umsetzungsprodukten zwischen CO_2 und Lebensmittelinhaltstoffen untersuchte Weder [13]. Er konnte am Beispiel der Ribonuclease bei einer CO_2-Behandlung unter erhöhten Temperaturen in Gegenwart von Feuchtigkeit keine anderen Veränderungen feststellen als diejenigen, die auch bei normaler Hitze oder Dampfbehandlung stattfinden. Wichtig für Löslichkeitsbetrachtungen ist die Polarität von CO_2 unter überkritischen Bedingungen. CO_2 hat nicht – wie man meinen möchte – hydrophile, sondern fast ausschließlich lipophile Lösungseigenschaften. Das heißt, auf einer Lösungsmittelpolaritätsskala von den Alkanen bis zu den niedrigen Fettsäuren wäre CO_2 hinsichtlich seiner Lösungscharakteristik qualitativ zwischen Methylenchlorid und Essigester einzustufen. Die quantitative Lösungskraft des überkritischen CO_2 ist jedoch geringer als in den beiden zuvor genannten Lösungsmitteln bei gleichen Temperaturen. Sie nimmt mit zunehmendem Molekulargewicht der Komponenten und mit zunehmender Polarität ab.
Einen Überblick über die Löslichkeit verschiedener chemischer Stoffklassen in fluidem CO_2 gibt Tabelle 3.
Obgleich die Löslichkeit in fluidem CO_2 für manche Stoffe, wie z. B. Coffein nur mäßig ist, bedeutet dies kein Hindernis für die Extraktion. Der Extraktionsprozeß ist ein dynamischer Prozeß, bei dem Gleichgewichte nicht erreicht werden müssen. Schon eine kleine Coffeinaufnahme aus dem fluiden Gasstrom

Tabelle 3. Löslichkeit verschiedener Stoffklassen in fluidem CO_2

Löslichkeit	Substanzklassen	Lebensmittelinhaltstoffe
gut:	lipophile unpolare Komponenten, mittelpolare Komponenten von niedrigem und mittlerem Molekulargewicht	Aromen, Terpene, Fette und Öle
mittel:	polare Stoffe mit niedrigem Molekulargewicht	Coffein, Nikotin, Cholesterin, Wasser, niedrige Fettsäuren, Alkohole, Wachse
keine:	stark polare Stoffe, unpolare Stoffe mit höherem Molekulargewicht	Aminosäuren, Proteine, Kohlehydrate, Fettsäuren

bei jedem Umlauf mit jeweiliger Coffeinausscheidung am Adsorber macht die Entcoffeinierung praktisch und wirtschaftlich interessant.
Der geschwindigkeitsbestimmende Schritt bei der Extraktion vieler Lebensmittel – insbesondere wenn sie kompakt sind, wie z.B. Kaffeebohnen – ist der Widerstand der Produktmatrix gegen den Transport des zu lösenden Stoffes aus dem Inneren der Lebensmittelpartikel an die Oberfläche. Obwohl die Diffusion von fluidem CO_2 besser als diejenige konventioneller Lösungsmittel ist, ist der Widerstand der Produktmatrix noch immer beachtlich. So läßt sich z.B. Sojabohnenmehl leichter entfetten als Sojabohnenschrot.

3.2 Anwendungsbeispiele

Die zahlreichen auf diesem Gebiet veröffentlichten Patente lassen sich in zwei Kategorien einteilen: eine erste Gruppe, welche die Gewinnung des CO_2-Extraktes zum Ziel hat; und eine zweite, in welcher die Gewinnung eines gereinigten oder von der Komponente X befreiten Rückstandes beschrieben wird. Beide Möglichkeiten sind in den Tabellen 4 und 5 zusammengefaßt.
Wie kürzlich gezeigt wurde, lassen sich auch bestimmte Pestizide mit trockenem oder feuchtem überkritischen CO_2 extrahieren (Schäfer und Baumann [14]).
Bei flüssigen und viskosen Produkten bieten sich zusätzlich die Möglichkeiten einer kontinuierlichen und rektifizierenden Extraktion an. Als Beispiel seien zwei von Stahl et al. [15] vorgeschlagene Prozesse zur Entterpenisierung ätherischer Öle und die Reinigung von Lecithin mittels fluidem CO_2 erwähnt.
Die Herabsetzung des Gehalts an unerwünschtem Limonen in Bitterorangenöl kann kontinuierlich, wie in Abb. 8 gezeigt, durchgeführt werden.
Dabei wird das ätherische Öl mittels Flüssigdruckpumpe in der Mitte einer Hochdruckfraktionierkolonne eingegeben. Die leicht löslichen Monoterpen-Kohlenwasserstoffe lösen sich im von unten nach oben strömenden fluiden

Tabelle 4. Entfernung von Lebensmittelinhaltstoffen mittels fluidem CO_2

Kaffee	Entfernung von Coffein
Tee	Entfernung von Coffein
Tabak	Entfernung von Nikotin
Proteine	Entfettung
Stärke	Entfettung
Enzyme	Entfettung
Snacks	
(z.B. geröstete Nüsse)	kalorische Entfettung
Hamburger	kalorische Entfettung
Lecithin	Reinigung
Eipulver, Butter	Entfernung von Cholesterin
Öle	Desodorisierung
Ätherische Öle	Entterpenisierung
Antioxidantien, Vitamine, Lebensmittelstabilisatoren (Lebensmittelzusatzstoffe)	Reinigung durch Entfernung von Verunreinigungen oder Umfällung

Tabelle 5. Gewinnung von Lebensmittelinhaltstoffen mittels fluidem CO_2

Hopfen	Hopfenextrakte
Gewürze	Extrakte aus Pfeffer, Paprika, Zimt, Anis, Vanille, Chili, Muskatnuß Isolierung des Paprikafarbstoffes
Kaffee	Aromaöl
Tabak	Aromastoffe
Früchte	Aromen und ätherische Öle
Ölsaaten	Fette und Öle
Kakao	Kakaobutter und 100% entfettete Kakaomasse; Isolierung von Theobromin
Erhitzte Lebensmittel	Back- und Brataromen
Lebensmittelgemische	Reaktivaromen
Biomasse	Isolierung von Aromastoffen

CO_2 besser als die sauerstoffhaltigen Aromaträger. Durch Einbau eines Temperaturgefälles in die Kolonne ($T_1 > T_2$) wird eine rektifizierende Trennung erreicht. Die Terpene treten am Kolonnenkopf aus und werden nach Druck- und Temperaturabsenkung ausgeschieden. Das terpenfreie ätherische Öl wird kontinuierlich am Boden der Fraktionierkolonne abgezogen. Die Isolierung butterähnlicher Fettfraktionen mittels Druckfraktionierung haben Biernoth und Merk [16] zum Patent angemeldet.

Eine andere Verfahrensweise wurde für die Reinigung von Rohlecithin vorgeschlagen. Feste Phospholipide müssen dabei von flüssigen Triacylglyceri-

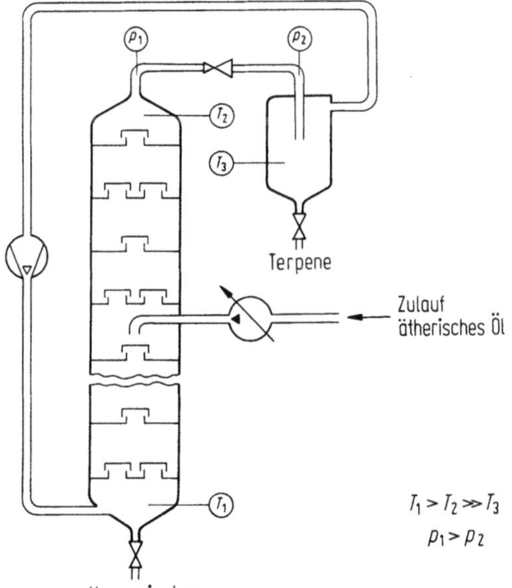

Abb. 8. Kontinuierliche Entterpenierung ätherischer Öle

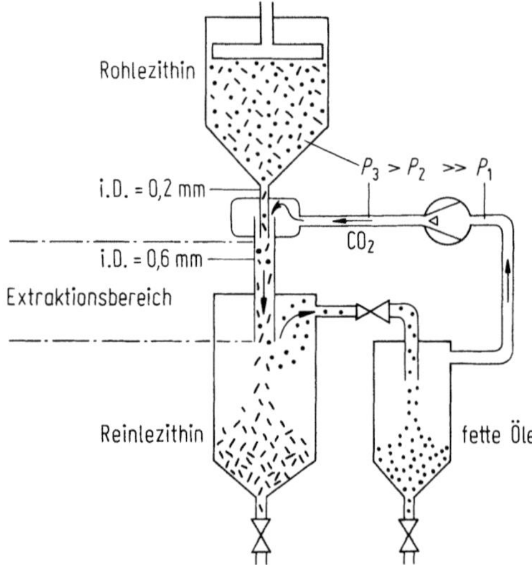

Abb. 9. Kontinuierliche Hochdruck-Düsenextraktion viskoser Substanzen

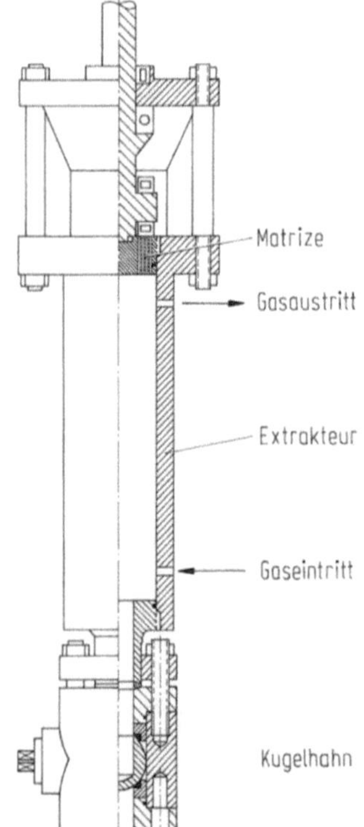

Abb. 10. Kontinuierliche Extraktion von Hopfen mit überkritischem CO_2

den getrennt werden. Die gewöhnliche CO_2-Extraktion führt zu einer unbefriedigenden Lecithinkonsistenz. Dieses Problem konnte durch Einsatz einer besonderen Druckdüsentechnik gelöst werden (Abb. 9).

Rohlecithin wird dabei durch eine Düse in eine Kapillare gepreßt, welcher fluides CO_2 beigemischt wird. Dabei arbeitet die Kapillare als Extraktionskammer; fluides CO_2 löst die fetten Öle besser als das Lecithin. Am Ende der Kapillare tritt gereinigtes flockiges Lecithin aus. Die gelösten fetten Öle werden in einem zweiten Abscheidebehälter nach Drucksenkung entfernt.

Für eine kontinuierliche Extraktion von Feststoffen wurden Hochdruckschleusen (Müller [17]), Förderschneckenschleusen und Kugelhähne (Schulmeyr et al. [18]) vorgeschlagen. Abbildung 10 zeigt eine Vorrichtung für die kontinuierliche Ein- und Austragung von Hopfenpulver.

3.3 Industrielle Nutzung

Bis 1990 existierten in Deutschland, Frankreich, Japan und USA 12–15 großtechnische Anlagen mit einer Gesamtkapazität von 150 000 jato für die Extraktion von Lebensmitteln mit überkritischem CO_2.

1. Kaffee

In der technisch größten Anlage in Bremen wird seit 1979 Rohkaffee nach dem Verfahren von Zosel [19] entcoffeiniert. Der Prozeß läuft gemäß Abb. 11 folgendermaßen ab (Kurzhals [20]):

Rohkaffee wird zunächst im Befeuchter mit Dampf auf einen Feuchtigkeitsgehalt von 20–50 % gebracht. Dabei schwellen die Bohnen an. In einer 2. Stufe werden die Bohnen im Druckbehälter bei Temperaturen oberhalb 40 °C und oberhalb 120 bar mit überkritischem CO_2 extrahiert. Das im CO_2 gelöste

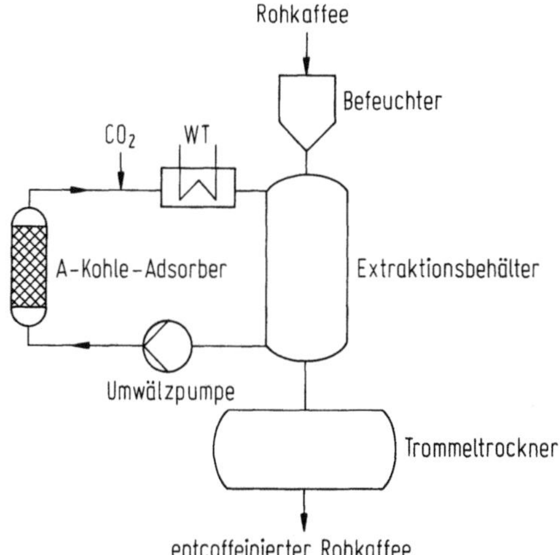

Abb. 11. Entcoffeinierung von Rohkaffee mit überkritischem CO_2

Coffein wird isotherm und isobar in einem Adsorptionsbehälter an Aktivkohle adsorbiert. Das vom Coffein befreite CO_2 wird danach mittels Umwälzpumpe wieder in den Kreislauf zurückgeführt zur Fortsetzung der Coffeinextraktion. Nach Beendigung der Extraktion – d. h. wenn der Kaffee einen Restcoffeingehalt von weniger als 0,1 % aufweist – können die grünen Kaffeebohnen in einen Trommeltrockner auf den Ausgangsfeuchtegehalt von 10–12 % zurückgetrocknet werden. Anschließend kann der Rohkaffee in bekannter Weise geröstet werden.

Parallel zur Entleerung und Beschickung des Extrakteurs müssen CO_2 und Aktivkohlefüllung entfernt werden. Zur Wiedererlangung des Extraktionsdrucks wird die entsprechende Menge CO_2 eingefüllt und durch den Wärmetauscher auf die Extraktionstemperatur gebracht. Die Aktivkohle kann erst nach Regenerierung und Reaktivierung wieder eingesetzt werden. Über die Eignung verschiedener Aktivkohletypen berichteten Gabel et al. [21]. Die Entcoffeinierung wird als diskontinuierlicher Batch-Prozeß gefahren.

2. Tee

Die seit einigen Jahren, insbesondere für den US-Markt, eingesetzte Entcoffeinierung von Tee, wird in ähnlicher Weise durchgeführt (Vitzthum, Hubert [22]). Hierbei muß jedoch – im Gegensatz zu Kaffee – das fertige Endprodukt, also schwarzer Tee mit seinem vollen Aroma, bearbeitet werden; dies kann sich geschmacklich nachteilig bemerkbar machen. Vorteilhafter wäre eine Entcoffeinierung von fermentiertem oder unfermentiertem, ungeröstetem Tee im Erzeugerland (Vitzthum et al. [23]).

3. Hopfen

Die kommerzielle Hopfenextraktion mit überkritischem CO_2 wurde bis 1986 ausschließlich in zwei süddeutschen Extraktionsfirmen nach dem Verfahren der Extraktgewinnung getätigt (Vitzthum et al. [24]). Dabei erfolgt die Abscheidung der Hopfenextraktstoffe aus dem beladenen CO_2 durch Druckabsenkung nach jedem Kreislauf.

Über eine Weiterentwicklung des Verfahrens berichtete Gehrig [25]. Vorteile der Hopfenextraktion mit Überkritischem CO_2 gegenüber der herkömmlichen Extraktion mit Methylenchlorid oder Ethanol sind der höherwertige Gehalt an Wirkstoffen, eine Verringerung der Gerbstoffanteile und eine bessere Lagerstabilität (Forster et al. [26]).

4. Andere industrielle Verwertungen

In USA hat man 1987 eine Produktionsanlage zur Entfernung von Nikotin aus Tabak mittels überkritischem CO_2 gebaut. 1990 wurde in Deutschland mit der technischen Gewürzextraktion begonnen. Japanische Produzenten benützen die überkritische CO_2-Extraktion seit 1991 zur Isolierung mehrfach ungesättigter Fettsäuren aus Pflanzenölen, Fischaromen aus fettreicher Fischmasse und Gewinnung von Suppenzusatzstoffen aus enzymatisch gespaltenen Proteinen.

4 Literatur

1. Randall LG (1982) Sep Science and Techn 17:1
2. Krukonis KJ (1988) Supercritical Fluid Extraction and Chromatography, ACS Symposium Series 366, S 26 ISSN 0097-6156
3. Flament I, Chevallier C, Keller U (1987) Flavor Science and Technology. John Wiley & Sons Ltd, S 151
4. Hubert P, Vitzthum OG (1978) Angew Chem 90:756
5. Lack EA, Kriterien zur Auslegung von Anlagen für die Hochdruckextraktion von Naturstoffen. dbv-Verlag für die Technische Universität Graz 1985 [1]
6. Eisenbach W (1984) Ber Bunsenges Phys Chem 88:882
7. Brunner G (1987) Chem-Ing-Tech 59:12
8. Rizvi SSH, Daniels JA, Benado AL, Zollweg JA (1986) Food Technol 40(7):57
9. Quirin KW, Gerard D, Kraus J (1986) GORDIAN 86(9):156
10. Körner J-P (1984) Intl Symp High Pressure Chemical Engineering. VDI Gesellschaft Verfahrenstechnik, S 47
11. Vollbrecht HR (1984) Intl Symp High Pressure Chemical Engineering. VDI Gesellschaft Verfahrenstechnik und Chemieingenieurwesen, S 269
12. Coenen H, Kriegel E (1984) Ger Chem Eng 7:335
13. Weder JKP (1981) Lebensmittelchemie und gerichtl Chemie 35:53
14. Schäfer K, Baumann W (1989) Fresenius Z Anal Chem 332:884
15. Stahl E, Quirin K-W, Gerard D (1987) Verdichtete Gase zur Extraktion und Raffination. ISBN 3-540-16937. Springer, Berlin Heidelberg New York
16. Biernoth G, Merk W (1985) US-Pat 4.504,503
17. Müller A (1978) DE-Pat 28 27 002
18. Reimert R (1986) Chem-Ing-Techn 58:890
19. Schulmeyr J, Gehrig M, Forster A (1985) DE-Pat 35 08 140
20. Zosel K (1970) DE-Pat 20 05 293
21. Kurzhals H-A (1982) Symposium on "CO_2 Solvent Extraction". Society of the Chemical Industry, London, Febr. 4
22. Gabel PW, Hinrichsmeyer K, Cammenga HK (1985) 11. Intl Wiss Kolloquium über Kaffee. ASIC, S 369, 42 rue Scheffer, 75 116 Paris
23. Vitzthum OG, Hubert P (1971) DE-Pat 21 27 642
24. Vitzthum OG, Clausi AS, El-Hag NA, Kapoor VN (1985) EP-Pat 0 167 399
25. Vitzthum OG, Hubert P, Sirtl W (1971) DE-Pat 21 27 618
26. Gehrig M (1984) Intl Symp High Pressure Chemical Engineering. VDI Gesellschaft Verfahrenstechnik und Chemieingenieurwesen, S 281
27. Forster A, Anderegg P, Pfenninger H (1984) Brauerei- und allgemeine Getränke-Rundschau 95(5):81
28. Perrut M (1988) Proceedings of the Intl Symposium on Supercritical Fluids, Tome 1/2, INPLAR, 54501 Vandœufre CEDEX ISBN 2-905267-13-5

1.6 Anwendung von Enzymen in der Lebensmitteltechnik

H. Uhlig, Rossdorf

1 Einleitung

Die industrielle Anwendung von technischen Enzympräparaten (vgl. Tabelle 1), einem Teilgebiet der Biotechnologie, hat sich in den letzten 20 Jahren sehr stark entwickelt. Während der Gesamtmarkt für Enzyme 1971 noch auf ca. 36 Mio $ geschätzt wurde, waren es 1989 kommerzielle Enzymprodukte mit einem Wert von ca. 650 Mio $. Der Einsatz von Enzymen in Waschmitteln und in der Stärkeindustrie hat der Entwicklung neuer mehr spezifisch wirkender Enzyme für die Technik und Lebensmittelherstellung Impulse gegeben. Tabelle 2 gibt eine Übersicht über einige Gebiete der Enzymanwendung; sie erhebt keinen Anspruch auf Vollständigkeit, kann aber dem Praktiker Anregungen zum Einsatz von technischen Enzympräparaten geben.

Im Zusammenhang mit der allgemeinen Anwendung von Enzymen in der Technik und speziell in der Lebensmitteltechnik verweisen wir auf die Litertur [1, 2, 3, 4, 5].

Tabelle 2. Technische Enzympräparate – Herkunft und Anwendung

	Spaltung, Substrat	pH-Opt. (Temp. Opt.)	Mikroorganismus	Verwendung
Bakterienamylase (bakt. Proteinase) (β-Glucanase)	Amylose und Amylodextrin zu Dextrinen	5,5–7,0 (70–80 °C)	Bacillus subtilis B. amyloliquefaciens B. stearothermophilos	Verflüssigung von verkleisterter Stärke und stärkehaltigen Rohstoffen in Brennerei, Brauerei, Entschlichtung, Glucose- und Sirupherstellung
Bakterienamylase hitzestabil		5,8–7,5 (100–105 °C)	B. licheniformis	Papierindustrie Äthanolherstellung
Pilz-α-Amylase (Proteinase, β-Glucosidase)	Amylose, Amylodextrin zu Dextrinen und Maltose	5,0–6,5 (55–60 °C)	A. oryzae Rhizopus delemar A. niger	Herstellung von Maltosesirup, in Backhilfsmitteln und Brennerei (seit 1940)
Glucamylase (α-Amylase, Transglucosidasen)	Dextrine vom nichtreduzierenden Ende. Spaltung von α-1.4-Bindungen rasch. Langsame Spaltung auch von α-1.6-Glucanbindungen. Endprodukt Glucose	4,2–5,0 (60 °C)	A. niger A. oryzae Rhizopus-Arten	Herstellung von krist. Glucose und glucosehaltigem Sirup (seit 1940) Fruktosesirup Stärkeabbau in Fruchtsäften
Pullulanase	Spaltung vom -1,6-β-Glucosid-Bindungen in Amylopectin	4–6 (45 °C)	Klebsiella aerogenes	Entzweigung von Amylo-Pectin. Glucoseherstellung Brennerei

In Klammern: meist vorhandene Nebenaktivitäten

Tabelle 2 (Fortsetzung)

	Spaltung, Substrat	pH-Opt. (Temp. Opt.)	Mikroorganismus	Verwendung
Pectinase Polygalacturonasen (PG) Polymethylgalakturonasen (PMG) Pectintranseliminase (PTE) Pectinesterase (PE) (Cellulasen) (Hemicellulasen)	natürliche Pectine, Pectin-Säure	2,5–5,5 (50–60 °C)	A. niger A. Awamori Trichoderma spez. Hefen	Klärung von Fruchtsäften (seit 1930). Herstellung von Obst-nektaren und Gemüsehydroly-saten und Konzentraten Weinbehandlung
Cellulase (Hemicellulase, Pentosanasen, Pektinasen)	native Cellulose (C_1-Aktivität) Cellulosederivate (C_x-Aktivität)	4,0–6,0 (45–50 °C)	A. niger Trichoderma spez.	Aufschuß von Cellulose- und Hemicellulose-haltigem Material bei der Bereitung von Pflanzenextrakten, Verdauungshilfsmittel Fruchtsaftherstellung
β-Glucanase (Hemicellulasen) (Amylasen)	β-1,3 β-1,4-D Glucane	6–10 (65 °C) 2–6 (85 °C) 3–6,5 (60 °C)	B. subtilis P. emersonii A. niger	Bier: Maische und Jung-bierfiltration
Invertase	Sucrosespaltung zu Glucose und Fructose	3,5–4,5 (60 °C)	A. oryzae A. niger	Herstellung von Bonbon-füllung, Invertzucker Hefen

Tabelle 2 (Fortsetzung)

	Spaltung, Substrat	pH-Opt. (Temp. Opt.)	Mikroorganismus	Verwendung
Lipase	tierische und pflanzlichee Öle und Fette	4,5–7,0 5–8,5 (50 °C) 4–8 (50 °C)	Aspergillus spez. Rhizopus spez. Pseudomonas Pankreas Candida	Käsereifung, Bildung von Aroma (seit 1952), Fettspaltung, Umesterung Stellungs- und Kettenlängenspezifität
β-Galaktosidase, Lactase	Lactosespaltung zu Glucose und Galaktose	6–7 4,5–5	Saccharomyces spez. A. oryzae A. niger	Hydrolyse von Lactose, Herstellung von Diätmilchprodukten
Glucoseoxidase	oxydiert β-D-Glucose zu Gluconsäure	5,5	A. niger Penicillium notatum	Entfernung von Sauerstoff oder Glucose zur Konservierung von Lebensmitteln Herstellung von Eipulver (seit 1952), im Bier (seit 1955)
Glucoseisomerase	isomerisiert Glucose zu Glucose/Fructose	7–9 (70–75 °C) 7,0–8,5 (60–65 °C)	Arthrobacter spp. Actinoplanes missouriensis	„High fructose corn sirup"
Rennet	Milch, Spaltung von k-Casein		Mucor pusillus Mucor miehei Endothia parasitica	Ersatz von natürlichem Kälberlab (seit 1962)
Trypsin und Chymotrypsin	Proteine Peptide	6,5–9,5 (45–50 °C)	Schweine- und Kälberpankreas	Gerberei Diät. Lebensmittel

Tabelle 2 (Fortsetzung)

	Spaltung, Substrat	pH-Opt. (Temp. Opt.)	Mikroorganismus	Verwendung
Pepsin		1,5−4 u. 5,0−5,5 (50−50 °C)	Schweinemägen	Pharma Verdauungssubstitution
Saure Pilzproteinasen		2,5−4,0 (50−55 °C) 4,5−6 (50 °C)	A. saito Rhizopus spez. A. niger	pepsinähnlich Eiweißhaltige Lebensmittel Peptonherstellung
Neutrale Pilzproteinasen		5,5−8,5 (40−45 °C)	Aspergillus spez.	Backmittel
Alkalische Pilzproteinasen		6,6−10 (55−65 °C)	A. oryzae A. melleus	Gerberei
Neutrale Bakterienproteinasen		5−8,5 (60 °C)	B. subtilis	Zink-Proteinase Hemmung d. Chelatbildner Gerberei, Entschlichtung Keksherstellung und Kräker
Alkalische Bakterienproteinasen		5−10 (75 °C) 6−11 (65 °C)	B. subtilis B. licheniformus	Waschmittelzusatz Serinproteinasen
Papain		4,5−8 (60−70 °C)	Carcia papaya	Bierstabilisierung Kräckerherstellung Verdauungssubstitution
Bromelain		5−8,5	Ananas comosus	Thiolproteasen durch Oxidation aktiviert

Tabelle 1. Enzymtechnologie. Wirtschaftliche Gesichtspunkte beim Einsatz von technischen Enzymen

Ziele	Mittel	Produkte/Prozesse
Kostensenkung	Ausbeuteerhöhung	Dextrine, Glucose, Glucose-Fruktosesirup
	Verbesserung der Rohstoffnutzung	Frucht- u. Gemüsesäfte
	Verminderung von Prozeßkosten	Glucose + Fruktosesirup, Entschlichtung von Textilien
	Filtrationskosten	Bier, Wein, Fruchtsäfte
Qualitätsverbesserung	Verbesserung der Konservierung	Fruchtsaftkonzentrate, Limonadenstabilisierung
	Veränderung der techn. Eigenschaften	Proteinmodifikation Mehl, Backwaren, Umesterung von Fetten
	Geschmacksverbesserung	Milchprodukte, Käse
	Verbesserung der Reinigungswirkung	Wasch- u. Spülmittel
	Kontrollierte Prozeßführung	Leder
	Verwertung der Molke	Getränke, Backhilfsmittel
Nutzung von Rohstoffen	Aufschluß von Stärke und Cellulose	Äthanol
Verminderung der Umweltbelastung		Lederherstellung Molkeverwertung

2 Anwendung von technischen Enzymen in verschiedenen Industrien

2.1 Stärkeindustrie [6]

Die Stärkeverarbeitung zu Dextrinen, Glucose, Isomerose und vergärbaren Zuckern ist das wertmäßig bedeutendste Anwendungsgebiet für Enzympräparate. Die Hydrolyse der Stärke, die früher mit Säuren durchgeführt wurde, ist das Einsatzgebiet für Amylasen von verschiedener Spezifität geworden. Auf dem Stärkegebiet wurden völlig neue Technologien entwickelt. Ausbeuten und Qualität der Produkte wurden wesentlich verbessert.

Tabelle 3. Schema verschiedener Prozesse der Verarbeitung von Stärke zu Lebensmitteln

Prozeß und Enzyme	Produkte	Verwendung
Stärkeverflüssigung		Papierindustrie
Standard-	Dextrine	Klebstoffe
Bakterien-α-Amylase	(12–20 DE)	
hitze-stabile		
Bakterien-α-Amylase		
(Pullulanase)	(Amylose)	
Verzuckerung	Vergärbare Zucker	Brauerei
α-Amylase	Maltodextrine	Lebensmittel
	(40–65 DE)	
Pilz-α-Amylase	Maltodextrine	
	(40–65 DE)	
Amyloglucosidase	Glucose	Äthanol
	Glucosesirup	
	(98 DE)	Getränke
Isomerisierung	$\downarrow$	Backwaren
Glucoseisomerase	Glucose/Fructosesirup	Konserven

2.2 Fruchtsaftindustrie [7]

Bei der Herstellung von klaren oder trüben Fruchtsäften und Frucht- und Gemüsesaftkonzentraten werden heute Pectinasen, Cellulasen und Hemicellulasen eingesetzt.

Prozesse	Ziele (Produkte)
enzymatische Macerierung	Pulpen, Säfte oder Pürees
Maischebehandlung	verflüssigte Obstmaischen Verbesserung der Preßbarkeit
Fruchtsaftklärung	klare Säfte Verbesserung der Filtration
Vollständiger Pectinabbau	klare stabile Konzentrate

Abb. 1 zeigt das Schema der Frucht- und Gemüseverarbeitung

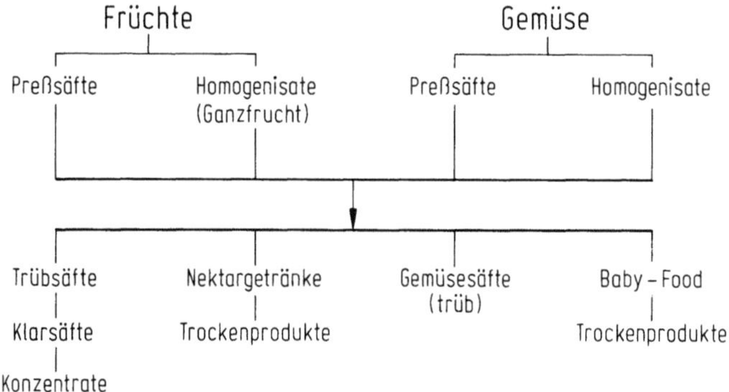

Abb. 1. Verfahren und Endprodukte in der Früchte- und Gemüseverarbeitung

2.3 Weinherstellung [8]

Enzympräparate, insbesondere Pectinasen, zählen heute zu den klassischen
önologischen Hilfsmitteln. Die folgende Übersicht (Tabelle 4) zeigt die Anwendung der verschiedenen Enzyme bei der Weinherstellung, bei der Herstellung
von Weißwein und Rotwein.

2.4 Enzymeinsatz bei der Herstellung von Mehl und Backwaren [9]

In der Mühle werden Enzyme zur Standardisierung der Mehlqualität verwendet. Durch α-Amylasen wird die Maltosebildung (Maltosezahl) verbessert,
durch Proteinasen die Klebereigenschaft beeinflußt. Bei der Herstellung von
Backwaren ermöglicht der Enzymeinsatz die Modifikation des Mehles zur
Herstellung sehr verschiedenartiger Endprodukte aus demselben Rohstoff.
Beispielhaft seien genannt:
- Ersatz von Zucker in Backwarenrezepturen
- Erhöhung der Kleberdehnbarkeit
- Verminderung der Kleberviskosität bei der Herstellung von Keksen und
  Kräckern.

Die Wirkung der Enzyme im Teig kann wie folgt dargestellt werden (s. Abb. 2).

2.5 Brauerei [10]

Der traditionelle Brauprozeß basiert auf der Verwendung von gemälztem
Getreide, dessen enzymatische Aktivität den Abbau der Stärke zu Dextrinen
und vergärbaren Zuckern bewirkt. Die steigenden Kosten der Malzherstellung
und die in vielen Ländern erlaubte Mitverwendung von ungemälztem Getreide, bzw. anderen stärkehaltigen Rohstoffen, führten zum Einsatz von
exogenen Enzympräparaten. So werden heute in Ländern ohne Reinheitsgebot in verschiedenen Brauprozeßstufen Enzympräparate eingesetzt wie die
tabellarische Übersicht zeigt, s. Tabelle 5.

Tabelle 4

Enzym	Einsatzort	Effekt
Weißwein		
Pectinasen	Maische	Verbesserung der Preßbarkeit mehr frei ablaufender Most Aromaextraktion
	Most	Vorklärung, durch verbessertes Absetzen Filtrierbarkeit
Pectinasen Proteinasen	Mosterhitzung	Verminderung der Schaumbildung Filtrierbarkeit Weinstabilität
Pectinasen Proteinasen β-Glucanasen	trübe Jungweine	Klärung Filtrierbarkeit
Rotwein		
Pectinasen	Maische	Farblösung Farbstabilität Klärung
Pectinasen Proteinasen	Jungwein	Filtrierbarkeit
Hemicellulasen	Preßwein	Klärung

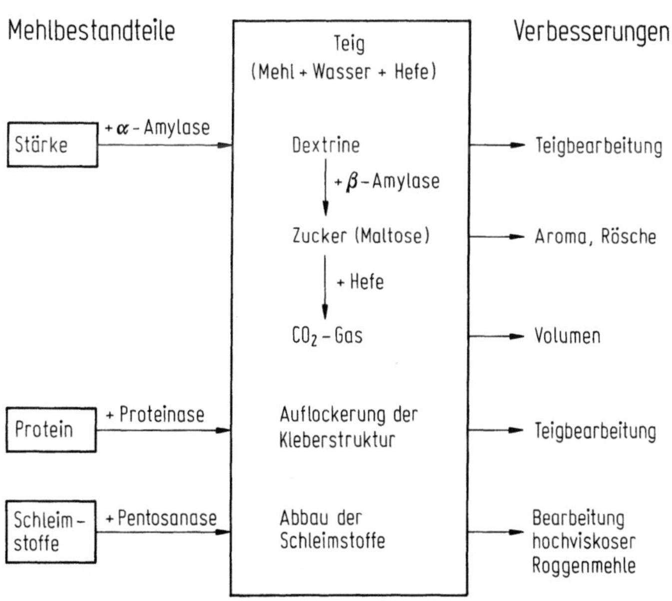

Abb. 2. Enzymwirkung im Teig

Tabelle 5

Enzym	Einsatzort	Effekt
Bakterien α-Amylase	Maischekessel Dekoktionsgefäß	rasche Verflüssigung
β-Glucanasen (bact.)	Maischekessel Dekoktionsgefäß	Extrakterhöhung verbesserte Würzefiltration
Bacterienproteinase	Maischekessel Dekoktionsgefäß	Erhöhung des löslichen Stickstoffs
Pilzamylase	Fermentation	Erhöhung der fermentierbaren Kohlenhydrate
Amyloglucsidase	Fermentation	(Niederkalorie- oder Diätbiere)
Pflanzen- und Pilzproteinasen	Konditionierung	Kältestabilisierung

2.6 Lederherstellung [11]

Seit den Arbeiten von Otto Röhm werden standardisierte technische Enzyme in der Wasserwerkstatt der Gerberei eingesetzt. Zu verschiedenen Prozeßstufen von der Rohhaut bis zur Gerbung werden heute proteolytische Enzymprodukte aus Pankreas, aus mikrobiologischen Kulturen und aus Pflanzen (Papain) eingesetzt.

1. Weiche, gesalzene, getrocknete Rohhäute müssen gewaschen und zur weiteren Verarbeitung rehydratisiert werden.
   Die Wasseraufnahme wird durch Detergientien unterstützt, die Schwellung von verklebten Fasern durch Proteasen gefördert (neutrale Bakterien- und Pilzproteasen).
2. Enthaarung und Entwollung.
   Die klassischen Verfahren der Haarentfernung werden mit Kalk und Natriumsulfid durchgeführt. Bei der Entwollung wird dabei das Haar stark angegriffen, außerdem das Abwasser hoch belastet. Die enzymatische Enthaarung wird heute im pH-Bereich von 8–10 mit Bakterien- und Pilzproteinasen durchgeführt.

2.7 Waschmittel [12]

Die Entwicklung von Enzympräparaten als Zusätze für Waschmittel begann 1913 mit den Arbeiten von Otto Röhm. Das Produkt wurde Burnus genannt und enthielt neben Pankreasproteinasen vor allem Soda.
1959 wurden erstmals Bakterienproteinasen für diesen Zweck eingesetzt, die im hochalkalischen Bereich in Gegenwart von Detergentien stabil und aktiv sind. Das erste Produkt stammte von der Schweizer Firma Snyder und wurde Bio 40 genannt.

Tabelle 6

Prozeß	pH-Wert	Substrat	Ziel	Enzyme	Alternative
Vorweiche	~7	Albumine, Globuline	Eiweißabbau	Proteasen, bakt. Prot.	Tenside, $Cl^{\ominus}$-Ionen
Hauptweiche	~9	Nichtfibrilläre E., Präkeratine, Fettzellenmembranen	Eiweißabbau, Zellaufschluß, Haarlockerung, Grundlockerung	Pilz-, Bakterien und Pankreasproteinasen, Papain	Tenside, schwache Reduktionsmittel, Amine
Enthaarung	~10	Keratin	Entfernung von Haar und Epidermis	Keratinasen, Proteasen	Anorg. u. org. Sulfide; starke Reduktionsmittel OH^--Ionen
Äscher	~12,5	Nichtkollagenes Eiweiß Mucopolysaccharide	Faserseparierung, Hautaufschluß	Bakterien- u. Pilzproteinasen, Elastasen	OH-Ionen, Hydrotropien, Amine, ΔT, Δt
Entkalkung und Beize	8–9	Grund und Gneist, Haarwurzelbegleitende Eiweißstoffe, Fettzellen	Reinigung der Narbenoberfläche, Steigerung der Narbenelastizität	Pankreasproteinasen Pilz-, Bakterien- und Pflanzenproteinasen	Salze, Tenside
Pickel / Saure Beize	5–6	Kollagen	Hautaufschluß, Steigerung der Lederelastizität, Verbesserung der Färbbarkeit	Pilzproteinasen, Pankreasamylasen, Papain u. ä.	Längere Säurehydrolyse; Hydrotropica, ΔT
Wet-blue-Auflockerung	6	Chrom- oder vegetabil gegerbte Leder	Eiweißabbau, Hautaufschluß, Faserseparierung	Pilz-, Bakterienproteinasen, spez. Pankreasauszüge	Behandlung mit Hydrotropica
Leimlederaufarbeitung	11	Maschinenleimleder	Verflüssigung der Proteine zur Fettseparierung	Bakterienproteinase	ΔT, ΔP

Tabelle 7. Industriell genützte immobilisierte Enzyme (Stand 1983, weltweit) – nach P. B. Poulsen

Immobilisierte Enzyme alphabetisch	jährl. Enzym-verbrauch	jährl. Prod./Produkt	Immobilis. Methode	Wichtigste Hersteller aus deutscher Sicht
Aminosäure-Acylase	~10 t	ca. 2000 t Phe., Met., Try., Val.	DEAE-Sephadex Membran-Reaktor Eupergit	Degussa (D), Tanabe (JP), Röhm(D)
Amyloglucosidase	<1 t	ca. 5000 t Glucosesirup	Aktivkohle	Tate & Lyle (UK)
Aspartase	?	ca. 1000 t Asparaginsäure	Zellen in Carrageenan	Tanabe (JP)
Fumarase	?	? Äpfelsäure	Zellen in Carrageenan + PEI	Tanabe (JP) (= erste immob. Zellen)
Glucoseisomerase	1500–1750 t	3 Mio. t HFCS	s. Tab. 1	s. Tab. 1
Hydantionase	<1 t	<50 t D-Phenylglycin	–	Amano (JP), Snam Progetti (I)
Invertase	<1 t	Invertzuckersirup	Maisspindelgranulat PMMA-Träger	INSA, Toulouse (F) Röhm (D)
Lactase	<5 t	<10000 t Glu-cose + Galaktose	Keramikträger, PMMA Ionenaustauscher, gecoatetes SiO_2	Corning (USA), Röhm (D), Valio (SF) Sumitomo (JP), ETH Zürich (CH), Amerace (USA)
Nitrilase	<0,1 t	<5 t Acrylamid	Nylonfasern –	Snam Progetti (I) Nitto (JP)
RNAse	<1 t	>500 t RNA	Glas, aktivierte Cellulose Eupergit	Japan, VR China Höchst (D)
Penicillin-G-Amidase	4 t	4500 t ⎫ 6-Amino-Penicillan-säure 500 t ⎭	z.B. Eupergit Polyacrylamid, Nylonfasern	Beecham (UK), Gist Brocades (NL), Bayer (D) / Toyo Jozo (JP), Röhm (D) Boehringer M. (D), Snam Progetti, LARK (I)
Penicillin-V-Amidase				Biochemie Kundl (A), Novo (DK)
Hefezellen	–	? Alkohol	4 Alginat	Kyowa Hakko (JP)

Heute enthalten, abhängig von den verschiedenen Ländern, 30–60% der Waschmittel Bakterienproteinasen, alkalische Proteasen aus Bacillus subtilis und Bacillus licheniformis mit einem Temperaturoptimum bei 60 °C. Sie können im Bereich 8,5–10,0 eingesetzt werden. Diese Enzyme werden heute in staubfreier Form zusammen mit inertem Material granuliert verwendet.

2.8 Immobilisierte Enzyme [13]

Siehe Tabelle 7, S. 86.

3 Literatur

1. Enzyme, Ullmanns Encyklopädie der technischen Chemie. Verlag Chemie, Weinheim, 4. Aufl, Bd 10, S 475–562
2. Godfrey T, Reichelt J (1983) Industrial Enzymology. The Nature Press
3. Reed G (1975) Enzyme in Food Procressing. Academic Press, New York
4. Uhlig H (1984) Einsatz von Enzymen in der Lebensmitteltechnik. Swiss Food 6:25–36
5. Enzympräparate, Standards für die Verwendung in Lebensmitteln (1983) Schriftreihe der Fachgruppe Lebensmittelchemie und gerichtliche Chemie in der GDCH. B. Behr's Verlag, Hamburg
6. Richter G, Tegge G, „Enzymatic Conversion of starch in food processing". Biotechn. Food Industrie Proc. Int. Symp. Budapest 1988
7. Whitacker JR (1984) Pectic substances, pectic enzymes and haze formation in fruit juices. Enzyme Microb Technol, vol 6, 341–490
8. Urlaub R, Anwendung von Enzymen bei der Herstellung von Wein. Firmenanschrift: Röhm GmbH, Darmstadt
9. Sprößler B (1986/87) Jahrbuch Biotechnologie. Präve P (Hrsg) Hanser-Verlag, München
10. Enzymanwendung in der Brauerei. Johann, Spectrum (34), Firmenanschrift: Röhm GmbH, Darmstadt
11. Enzyme zur Lederherstellung. Magazin für die Lederindustrie, Firmenanschrift: Röhm GmbH, Darmstadt
12. Bahn M, Schmid R-D (1987) Enzymes for Detergents. Biotechn, G. Fischer Stuttgart, NY vol 1, p 119–130
13. Plainer H (1986/87) Jahrbuch Biotechnologie. Präve P (Hrsg) Hanser-Verlag, München

2 Fette und Öle

2.1 Gewinnung und Raffination von Fetten und Ölen

K. Weber, Hamburg

1 Allgemeines

Natürliche Fette und Öle bestehen im wesentlichen aus Fettsäuretriglyceriden in Form fester oder flüssiger Mischungen. Der Begriff „Öl" wird verwendet, wenn bei Zimmertemperatur die flüssige Form vorliegt, und „Fett" im Falle der festen Form. Es sind stets natürliche Begleitstoffe in den Fetten enthalten, z.B. Phospholipide, freie Fettsäuren, Sterine, Kohlenwasserstoffe, Farbstoffe, Wachse und Vitamine und gegebenenfalls unerwünschte, wie Spuren von Pestiziden und Herbiziden. Fette und Öle werden aus pflanzlichen und tierischen Rohstoffen gewonnen. Die jährliche Weltproduktion an Ölen/Fetten liegt in der Größenordnung von 70 Mio. Tonnen und verteilt sich auf die Rohstoffe, wie in Abb. 1 dargestellt. Rund 80% der Weltproduktion werden für Ernährungszwecke verwendet, und 20% werden weiterverarbeitet im Bereich der Futtermittelindustrie und der Chemie. In Tabelle 1 sind die Produktionszahlen von 1985/86 weltweit für die wichtigsten Öle und Fette dargestellt.
Die Produktion von Fetten und Ölen verzeichnet seit Jahren eine stetige Zuwachsrate.

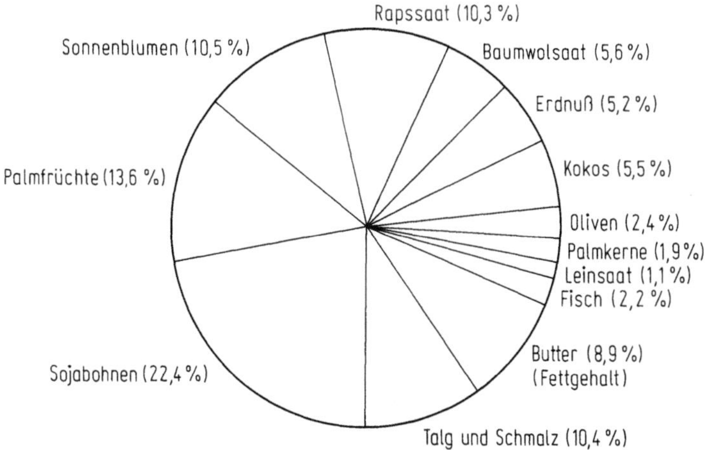

Abb. 1. Anteil der wesentlichen Fette und Öle an der Weltproduktion

Tabelle 1. Weltproduktion der wesentlichen Fette und Öle (in 1000 t) im Jahr 1985/86

	1985/86
Sojabohnen	13 640
Palmfrüchte	8 290
Sonnenblumen	6 380
Rapssaat	6 250
Baumwollsaat	3 430
Erdnuß	3 150
Kokosnuß	3 330
Oliven	1 480
Palmkerne	1 130
Leinsaat	660
Fisch	1 330
Butter (Fettgehalt)	5 390
Talg und Schmalz	6 400
Gesamt	60 890

2 Gewinnung von Fetten und Ölen

Eine zusammenfassende Darstellung der einzelnen Gewinnungs- und Veredelungsschritte ist in Abb. 2 dargestellt.

2.1 Pflanzliche Fette und Öle

2.1.1 Lagerung, Transport der Rohstoffe

Transport und Lagerbedingungen haben einen entscheidenden Einfluß auf die Rohölqualität. Fruchtfleischfette, wie Palmfrüchte, Oliven, sind anfällig für hydrolytische Spaltvorgänge des Fettes, Ölsamen weniger. Daher ist Trocknung vor der Lagerung auf etwa hygroskopisches Gleichgewicht erforderlich. Transport der Ölsaaten erfolgt überwiegend in losem Zustand über Schiene, Straße und Wasser, Entladung der Ferntransportmittel durch Becherwerke und Saugheber. Ölfrüchte werden aus oben erwähnten Gründen im Anbaugebiet verarbeitet.
Vorreinigung der Saat erfolgt mittels Sieben, Aspiration Magnetabscheider (gegebenenfalls Nachtrocknung in Dächertrocknen). Zur Lagerung der Saaten dienen Siloanlagen, wobei Einlagerung und Auslagerung mittels Ketten- und Schneckenförderern erfolgt.

2.1.2 Reinigen und Schälen der Ölsaaten

Fremdteile werden durch Siebe unterschiedlicher Bespannung, Windsichtung und Magnete entfernt.
Schälung der Saat (zur Reduktion des Faseranteiles im Schrot und/oder Verbesserung der Rohölqualität) erfolgt je nach Struktur des Kernfleisch/

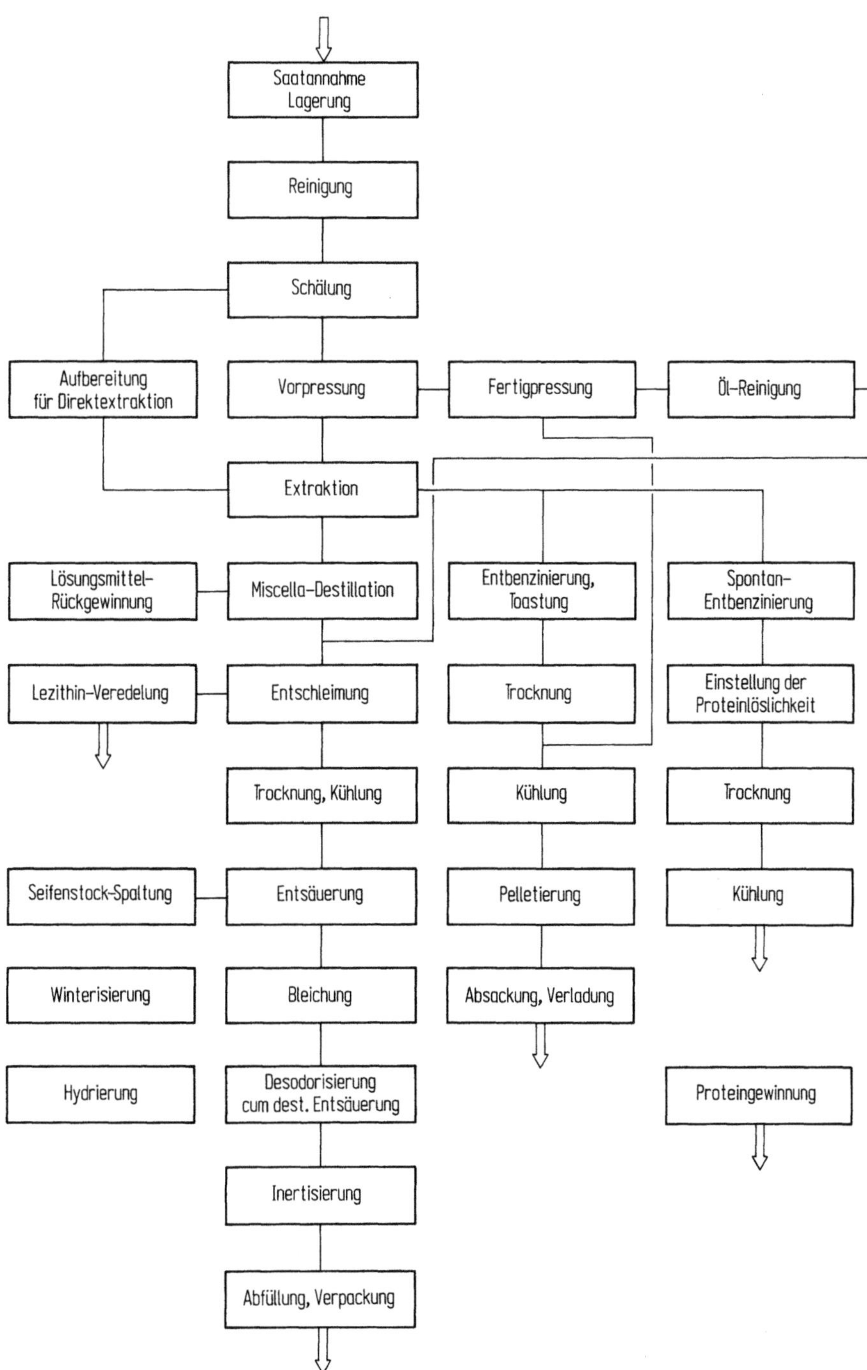

Abb. 2. Wesentliche Verfahrensschritte der Ölsaaten- und Ölverarbeitung

Schalensystems durch Walzen oder Schlagwerkzeuge, Abtrennung der Schalenbruchstücke vom Kernfleisch mittels Sieben/Windsichtung, ggfs. in mehreren Stufen.

2.1.3 Saataufbereitung

In Ölfrüchten und -saaten ist das Fett im wesentlichen in den Endospermzellen und im Keimlingsgewebe enthalten. Um wirtschaftliche Ölausbeute durch mechanisches Pressen und/oder Lösungsmittelextraktion zu erzielen, ist eine Zerstörung des ölführenden Gewebes notwendig. Bei stark wasserhaltigen Ölfrüchten etwa von Ölpalmen und Olivenbäumen, reicht eine thermische Behandlung durch Kochung. Alle Saaten und Fruchtkerne erfordern eine kombinierte thermische/mechanische Aufbereitung. Hierfür werden (je nach Saattyp) Brecher, Riffelwalzen und (als wesentlicher Schritt) Glattwalzen mit Druck- und Scherwirkung eingesetzt, mit zwischengeschalteter thermischer Konditionierung in Rührwerksapparaten oder Schnecken. Mehlige Produkte, wie z. B. Reiskleie, bedürfen einer zerstörenden Agglomeration, z. B. in Pellet-Pressen.

2.1.4 Ölgewinnung durch Pressung

Mit Ausnahme der Ölpalmfrüchte, die zur Ölgewinnung nur einer Pressung unterworfen werden, werden fast alle Ölsaaten einem kombinierten Verfahren unterworfen: Mechanisches Vorpressen und anschließende Lösungsmittelextraktion des Preßkuchens. Kleinere Ölsaatenverarbeitungsanlagen mit 10–20 t Tagesdurchsatzleistung verwenden auch heute noch Vorpressen und Fertigpressen. Beim Vor- und Fertigpressen ist ein Restölgehalt im Preßkuchen zwischen 4 und 6% erzielbar, während bei dem kombinierten Preß-/Extraktionsverfahren Restölgehalte im Extraktionsschrot, je nach Saat, zwischen 0,5 und 2% erzielt werden.
Mit Ausnahme der Olivenölgewinnung, für die heute noch hydraulische Seiherpressen verwendet werden, erfolgt der Preßvorgang in kontinuierlich arbeitenden Schneckenpressen, bei denen sich eine Welle mit Schneckengewinde unterschiedlicher Steigung und unterschiedlichem Durchmesser in einem zylindrischen Mantel, dem Seiher, dreht, der aus gepanzerten Stahlstäben besteht.
Das aufbereitete Rohprodukt wird bedingt durch die Geometrie des Seihers und der Schnecke einem zunehmenden Druck ausgesetzt, wobei das Öl durch die Schlitze zwischen den Seiherstäben austritt. Bei Vorpressung wird ein Restölgehalt im Preßkuchen von 15–20% angestrebt. Moderne Vorpressen mit Tagesleistungen über 200 t sind im Einsatz.
Fertigpressen haben ein ca. 1,5faches größeres Kompressionsverhältnis als Vorpressen, eine geringere Drehzahl und erheblich geringere Durchsatzleistung.
Das Öl aus Schneckenpressen wird von mitgerissenen, gröberen Saatteilen mit Vibrations- oder Schrägsieben vorgereinigt, anschließend unter Vakuum ge-

trocknet und schließlich filtriert oder auch dekantiert. Der anfallende Filterkuchen wird den Pressen wieder zugeführt.

2.1.5 Lösungsmittel-Extraktion

Ölsaaten mit einem Ölgehalt um 20%, wie z. B. die Sojabohnen, werden nach der Aufbereitung direkt der Lösungsmittelextraktion zugeführt. Auch einige ölhaltige Kerne, wie z. B. Palmkerne mit hohem Ölgehalt (55%), werden direkt extrahiert, ohne Vorpressung. Generell werden Saaten mit höheren Ölgehalten nach der Aufbereitung erst der Vorpressung unterworfen und dann der Preßkuchen dem Extrakteur zugeführt. Als Lösungsmittel wird technisches Hexan mit einem Siedepunkt zwischen 62 und 68 °C eingesetzt. Heute werden fast ausschließlich kontinuierlich arbeitende Extraktionsanlagen eingesetzt, deren Extrakteur nach dem Gegenstromschwerkraft-Perkolationsprinzip arbeitet.

Die aufbereitete Saat/Preßkuchen wird dem Extrakteur über einen Ketten- oder Gurtförderer und eine Gasschleuse zugeführt. Das aufbereitete Saatgut bildet im Extrakteur eine Schüttung, die durch den Extrakteur transportiert und in einzelnen Stufen mit Lösungsmittel berieselt wird, das sich ständig mit Öl anreichert und der Extraktionsstufenzahl entsprechende Male auf das Feststoffbett aufgegeben wird.

Neuzeitliche Extrakteure besitzen einen feststehenden Siebboden, über den entweder kreisförmig oder linear das Saatgut mittels eines Rotors oder einer Rahmenkette transportiert wird; daneben werden auch Bandextrakteure eingesetzt, auf denen das Saatgut mit einem endlosen, durchbrochenen Band befördert wird. Kontinuierliche Extrakteure für die Verarbeitung von Ölsaaten werden mit Durchsatzleistung bis zu 5000 Tagestonnen gebaut.

Das Extraktionsschrot mit einem Restölgehalt, je nach Ölsaat von 0,5–2%, wird kontinuierlich lösungsmittelfeucht aus dem Extrakteur ausgeschleust und der Lösungsmittelrückgewinnung zugeführt; diese findet in sogenannten Desolventizern/Toastern statt, die als vertikale, mehretagige Rührwerksapparate ausgeführt werden. Diesen Apparaten wird mittels Mantelbeheizung indirekt Wärme und durch Einblasen von Direktdampf Wärme durch Dampfkondensation zugeführt, wobei sich der Wassergehalt des Extraktionsschrotes erhöht. Durch Kombination direkter und indirekter Wärmezufuhr und gleichzeitiger Partialdrucksenkung im Gasraum des Desolventizers durch die Dampfeinblasung wird das Lösungsmittel (je nach Retentionsvermögen der Schrote) bis auf einen Restgehalt von 100–500 ppm abdestilliert; gleichzeitig findet eine thermische Zerstörung unerwünschter Enzyme, z. B. der Urease in Sojaschrot, statt. Auch wird hierbei durch zusätzliche Kochung der Futterwert bei einigen Schroten erhöht. Durch Verwendung vorgeschalteter Heizflächen, etwa von Trockenschnecken, läßt sich das Verhältnis indirekte Wärme zu Wärme aus der Direktdampfkondensation den Notwendigkeiten entsprechend verschieben.

Soll das Schrot einer Weiterverarbeitung zu pflanzlichen Proteinisolaten oder -konzentraten unterworfen werden, so ist ein hoher Gehalt an wasserlöslichen

Proteinen wünschenswert, und somit sind geringere thermische Belastung und niedriger Wassergehalt während der Lösungsmittelbefreiung erforderlich. Um dies zu ermöglichen, werden die lösungsmittelfeuchten Schrote mit zirkulierenden, überhitzten Lösungsmitteldämpfen in Kontakt gebracht, so daß nur die Überhitzungswärme des Kreislaufgases zur Verdampfung des im Schrot befindlichen flüssigen Lösungsmittels verwendet wird. Anschließend werden Restspuren des Lösungsmittels aus dem Schrot mit überhitztem Wasserdampf oder unter Vakuum entfernt, so daß der Wasserdampf nur als Schleppmedium dient und nicht im Schrot kondensiert; dadurch erhält man Schrote, deren Eiweißlöslichkeit noch 85–90% der nativen Proteinwasserlöslichkeit beträgt.

Die vom Lösungsmittel befreiten Schrote werden üblicherweise mit Heißlufttrocknung auf den lagerungsfähigen/handelsüblichen Feuchtigkeitsgehalt gebracht und anschließend mit Kaltluft auf annähernd Umgebungstemperatur gekühlt, bevor sie durch mechanische oder pneumatische Transportelemente in die Schrotsilos verbracht werden.

Die Konstruktion von Schrotsilos bedarf besonderer Aufmerksamkeit, da die meisten frischen Schrote zur Brückenbildung neigen und dadurch die Auslagerung erschweren. Ölsaatenschrot wird entweder lose oder pelletiert, gesackt oder lose verladen von den Ölmühlen abgegeben.

Die größten Abnehmer für Preßkuchen oder Extraktionsschrote sind die Futtermittelwerke; somit ist der sogenannte Futterwert bestimmend für den Marktpreis der Schrote.

Die ölhaltige Lösungsmittelfraktion (Miscella) wird in 3-stufigen Verdampferanlagen vom Lösungsmittel befreit. Vor ihrer Eindampfung wird sie durch Selbstfiltration im Extrakteurbett und nachgeschaltete Hydrozyklone oder Filter von Feststoffanteilen befreit.

Die vorgereinigte Miscella wird in der ersten Verdampferstufe auf 80–90% Ölgehalt aufkonzentriert, wobei als Heizmedium die Brüden aus dem Desolventizer/Toaster verwendet werden. In der zweiten Stufe wird zur weiteren Einengung Dampf verwendet, und in der letzten Stufe werden in einer Vakuumkolonne unter Verwendung von Wasserdampf als Schleppmittel die Lösungsmittelreste abgeführt, so daß das anfallende Rohöl nur noch 100–500 ppm Lösungsmittel enthält.

In der Extraktionsanlage anfallende Hexan-/Wasserdampfbrüden werden in wasser- oder luftgekühlten Oberflächenkondensatoren niedergeschlagen; das Kondensat wird einem Benzin-/Wasserscheider (ähnlich Florentiner Flasche) zugeführt. Darin wird das Wasser abgetrennt; es fällt jetzt als Abwasser an. Das abgetrennte Lösungsmittel wird im Kreislauf zum Extrakteur zurückgeführt.

Die Abluft aus der Anlage wird durch Absorption in einem Spezialöl, Adsorption an Aktivkohle oder durch Waschung mit tiefgekühltem Benzin qualitativ vom Lösungsmittel befreit und in die Atmosphäre abgegeben.

Die anfallende Abwassermenge ist bei ordnungsgemäßer mechanischer und destillativer Trennung bis auf geringe Spuren in der Größenordnung von 100 ppm vom Lösungsmittel befreit und hat einen chemischen Sauerstoffbedarf (CSB) in der Größenordnung von 5000–8000 mg/l.

Durch Zwischenschaltung eines Sekundärdampfsystems lassen sich auch gänzlich abwasserfreie Extraktionsanlagen bauen.

2.1.6 Betriebsmittel- und Energieverbrauch

Der Verbrauch an Energie und Betriebsmitteln ist in Tabelle 2 dargestellt.

Tabelle 2. Verbrauch an Energie und Betriebsmitteln für die Gewinnung von Öl aus Ölsaaten je 1000 kg Saat

	Strom kWh	Dampf kg	Kühlwasser m^3	Benzin kg
Reinigung	1–2	–	–	–
Aufbereitung	15–20	0–30	–	–
Schälung	3–5	–	–	–
Presserei	28–40	75–100	1–2	–
Extraktion	15–25	90–200	10–15	0,6–3

2.2 Tierische Öle und Fette

Tierisches Fettgewebe muß möglichst umgehend nach der Schlachtung verarbeitet oder in Kühlräumen gelagert werden, da es schnell verdirbt. Grund für die Zersetzungsempfindlichkeit sind das an- und eingelagerte Eiweiß sowie vorhandene Enzyme, die zur Fetthydrolyse führen und einen Anstieg der freien Fettsäuren verursachen.

Da die tierische Fettzelle kein Stützgewebe besitzt wie die pflanzliche Zelle, ist die Gewinnung durch Erhitzen möglich. Die Erhitzung führt zu einer Dilatation des Zellfettes und zum Verdampfen des Wassers und hat Zerstörung der Zellmembran zur Folge, wodurch Abfließen des Fettes möglich wird.

Die Wärmebehandlung des tierischen Fettgewebes wird entweder nach dem Trockenverfahren oder Naßverfahren durchgeführt. Lösungsmittelextraktion wird nur für Schlachthausabfälle und Fischmehl eingesetzt.

2.2.1 Trockenverfahren

Bei diesem traditionellen Verfahren wird das zerkleinerte fetthaltige Gewebe in Gefäßen mit Außenbeheizung erhitzt und aufgeschlossen.

Anlagen, die Konfiskate und Schlachthofabfälle verarbeiten, erhitzen und sterilisieren den Rohstoff in dampfbeheizten Schmelzkesseln. Anschließend erfolgt eine Trocknung des Zwischenproduktes, das dann entweder über Schneckenpresse oder Dekanter in die Phasen Rohmehl und Wasser, Fett, Feingrieß getrennt wird. Das Fett wird über Separatoren von der wässerigen Fraktion abgetrennt und getrocknet. Das Fleischmehl, mit etwa 10 % Restfett, kann einer Lösungsmittelextraktion zur weiteren Reduktion des Fettgehaltes unterworfen werden.

Durch lokale Überhitzung des fettführenden Gewebes in den Schmelzkesseln entstehen durch Zersetzung des ein- oder angelagerten Eiweißes Nebenprodukte, die das gewonnene Fett nachteilig geschmacklich, geruchlich und farblich beeinträchtigen.

2.2.2 Naßverfahren

Bei diesem kontinuierlich arbeitenden Verfahren wird das vorzerkleinerte Rohmaterial in einem Schmelzrohr auf ca. 60° erhitzt und auf dem Weg zum Dekanter mit Direktdampf behandelt, wodurch die Enzyme inaktiviert werden. Das im Dekanter abgetrennte Fett wird über einen Klärseparator geführt, in dem Wasser und Feinteile abgetrennt werden, die wieder zurück in den Prozeß geführt werden. Das anfallende Fett wird getrocknet, gekühlt und gelagert.
Bei diesem Prozeß wird Bildung unerwünschter Begleitstoffe weitgehendst vermieden und der Gehalt an freien Fettsäuren des gewonnenen Fettes unterscheidet sich kaum von dem der Rohware.

3 Raffination von Fetten und Ölen

Bei der Gewinnung von Rohölen und Fetten werden stets eine Reihe von Begleitstoffen erwünschter und unerwünschter Art in die Öl/Fettphase übernommen. Menge und Art dieser Begleitstoffe sind sowohl vom Rohprodukt wie auch vom Gewinnungsverfahren abhängig. Die erwünschten Begleitstoffe (in der Minderheit) sind im wesentlichen Provitamine, Vitamine und natürliche Antioxydantien. Die unerwünschten Begleitstoffe, die durch Raffination entfernt werden müssen, um handelsfähige Produkte zu erhalten, sind Saatteilchen, Schmutz, Phospholipide, Eiweiße, Schleimstoffe, Fettsäuren, Wachse, Oxydationsprodukte, Farbstoffe, Schwermetalle, Pestizidrückstände und arteigene Stoffe, wie z. B. Gossypol bei Baumwollsaatöl etc. Einige kaltgepreßte Öle, z. B. Olivenöl und Sonnenblumenöl, werden auch ohne Raffination vom Verbraucher angenommen.

Die wesentlichen Schritte bei der Raffination sind:
1. Entfernung von Schleimstoffen und Phosphatiden mit Wasser und/oder verdünnten Säuren.
2. Entfernung der freien Fettsäuren durch Verseifung mit Alkali oder Destillation unter Vakuum. Ähnlich chemisch oder thermisch reagierende Stoffe werden dabei gleichfalls entfernt.
3. Entfernung von unerwünschten Farbstoffen wie Carotinoide, Chlorophyll, Hämoglobin u. ä. und entsprechend reagierender Begleitstoffe meist unbekannter Natur mit Adsorptionsmitteln.
4. Desodorierung unter Vakuum, hoher Temperatur und Dampfbehandlung zur Entfernung von destillierbaren und thermisch/hydrolytisch umsetzbaren Restbegleitstoffen.

5. Entwachsung zur Entfernung von Wachsen bei einigen Ölen, z. B. Sonnen-
   blumen-, Baumwollsaat-, Maiskeimöl.

3.1 Vorreinigung/Entschleimung

Die „Entschleimung" schließt sich meist direkt der Extraktion an, um
Lagerungsschäden im Rohöl zu vermeiden, da einige Begleitstoffe hydrolyti-
schen Abbau des Öles/Fettes bei der Lagerung fördern. Die Entschleimungs-
Methode richtet sich nach Art des Öles und der Schleimstoffe. Ein Großteil der
Phosphatide läßt sich mit Hydratation entfernen; dabei wird das Öl mit
Heißwasser oder mit Dampf in Kontakt gebracht und über eine gewisse
Kontaktzeit gehalten; dadurch werden die Phosphatide unlöslich im Öl und
lassen sich anschließend durch Zentrifugieren abtrennen.
Durch Verwendung von lebensmittelrechtlich zugelassenen mineralischen oder
organischen Säuren läßt sich die Reaktion wesentlich verstärken. Bei Soja und
Raps wird z. B. in 2 Stufen entschleimt, wobei die 1. Stufe nur mit Wasser
gefahren wird, um ein handelsübliches Lezithin (Phosphatide) als Nebenprodukt zu erzielen; sodann wird mit Säure nachentschleimt, wobei diese Stufe
auch in die nachfolgende Neutralisationsstufe mittels Alkali integriert werden
kann. Palm-, Palmkern- und auch Kokosöle werden nur mit verdünnter Säure
behandelt und können dann direkt der Bleichung zugeführt werden.
Bei destillativer Entsäuerung muß zur Erzielung einwandfreier Endprodukte
vor Prozeßbeginn der Phosphor- und Schwermetallgehalt auf unter 10 bzw.
2 ppm gebracht werden. Dies ist nach neueren Erkenntnissen auch bei einigen
Saatenölen möglich, wenn während des Entschleimungsprozesses ein bestimmtes Temperatur- und Feuchtigkeitsprofil durchfahren wird.

3.2 Entsäuerung

Wesentliches Ziel der Entsäuerung ist die Entfernung der freien Fettsäuren, die
je nach Rohöl/Fettsorte zwischen 0,5 und 6% liegen, extrem – wie bei
Reiskleieöl und Fischölen – bis zu 20%.
Bei der alkalischen Entsäuerung mit (üblicherweise) Natronlauge werden
zusammen mit den freien Fettsäuren, die als Seifen („Seifenstock", „soap-
stock") ausfallen, auch andere störende Begleitstoffe, wie oxidierte Fettsäuren,
Phosphatidreste, Phenole usw. entfernt. Die Neutralisation kann sowohl
kontinuierlich wie auch (für kleinere Durchsatzleistungen etwa von 20–
30 t/24 h) diskontinuierlich durchgeführt werden. Die kontinuierlichen Verfahren bestehen im wesentlichen aus einer oder zwei Laugenstufen und einer
oder zwei Waschstufen mit gegebenenfalls vorgeschalteter Säurebehandlung
zur Fällung der Restphosphatide. Das auf ca. 60 °C aufgewärmte Öl wird mit
Phosphorsäure vermischt; anschließend erfolgt Zugabe von Natronlauge. Der
ausgefallene „Seifenstock" wird mit einer Zentrifuge abgetrennt und gesammelt; das Öl aus der ersten Raffinationsstufe wird erneut mit (nunmehr
schwacher) Natronlauge vermischt und der ausgefallene „dünne Seifenstock"
mit einer Zentrifuge abgetrennt. Restliche Seifenanteile werden mit warmem

Wasser ausgewaschen, wobei das Öl anschließend mit einer Zentrifuge vom Waschwasser getrennt wird. Je nach Ölsorte kann sich eine weitere Waschstufe anschließen. Das entsäuerte Öl wird über einen Vakuumtrockner von der Feuchtigkeit befreit und der Bleichung zugeführt. Ein wesentliches Problem stellt abwasserseitig der Seifenstock dar, bzw. das Sauerwasser, welches nach Spaltung des Seifenstockes anfällt.

Üblicherweise wird die bei der Laugenraffination anfallende Seife mit Schwefelsäure in einem diskontinuierlichen oder kontinuierlichen Prozeß gespalten, wobei als leichte Phase sogenannte *Raffinationsfettsäure* anfällt, die als verkaufsfähiges Nebenprodukt angesehen werden kann. Das anfallende Sauerwasser, das praktisch qualitativ die Verunreinigung des Öles einschließlich der Spaltprodukte enthält, muß auf einen neutralen pH-Wert gebracht werden, bevor es entsorgt werden darf.

3.3 Bleichung

In der Bleichungsstufe werden außer Farbstoffen, etwa Carotinoiden, auch noch verbliebene Spuren von Schleimstoffen, Seifen, Metallen und Oxidationsprodukten entfernt. Die Abtrennung dieser Begleitstoffe aus dem Öl erfolgt durch Adsorption, wobei fast ausschließlich natürliche oder aktivierte Bleicherden verwendet werden. Letztere wird vorwiegend durch Aktivierung der Aluminiumsilikate in Montmorillonit gewonnen.

Bei einigen Ölen, insbesondere Kokosöl, wird zur Verstärkung des Adsorptionseffektes auch noch ein gewisser Prozentsatz von Aktivkohle eingesetzt. Das getrocknete Öl aus der Vorstufe wird mit einer der Öl/Fettsorte und dem gewünschten Entfärbungsgrad entsprechenden Bleicherdemenge vermischt, je nach Ölsorte auf 90–130 °C erhitzt und über eine gewisse Verweildauer, die auch von der Ölsorte abhängig ist, aber in der Regel bei 20 Minuten liegt, mit dem Öl in Verbindung gehalten.

Das Verfahren kann in Rührwerksbehältern, aber auch in kontinuierlichen Rohrstrecken bzw. Rührwerkskaskaden durchgeführt werden, wobei darauf zu achten ist, daß während der Phase der höheren Temperatur Sauerstoffkontakt weitgehendst vermieden wird, sei es durch Behandlung unter Vakuum oder in Rohrstrecken.

Das Öl-Bleicherde-Gemisch wird dann über Filter abgetrennt. Um Luftkontakt des Öles zu vermeiden und eine automatische Abreinigung der Filter von der Bleicherde zu ermöglichen, haben sich in größeren Anlagen zunehmend geschlossene Platten- oder Scheibenfilter durchgesetzt. Kleinere diskontinuierliche Anlagen werden noch mit Filterpressen gefahren. Nach Erreichung der Standzeit wird das nicht filtrierte Öl abgelassen und der Filterkuchen üblicherweise mit Dampf ausgeblasen, um den Ölgehalt im Filterkuchen auf 25–30 % herabzusetzen. Der anfallende Bleicherdekuchen, der auch zunehmend ein Entsorgungsproblem darstellt, kann entweder mit Heißwasser oder Hexan extrahiert werden, so daß ein Teil des adsorbierten Öles zurückgewonnen werden kann und die Entsorgung der fast ölfreien trocknen, gebrauchten Bleicherde erleichtert wird.

3.4 Dämpfung, Desodorisierung

Ziel der Dämpfung ist es, Geruchs- und Geschmacksstoffe zu entfernen und dem Öl Lagerungsstabilität zu geben. Es ist der letzte Schritt der Raffination und wirkt daher prägend auf die Qualität des Endproduktes.

Im Prinzip ist die Desodorisierung eine Wasserdampfschleppdestillation unter Vakuum zur Trennung flüchtiger Bestandteile, wobei überlagerte thermische Nebeneffekte auftreten.

Die Geschmacks- und Geruchsstoffe, die entfernt werden müssen, sind im wesentlichen Aldehyde und Ketone, begleitet von anderen flüchtigen Komponenten, wie freie Fettsäuren, Sterine, Tocopherole usw.

Bei der Dämpfung treten auch hydrolytische Zersetzungen auf, insbesondere ist wesentlich für die Stabilität des Fertigproduktes die thermische Zersetzung der Peroxide. Diese erwünschten thermischen Nebeneffekte, die auch, wie z. B. bei der destillativen Entsäuerung/Desodorisierung von Palmöl eine weitere Aufhellung des Endproduktes bewirken, erfordern andere Aufenthaltszeiten und Dampfmengen als rechnerisch für eine Schleppdampfdestillation notwendig sind.

Für eine gute Dämpfung bedarf es gut vorbehandelter Öle, die seifen- und schleimstofffrei sein müssen.

Apparativ kann die Dämpfung diskontinuierlich im Chargenverfahren, semikontinuierlich oder kontinuierlich durchgeführt werden.

Diskontinuierliche Dämpfer sind vertikale Apparate mit bis zu 25 t Inhalt, ausgerüstet mit Heizschlangen und Dampfverteilsystem am Boden zur Einführung des Dämpfdampfes. Die Erzeugung des Vakuums von ca. 3–5 mbar erfolgt meistens über Dampfstrahlsysteme mit barometrischen Mischkondensatoren und zwischengeschalteter Brüdenverdichtung. Nach Abschluß der Dämpfung, die bei einer Temperatur um 220 °C unter Einblasen von Dampf in der Größenordnung von 5–15 % erfolgt, wird das Öl im Apparat selbst oder in einem nachgeschalteten Vakuumkühler abgekühlt.

Das auf 40 °C abgekühlte Raffinat wird anschließend nochmals über Beutel- oder Kerzenfilter gefiltert, um es „blank" zu machen, und wird dann den Lagertanks bzw. der Verpackung zugeführt.

Das anfallende Destillat in dem Mischkondensator der Vakuumanlage tritt als milchige Emulsion aus und enthält Unverseifbares, Fettsäuren- und Neutralöl.

Die Aufenthaltszeit des Öles in solchen Dämpfern beträgt bis zu 8 h, wobei die Dampfbehandlung während 5 h erfolgt.

Für mittlere bis größere Leistung haben sich zunehmend kontinuierliche/semikontinuierliche Dämpfer durchgesetzt. Die letzteren, die aber auch kontinuierlich betrieben werden können, bestehen aus vertikal übereinander angeordneten Behandlungsbehältern in einem gemeinsamen Gehäuse, die programmgesteuert schrittweise vom Öl durchlaufen werden oder auch als kontinuierliche Kaskade gefahren werden können. Zur Einhaltung einer exakten Verweilzeit ist die semi-kontinuierliche Fahrweise vorzuziehen, da bei gewissen Ölen eine definierte Aufenthaltszeit wesentlich ist, die aber wiederum nicht überschritten werden darf, um eine zusätzliche Belastung des Öles zu vermeiden. Die Behandlungsdrücke liegen in der Größenordnung von 2–5 mbar, die Temperatur, je nach Ölsorte, zwischen 240 und 260 °C, und die eingeblasene Dampfmenge bei 1–3 % der Ölmenge.

Vom Prinzip der Führung der beiden Stoffströme Öl und Dampf handelt es sich um Kreuzstromapparate. Die Vakuumerzeugung erfolgt auch bei diesen Anlagen in der Regel mit Dampfstrahlverdichtern mit Mischkondensation und zwischengeschalteter Brüdenverdichtung. Zur Vermeidung der Abwasserproblematik sind größere Anlagen mit Brüdenwäschern ausgerüstet, in denen durch zirkulierende Fettsäure, die zwischengekühlt wird, der Großteil des Destillates vorkondensiert wird, bevor die vorverdichteten Brüden in den Mischkondensator gelangen. Durch Schaffung von Sekundärkühlwasserkreisläufen oder Einschaltung von Rückkühltürmen wird der Möglichkeit zur Reduzierung der Abwassermengen auf ein Minimum Rechnung getragen. Neuerdings wird auch durch den Einsatz von Vakuumdirektkondensatoren und Kälteanlagen eine Kondensation der Brüden bei Prozeßdruck möglich, so daß die Abwasserproblematik als gänzlich gelöst angesehen werden kann.

Neuentwickelte Fallfilmgegenstromapparate ermöglichen es den Dampfverbrauch noch wesentlich zu reduzieren.

Für kontinuierliche Prozeßführung werden in den letzten Jahren zunehmend Fallfilmgegenstromanlagen eingesetzt, die eine Minimierung des Dampfverbrauches und damit des Energieeinsatzes bwirken. Die notwendige Verweilzeit in Abhängigkeit der Ölsorte wird in nachgeschalteten, unter Vakuum stehenden Behältern realisiert.

Die Aufheizung und Kühlung des Öles erfolgt teils außerhalb des Desodoriseurs über Wärmeaustauscher, die mit Thermalöl oder Hochdruckdampf beheizt werden bzw. mit Kühlwasser beaufschlagt werden und zum Teil innerhalb der Apparate unter Vakuum. Moderne Desodorisationsanlagen sind mit größtmöglichem Wärmeaustausch des ein- und ausgehenden Ölstromes ausgerüstet, so daß Wärmerückgewinnungsraten von über 80 % erreicht werden.

Bei Ölen, die nach der Entschleimung einen Phosphorgehalt unter 10 ppm haben, etwa Palmöl, Kokosöl, Palmkernöl, wird die Entsäuerung gleichzeitig mit der Desodorisierung durchgeführt. Hierfür müssen Apparate fast gleicher Bauart mit entsprechend vergrößerten Heizflächen und Kühlflächen ausgerüstet werden, um den Anteil an abdestillierter Fettsäure zu bewältigen. Das gleiche trifft auch zu für Öle, die einem speziellen Entschleimungsverfahren unterworfen wurden, wie unter 3.1 beschrieben.

Im Anschluß an die Desodorisierung wird dem Öl bei einer Temperatur von 100–150 °C ein Synergist, meist Zitronensäurelösung, in einer Menge von ca. 50 ppm zugegeben. Diese Zugabe verbessert die Lagerungsstabilität der Fette und Öle, da Zitronensäure Restspuren von Schwermetallen komplex bindet. Die Zitronensäurelösung, oder auch flüssige Antioxidantien (letztere sind in der EG nicht zugelassen), wird mittels Dosierpumpe, während der Kühlung des Öles im Desodoriseur, automatisch temperaturgesteuert zudosiert.

Anschließend wird das Öl/Fett einer Feinfiltration, wie schon vorher beschrieben, unterworfen, auf annähernd Umgebungstemperatur gekühlt und sodann Lagerung oder Verpackung zugeführt.

3.5 Entwachsung (Winterisierung)

Manche Öle, z. B. Sonnenblumen-, Baumwollsaatöle, usw., enthalten Wachse und geringe Anteile höher schmelzender Glyceride, die zu einer Trübung des Öles bei niedrigen Temperaturen, z. B. im Kühlschrank, führen. Zur Entfernung dieser Wachse und zur Erhaltung „blanker" Öle bei niedriger Temperatur, muß ein zusätzlicher Behandlungsschritt durchgeführt werden. Das gebleichte oder schon desodorisierte Öl wird langsam, teilweise im Wärmetausch, abgekühlt und in gekühlte Lagertanks mit langsam laufenden Rührwerken gegeben. Die Lagertanks werden, je nach Öl, auf 5–15 °C gehalten und erlauben eine Aufenthaltszeit von 6–36 h bei niedriger Temperatur. Zur Erhaltung filtrierbarer Wachskristalle ist darauf zu achten, daß die Abkühlung nicht zu schnell und der Temperaturunterschied zwischen Kühlmittel und Öl nicht zu groß ist.

Nach Ablauf der vorgegebenen Verweildauer wird das Öl unter Zugabe eines Filterhilfsmittels, z. B. Kieselgur, filtriert. Hierzu dienen gekühlte Filterpressen oder horizontale Plattenfilter. Die spezifische Filterbelastung ist sehr gering, und somit ergeben sich große Filter.

Das gewonnene entwachste Öl wird mittels Wärmetausch wieder auf Umgebungstemperatur gebracht. Die anfallenden Wachse werden aufgeschmolzen und mittels eines Filters vom Filterhilfsmittel befreit.

Das gesamte Verfahren wird im Chargenbetrieb durchgeführt, wozu mindestens 3 gekühlte Lagertanks erforderlich sind, wobei einer gefüllt, einer verweilt und der dritte abgefiltert wird. Neuerdings wird auch die Entwachsung semikontinuierlich in der wäßrigen Phase durchgeführt. Man integriert hierbei die Entwachsung in die Waschstufe der Alkali-Neutralisations-Anlage.

3.6 Betriebsmittel- und Energieverbrauch

Der Verbrauch an Betriebsmitteln und Energie ist in Tabelle 3 dargestellt.

Tabelle 3. Verbrauch an Betriebsmitteln und Energie bei der Raffination von Fetten und Ölen (je 1000 kg Öl) bei einer kontinuierlichen Anlage

	Dampf	Strom	Wasser	Säure	Ätznatron	Bleicherde	Heizöl	Kühlwasser
	kg	kWh	m³	kg	kg	kg	kg	m³
Entschleimung	30	2	0,03	1	–	–	–	2
Neutralisation	60	6	0,1	–	1,5	–	–	2
Bleichung	30	2	–	–	–	10	–	–
Desodorisierung	100	3	–	–	–	–	–	10
Entwachsung	20	8	–	–	–	–	4	4

2.2 Verfahren zur Modifizierung von Fetten und Ölen

B. Grothues, Neuss

1 Einführung

Die Welterzeugung an Speiseölen und Speisefetten reicht mengenmäßig zur Deckung des Bedarfs völlig aus; das gilt auch für die überschaubare Zukunft bei steigender Weltbevölkerung.

Ganz anders ist die Situation, betrachtet man die qualitative Zusammensetzung der natürlichen Öl- und Fett-Rohstoffe. An Hand von Tabelle (s. S. 118), lassen sich folgende Feststellungen treffen:

- Der Anteil an Ölen ist wesentlich höher als der der Fette.
- Wesentliche Ölarten sind nicht „direkt" für die Humanernährung verwendbar, etwa Leinöl, Fischöle.
- Die natürlichen Fette zeigen hinsichtlich ihres Schmelzverhaltens (Konsistenz) eine sehr geringe Vielfalt.
- Dem Einsatz wichtiger Speisefett-Rohstoffe sind in manchen Ländern durch gesetzliche Bestimmungen und Auflagen beträchtliche Nutzungsbeschränkungen auferlegt (Butterfette; Schlachttierfette).

Die moderne, hochentwickelte und z.T. stark automatisierte fettverarbeitende Industrie, aber auch die Mittelbetriebe dieser Branche benötigen hochwertige, qualitativ gleichbleibende, auf den jeweiligen Einsatz zugeschnittene Produkte. Da sie in der Regel von der Natur nicht in der erforderlichen Qualität und Menge bereitgestellt werden können, muß entweder die Palette der natürlichen Öle und Fette durch Umzüchtung vorhandener Ölsaaten bzw. durch die Veredlung vorhandener, aber wirtschaftlich noch nicht nutzbarer und genutzter Ölsaaten verbreitert werden (Raps, Saflor, Ölpalme, Cuphea-Varietäten etc.) oder es müssen aus den vorhandenen Rohstoffen durch die Anwendung geeigneter Modifikationsverfahren die erforderlichen Qualitäten hergestellt werden.

Zur physikalischen bzw. chemischen Modifikation von Ölen und Fetten stehen heute, geordnet nach der Tiefe des Eingriffs in ihre Struktur, folgende 3 Gruppen von Verfahren zur Verfügung:

- physikalische Verfahren,
- chemische Verfahren ohne Änderungen an den Fettsäuren,
- chemische Verfahren mit Veränderungen der Fettsäure-Struktur.

Zur gezielten Herstellung eines Fettes mit bestimmten Qualitätsforderungen können natürliche Öl- und Fett-Rohstoffe unter sinnvoller Verwendung eines oder mehrerer dieser Prozesse eingesetzt werden.

2 Beschreibung der einzelnen Modifikationsverfahren

2.1 Physikalische Verfahren

Fette und Öle sind komplexe Gemische der Triglyceride ihrer anteiligen Fettsäuren, welche sich in ihren physikalischen Eigenschaften (Schmelz- und Erstarrungsverhalten, Polymorphie, Mischkristallbildung etc.) z.T. stark unterscheiden und sich gegenseitig oft in theoretisch noch nicht erfaßbarer Weise beeinflussen (Lösungsvorgänge, Mischungslücken, Eutektika etc.).

Ziel der physikalischen Modifikationsverfahren ist, einen Ausgangs-Rohstoff bei einer bestimmten Temperatur in die im Gleichgewicht nebeneinander vorliegende feste (heterogen) und flüssige (homogen) Phase zu trennen. Man bezeichnet diesen Vorgang als *fraktionierte Kristallisation*.

Die *Umkehrung* dieses Prozesses, das *Mischen* von Ölen, Fetten oder Fett-Fraktionen aus der fraktionierten Kristallisation zu Mischungen oder „Compounds" mit speziellen Eigenschaften ist der älteste Modifikationsvorgang überhaupt.

$$\begin{array}{ccccc}
\text{Fett 1} & & \text{Fett 2} & \text{Mischen} & \text{Fett-Mischung} \\
\text{bzw.} & + & \text{bzw.} & \xrightarrow{\hspace{3cm}} & \text{bzw.} \\
\text{Fraktion 1} & & \text{Fraktion 2} & \text{Fraktionieren} & \text{Compound}
\end{array}$$

2.1.1 Fraktionierte Kristallisation

Zur Zerlegung von Fetten in verschiedene „*Fraktionen*" mit unterschiedlichem Schmelzverhalten (Stearin = höherschmelzende, Olein = niedriger schmelzende Phase) kennt man heute folgende 3 Verfahrenstypen:
- Trockenfraktionierung
- Detergentien (Henkel- oder LONZA)-Verfahren
- Lösungsmittelfraktionierung.

Die *Trockenfraktionierung* oder direkte Fraktionierung ist die älteste und einfachste Form der Fraktionierung (s. Oleomargarin-Gewinnung für die erste Margarine durch H. Mège-Mourier). Der Ablauf ist diskontinuierlich. Bei modernen Ausgestaltungen läßt sich das Verfahren quasi-kontinuierlich gestalten.

Das Fett wird vollständig verflüssigt und dann unter schonendem Rühren durch indirekte Kühlung bei möglichst geringer Temperaturdifferenz zwischen Produkt und Kühlmedium nach vorgegebenem Temperatur-Programm auf die gewünschte Temperatur heruntergekühlt. Gelegentlich wird dabei die Kristallisation durch das Einbringen von Impfkristallen (Seeding) eingeleitet. Die Trennung von fester und flüssiger Phase kann durch mechanisches Dekantieren oder durch Filtration erfolgen. Der Einsatz von Zentrifugen ist in der Regel nicht sinnvoll
- wegen der möglichen mechanischen Beschädigung der Kristalle und
- wegen unkontrollierbarer Temperaturveränderungen durch Luftreibung mit entsprechenden Verschiebungen des fest/flüssig-Verhältnisses.

Das Dekantieren ist nur dann sinnvoll, wenn die Oleinphase das eigentliche Ziel der Fraktionierung ist sowie als Vorstufe für eine Filtration.
Die Filtration mit Hilfe von Kammer-, Vakuumband- oder -trommelfiltern wird durch die z.T. ungünstige Kristallstruktur der Fette einerseits und durch die hohe Viskosität der Flüssigphase andererseits sehr erschwert. Daher ist bei der Filterbeschickung auf eine möglichst geringe mechanische Beanspruchung der Kristalle besonders zu achten. Der Filterdruck sollte möglichst gering sein.
In jüngerer Zeit haben sich zur Trennung von fester und flüssiger Komponente Membran-Filterpressen besonders bewährt. Bei diesen wird der Kammerinhalt durch eine als Membran ausgebildete Kammerwand unter steigendem hydraulischen Druck weitgehend von der Olein-Phase befreit. Bei sehr hohen Stearingehalten wird vielfach zur Phasentrennung auf hydraulische Pressen zurückgegriffen. Der Kristallbrei wird, in Tücher eingeschlagen, bei Gleichgewichtstemperatur auf Etagenpressen oder in Seiherpressen von der im Kristallkuchen gebundenen Flüssigphase befreit.
Die Problematik der Trockenfraktionierung liegt in ihrer sehr begrenzten Trennschärfe. Nur die Oleinphase fällt relativ rein an; das Stearin bindet – abhängig von Größe und Habitus der Kristalle, mehr oder weniger große Mengen Olein. Ein Waschen ist naturgemäß nicht möglich.
Dennoch besitzt das Trockenfraktionierverfahren für Anwendungen mit nicht zu hohen Anforderungen an die Fraktionen eine außerordentliche wirtschaftliche Bedeutung und wird in größtem Ausmaß eingesetzt zur Fraktionierung von
- Palmöl,
- Butterfett,
- Rindertalg,
- Palmkernöl,
- anhydrierten pflanzlichen Ölen.

Dieser wirtschaftlichen Bedeutung entsprechend haben sich einige ausgereifte Verfahren mit standardisierter Ausrüstung im Markt durchgesetzt:
- C.M. Bernardini-Verfahren,
- Extraction De Smet-Verfahren,
- Tirtiaux-Verfahren.
Für Einzelheiten dieser Verfahren muß auf die Fachliteratur verwiesen werden.

Das *Detergentienverfahren* (auch Henkel- oder LONZA-Verfahren) wurde ursprünglich für die Trennung von flüssigen und festen Fettsäuren entwickelt. Es beruht auf der Fähigkeit wäßriger Detergentienlösungen (Natrium-Laurylsulfat), in Gegenwart eines geeigneten Elektrolyten (Magnesiumsulfat) die beim Abkühlen eines Fettes auskristallisierte feste Phase selektiv zu benetzen. Dadurch werden die Stearin-Kristalle in der schwereren wäßrigen Phase dipergiert und können mit Hilfe kontinuierlich arbeitender Tellerseparatoren mit gutem Wirkungsgrad von der spezifisch leichteren Oleinphase getrennt werden. Die Detergentien/Elektrolyt-Lösung wird nach der Aufarbeitung der Stearinphase in der Prozeß rezirkuliert.

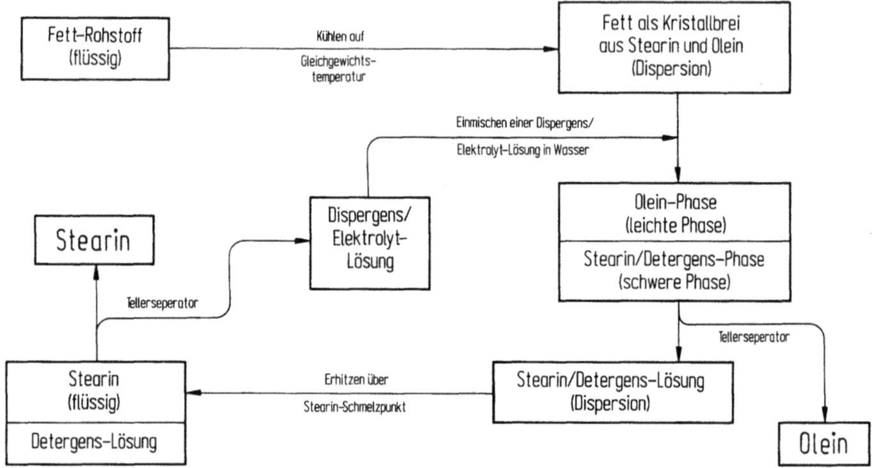

Abb. 1. Verfahrensschema der Fettfraktionierung nach dem Detergentienverfahren

Die Vorteile dieses Verfahrens sind:
- Verdünnung des zu fraktionierenden Fettes durch die wäßrige Phase; vor
  . allem bei hohem Stearinanteil von Bedeutung!
- Möglichkeit einer gewissen „Wäsche" in den Separatoren;
- Möglichkeit, auch rohe Fette mit erhöhtem Fettsäure-Gehalt zu fraktio-
  nieren.

Abbildung 1 gibt den prinzipiellen Verfahrensablauf schematisch wieder. Ein
Beispiel für die praktische verfahrenstechnische Durchführung ist der Lipo-
frac-Prozeß von Alfa Laval.
Anwendungen des Verfahrens sind die Fraktionierung von
- Palmöl,
- Palmkernöl,
- Rindertalg.

In ihrer Trennschärfe sind Trocken- und Detergentienverfahren trotz gewisser
Vor- oder Nachteile bei diesem oder jenem Rohstoff miteinander vergleichbar
und für nicht zu anspruchsvolle Trennaufgaben die Verfahren der Wahl, zumal
sie in den Investitionsaufwendungen und in den laufenden Betriebskosten in
einem vertretbaren Rahmen angesiedelt sind.
Die *Lösungsmittelfraktionierung* als dritter Verfahrenstyp führt sowohl hin-
sichtlich der Trennschärfe als auch im Hinblick auf die Investitions- und
Produktionskosten in eine andere Dimension.
Durch die Verdünnung des Fettes mit einem geeigneten Lösungsmittel im
Verhältnis 1:3 bis 1:8 ergeben sich folgende Konsequenzen:
- Die Wechselwirkung der Fettmoleküle untereinander wird vermindert.
  Folgen sind:
  - geringere Viskosität der Kristallsuspension und damit verbessertes Trenn-
    vermögen in flüssige und feste Phase;

- Beeinflussung von Kristallmodifikation und -Habitus durch die Art (Polarität) des Lösungsmittels mit Kristallisation in der stabilen Modifikation bei größerem Kristall-Wachstum.
- Die Wärme-Abführung beim Kühlvorgang (Newtonsche Wärme und Kristallisationswärme) ist einfacher und kann auch durch Verdampfen von Lösungsmittel erfolgen.
- Die abgetrennte kristalline Phase kann durch Lösungsmittel gewaschen werden.

Durch die Lösungsmittel-Fraktionisierung lassen sich zwischen Fettkomponenten mit unterschiedlichem Löslichkeitsverhalten scharfe Trennnungen erzielen, wobei das Schwergewicht auf der Gewinnung einer reinen Stearinphase liegt.

Als Lösungsmittel wird vor allem das polare Aceton eingesetzt, aber auch unpolares technisches Hexan wird vielfach verwendet; ein anderes Verfahren arbeitet mit i-Propanol. Das bisher verschiedentlich verwendete 2-Nitropropan steht im Verdacht der Gesundheitsschädlichkeit und scheidet trotz sehr guter physikalischer Voraussetzungen aus.

Das zu fraktionierende Fett wird mit der erforderlichen Menge Lösungsmittel zu einer „Miscella" gemischt und bis zur vollständigen Auflösung der Kristalle erwärmt. Diese Miscella wird durch indirekte Kühlung (Kühlschlangen, Kühlmantel, Kratzkühler) oder durch Verdampfungskühlung (Verdampfung überschüssigen Lösungsmittels) auf die gewünschte Gleichgewichtstemperatur gekühlt. Die Kühlung muß so geführt werden, daß gleichmäßig große Kristalle mit möglichst geringer spezifischer Oberfläche gebildet werden. Die Phasentrennung nach Einstellung des Gleichgewichtes erfolgt mittels Filterpresse, Band- oder Trommelfilter. Der Filterkuchen wird mit kaltem Lösemittel gewaschen. Der Lösemittel-haltige Kristallkuchen und die Olein-Miscella werden getrennt destillativ vom Lösungsmittel befreit. Dieses geht in den Prozeß zurück. Abbildung 2 gibt schematisch den Verfahrensablauf wieder.

Anlagen zur Lösungsmittelfraktionierung erfordern erhebliche Investitionskosten und benötigen zudem durch die energieaufwendige destillative Lösungsmittel-Rückgewinnung beträchtliche laufende Betriebskosten. Wegen dieser Kostspieligkeit wird die Lösungsmittelfraktionierung nur zur Lösung sehr anspruchsvoller Aufgaben herangezogen. Das Haupteinsatzgebiet ist die Gewinnung von Komponenten zur Herstellung von Kakaobutter-Austauschfetten:

- Fraktionierung von Palmöl, Sheafett, Salfett, Mangokernöl u. a. für Kakaobutter-Äquivalentfette (CBEs);
- Fraktionierung gehärteter Pflanzenfette (Sojafette, Rübfette etc.) zur Herstellung von Kakaobutter-Replacern (CBR-Nonlaurics) ohne kurzkettige Fettsäuren.

2.1.2 Das Mischen von Ölen und Fetten (Blending)

Durch Mischen eines Öles mit einer bestimmten Menge Fett, etwa Talg, erhält man ein Produkt mit Fett-Eigenschaften. Das als Beispiel angeführte Gemisch

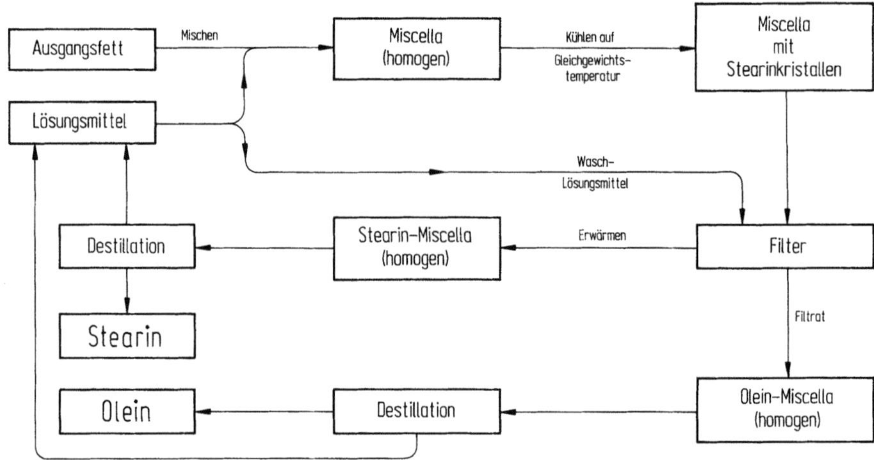

Abb. 2. Schematische Darstellung einer Lösungsmittelfraktionierung

ist allerdings in seiner Konsistenz sehr inhomogen; der hochschmelzende Talg bestimmt weitgehend den Charakter der „blend".

Zum Mischen ist es entscheidend, die „richtigen" Komponenten zur Verfügung zu haben; aber gerade daran mangelt es unter den natürlichen Fetten. Die Möglichkeiten des Misch-Verfahrens können daher nur dann ausgeschöpft werden, wenn durch entsprechende Modifikationsverfahren eine große Vielfalt der unterschiedlichsten Fettrohstoffe, basierend auf natürlichen pflanzlichen und tierischen Ölen und Fetten zur Verfügung steht.

2.2 Chemische Verfahren ohne Änderungen an den Fettsäuren

Die Eigenschaften eines Fettes werden sowohl durch die Art und Menge der enthaltenen Fettsäuren als durch deren Aufteilung auf die individuellen Triglyceride bestimmt. Daher hat auch eine Änderung dieser Fettsäure-Aufteilung Auswirkungen auf die physikalischen Eigenschaften des Fettes, obwohl seine brutto-Zusammensetzung unverändert bleibt.

Solche Umlagerungen im Bereich der Esterbindungen, wie sie hier angesprochen sind, bezeichnet man als Umesterungen. Bei den Fetten mit Glycerin als dreiwertiger Alkohol-Komponente treten dabei sowohl *intramolekulare* als auch *intermolekulare* Platztausch-Reaktionen auf:

$$\begin{bmatrix} R_1 \\ R_2 \\ R_3 \end{bmatrix} \longleftrightarrow \begin{bmatrix} R_1 \\ R_3 \\ R_2 \end{bmatrix} \longleftrightarrow \begin{bmatrix} R_2 \\ R_1 \\ R_3 \end{bmatrix}$$

(Intramolekulare Umesterung)

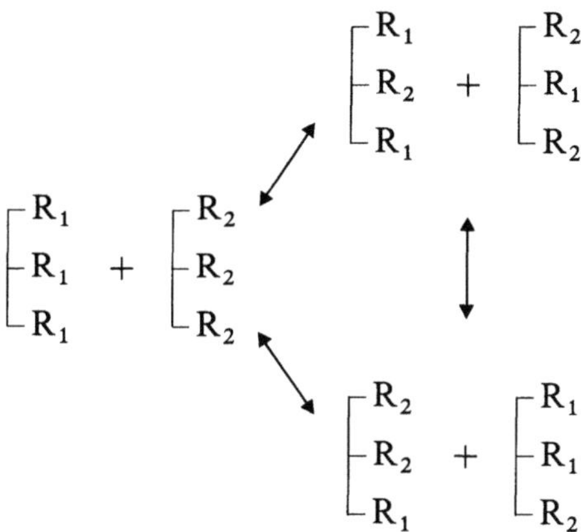

(Intermolekulare Umesterung)

Die Umesterung von Fetten läuft schon bei niedrigen Temperaturen ab, wenn man geeignete aktive Katalysatoren verwendet. In homogener Reaktionsphase führt der Prozeß zu einem dynamischen Gleichgewicht mit statistischer Verteilung (random distribution) der anteiligen Fettsäuren über alle Triglycerid-Moleküle. Diese ist rechnerisch erfaßbar.

Die gleiche Zufallsverteilung der Fettsäuren stellt sich ein, wenn man das betreffende Fettsäure-Gemisch (z.B. hergestellt aus Destillat-Fettsäuren) mit Glycerin verestert. Daher kann man in diesem Zusammenhang die *Fettsäure-Rückveresterung* als ein Unterverfahren der Umesterung ansehen. Ihre Bedeutung liegt vor allem in der Möglichkeit, die Fettsäurekomposition exakt vorzugeben.

Natürliche Fette haben in der Regel keine statistische Fettsäureverteilung, so daß schon die Umesterung des Fettes „in sich" zu einer Änderung der physikalischen Eigenschaften führt. Mischungen verschiedener Fette haben immer eine außerhalb der Zufallsverteilung liegende Glyceridstruktur: Daher führt die Umesterung bei ihnen zu besonders ausgeprägten Veränderungen.

Neben dieser hauptsächlich durchgeführten Umesterung in homogener Phase (random interesterification) sollte der Vollständigkeit wegen auch die *gelenkte Umesterung* (directed interesterification) erwähnt werden: Dabei lenkt man die Umesterungsreaktion durch sinnvolle Nutzung des Reaktionsgleichgewichtes (Arbeiten bei tieferen Temperaturen in heterogener Fettphase) so, daß ein Fett gebildet wird, dessen Zusammensetzung nach der Aufarbeitung stark vom statistischen Gleichgewicht abweicht.

Das Umesterungsverfahren ist sehr einfach: Das raffinierte, gut getrocknete Fett oder Fettgemisch wird in einem Rührbehälter unter Vakuum oder N_2 als Schutzgas bei einer Temperatur von 60–100 °C mit ca. 0,1 % Katalysator (hochaktives Natrium-methylat oder äthylat) versetzt und gerührt. Nach 15–30 Min. ist die Reaktion beendet. Der Katalysator wird durch Wasser oder verdünnte Säure inaktiviert und das Fett aufgearbeitet.

Die Umesterung findet eine sehr breite Anwendung mit folgenden Zielsetzungen:
- Herstellung von Fettkomponenten mit bestimmten Kristallisations- und Schmelz-Eigenschaften (Konsistenz) für
  - Margarinekompositionen, etwa für kühlschrankfeste Qualitäten,
  - Backfette und Backfett-Komponenten,
  - Süßwarenfette;
- Veränderung der Kristallstruktur von nativem Schweineschmalz in den USA zur Erzielung einer guten Shorteningstruktur;
- Herstellung von Fett-Ausgangsprodukten für die anschließende fraktionierte Kristallisation zur Isolierung bestimmter Komponenten;
- Herstellung von essigsäurehältigen Fetten (Acetinfette) durch Umestern von Fetten mit Triacetin;
- *Veresterung* von Fettsäure-Vormischungen mit Glycerin zur Herstellung von
  - Triglyceriden mittelkettiger Fettsäuren für die Verwendung im Süßwarenbereich bzw. für diätetische Zwecke (MCT-Fette),
  - einsäurigen Triglyceriden kurzkettiger Fettsäuren (z. B. Önanthsäure) zur Verwendung als Markierungsfett.

Neben der *Rückveresterung* gehört auch die *Glycerinolyse* als Grenz- und Sonderfall zum Komplex „Umesterung von Fetten". Durch Umsetzen eines Fettes mit einem Überschuß an Glycerin in Gegenwart eines Katalysators, vielfach Natriumhydroxid, entstehen Gemische aus Mono- und Diglyceriden, die entweder als Gemisch oder nach Isolierung durch Molekulardestillation in Form hochprozentiger Monoglyceride als Lebensmittel-Emulgatoren breite Anwendung finden.
Abschließend muß noch auf eine neue Entwicklung hingewiesen werden: Die *enzymatische Umesterung*. In verschiedenen Entwicklungszentren wird intensiv an der technischen Nutzung der im Pilotmaßstab bereits erfolgreich durchgeführten Umesterung unter Einwirkung immobilisierter spezifischer Enzyme (Lipasen) gearbeitet. Der große Vorzug dieses Verfahrens liegt in der Eigenschaft der Enzyme, nur ganz bestimmte Estergruppen der Triglyceridmoleküle zu aktivieren.

2.3 Chemische Verfahren mit Änderungen der Fettsäuren

Zu dieser Gruppe von Reaktionen mit tiefergreifenden chemischen Veränderungen gehört heute nur noch die *Fetthydrierung* oder *Fetthärtung*. Die prinzipiell ebenfalls hierhergehörende *cis/trans-Isomerisierung* ungesättigter Öle und Fette unter der katalytischen Beeinflussung durch bestimmte Chemikalien (Selen, Nitrose Gase) hat heute zumindest im Lebensmittelsektor keine praktische Bedeutung und kann unberücksichtigt bleiben.
Die *katalytische Hydrierung von Ölen und Fetten* ist mit Abstand das wichtigste Modifikationsverfahren im Bereich der Öle und Fette. Sie verfolgt im wesentlichen 2 Ziele:

– die Anhebung des Schmelzpunktes und Veränderung der Konsistenz flüssiger und halbfester Öle;
– die Verbesserung der Oxidationsstabilität von Ölen und Fetten.

Die Fetthärtung, d.h. die Anlagerung von Wasserstoff an $C-C$-Doppelbindungen der Fette in Gegenwart geeigneter Katalysatoren ist ein außerordentlich komplexer Vorgang, der vornehmlich durch folgende Einflußgrößen bestimmt und gesteuert wird:
– Typ und Auslegung des Härtungsautoklaven,
– Art und Qualität des Fett-Rohstoffs,
– Start- und Hydriertemperatur,
– Typ und Menge an Katalysator,
– Wasserstoffdruck.

Aus einem Rohstoff lassen sich durch Änderung der Arbeitsbedingungen zahllose Endprodukte mit in weiten Grenzen variierenden chemischen und physikalischen Eigenschaften erzeugen.

In manchen Fällen wird die Hydrierung bis zum vollständig hydrierten Produkt geführt; in der Regel jedoch handelt es sich bei den in der Lebensmittelindustrie verwendeten gehärteten Fetten um partiell hydrierte Produkte.

Bei der *partiellen Hydrierung* legt man großen Wert auf eine gute *Selektivität* des Hydriervorganges.

Ungesättigte Fettsäuren mit einer, zwei, drei oder mehr Doppelbindungen haben unterschiedliche Hydrier-Reaktivitäten. Die Anlagerung von Wasserstoff erfolgt um so leichter, je stärker ungesättigt eine Fettsäure ist. Die Härtung verläuft um so selektiver, je mehr sie sich dem Modell der „Stufenhydrierung" annähert, bei der z. B. Dien-Fettsäuren erst dann zu Monoenfettsäuren hydriert werden, wenn alle Trienfettsäuren in Dienfettsäuren überführt sind. In der Praxis kann man sich durch geeignete Wahl des Katalysators und der Hydrierbedingungen diesem Ideal mehr oder weniger annähern. Stellt man sich den Reaktionsverlauf als Kette vor, so gilt:

Trienfettsäure $\xrightarrow{k_3}$ Dienfettsäure $\xrightarrow{k_2}$ Monoenfettsäure $\xrightarrow{k_1}$ gesättigte Fettsäure

k_1, k_2, k_3 etc. sind die jeweiligen Reaktionsgeschwindigkeitskonstanten. Die Selektivität der Hydrierung läßt sich für jede Hydrierstufe als Quotient der betreffenden Reaktionskonstanten definieren:

$$S_{32} = \frac{k_3}{k_2}; \qquad S_{31} = \frac{k_3}{k_1}; \qquad S_{21} = \frac{k_2}{k_1};$$

Neben dieser sogenannten S_1-Selektivität einer möglichst weitgehenden Annäherung an die Stufenhydrierung kennt man noch die sogenannte S_i-Selektivität, wobei der Index für „Isomerisierung" im Sinne einer cis/trans-Umlagerung der $C-C$-Doppelbindungen steht. Während der Hydrierung finden nämlich je nach den Arbeitsbedingungen neben der eigentlichen Hydrierung noch Nebenreaktionen statt, und zwar cis/trans-Umlagerungen und Wanderungen von C–C-Doppelbindungen im Fettsäure-Molekül. Je nach Wahl der Reaktionsbedingungen hat man es in der Hand, diese oder jene Reaktion zu begünstigen oder zu unterdrücken.

Als *Reaktionsbeschleuniger (Katalysatoren)* werden heute fast ausschließlich Nickel-Trägerkatalysatoren verwendet, bei denen Nickelmetall aus Nickelsalzen durch H_2-Reduktion in feinster Verteilung auf einem ausgewählten Trägermaterial (Kieselgur, Aluminiumoxid) mit geeignetem Poren-Durchmesser niedergeschlagen wird. Zum Schutz gegen Oxidation werden diese Nickelkontakte in ausgehärtetem Fett als Coating suspendiert und in Form von Schuppen oder Pastillen konfektioniert. Der Reinnickelgehalt dieser Katalysatoren beträgt 20 bis 25%.

Von den namhaften Katalysator-Herstellern werden unterschiedliche Qualitäten angeboten. Neben hochaktiven und hoch-S_1-selektiven Typen werden auch S_i-selektive Katalysatoren geliefert, die entweder kontrolliert mit Schwefel vergiftet wurden oder auch aus Nickel-Subsulfid bestehen.

Für spezielle Fälle extremer S_1-Selektivität sind auch Kupferchromit-Katalysatoren im Handel.

Der *Hydrierwasserstoff* sollte von hoher Reinheit sein und weder Katalysatorgifte (CO, S-Verbindungen, CN-Verbindungen) noch indifferente Gase N_2, CH_4, H_2O etc.) in nennenswerten Mengen enthalten. Bezugsquellen für Wasserstoff sind:
– die chemische und petrochemische Industrie;
– Eigenerzeugung
  – durch *Elektrolyse*,
  – durch heute weitgehend automatisiert verfügbare *Konversionsanlagen* auf der Basis Erdgas oder Flüssiggas,
  – durch *Methanolzerlegung*.

Der aktuelle Wasserstoff-Bedarf errechnet sich aus dem Produkteinsatz in (t) und der Jodzahl-Differenz von Ausgangs- und Endprodukt der Hydrierung ΔJZ als

$$Nm^3\,H_2 = \frac{t \times \Delta JZ}{1,14}$$

Für die praktische Durchführung der Fetthärtung gibt es zahlreiche technische Varianten. Dabei ist der diskontinuierliche Chargenprozeß absolut vorherrschend, obwohl es seit der Erfindung des Verfahrens durch W. Normann im Jahre 1911 nicht an Versuchen gefehlt hat, dieses kontinuierlich zu gestalten. Bei den Batch-Härtungsautoklaven unterscheidet man zwischen
– *Rührwerks*-Autoklaven und
– *Schleifen*- oder *Loop*-Autoklaven.

Abbildung 3 zeigt den prinzipiellen Aufbau dieser Reaktoren. Die Autoklaven müssen folgende verfahrenstechnischen Aufgaben erfüllen:
– das Einsatzprodukt schnell, aber ohne lokale Überhitzung auf die Starttemperatur aufheizen,
– den Hydrierkatalysator im Fett möglichst homogen suspendieren ohne nennenswerte mechanische Schädigung seiner Struktur,

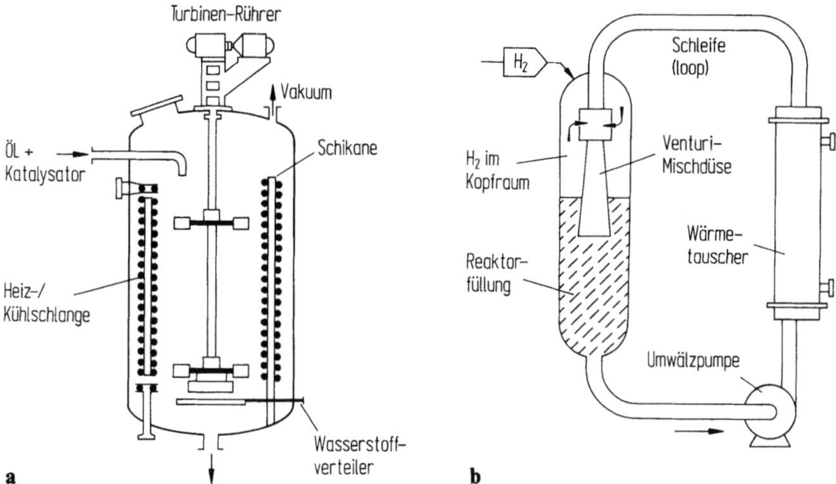

Abb. 3. Prinzipieller Aufbau eines Rührwerks- (I) bzw. eines Schleifen-Autoklaven (II)

- den Wasserstoff möglichst gleichmäßig in der Fett/Katalysator-Suspension dispergieren,
- den Wasserstoff aus dem Kopfraum des Autoklaven wieder in das Reaktionsgemisch zurückführen.

Die *Rührwerks*-Autoklaven enthalten ein Rührwerk als Dispergator. Der Wasserstoff wird am Boden des Autoklaven eingeführt und zusammen mit dem Katalysator mittels Rührwerk im Fett dispergiert. Eine große Vielfalt von Rührwerkstypen mit je nach Bauart hoher oder niedriger Drehzahl werden verwendet.

Moderne Anlagen arbeiten nach dem sogenannten *„Dead-End-Verfahren"*. Der dem Autoklaven zugeführte Wasserstoff wird vollständig verbraucht; der im Kopfraum sich sammelnde Wasserstoff wird in einer Art innerem „Recycling" in die Reaktionsphase zurückgeführt. Die in älteren Anlagen vielfach verwendete Alternative war das *„Recycling-Verfahren"*, bei dem das nicht umgesetzte Wasserstoffgas mittels Pumpe über einen Reinigungskreislauf in den Autoklaven zurückgeführt wurde.

Der *Schleifen-Reaktor* arbeitet nach einem völlig anderen Prinzip: Der Autoklav selbst enthält keinerlei Einbauten mit Ausnahme der in ihn hineinragenden Venturi-Düse. Die Heiz- und Kühlvorgänge werden über einen außenliegenden Durchfluß-Wärmetauscher durchgeführt. Zur Hydrierung wird das Fett/Katalysatorgemisch mittels einer sehr leistungsfähigen Umwälzpumpe über den Wärmetauscher und eine mit Wasserstoff zu beaufschlagende Venturi-Düse umgewälzt. Das aus der Düse in den Druckbehälter eintretende Fett/Katalysator/Wasserstoff-Gemisch kann in diesem ausreagieren, bis es im Kreislauf erneut mit Wasserstoff befrachtet wird. Der im Kopfraum befindliche nicht umgesetzte Wasserstoff wird durch die Unterdruckseite des Venturi-Mischers angesaugt und so in den Prozeß zurückgeführt.

Die entscheidenden *Vorteile des Batch-Verfahrens* liegen in der hohen Flexibilität bei der Anpassung an jeden Rohstoff und das zu erzeugende Endprodukt sowie in der unproblematischen Umstellung von einer Sorte auf die andere.

Kontinuierliche Verfahren haben diese Vorzüge nicht. Sie nehmen für sich in Anspruch:

- eine besonders günstige Energiebilanz durch Gegenstrom-Wärmetausch und Nutzung der überschüssigen Reaktionswärme (230 Kcal/t Fett und JZ-Einheit);
- gleichmäßigen Produktzulauf und entsprechend stetigen Endprodukt-Anfall mit gleichbleibendem Verbrauch an Hilfs- und Betriebsstoffen;
- eine gleichbleibende Qualität der Endprodukte bei relativ einfacher automatischer Prozeß-Steuerung bei geringem Personalbedarf.

Da inzwischen auch für Batch-Anlagen durch sinnreiche verfahrenstechnische Maßnahmen insbesondere die energietechnischen Vorteile des kontinuierlichen Hydrierverfahrens nutzbar gemacht wurden, werden letztere heute praktisch nur noch im Bereich der Fettsäure-Hydrierung, nicht jedoch für die Speisefett-Herstellung verwendet.

Zur Hydrierung wird das entsäuerte bzw. entsäuert-gebleichte Öl oder Fett im Autoklaven in der Regel unter Vakuum auf die Start-Temperatur aufgeheizt. Dann wird der in heißem Fett suspendierte Nickelkatalysator in den Autoklaven eingezogen. Mit der Einleitung von Wasserstoff beginnt die Hydrierreaktion. Durch die freiwerdende Reaktionswärme steigt die Reaktionstemperatur an, wird aber durch dosierte Kühlung konstant gehalten. Das Fortschreiten der Reaktion wird analytisch überwacht. Ist der gewünschte Endpunkt erreicht, wird die H_2-Zufuhr gestoppt, die Charge auf ca. 80 °C gekühlt und durch Filtration vom Katalysator befreit.

Von großer Bedeutung für die Wirtschaftlichkeit der Fetthärtung ist die Wiederverwendbarkeit des Katalysators. Abbildung 4 zeigt in einem Schema, wie durch systematisches Auskreisen einer Teilmenge an Katalysator und Einsatz einer entsprechenden Menge an Frisch-Katalysator bei der nächsten Hydrierung eine etwa gleichbleibende Katalysator-Qualität vorgehalten werden kann.

Die Katalysator-Einsatzmengen schwanken beträchtlich – abhängig vom Rohstoff und vom Endprodukt. Bei pflanzlichen Ölen sind 0,05% durchaus möglich, bei Seetierölen sind bis zu 0,5% erforderlich. Die Abnahme der Aktivität und Selektivität der Nickel-Katalysatoren ist auf Katalysator-Hemmstoffe und -Gifte zurückzuführen, die sowohl im Fett als auch im Wasserstoff enthalten sein können. *Hemmstoffe* sind z. B. Phosphatide, Proteine, Harze und ähnliche Verbindungen, die den Zugang des Öles zu den aktiven Zentren des Katalysators blockieren. Sie reduzieren daher in erster Linie die Aktivität, nicht die Selektivität des Kontaktes.

Katalysator-Gifte sind Stoffe, die sich chemisch mit dem Nickel umsetzen; hierdurch wird nicht nur die Aktivität, sondern in hohem Maße auch die Selektivität des Reaktionsbeschleunigers geschädigt. Solche Stoffe sind S-, Cl-,

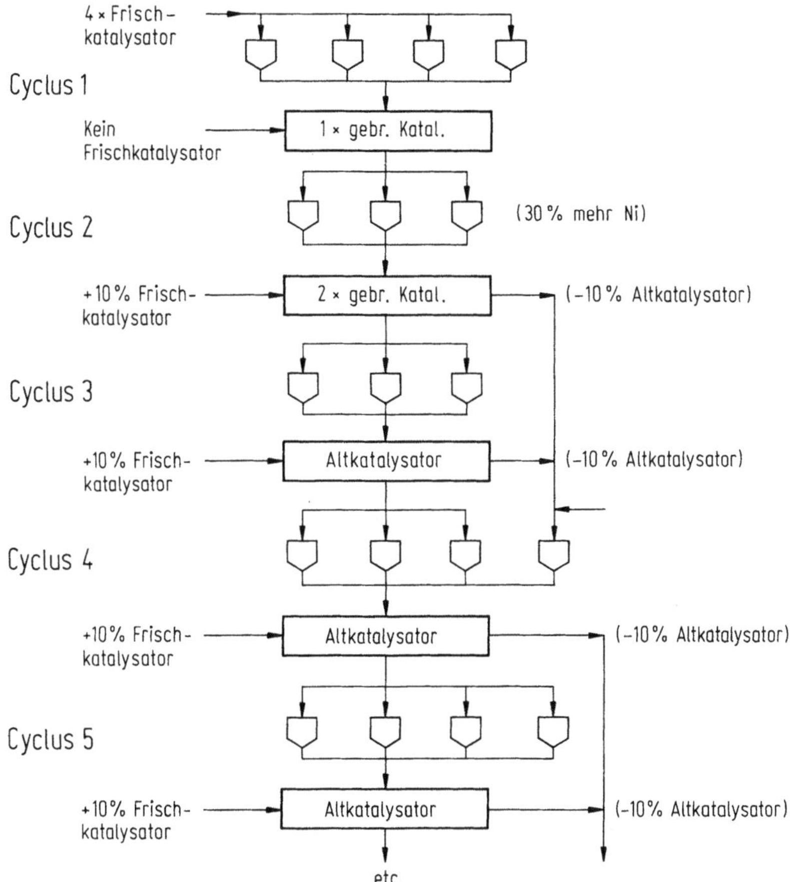

Abb. 4. Schema für eine Möglichkeit der Mehrfach-Nutzung von Ni-Katalysator

P- und N-haltige anorganische und organische Substanzen, Mineralsäuren, Salze, Seifen, Wasser etc.

Gehärtete Fette enthalten nach der Filtration noch gewisse Restmengen an Nickel in Form von Seifen, gelegentlich auch als Metall in kolloidaler Form. Daher müssen gehärtete Fette vor ihrer Verwendung als Speisefette einer sorgfältigen Nachraffination unterworfen werden.

Die *Verwendung* gehärteter Fette und Öle ist so umfangreich und umfassend, daß kein Bereich der Lebensmittelerzeugung, in dem Fette eine Rolle spielen, davon ausgenommen werden kann. Hartfette werden u. a. eingesetzt

- in Margarine-Kompositionen,
- in Back- und Konditoreifetten,
- in Süßwarenfetten aller Art,
- als Siede-/Fritierfette und Fette für den Snack-Bereich,
- als Rohstoffe für die Herstellung von Zusatzstoffen, für die Lebensmittelindustrie, etwa Emulgatoren.

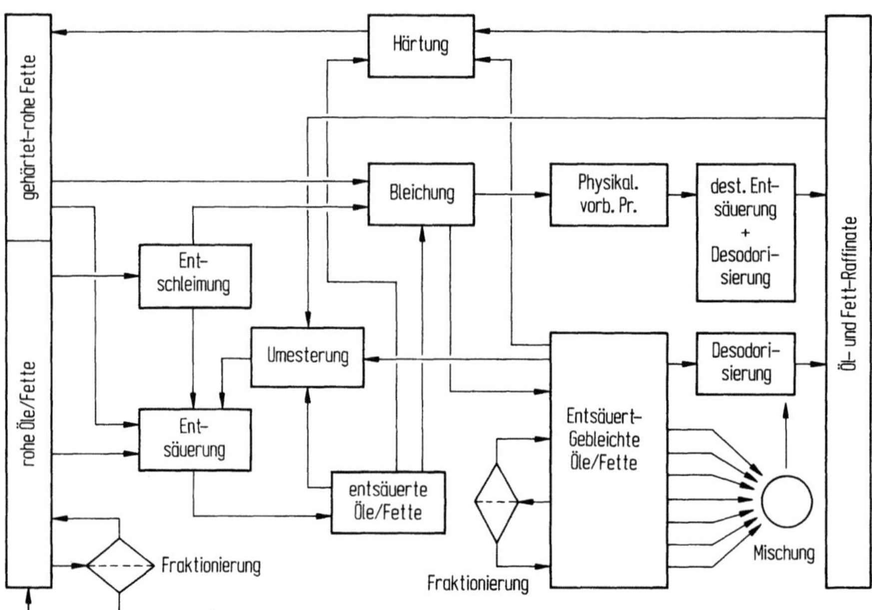

Abb. 5. Eingliederung der Modifikationsverfahren in den Rahmen der Raffination/Veredelung von Ölen und Fetten

Tabelle 1. Weltproduktion der wichtigsten Öle und Fette in (× 1000) t im Erntejahr 1984/85

	(× 1000) t	(%)
Flüssigöle		
Sojaöl	13 801	21,2
Sonnenblumenöl	6 522	10,0
Rapsöl	5 967	9,2
Baumwollsaatöl	3 845	5,9
Erdnußöl	2 937	4,5
Olivenöl	1 908	2,9
Fischöle	1 383	2,1
Leinöl	669	1,0
Sesamöl	597	0,9
Gesamt:	37 628	57,7
Konsistente Fette		
Palmöl	6 482	9,9
Talge ⎫ Schlachttierfette	6 409	9,8
Schmalz ⎭	5 130	7,9
Butter (Fettbasis)	6 257	9,6
Kokosöl ⎫ Lauricfette	2 407	3,7
Palmkernöl ⎭	899	1,4
Gesamt:	27 584	42,3
Öle und Fette insgesamt:	65 212	100,0

3 Zusammenfassung

Die Modifikationsverfahren für Öle und Fette werden im größeren Rahmen der Speisefett-Herstellung und -Veredlung durchgeführt, der bereits im Abschnitt „Raffination" behandelt wurde. Ihre logische Einordnung in deren Verfahrens-Schematismus ist aus Abb. 5 ersichtlich.

Im Geschick des Fettherstellers liegt es, das ihm zur Verfügung stehende Instrumentarium zu nutzen, um unter Verwendung der am Markt qualitativ und preislich am günstigsten angebotenen Rohstoffe mit möglichst geringem Verfahrensaufwand das für die Kunden anwendungstechnisch richtige und preislich vertretbare Spezialfett herzustellen.

4 Literatur

1. Übersichtsliteratur

Ullmanns Enzyklopädie der Technischen Chemie, Bd 7, Fette und Fettsäuren (1956) 3. Aufl, Urban und Schwarzenberg, München Berlin

Swern D (1982) Bailey's Industrial Oil and Fat Products, 4th Ed, Interscience Publ London New York

Baltes J (1975) Gewinnung und Verarbeitung von Nahrungsfetten, Paul Parey, Berlin Hamburg

Berichtsheft der World Conference on Oil Seed and Vegetable Oil Processing Technology, Amsterdam 1976, Session IV on Fats and Oils Modification, J Amer Oil Chemists Soc 53:382

Berichtsheft der World Conference on Processing of Palm, Palm Kernel and Coconut Oils Kuala Lumpur 1984, Session 7 on Modification Processes, J Amer Oil Chemists Soc 62:372 (1985)

Rossel JB, in: Paoletti R, Kritchevsky D (eds) (1967) Advances in Lipid Research, vol 5, Academic Press, New York London

Bailey AE (1950) Melting and Solidification of Fats, Intersc Publ Inc, New York

Leninger HA, Beverloo WA (1975) Food Process Engineering. D. Reidel Publ Company, Dordrecht-Boston

Vortrags-Sammelband des Symposium International de la Filtration 1976, Eigenverlag, Brüssel 1976

Ratledge C, Dawson P, Rattray J (1984) Biotechnology for the Oils and Fats Industry, publ. by the American Oil Chemists' Society Champaign, Ill

Coleman MH, in: Paoletti R, Kritchevsky D (eds) (1963) Adavances in Lipid Research, vol 1, Academic Press, New York (The Structural Investigations of Natural Fats)

Wal RJ van der (1964) ibid, vol 2, Triglyceride Structure

Pryde EH, Princen LH, Mukherjee KD (1982) New Sources of Fats and Oils, publ by the Amer Oil Chemists' Society, Champaign, Ill

Wittka F (1958) Die modernen Methoden zur Umformung der Fette. J Ambr. Barth-Verlag, Leipzig

2. Einzelaufsätze in Büchern und Zeitschriften

a) Physikalische Modifikationsverfahren

Paulicka FR (1973) Chemistry and Industry, Sept 1973, 835. Rek JHM, Solms J, Fette als funktionelle Bestandteile von Lebensmitteln, Forster-Verlag AG, Zürich

Proceedings of the Malaysian International Symposium on Palm Oil Processing and Marketing, Kuala Lumpur 1976 – The Incorp Society of Planters, Kuala Lumpur 1977 (Beiträge von Bek-Nielsen B, Bernardini M, Braae Ben, Athanassiadis A)

Young V (1978) Chemistry and Industry, 692
Thomas AE, Paulicka FR (1976) Chemistry and Industry, 774
Saxer K, Fischer O, in: Cantarelli C, Peri C (eds) (1983) Progress in Food Engineering.
    Forster Verlag, Zürich
Derouanne C, ibid
Pushparajah E, Rajadurai M (1983) Palm Oil Product Technology in the Eighties –
    Conference Report of the rep Conference in Kuala Lumpur. (Beiträge von Timms RE,
    Bernardini M, Extraction Desmet NV, Tirtiaux A)
Hamm W (1986) Fette, Seifen, Anstrichmittel 88:533
Timms RE (1985) J Amer Oil Chemists' Soc 62:241
Grundmann J (1984) Fette, Seifen, Anstrichmittel 86:554

b) Umesterung, Rückveresterung, Glycerinolyse

Gemeinschaftsarbeit der DGF e.V. (1973) Die Umesterung von Speisefetten, Fette, Seifen,
    Anstrichmittel 75:467, 587, 663; auch als Sonderdruck erhältlich   .
Kaufmann HP, Grothues B (1965) Beitrag zur Veredelung von Fetten. Forschungsberichte
    des Landes Nordrheinwestfalen, Nr 1556, Westdeutscher Verlag Köln, Opladen
Baltes J (1961) Die Nahrung 4:1 (1960 und 5:521)
Srinivasan B (1978) J Amer Oil Chemists' Soc 55:796
Hirsinger F (1980) Fette, Seifen, Anstrichmittel 82:385
Werdelmann B (1982) Fette, Seifen, Anstrichmittel 84:436
Lazar G (1985) Fette, Seifen, Anstrichmittel 82:395
Hansen TT, Eigtved P (1986) J Amer Oil Chemists' Soc 63:36

c) Fetthärtung

Patterson HBW (1983) Hydrogenation of Fats and Oils. Applied Science Publ, London New
    York
Gemeinschaftsarbeit der DGF e.V., Die Hydrierung von Fetten, Fette, Seifen, Anstrichmittel
    78:385 (1976), 79:181, 465 (1977) und 80:1 (1978); auch als Sonderdruck erhältlich
Boerma H (1964) Fette, Seifen, Anstrichmittel 66:362
Dutton HJ (1968) Hydrogenation of Fats in Progress in the Chemistry of Fats and other
    Lipids, vol IX, Part 3, p 349, Pergamon Press Ltd, Oxford London
Tschau W (1981) Fette, Seifen, Anstrichmittel 81:303
American Soybean Association (ASA), Proceedings of a Symposium on Hydrogenation of
    Oils, Rimini, Italy 1980
American Soybean Association (ASA), Proceedings of a Symposium on Hydrogenation of
    Soy Oil, Antwerpen 1983
Klauenberg G (1984) Fette, Seifen, Anstrichmittel 86:513
Lau J (1984) ibid. 86:526
Duveen RF, Steinhauer R (1984) ibid. 86:522
Kokken M (1986) Fette, Seifen, Anstrichmittel 88:510
Kokken M (1986) J Amer Oil Chemists' Soc 63:120
Urosevic D (1986) ibid. 63:128
Veldkamp FG, New Developments in the Filtration of Nickel Catalyst from Hydrogenated
    Edible/Vegetable Oils and Fats; Paper, presented at the Annual AOCS-Meeting May 1986
    in Honolulu, to be published in the J Amer Oil Chemists' Soc

2.3 Fettsäuren und deren Veresterung

H. Nordiek, Witten

1 Fettspaltung

Die hydrolytische Spaltung der als Triglyceride vorliegenden Öle und Fette ist ein seit vielen Jahrzehnten durchgeführtes großtechnisches Verfahren zur Gewinnung von Fettsäuren und Glycerin. Die Umsetzung läuft als Gleichgewichtsreaktion über die Zwischenstufen Di- und Monoglycerid.

$$
\begin{array}{l}
CH_2OCOR' \\
| \\
CHO\,COR'' + H_2O \rightleftharpoons R'COOH \\
| \qquad\qquad\qquad + \\
CH_2OCOR''' \qquad CH_2OH \\
\qquad\qquad\qquad\quad | \\
\qquad\qquad\qquad CHOCOR'' + H_2O \rightleftharpoons R''COOH \\
\qquad\qquad\qquad | \qquad\qquad\qquad + \\
\qquad\qquad\qquad CH_2OCOR''' \qquad CH_2OH \\
\qquad\qquad\qquad\qquad\qquad\qquad\quad | \\
\qquad\qquad\qquad\qquad\qquad\qquad CHOH + H_2O \rightleftharpoons R'''COOH \\
\qquad\qquad\qquad\qquad\qquad\qquad | \qquad\qquad\qquad + \\
\qquad\qquad\qquad\qquad\qquad\qquad CH_2OCOR''' \qquad CH_2OH \\
\qquad\qquad\qquad\qquad\qquad\qquad\qquad\qquad\qquad\quad | \\
\qquad\qquad\qquad\qquad\qquad\qquad\qquad\qquad\qquad CHOH \\
\qquad\qquad\qquad\qquad\qquad\qquad\qquad\qquad\qquad | \\
\qquad\qquad\qquad\qquad\qquad\qquad\qquad\qquad\qquad CH_2OH
\end{array}
$$

Zum Erzielen ausreichend hoher Spaltgrade sind Temperaturen von 200–260 °C mit entsprechenden Drücken und ein entsprechender Überschuß an Wasser notwendig. Verfahren mit Hilfsstoffen unter atmosphärischen Bedingungen (Twitchell-Spaltung) oder unter Niederdruck haben heute keine Bedeutung mehr.

Die gebräuchlichsten Verfahren sind:

1.1 Diskontinuierliche Mitteldruckspaltung ohne Hilfsstoffe

Bei Drücken von 10–35 bar und 180–240 °C wird das Fett im Autoklaven mit 30–60 Gewichtsprozent an Wasser unter Aufheizen mit direktem Dampf gespalten. Durch Rühren oder Umpumpen des Autoklaveninhaltes wird die Reaktion beschleunigt, wobei Spaltgrade von 90–93 % erreicht werden. Nach

                                                                                     H. Nordiek

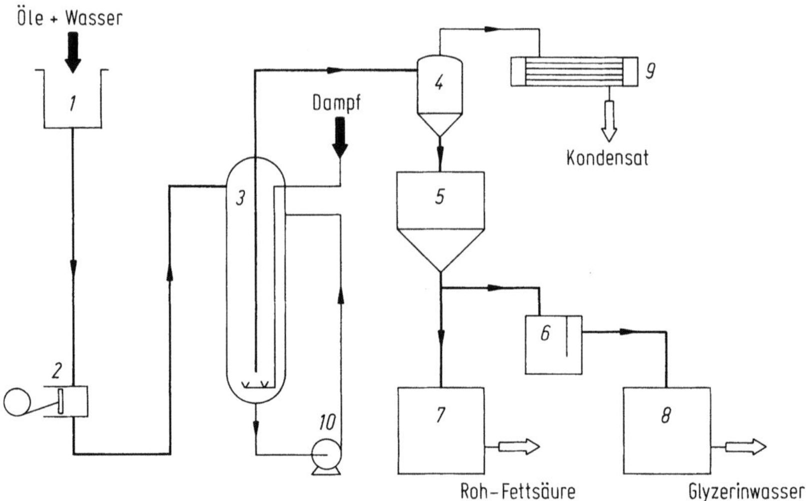

Abb. 1. *1* Meßbehälter, *2* Kolbenpumpe, *3* Spaltautoklav, *4* Entspannungsgefäß, *5* Trenngefäß, *6* Fettsäureabscheider, *7* Fettsäuretank, *8* Glycerinwassertank, *9* Brüdenkondensator, *10* Umwälzpumpe

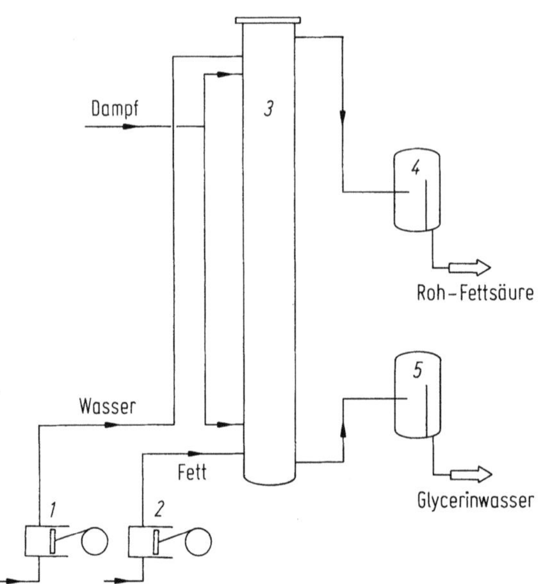

Abb. 2. *1* Hochdruckpumpe für Wasser, *2* Hochdruckpumpe für Fett, *3* Spaltturm, *4* Entspannungsbehälter für Rohfettsäure, *5* Entspannungsbehälter für Glycerinwasser

Tabelle 1. Theoretischer und praktischer Anfall an Fettsäuren und Glycerin bei der Spaltung von 100 Teilen verschiedener Fette

Fettart	Verseifungs-zahl	Anfall an Fettsäuren		Anfall an Glycerin 100%ig	
		theor.	prakt.	theor.	prakt.
Rüböl (hoher Gehalt an Erucasäure)	171	96,1	92,5	9,3	9,0
Fischöl	193	95,6	91,8	10,5	10,0
Talg	198	95,5	91,7	10,8	10,3
Cocosöl	245	94,4	91,6	13,4	13,0

Trennen der beiden Phasen können diese durch Wiederholen des Spaltvorganges („Spalten auf mehreren Wässern") auf 95–97% gebracht werden.

1.2 Kontinuierliche Hochdruckspaltung ohne Hilfsstoffe

Dieses Verfahren ist wegen seiner Wirtschaftlichkeit heute vorherrschend. In einem „Spaltturm" von 25–35 m Höhe mit einer Edelstahlauskleidung wird das Fett von unten und das Wasser von oben mit Hochdruckpumpen eingespeist (Gegenstromverfahren). Mit direktem Dampf wird die Temperatur auf 255–260 °C bei einem Druck von 55–60 bar gebracht. Der Spaltgrad liegt bei 98–99%. Die Spaltfettsäure und das anfallende 20%ige Glycerinwasser werden über Entspannungsbehälter kontinuierlich abgezogen.

Das Glycerinwasser wird nach Abtrennen der Fettanteile und Entfernen von Verunreinigungen durch Chemikalien oder durch Ionenaustauscher eingedampft und gegebenenfalls destilliert.

Enzymatische Spaltung von Fetten hat in den letzten Jahren sehr an Interesse gewonnen, wird aber noch nicht im technischen Maßstab durchgeführt.

Die bei der Fettspaltung anfallenden Mengen an Fettsäuren und Glycerin in Abhängigkeit von der Verseifungszahl und damit von der Fettsäurezusammensetzung zeigt Tabelle 1 [1–3, 5, 12, 15–17, 19, 25, 26, 28, 29].

2 Destillation von Fettsäuren

Die durch die Fettspaltung gewonnenen Rohfettsäuren werden als solche kaum eingesetzt, sondern in der Regel vor einer weiteren Verwendung von unerwünschten Nebenbestandteilen – Restmengen an Glycerinestern, leichtflüchtige Abbauprodukte, Farb- und Geruchsstoffe – befreit. Dieses wird durch Destillation erreicht, die wegen der thermischen und oxidativen Empfindlichkeit der Fettsäuren äußerst schonende Bedingungen erfordert. Diese werden erzielt durch:

1. Arbeiten unter hohem Vakuum zur Herabsetzung der Siedetemperatur (Tabelle 2).

Tabelle 2. Siedetemperaturen (°C) gesättigter Fettsäuren bei verschiedenen Drücken

Fettsäure	Druck in mbar			
	100	50	10	2
Capronsäure	140	125	97	67
Caprylsäure	167	152	120	93
Caprinsäure	193	177	143	116
Laurinsäure	218	200	166	137
Myristinsäure	241	223	186	156
Palmitinsäure	263	244	205	174
Stearinsäure	282	272	223	190

2. Kurze Verweilzeiten des Produktes in der Verdampfungszone.
3. Völliges Vermeiden von Luftzutritt durch Undichtigkeiten.

Hinzu kommen Forderungen nach hoher Wirtschaftlichkeit durch hohe Destillatausbeute bei geringerem Energieverbrauch und die Notwendigkeit geringstmöglicher Umweltbelastungen durch Abluft und Abwasser.

In einer Blasendestillation (Abb. 3) können die genannten Forderungen zwar eingehalten werden; für große Durchsatzleistungen sind solche Anlagen aber wirtschaftlich nicht immer zufriedenstellend.

Demgegenüber zeigt Abb. 4 eine Destillationsanlage mit Fallfilmverdampfer und Wärmeaustausch. Mit einer vorgeschalteten Kolonne werden restliche Feuchtigkeit und leichter flüchtige Bestandteile entfernt. Durch einen geschlossenen Kühlkreislauf des Vakuumaggregates werden mit Abluft und Abwasser nur sehr geringe Mengen an organischen Stoffen ausgetragen. Auf solchen Anlagen mit Durchsatzleistungen von mehreren t/Std. können Fettsäuren höchster Qualität unter wirtschaftlichen Bedingungen hergestellt werden.

Mit entsprechenden Fraktionierkolonnen ist es möglich, aus den natürlichen Fettsäuremischungen bestimmte Schnitte und auch hochprozentige Einzelfettsäuren zu gewinnen [1, 2, 4, 6, 11, 13, 14, 17, 20–24, 27].

3 Veresterung

Zur Herstellung spezieller Ester müssen Fettsäuren und deren Mischungen mit den entsprechenden Alkoholen umgesetzt werden. Diese Reaktion wird bei erhöhter Temperatur (180–240 °C) und stets mit einem Katalysator durchgeführt; durch Arbeiten unter Vakuum oder durch azeotrope Destillation mit einem Schleppmittel wird für ein rasches und vollständiges Entfernen des Reaktionswassers gesorgt. Entsprechend ihrem Dampfdruck werden mit dem Wasser auch Anteile an Fettsäure und Alkohol aus dem Reaktionsgemisch herausgetragen. Durch partielle Kondensation in einem Dephlegmator oder durch eine destillative Trennung des Kondensates muß für eine Rückführung dieser Anteile gesorgt werden.

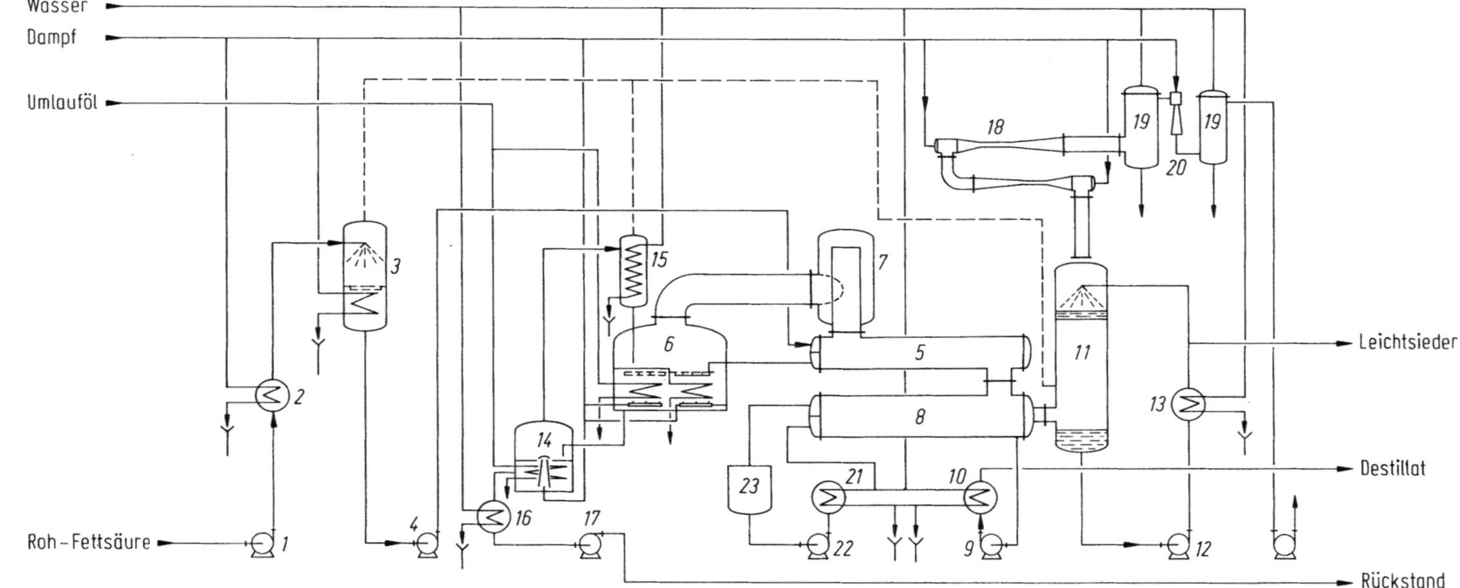

Abb. 3. *1* Pumpe für Rohfettsäure, *2* Vorwärmer, *3* Entwässerungs- und Entgasungsbehälter, *4* Pumpe für getrocknete Fettsäure, *5* Wärmeaustauscher, *6* Destillationsblase, *7* Abscheider, *8* Kondensator für Destillat, *9* Pumpe für Destillat, *10* Nachkühler für Destillat, *11* Kondensator für Leichtsieder, *12* Pumpe für Leichtsieder, *13* Nachkühler für Leichtsieder, *14* Ausquetschstufe für Rückstand, *15* Kondensator für Rückstandsdestillat, *16* Nachkühler für Rückstand, *17* Pumpe für Rückstand, *18* Brüdenverdichter, *19* Mischkondensatoren, *20* Dampfstrahler, *21* Kühler für Umlaufwasser, *22* Pumpe für Umlaufwasser, *23* Behälter für Umlaufwasser

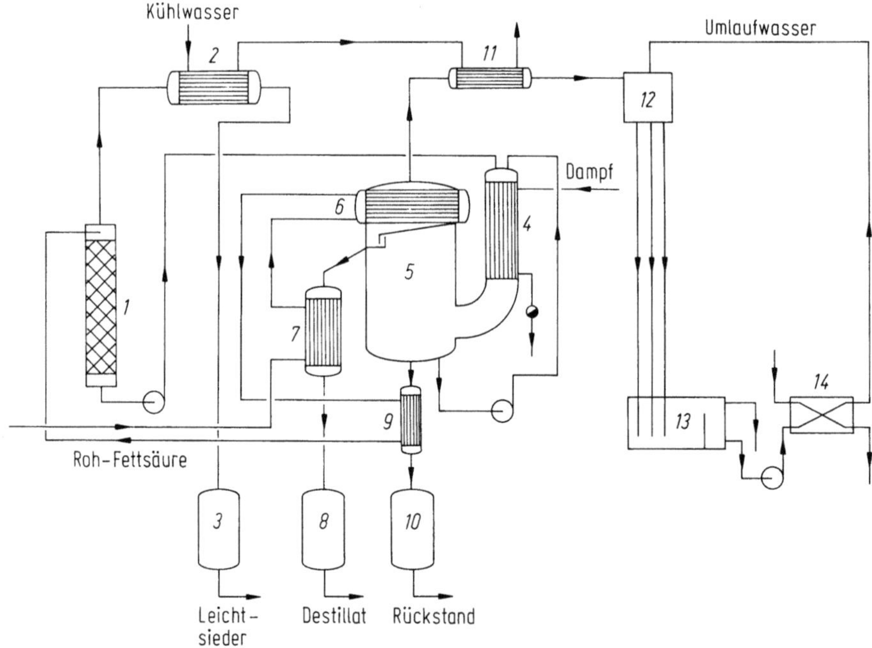

Abb. 4. *1* Kolonne für Leichtsieder, *2* Kondensator für Leichtsieder, *3* Vorlage für Leichtsieder, *4* Fallfilmverdampfer, *5* Abscheider, *6* Kondensator für Destillat, *7* Nachkühler für Destillat, *8* Vorlage für Destillat, *9* Kühler für Rückstand, *10* Vorlage für Rückstand, *11* Gaskühler, *12* Vakuumaggregat, *13* Fallwasserkasten, *14* Plattenaustauscher

Als Katalysatoren für Veresterungen von Fettsäuren können je nach Veresterungsverfahren und umzusetzenden Stoffen verwendet werden:
- Saure Verbindungen, vor allem Sulfonsäuren,
- Metalle wie Zink oder Zinn,
- Chloride und Oxide von Aluminium, Eisen, Magnesium, Mangan, Nickel, Blei, Zink, Zinn,
- Organische Titanverbindungen, z. B. Titanlactat.

Eine Veresterungsanlage für Chargenbetrieb zeigt Abb. 5. Für spezielle Verfahren sind auch kontinuierliche Anlagen gebräuchlich (z. B. für die Herstellung von Fettsäuremethylester).
Verfolgt wird der Verlauf der Veresterung durch Bestimmung der Säure- und Hydroxylzahl. Nach Beendigung der Reaktion muß das Produkt in der Regel durch entsprechende Maßnahmen (Alkaliwäsche, Behandlung mit Bleicherden) von der Restsäure und vom Katalysator befreit und farblich verbessert werden. Gegebenenfalls müssen durch eine Desodorierung (Behandlung mit Wasserdampf unter Vakuum) geruchliche Verunreinigungen entfernt werden [2, 7–10, 14, 18]. Die hierfür erforderlichen Anlagen wurden bereits besprochen.

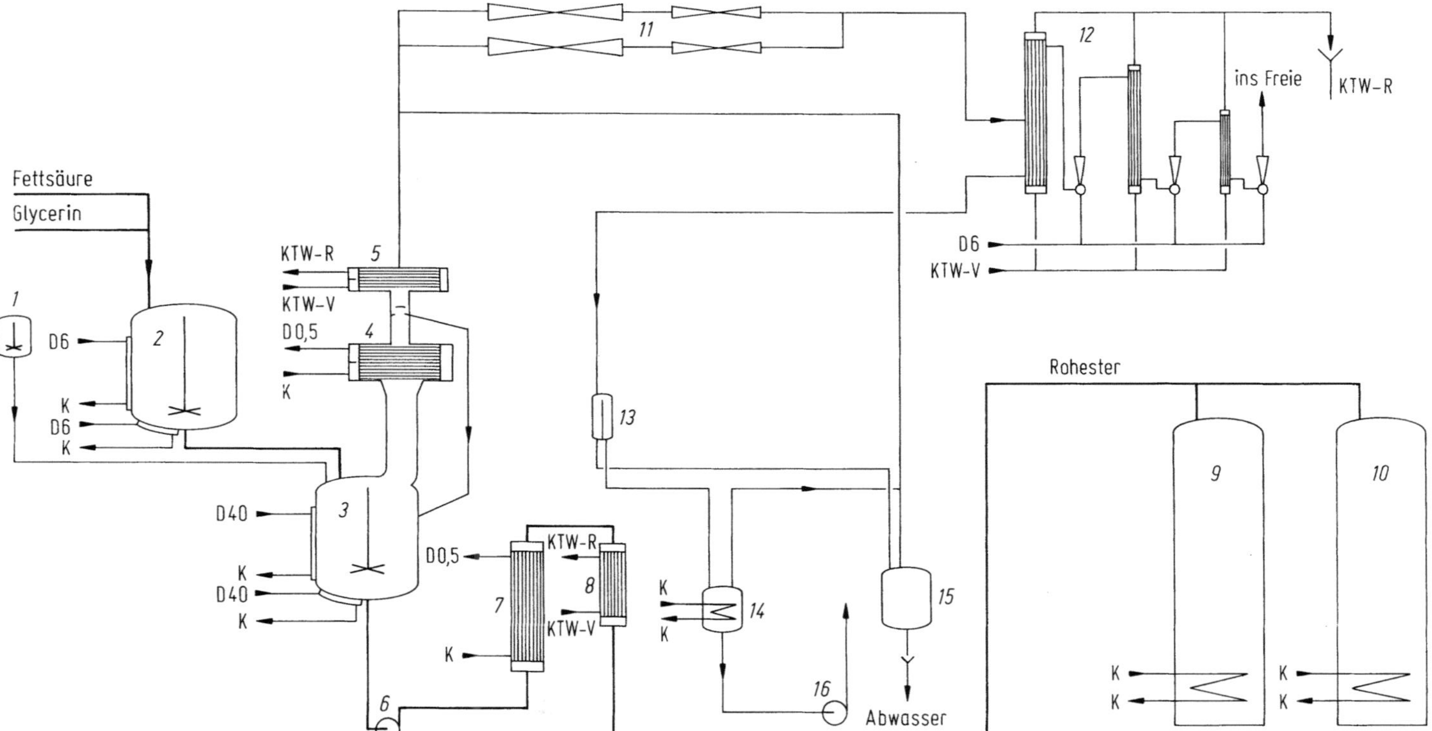

Abb. 5. *1* Behälter für Katalysator, *2* Wiegebehälter, *3* Veresterungskessel, *4,5* Dephlegmatorèn, *6* Pumpe für Rohester, *7,8* Produktkühler, *9,10* Tanks für Rohester, *11* Hochvakuumstrahler, *12* Vakuumaggregat, *13* Trennflasche, *14* Vorlage für Fettsäure, *15* Vorlage für Veresterungswasser, *16* Pumpe für Fettsäure. D0,5 Dampf 0,5 bar, D6 Dampf 6 bar, D40 Dampf 40 bar, K Kondensat, KTW-V Kühlwasser-Vorlauf, KTW-R Kühlwasser-Rücklauf

4 Literatur

1. AOCS (1979) Short Course of Industrial Fatty Acids, J Am Oil Chemists' Soc 56:715 A–864 A
2. Bailey's Industrial Oil and Fat Products (1982) John Wiley and Sons, New York, 97–173
3. Ackelsberg OJ (1958) J Am Oil Chemists' Soc. 35:635–640
4. Allmendinger R (1980) Fette, Seifen, Anstrichmittel 82:147–152
5. Barneby HL, Brown AC (1948) J Am Oil Chemists' Soc 25:95–99
6. Brown H (1979) J Am Oil Chemists' Soc 56:729 A–732 A
7. Feuge RO (1962) J Am Oil Chemists' Soc 39:521–527
8. Formo MW (1954) J Am Oil Chemists' Soc 31:548–559
9. Gros AT, Feuge RO (1964) J Am Oil Chemists' Soc 41:727–731
10. Hartmann L (1966) J Am Oil Chemists' Soc 43:536–538
11. Jacobsberg B, Loncin M, Palm Oil: past, present, future; Böhme WR, Economics and marketing opportunities in the animal fats industries; Leonard EC, Economic forecasting for the fatty acid industry (1980) – Vorträge gehalten auf dem ISF-AOCS-Congress in New York (28.4.–1.5.), J Am Oil Chemists' Soc 57, 2, Abstracts-Nr. 23, 48, 121
12. Lawrence EA (1954) J Am Oil Chemists' Soc 31:542–544
13. McDermott GN (1979) J Am Oil Chemists' Soc 54:789 A–792 A
14. Markley KS (1968) Fatty Acids, Intersience Publishing New York, 2nd part, chapter 9, pp. 757–984, part 5, chapter 9 A, pp. 3459–3560
15. Miner CS, Dalton NN (1953) Glycerol, ACS Monograph 117
16. Muckerheide VJ (1952) J Am Oil Chemists' Soc 29:490–495
17. Osteroth D (1966) Natürliche Fettsäuren als Rohstoffe in der chemischen Industrie, Ferdinand Enke Verlag, Stuttgart
18. Ralston AW (1948) Fatty Acids and Their Derivates, Wiley, New York, 492–498
19. Reinish MD (1956) J Am Oil Chemists' Soc 33:516–520
20. Stage H, Müller E, Gemmeker F (1962) Fette, Seifen, Anstrichmittel 64:27
21. Stage H (1974, 1978) Fette, Seifen, Anstrichmittel 76:197–206, 244–260, Seifen, Öle, Fette, Wachse 104:445–454
22. Stage H (1977) Seifen, Öle, Fette, Wachse 103:151–154, 207–210, 269–272
23. Stage H (1973, 1977, 1978) Fette, Seifen, Anstrichmittel 75:160–167, 298–306; 79:345–353; 80:377–382
24. Stalmann G (1961) Seifen, Öle, Fette, Wachse 87:739
25. Stromquist DM, Reents AC (1951) „C. P. Glycerol by Ion Exchange", Ind Eng Chem 43:1065–1070
26. Tosh AK (1958) J Am Oil Chemists' Soc 35:615–623
27. Wilson GM (1964) J Am Oil Chemists' Soc 41:127–130
28. Zager SE, Doody TC (1951) Ind Eng Chem 43:1070–1073
29. Ziels NW (1956) J Am Oil Chemists' Soc 33:556–565

2.4 Margarine-Herstellung

K. Frommhold, Norderstedt

1 Beschreibung des Produktes

Margarinen sind Emulsionen vom Typ Wasser in Öl.

Öl steht hier für die gesamte Fettphase, die aus einem Gemisch von Ölen und Fetten besteht. Bei den üblichen Gebrauchstemperaturen von ca. 5 (Kühlschrank) bis ca. 23 °C ist ein Teil – je kälter desto mehr – auskristallisiert. Die Kristalle und deren Konglomerate sind nicht größer als 10 μ, weit überwiegend kleiner als 5 μ. Sie bilden untereinander eine Struktur, in der das Öl eingelagert ist. Das Verhältnis von kristallisierter zu flüssiger Phase ist maßgebend für die Konsistenz – fest in der Kälte, weich in der Wärme. Die Fettphase enthält neben den natürlichen Fettbegleitstoffen (z. B. Vitamin E, Mono- und Diglyceride) auch die fettlöslichen Zutaten (Tabelle 1).

Wasser steht für die gesamte Wasserphase, die eine Suspension bzw. wäßrige Lösung von Zutaten darstellt (Tabelle 1). Die Durchmesser der Wassertröpfchen sind weit überwiegend kleiner als 5 μ und meist nicht größer als 10 μ; diese Feinverteilung der Wasserphase schützt vor mikrobiellem Verderb. Sie muß deshalb unter wechselnden Temperaturen der Distribution und Verwendung stabil sein; dies wird durch die Struktur der Fettkristalle und zugesetztes Monoglycerid bewirkt.

Diesen einfachen physischen Aufbau haben alle Margarinen, doch können sie je nach Wahl der Fette und Öle sowie Zutaten mehr oder weniger komplex und variabel zusammengesetzt sein.

Vorstellungen der Konsumenten und Hersteller, Umstände der Distribution und, nicht zuletzt, Gesetze, Verordnungen und das Deutsche Lebensmittelbuch (Tabelle 2) setzen Rahmenbedingungen, innerhalb derer die einzelnen Produkte voneinander unterscheidbar ausgestattet werden können.

Verbraucher und Hersteller unterscheiden Margarinen nach zusätzlichen Kriterien, wie z. B. Geschmack, Streichfähigkeit aus dem Kühlschrank auf Brot, Eignung zum Backen, Geruch oder Verhalten beim Braten und nicht zuletzt dem Gehalt an Vitaminen und mehrfach ungesättigten Fettsäuren.

In der Distribution muß die Ware den Weg vom Hersteller zum Verbraucher unter den herrschenden Bedingungen der Logistik und des Handels unbeschadet überstehen.

Im Hinblick auf die Vielfalt von Anforderungen und auf die vom Hersteller besonders ausgelobten Eigenschaften werden die Rezepturen gestaltet (Tabelle 3).

Tabelle 1. Zutaten von Margarine

Zutat	Funktion
Fett, Öl	Nährmittel
mit mehrfach ungesättigten Fettsäuren	gesunde Ernährung
Kristalle	Konsistenz
Vitamine, meist A, D, E	gesunde Ernährung
Beta-Carotin oder Annatto	Gelbfärbung
Lecithine	Emulgatoren, verhindern Spritzen beim Ausbraten
Monoglyceride	Stabilisierung der Emulsion
Natur-identische Aromastoffe	Geschmack und Geruch auf Brot, beim Backen, Braten, Kochen
Wasser	Emulsion
Milch, Molke, -pulver	Geschmack. Geruch, Bräunung beim Backen und Braten Bratfonds
Kochsalz	Geschmack
Zitronensäure, Milchsäure	Geschmack und saures Milieu gegen Mikroben
Gelatine	Konsistenz und Stabilität des Gefüges von Halbfettmargarine
Sorbinsäure, -Salze	Konservierung

Tabelle 2. Zusammensetzung, Herstellung und Distribution von Margarine betreffende Gesetze, Verordnungen, Vorschriften

1. Lebensmittel- und Bedarfsgegenständegesetz
2. Zusatzstoff-Zulassungsverordnung
3. Zusatzstoffverkehrsverordnung
4. Lebensmittelzusatzstoffe
5. Pflanzenschutzmittel-Höchstmengen-Verordnung
6. Lebensmittel-Kennzeichnungsverordnung
7. Eichgesetz
8. Fertigpackungs-Verordnung
9. Verordnung über diätetische Lebensmittel
10. Verordnung über vitaminisierte Lebensmittel
11. Nährwert-Kennzeichnungsverordnung
12. Gesetz zur Verhütung und Bekämpfung übertragbarer Krankheiten beim Menschen
13a. Gesetz über Milch, Milcherzeugnisse, Margarineerzeugnisse und ähnliche Erzeugnisse
13b. Margarine-Gesetz
14. Erukasäure-Verordnung
15. Trinkwasser-Verordnung
16. Deutsches Lebensmittelbuch, Leitsätze für Maragarine
17. Empfehlungen der Kunststoffkommission des Bundesgesundheitsamtes zu „Kunststoffe im Lebensmittelverkehr"

Tabelle 3. Beispiele für Haushaltsmargarine-Rezepturen und -Eigenschaften

		1	2	3	4
Einteilung		Standardware	Pflanzenmargarine – linolsäurereich		Halbfett-margarine
Verwendung		Allgemein	Backen Braten Kochen	Brotaufstrich aus dem Kühlschrank	kalorien-reduzierte Ernährung
Zutaten in kg pro 1000 kg Produkt					
Fettphase					
Sonnenblumenöl				400	200
Sojaöl/Rapsöl		350	280		
Cocosöl			80	60	60
Palmöl			120	100	
Sojaöl/Rapsöl, gehärtet		450	320	240	140
Monoglycerid, Typ A	× 0,01	100		130	
B	× 0,01		130		
C	× 0,01				200
Lecithin, Typ 1	× 0,01	160		100	
2	× 0,01		200		
3	× 0,01				200
Beta-Karotin-Konzentrat	× 0,0001	360	360	330	320
Vitamin					
A-Konzentrat	× 0,0001	90	90	180	90
D 3-Konzentrat	× 0,0001	10	10	10	10
E-Konzentrat	× 0,0001			600	670
Aroma-Cocktail W	× 0,0001	550			
X	× 0,0001		510		
Y	× 0,001			220	
Z	× 0,0001				470
Wasser		196	154	155	595
Trinksauermilch				40	
Sauermolke			40		
Kochsalz	× 0,01	200	200	200	70
Zitronensäure	× 0,001	190	160	160	45
Milchsäure					40

Tabelle 3 (Fortsetzung)

	1	2	3	4
Einteilung	Standardware	Pflanzenmargarine – linolsäurereich		Halbfett-margarine
Verwendung	Allgemein	Backen Braten Kochen	Brotaufstrich aus dem Kühlschrank	kalorien-reduzierte Ernährung
Kennzahlen:				
Vitamin i. E. pro 100 g A	1500	1500	3000	1500
Provit. A	1200	1200	1100	1070
D3	100	100	100	100
mg pro 100 g E			16	80
% Linolsäure in Gesamtfettsäure	10	20	33	33
% der Fettphase kristallisiert				
bei 10 °C	45	33	28	25
20 °C	20	17	12	14
30 °C	8	6	3	5
35 °C	3	2	1	2
Steigschmelzpunkt °C	36	32	30	32
Konsistenz:				
Fließgrenze g/cm² (Haighton)				
bei 10 °C	1200	800	600	500
20 °C	400	300	150	200
pH-Wert der Wasserphase	4,3	4,3	4,3	4,4

2 Beschreibung der Herstellung

Margarine wird in Fabriken sehr unterschiedlicher Größe produziert, von weniger als 10000 bis zu mehr als 100000 t/Jahr. Ebenso unterschiedlich und vielfältig sind die Sortimente. Sie können von wenigen bis 100 Artikel pro Fabrik gehen. Auch sind die Anteile einzelner Artikel an der Gesamtmenge meist sehr verschieden. Mit Rücksicht auf die Frische beim Verkauf, begrenzte Haltbarkeit und Kosten von Warenbeständen müssen alle Artikel kurzfristig direkt aus der Produktion verfügbar sein. Demzufolge ist eine Margarinefabrik so eingerichtet, daß sie mehrere Artikel in unterschiedlicher Zusammensetzung, Verpackung und Menge in wechselnden Kombinationen gleichzeitig herstellen und ausliefern kann.

Die Handel und Verbrauchern zugesagte Qualität wird erreicht und eingehalten durch Auswahl der Zutaten und der Herstellanlagen, durch Festlegung der Prozeßführung und mit Hilfe begleitender sensorischer, chemisch-analytischer, mikrobiologischer und physikalischer Kontrollen.

Trotz der Vielfalt im einzelnen sind die wesentlichen Verfahrensschritte und Anlagen in allen Fabriken im Prinzip gleich, so daß die folgende Beschreibung anhand des Verfahrensschemas (Abb. 1) allgemeingültig ist.

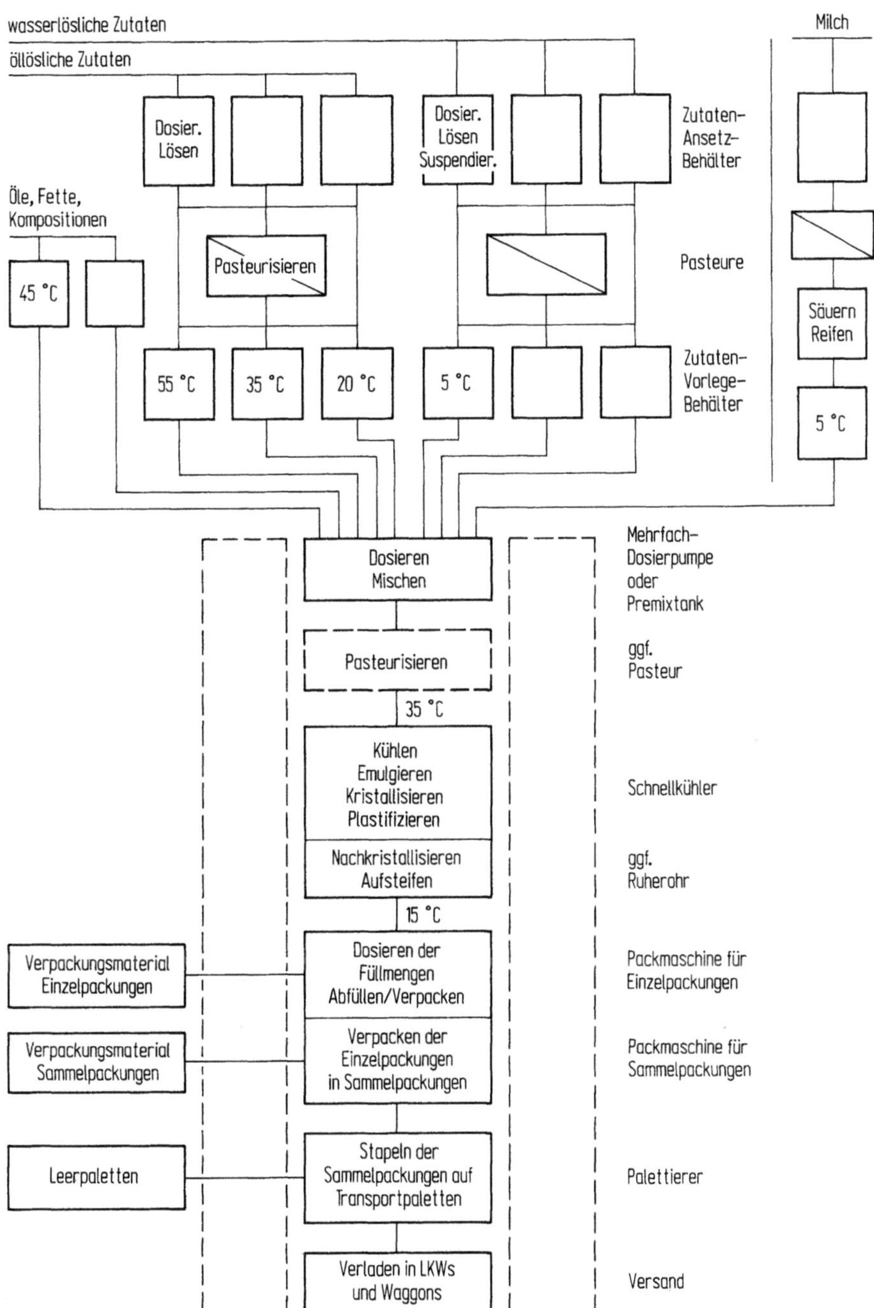

Abb. 1. Blockschema der Margarineherstellung

Für Halbfettmargarine gilt das gleiche Schema, von Fall zu Fall mit speziellen Varianten.

Die Herstellanlagen bestehen aus Behältern unterschiedlicher Größe (500–30 000 l) mit Rührwerk und Heizung/Kühlung, Pasteuren, Pumpen und Leitungen, Meß-, Wäge- und Dosiereinrichtungen, Schnellkühlern sowie Verpackungsmaschinen für verschiedene Packungsgrößen und Formen. In diese Anlagen integriert sind die Systeme zur Reinigung und Desinfektion. Die Prozesse laufen weitgehend automatisch ab, im modernsten Stand sind sie voll automatisiert.

Die Herstellung beginnt mit dem Bereitstellen der Zutaten.

Fette und Öle werden als geschmacksneutrale, nahezu farblose Vollraffinate per Tankzug oder – falls eine Raffinerie dicht benachbart ist – per Rohrleitung angeliefert und in Tanks von ca. 10–25 t Inhalt vorgelegt. Zum Teil sind es schon fertige, produktspezifische Kompositionen, welche direkt verarbeitet werden können; zum Teil werden einzelne Komponenten bezogen, aus denen erst in der Margarinefabrik Kompositionen durch Mischen hergestellt werden. Öllösliche und wasserlösliche Zutaten werden getrennt in eigenen Behältern angesetzt und zur weiteren Verarbeitung vorgelegt. Das Lösen in Öl bzw. Wasser geschieht unter schonenden Bedingungen, das heißt so kalt wie möglich und nicht wärmer als nötig, um die Zutat in Lösung zu bringen und zu halten.

Die Konzentrationen der Lösungen sind so gewählt, daß sie in spezifischer Volumendosierung gleichzeitig in mehreren Produkten verarbeitet werden können. Um die Zahl der Behälter und Leitungen klein zu halten, werden möglichst zwei oder mehr Zutaten in einer Lösung konzentriert.

Wasser wird prinzipiell dem kommunalen Versorgungsnetz entnommen.

Manche Hersteller verwenden entrahmte Milch als Aromaträger, entweder als „süße" Milch oder Trinksauermilch, die mittels Bakterienkulturen zur Säuerung und Aromabildung gebracht wurde.

Nach dem Ansetzen und Vorlegen werden alle Zutaten in immer noch flüssigem Zustand versammelt. Für diesen Verfahrensschritt gibt es zwei Ausführungen.

a) Fabriken mit vielen kleinen Artikeln und häufigem Wechsel bevorzugen das Premix-Verfahren. Hierbei werden die Zutaten unter produktspezifischer volumetrischer und/oder gravimetrischer Dosierung in der Reihenfolge Fettkomposition – öllösliche Zutaten – wasserlösliche Zutaten in ca. 2000–6000 l fassenden Behältern versammelt. Durch Rühren wird die Wasserphase in der Mischung gleichmäßig verteilt. Der fertige Mix wird dem Schnellkühler zugeführt.

b) Fabriken mit größeren Produktionslosen pro Artikel bevorzugen das Verfahren der Direktdosierung mit Mehrfach-Dosierpumpen. Jede dieser Pumpen dosiert sämtliche Zutaten für ein Produkt. Das geschieht mit Hilfe der erforderlichen Anzahl Kolben unterschiedlicher Größe, von denen jeder auf der Saugseite an einen bestimmten Zutatenbehälter angeschlossen ist und seinen Inhalt in eine an die Druckseiten aller Kolben angeschlossene gemeinsame Leitung gibt. Durch diese Leitung fließt der Mix in grober Mischung kontinuierlich zum Schnellkühler.

Zur Unterstützung der Haltbarkeit der Produkte wird der Prozeß keimarm unter mikrobiologischer Kontrolle von Zutaten, Anlagen, Verpackungsmaterial und Raumluft, geführt; dazu gehört eine Einzel-Pasteurisierung von Zutaten (z. B. Lecithin, Milch, Molke) oder des ganzen Mixes, spätestens vor Eintritt in den Schnellkühler.

Im Schnellkühler, auch Kombinator oder Votator genannt, wird der bis dahin noch warme, flüssige Mix in Margarine umgeformt. Die Funktionen des Schnellkühlers sind Kühlen, Emulgieren, Kristallisieren, Plastifizieren. Er besteht aus einer Serie von meist drei Kühlzylindern und ein bis zwei nicht gekühlten Zylindern (Kristallisatoren) in wechselnder Anordnung, die nacheinander durchströmt werden. Die Kühlzylinder haben Rotoren mit in Längsrichtung sitzenden Messern, welche die Masse laufend von der gekühlten Zylinderwand abschaben. Die Kristallisatoren haben Rotoren, welche die Masse dauernd kneten und fließfähig halten.

Die Kühlzylinder werden von außen gekühlt, wodurch dem Produkt laufend fühlbare, Kristallisations- und Reibungswärme entzogen wird. Die Masse kühlt zunächst schnell ab, während das Fett Kristallkeime bildet. Nach plötzlicher Erstarrung des Fettes wird unter fortwährender Kühlung und Bearbeitung durch die Rotoren bei einsetzender Fettkristallistion die feine Emulsion gebildet. Die zwischen- und nachgeschalteten Kristallisatoren mit ihrem größeren Volumen geben dem Fett Zeit zur Kristallisation. Im Verlaufe der Passage entsteht so die Margarine; sie verläßt den Schnellkühler nach einer Verweilzeit von ca. 2–5 Minuten mit einer Temperatur von ca. 12–18 °C (je nach Produkt und Durchsatz). Durch die permanente Bewegung ist sie noch pastös, aber fertig zum Abfüllen in Gefäße, in denen sie, zur Ruhe gekommen, schnell zu endgültiger Konsistenz aufsteift.

Margarine, die eingewickelt werden soll, muß zuvor aufsteifen. Sie passiert deshalb ein dem Schnellkühler direkt angeschlossenes Ruherohr, wo sie unter ständigem Vorschub ihre packfähige Konsistenz erreicht.

Steuerungsparameter des Schnellkühlers, Ruherohr, Fettkomposition und Zutaten bewirken zusammen die physischen Eigenschaften der Produkte und deren Unterschiede.

Vom Schnellkühler oder Ruherohr fließt die Margarine in geschlossener Leitung kontinuierlich und direkt der angeschlossenen Packmaschine zu. Hier folgt das Dosieren, Ausformen, Abfüllen und Verpacken in Einzelpackungen. Von diesen gibt es eine Vielzahl von Größen (von 10–2000 g), Formen (runde Becher, ovale Schalen, Würfel, Ziegel und Stangen im Wickler) und es gibt viele Verpackungsmaterialien (Kunststoff, Hartpapier, Pergament, Folien in vielerlei Kombinationen). Füllmengen und Gestaltung der Verpackung unterliegen den angegebenen Regelwerken (Tabelle 2, Nr. 1, 6, 7, 8, 11, 17).

Die Einzelpackungen werden im weiteren Verlauf maschinell in Sammelpackungen verpackt; das sind z. B. versandfertige Kartons von 3–12 kg Gewicht oder 6 kg-Trays als Modul von Angebotspaletten, oder Angebotspaletten, auf welchen die Einzelpackungen statt in Versandkartons in offenen Lagen übereinander gestapelt und dann mit Pappe oder Plastikfolie schützend ummantelt werden.

Versandkartons und Trays werden anschließend maschinell oder manuell auf Versandpaletten gestapelt, wobei die Tray-Paletten zum Schutz mit Folie ummantelt werden.

Die Leistung einer modernen Packlinie beträgt z. B. für 500 g Einzelpackungen 6–7 t/h, im Drei-Schichten-Betrieb 30–35 Tt/a. Entsprechend sind die davorliegenden Stufen ausgelegt.

Nach sehr kurzem Aufenthalt im Versandbereich gelangt die Margarine zuletzt über die Distribution in den Handel und zum Verbraucher.

3 Literatur

1. Haighton AJ (1959) The Measurement of the Hardness of Margarine and Fats with Cone Penetrometers. Journal of the American Oil Chemists Society 36:345–347
2. Heimann W (1969) Handbuch der Lebensmittelchemie Bd. IV: Fette und Lipoide. Springer, Berlin Heidelberg New York
3. Karstedt C von (1979) Dosier- und Mischtechnik in der Fettindustrie. Fette, Seifen, Anstrichmittel 81:65–70
4. Krämer J (1987) Lebensmittel-Mikrobiologie. Ulmer, Stuttgart
5. Kroll S (1978) Margarine und Backfette. In: Ullmanns Encyklopädie der Technischen Chemie, 4. Aufl., Bd. 16, S. 481–498, Verlag Chemie, Weinheim New York
6. van Stuyvenberg JH (1969) Margarine, an economic, social and scientific history. Liverpool University Press, Liverpool
7. Turnberger D, Heinsohn F (1979) Verbesserung von Qualität und Wirtschaftlichkeit durch Dosierpumpen in der Öl- und Fett-verarbeitenden Industrie. Fette, Seifen, Anstrichmittel 81:31–38
8. Zschaler R (1977) Haltbarkeit von pasteurisierten und chemisch konservierten Lebensmitteln. In: Mikrobiologische Aspekte der Haltbarkeit von Lebensmitteln. Schriftenreihe Schweizerische Gesellschaft für Lebensmittelhygiene 7:34–37

3 Getreide und Getreideerzeugnisse

3.1 Müllerei-Technologie

H. Bolling, Detmold

Getreide bedarf, wie viele der pflanzlichen Lebensmittel, einer weitgehenden technischen Verarbeitung, um die zellulosehaltige Frucht- und Samenschale von dem Endosperm abzutrennen. Haupterzeugnis der Müllerei ist das Mehl. Im lebensmittelchemischen Sinne wird darunter das im Mahlprozeß von der Frucht- und Samenschale, des Keimlings und von der Aleuronschicht befreite und zu einem Pulver verschiedenen Feinheitsgrades zerkleinerte Erzeugnis aus Getreidefrüchten verstanden. Es besteht im wesentlichen aus dem Endosperm. Bei der Vermahlung werden Frucht- und Samenschale, Keimling sowie Teile der Aleuronschicht als Kleie abgetrennt. Neben dem eigentlichen Brotgetreide – Weizen und Roggen – werden auch Gerste, Hafer, Reis und Mais sowie Leguminosen auf Mehl verarbeitet. Je nach dem Verwendungszweck und der Mahlführung unterscheidet man Vollkornmehle und -schrote, bei denen das ganze Getreidekorn verarbeitet wurde und Mehle verschiedenen Ausmahlungsgrades, bei denen die Kleie mehr oder minder weitgehend entfernt wird.

1 Reinigungsverfahren

Das heute durch Mähdrescher geerntete Getreide (Weizen, Roggen) besteht nicht nur aus ganzen, voll ausgebildeten Getreidekörnern, sondern enthält unterschiedlich hohe Anteile an Beimengungen wie Stroh, Ähren, Unkrautsamen, Steine, Sand, sowie Bruchkorn, Schmachtkorn und andere Verunreinigungen, die man insgesamt mit Besatz bezeichnet. Der Besatz ist zum Teil gesundheitsschädlich, und er wirkt sich auch nachteilig auf die Mahl- und Backfähigkeit aus. Er muß daher vor der Vermahlung des Getreides entfernt werden.

Im Verarbeitungsprozeß vom Korn zum Mehl ist die Reinigung und Vorbereitung des Getreides der erste technologische Prozeß. Er umfaßt die Verfahrensschritte Schwarzreinigung, Vorbereitung und Weißreinigung.

Unter Schwarzreinigung versteht man die Abtrennung von sehr groben Verunreinigungen wie Stroh, Erdklumpen, Steine und Metall, auch Schrumpfkorn, Bruchkorn, Unkrautsämereien, Getreideschädlinge und durch Schädlinge angefressene Körner aus dem Getreide. Noch verwertbare Verunreinigungen wie z. B. Schrumpfkorn und feiner Bruch, werden zu Futterschrot verarbeitet.

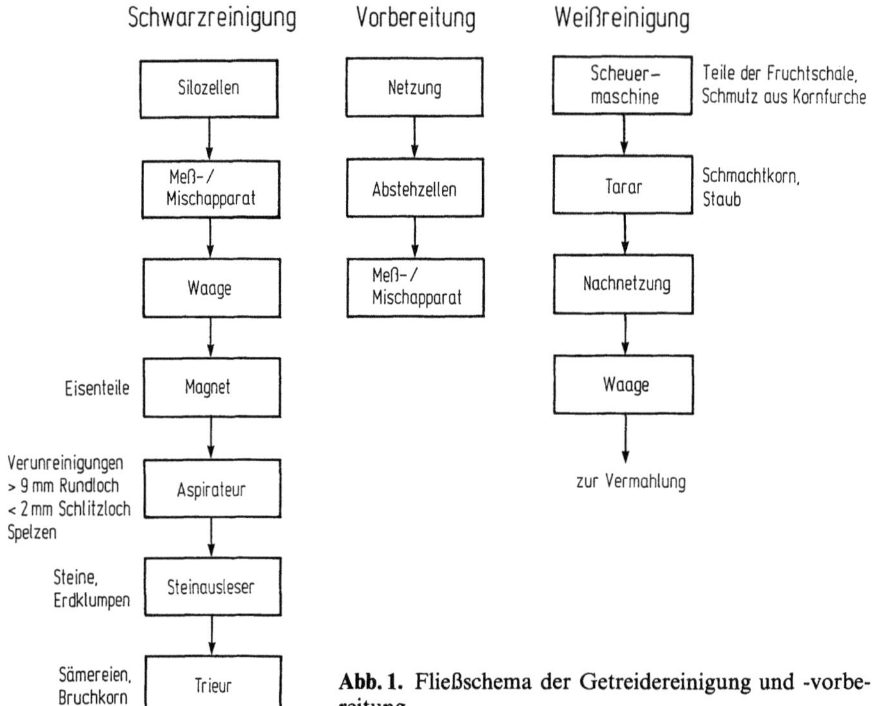

Abb. 1. Fließschema der Getreidereinigung und -vorbereitung

Der Bereich der Vorbereitung, auch Konditionierung genannt, umfaßt den kombinierten Einfluß von Feuchte, Wärme und Zeit. Dadurch können die mahl- und backtechnischen Eigenschaften des Korns verbessert werden.
Die Weißreinigung schließt Maschinen ein, die die Kornoberfläche von Schmutz, Staub, Schimmelpilzen, Bakterien und Schadstoffen reinigen. Die in einer Mühlenreinigung eingesetzen Reinigungsmaschinen arbeiten nach sehr unterschiedlichen Trennverfahren, die die physikalischen Eigenschaften des Getreides und die seiner Verunreinigungen berücksichtigen. Die Maschinen trennen durch Siebe (Rundloch- und Schlitzlochsiebe) Zellen bzw. Taschen (gestanzte Vertiefungen in einem Blechzylinder), Luft und Magnete. In Plan-, Wurf- und Trommelsieben wird die Abtrennung von Verunreinigungen aus dem Geteide durch Siebe und Luft vorgenommen. Der Transport der Produkte erfolgt in mechanischen und pneumatischen Fördersystemen.

1.1 Schwarzreinigung

1.1.1 Aspirateur

Zu den wichtigsten Reinigungsmaschinen zählt u. a. der Aspirateur, der bei der Getreideannahme zur intensiven Vorreinigung als Mähdruschreiniger und in der Mühlenreinigung mit kleinerer Leistung als Mühlenaspirateur eingesetzt

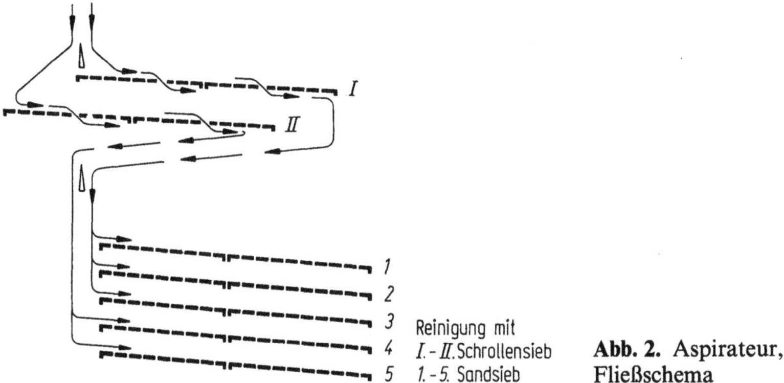

Abb. 2. Aspirateur, Fließschema

wird. Er trennt Verunreinigungen aus dem Getreide durch Siebe und Luft. Die Siebe, Schrollen- und Sandsiebe, sind in einem Siebkasten verankert, der über einen freischwingenden Antrieb in eine kreisende Bewegung gebracht wird.

Unter Schrollensiebe, die im oberen Teil der Maschine zu Beginn der Reinigung eingelegt sind, versteht man Vorsiebe mit einer Rundlochung von ca. 7–9 mm. Durch diese Siebe sollen grobe Verunreinigungen, die man auch mit Schrollen bezeichnet, abgetrennt werden. Die Schlitzlochgröße der Sandsiebe richtet sich nach der Kornlänge und -breite und beträgt bei der Reinigung von Weizen z. B. 2,2 × 25 mm.

Das zu reinigende Getreide läuft über eine Speisewalze und Strömungsprofilrostbrücke, wird auf verschiedene Schrollen- und Sandsiebe geführt und auf diesem Weg von Luft durchspült. Die mit Spelzen, Schalen und feinem Staub angereicherte Luft wird in einem Expansionsraum oberhalb der Siebe und in einem dem Lüfter nachgeschalteten Abscheider zunächst von den größeren Spelzen und Schalenteilchen befreit und der feine Staub in einem Reinigungsfilter abgeschieden.

1.1.2 Steinausleser

Die Kriterien für die Abtrennung von Steinen aus dem Getreide sind vorwiegend Dichte und Korngröße. In einem Steinausleser wird das zu reinigende Getreide über eine Speisevorrichtung gleichmäßig auf eine schwingende Siebfläche verteilt.

Die Siebfläche befindet sich in einem geschlossenen Gehäuse und durch Saugluft wird zwischen den Getreidekörnern und dem Sieb ein Luftpolster gebildet. Auf diesem Luftpolster gleiten die oben schwebenden Getreidekörner der tiefer liegenden Siebfläche zu, während die spezifisch schwereren Steine auf dem Sieb verbleiben und durch Wurfbewegungen dem oberen Siebende zugeführt werden. Die Kornauslese kann beeinflußt werden durch Guteinspeisung, Luftgeschwindigkeit, Siebbewegung und Tischneigung.

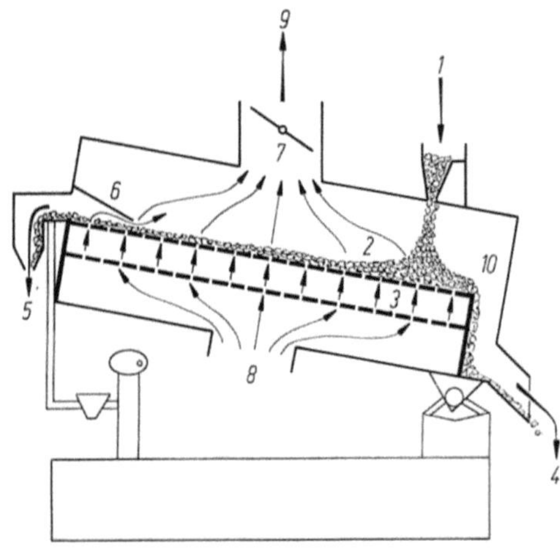

Abb. 3. Trockensteinausleger – Bühler. *1* Getreideeinlauf, *2* Siebboden, *3* gelochter Luftanströmboden, *4* Getreideauslauf, *5* Steinauslauf, *6* Luftumlenkklappe, *7* Einstellung der Luftgeschwindigkeit, *8* Luftansaugöffnung, *9* Luftabgang zum Lüfter, *10* Staukante

1.1.3 Trieur

Rundkornsämereien und Bruchkörner, die nicht durch Siebe im Aspirateur abgetrennt worden sind, können durch Zellen bzw. Taschen in einem Trieur ausgelesen werden.

Der Auslesegrad wird von der Kornlänge und der Kornform beeinflußt. Das Getreide läuft in einem Rundkorntrieur über das Innere einer sich drehenden Blechtrommel, in der sich runde Vertiefungen, die Zellen des Trieurs, befinden. Die Blechtrommel bezeichnet man als den Trieurmantel. Die Trieurzellen sind so bemessen, daß sich die runden Unkrautsamen in sie hineinlegen. Mit dem sich drehenden Mantel werden die in den Zellen liegenden Unkrautsämereien und Bruchkörner hochgehoben, bis sie keinen Halt mehr in der Zelle finden und herausrollen. Sie fallen in eine im Inneren des Trieurs angebrachte Mulde, in der sie von einer Schnecke zum Auslauf gefördert werden. Der Rundkorntrieur liefert zwei Abstöße, ein Muldenprodukt – Rundkornsämereien und

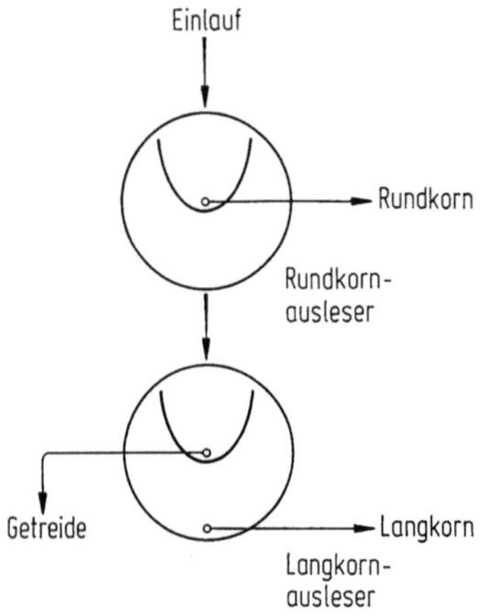

Abb. 4. Trieur. Fließschema – Rundkorn- und Langkornausleser

Bruchkorn – und ein Mantelprodukt – Getreidekörner und Langkorn – z. B. Hafer.
In einem Langkorntrieur, der dem Rundkornausleser nachgeschaltet werden kann, werden längliche Getreidekörner, wie z. B. Hafer aus Weizen, ausgelesen. Längliche Getreidekörner, die sich mit der Spitze in die Zellen stellen, kippen infolge des Übergewichtes der aus der Trieurzelle herausragenden Kornhälfte schon vorher in den Mantel zurück und verlassen ihn am Auslaufende. In diesem Trieur sind die Zellen in der Größe und Form so gestaltet, daß die Getreidekörner das Muldenprodukt und die z. B. wesentlich längeren Haferkörner das Mantelprodukt bilden.

1.2 Getreidevorbereitung

Mit der Getreidevorbereitung bzw. Konditionierung wird das Ziel verfolgt, das Getreidekorn durch Feuchtigkeit, Wärme und Zeit in seinen physikalisch-chemischen Korneigenschaften so zu verändern, daß bei der Vermahlung Fraktionen mit unterschiedlichen ernährungsphysiologischen und backtechnischen Eigenschaften erzielt werden können. Trockenes, lagerfähiges Getreide mit einem Feuchtigkeitsgehalt von z. B. 14 % läßt sich durch Vermahlung nicht in verschiedene Fraktionen zerlegen. Die trockene, spröde Schale würde nach der Vermahlung in der Korngrößenverteilung sehr dem anfallenden Mehl ähneln, so daß eine Trennung durch Siebe nach Korngröße nicht durchgeführt werden kann. Deshalb muß Weizen und Roggen vor der Vermahlung einer gezielten Benetzung mit Wasser unterworfen werden. Bei diesem Vorgang verändern sich die Korneigenschaften. Die Kornschale wird ein elastisch-plastischer Körper und läßt sich leichter vom ebenfalls durch Feuchtigkeit gelockerten Mehlkörper trennen. Die Vorbereitung erstreckt sich heute nur noch auf die Prozeßparameter „Feuchtigkeit" und „Abstehzeit".
Bei der Benetzung des Getreides mit Wasser in speziellen Mischschnecken strebt man zunächst eine gleichmäßige Verteilung des Wassers auf jedes einzelne Korn an. Dabei tritt eine Strukturumwandlung und ein beschleunigter Transport des Wassers ins Korninnere ein. Dieser Vorgang hängt vom Ausgangsfeuchtigkeitsgehalt des Getreides, der Getreidetemperatur, der Korngröße, den Eigenschaften des Endosperms und der Schale ab. In der kommerziellen Müllerei berücksichtigt man bei der Weizenvorbereitung die Prozeßparameter Feuchtigkeit, Korntemperatur und Kornhärte. In der Struktur härtere Weizen werden im allgemeinen auf Vermahlungsfeuchtigkeiten von 17–18 %, weichere auf 15–16 % genetzt. Die Abstehzeit harter Weizen beträgt bis zur Vermahlung 12–24 Stunden und bei weicheren Weizen 6–12 Stunden (Bemerkung: Korntemperatur ca. 15–20 °C = kurze Abstehzeit, Korntemperatur ca. 5–10 °C = lange Abstehzeit). Da sich eine für die Vermahlung bestimmte Weizenmischung aus diesen beiden Weizengruppen zusammensetzt, liegt die Vermahlungsfeuchtigkeit im Mittel bei 16,5 %.
Roggen ist von Natur aus in den Korneigenschaften zäh, und weil dieses Verhalten durch den Zusatz von Netzwasser durch die besonders hohe Wasserbindung der Schleimstoffe noch verstärkt wird, netzt man Roggen auf

15–16% Feuchtigkeit und läßt ihn bis zur Vermahlung auch nur ca. 3–5 Stunden abstehen.

Eine Erwärmung des Getreides beschleunigt die Feuchteaufnahme und den Feuchtetransport. Dennoch wird in der heutigen Müllerei aus wirtschaftlichen Gründen auf diesen Prozeß verzichtet.

1.3 Weißreinigung

1.3.1 Oberflächenreinigung des Korns

Durch die Vorbereitung des Getreides ist das Schalengefüge gelockert. In Scheuer- oder Schälmaschinen reiben die Körner aneinander bzw. an rauhen Schmirgel- oder Stahlflächen, wobei Teile der Fruchtschale, aber auch Schmutz und andere nicht erwünschte Verunreinigungen gelöst werden.

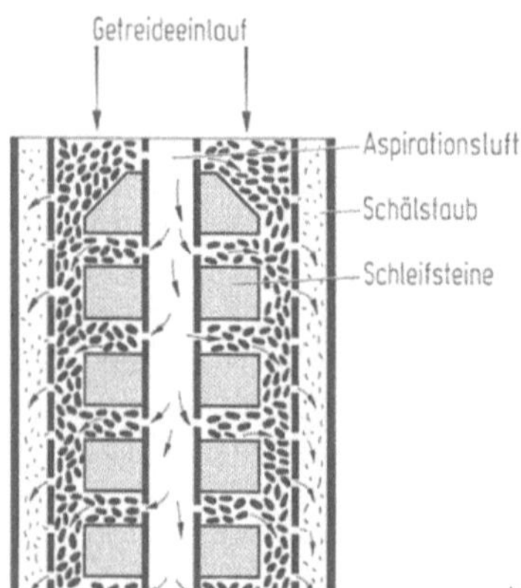

Abb. 5. Schematischer Querschnitt einer Schälmaschine

In Abb. 5 wird eine vertikale Schälmaschine, deren Rotor aus mehreren Schleifringen besteht und der von einem Siebmantel mit Schlitzlochung umgeben ist, vorgestellt. Die gelösten Schalen werden mit der Aspirationsluft durch den zylindrischen Schlitzlochmantel gesaugt.

1.3.2 Tarar

Da in Scheuer- bzw. Schälmaschinen durch die Aspirationsluft nur ein Teil der gelösten Schalen entfernt werden kann, muß ein Tarar nachgeschaltet werden. Die Arbeitsweise und Konstruktion des Tarars ist einer Kaskade ähnlich, bei der das zu reinigende Gut kaskadenartig über schrägstehende, verstellbare Wände läuft und dabei von einem Luftstrom durchstrichen wird. In diesem Gerät wird das Produkt über einen Schwingförderer in den Aspirationskanal (Steigsichter) gespeist. Die Rückwand ist zur Regulierung des Saugluftstromes verstellbar. Die Separierung der vom Luftstrom mitgenommenen Schalen- und Staubteile erfolgt in einer Abscheidekammer.

1.4 Aspirationsanlage

Die Absaugung von Staub aus Reinigungsmaschinen, Behältern, Waagen, Transportsystemen und dergl. wird über eine Aspirationsanlage vorgenommen. Sie besteht aus einem Rohrleitungssystem, Staubabscheider, Lüfter und Gewebefilter. Während in einem Abscheider schalenartige Fraktionen anfallen, können Feinstaubanteile in Gewebefiltern von der Luft abgeschieden werden.
Die Reihenschaltung Abscheider, Filter verringert die Belastung des Filters. Nach der TA-Luft (= Technische Anleitung zur Reinhaltung der Luft; diese Vorschrift enthält Angaben über die zulässigen Emissionswerte für verschiedene Staubquellen und Staubarten) darf der Staubanteil von 50 mg/m^3 Luft nicht überschritten werden [3].

2 Trockenvermahlung

Die Aufgabe der Vermahlung von Brotgetreide besteht in der Herstellung von Mahlerzeugnissen mit unterschiedlichen ernährungsphysiologischen und backtechnologischen Eigenschaften. Mahlverfahren sind daher nicht nur Zerkleinerungsverfahren, sondern zielen durch den selektiven Aufschluß des Korns, bei dem zuerst die Teile des Endosperms gewonnen werden, auf eine Trennung der Kornteile Endosperm, Schale und Keimling hin. Nach jedem Zerkleinerungsvorgang gewinnt man ein Produktengemisch, welches nach Korngröße durch Siebe aufgeteilt wird. Die Trenngrenzen (sie liegen bei der Vermahlung von Weizen und Roggen im allgemeinen zwischen 100 μm und 1200 μm) verschieben sich in den einzelnen Prozeßstufen in Abhängigkeit von der Beschaffenheit des Aufgabegutes.
In einer Vermahlungsanlage unterscheidet man folgende Prozeßstufen

Schroten:
Aufbrechen des Korns in ca. 5 Passagen (Zerkleinern und Sieben); Grieße, Dunste und Mehle werden aus verschiedenen Kornbereichen nach Korngröße gezogen.

Putzen:
Reinigen der von den Schrotungen kommenden Grieße und Dunste durch Grieß- bzw. Dunstputzmaschinen (es fällt Speisegrieß oder Speisedunst an).

Auflösungen:
Auflösen der Grieße auf Glattwalzen zu Dunst und Mehl (es kann sich um gereinigten oder ungereinigten Grieß handeln).

Mahlen:
Dunste werden zu Mehl vermahlen.

In den Schrotpassagen werden bei der Vermahlung von Weizen durch geriffelte Walzen vorwiegend Grieße und Dunste sowie geringe Anteile an Mehl erzeugt. Die schalenreichen Grieß- und Dunstprodukte können auf Grießputzmaschi-

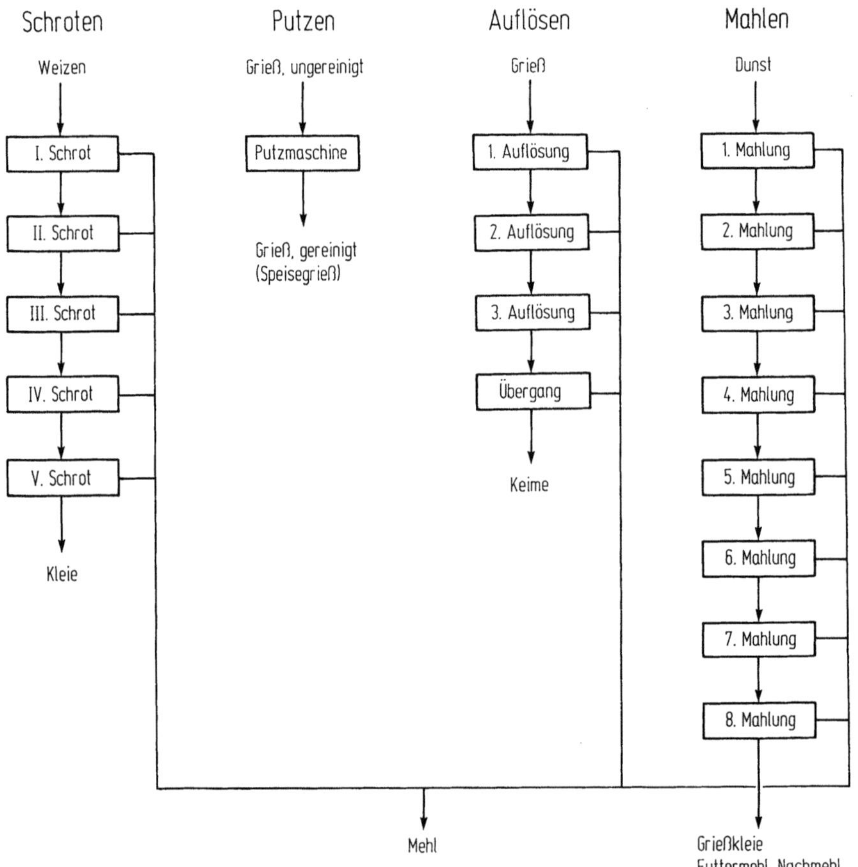

Abb. 6. Fließschema der Getreidevermahlung

nen gereinigt, als Speisegrieß und Speisedunst abgezogen werden oder auch direkt den Auflösungen bzw. Mahlungen zufließen.

Die Auflösung der Grieße bzw. Vermahlung der Dunste erfolgt in Weizenmühlen auf Glattwalzen und in Roggenmühlen auf Riffelwalzen (Anmerkung: Grieße und Dunste aus Roggen sind pentosanreich und daher in der Struktur außerordentlich zäh).

In der Weizenmüllerei werden die Fraktionen, in denen der Keimling besonders stark angereichert ist (Abstöße der Grießputzmaschine, Abstöße aus den Passagen der Auflösungen und Mahlungen), im Übergang zusammengeführt, durch Glattwalzen zu einem flockenartigen Produkt gepreßt und der flachgedrückte, großflockige Keimling über Siebe von ca. 1150 µm gewonnen. (Anteil: ca. 0,3%). Dunste, die in den Auflösungen anfallen, werden mit den Dunsten der Schrotungen zusammen den Mahlungen zugeführt und stufenweise zu Mehl vermahlen.

Während nach den Schrotpassagen die grobe, flockenartige Weizenschale anfällt, die man als Kleie bezeichnet, werden nach den Mahlungen die Endpro-

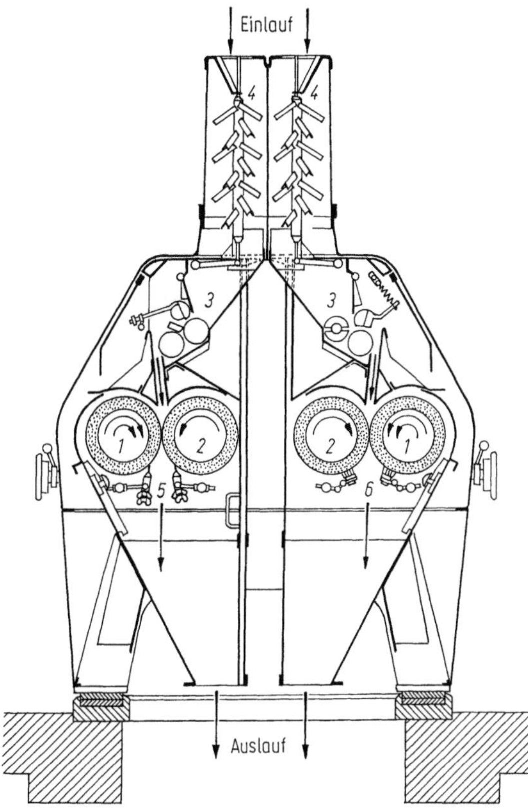

Abb. 7. Doppelwalzenstuhl – Bühler. *1* Schnellaufende Walze, *2* Langsamlaufende Walze, *3* Speisewalzen, *4* Impulsgeber für Mahlgutzufuhr, *5* Messerabstreifer, *6* Bürstenabstreifer

dukte Grießkleie, Futtermehl und Nachmehl gezogen. Die Nachprodukte unterscheiden sich sowohl in der Korngrößenverteilung als auch in den Inhaltsstoffen, wie z. B. Stärke-, Rohfaser- und Aschegehalt [2].

2.1 Walzenstuhl

Die z. Zt. technisch und ökonomisch günstigste Methode der selektiven Zerkleinerung von Weizen und Roggen ist die der Zerkleinerung mit Walzen in einem Walzenstuhl.

Während bei der Vermahlung von Roggen ausschließlich Riffelwalzen mit den Beanspruchungsmechanismen Schneid-, Druck-, Scher- bzw. Druck-, Scher-, Schneidwirkung das Getreide sowie Grieße und Dunste zerkleinern, werden bei der Weizenvermahlung nur in den Schrotpassagen Riffelwalzen eingesetzt. Die Auflösung der Grieße und Vermahlung der Dunste aus Weizen erfolgt durch Druck-Scher-Beanspruchung mit Glattwalzen.

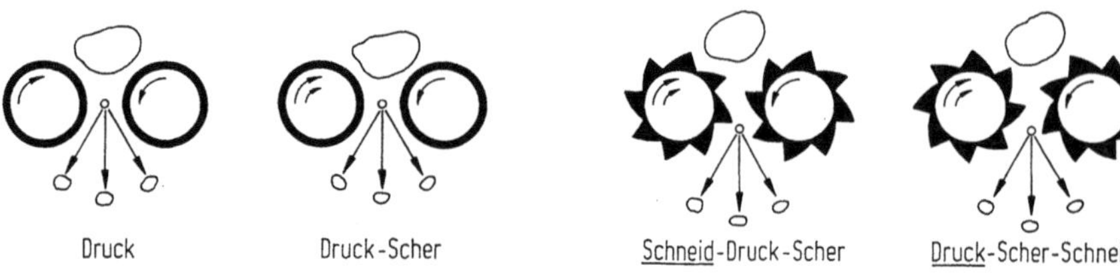

Abb. 8. Zerkleinerung durch Walzen

Die Druckbeanspruchung im Walzenstuhl wird beim Quetschen oder Vorbrechen von Roggen eingesetzt.

Die Gutbeanspruchung in Prallmühlen ist im physikalischen Sinne ein Stoßvorgang, bei dem Stoßarten wie gerader Stoß, schiefer Stoß oder exzentrischer Stoß auftreten können.

Prallmühlen werden in der Weizenmüllerei nur zur Unterstützung der Mahlarbeit der Glattwalzen eingesetzt. In der Roggenvermahlung wird dagegen auch die Prallvermahlung als Selbstpassage oder aber zur Unterstützung der Mahlarbeit der Walzenstühle verwendet. Schlagmühlen finden bei der Vollkornschrotherstellung Anwendung.

Das Mahlergebnis hängt beim Einsatz von Riffelwalzen zum größten Teil von der Wahl der richtigen Riffel für das betreffende Zwischenprodukt ab. Die Riffelung ist gekennzeichnet durch die Anzahl der Riffeln je cm und durch die Tiefe der Riffeln, die sich aus dem Schneid- und dem Rückenwinkel ergibt. Riffeln mit kleinen Winkeln und großer Tiefe erzeugen mehr Grieße, Riffeln mit großen Riffelwinkeln, also Flachriffeln, arbeiten mehr auf Mehl, gleiche Riffelzahl und gleicher Drall vorausgesetzt. Unter Drall versteht man die Abweichung der Riffel von der Walzenachse. Für das Einlegen der Walzen ergeben sich hinsichtlich der Riffelstellung vier Möglichkeiten: Schneide gegen Schneide, Schneide gegen Rücken, Rücken gegen Schneide und Rücken gegen Rücken. Die am häufigsten bei der Vermahlung von Weizen und Roggen verwendete Riffelstellung ist Rücken gegen Rücken. Der Zerkleinerungsvorgang hängt ferner von den Einzugsbedingungen des Mahlgutes in den Mahlspalt und der Länge der Mahlzone ab, die vom Walzendurchmesser (250 mm) bestimmt wird; ferner vom Mahlspalt, dem Abstand zwischen den Walzen, der Voreilung (Weizen: 1:2,5; Roggen: 1:3) und dem Mahlgutdurchsatz.

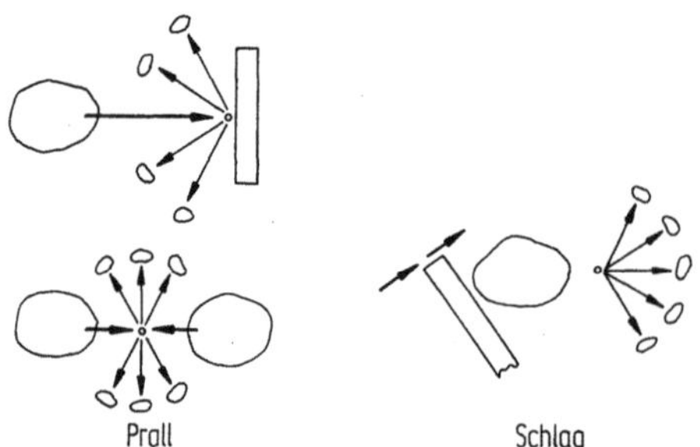

Abb. 9. Gutbeanspruchung durch Prall und Schlag

Glattwalzen sollen eine gewisse Rauhtiefe aufweisen, um Grieße und Dunste durch Druck- und Scherwirkung auflösen zu können (Voreilung 1:1,25).

2.2 Plansichter

Nach jeder Zerkleinerung erfolgt eine Trennung der Produkte nach Korngröße, aber auch nach Dichte durch Siebe in einem Plansichter. Die Siebe sind in einem kastenartigen Behälter durch Kanäle, in denen das zu siebende Mahlgut zu- und abgeführt wird, verschraubt. Mehrere dieser kastenartigen Behälter bilden einen Plansichter, der eine in der Waagerechten kreisende Bewegung ausführt. Die Bewegung der Siebe wird ungefähr in der Ebene der Siebfläche und damit senkrecht zur Durchgangsrichtung des Siebgutes ausgeführt; dadurch kommt es bereits auf den Sieben zu einer Schichtung und Trennung des aufgegebenen Gutes. Die kleinen Teile, wie z. B. Mehl mit der größeren Dichte, bilden die untere Gutschicht, die größeren Teile, z. B. Schalen mit der kleineren Dichte, gelangen an die Oberfläche. Die Korngröße der abgesiebten Produkte wird durch die Maschenweite der Siebe bestimmt. Von der richtigen Wahl der Bespannung (Maschenweite in μm) hängt im wesentlichen die Korngröße und -qualität der Zwischenprodukte und des Mehles ab. Die Bespannung muß stets dem Vermahlungsablauf angepaßt sein.

In einem Plansichter können nach der Zerkleinerung mit Riffelwalzen am Beispiel des I. Schrotes folgende Fraktionen gewonnen werden:

Übergang (Übg.) – Vorsiebe – V	1000 μm
Grober Grieß (gr. Gr.) – Grießsiebe – G	600–1000 μm
Feiner + mittlerer Grieß (f. Gr.) –	300– 600 μm
Dunst (Du) Dunstsiebe – D	180– 300 μm
Mehl, Mehlsiebe – M	180 μ

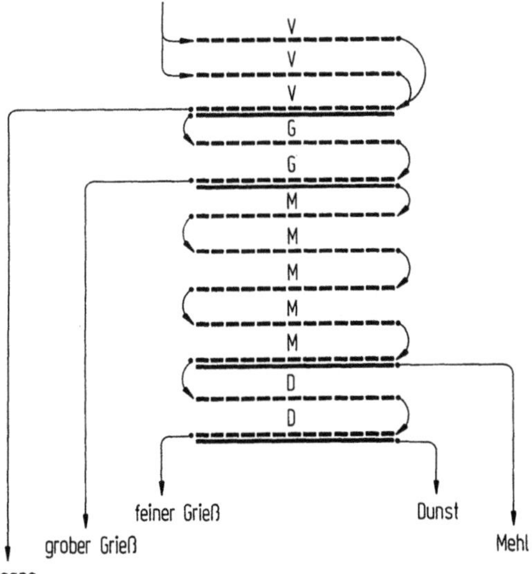

Abb. 10. Plansichterschema

Während Siebgewebe mit großer Maschenweite über 1000 µm vorwiegend aus Metalldrähten bestehen, sind alle anderen Siebgewebe aus Kunststoffen gefertigt.

2.3 Grießputzmaschine

Grießputzmaschinen werden in Weizenmühlen heute nur noch dann eingesetzt, wenn Speisegrieße oder Dunste gezogen werden sollen. Grieße oder Dunste unterschiedlicher Korngröße der Zerkleinerungsstufen des I. und II. Schrotes werden in Grießputzmaschinen über mehrere hintereinanderliegende Siebe geführt und dabei von einem Lufststrom durchströmt. Die Teilchen, deren Schwebegeschwindigkeit kleiner als die Luftgeschwindigkeit ist, also die Schalenteilchen, werden von der Luft mit nach oben genommen, während die Teilchen, deren Schwebegeschwindigkeit größer als die Luftgeschwindigkeit ist, also die Grieße, durch die Siebe fallen.

2.4 Mahlerzeugnisse

Bei der Vermahlung von Weizen und Roggen können Mahlerzeugnisse wie Mehle unterschiedlich hoher Ausbeute bis zum Vollkornmehl, aber auch Dunste, Grieße, Keime, Schrote, Flocken, Speisekleien u. a. hergestellt werden. Die Kennzeichnung der Getreidemahlerzeugnisse ist in einer Durchführungsverordnung zum Getreidegesetz geregelt [1]. Mehle werden in dieser Verordnung nach dem Aschegehalt in Typen eingeteilt. Die Typisierung der Mehle nach Asche beruht auf der Erkenntnis, daß der Aschegehalt des Mehlkernes sehr niedrig, der der Aleuronschicht, der Samenhaut, der äußeren Schalenschichten und des Keimlings wesentlich höher ist. Je mehr also das Mehl infolge höherer Ausmahlung mit letzteren Bestandteilen angereichert ist, um so aschenreicher ist es. In einer Mühle fallen bei einer Gesamtmehlausbeute von ca. 78–80% an weiteren Produkten an: ca. 1–2% Nachmehl, ca. 4% Futtermehl, 4% Grießkleie und ca. 10–12% grobe Kleie.

3 Literatur

1. Siebzehnte Durchführungsverordnung zum Getreidegesetz (Mahlerzeugnisse aus Getreide, Bundesblatt Teil I) Jahrgang 1982
2. Futtermittelverordnung vom 16.6.1976, Bundesgesetzblatt, Teil 1/1 090
3. TA-Luft: TA-Luft = Technische Anleitung zur Reinhaltung der Luft II, 24, S 28–29. – Bundes-Immissionsschutzgesetz
4. TA-Lärm: TA-Lärm = Technische Anleitung zum Schutz gegen Lärm II, 25, S 1–21. – Bundes-Immissionsschutzgesetz

Handbücher

Gerecke KH (1986) Vademekum. 1. Reinigung, Vorbereitung, Trocknung und Kühlung, Aspiration, Vermahlung. 2. Mahlverfahren, Mischen, Wiegen. 3. Fördertechnik. Verlag Moritz Schäfer, Detmold
Schäfer W, Flechsig J (1986) Das Getreide. 5. Aufl. Alfred Strothe Verlag, Hannover

3.2 Brot- und Kleingebäckherstellung [1]

J.-M. Brümmer, Detmold

1 Definition

Brot und Kleingebäck werden in der Bundesrepublik Deutschland gleich definiert. Kleingebäck unterscheidet sich vom Brot in der Regel nicht durch seine Bestandteile, sondern durch Größe, Form oder Gewicht (Seibel et al., 1985).

2 Brot- und Kleingebäcksorten

Deutschland gilt als das brotreichste Land der Welt. Durch die Verwendung verschiedener Getreideerzeugnisse, in der Hauptsache Roggen und Weizen, weiter durch vielfältige Führungsarten, Formgebungen und Backverfahren ergeben sich unzählige Variationsmöglichkeiten.

Der Pro-Kopf-Verzehr von Brot und Kleingebäck beträgt z. Zt. etwa 76 kg pro Jahr; das entspricht etwa 210 g pro Tag. Für die einzelnen Brot- und Kleingebäcksorten gibt Steller (1982) etwa folgende Verteilung: Kleingebäck 15%, Weizenbrote 15%, Weizenmischbrote 20%, Roggenmischbrote 25%, Roggenbrote 5%, Roggenschrotbrote 20%. Der Begriff „Kleingebäck" umfaßt alle Sorten. Der überwiegende Teil der Kleingebäcke wird jedoch nur aus Weizenmehlen hergestellt. Weizen- und Roggenbrote sind solche, die die namengebende Getreideart zumindest zu 90% rezepturmäßig enthalten. Weizenbrote sind sowohl Weißbrot (einschl. Toastbrot) als auch Weizenbackschrot- und Vollkornbrote. Dies gilt sinngemäß auch für Roggenbrote. Die Mischbrote enthalten mehr als 50%, aber weniger als 90% der namengebenden Getreideart (Seibel et al., 1985).

Eine große Bedeutung haben noch Spezialbrote, die aber stets einer der vorgenannten vier Brot- oder entsprechenden Kleingebäcksorten zuzuordnen sind. Eine Aufstellung der Spezialbrote findet sich bei Seibel et al. (1985).

Unser Brotsortiment weist eine Vielzahl von Varianten auf, was sich z. B. auf den Genußwert, Nährwert (Brennwert) und Gebrauchswert auswirkt. Roggenund Schrotbrote bieten die besten Voraussetzungen für einen hohen Genußwert, und gleichzeitig weisen diese Brote meist die geringsten Brennwerte auf;

---

[1] Nr. 5576 der Veröffentlichungen der Bundesforschungsanstalt für Getreide- und Kartoffelverarbeitung, Detmold.

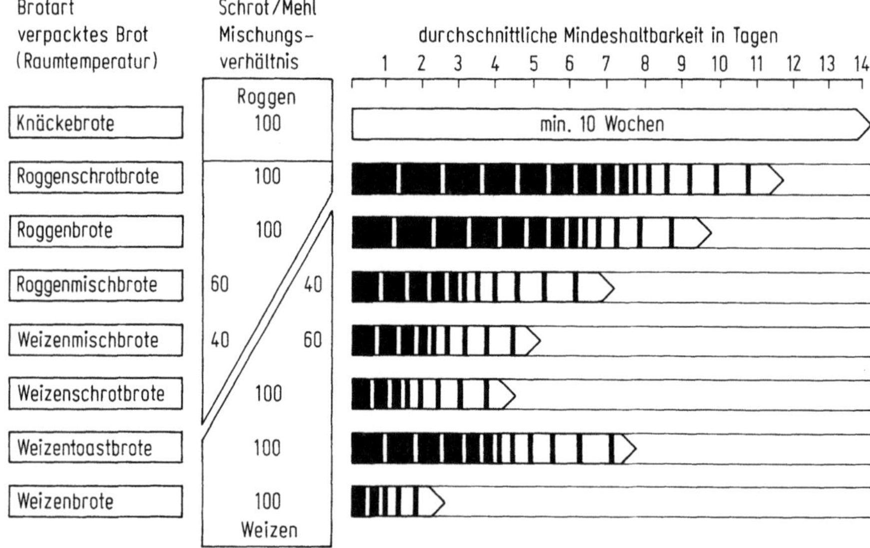

Abb. 1. Durchschnittliche Mindesthaltbarkeit bei verpackten Brotsorten

Weizentoastbrot, einige Spezialbrote und Knäckebrot haben die höchsten Brennwerte.

Zum Gebrauchswert zählt auch die sog. Mindesthaltbarkeit. In Abb. 1 ist die Mindesthaltbarkeit von Brot übersichtsweise wiedergegeben. Es zeigt sich, daß besonders durch die Verwendung von Roggenschrot lange frischbleibende Brotsorten erzielt werden können. Weizentoastbrot ist insofern günstig, weil es aufgrund höherer Anteile an Fett und Zucker entsprechend gute Voraussetzungen mitbringt, besonders, wenn es unmittelbar vor dem Verzehr getoastet wird (Brümmer u. Seibel 1983).

3 Herstellung

Die Produktion der verschiedenen Brot- und Kleingebäcksorten ist übersichtsweise im Fließschema (Tabelle 1) dargestellt. Die einzelnen Herstellungsschritte gelten unabhängig von der Betriebsgröße und sind für die Weizen- und Roggenverarbeitung ähnlich. Einen Überblick über die Herstellungszeiten gibt Abb. 2.

3.1 Vorstufen

Es handelt sich hierbei um Mischungen von Mahlerzeugnissen und Wasser, die eine gewisse Zeit vor der eigentlichen Teigbereitung hergestellt werden, um so enzymatische und teigphysikalische Veränderungen zu erzielen (Brümmer u. Huber 1987). Werden diesen Ansätzen keine Mikroorganismen zugesetzt, so

Tabelle 1. Fließschema der Brot- und Kleingebäck-Herstellung

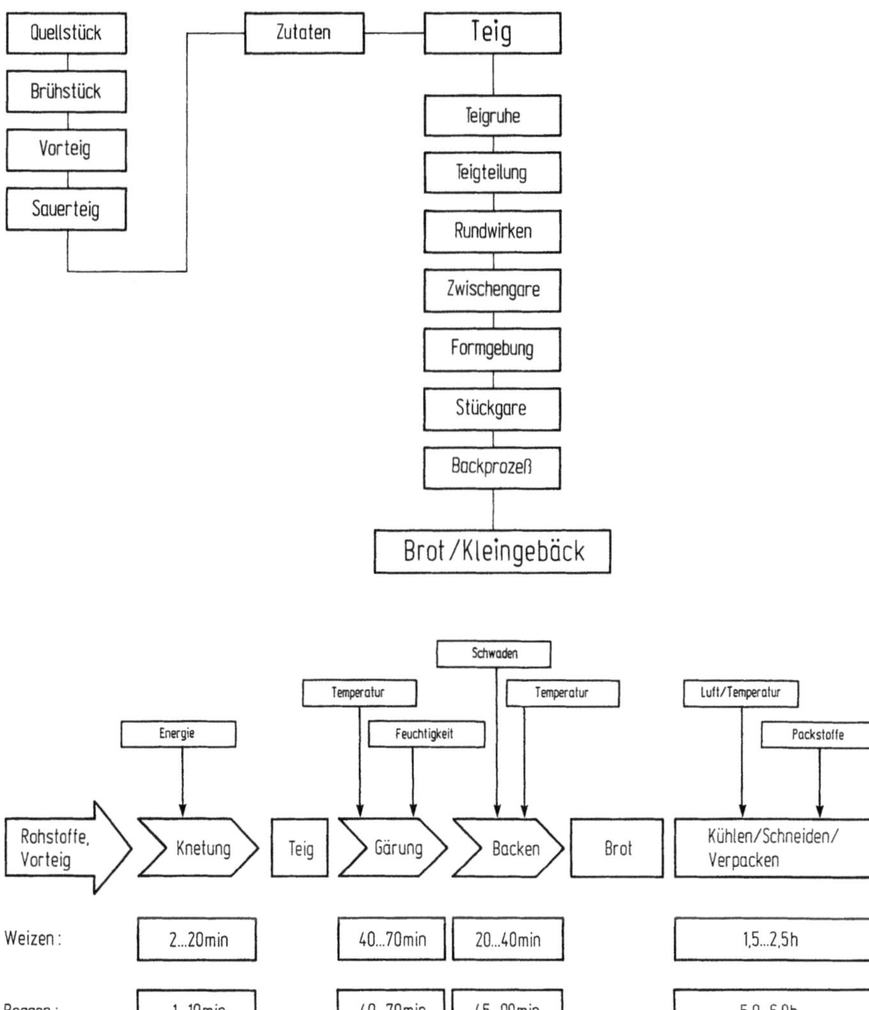

Abb. 2. Vergleichender Überblick über die Herstellung von Weizen- und Roggenbrot

dienen sie ausschließlich der Verquellung (Brüh- und Quellstücke). Bei Vorstufen mit Zusätzen, z. B. an Milchsäurebakterien oder Hefen, spricht man von Vorteigen (nur Hefezusatz) oder Sauerteigen, wo ein Zusatz von Milchsäurebakterien allein oder in Gesellschaft mit Hefen erfolgt ist (Abb. 3).
Die heute eingesetzten Sauerteigführungen sind sämtlich auf die sog. Dreistufen-Sauerteigführung zurückzuführen. Sie ist arbeitsaufwendig, ermöglicht jedoch eine in allen Punkten sehr gute Brotqualität. Der Dreistufen-Sauerteigführung liegt folgende Grundkonzeption zugrunde (Tabelle 2).

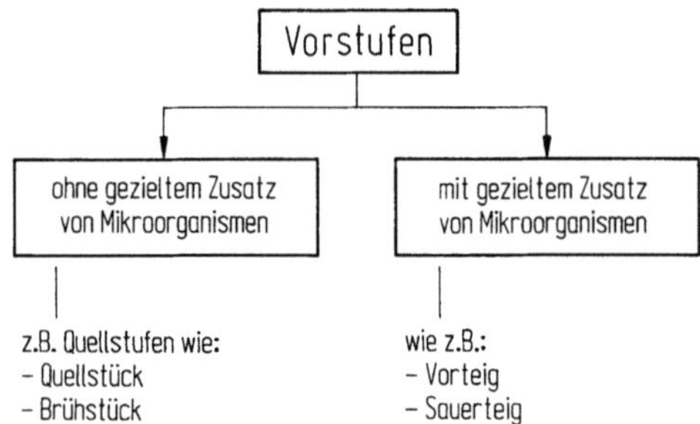

Abb. 3. Überblick über Vorstufen für die Brot- und Kleingebäckherstellung

Tabelle 2. Grundschema einer Dreistufen-Sauerteigführung

Sauerteigstufe	Anfrischsauer	Grundsauer	Vollsauer
Reifezeit, Std.	5–8	6–10	3–10
Temperatur, °C	25–26	23–28	25–32
Teigausbeute	200–220	150–165	180–200
Ziel	Hefeaktivierung, Aromaentwicklung	Säure- und Aromabildung	Optimierung der Gärleistung, Säure- und Aromabildung

Tabelle 3. Weizenvorteigführungen

Führungs-	Reifezeit Std.	Temperatur °C	Teigausbeute	Mehlanteil, % des Gesamtmehls	Hefeanteil % des Vorteigmehls	Backtechnische Auswirkung
kurz	0,5–1	25–28	150–160	50	6–10	Beschleunigung der Teigreife, bindige Krume
mittel	2–4	25–28	160–200	20–40	1–2	Hefeaktivierung, dehnbare, bindige Krume, Geschmacksabrundung
lang	12–20	22–25	150–160	10–20	0,1–0,2	bindige Krume, aromatischer Geschmack

Durch Variationen verschiedener Starter und der Zugabe von Backhefe zum Teig wurden vereinfachte Führungen möglich. So gibt es heute verschiedene Zwei- und Einstufen-Sauerteigführungen. Einen umfassenden Überblick geben Spicher und Stephan 1982. Durch Einsatz spezieller Sauerteigbereiter ist heute die Sauerteigherstellung bis zur vollständigen Automation möglich (Brümmer, 1987).

Vorteige mit Backhefezusatz werden überwiegend als Weizenvorteige eingesetzt. Über die wichtigsten Führungskriterien informiert Tabelle 3.

3.2 Zutaten

Unter diesem Begriff werden sämtliche Rezepturbestandteile erfaßt, die für die Herstellung der verschiedenen Brot- und Kleingebäcksorten dienen. In erster Linie zählen hierzu die Getreideerzeugnisse, die als Typenmehle, Backschrote oder Vollkornerzeugnisse eingesetzt werden können. Die wichtigsten Weizentypenmehle sind Type 405 (Konditorei), Type 550 (Brötchen- und Mischbrotherstellung) und die Type 1050 (Mischbrotherstellung). Bei den Roggentypenmehlen werden überwiegend die Typen 997 und 1150 und Roggenbackschrot oder Vollkornschrot eingesetzt. Die Bedeutung von Vollkornmahlerzeugnissen nimmt ständig zu; sie unterliegen keiner Typenregelung. Die Definition der Typen und Vollkornerzeugnisse ist im Getreidegesetz (17. Durchführungsverordnung) gegeben.

Die überwiegende Anzahl der weiteren Zutaten wird in Form von Backmitteln verwendet. Über die Backmittelbezeichnungen und Zusammensetzung informiert die einschlägige Literatur (Wassermann, 1984).

Von den in Backmitteln enthaltenen Lebensmitteln und Zusatzstoffen sind für die Roggenverarbeitung insbesondere Teigsäuerungsmittel zu erwähnen, da Brote mit Gehalten von etwa 25 und mehr Prozent Roggenanteilen im allgemeinen der Versäuerung bedürfen. Teigsäuerungsmittel werden anstelle von Sauerteig eingesetzt, verkürzen möglicherweise die Herstellungszeit, bieten aber bei enzymatisch aktiven bzw. inaktiven Mahlerzeugnissen nicht die gleichen backtechnischen Voraussetzungen für die Krumeneigenschaften wie Sauerteig. Darüber hinaus sind auch die Voraussetzungen für das Brotaroma bei der Verwendung von Sauerteig stets günstiger.

Bei fast allen Brotsorten mit längerer Mindesthaltbarkeit werden sog. Hydrokolloide verarbeitet. Sie sollen durch spezifische Wasserbindungen in der Teigphase sicherstellen, daß die während der Stärkeverkleisterung benötigten Feuchtigkeitsmengen vorhanden sind und darüber hinaus eine saftige, weiche und länger frischbleibende Backware ergeben (Brümmer u. Krebbers 1986).

Von den insgesamt nur wenig zugelassenen Zusatzstoffen für die Brotherstellung werden bei keiner Brotsorte alle erlaubten Mittel eingesetzt. Es erfolgt eine spezifische Auswahl, je nach Wirkungsweise in den Bereichen Weizen- und Weizenmischbroten einerseits sowie Roggen- und Roggenmischbroten andererseits.

3.3 Teigbereitung

Bei der Teigbereitung werden die Anteile der Vorstufen und die restlichen Rezepturbestandteile sowie das notwendige Schüttwasser zusammengegeben und durch Knetung vermengt. Über die einzelnen Knetbedingungen in Abhängigkeit von der Teigzusammensetzung informiert Tabelle 4.

Durch Hochleistungskneter wird bei Weizenteigen aufgrund der eingebrachten mechanischen Arbeit und ihrer Eigenschaften die Teigtemperatur erhöht. Daher ist die Teigtemperatur durch die Temperatur der Schüttflüssigkeit zu

Tabelle 4. Knetzeiten in Abhängigkeit vom Knetmaschinentyp

Knetzeit, min	Langsamkneter	Schnell- oder Intensivkneter	Hochleistungs- Mixer
Teig für			
– Schrot-/Voll- kornbrot	30	15–20	1–3[a]
– Roggenbrot	10–15	4–6	1–3[a]
– RM-Brot	15–20	5–7	1–3[a]
– WM-Brot	20–25	6–8	1–3
– Weizenbrot	20–30	7–10	1–3
– Toastbrot	20–30	7–10	1–3
– Brötchen	20–30	7–10	1–3

[a] noch selten im Einsatz – kaum Erhöhung der Teigtemperatur durch die Knetung

Tabelle 5. Durchschnittliches Mehl-/Wasser-Verhältnis bei verschiedenen Brot- und Klein- gebäcksorten

Teigausbeute (theor.)	R-Brot	RM-Brot	WM-Brot	W-Brot	W-Klein- gebäck
Indirekte Führung (Sauerteig)	170	168	163	153	153
Direkte Führung (TSM)	176	173	167	156	156

korrigieren. In Teigen mit überwiegend Roggenanteilen erhöht sich die Teigtemperatur durch die Knetung nicht, da die Eigenschaften der Roggen- teige dem Kneten keinen so großen Widerstand entgegensetzen. Aus diesem Grund müssen roggenhaltige Teige bei der Schnellknetung wärmer geschüttet werden.

Der durch die Knetung entstehende Teig ist bei überwiegend weizenhaltigen Rezepturen als elastisch, dehnbar zu bezeichnen, wobei insbesondere die Proteine der Weizenmahlerzeugnisse Einfluß ausüben. Eine gewisse Korrektur der Teigeigenschaften durch Zusätze ist möglich, jedoch müssen die dominie- renden Eigenschaften aufgrund der Getreidemischung grundsätzlich erhalten bleiben. Die Umschreibung der Teigeigenschaften aus Roggenmehlen und Weizen- und Roggenschroten fällt demgegenüber schwer. Hier wirkt sich insbesondere das viskosere Verhalten dieser Mahlerzeugnisse aus. Über die sehr komplizierten Zusammenhänge hat Weipert (1978) ausführlich be- richtet.

Aufgabe der Teigbereitung ist es, für eine weitere Verarbeitung und für das Endergebnis möglichst optimale Teigqualitäten zu erzielen. Diese sollen bei überwiegend weizenhaltigen Teigen weder zu weich/schmierend/nachlas- send noch zu kurz/unelastisch/widerspenstig (bockig) sein. Bei Teigen mit überwiegenden Roggenanteilen sollen die Teigeigenschaften weder nachlas- send/schmierig noch kurz sein oder bröckelige Strukturen aufweisen. Wäh- rend der weiteren Teigverarbeitungsschritte bleiben diese grundsätzlichen

Teigeigenschaften und Unterschiede erhalten und sind bei den folgenden Bearbeitungsstufen zu berücksichtigen.

Im allgemeinen ist für die verschiedenen Brot- und Kleingebäcksorten von folgenden theoretischen Teigausbeuten (Mehl/Wasser-Verhältnis) auszugehen (Tabelle 5).

3.4 Teigbearbeitung

Allgemein wird nach dem Kneten eine Teigruhe vorgesehen. Sie ist jedoch heute meist sehr kurz und nur auf die notwendigen Stehzeiten zwischen den einzelnen Produktionsschritten beschränkt. Eine gewisse Teigruhe ist aber bei weizenbetonten Teigen besonders für die Kleingebäckherstellung von Vorteil; bei Vollkornteigen aus Vollkornschrot oder -mehl meist unerläßlich. Während dieser Teigruhezeit werden die durch die eingebrachte mechanische Arbeit hervorgerufenen Veränderungen zum Teil wieder ausgeglichen. Dadurch werden Weizenteige überhaupt erst weiter bearbeitbar. Bei überwiegend roggenhaltigen Teigen wird die während der Knetung begonnene Einarbeitung der Schüttwassermenge sich weiter vollziehen müssen, um so die notwendige Wasserbindung für eine optimale Teig- und Brotqualität zu erreichen. Hierbei wird das Wasserbindungsverhalten durch den Einsatz der verschiedenen Vorstufen unterstützt.

Die Teigteilung erfolgt überwiegend maschinell und hat die gewünschten Gewichte des Endproduktes und die nachfolgenden Verluste durch Gärung und Verdampfen beim Backen zu berücksichtigen.

Teilung und erste Formgebung (Rundwirken) sind häufig ein Arbeitsgang. Bei roggenbetonten Teigen entfällt die Zwischengare, da die Teigeigenschaften ein zügiges Teigteilen und Rundwirken und die endgültige Formgebung (z. B. Langwirken) zulassen. Bei überwiegend weizenhaltigen Teigen ist eine zwischenzeitliche Entspannung der Teige, z. B. durch eine Zwischengare, notwendig, um die gewünschte endgültige Teigformung zu begünstigen. Bei handgeformten Gebäcken erfolgt die endgültige Formgebung nicht maschinell.

Während der abschließenden Stückgare vollziehen sich Gärungen deutlicher sichtbar (Huber, 1986). Diese Vorgänge beginnen aber schon, wenn Mahlerzeugnisse mit Wasser und einem geeigneten Starter, Milchsäurebakterien oder Hefe für Sauer- oder Weizenvorteige angesetzt, oder Teige mit reifen Vor- oder Sauerteigen in ausreichender Menge vermischt werden. Während der einzelnen Schritte der Teigbearbeitung setzt sich dieses Gären fort und findet seinen deutlichen Höhepunkt während der ersten Ofenphase, da durch die Temperaturerhöhung die enzymatischen Umsetzungen besonders intensiv erfolgen. Diese, im allgemeinen auch durch Volumenzunahme sichtbaren Vorgänge werden als „Ofentrieb" bezeichnet (Brümmer u. Morgenstern, 1986).

Ursache der Gärungen sind Backhefe und/oder Sauerteigbakterien. Beide, die alkoholische Gärung der Backhefe oder die Sauerteiggärung der Mikroorganismen, sind weitgehend gleichgerichtet. Sie entsprechen weitgehend dem Meyerhof-Abbauschema. Besonders deutlich erkennbare Endprodukte dieser Gärungen sind z. B. Milchsäure, Essigsäure bei der Sauerteiggärung und die

Tabelle 6. Günstige Temperaturen und Feuchten auf Endgare bei der Herstellung von Brot und Kleingebäck

Temperatur Relative Feuchte	30 °C %	35 °C %	40 °C %

1. Schrotbrot
   Weißbrot
   R- u. RM-Brot (blank)
   Rundstücke
   Hörnchen
   Kaisersemmeln
   Drückbrötchen
	80–90	70–80	60–70

2. WM-Brot
   Toastbrot
   Schnittbrötchen
   Schrippen (Maschine)
   Berliner Knüppel
   Vorgare für sämtliche
   Brot- u. Kleingebäcksorten
	70–80	60–70	50–60

3. RM-Brot bemehlt	60–65	50–55	40–45

Tabelle 7. Einfluß abweichender Gärraumfeuchtigkeiten

Niedrige Feuchtewerte verursachen	Hohe Feuchtewerte begünstigen
kleines Volumen	Ofentrieb
stumpfe Krustenfarbe	Volumen
schwache Bräunung	Krustenglanz
dicke Kruste	Bräunung
fleckige Kruste	dünne Kruste
rissige Oberfläche	splittrige Kruste
gewölbten Boden	Blasen unter der Kruste
lange Stückgärzeiten	kurze Stückgärzeiten

Volumenzunahme aufgrund von Kohlendioxidbildung bei der alkoholischen Gärung. Darüber hinaus werden während der Gärungen zahlreiche Aromastoffe und Verbindungen erzeugt, die ihrerseits im Zusammenwirken mit anderen Verbindungen oder beim Backen Aromastoffcharakter annehmen können (Rothe, 1980).

Für die einzelnen Brot- und Gebäcksorten gibt es verschiedene empfehlenswerte Gärparameter, die in Abhängigkeit von der Temperatur und der relativen Luftfeuchte aufgeteilt werden können (Tabelle 6). Den Einfluß abweichender Gärraumtemperaturen zeigt Tabelle 7 auf.

3.5 Backen

Der abschließende Backprozeß der Brot- und Kleingebäckherstellung zeichnet sich besonders durch die vom Temperaturanstieg im Teig ausgehenden

Tabelle 8. Wichtige Temperaturbereiche bei der Herstellung von Backwaren

Temperatur, °C	
25– 30	Teigtemp. zu Beginn des Backprozesses
35– 55	intensiver Gärprozeß
50– 70	intensive Roggenstärkeverkleisterung
70– 85	intensive Weizenstärkeverkleisterung
70– 90	Eiweißkoagulation und Enzyminaktivierung
90–105	Krumenbildung
120–150	Dextrinbildung
140–180	Karamelisierung
170–220	Bildung von Röststoffen

vielfachen biochemischen und physikalischen Veränderungen aus. Einen gewissen Überblick über Teigtemperatur in der Teigphase und während des Backens vermittelt Tabelle 8. Die erste Phase des kontinuierlichen Temperaturanstiegs mit seiner zeitlich recht kurzen, doch intensiven enzymatischen Tätigkeit ist als Ofentrieb bereits erwähnt worden. Dabei wird aber auch durch Schleimstoffabbau Wasser freigesetzt, andererseits Wasser durch Stärkeverkleisterung gebunden, ehe ein weiterer enzymatischer Abbau der verkleisterten Stärke erfolgt. Abschließend wirken sich noch Eiweißkoagulation und Enzymaktivierung aus, während die Krumenbildung immer stärker wird. Sie ist dann durch den noch weiterführenden Backprozeß zu stabilisieren (Huber, 1986).

Sind die aufgezeigten Abbauvorgänge der Schleimstoffe insgesamt zu stark, wird zu viel Wasser freigesetzt, dadurch der enzymatische Abbau der verkleisternden Roggenstärke zu sehr begünstigt und die Krumenbildung eingeschränkt. So kommt es besonders bei roggenbetonten Brotsorten zur bekannten Schwächung der Krumenelastizität. Dies wird in erster Linie rohstoffbedingt sein, kann aber auch durch ungünstige Wahl von Rezepturbestandteilen (z. B. zu schwache Säuerung, zu hoher Anteil an wasserbindenden Substanzen oder durch einen mangelhaften Backprozeß) ausgelöst werden. Nur eine vollelastische, dabei aber weiche, gut bindige und saftige Krume kann den heutigen Qualitätsvorstellungen genügen.

Bei enzyminaktiven Mahlerzeugnissen kann dieser Abbau während des Backprozesses nicht weit genug fortschreiten, wenn nicht durch Einsatz intensiver Verquellungen in den Vorstufen dafür Sorge getragen wird. Nur so wird die Stärke ausreichend von der Schleimstoffmembrane befreit werden, um so in ausreichendem Maße verkleistern zu können und angegriffen zu werden. Ohne diese optimalen Umsetzungen wird die Brotqualität leiden, da die Krume trocken/krümelig bleibt und somit in der Mindesthaltbarkeit sehr eingeschränkt ist. Der Backprozeß muß insgesamt diesen Notwendigkeiten gerecht werden und muß in Abhängigkeit der Brotsorte und der Brotgrößen gewählt werden. Hinweise dazu vermittelt Tabelle 9.

Häufig wird der Fehler zu kurzer Backzeiten gemacht. Bei Kleingebäcken zeigt sich dies in einer verminderten Rösche und in einer Schwächung der Krumenelastizität. Bei Roggenmischbrot z. B. sind zu geringe Backzeiten mit

Tabelle 9. Zweckmäßige Backzeiten und Backtemperaturen für verschiedene Gebäcksorten

Sorte	Gewicht g	Backzeit min	Ofentemperatur °C
Brötchen	45	20	250–240
Weißbrot, freigeschoben	500	30	240–230
Weißbrot, Kasten	500	35	240–230
Toastbrot, Kasten	500	35	230–210
Weizenmischbrot	1500	50	250–200
Roggenmischbrot	1500	55	250–200
Roggenbrot	1500	60	250–200
Roggenmischbrot, angesch.	1500	120	250–180
Roggenschrotbrot, Kasten	3000	180	220–180
Pumpernickel, Kasten	3000	20 Std.	180–100

Tabelle 10. Einfluß von Backzeit und Backtemperatur auf den Brotgeschmack von Roggenmischbrot, 1500 g

Backzeit min	Backtemperatur 250–200 °C
35	kleistrig-fade
40	etwas kleistrig
45	etwas fade
50	wenig aromatisch
55	aromatisch
60	sehr aromatisch
65	aromatisch, nicht abgerundet

einem kleistrig, faden Geschmack einhergehend. Erst bei längerer Backzeit wird sich die volle Aromafülle ausbilden können. Bei überlangen Backzeiten wird der Geschmack neben der aromatischen Note dann auch eine deutlich saure Nuance aufweisen, was zu einem nicht abgerundeten Gesamteindruck führt (Tabelle 10).

4 Lagerung und Schimmelbekämpfung

Zielsetzung der Lagerung ist die möglichst lange Erhaltung der vollen Qualitätseigenschaften einer Backware. Der durch die Lagerung zu überbrückende Zeitraum wird im allgemeinen mit der Mindesthaltbarkeit gleichgesetzt. Wichtige Hilfsmittel zur Erzielung langer Lagerzeiten ist die Verpackung. Dabei sind grundsätzlich zwei verschiedene Wege einzuschlagen.
1. Brot- und Kleingebäcksorten mit röschen Krusteneigenschaften weisen deshalb sehr kurze Mindesthaltbarkeitsspannen auf, weil der Feuchtigkeitsaustausch zwischen dem hohen Feuchtigkeitspotential in der Krume und dem geringen in der Kruste laufend fortschreitet. Hier wird eine wasser-

dampfdurchlässige Verpackung gewählt, um Feuchtigkeitsverluste der Kruste zu ermöglichen, um so die röschen Eigenschaften so lange wie möglich zu erhalten. Im allgemeinen ist jedoch die Lagerung von röschem Brot und Kleingebäck von mehr als vier bis sechs Stunden bei Raumtemperatur nicht möglich.

2. Bei Brot- und Kleingebäcksorten mit längeren Haltbarkeitsspannen dominieren die weichen Krumen- und Krusteneigenschaften. Aus diesem Grund soll die Verpackung ein Austrocknen verhindern, so daß insbesondere wasserdampf- und besonders aromadichte Materialien, meist Kunststoffolien verschiedener Zusammensetzungen zum Einsatz kommen.

Neben den hier kurz umrissenen Hauptaufgaben der Verpackung haben die zu wählenden Verpackungsmaterialien noch weitere wichtige Aufgaben zu erfüllen wie z. B. Schutzfunktion, Verkaufs- und Verbraucherinformation und Identitätssicherheit. In ausführlicher Form sind die Aufgaben einer sinnvollen Brotverpackung beschrieben worden (Brümmer u. Stephan 1986).

Die Erhaltung der Qualitätseigenschaften während einer langen Lagerperiode hat aber nur Sinn, wenn für diese Zeit auch die Schimmelfreiheit gewährleistet werden kann. Alle verpackten Brot- und Kleingebäcksorten, deren Mindesthaltbarkeit mehr als drei Tage beträgt, sind gefährdet. Wie dargelegt, werden sie wasserdampfdicht verpackt und bei Raumtemperatur gelagert. Somit ergeben sich ideale Temperatur- und Feuchtigkeitsbedingungen, die Schimmelpilzen, Hefen etc. das Auskeimen ermöglichen (Spicher, 1980).

Ganzbrot ist dabei weniger gefährdet, wenn dieses eine geschlossene Kruste aufweist, da dadurch ein gewisser zusätzlicher Schutz gegeben ist. Aus diesem Grund darf lt. Gesetz freigeschobenes Ganzbrot, d. h. Brotsorten mit allseitiger Kruste, mit Ausnahme von brennwertverminderten Broten, z. Zt. nicht konserviert werden. Andere alternative Schutzmaßnahmen sind bei diesen Brottypen nicht erprobt worden, zum Teil auch entbehrlich, da durch eine Heißverpackung, d. h. unmittelbares Einschlagen in wasserdampfdichte Folie nach dem Ausbacken, die Zeit der Rekontamination zwischen Backen und Verpacken sehr kurz gehalten wird. Lang lagerfähige Brotsorten werden aber zum großen Teil auch als Schnittbrot angeboten. Selbst unter Beachtung höchster hygienischer Maßstäbe ist ein Verschimmeln von Schnittbrot nicht auszuschließen. Aus diesem Grund bestehen hier verschiedene Möglichkeiten, um schimmelfreie Lagerzeiten zu gewährleisten. Sie beginnen bereits bei der Wahl der Führungsart zur Brot- und Kleingebäckherstellung (Brümmer, 1974).

Die Anwendung von Konservierungsstoffen war bei Schnittbrot die am häufigsten angewandte Methode der Schimmelbekämpfung. Nach eigenen Beobachtungen wurden bis 1988 etwa 70 % der Schnittbrote konserviert, wozu ebenfalls zu etwa 70 % Propionsäure, meist in Form von Calciumpropionat verwendet wird. Die zulässigen Höchstmengen für den Einsatz von Konservierungsstoffen betrugen 3 g Propionsäure oder 2 g Sorbinsäure pro 1 kg Schnittbrot. Schimmelpilze können aber gegenüber den Konservierungsstoffen Resistenzen aufbauen. Des weiteren wirken auch verschie-

Tabelle 11. Wirksamkeit und Auswirkungen verschiedener Verfahren zur Schimmelbekämpfung (Schimmelresistenz in Tagen)

Brotsorte	Behandlung			Pasteurisation	Kohlendioxid Verfahren	
	Konservierungsstoffe					
	ohne	Ca-Propionat 0,4% a. M.	Sorbinsäure 0,12% a. M.		1	2
Toastbrot	5	10	7	>21	14	>21
Weizenmischbrot 70:30						
– direkte Führung	4	11	8	>21	16	20
– indirekte Führung	5	12	9	>21	17	>21
Roggenmischbrot 70:30						
– direkte Führung	5	11	12	>21	11	12
– indirekte Führung	6	12	13	>21	12	14
Roggenschrotbrot						
– direkte Führung	5	12	13	>21	10	12
– indirekte Führung	6	13	14	>21	11	14
Krumeneigenschaften	+	(−)	+	+	+	(+)
geruchliche Qualität	+	(+)	(−)	+	+	(−)
geschmackliche Qualität	+	(−)	(+)	+	+	(−)
Deklarationspflicht in der Bundesrepublik Deutschland	nein	Verwendung z. Zt. nicht zulässig	ja	nein	nein	nein

a. M. = auf Mahlerzeugnisse.

+ Einwandfrei, nicht zu beanstanden (−) Deutlicher Mangel, zu beanstanden
(+) Noch einwandfrei, nicht zu beanstanden − Deutlicher Fehler, zu beanstanden

dene Schimmelhemmstoffe auf die Schimmelpilze und gegebenenfalls Hefen unterschiedlich (Spicher u. Westenhoff, 1985). 1988 änderten sich die rechtlichen Grundlagen.

Propionsäure und Propionate sind sowohl bei gesäuerten als auch bei ungesäuerten Brot- und Kleingebäcksorten etwa gleich wirksam, während die Sorbinsäure – die Sorbate werden wegen ihrer Löslichkeit und dadurch eintretenden Hefehemmung nicht eingesetzt – bei gesäuerten Brotsorten eine größere Wirksamkeit aufweist (Brümmer u. Stephan, 1980). Insgesamt gesehen scheint die Wirksamkeit der Sorbinsäure gegen Brotkrankheiten umfassender, da die Sorbinsäure z. B. auch Kreideschimmel, der bevorzugt bei länger gelagerten Brotsorten auftritt, stärker hemmt (Spicher, 1986).

Das Verbot der Propionsäure und Propionate, damit ist Sorbinsäure einzig erlaubter Konservierungsstoff bei Backwaren, haben zu zahlreichen alternativen Untersuchungen geführt. So wurden z. B. die Hitzepasteurisation, die nach dem Verpacken der Schnittbreite erfolgt (Brümmer u. Morgenstern, 1980), bzw. das Abpacken unter Atmosphärenaustausch (Brümmer et al., 1980), wobei die übliche Lageratmosphäre (Luft) durch Kohlendioxid ausgetauscht wird, erprobt. Alle Verfahren haben ihre grundsätzliche Wirksamkeit bewiesen, wie aus den Ergebnissen der Tabelle 11 zu entnehmen ist.

5 Literatur

Brümmer J-M (1974) Bäckereitechnologische Maßnahmen zur Verminderung der Schimmelanfälligkeit von Brot. Getreide Mehl und Brot 28/2:45–49

Brümmer J-M (1987) Empfehlenswerte Sauerteig-Voraussetzungen für die Herstellung von Brot und Kleingebäck. Allg Bäcker-Ztg 17:3–5

Brümmer J-M, Huber H (1987) Begriffsbestimmungen für Vorstufen (Sauerteige, Vorteige, Quellstufen) und Weizenteigführungen. Getreide Mehl und Brot 41/4:110–112

Brümmer J-M, Krebbers N (1986) Hydrokolloide. Brot u. Backw 4:93–106

Brümmer J-M, Morgenstern G (1980) Maßnahmen zur Schimmelbekämpfung – 3. Mitt. Hitzesterilisation. Dtsch Bäcker-Ztg 67/36:1162–1168

Brümmer J-M, Morgenstern G (1986) Gärung in Theorie und Praxis. Dtsch Bäcker-Ztg 40:1346–1349

Brümmer J-M, Seibel W (1983) „Frische" bei Backwaren. Lebensmittelchem Gerichtl Chemie 37:137–139

Brümmer J-M, Stephan H (1980) Maßnahmen zur Schimmelbekämpfung – 1. Mitt Konservierungsstoffe und Schimmelbekämpfungsmittel. Getreide Mehl und Brot 34/6:159–163

Brümmer J-M, Stephan H (1986) Funktion, Bezeichnung und Eignung von Verpackungsmaterialien für Brot und Kleingebäck. Dtsch Bäcker-Ztg 50:1756–1759

Brümmer J-M, Stephan H, Morgenstern G (1980) Maßnahmen zur Schimmelbekämpfung – 2. Mitt. Atmosphärenaustausch mit Kohlendioxid. Getreide Mehl und Brot 34:164–168

Huber H (1986) Gär- und Backtechnik bei weizenbetonten Brotsorten. Dtsch Bäcker-Ztg 7:190–193, 198

Rothe M (1980) Bedeutung thermisch gebildeter Aromastoffe für das Brotaroma. Nahrung 24/2:185–195

Seibel W, Brümmer J-M, Menger A, Ludewig H-G, Brack G (1985) Brot und Feine Backwaren – Eine Systematik der Backwaren in der Bundesrepublik Deutschland und in West-Berlin – 2. erw u verbesserte Aufl, DLG-Verlag Frankf/M

Spicher G (1980) Zur Aufklärung der Quellen und Wege der Schimmelkontamination des Brotes im Großbackbetrieb. Zbl Bakt Hyg I Abt Orig B 170:508–528

Spicher G (1986) Neue Erkenntnisse über die Erreger der „Kreidekrankheit" des Brotes und Möglichkeiten zur Wachstumsverhinderung. Brot u. Backw 7–8:209–213

Spicher G, Stephan H (1982) Handbuch Sauerteig – Biologie, Biochemie, Technologie. BBV Wirtschaftsinformationen GmbH, Hamburg 76

Spicher G, Westenhoff M (1985) Die Erreger der Schimmelbildung bei Backwaren – 5. Mitt. Das Verhalten einiger „Brotschimmel" der Gattung Penicillium gegenüber Konservierungsstoffen. Getreide Mehl und Brot 39:23–26

Steller W (1982) Verzehrssituation – Der Brotkorb der Bundesdeutschen ist wieder voller geworden. Back J 3:22–25

Wassermann L (1984) Was sind Backmittel. Inform Nr 1 Backmittelinstitut, Bonn

Weipert D (1978) Rheologische und rheometrische Probleme zur Charakterisierung von Roggen- und Weizenmehlteigen. Die Mehle + Mischfuttertechn 115/20:281–287

3.3 Feine Backwaren

H.-G. Ludewig, Lemgo

1 Begriffsbestimmung, Einteilung, Gebäcklockerung

Unter dem Begriff Feine Backwaren werden alle Backwaren zusammengefaßt, deren Gehalt an Fettstoffen und/oder Zuckerarten mindestens 10 Gewichtsteile (GT) bezogen auf 90 GT Getreideerzeugnisse und/oder Stärke beträgt. Er schließt damit alle Fein- und Dauerbackwaren ein. Die Vielfalt der Feinen Backwaren ist sehr groß. Einen Überblick ermöglicht der DLG-Backwarenkatalog.

Nach der Herstellungstechnik unterscheidet man Feine Backwaren aus Teigen (mit oder ohne Hefelockerung) und aus Masse (mit oder ohne Aufschlag). Sie sind different in Rezeptur, Bearbeitungsweise, Lockerungsgrad, Faktoren der Flüssigkeitsbindung und/oder Konsistenzbestimmung und den Möglichkeiten der Formgebung. In Teigen überwiegt der Anteil an Getreideerzeugnissen. Sie zeigen eine formbare Konsistenz.

Die Rezepturen von Feinen Backwaren sind sehr unterschiedlich. Sie bestimmen die Gebäck- und Lockerungsart sowie den Lockerungsgrad. Dieser fixiert seinerseits sämtliche Qualitätskriterien. Auf eine artgemäße Lockerung der Backware ist somit besonders zu achten. Wir unterscheiden drei Lockerungsarten, die biologische (Hefe, selten Sauerteig), die physikalische (Wasserdampf, Luftlockerung) und die chemische (Salze der Kohlensäure). Die Lockerungsarten werden getrennt oder in Kombination eingesetzt.

2 Gebäckqualität

Die Qualitätserfassung von Feinen Backwaren erfolgt primär durch eine sensorische Beurteilung, unterstützt von einigen Meßwerten wie Volumen, Gewicht und Erfassung der Außenmaße der Backware. Die Ermittlung der Krumen- oder Bruchfestigkeit bzw. die Wasseraktivität, der pH-Wert oder die Gebäckfeuchte werden nur vereinzelt durchgeführt. Chemische Untersuchungen zur Erfassung der Mindestmengen wertbestimmender Zutaten, der Überwachung von Höchstmengen nach der Zusatzstoff-ZulassungsVO oder Untersuchungen nach der Diät- und anderen VO werden in der Regel nicht in Backbetrieben durchgeführt. Dagegen wird eine eingehende Eignungsprüfung der verwendeten Backzutaten, je nach Betriebsgröße, beim Backwarenhersteller oder Lieferanten vorgenommen.

Die sensorische Backwarenbeurteilung kennt allgemeine (Aussehen, Bräunung, Lockerung, Krumenbeschaffenheit, Kaueindruck, Geschmack) und gebäckspezifische (Blätterung, Porenbild, Zartheit, Bruch, Schneidbarkeit u. a.) Beurteilungskriterien. Das von der DLG entwickelte 5-Punkte-Prüfschema wird für alle maßgeblichen Backwarenbeurteilungen verwandt (DLG, CMA, Innungen).

3 Feine Backwaren aus Feinteigen mit Hefe

Feinteige mit Hefe unterscheiden sich insbesondere durch den Anteil an Fett (5–60 GT), Zucker (5–20 GT) und Trockenfrüchten, Ölsamen sowie Füllungen oder Auflagen aus Obst u. a. Bei höheren Fett- und Zuckermengen ist eine indirekte Teigführung erforderlich (vgl. Abb. 1). Sie fördert insbesondere die Quellung der Mehlbestandteile, vermehrt Aroma und Teiglockerung. Ruhezeiten von 30–60 min (selten länger) sind üblich. Bei der Teigknetung steht die Quellung und Kleberbildung im Vordergrund. Sie wird mit unterschiedlichen Knetsystemen in chargenweisen oder kontinuierlichen Knetverfahren durchgeführt; dabei werden die erforderlichen visko-elastischen Teigeigenschaften entwickelt, die eine Voraussetzung für Formgebung, -stabilität und Gashaltevermögen sind.

Die Aufarbeitung der Teige zur Endform wird vielfach maschinell durchgeführt und entspricht der Gebäckart (Blechkuchen bis Stollen). Während der Endgare entwickelt sich der überwiegende Anteil des von der Hefe gebildeten Lockerungsgases (CO_2); dabei entstehen Lockerungsgrad und Porenbild. Beim Backvorgang erfolgt anfänglich der Ofentrieb d. h. die Gebäcklockerung; in dieser Backphase ist ein feuchtes Ofenklima erforderlich (Schwadengabe). Nach der Hautbildung der Oberfläche ist die Gebäckform fixiert. Die Gebäckkruste entwickelt sich anschließend beim Backen durch Bräunung (Maillard-Reaktion), thermische Dextrinierung und Karamelisierung. In der

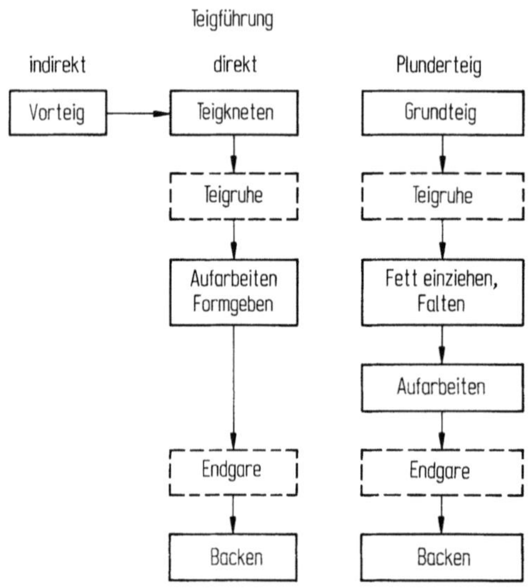

Abb. 1. Herstellung von Feinen Backwaren aus Feinteigen mit Hefe

Gebäckkrume laufen enzymatische und kolloidchemische Vorgänge ab. Die Eiweißkoagulation führt zur Stabilisierung der Krume. Mit der Stärkeverkleisterung wird ein Teil des freigewordenen Wassers gebunden und eine kaufähige, elastische Krume erzielt. Höhere Fett- und Zuckermengen verlängern den Backvorgang und führen zu einer kürzeren Krumenstruktur.

Bei Plunderteigen wird der überwiegende Teil des Fettes in Schichten in den Teig eingearbeitet und anschließend mehrmals gefaltet (touriert), so daß eine gewünschte Anzahl an Fett- und Teigschichten entstehen (27–36 Fettlagen). Damit erhält der Teig seine relative Wasserdampfundurchlässigkeit, die Gebäcklockerung und -struktur ermöglicht. Es entsteht eine Schichtenstruktur wie sie auch für Blätterteig, Kräcker und Hartkekse üblich ist.

4 Feine Backwaren aus Feinteigen ohne Hefe

Zu den Feinteigen ohne Hefe zählen insbesondere Hartkeks-, Mürbkeks-, Blätterteig- und Lebkuchenteige, aber auch Kräcker- und Laugengebäckteige. Diese Gebäcke werden chemisch (Backpulver, Natriumhydrogencarbonat, Ammoniumtriebmittel und Pottasche) sowie physikalisch gelockert. Sie zählen zu den typischen Dauerbackwaren, mit niedriger Gebäckfeuchte und Wasseraktivität, was die mikrobiologische und sensorische Haltbarkeit ermöglicht. Zwei Gebäckbeispiele verdeutlichen die Besonderheiten der Herstellungstechniken (vgl. Abb. 2). Mürbkekse sind Gebäcke mit mürbem und kurzem Charakter. Die meist kleinstückigen Erzeugnisse enthalten neben den Hauptrohstoffen Mehl, Fett und Zucker auch Ölsamen und Kakaoerzeugnisse. Die Qualität erstreckt sich von einfacher Schüttware bis zu feinem Teegebäck.

Die Teigherstellung besteht in erster Linie im Mischen der Zutaten und einem kurzen, kräftigen Durchkneten des sich rasch bildenden Teiges. Dabei binden Fett und Flüssigkeit die „trockenen" Zutaten zu einer der Aufarbeitungsmaschine angepaßten Konsistenz. Die Knetwerkzeuge sollen einen raschen Mischeffekt und eine gleichmäßige Verteilung erzielen, ohne daß zu hohe Scherkräfte eine Teigerwärmung oder gar das Ausölen des Teiges bewirken. Die für Hefeteige üblichen Vorgänge der Teigbildung sind bei Mürbteigen unerwünscht und nachteilig. Die geringe Flüssigkeitsmenge (0–20 GT)

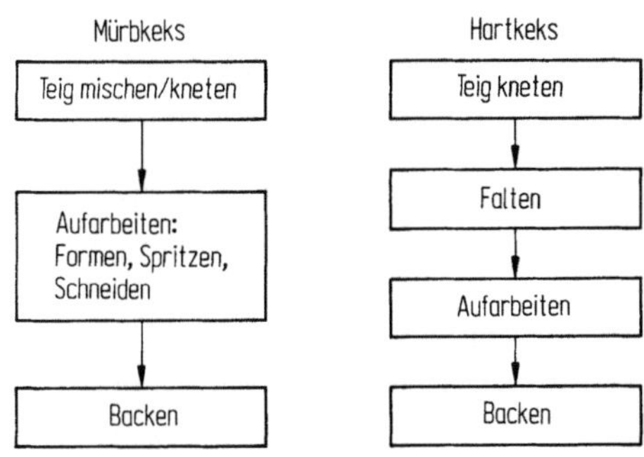

Abb. 2. Herstellung von Feinen Backwaren aus Feinteigen ohne Hefe

und die Reihenfolge der Zutatenzugabe lassen die für eine maschinelle Aufarbeitung erforderliche kurze bis krümelige Teigstruktur entstehen.

Das Aufarbeiten des Teiges erfolgt als Form-, Spritz- oder Schnittgebäck überwiegend maschinell. Die Teiglinge werden sofort trocken ausgebacken. Bei schweren Teigen mit hohem Fettanteil ist die Wasserdampflockerung üblich, während leichte Teige chemisch gelockert werden.

Auch Hartkeksteige sind sehr flüssigkeitsarm. Sie enthalten als Hauptzutaten Mehl, Zucker (15–20 GT) und Fett (8–15 GT). Der Kleber wird durch intensives Kneten entwickelt und plastifiziert. Der Teig erwärmt sich dabei auf 38–40 °C und erhält seine dehnbare Teigbeschaffenheit. Anschließend wird der Teig durch Walz- und Faltvorgänge (4–8 Teiglagen) fertiggestellt, über Schlichtwalzen dünn ausgewalzt, mit Formwalzen ausgestochen und sofort gebacken. Die Lockerung erfolgt chemisch und auch physikalisch. Das Ammoniumtriebmittel hebt den pH-Wert der Teige in den alkalischen Bereich von 7,5–8,5 an. Damit werden backtechnische Vorteile erzielt wie Fließen der Kanten, Lockerung und Bräunung, was bei Kräckern, Lebkuchen und auch Mürbteiggebäcken genutzt wird.

5 Feine Backwaren aus Massen

Massen sind überwiegend Mischungen aus Zucker, Eiern, mehlartigen Bestandteilen mit oder ohne Fett. Sie sind von weich-fließender Beschaffenheit und werden physikalisch (Lufteinschlag) und chemisch gelockert. Zu den Massen ohne Aufschlag zählen Makronen-, Waffel- und Brandmassen, während Eiweiß-, Biskuit-, Rühr-, Sand- und Baumkuchenmassen zu denen mit Aufschlag gerechnet werden. Die Bezeichnung „mit Aufschlag" wurde gewählt, da beim Rühren oder Aufschlagen dieser Massen, die Luftaufnahmefähigkeit der Backzutaten Eiklar, Vollei, und Fett genutzt wird. Durch die Aufschlagtechnik (Anschlag-, Planetenrührmaschine, Druckschlagmischer) wird über die bewegte Oberfläche Luft in möglichst gleichmäßigen Luftblasen in die Masse gearbeitet, die als Sammelzellen für die sich beim Backen bildenden gasförmigen Stoffe dienen. Die beim Backen entstehende Luftausdehnung, Wasserdampfentwicklung und das CO_2 des Backpulvers bewirken einen höheren Innendruck, der zur gewünschten Lockerung und Krumenstruktur führt. Die Eiweißdenaturierung und Stärkeverkleisterung ergeben eine kaufähige Krume.

Nach der Art der Aufschlagtechnik und der Reihenfolge der Zutatenzugabe wird die einstufige (all-in) und die mehrstufige Rührweise unterschieden (vgl. Abb. 3). Der prinzipielle Unterschied besteht darin, daß bei der einstufigen Rührweise alle Zutaten gemeinsam gemischt und anschließend aufgeschlagen werden. Diese rationelle Herstellungstechnik macht die Mitverwendung eines Emulgators (Aufschlagmittel) erforderlich. Da unter diesen Bedingungen die physikalische Lockerung der Masse behindert wird, ist in der Regel eine Ergänzung der Gebäcklockerung durch Backpulver erforderlich.

Die mehrstufige Rührweise sieht ein getrenntes Aufschlagen von Ei und Fett vor, dem ein Mischen aller Rezepturbestandteile folgt. Diese Arbeitsweise ist

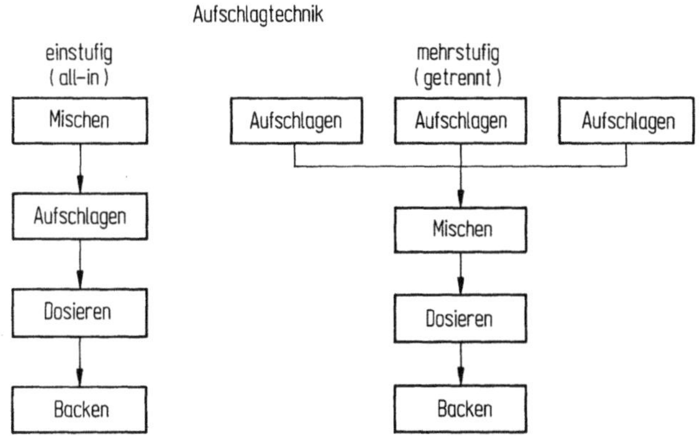

Abb. 3. Herstellung von Feinen Backwaren aus Massen mit Aufschlag

aufwendiger und erlaubt nur kleinere Verarbeitungsmengen. Es wird hierbei dann die optimale Aufschlagfähigkeit von Ei und Fett genutzt. Die physikalische Gebäcklockerung ist ausreichend und Backpulver entbehrlich.

Jede Herstellungstechnik hat ihre Vor- und Nachteile. Aus Rationalisierungsgründen wird heute in Industrie und Handwerk der einstufigen Rührweise der Vorzug gegeben. Zur Produktionskontrolle kann über die Dichtemessung (Litergewicht) der Grad der Luftaufnahme einer Masse geprüft werden. Litergewichte von Biskuitmassen liegen bei 200–500 g/l und von Rühr- oder Sandmassen bei 600–900 g/l Masse. Erfahrungsgemäß steigt mit fallendem Litergewicht das Gebäckvolumen an.

Die Erzeugnisse dieser Massen sind vielfach Halbfabrikate die z.B. als Tortenboden mit Füllung, Auflage oder Umhüllung von Sahne oder Krem und anderen Zutaten zu den verschiedensten Torten und Desserts der feinen Konditorei verarbeitet werden.

6 Weiterführende Literatur

Bücher

Büskens H (1985) Fachlehre für Konditoren. Verlag Girardet, Essen, 5. Aufl, Bd 1 und 2

Heckmann, Worrings (1966) Neues großes Konditoreibuch. Fachbuchverlag, Pfanneberg, Gießen

Heising, Reinke (1955) Das Konditorbuch. Bertelsmann Verlag, Gütersloh

Hensel, Perske, Walther (1976) Verfahrenslehre Konditoreiwaren. VEB Fachbuchverlag, Leipzig, 5. Aufl

Matz SA (1972) Bakery Technology and Engineering. AVI Publishing Company, Westport, Connecticut

N.N.: Das große internationale Konditoreibuch. Verlag Pröpster, Kempten

Pyler EJ (1973) Baking, Science and Technologie. Siebel Publishing Company, Chicago, Ill, vol 1 and 2

Richards P (1958) Cakes for Bakers. Clissold Publishing, Chicago

Rotsch, Schulz (1958) Taschenbuch für die Bäckerei und Dauerbackwarenherstellung. Wissenschaftliche Verlagsgesellschaft, Stuttgart

Schild E (1983) Der junge Konditor. Fachbuchverlag Pfanneberg, Gießen
Schneeweiß, Klose (1981) Technologie der industriellen Backwarenproduktion. VEB Fachbuchverlag, Leipzig
Schünemann, Treu (1984) Technologie der Backwarenherstellung. Neuer Gildefachverlag, Alfeld
Smith WH (1972) Biscuits, crackers and cookies. Applied science publishers, London, vol 1 and 2
Sultan WJ (1986) Praktikal Baking. AVI Publishing Company, Westport, Connecticut
Whiteley PR (1971) Biskuit Manufacture. Elsevier publishing company, London

Zeitschriften

Getreide, Mehl und Brot. Deutscher Bäcker-Verlag, 4630 Bochum, Bergstraße
Konditorei und Cafe. Matthaes-Verlag, 7000 Stuttgart, Olgastr.
Süßwaren. Rhenania-Fachverlag, 2000 Hamburg 60, Poßmoorweg
Zucker- und Süßwaren Wirtschaft. Verlag Beckmann, 3160 Lehrte

Lebensmittelrechtliche Unterlagen

Arbeiten der DLG (1985) Brot und Feine Backwaren (Backwarenkatalog). DLG-Verlag, Frankfurt, Bd 184, 2. Aufl
Bund für Lebensmittelrecht und Lebensmittelkunde (1975) Richtlinien für Feine Backwaren. Behr's Verlag, Hamburg
Deutsches Lebensmittelbuch (1984) Leitsätze für Dauerbackwaren. Bundesanzeiger, Köln, S 221–231

3.4 Teigwaren und ihre Herstellung

A. Menger, Detmold

1 Einleitung

Im Unterschied zu Backwaren werden Teigwaren grundsätzlich aus ungelockerten Teigen hergestellt und auch heute noch überwiegend in getrocknetem, nicht vorgegartem Zustand vermarktet. Warenkundlich gehören sie zu den „Nährmitteln", also in eine Gruppe mit u. a. Graupen, Grützen, Flocken aus Getreide oder Buchweizen, Reis, Stärkeerzeugnissen, trockenen Hülsenfrüchten, Kartoffelerzeugnissen.

Lebensmittelrechtlich werden der Begriff „Teigwaren" und damit auch die nach der Lebensmittelkennzeichnungs-Verordnung vom 22. 12. 1981 anzuwendenden Verkehrsbezeichnungen der verschiedenen Arten immer noch durch die §§ 1 und 2 der Teigwarenverordnung vom 12. 11. 1934 umschrieben und festgelegt. Die Begriffsbestimmung in § 1 lautet:

„Teigwaren sind kochfertige Erzeugnisse, die aus Grieß oder Weizenmehl von nicht höherer Ausmahlung als 70 Hundertteile, mit oder ohne Verwendung von Ei, durch Einteigen ohne Anwendung eines Gärungs- oder Backverfahrens sowie durch Formen und Trocknen bei gewöhnlicher Temperatur oder bei mäßiger Wärme hergestellt werden. Den Teigen wird bisweilen auch Speisesalz zugesetzt." Ferner werden unterschieden Eierteigwaren und eifreie Teigwaren, und nach Art der verwendeten Weizenrohstoffe Hartgrießteigwaren (aus Triticum durum = Durumweizen), Grießteigwaren (aus Triticum aestivum = Weichweizen, Brotweizen oder aus Mischungen von Durum- und Weichweizengrieß) und Mehlteigwaren (aus Mehlen einer oder beider Weizenarten, auch in Mischungen mit Grieß).

Es gibt kurze Formate (wie Hörnchen, Muscheln, Zöpfli, Spirelli) und lange Formate (wie Spaghetti, Makkaroni). Bandnudeln zählen zur Langware, werden jedoch zumeist auf Bändern getrocknet wie Kurzware. Dünne, kleinformatige Suppeneinlagen sind hinsichtlich der Trocknung nochmals eine Kategorie für sich.

Die Begriffsbestimmung in § 1, die den Stand der Technik vor 50 Jahren wiedergibt, ist allerdings durch neuere Erkenntnisse und technologische Entwicklungen hinsichtlich der Begrenzung des Ausmahlungsgrades der Weizenrohstoffe auf maximal 70 % auch für Hartweizen (Durumweizen), sowie der Beschränkung der Temperaturen im Verlauf des Herstellungsverfahrens auf „mäßige Wärme" überholt. Eine Neufassung müßte den heutigen Gegebenheiten Rechnung tragen und entsprechende Anpassungen beinhalten.

In §2 der Teigwarenverordnung werden als „Teigwaren besonderer Art" u. a.
noch Vollkornteigwaren, Graumehlteigwaren (Ausmahlungsgrad des Weizens
80–85%) und Roggenteigwaren (Ausmahlungsgrad des Roggens max. 75%)
angeführt. Die Aufzählung anderer Rohstoffe als Weizen und Ei in diesem
Paragraphen ist jedoch nicht erschöpfend. Bei ausreichender Kenntlichmachung sind auch Teigwaren verkehrsfähig, die z. B. Mais, Reis, Buchweizen
oder Leguminosenmaterial enthalten, ebenso wie Milch- oder Gemüseteig-
waren. Eiweißangereicherte Teigwaren sind in §2 nur als Kleberteigwaren
mit mindestens 25% „Stickstoff-Substanz" zu finden. Dieser Punkt bedarf
ebenfalls in einer Neufassung der Anpassung an heutige Gegebenheiten, denn
als eiweißreiche Zutaten stehen jetzt neben Glutenpräparaten („Trocken-
kleber") vielfältige Proteinpräparate aus Milch, Soja u. a. zur Verfügung,
deren Mitverwendung den „Kleberteigwaren" alten Stils qualitativ über-
legene Teigwaren gibt.

Die Bundesforschungsanstalt für Getreide- und Kartoffelverarbeitung[1] plä-
dierte schon 1978 für eine künftige Kategorie „eiweißangereicherter Teigwaren" mit einem Minimum von 28% Protein i. Tr. (N × 5,8, Einheitsfaktor für
Getreideprodukte, wie 1984 vereinbart zum Vollzug der Nährwertkennzeich-
nungs-Verordnung).

Mahlerzeugnisse aus Mais, Reis oder Buchweizen werden für diätetische
Teigwaren verwendet, wenn sie gliadinfrei sein sollen (Zoeliakie-Diät); Stärken
aus Weizen, Mais, Reis oder Leguminosen, wenn es sich um die Erzeugung
eiweißarmer Teigwaren mit weniger als 0,5–1% Gesamtprotein handelt (u. a.
Nieren-Diät). In Ostasien sind Reismehl, Reisstärke und Leguminosenstärken
traditionelle Rohstoffe für die bekannten „Glasnudeln". Andere Teigwaren
werden dort ebenfalls aus Weizen (bevorzugt Aestivum-Mehle), jedoch auch
aus Buchweizenmehl hergestellt.

Dazu ist anzumerken, daß sich Rohstoffe aus Getreidearten, die kein Gluten-
eiweiß besitzen, und isolierte Stärken nicht nach dem Normalverfahren verarbeiten lassen, denn sie bilden mit Wasser keinen bindigen Teig. Die Wasser-
bindungsfunktion des Glutens „in der Kälte" muß von mehr oder weniger
weitgehend verkleisterten Stärkeanteilen und Emulgatoren übernommen
werden. Dazu kommen andere Kunstgriffe sowohl von der Rezeptur her als
auch von der Maschinentechnik. Dieser spezielle Sektor soll jedoch hier nicht
weiter behandelt werden.

Außer den ohne weitere Vorbehandlung hergestellten, in getrockneter Form –
mit maximal 13% Wassergehalt – vertriebenen Teigwaren gibt es heute weitere
Angebotsformen, die zunehmend Bedeutung erlangen, weil sie bequemer oder
rascher verzehrfertig zuzubereiten sind oder dem Verbraucher mehr „Frische"
signalisieren. Dazu gehören vorgebrühte oder gedämpfte „Spätzle" (auch
„Knöpfli", auch gewürzt), die beim Einbringen in das Kochwasser weniger
aneinander kleben und zudem eher wie hausgemacht wirken. Sie sind jedoch
nur in der Außenschicht angegart; die benötigte Kochdauer ist kaum verkürzt.

---

[1] Seit 1. 1. 1991: Bundesanstalt für Getreide-, Kartoffel- und Fettforschung in Detmold und
Münster.

Weiter gibt es sognenannte „Instant"-Teigwaren. Zu unterscheiden sind nicht vorgegarte, aber sehr dünne Formate, die deshalb nur etwa 1–3 min Kochdauer benötigen, von vorgegarten und porös getrockneten Erzeugnissen, die allein durch Zugeben von heißem oder kochendem Wasser in wenigen Minuten wieder verzehrbereit aufquellen. Schließlich gibt es noch „Frischteigwaren", die ungetrocknet zum Sofortverbrauch angeboten werden; gargekocht abgepackte Teigwaren, werden kurzfristig unter Kühlung oder pasteurisiert vertrieben; Teigwaren in Naßkonserven. Die ungetrockneten oder im Garzustand angebotenen Teigwaren (auch „Instant" oder in Konserven) fallen lebensmittel- und zollrechtlich nicht unter die Bestimmungen für normale Trockenteigwaren, sind aber gleichwohl warenkundlich den Teigwaren zuzuordnen.

Tabelle 1. Rohstoffe, die bei der Herstellung von Teigwaren benutzt werden

---

A. Weizen (Trit. aestivum, Trit. durum)
für Grieße, Dunste, Mehle.

An die Weizenrohstoffe müssen folgende Anforderungen gestellt werden: Von Lieferung zu Lieferung gleichbleibende Körnung, weil sich die Teigwarenbetriebe darauf einstellen. Der Feinheitsgrad an sich ist kein Qualitätsmerkmal. Das gilt auch für den Aschegehalt, der nur in Relation zur Ganzkornasche als Hinweis auf den Ausmahlungsgrad dienen kann. Mit steigendem Ausmahlungsgrad nehmen nachteilige Einflüsse auf die Gelbpigmentstabilität und die Neigung zu braun-grauen Verfärbungen zu. Im übrigen sind gefordert:

Hoher Gehalt an Gelbpigment (über 0,4 mg% i. Tr. als β-Carotin),	Proteingehalt im Grieß, mind. 12% besser 13% i. Tr. (N × 5,7 Weizenfutter),
geringe Aktivität pigment-bleichender Lipoxigenasen,	mittlere Güte des Glutens, keinesfalls zu schlaffe Beschaffenheit,
geringe Neigung zu dunklen Verfärbungen bzw. niedriger Gehalt an grau-braunen Substanzen,	Fallzahl über 200 s, keine nennenswerten Witterungs- und Auswuchsschäden.
möglichst wenige dunkle Stippen von dunklem Schalen- und Keimgewebe oder Verunreinigungen.	

B. Weitere Rohstoffe
für besondere Arten oder diätetische Teigwaren:
Weizenvollkornmehle, Roggenmehle, Buchweizenmehl, Maismehl, Reismehl, Getreidestärken, Leguminosenstärken.

C. Weitere Zugaben
Ei als Vollei oder Eigelb – als Schalei(flüssig), als Gefrierei oder in Pulverform, überwiegend von Hühnern. Auch Gänse- oder Enteneier sind – pasteurisiert – zulässig.

Die Dosierung richtet sich nach den §§1 und 5 der Teigwarenverordnung vom 12.11.1934: Mindest-Eizugabe 3 Hühnerei-Dotter oder 3 Ei-Inhalte je kg Weizenmahlerzeugnisse; für Teigwaren mit hohem Eigehalt 5/kg. Diese Zugabemengen sind jedoch derzeit immer noch reduziert auf 2,25 bzw. 4 je kg, aufgrund eines nicht widerrufenen Rd. Erl. des RMdI vom 26.6.1939. Lebensmittelrechtlich kontrolliert wird auf der analytischen Basis des Cholesteringehaltes von 1 Dotter à 16 g = 8 g Trockensubstanz.

Gemüsezubereitungen aus Spinat, Karotten, Tomaten u. a.
Gewürze, Kräuter, Salz
Proteinreiches Material aus Milch, Soja, Gluten
Ballaststoffreiches Material wie Kleie

---

2 Herstellungsprinzipien

Industriell werden Teigwaren mit Schneckenpressen (Extruder) und Durchlauftrocknern in kontinuierlichen, heute weitgehend mechanisierten und automatisierten Verfahren produziert; die erste Schneckenpresse wurde bereits 1935 von der Firma Lihotzky eingeführt. Dagegen setzte sich die gesteuerte Trocknung auf Bändern (für Kurzware) und Stäben (für Langware) erst im Zuge des wirtschaftlichen Wiederaufbaues nach 1950 zunehmend durch. Nur für wenige Spezialprodukte wird heute noch der Teig chargenweise vorgemischt und geknetet, durch Walzen homogenisiert und zu Bändern geformt, aus denen man mit Schneidwalzen Bandnudeln herstellt oder kleine Stückformate maschinell ausstanzt.

Der Produktionsprozeß beginnt im Mischtrog mit dem Bereiten einer Krümelmasse aus den Weizenmahlerzeugnissen und Wasser, evtl. Eisuppe, evtl. Salz. Die Zugußmenge beträgt etwa 20–30 Teile auf je 100 Teile Getreiderohstoffe. Nach 10–15 min Mischzeit läuft die Krümelmasse in die Auspreß-Schnecke, wo sie durch die dort einwirkenden Scherkräfte zu einem homogenen, plastischen Teig verarbeitet wird, der am Schneckenende verdichtet und durch den Pressenkopf mit Formteil („Matrize") in der gewünschten Form ausgepreßt, eventuell durch umlaufende Messer abgeschnitten wird. Infrarotstrahler oder Warmluft unter dem Pressenkopf sorgen dafür, daß die frisch geformten Teigwaren nicht aneinanderkleben.

Für die Herstellung „gebrühter" Spätzle, die der Bereitung dieser süddeutschen Spezialität im Haushalt nachempfunden ist, wird der Teig etwas weicher gehalten. Die ausgepreßten Strangstücke von zumeist rundem oder ovalem Querschnitt werden kurzzeitig durch ein Brühbad oder einen Dampfkanal geführt, wodurch in einer mehr oder weniger tiefgehenden Außenschicht die Verkleisterung der Stärke und das Koagulieren des Proteins bewirkt wird; erst danach durchlaufen diese Spätzle den Trocknungszyklus. Vorteil ist, daß sie beim Kochen wenig aneinanderkleben.

Die Trocknung erfolgt in mehreren Phasen mit unterschiedlich kombinierten Temperaturen und Luftfeuchtigkeiten, so daß im Prinzip ein Feuchtigkeitsentzug „von innen nach außen" gewährleistet ist; die Außenschicht der Teigware darf sich keinesfalls verfestigen, solange noch ein Feuchtigkeitsgefälle über den Querschnitt hin besteht, weil sonst Spannungsrisse und -sprünge („Trocknungsfehler") unvermeidbar sind, die oft den Gebrauchs- und Genußwert der fertigen Teigwaren beeinträchtigen. Im Unterschied zur Heißextrusion von expandierenden Snackprodukten bewegen sich die Drücke nur zwischen etwa 80–120 bar. Die Temperaturen in der Schneckenpresse sollten 55 °C (bis 60 °C) nicht überschreiten. Während des Trocknens herrschen je nach Auslegung des Programmes Höchsttemperaturen von etwa 50 °C bis über 100 °C. Als Hochtemperaturtrocknung („HT-Verfahren") werden Diagramme mit Temperaturen über 65 °C bezeichnet.

Bei Trocknungstemperaturen von 80–120 °C spricht man von „HHT"- oder „THT"-Verfahren. Die Temperaturangaben beziehen sich auf die befeuchtete Trocknungsluft. Das Trocknungsgut selbst darf sich nicht auf über 100 °C erhitzen. Die hohen Temperaturen werden auch nur während eines Teiles der Trocknungszeit angewendet. Der Begriff erstreckt sich also, der technischen Entwicklung folgend, auf einen immer breiteren Temperaturbereich und damit auf Verfahren, die unterschiedliche technologische Effekte mit sich bringen. Gegenüber der Normaltrocknung werden mit HT- oder HHT-Verfahren die Trocknungszeiten für Langwaren von etwa 20 auf 8 bzw. 4 Stunden verkürzt; dementsprechend läßt sich die Kapazität der Produktionslinie ohne erhöhten Bedarf an Trocknerraum steigern.

Die fertigen Teigwaren verlassen den Trockner mit etwa 12,5 % Wassergehalt, verbleiben zum Spannungsausgleich mehrere Stunden in nicht klimatisierten Stabilisatorräumen und werden dann erst verpackt; lange Ware wird zuvor noch auf Packungslänge zersägt.

Dem Einfluß der Herstellungsbedingungen auf die Teigwarenqualität wurde lange Zeit wenig Beachtung geschenkt; das war solange berechtigt, als man noch schonend, „kühl und langsam" arbeitete (Teige nicht zu trocken mit Wasserzugaben von 30–33 Teilen auf 100 Teile Grieß; maximale Temperaturen, auch beim Trocknen, 42–44 °C). Der gesamte Prozeß nahm 24–48 Stunden in Anspruch, je nachdem ob kurze oder lange Ware (Spaghetti, Makkaroni) zu trocknen war. In den letzten 25 Jahren sind jedoch die Tagesleistungen der Produktionslinien durch beschleunigten Teigdurchsatz, den Bau größerer Pressen spektakulär erhöht worden. Die Beschleunigung gelang vor allem, weil in der Presse der Teig zugleich trockener und wärmer geführt und die Reibung in den Matrizenauslässen durch Kunststoffausfütterung gemindert wurde: Wärmere Teige sind geschmeidiger als kühle und benötigen weniger Zuguß zur Einstellung des pressengerechten rheologischen Verhaltens. Die Teigtemperatur in der Pressenschnecke soll aber nicht über 55–60 °C hinausgehen, um thermische Proteinschädigungen in der qualitätswichtigen Phase der Teigbildung und -homogenisierung zu vermeiden. Fast noch wichtiger ist es, mechanische Glutenschädigungen durch zu intensive Scherwirkungen in der Schnecke und eventuell der Matrize vorgeschaltete Siebe, Blenden usw. zu verhüten. Sie treten u. a. bei ungünstigen Schneckendimensionen, aber auch bei Einstellen zu hoher Drehzahlen als einfachster Maßnahme zur Leistungssteigerung auf. Die Kocheigenschaften von Teigwaren aus „pressengeschädigten" Teigen sind zumeist erheblich beeinträchtigt. Andererseits hat sich gezeigt, daß die Einführung von immer höheren Trocknungstemperaturen – zunächst bis 60 °C, heute im Extrem bis 120 °C – die Kochstabilität der Fertigware festigt. Weichweizen reagiert stärker positiv als Durumweizen; die Teigwarenfarbe kann allerdings, je nach Führung der HT/HHT-Diagramme, etwas braunstichig werden. Die neuesten Entwicklungen schalten diesen Nachteil aber aus. Als Vorteile bleiben: verbesserte Betriebshygiene, drastisch verkürzte Trocknungszeiten (bis hinab auf 1–5 Stunden) und geringere Gefahr des Auftretens von Trocknungsfehlern, weil die heißen Teigwaren selbst im kritischen Bereich um 20 % Wassergehalt offenbar noch genügend plastisch bleiben und deshalb weniger Spannungen entstehen. Der ernährungsphysiologische Wert von Teigwaren wird durch hohe Trocknungstemperaturen nicht gemindert.

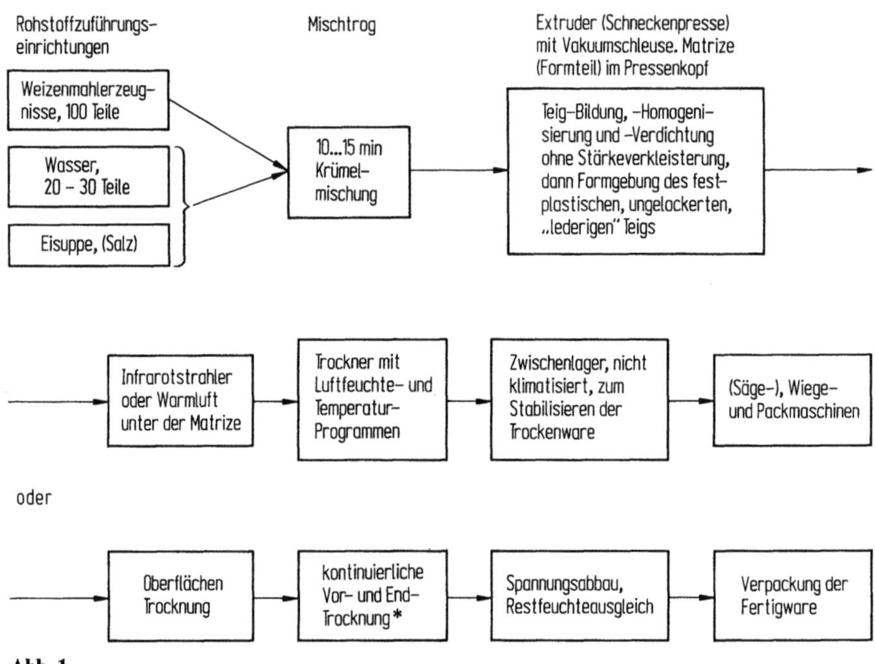

Abb. 1

Eine Übersicht über die Herstellung von Teigwaren gibt das *Fließschema* (s. Abb. 1).

Wesentliche Qualitätsbeeinflussende Herstellungsfaktoren

Im Mischtrog: Genügend gleichmäßige Durchfeuchtung der Weizenmahlerzeugnisse in der Krümelmasse.

Im Extruder: Schonende Teigbereitung ohne das Gluten schädigende Scherbeanspruchungen und ohne Erwärmung über 60 °C in der Extrusionsschnecke, sonst leiden die Feinverteilung des Proteins und dessen Struktur. Beides mindert die Kochstabilität. Luftentzug durch Vakuum für höhere Teigdichte.

Beim Trocknen: Führung der Diagramme so, daß im Zusammenwirken von Luftfeuchte- und Temperaturprofilen ein Wasserentzug „von innen nach außen" erfolgt. Solange ein nennenswertes Feuchtegefälle im Teigwarenquerschnitt besteht, dürfen sich die Außenschichten noch nicht verhärten, sonst entstehen Schwindungsspannungen, die Trocknungsfehler verursachen. Hochtemperatur-Diagramme mindern diese Gefahr, weil heiße Teigwaren auch im kritischen Feuchtigkeitsbereich um 20–18%, anders als mäßig warmes Trockengut, noch genügend plastisch bleiben.

3 Qualitätsgesichtspunkte

Hinsichtlich der vom Verbraucher und vom Handel gewünschten Teigwareneigenschaften, die ein günstiges Qualitätsbild ausmachen, ist folgendes zu beachten.

Letzten Endes geben die Koch- und Verzehreigenschaften den Ausschlag für Wiederholungskäufe. Die Einkäufer großer Lebensmittelketten, aber auch viele Hausfrauen, richten sich jedoch zuerst einmal nach dem Aussehen der trockenen Rohteigwaren und bevorzugen Erzeugnisse mit einer möglichst kräftig reingelben Farbe und nur wenigen dunklen sowie weißen Stippen. Abgesehen von Walzware und gebrühten Spätzle sollen Teigwaren außerdem gleichmäßig durchscheinend („transparent") sein; dieses Merkmal intensiviert rein physikalisch den Farbeindruck. Wichtiger wäre es freilich, statt auf diese ästhetischen Merkmale auf die Abwesenheit von Trocknungsfehlern zu achten sowie darauf, daß die trockenen Teigwaren nicht splittrig-spröde sind, doch damit sind die meisten Käufer nicht vertraut. Allerdings läßt nur dieses Negativmerkmal einen Schluß auf die Kochqualität zu, die in der Regel gegenüber fehlerfrei getrockneter Ware abfällt. Farbe und Stippigkeit der Teigwaren haben dagegen keine Beziehung zu den Kocheigenschaften, obwohl das irrtümlich immer wieder angenommen wird. Je nach den verarbeiteten Rohstoffen und den Prozeßeinwirkungen können Erzeugnisse mit klar gelbem oder aber mit blaß-bräunlichem Farbton mit viel oder wenig Stippen das bessere Kochverhalten besitzen.

Hinsichtlich des Kochverhaltens ist zwischen den Ansprüchen bei der Zubereitung im Haushalt und der in Großküchen – nebst den besonderen Bedingungen der Warmbevorratung und des Portionierens in Gaststätten und Kantinen – zu unterscheiden. Im Haushalt läßt sich durch Probekosten der Garegrad abpassen, der dem jeweiligen Konsumentenkreis am besten zusagt, von „al dente" (fest im Biß) bis weich. Die gegarten Teigwaren werden normalerweise gleich nach dem Abgießen und eventuell kaltem Nachspülen auf den Tisch gebracht und verzehrt; an ihre Kochstabilität, d. h. den Erhalt einer elastisch-festen Beschaffenheit und nicht oder nur wenig verquollener Oberfläche nach verlängerter Kochdauer oder längerem Warmhalten werden deshalb geringere Anforderungen gestellt als bei Großküchenware. Weiterhin spielt die Neigung zum Zusammenkleben, die beim Portionieren stört, im Haushalt eine geringere Rolle. Der Feuchtefilm vom Abspülen oder die Zugabe von etwas Fett oder Soße verhindern hier meistens das Kleben innerhalb der kurzen Frist bis zum Verzehr. Dagegen soll in jedem Fall das Kochgut locker – voluminös in einer Schüssel oder auf dem Teller liegen und produkttypisch angenehm riechen und schmecken. Möglichst einheitliche Dicken oder Wandstärken und Stückgrößen innerhalb einer Handelspackung oder eines größeren Gebindes sind wichtig für das Erreichen eines gleichartigen Garezustandes in der jeweils angegebenen Kochzeit.

Durumweizen gilt als zu bevorzugender Teigwarenrohstoff, weil die meisten Sorten und Aufwüchse dem Angebot an Aestivumweizen in der technologischen Eignung, d. h. nach Mahlpotential (für Grieße und Dunste), Farbpotential und Kochpotential überlegen sind.

Obwohl deutsche Teigwarenfabriken in der Regel körnige bis griffige Mahlerzeugnisse (Grieße und Dunste) Mehlen vorziehen und zudem von Lieferung zu Lieferung gleichbleibende *Feinheitsgrade* und *Korngrößenverteilungen* (Siebanalyse) wünschen, ist festzuhalten, daß die Vermahlungsfeinheit an sich kein qualitätswirksamer Faktor ist. Die Betriebe stellen sich aber mit dem Produktionsablauf auf bestimmte Granulationen ein, bei denen sie dann bleiben wollen. Dagegen spielt der *Ausmahlungsgrad*, erkennbar an steigenden Aschegehalten sowie Anteilen an Schalen-, Keim- und anderen Kornrandschichtengeweben eine Rolle. Bei Durumgrießen und -Dunsten liegen die handelsüblichen Ausmahlungsgrade zwischen 60 % und 70 %; bis zu 75 % wären bei gesunden Rohweizen ohne gravierende Qualitätsnachteile gegenüber 70 % möglich. Das Kochpotential wird dann innerhalb des genannten Ausmahlungsbereiches mit den höheren Graden eher etwas besser, was zum Teil auf zunehmenden Proteingehalt zurückzuführen ist; vermutlich wirken dabei auch noch andere Inhaltsstoffe aus den äußeren Kornschichten mit. Die Farbreinheit der Teigwaren leidet dagegen durch sich verstärkende Tendenzen zu grau-bräunlichen Verfärbungen, die enzymatischer, aber auch nichtenzymatischer Natur sein können. Außerdem nehmen Zahl und Feinheit dunkler Schalen- und Keimstippen merklich zu und tragen zur Farbtrübung bei. *Witterungsschäden* am Rohdurum sind ebenfalls eine Ursache für ausgeprägtere grau-bräunliche Farbnuancen bei Grieß und Teigwaren. Auswuchsschäden mindern zwar das Mahlpotential, tangieren jedoch kaum das Kochpotential – es sei denn, daß Proteinschäden eingetreten sind (was selten vorkommt).

Das *Farbpotential* des Mahlerzeugnisses wird also durch den Ausmahlungsgrad und die Witterungsverhältnisse beeinflußt. Entscheidend bleibt jedoch die durch das dominierend sortenbedingte Niveau an carotinoiden Gelbpigmenten im Weizenendosperm bestimmte Gelbintensität und deren Stabilität im Verarbeitungsgang, sowie die gleichermaßen sortentypisch rein gelbe oder grau- bzw. braunstichige Endospermfarbe. Die Farbnuancen der Mahlerzeugnisse finden sich weitgehend bei den aus ihnen hergestellten Teigwaren wieder.

Das *Kochpotential* der Weizenrohstoffe hängt vorwiegend von einem guten Proteinniveau ab (mindestens 12 % i. Tr., besser 13 % i. Tr., N × 5,7 im Grieß). Daneben ist aber die Bedeutung der Proteinbeschaffenheit nicht zu übersehen, obwohl es bisher noch nicht gelungen ist, die sortenabhängigen Abstufungen in der Kochstabilität von Teigwaren mit genau abgrenzbaren Glutenfraktionen eindeutig in Verbindung zu bringen. Eine mittlere Glutenqualität, nicht zu schlaff und nicht zu kurz, bietet nach bisheriger Erfahrung die beste Gewähr für eine zufriedenstellende industrielle Produktion mit den unterschiedlichsten Arten der Prozeßführung. Gerade die von den Rohstoffen eingebrachten Gluteneigenschaften unterliegen nämlich während der Teigentwicklung in der Extrusionsschnecke z. T. erheblichen, mechanisch und/oder thermisch bedingten Veränderungen, die sich ihrerseits auf die Kochqualität der Teigwaren auswirken. Das macht eine Beurteilung des Kochpotentiales nur anhand der Glutenqualität der Weizenrohstoffe unsicher.

Tabelle 2. Übersicht über die Qualitätsmerkmale von Teigwaren

Trockene Rohware	Gargekochte Ware
Farbe rein gelb, opak durchscheinend	Farbe hell
wenige dunkle und/oder weiße Stippen	Oberfläche glatt bis kaum verquollen
keine Trocknungsfehler (Risse, Sprünge)	geringe Klebeneigung
glatte Oberfläche	gutes Schüttvolumen
gute Konturen gleichmäßige Dicke	fest-elastische Konsistenz (glatter Durchbiß)
keine Bruchstücke	geringer Wertabfall nach verlängerten Koch- oder Warmhaltezeiten

Technologisch ist es außerdem von Bedeutung, daß die Wasserzugabe zu Teigwarenteigen nur etwa die Hälfte der für Bäckereiteige üblichen Zugußmengen beträgt. Deshalb erreichen weder die Entwicklung noch die Feinverteilung des Glutens in dem wasserärmeren Teig denselben Zustand wie im feuchteren Hefeteig. Nichtsdestoweniger sind aber eine Mindestmenge an glutenbildendem Protein in den Teigwarenrohstoffen, die von seinem Hydratationsverhalten abhängige Verteilbarkeit, und der jeweils im Teigwarenteig vor der Formung durch die Matrize erzielte Verteilungsgrad des Glutens wesentliche Voraussetzungen für gute Kocheigenschaften der getrockneten Fertigware. Der ebenfalls vom Gluten abhängige Faktor Gashaltevermögen spielt dagegen bei den stets ungelockert verarbeiteten Teigwarenteigen keine Rolle.
Obwohl das hochpolymere Kohlenhydrat Stärke der prozentual weit überwiegende Inhaltsstoff der Weizenrohstoffe ist, wirken sich erfahrungsgemäß weder der Stärkezustand noch das Amylose/Amylopektin-Verhältnis nennenswert auf die Kochqualitäten aus – abgesehen von größeren Polymerisationsmängeln nach Reifestörungen, oder von starken Abbauerscheinungen durch intensive Auswuchsschäden. Beides kommt aber in der Praxis nicht häufig vor.
Eizugaben verbessern Geschmack, Nährwert und Kocheigenschaften von Teigwaren. Die Aufwertung des Gesamtproteins wird allerdings erst physiologisch relevant mit 3–4 Vollei-Inhalten je kg Grieß. Die Kochfestigkeit auch von Teigwaren aus Aestivumweizen wird erheblich gesteigert durch flüssiges, koagulierfähiges Eiklar – d.h. Eigelb allein wirkt nicht, es muß Vollei verwendet werden. Eigelb macht jedoch den Teig im Verarbeitungsgang geschmeidiger.

3.5 Mikrobiologie der Backwaren-Herstellung [1]

G. Spicher, Detmold

1 Biologische Lockerungsmittel

Teige, die für die Herstellung von Brot, Kleingebäck und gewissen Feinen
Backwaren vorgesehen sind, werden auf mikrobiellem Weg durch Nutzung
von Gärungsvorgängen gelockert. Soweit es sich um Teige aus Weizenmehl
handelt, wird die alkoholische Hefegärung angewandt. Zur Lockerung von
Teigen, die ausschließlich oder teilweise Roggenmehl enthalten, dient ebenfalls
der Sauerteig. Mit der Verwendung von Sauerteig wird zudem eine Säuerung
des Roggenmehles und die Ausbildung eines säuerlich-aromatischen Geschmacks des Brotes bezweckt.

1.1 Backhefe

Als Back- bzw. Bäckerhefe werden verschiedene Rassen einer auf Melasse im
Zulauf- und Belüftungsverfahren industriell gezüchteten obergärigen Hefe der
Gattung Saccharomyces cerevisiae (Backhefe, Preßhefe, Normalhefe) einge-
setzt. Diese wird in verschiedener Form und Verpackungsart angeboten
(Brümmer, 1979):

Pfund- oder Stangenhefe: derzeit die verbreitetste Angebotsform. Es handelt
sich um eine Hefe, die nach dem Züchtungsprozeß vom Substrat abgetrennt,
gewaschen und anschließend durch Feuchtigkeitsentzug (z. B. Vakuumfiltra-
tion) gewonnen wird. Nach der Filtration wird die Hefe mittels Strangpresse zu
einem Stab mit rechteckigem Querschnitt zusammengepreßt und in Blöcke von
500 g (neuerdings auch 2500 g – sog. Hefestangen) geteilt. Die gepfundete Hefe
hat einen Wassergehalt von 72–75 %, eine Hefetrockensubstanz von 27–30 %.
Die Trockensubstanz besteht im Mittel zu 45 % aus stickstoffhaltigen und zu
50 % aus stickstoff-freien Stoffen, etwa 5–9 % der Trockensubstanz entfallen
auf Mineralbestandteile. Die Pfundhefe ist bei +4 °C für 6–8 Tage ohne
nennenswerte Beeinträchtigung ihrer Triebkraft lagerfähig.

Beutelhefe: entspricht der Pfund- oder Stangenhefe. Sie wird nach Abnahme
vom Filter (bzw. nach Feuchtigkeitsentzug) nicht gepfundet, sondern sauer-
stoffdicht in Kunststoffbeuteln zu je 25 kg verpackt. Die Hefetrockensubstanz
beträgt 30–32 %.

---

[1] Nr. 5588 der Veröffentlichungen der Bundesforschungsanstalt für Getreide- und Kartoffelverarbeitung, Detmold.

Flüssighefe: eine separierte, gewaschene Hefe (sog. Hefemilch) mit einer Hefetrockensubstanz von ca. 18 %. Die Flüssighefe wird in Tankwagen direkt angeliefert, insbesondere zu Betrieben im engeren Umkreis der Hefefabrik.

Trockenbackhefe: Durch weitergehenden Wasserentzug der Frischhefe fällt Trockenbackhefe mit einer Hefetrockensubstanz von 92–96 % an (Wassergehalt 4–8 %). Es handelt sich um granulierte oder pulverförmige Produkte, die unter Vakuum oder Schutzgas abgefüllt und verpackt werden. Die nur geringen Restmengen an Wasser erlauben es, die Trockenbackhefe ohne Aktivitätsverlust mindestens ein Jahr (Garantiezeit) zu lagern. Trockenbackhefe wird hauptsächlich in Bäckereien tropischer und subtropischer Gebiete und in der häuslichen Bäckerei eingesetzt. Ebenfalls ist sie häufig (separat abgepackt) Bestandteil von backfertigen Vormischungen für den Haushalt.

Instant-Hefe: Die Anwendung moderner Trocknungsverfahren, insbesondere des Fließbettverfahrens, machte es möglich, eine Trockenbackhefe (Hefetrockensubstanz 95 %) zu gewinnen, die in ihrer Gärkraft den Preßhefequalitäten nicht nachsteht (Aktive Trockenbackhefe). Während Trockenbackhefen durch vorheriges Auflösen erst reaktiviert bzw. rehydratisiert werden müssen, kann eine instantisierte Trockenbackhefe dem Mehl bzw. Teig in der ersten Knetphase direkt zugegeben werden. Die Aktivität der instant-aktiven Trockenbackhefe (u. a. FERMIPAN®) entspricht etwa 87 % des Gasbildungsvermögens der Preßhefe. Der Wassergehalt der Hefe liegt unter 5 %. Im vakuumverpackten Zustand ist die Instant-Hefe 4–22 Monate (18 °C) haltbar.

Die zur Einleitung der Lockerung des Teiges jeweils einzusetzende Hefemenge (1–6 % Hefe, auf Mehl bezogen) wird durch die Rezeptur, die Teigführung, die Art und Qualität der Hefe, die Qualität des Mehles und anderweitige innerbetriebliche Bedingungen bestimmt. Die Backhefe vermehrt sich am schnellsten bei Temperaturen zwischen 24 und 26 °C; die Gärung verläuft bei 28–32 °C optimal (optimaler pH-Bereich 4,0–5,0).

1.2 Sauerteig

Der Sauerteig wurde ursprünglich bei der Bereitung jeglicher Art von Brotteig eingesetzt. Die durch ihn bewirkte Lockerung geht vornehmlich von Hefen aus; bis zu einem gewissen Grad tragen auch heterofermentative Lactobacillen dazu bei. Mit der Einführung einer speziellen Backhefe zu Beginn des 20. Jahrhunderts und der Weiterentwicklung der Bäckereitechnik begrenzte sich die Anwendung des Sauerteiges bis auf wenige Ausnahmen (z. B. bei der Herstellung von Panettone und manchen Lebkuchenarten) auf die Bereitung von Roggen- und Roggenmischbrotteigen.
Die zur Heranführung des Sauerteiges einzuleitende Sauerteiggärung kann unter Verwendung eines handelsüblichen Sauerteigstarters, eines vom vorangegangenen reifen Vollsauer abgenommenen Anstellgutes bzw. Anstellsauers oder eines Spontansauers – der sich von der Mikroflora des Mehles herleitet und durch Ansatz von Mehl und Wasser und Weiterführen unter mehrmaligem Anfrischen gewonnen wurde – erfolgen (Abb. 1). Die Wahl der Bedingungen

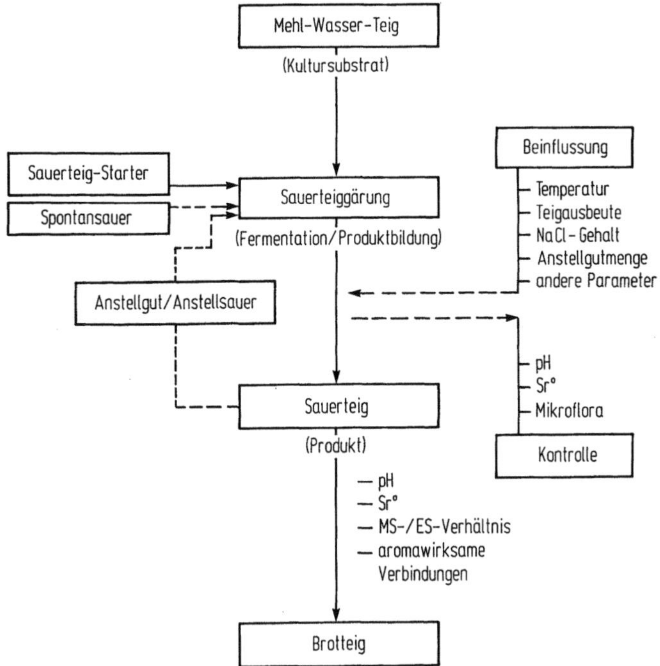

Abb. 1. Ablaufschema der Roggenteigbereitung

der Führung des Sauerteiges läßt es sodann zu, Einfluß auf den Verlauf der Sauerteiggärung zu nehmen und die Säuerung des Teiges auf die Erfordernisse der Rezeptur des herzustellenden Brotes auszurichten. Hierzu wird vornehmlich auf die Temperatur, die Teigausbeute oder den Anstellgutanteil zurückgegriffen (Spicher und Stephan, 1982).

Bei den Sauerteigstartern handelt es sich teils um Erzeugnisse, die in halbfeuchter Form vertrieben werden, teils um getrocknete oder gefriergetrocknete Kulturen. Sie weisen einen Gehalt an lebensfähigen Lactobacillen in Höhe von etwa $3{,}0 \times 10^4$ bis zu $6{,}0 \times 10^9$ KBE/g auf (Tab. 1). Neben Lactobacillen bringen die Starter teils keine Hefen, teils zwischen 1×10^3 und 2×10^5 Hefen/g in den Ansatz des Sauerteiges ein. Ebenso bestehen Unterschiede im „Eigen"-pH-Wert und -Säuregrad der Starter.

Die Sauerteigstarter unterscheiden sich ebenfalls hinsichtlich der Zusammensetzung an Sauerteigbakterien mit homofermentativem und heterofermentativem Stoffwechsel (Abb. 2). Säuerungs- und Backversuche ließen erkennen, daß die verschiedenen Lactobacillen (und dementsprechend die Sauerteigstarter gemäß ihrer Zusammensetzung) durch ein bestimmtes Säuerungsverhalten (Absenkung des pH-Wertes, Verhältnis der gebildeten Milch-/Essigsäure bzw. Gärungsquotient, Säuregrad) charakterisiert sind. Dies bedingt ebenfalls ein unterschiedliches Verhalten bei Änderung der Führungsbedingungen. Den bislang vorliegenden Erkenntnissen zufolge ist eine technologische Bedeutung

Tabelle 1. Kenndaten handelsüblicher Sauerteigstarter (Spicher, 1985a)

Bezeich- nung	Art des Starters	Durchschnittlicher mikrobieller Keimgehalt/g		Säuerung	
		Lactobacillen ($\times 10^6$)	Hefen ($\times 10^3$)	pH	Sr°
A-1	Getrocknete Kultur	2900	> 100	5,4	37,8
A-2	Getrocknete Kultur	4900	1	5,9	18,6
A-3	Gefriergetrocknete Kultur	5600	–	7,0	0,25
A-5	Halbfeuchte Kultur	800	170	4,0	28,4
A-6	Halbfeuchte Kultur	0,028	12	3,65	36,6
A-7	Halbfeuchte Kultur	79	5300	4,1	22,2
A-8	Halbfeuchte Kultur	490	25000	3,8	30,8
A-9	Flüssige Kultur	330	4900	3,6	29,8
A-10	Getrocknete Kultur	350	3200	4,35	13,9
A-11	Flüssige Kultur	1200	18000	3,55	30,8

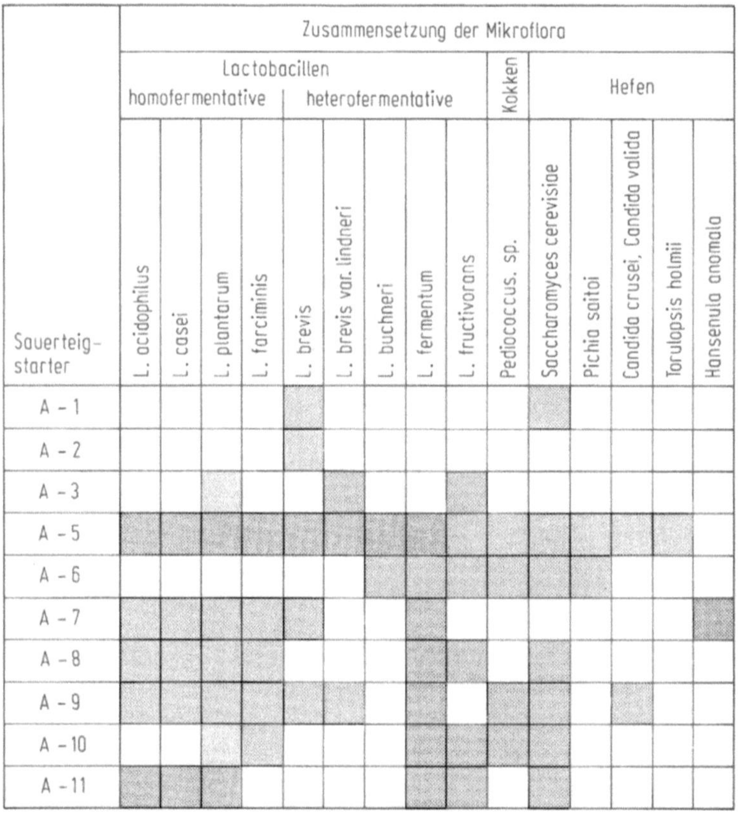

Abb. 2. Zusammensetzung der Mikroflora handelsüblicher Sauerteigstarter (Spicher, 1984)

Tabelle 2. Kenndaten handelsüblicher Sauerteige in Trockenform (Spicher, 1985b)

Bezeichnung	Mikrobieller Keimgehalt/g		Säuerung	
	Lactobacillen	Hefen	pH	Sr°
B-1	70 000	< 10	4,5	36,3
B-2	250 000	< 10	3,8	35,5
B-3	24 000	< 10	4,0	43,7
B-5	40	300	3,3	95,7
B-6	$2,4 \times 10^6$	140	3,9	37,3
B-7	460	< 10	3,7	81,3

für die Reifung bzw. Gärung des Sauerteiges insbesondere den heterofermentativen Species Lactobacillus brevis ssp. lindneri, L.brevis und L.fructivorans sowie den homofermentativen Species Lactobacillus plantarum und L.farciminis beizumessen (Spicher, Schröder und Stephan, 1980, Spicher und Nierle, 1984).

1.3 Sauerteig in Trockenform

Im Bestreben, die Bereitung und die Anwendung des Sauerteiges zu vereinfachen, wurde neuerdings ein durch Entzug von Wasser haltbar gemachter Sauerteig entwickelt. Dieser kann – unter Umgehung der Vorbereitung und Heranführung eines betriebseigenen Sauerteiges – zum Zeitpunkt der Bereitung des Teiges entsprechend einem versäuerten Roggenmehl eingesetzt werden.
Derartige Sauerteige werden unter Anwendung von Vakuum-Walzentrocknungsverfahren oder auch Gefriertrocknungsverfahren haltbar gemacht (Klempp, 1983). Soweit bislang bekannt geworden, gelten als signifikantes Wertmerkmal für die lebensmittelrechtliche Beurteilung dieser Erzeugnisse, neben der weitgehenden Erhaltung ihrer Aromen, Nähr- und Wirkstoffe, die Forderung, daß der mikrobiologische Zustand nur unwesentlich bzw. kaum verändert ist (Bode und Seibel, 1982, Klinga, 1983). Der Gehalt der derzeit im Handel befindlichen Sauerteige (getrocknet) an „Sauerteigbakterien" bzw. Lactobacillen variiert in weiten Grenzen (Tab. 2). Der Anteil der Hefen an der Mikroflora dieser Sauerteige beläuft sich zumeist auf weniger als 10 KBE/g. Hinzu kommen Unterschiede im „Eigen"-pH-Wert und „Eigen"-Säuregrad.

2 Mikroorganismen als Ursache des Verderbs von Backwaren

Unter den Ursachen des Verderbs einer Backware steht die Schimmelbildung an erster Stelle. Dadurch ist die Backware in ihrem Aussehen, zumeist auch im Geruch und Geschmack beeinträchtigt und ungenießbar geworden. Es besteht zudem die Gefahr der Kontamination des Erzeugnisses mit toxischen Stoffwechselprodukten von Schimmelpilzen, den Mykotoxinen (Spicher, 1984).

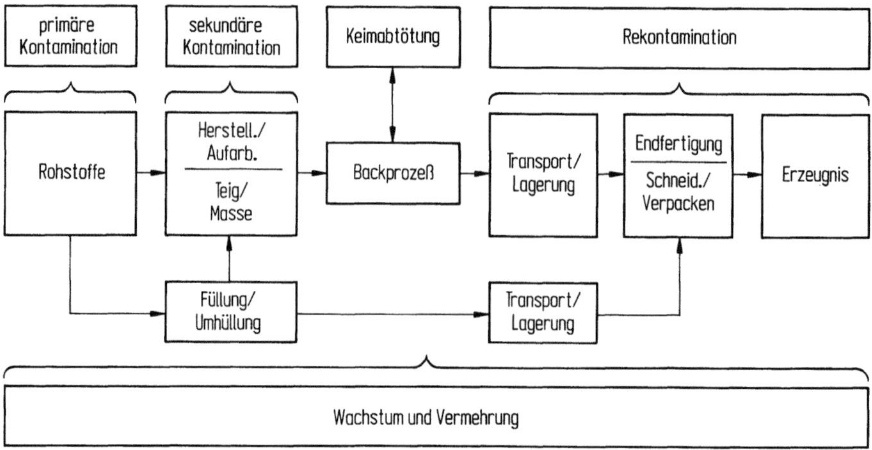

Abb. 3. Ursachen der Kontamination der Backwaren mit Schimmelpilzen

Die Anreicherung einer Backware mit mikrobiellen Keimen kann an verschiedenen Stellen und zu unterschiedlichen Zeiten im Ablauf des Herstellungsganges der Backware erfolgen. In Betracht zu ziehen sind vor allem:

1. die Mikroflora des Rohstoffes, der Zusatzstoffe und Hilfsstoffe (primäre Kontamination),
2. die Kontamination im Verlauf des Herstellungsganges der Backware (sekundäre Kontamination),
3. die Rekontamination der fertigen, mehr oder weniger keimarmen Backware (z. B. nach dem Backprozeß oder der Sterilisation),
4. die Vermehrung der infolge einer sekundären oder primären Kontamination auftretenden Keime im Verlauf des Produktionsprozesses und der Lagerung (Abb. 3).

Welches Gewicht den einzelnen Faktoren der mikrobiellen Kontamination der Backware beizumessen ist, hängt vornehmlich von der Art des erzeugten Produktes (d. h. seinem Gehalt an Nährstoffen, seinem Wassergehalt u. a.) und der zu dessen Herstellung eingesetzten Technologie ab (Spicher, 1980).

2.1 Das Risiko der Schimmelkontamination der Backware

Die Kontamination der Backware durch Schimmelpilze erfolgt vornehmlich, nachdem diese den Backofen verlassen hat (Rekontamination): während des innerbetrieblichen Transportes, des Auskühlens und der Lagerung, beim Schneiden und/oder Verpacken (Abb. 4). Die Kontamination erfolgt durch Übertragung bei Berührung mit verunreinigten Oberflächen von Maschinen, Geräten, Gegenständen, Händen etc. (direkte bzw. Kontaktkontamination) oder durch Übertragung von verschiedenen Streuquellen wie etwa Lagerstätten der Reste und Abfälle, verschimmelten Materialien u. dgl. (indirekte bzw. Luftkontamination).

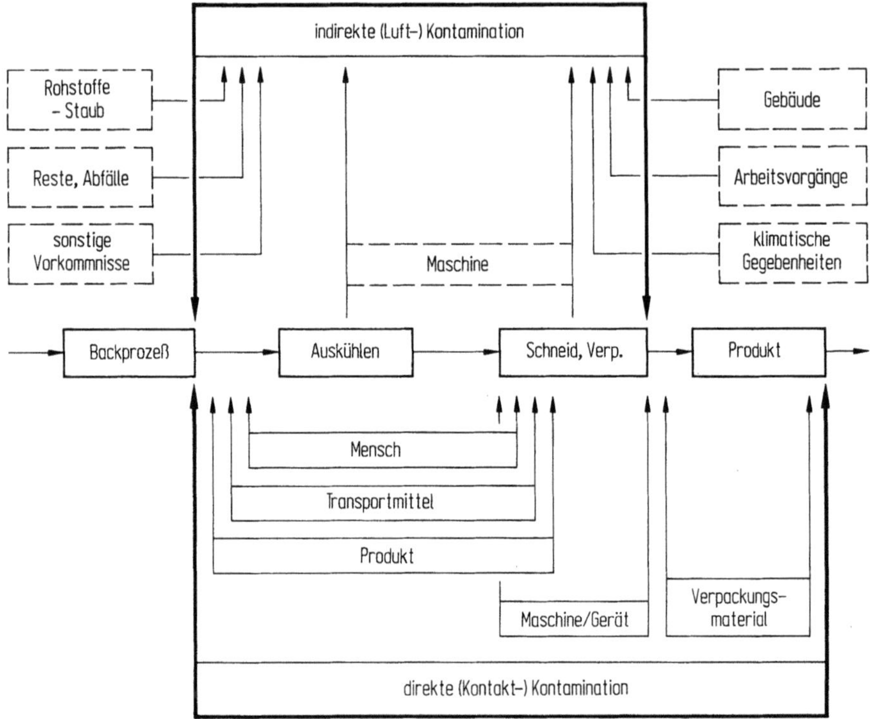

Abb. 4. Wege der Kontamination des Brotes mit Schimmelpilzen im Verlauf der Produktion

Auf ihrem Weg vom Backofen bis zur Auslieferung durchläuft die Backware Produktionsbereiche, die allgemeinhin mit bis zu 4000 Schimmelsporen je cm^3 Luft belastet sind. Zeitweilig ist diese einem Kontaminationsrisiko bis zu 90 000 Schimmelsporen je cm^3 Luft ausgesetzt (Spicher, 1980). Bei Vorliegen eines Keimgehaltes der Luft in Höhe von 85 bis zu 5000 Schimmelsporen je cm^3 ist mit einer stündlichen Kontaminationsrate von 10 bis zu 400 Schimmelsporen je 100 cm^2 Brotoberfläche zu rechnen. Die aus einer direkten Übertragung hervorgehende Kontamination der Backware mit Schimmelpilzen erfolgt vor allem dort, wo sich infolge mangelhafter Reinigung von Maschinen und Geräten Kontaminationsherde ausbilden.

2.2 Auf Backwaren auftretende Verderbserreger

2.2.1 Schimmelpilze und Hefen

Die den Verderb von Backwaren verursachenden Pilze ordnen sich teils den Phycomyceten bzw. den niederen Pilzen zu (Mucor ssp., Rhizopus ssp.), teils den Eumyceten bzw. höheren Pilzen (u. a. Aspergillus ssp, Penicillium ssp, Euroticum ssp, Paecilomyces varioti). Inwieweit das Befallsbild durch Vertreter dieser Gattungen geprägt ist, steht in enger Beziehung zur Rezeptur der

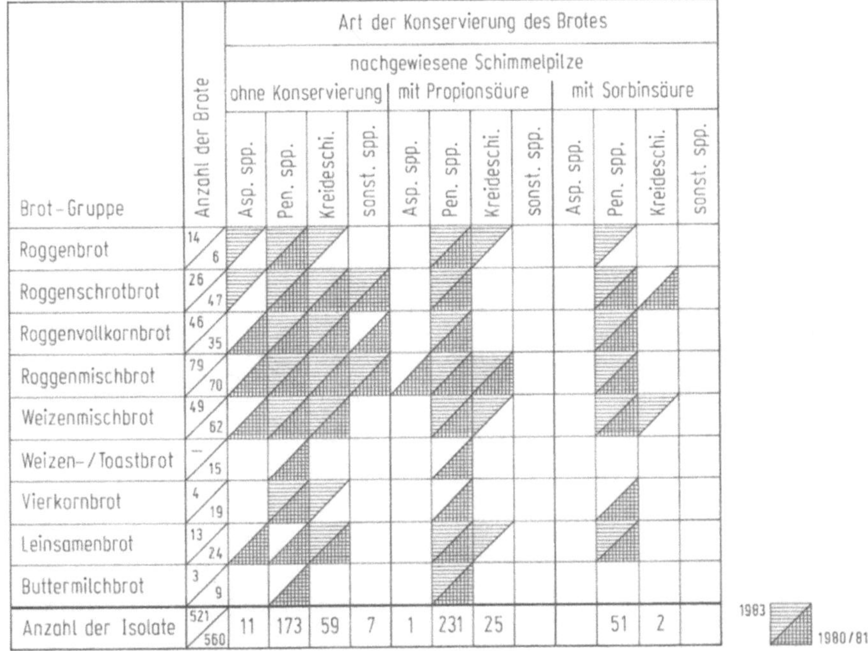

Abb. 5. Verbreitung der Erreger der Schimmelbildung auf konservierten und nicht-konservierten Schnittbroten (Spicher, 1985)

Backware, der Art der Verpackung und den Bedingungen der Lagerung (Abb. 5).

Das Brot ist allgemeinhin am schimmelanfälligsten. Bedingt durch seinen relativ hohen Wassergehalt stellt sich in seiner Umgebung eine Gleichgewichtsfeuchte von 95% und höher ein (Schultheiss und Spicher, 1974). Vor allem fällt das in Scheiben geschnittene Brot den Schimmelpilzen anheim, wohingegen Brote mit einer einwandfreien, allseits geschlossenen Kruste weit weniger gefährdet sind. Ebenfalls kommt es bei Broten, die zu schwach ausgebacken sind, zu einer schnelleren Entwicklung von Schimmelpilzen.

Die bei verpackten Schnittbroten auftretende Pilzflora ist recht einheitlich. Vornehmlich handelt es sich um Penicillium roqueforti (Abb. 5). Allerdings ist das Befallsbild konservierter Brote mehr durch P. roqueforti geprägt als das nichtkonservierter Brote. Auf letzterem finden sich daneben Aspergillus ssp., Vertreter der als „Kreideschimmel" bezeichneten Hefen (u. a. Zygosaccharomyces bailii, Endomyces fibuliger, Saccharomyces cerevisiae, Hyphopichia burtonii, Moniliella suavolens) und vereinzelt einige weitere Schimmelpilze.

Die vielfältigen Unterschiede in der Rezeptur und der Herstellung (Gewicht, Backzeit u. a.) der Feinen Backwaren finden ihren Niederschlag in Feuchtigkeitsgehalten von nahe 1% bis zu 30%. Ein Wassergehalt der Krume von etwa 10–15% steht im Gleichgewicht mit einer relativen Luftfeuchte von etwa 60–70% (Huber, 1964), einer Spanne, die vornehmlich von xerophilen Schimmel-

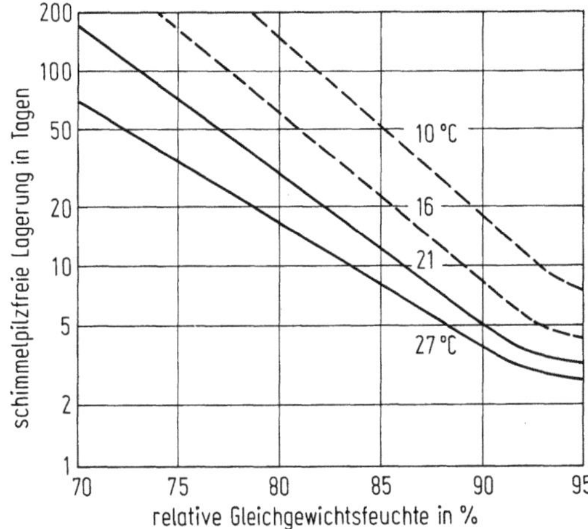

Abb. 6. Beziehung zwischen rel. Luftfeuchte und schimmelfreier Lagerung von Backwaren bei verschiedenen Lagerungstemperaturen (Seiler, 1981)

pilzen überbrückt werden kann. Daneben setzt vielfach der Zuckeranteil in der Feinen Backware (7 bis zu 42%) der Entwicklung von Schimmelpilzen eine Grenze. Die spezifische Empfindlichkeit der Feinen Backwaren beruht daher zum wesentlichen in der Bereitschaft zur Aufnahme von Feuchtigkeit – sei es von der umgebenden Atmosphäre oder infolge Wanderung der Feuchtigkeit im Innern der Backwaren von Stellen mit höherem Feuchtigkeitsgehalt (Füllungen, Auflagen, Früchte u.a.) – zu Teilen mit geringerem Wassergehalt (Krume), in deren Gefolge sich für das Wachstum von Schimmelpilzen günstige Bedingungen herausbilden (Abb. 6).

Die sich ergebenden Probleme betreffen vielfach nicht nur die Verhinderung einer Rekontamination der Feinen Backware, sondern auch der primären und der sekundären Kontamination. Bei diesen Backwaren erfährt die Tatsache, daß beim Backprozeß in der Regel alle Schimmelsporen abgetötet werden, eine gewisse Einschränkung. Zum einen gibt es kleine Stücke, die nur ganz kurze Zeit gebacken oder gar bei Temperaturen unter 80 °C getrocknet werden, zum anderen muß der geringere Wassergehalt von Kuchen im Vergleich zum Brot und die daraus resultierende höhere Hitzeresistenz der Schimmelsporen in Betracht gezogen werden. Unter diesen Gegebenheiten können die Schimmelsporen durchaus eine Temperatureinwirkung von 100 °C über 30–60 Minuten überdauern (Huber, 1964). Schließlich wird der gebackene Anteil vielfach weiterverarbeitet, größere Anteile der zur Herstellung von Feinen Backwaren herangezogenen Füllungen, Überzüge, Dekorationen u. dgl. werden nicht ausreichend erhitzt oder nur kalt angerührt.

Die den Verderb der Feinen Backwaren hervorrufende Schimmelpilzflora ist demgemäß recht vielfältig. Im Vordergrund stehen Vertreter der Gattungen Aspergillus und Penicillium (Abb. 7). Trotz großer Vielfalt treten nur wenige Species verbreitet auf und bestimmen das Verderbsbild. Sowohl bei Feinen Backwaren aus Feinteigen mit Hefe als auch bei Feinen Backwaren aus Massen mit Aufschlag ist das Wachstum von Euroticum herbariorum der häufigste

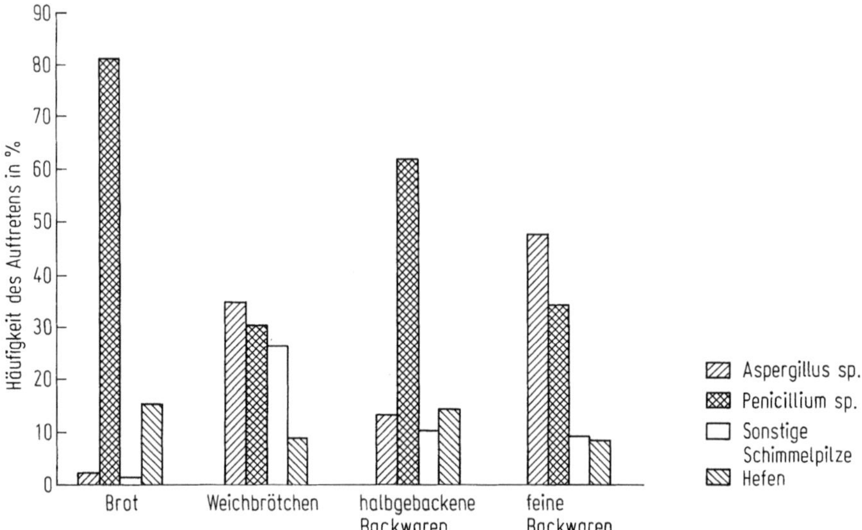

Abb. 7. Häufigkeit des Nachweises der bei Feinen Backwaren und Schnittbroten auftretenden Schimmelerreger (Spicher und Isfort, 1987)

Anlaß eines Verderbs. Während bei Feinen Backwaren aus Feinteigen mit Hefe daneben (in der Reihenfolge der Häufigkeit) Penicillium verrucosum var. cyclopium, P. chrysogenum und von den Hefen Candida fennica auftreten, geht der Verderb von Feinen Backwaren aus Massen mit Aufschlag nicht selten auch von Euroticum amstelodami und Sporendonema sebi aus, jedoch kaum von Penicillien und Hefen. Des weiteren fällt auf, daß durch Euroticum herbariorum insbesondere „trockenere" Backwaren (u. a. Früchtebrot, Stollen, Streuselkuchen, Butterkuchen) verderben (> 50 %), hingegen „feuchtere" Backwaren (Obstkuchen, Bienenstich, Käsekuchen u. a.) vornehmlich durch Penicillium crustosum und P. verrucosum var. cyclopium. Unter den als „Kreideschimmel" anzusprechenden Schimmelerregern der Feinen Backwaren sind bis zu neun verschiedene Arten von Hefen nachzuweisen; diese treten in unterschiedlicher Häufigkeit auf. Mehr als die Hälfte der Erreger ordnen sich den Zygosaccharomyces bailii, Saccharomyces cerevisiae und Endomyces fibuliger zu. Unter den übrigen „Kreideschimmeln" steht Hyphopichia burtonii und Moniliella suavolens im Vordergrund (Spicher und Isfort, 1986, 1987).

2.2.2 Sporenbildende Bakterien

Bei Hefegebäcken (Weizenbrot, ungesäuertem Weizenmischbrot, zucker- und fetthaltigem Brot, Stollen, Früchtebrot, Hefe- und Backpulverkuchen), in seltenen Fällen auch bei schwach gesäuerten Roggen- und Roggenmischbroten tritt unter gewissen Bedingungen das sog. Fadenziehen (auch „Brotkrankheit" genannt) auf. Dieser Verderb äußert sich anfänglich (frühestens 12 Stunden nach Abschluß des Backprozesses) in einem schwach bitteren Geschmack der Krume und einem süßlichen, mehr oder weniger fruchtartigem Geruch. Mit fortschreitendem Verderb tritt eine schwach ammoniakalische und schließlich, wenn die Krume bereits verfärbt und zersetzt ist (frühestens nach 24 Stunden, zumeist nach zwei Tagen), eine unangenehme bis abstoßende Geruchskomponente auf. Die Krume weist zunächst eine schwache, oft gelbliche Verfärbung auf, die zunehmend dunkler wird, und in einen braunen, schmutzig-braunen oder rötlich-braunen Farbton übergeht. Einher geht vielfach auch ein Verlust ihrer Elastizität; sie wird klebrig, schmierig und verformt sich bereits bei leichtem Druck plastisch, schließlich läßt sie sich zu feinen, spinnwebenartigen, seidenglänzenden, trockenen Fäden auseinanderziehen. Derartiges Brot ist für den Verzehr ungeeignet, da es Durchfälle und Erbrechen auslöst.

Das Fadenziehen entsteht als Folge einer fakultativen Mischeffektion der Backware mit verschiedenen Vertretern der Gattung Bacillus, die mehrheitlich der Species Bacillus subtilis zuzuordnen sind, wenn auch den Arten Bacillus licheniformis und B. megaterium (vermutlich ebenfalls B. cereus) diese Fähigkeit zukommt. Die Erreger gelangen vom Getreidekorn über die Mahlprodukte in die Backware. Günstige Bedingungen für deren Entwicklung liegen vor, wenn eine Temperatur von 30–35 °C herrscht, die relative Luftfeuchte auf wenigstens 85% angestiegen ist und das Substrat einen pH-Wert um 6,5 aufweist. Daher tritt das Fadenziehen vornehmlich während der Sommermonate auf (Streuli und Staub, 1955).

3 Literatur

Bode J, Seibel W (1982) Säuerung und Führungen – Begriffsbestimmungen. Getreide Mehl und Brot 36, 1:11–12

Brümmer J-M (1979) Backtechnische Studien mit Bäckereihefe verschiedener Handelsformen. Getreide Mehl und Brot 33, 6:147–153

Huber H (1964) Schimmelbekämpfung bei Feinbackwaren. Industriebackmeister 12:9–10

Klempp J (1983) Die Herstellung von Sauerteigbrot in direkter Führung. Gordian 83(7+8):142–144

Klinga J (1983) Sauerteig in Trockenform – ein wichtiger Rohstoff für die Brotherstellung. Brot und Backwaren 31(1/2):21–24

Schultheiss J, Spicher G (1974) Die Beeinflussung des Schimmelwachstums auf Brot und Backwaren durch verfahrenstechnische und stoffliche Maßnahmen; 1. Mitt: Die Feuchtigkeitsansprüche der in der Luft von Produktions- und Lagerräumen der Brot- und Backwarenindustrie auftretenden Schimmelpilze und ihre Entwicklung auf Brotkrumen in Abhängigkeit von Feuchtigkeit und Temperatur. Getreide Mehl und Brot 28(11):288–296

Seiler DAL (1981) Microbiological Spoilage of Bakery Products. Swiss Food 3(9a):42–44

Spicher G (1980) Zur Aufklärung der Quellen und Wege der Schimmelkontamination des Brotes im Großbackbetrieb. Zbl Bakt Hyg I Abt Orig B 170:508–528

Spicher G (1984) Die Erreger der Schimmelbildung bei Backwaren; 2. Mitt: In verschimmelten Schnittbroten auftretende Mykotoxine. Dtsch Lebensm-Rdschau 80(2):35–38

Spicher G (1984) Die Mikroflora des Sauerteiges. XVII Mitt: Weitere Untersuchungen über die Zusammensetzung und die Variabilität der Mikroflora handelsüblicher Sauerteig-Starter. Z Lebensm Unters Forsch 178:106–109

Spicher G (1985a) Zur Frage der Bewertung von Sauerteig-Starterkulturen, Sauerteigen in Trockenform und sauerteighaltigen Fertigmehlen bzw. Fertigmehlkonzentraten anhand

mikrobiologischer Kenndaten; 1. Mitt: Sauerteig-Starterkulturen. Dtsch Lebensm-Rdschau 81 (6): 177–180
Spicher G (1985b) Zur Frage der Bewertung von Sauerteig-Starterkulturen, Sauerteigen in Trockenform und sauerteighaltigen Fertigmehlen bzw. Fertigmehlkonzentraten anhand mikrobiologischer Kenndaten; 2. Mitt: Sauerteige in Trockenform. Dtsch Lebensm-Rdschau 81: 204–209
Spicher G (1985) Die Erreger der Schimmelbildung bei Backwaren; 4. Mitt: Weitere Untersuchungen über die auf verpackten Schnittbroten auftretenden Schimmelpilze. Dtsch Lebensm-Rdschau 81 (1): 16–20
Spicher G, Nierle E (1984) Die Mikroflora des Sauerteiges; XIX. Mitt: Der Einfluß von Temperatur und Teigausbeute auf die proteolytische Wirkung der Milchsäurebakterien des Sauerteiges. Z Lebensm Unters Forsch 179: 36–39
Spicher G, Isfort G (1986) Die Erreger der Schimmelbildung bei Backwaren; 7. Mitt: Die auf Feinen Backwaren auftretenden Schimmelpilze. Getreide Mehl und Brot 40 (6): 180–184
Spicher G, Isfort G (1987) Die Erreger der Schimmelbildung bei Backwaren; 8. Mitt: Ergänzende Untersuchungen über die bei Feinen Backwaren auftretenden Schimmelpilze. Dtsch Lebensm-Rdschau 83 (5): 140–144
Spicher G, Schröder R, Stephan H (1980) Die Mikroflora des Sauerteiges; X. Mitt: Die backtechnische Wirkung der in „Reinzuchtsauern" auftretenden Milchsäurebakterien (Genus Lactobacillus Beijerinck). Z Lebens Unters Forsch 171: 119–124
Spicher G, Stephan H (1982) Handbuch Sauerteig – Biologie, Biochemie, Technologie. BBV Wirtschaftsinformationen GmbH, Hamburg
Streuli H, Staub M (1955) Über die Erreger der „Brotkrankheit". Mitt Lebensmitteluntersuch Hyg, Bern 46: 312–325, 326–333, 334–339

4 Kartoffelerzeugnisse

W. Scheffel, München

Der Rohstoff Kartoffel ist die Basis für eine Vielfalt von Produkten. Produkte, die aus Kartoffeln industriell hergestellt werden, lassen sich wie folgt unterteilen:
1. Alkohol,
2. Stärke und Stärkederivate,
3. Futtermittel,
4. Veredelte Produkte.

Tabelle 1 gibt eine Übersicht über die veredelten Produkte.

1 Rohstoff Kartoffel

Die Wirtschaftlichkeit der Herstellung und die Qualität der Produkte werden wesentlich durch den Rohstoff beeinflußt. Die wichtigsten Auswahlkriterien sind:
- Ein hoher Ernteertrag,
- Trockensubstanzgehalt (TS),
- Lagerfähigkeit,
- Gehalt an reduzierenden Zuckern,
- Äußere Qualität,
- Fleischfarbe,
- Konsistenz.

Rohstofflagerung

Die Kartoffeln müssen unter Bedingungen eingelagert werden, die äußere Beschädigungen der Knollen und größere Substanzverluste vermeiden. Es wird die Kisten- und Haufenlagerung unterschieden. Bei größeren Kartoffelmengen wird die Haufenlagerung (Stapelhöhe ca. 4,5 m) bevorzugt.

2 Vorbehandlung des Rohstoffes vor der Verarbeitung

2.1 Waschen

Bevor die Kartoffeln in die einzelnen Verarbeitungsstufen gelangen, müssen sie intensiv gewaschen und die Steine abgeschieden werden, um die nachgeschalteten Schäl- und Schneidanlagen nicht zu beschädigen. Meist werden Längswäscher mit Steinabschneider verwendet.

2.2 Schälen

Das Schälen der Kartoffeln ist einer der wichtigsten Verfahrensschritte, da die Kosten des Endproduktes wesentlich von der Höhe des Schälverlustes abhängen.
Mechanische Schälverfahren: Dazu gehören diskontinuierliche Abriebschäler und Messerschälmaschinen. Die Schälverluste betragen zwischen 15-25%.
Dampfschälverfahren: Bei den Dampfschälverfahren werden die Kartoffeln für kurze Zeit (10-90 s) Sattdampf von 12-18 bar ausgesetzt. Dadurch wird die oberste Zellschicht angekocht. Durch plötzliches Entspannen zerreißt die Schale und kann durch Bürsten- und Korundwalzen oder Wasserstrahlen abgetrennt werden. Die Schälverluste betragen je nach Verwendungszweck der geschälten Kartoffeln, 8-15%.

2.3 Verlesen/Nachputzen

Je nach geforderter Schälqualität werden die Kartoffeln verlesen oder nachgeputzt. Dies geschieht auf Verlesebändern. Bei größeren Kartoffelströmen finden auch opto-elektronische Verleseanlagen Verwendung.

3 Herstellung von Kartoffelpüree

Zur großtechnischen Herstellung haben sich zwei Verfahren bewährt, das sog. Flockenverfahren und das Granulat- oder Add-Back-Verfahren (Abb. 1).

3.1 Flockenverfahren

Die geschälten Kartoffeln werden in ca. 12-15 mm dicke Scheiben geschnitten. Nach dem Schneiden werden die Scheiben gewaschen, um die Stärke von der Schnittfläche zu entfernen.
Daran schließt sich die 3-stufige-Wärmebehandlung an. Zunächst werden die Kartoffelscheiben in einem Wasserblancheur auf eine Temperatur etwas oberhalb der Verkleisterungstemperatur der Stärke (ca. 68-75 °C) erwärmt (Verweilzeit 15-20 min).
Es schließt sich eine Abkühlung auf ca. 20 °C in einem Wasserkühler an.
Im dritten Wärmebehandlungsschritt werden die Kartoffelscheiben ca. 20-30 min, in einem Dampfkocher, bei Temperaturen von 100-102 °C gekocht, und zu einem Mus zerkleinert.
Um die Konsistenz, Haltbarkeit sowie den Geschmack des Produktes zu verbessern, werden dem Kartoffelbrei vor dem Trocknen verschiedene Stoffe zugesetzt, z.B. Monoglyceride, Antioxidantien und Gewürze.
Der Kartoffelbrei wird auf einem innenbeheizten Walzentrockner (Walzenoberflächentemperatur ca. 140-160 °C) innerhalb von wenigen Sekunden als dünnes Band getrocknet. Der Auftrag des Kartoffelbreis geschieht mit 4-5

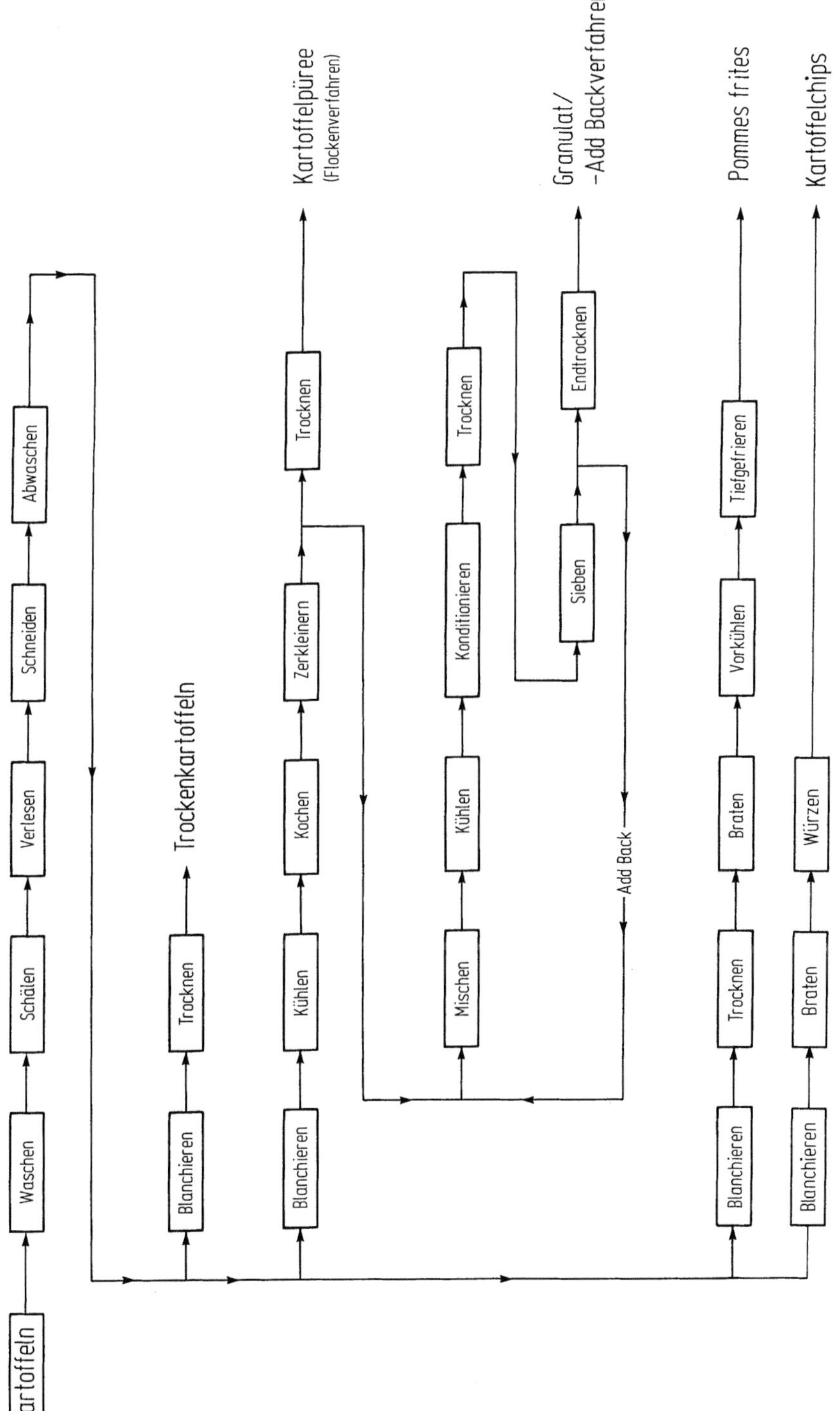

Abb. 1. Herstellung von Trockenkartoffeln, Kartoffelpüree, Pommes frites, Kartoffelchips

Tabelle 1

Frischprodukte:	Geschälte Kartoffeln
	Kartoffelsalat
	Frischkloßteig
Getrocknete Produkte:	
– Trockenkartoffeln	Kloßmehle
	Suppen
– Püree	
– Flocken	Püree
	Kloßmehle
– Granulat	Fertiggerichte
	Snackprodukte
Gebratene Produkte:	Pommes frites gekühlt oder tiefgefroren, Kartoffel-snackprodukte
Sterilprodukte:	Kartoffeln und Kartoffelzubereitungen, sterilisiert in Gläsern, Aluschalen, Alubeuteln

Auftragswalzen. Das Produkt wird von der Walzenoberfläche des Trockners abgeschabt und auf Flockengrößen, die entsprechend dem Verwendungszweck des Fertigproduktes gewählt werden, zerkleinert. Ausbeute und spez. Energiebedarf s. Tabelle 2.

3.2 Granulat- oder Add-Back-Verfahren

Das Granulatverfahren ist bis zur Kochung und Zerkleinerung mit dem Flockenverfahren identisch. Da im Granulatverfahren die Trocknung in einem Stromtrockner erfolgt und deshalb das zu trocknende Gut rieselfähig sein muß, wird der feuchte, heiße Kartoffelbrei (ca. 80% Wassergehalt = WG) mit bereits getrocknetem Pulver im Verhältnis 1:2 gemischt um einen WG des Gemisches von ca. 30–33% zu erreichen.
Die homogene Mischung wird abgekühlt und auf einem Förderband konditioniert (Feuchtigkeitsausgleich und Retrogradation der Stärke). Das feuchte, rieselfähige Pulver wird danach in einem Stromtrockner mit Heißluft von 150–225 °C auf einen WG von 12–15% getrocknet. Nach Abtrennung von Schalenresten und größeren Pulverkörnern werden etwa $^2/_3$ des Produktes zur Mischung mit dem Naßbrei (Add-Back) zurückgeführt, während der Rest des Produktes in einem Fließbetttrockner bei einer Temperatur von 70–80 °C auf einen WG von 6–8% getrocknet wird.
Hinsichtlich der verwendeten Zusatzstoffe gilt das gleiche wie für das Flockenverfahren.
Ausbeute und spezieller Energiebedarf s. Tabelle 2.

4 Herstellung von Trockenkartoffeln (Abb. 1)

Nach der Vorbehandlung werden die geschälten Kartoffeln entsprechend zur Verwendung des Produktes in Scheiben, Würfel oder Streifen geschnitten.

Nach dem Schneiden anhaftendes wird durch Stärke abgewaschen. Danach gelangen sie in einen Wasser- oder Dampfblancheur, um die Enzyme zu inaktivieren und die Quellfähigkeit und Konsistenz der Trockenkartoffeln zu beeinflussen (Temperatur 95–100 °C, Verweilzeit 2–10 min).
Die Trocknung im großtechnischen Maßstab erfolgt auf Bandtrocknern mit verschiedenen Temperaturzonen zwischen ca. 140–50 °C.

5 Herstellung von Pommes frites (Abb. 1)

Pommes frites werden sowohl als gekühlte Ware (<6 °C) als auch als Tiefgefrierware (-18 °C) auf den Markt gebracht.
Nach der Vorbehandlung der Kartoffeln werden sie in Streifen geschnitten. Nach Abtrennen von kurzen, unregelmäßigen und verfärbten Streifen, erfolgt eine Wasserblanchierung in 3 Stufen mit Erwärmung auf 60–70 °C, Abkühlung auf 20 °C, Wiedererwärmung auf 60–80 °C (Verweilzeit jeweils 3–5 min). Bei der Herstellung von Pommes frites, die im Backofen verzehrfertig gemacht werden, werden die blanchierten Streifen in einem Bandtrockner vorgetrocknet. Verweilzeit 15–25 min bei Lufttemperaturen von 90–120 °C.
In der Bratanlage werden die Streifen bei 160–185 °C gebraten. – Fettaufnahme ca. 4–8 %; WG 60–68 %. – Das Tiefgefrieren erfolgt meist zweistufig. Zunächst wird das Produkt mit Luft auf etwa Umgebungstemperatur abgekühlt. Daran schließt sich das Tiefgefrieren in einem Gefriertunnel auf Temperaturen von ca. -30 °C in 5–10 min an. Ausbeute und spezifischer Energiebedarf s. Tabelle 2.

6 Herstellung von Kartoffelchips und Kartoffelsticks (Abb. 1)

Chips sind in heißem Fett oder Öl gebratene dünne Kartoffelscheiben, von 1,0–1,7 mm Dicke, Sticks sind gebratene Kartoffelstreifen, mit ca. 5×5 mm Querschnitt.

Tabelle 2. Richtwerte für Ausbeuten und spezifischen Energiebedarf

Verfahren	Ausbeute	spezifischer Energiebedarf		
	kg Produkt/ kg Rohstoff × 100%	elektr. Energie kWh/kg Produkt	Frisch- wasser 1/kg Produkt	Dampf 18 bar kgD/kg Produkt
Trockenkartoffeln	12–17	0,3 –0,5	40–60	9 –12
Kartoffelpüree:				
Flockenverfahren	14–18	0,15–0,25	50–70	8 –10
Granulatverfahren	14–18	0,5 –0,6	50–70	11 –13
Pommes frites	30–50	2 –3	20–30	2 – 3
Kartoffelchips/sticks	25–30	0,2 –0,3	10–40	2,5– 4 kWh/kg Primärenergie (Gas)

Das Herstellverfahren ist für beide Produkte gleich. Nach der Vorbehandlung werden die Kartoffeln geschnitten und die Scheiben/Streifen blanchiert (abhängig vom Zuckergehalt der Kartoffeln). Bevor die Scheiben/Streifen in die Bratanlagen gelangen, wird das anhaftende Wasser weitgehend entfernt. Das Braten erfolgt in Fritüren, bei Fettemperaturen von ca. 170–185 °C. Die Restfeuchte beträgt ca. 2–3%; der Fettgehalt ca. 30–40%.
Nach dem Braten werden die Chips mit Salz und/oder anderen Gewürzen bestreut, um danach abgepackt zu werden.

7 Literatur

Adler G (1971) Kartoffeln und Kartoffelerzeugnisse. Parey-Verlag, Berlin Hamburg
Talburt WF, Smith ORA et al (1975) Potatoe Processing Westport, Conn. AVJ Publishing Company

5 Stärke

G. Tegge, Detmold

1 Geschichte, Vorkommen, Biosynthese

Bereits vor mehr als 3500 Jahren v. Chr. wurde Stärke als technischer Hilfsstoff, insbesondere für die Papyrusverleimung und später für die Herstellung von Papier, verwendet; auch die Weißfärbung von Textilien wurde schon früh betrieben. Als Lieferant dienten vorwiegend Weizenkörner; die Gewinnung der Stärke geschah durch Quellen der Körner, Ausquetschen durch Leinentücher, Absetzen der Stärke und Trocknen an der Sonne. Großen Aufschwung nahm die Stärkegewinnung nach der Entdeckung der Stärkeverzuckerung im Jahre 1811. Heute werden weltweit jährlich annähernd 20 Mio. t Stärke produziert, davon etwa 62% aus Mais, der Rest aus Kartoffeln, Weizen, Tapiokawurzeln und Süßkartoffeln.

Stärke kommt weit verbreitet in der Natur vor und ist in mehr oder minder hoher Konzentration in fast allen Pflanzen zu finden; nach Cellulose ist sie der mengenmäßig bedeutendste organische Naturstoff. In höheren Konzentrationen liegt sie in den pflanzlichen Reserveorganen wie Samenkörnern, Knollen, Wurzeln, Früchten und Mark vor, aus denen sie bei Bedarf zur Energiegewinnung oder zur Bildung von Zell- und Gerüstsubstanz „abgerufen" wird. Die hierzu notwendigen Abbau- und Aufbauvorgänge werden durch biochemische Katalysatoren, d. h. durch Enzyme gesteuert.

Die Biosynthese geschieht zunächst in den grünen Pflanzenzellen, den Chloroplasten. Die dort gebildete „transitorische" Stärke wird in Zeiten verminderter Fotosynthese in Form ihrer niedrigmolekularen Baugruppen an die Stellen des Bedarfs transportiert und großenteils in den farblosen Plastiden der Speichergewebe, den Leukoplasten, zu dem eigentlichen Reservekohlenhydrat Stärke in Gestalt mikroskopisch kleiner Körnchen wieder aufgebaut.

Ausgangsmaterial für den Aufbau der Stärkemoleküle ist das aus dem Calvin-Zyklus ausscherende Glucose-6-phosphat. Das daraus durch Phosphoglucomutase gebildete Glucose-1-phosphat wird mit Hilfe von Phosphorylase („P-Enzym") unter Abspaltung von anorganischem Phosphat auf eine wachsende Stärkemolekülkette übertragen. Außer Phosphorylase können hier auch sogenannte Amylosesynthetasen wirksam werden.

Zunächst werden lediglich lineare Kettenstrukturen, sogenannte Amylose, und ihr Vorläufer „Pseudoamylose" gebildet, in denen Glucosemoleküle ausschließlich α-1,4-glucosidisch miteinander verbunden sind. Verzweigte Stärkemoleküle, das Amylopektin, werden durch Transferreaktion mittels Q-Enzym

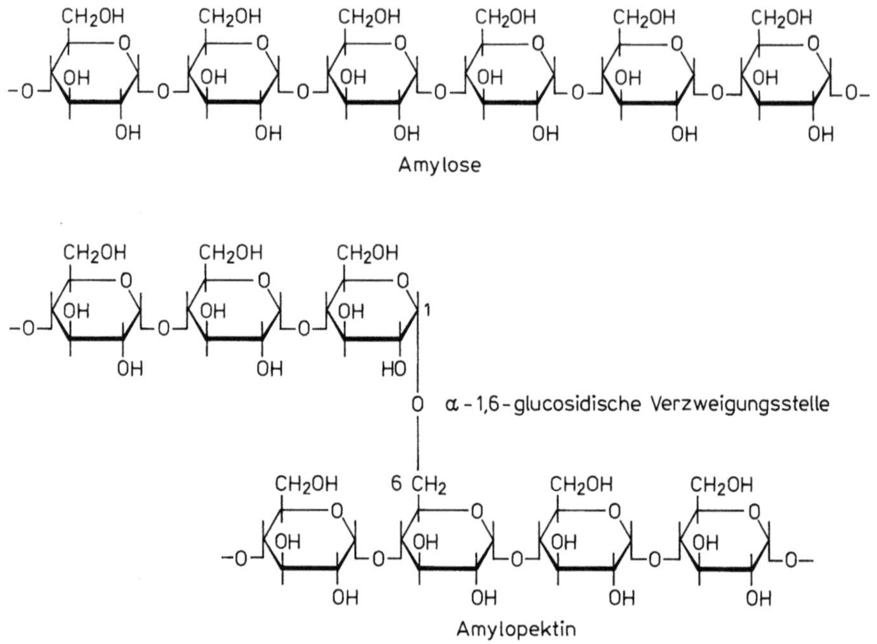

Amylose

α-1,6-glucosidische Verzweigungsstelle

Amylopektin

Abb. 1. Bindungstypen in den Stärkefraktionen Amylose und Amylopektin

gebildet, wobei ein Teil einer α-1,4-glucosidischen Kette aus der Position 4 in die Position 6 unter Bildung von α-1,6-glucosidischen Verzweigungsstellen überführt wird (Abb. 1).

2 Zusammensetzung, Konstitution, Kornstruktur

Stärke besteht normalerweise zu 14–27% der TS aus Amylose, während der restliche Kohlenhydratanteil Amylopektin ist. Ausnahmen hiervon sind sogenannte „wachsige" Mais- und Klebreissorten, deren Stärke zu etwa 99% aus Amylopektin besteht. Erhöhte Amylosegehalte bis zu 85% findet man in den „Amylomaize"-Arten sowie in bestimmten Leguminosesamen. Die relative Molekülmasse von Amylose schwankt zwischen 17000 und 225000, entsprechend einem Polymerisationsgrad von 100–1400 Glucoseresten je Kette. Da bei der Ausbildung der glucosidischen, „etherartigen" C$-$O$-$C-Bindung zwischen je zwei Glucosemolekülen ein Molekül Wasser abgespalten wird, beträgt die relative Molekülmasse eines Glucoserestes 162. Jedes Amylosemolekül besitzt ein reduzierendes (freie glucosidische Hydroxylgruppe) und ein nicht reduzierendes Ende.
Der verzweigtkettig aufgebaute Amylopektinanteil der Stärke besitzt relative Molekülmassen von 10^5 bis zu 2×10^6, entsprechend Polymerisationsgraden von 600–125000. Die Verzweigungen machen etwa 4,5% aller Bindungen aus

und beginnen sämtlich an C6-Atomen der Glucosereste; dementsprechend hat jedes Amylopektinmolekül neben nur einem reduzierenden Ende zahlreiche nicht reduzierende Enden. Zwischen zwei Verzweigungen liegen etwa 10 Glucosereste, während die frei auslaufenden äußeren Ketten aus etwa 20–25 Glucoseresten bestehen. Amylopektinmoleküle besitzen eine raumerfüllende Cluster-Struktur.

Durch Trennverfahren lassen sich relativ reine Amylose- und Amylopektinfraktionen gewinnen. Grundsätzlich kommen hierfür Komplexbildung mit polaren organischen Verbindungen, fraktionierte Fällung von Amylose und Amylopektin und Kristallisation der Amylose ohne Komplexierung in Betracht.

Industriell gewonnene Stärke enthält je nach Herkunft verschiedene Begleitstoffe, unter denen Wasser mit 12–21 % den Hauptteil einnimmt. Getreidestärkekörner enthalten Lipide, Fette und Fettsäuren bis zu 1 % des Stärkegewichtes. Weiterhin enthalten Stärken 0,01–0,08 % Stickstoff, der meist in proteinartigen Substanzen gebunden ist. Mineralische Bestandteile können bis zu 1 % ausmachen; darunter nehmen Kalium, Magnesium und Phosphat den Hauptteil ein (letzteres liegt in Kartoffelstärke als ortho-Phosphat esterartig gebunden vor).

Die übermolekulare Struktur der Stärke ist in den Stärke-„Körnern" verankert, deren äußere Gestalt und innerer Aufbau von den stärkeproduzierenden Pflanzen abhängen. Zwischen rund, oval, abgerundet, ellipsoid, nierenförmig bis abgeflacht oder vielflächig und kantig kommen alle denkbaren Übergänge vor. Die Durchmesser der Stärkekörner liegen zwischen 2 und 175 μm bei oftmals sehr breiter Korngrößenverteilung. Die kleinsten Körner findet man bei Reisstärke (2–10 μm) und die größten bei Cannastärke (bis 200 μm). Manche Stärkearten zeigen unter dem Lichtmikroskop eine Schichtung, die entsprechend der Lage des Bildungs-„Zentrums" bei Getreidestärken konzentrisch und bei Kartoffelstärke exzentrisch ausgebildet ist (Abb. 2).

Im polarisierten Licht zeigen alle Stärkearten Doppelbrechung, die sich in einem sogenannten „Polarisationskreuz" äußert und auf kristalline Bereiche sowie optische Anisotropie im Stärkekorn hinweist. Zur Deutung dieser Erscheinung nimmt man an, daß die einzelnen Schichten aus radial orientierten, mikrokristallinen Mizellen („Spärulite") bestehen. Die Mizellen halten die

Abb. 2. Kartoffelstärkekörner im polarisierten Licht (mikroskopische Vergrößerung 500fach)

Kornstruktur über Fransenmizellen zusammen und werden selbst durch Wasserstoffbrücken-Bindungen zusammengehalten. Alle unveränderten („nativen") Stärken zeigen für sie jeweils typische Röntgenbeugungs-Spektren.

3 Physikalische und chemische Eigenschaften

Das spezifische Gewicht trockner Stärkekörner liegt bei 1,6 und bei Gleichgewichtsfeuchtigkeit bei 1,5 g/cm^3. Stärkekörner quellen in kaltem Wasser reversibel, wobei sich das Kornvolumen um bis zu 28% erhöhen kann. Hochkonzentrierte (40–50%) wäßrige Stärkesuspensionen zeigen Dilatanz, d.h. zunehmende Viskosität mit zunehmender Schergeschwindigkeit. Bei Raumtemperatur steht Stärke im Gleichgewicht mit der Umgebungsfeuchtigkeit. Wasser und andere Flüssigkeiten dringen frei in das mizellare Netzwerk der Körner ein; hochmolekulare gelöste Stoffe können dagegen Stärke nicht durchdringen.

Oberhalb einer bestimmten, für jede Stärkeart charakteristischen Temperatur beginnen die Stärkekörner irreversibel zu quellen. Diese Quellung führt zu weitgehender Desintegration des Korngefüges („Verkleisterung") unter Bildung einer strukturviskosen Flüssigkeit („Stärkekleister") (Tabelle 1). Bei Abkühlung entsteht daraus ein mehr oder weniger festes Gel („Stärkepudding", Abb. 3).

Die chemische Reaktivität nativer Stärken ist gering; sie wird aber durch „Lösen" in Wasser, Chloralhydrat, Formamid oder Dimethylsulfoxid erhöht und basiert im wesentlichen auf den Hydroxylgruppen der Glucoseeinheiten. Die wichtigsten Reaktionsarten sind Oxidation, Veresterung, Veretherung, säure- oder enzymkatalysierte Hydrolyse, Pyrolyse und Radiolyse. Alle Reaktionen führen entweder zu modifizierten Stärken (s. 5) bzw. zu Abbauprodukten, den Stärkesirupen und Stärkezuckern.

Tabelle 1. Verkleisterungs-Charakteristika nativer Stärken

Stärke		Verkleisterungs-bereich (°C)	Quellvermögen (-fach)
Art	Typ		
Kartoffel	Knolle	56–66	1000
Sago	Mark	–	97
Tapioka	Wurzel	58–70	71
Süßkartoffel	Wurzel	–	46
Mais	Getreide	62–80	24
Sorghum	Getreide	69–80	22
Weizen	Getreide	52–63	21
Reis	Getreide	61–78	19
Wachsmais	Getreide	63–72	64
Amylomais (amylosereich)	Getreide	–	6

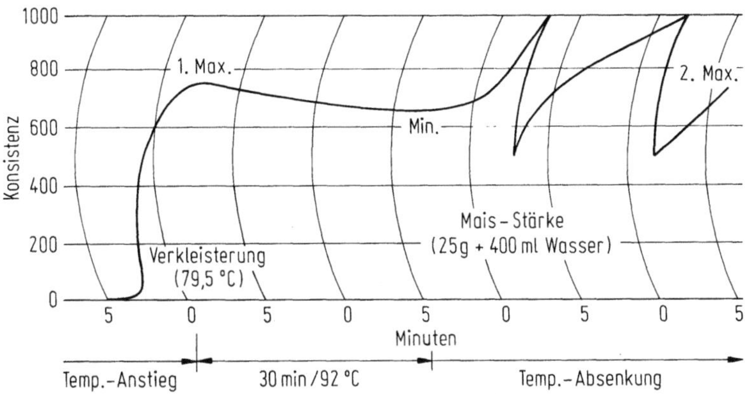

Abb. 3. Typisches Viskogramm von Maisstärke, aufgenommen mit dem Brabender-Viskographen

4 Industrielle Gewinnung

Als Stärken im technischen Sinne werden grundsätzlich nur Produkte angesehen, die neben Stärke nur technisch unvermeidbare Mengen an Begleitstoffen enthalten, deren Höchstmengen in Verordnungen und Bestimmungen entsprechend der Verbrauchererwartung festgelegt sind. Diese Höchstmengen können nur durch Anwendung von Naßverfahren unterschritten werden, bei denen die Stärken nach gründlicher Zerkleinerung des Rohmaterials mit Wasser aus dem Zellgewebe herausgewaschen werden. Zur Maisstärkegewinnung wird der Mais einer Quellextraktion unterworfen und dann grob zerkleinert (Vorvermahlung). Nach Abtrennung der fettreichen Keime erfolgt eine Feinvermahlung und die Abtrennung des Schalen- und Fasermaterials (Futter). Die Stärke wird schließlich durch Separatoren von dem Gluten („Maiskleber") getrennt, in Zentrifugen entwässert und in pneumatischen Steigrohrtrocknern auf unter 14% Feuchtigkeit getrocknet (Abb. 4).

Aus Kartoffeln wird die Stärke nach Waschen und Verreiben in „Sägeblattreiben" aus dem Reibsel ausgewaschen, nachdem zuerst das Vegetationswasser („Fruchtwasser") mittels Dekantern abgetrennt wurde. Das Vegetationswasser wird zur Gewinnung von physiologisch hochwertigem Eiweiß verwendet, während das Schalen- und Fasermaterial (Pülpe) als Viehfutter genutzt wird (Abb. 5).

Hauptrohstoff für die Weizenstärkefabrikation ist Weizenmehl, das mit Wasser in kontinuierlichen Knetmaschinen zu einem Teig verarbeitet und dann der Stärkeextraktion unterworfen wird. Als wertvolles Nebenprodukt wird dabei Weizenkleber gewonnen, der – schonend getrocknet – zur Mehlverbesserung eingesetzt wird („Vitalkleber").

Bei allen Stärkegewinnungsverfahren bedarf die zunächst erhaltene „Rohstärke" verschiedener Raffinationsstufen, die der Auswaschung restlicher Faser-, Eiweiß- und Mineralbestandteile dienen. Anschließend wird stets konzentriert

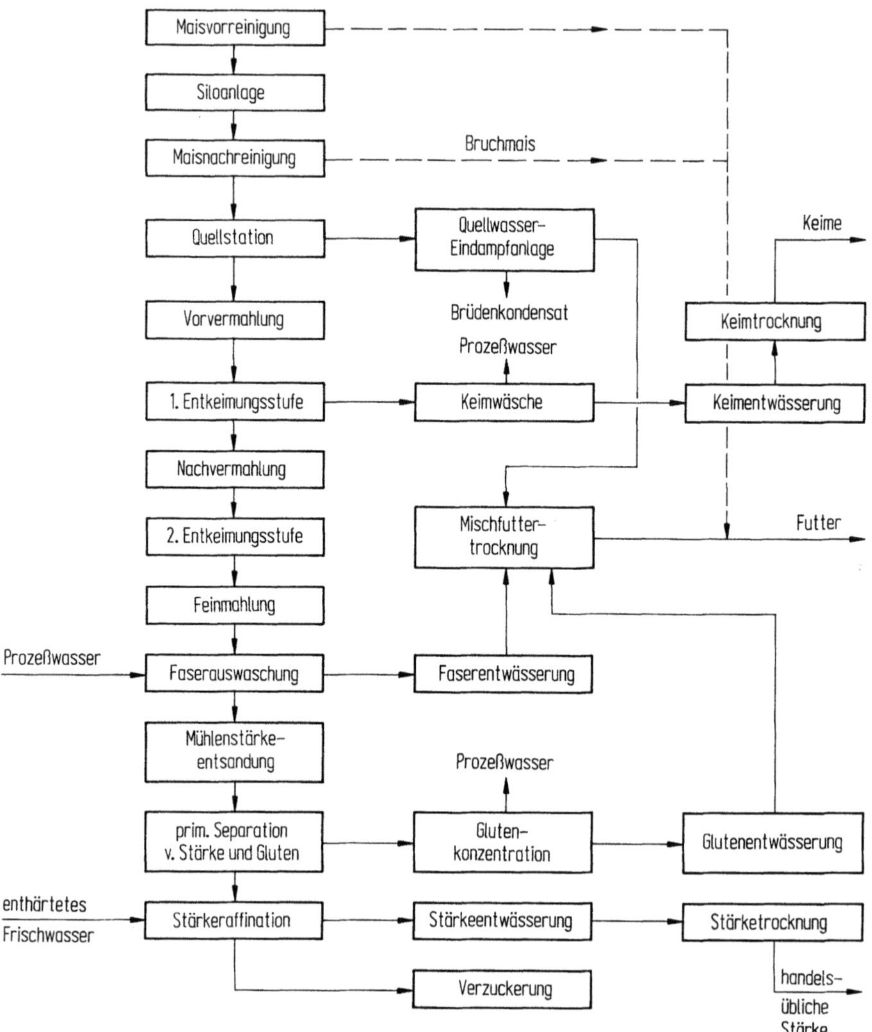

Abb. 4. Schematische Darstellung der Gewinnung von Maisstärke

(z. B. in Hydrozyklonen), entwässert (Zentrifugen oder Vakuumdrehfilter) und getrocknet.

Andere Stärkearten wie z. B. Tapioka-, Reis- oder Sorghumstärken werden auf ähnliche Weise gewonnen. Die Verfahren sind grob in die für Getreide- und die für Knollen- und Wurzelstärken einzuteilen.

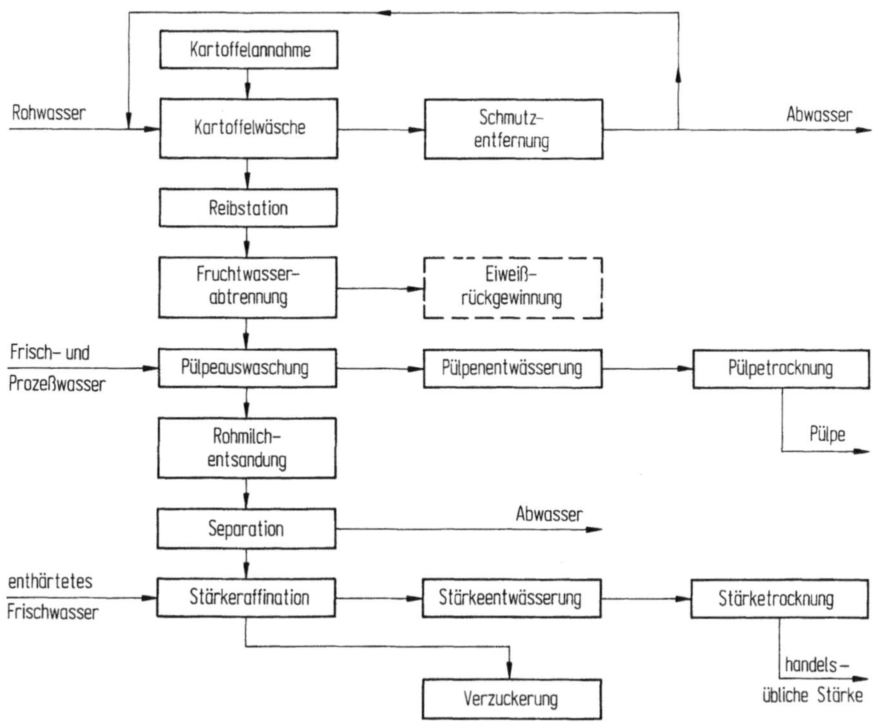

Abb. 5. Schematische Darstellung der Gewinnung von Kartoffelstärke

5 Modifizierte Stärken

Die Eigenschaften der Stärken lassen sich durch physikalische und/oder chemische Maßnahmen weitgehend verändern und somit speziellen Verwendungszwecken anpassen. Sind diese Eingriffe so bemessen, daß die Stärkekornstruktur, zumindest aber die Molekülstruktur weitgehend erhalten bleiben, so spricht man von Modifizierung. Grundsätzlich kommen die folgenden Verfahren in Betracht:

a) Änderung der Zustandsform der Stärke auf physikalischem Wege. Beispiel: Quellstärken durch hydrothermische Verfahren.

b) Geringfügiger molekularer Abbau auf oxidativem, hydrolytischem oder biochemischem Wege. Beispiel: Dünnkochende Stärken durch Oxidation mit NaOCl oder Hydrolyse.

c) Einführung funktioneller Gruppen in das Stärkemolekül auf chemischem Wege. Beispiele: Veresterung, Veretherung und Vernetzung der Stärkemoleküle.

d) Kombination aus a), b) und c).

Die Reaktion der an den Glucoseeinheiten der Stärke befindlichen freien Hydroxylgruppen mit Säuren, bzw. Säureanhydriden oder Alkoholen führt zu

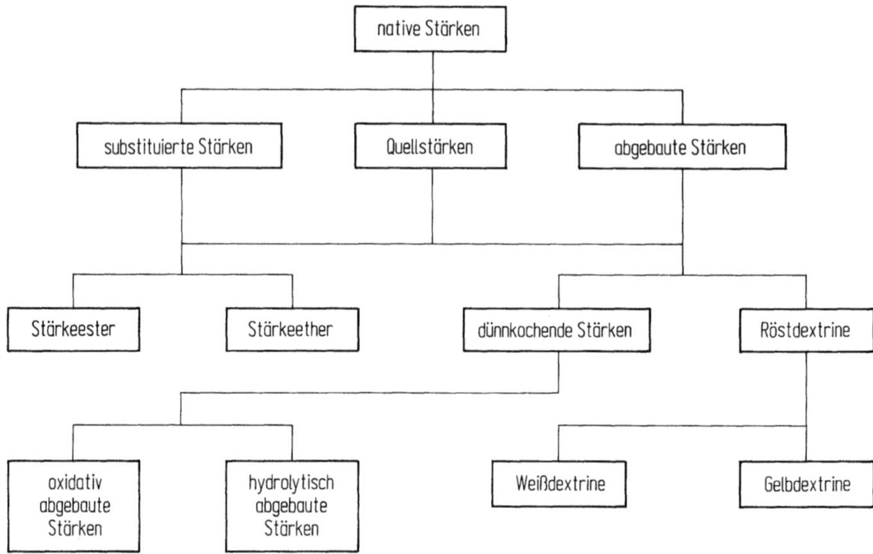

Abb. 6. Einteilung modifizierter Stärken (n. Graefe)

Stärkeestern oder Stärkeethern; als funktionelle Gruppen stehen die Hydroxyle an den C-Atomen 2, 3 und 6 zur Verfügung. Das C-6-Hydroxyl ist aufgrund seiner exponierten Stellung im Molekül als primäres Hydroxyl bei vielen Reaktionen bevorzugt. Die Reaktion von Stärke mit bi- oder polyfunktionellen Verbindungen führt zu intramolekularen Bindungen, bzw. Vernetzungen. Zu den „vernetzten" Stärken gehören beispielsweise bestimmte Ester der Phosphorsäure, die Distärkephosphate, sowie mit Ethylenoxid oder Epichlorhydrin behandelte Stärken. Auch Adipinsäure kommt als Vernetzungsreagenz in Betracht.

Durch Einführung bestimmter Fremdgruppen gelingt es, den Stärkederivaten anionischen oder kationischen Charakter zu verleihen; die Makromoleküle tragen dann negative oder positive Ladungen. Schließlich führt die Polymerisation ungesättigter monomerer Säuren in Gegenwart von Stärke zu sogenannten Pfropf-Copolymeren, wie sie auch aus der Kunststofftechnik bekannt sind. – Unter den Stärkeestern und -ethern haben überwiegend die Verbindungen mit sehr niedrigen Substitutionsgraden lebensmitteltechnologische und technische Bedeutung erlangt (Abb. 6).

6 Stärkeverzuckerung

Die Stärkeverzuckerung beruht auf der hydrolytischen Spaltung der α-1,4- und der α-1,6-glucosidischen Bindungen zwischen je 2 Glucoseeinheiten der Stärkemoleküle. Die Hydrolyse kann entweder durch Säuren oder durch „amylolytische" Enzyme, den Amylasen, katalysiert werden. Bei der techni-

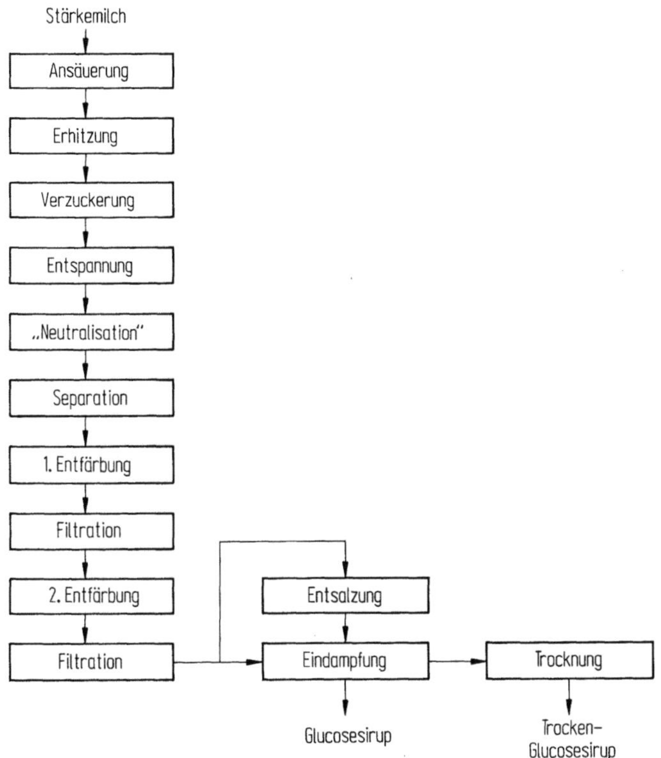

Abb. 7. Schematische Darstellung der Gewinnung von Glucosesirup

schen säurekatalysierten Stärkeverzuckerung führt man die Hydrolyse entweder bis zu dem hydrolytisch nicht weiter spaltbaren Endprodukt D-Glucose („totale" Hydrolyse) durch oder man bricht sie vorzeitig ab und erhält ein Gemisch unterschiedlich großer Bruchstücke der Stärkemoleküle in Form von Mono-, Di- und Oligosacchariden, also D-Glucose, Maltose, Isomaltose, Maltotriose, Panose, Maltotetraose usw. („partielle" Hydrolyse). Die Produkte der partiellen Stärkehydrolyse (Glucosesirupe) sind die in der Süßwarenindustrie, Marmeladen- und Fruchtgetränkeindustrie vielfältig genutzten Glucosesirupe mit unterschiedlichem Abbaugrad.
Wesentlichen Einfluß auf die Hydrolysegeschwindigkeit nehmen Art und Konzentration der Säure (meist Salzsäure), Reaktionstemperatur und -dauer sowie Art und Konzentration der Stärke. Kleine Unterschiede in der Hydrolysegeschwindigkeit können auftreten, wenn das Mengenverhältnis von Amylose zu Amylopektin verschieden ist, weil dann bindungsspezifische Einschränkungen zum Tragen kommen. Dementsprechend könnten sich auch unterschiedliche Verzweigungsgrade und Kettenlängen der Stärkekomponenten auswirken. Da Stärken niemals völlig rein gewonnen werden und insbesondere unter technischen Bedingungen immer noch gewisse Mengen an Begleitstoffen wie

Protein, Fett und mineralisches Material enthalten, besitzen sie je nach Herkunft ein unterschiedliches Pufferungsvermögen für Säuren. Der größte Teil der Stärkebegleitstoffe wird durch Abstumpfung der Säure auf etwa pH 4,8 in einem isoelektrischen Bereich ausgeflockt und durch Separation und Filtration abgetrennt. Farbstoffe, die durch Maillardreaktion oder Karamelisierung gebildet wurden, lassen sich durch Aktivkohle entfernen. Stärkesirupe werde auf 80–84% TS eingedampft (Abb. 7).

Da die säurekatalysierte Stärkehydrolyse von verschiedenen Nebenreaktionen, z. B. Bildung höherer Saccharide aus Glucose (Reversionsprodukte) oder Bildung von Dehydratisierungsprodukte (5-Hydroxymethylfurfural als Farbstoffvorstufe), begleitet wird, stellt man reine Glucose in Lösung oder als Kristallisat nur noch mit Hilfe von spezifisch reagierenden Enzymen, den Amylasen, her. Das Verfahren läuft mehrstufig ab. In der Verflüssigungsstufe wird die verkleisternde Stärke mittels temperaturstabiler α-Amylasen in einen fließbaren Zustand gebracht. Anschließend wird nach pH-Absenkung mit Hilfe von Glucoamylase innerhalb von 48–96 Stunden die vollständige Zerlegung der Stärkebruchstücke in D-Glucose vorgenommen. Die gereinigte Glucoselösung kann dann der Eindampfung und/oder Kristallisation oder der Isomerisierung zu Fructose zugeführt werden (Abb. 8). Die Verflüssigung kann auch durch Kombination von Säure und Enzymen vorgenommen werden. Die Kristallisation der D-Glucose wird im allgemeinen so geführt, daß ein α-D-Glucose-Monohydrat ($C_6H_{12}O_6 \cdot H_2O$) entsteht. Aus 1 kg reiner Stärke können theoretisch 1,1 kg Glucose (wasserfrei) gewonnen werden.

Verschiedentlich sind Versuche unternommen worden, die Stärke ohne vorherige Isolierung „direkt" in den Pflanzenteilen oder deren Mehlen mittels Enzymen zu verzuckern. Der Grundgedanke hierfür war, daß es nicht sinnvoll sein kann, hochspezifische Biokatalysatoren (Enzyme) auf hochgereinigtes Substrat (Stärke) wirken zu lassen. Entsprechende Verfahren haben sich aber bis heute nur in Einzelfällen durchsetzen lassen, da sie die Reinheitsanforderungen an Stärkeverzuckerungsprodukte nicht erfüllen konnten.

Zu dem wichtigsten Zweig der Stärkeverzuckerung hat sich in den letzten Jahrzehnten die Isomerisierung von D-Glucose in ein nahezu äquimolekulares Gemisch aus D-Glucose und D-Fructose entwickelt. Diese Isomerisierung kann in alkalischem Millieu vorgenommen werden (Abb. 9), wobei allerdings eine Vielzahl von Nebenreaktionen ablaufen, so daß entsprechende Verfahren keine ausreichende Wirtschaftlichkeit erlangen konnten. Erst die Verfügbarkeit des Enzyms Glucoseisomerase in industriellen Mengen hat dem neuen Verfahren zum Durchbruch verholfen. Der Fructosegehalt der sogenannten Isosirupe kann je nach den Verfahrensbedingungen mehr oder weniger hoch liegen (Abb. 10). Die Enzyme werden meist in trägerfixierter Form (immobilisiert) eingesetzt. Hauptvorteil der Isoglucosen ist ihre gegenüber Glucose erhöhte Süßkraft. Darüber hinaus ermöglichen sie die Reindarstellung von Fructose durch säulenchromatografische Trennung auf gleiche Weise wie bei Invertzucker (Abb. 11).

D-Glucose als Grundbaustein der Stärke ist zahlreichen Umwandlungen zugänglich (Abb. 12); darunter dürfte ihre Reduktion zu dem sechswertigen

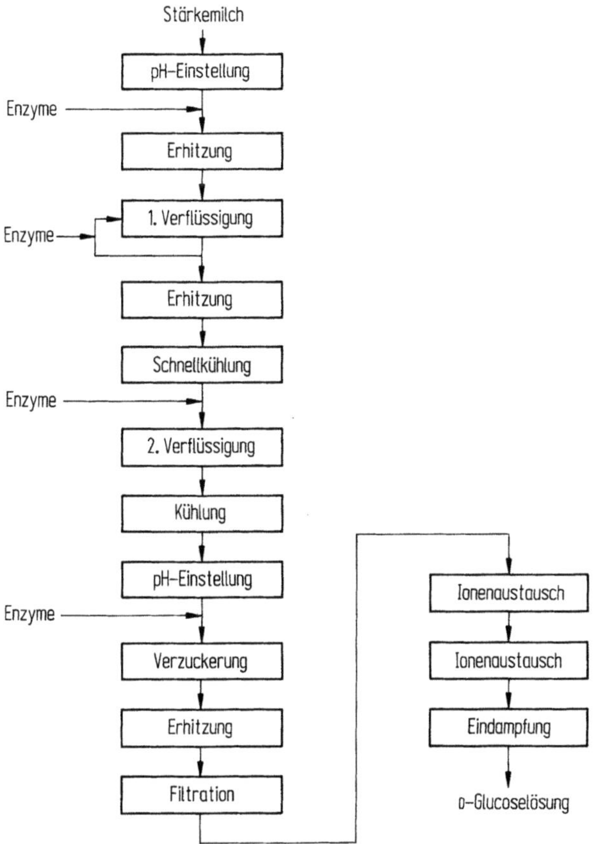

Abb. 8. Schematische Darstellung der enzymatischen Herstellung von D-Glucoselösung

Abb. 9. Isomerisierung von D-Glucose zu D-Fructose durch Behandlung mit Alkali

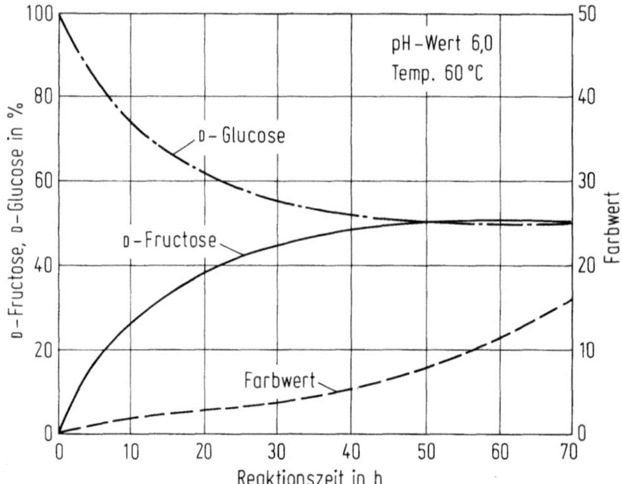

Abb. 10. Zeitlicher Ablauf der Einstellung des D-Glucose/D-Fructose-Gleichgewichtes mittels Glucoseisomerase

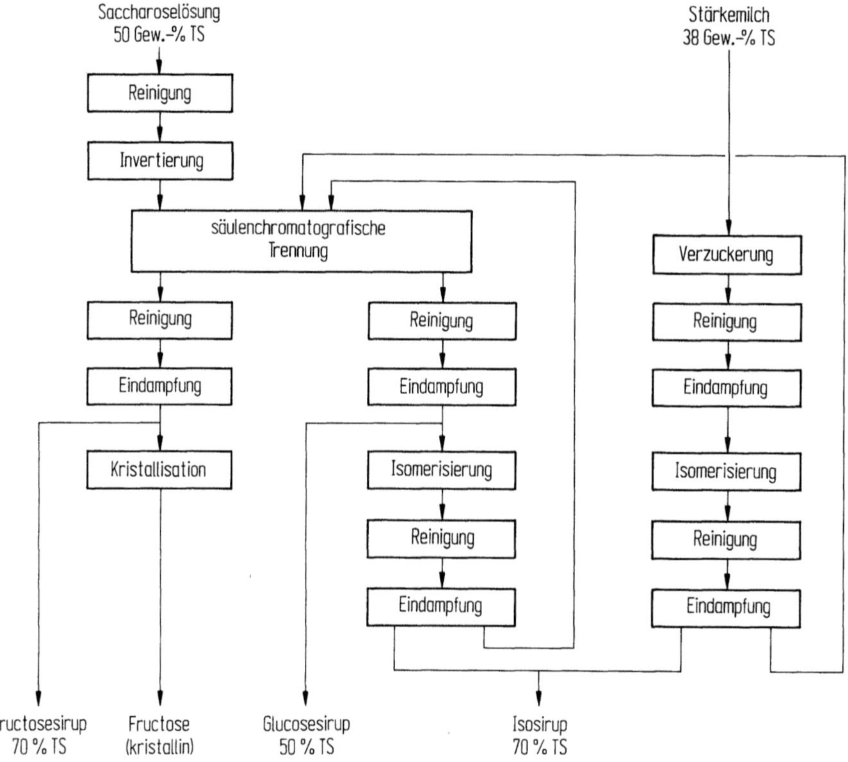

Abb. 11. Gesamtschema der alternativen Herstellung von Glucose und Isoglucose aus Stärke oder Saccharose

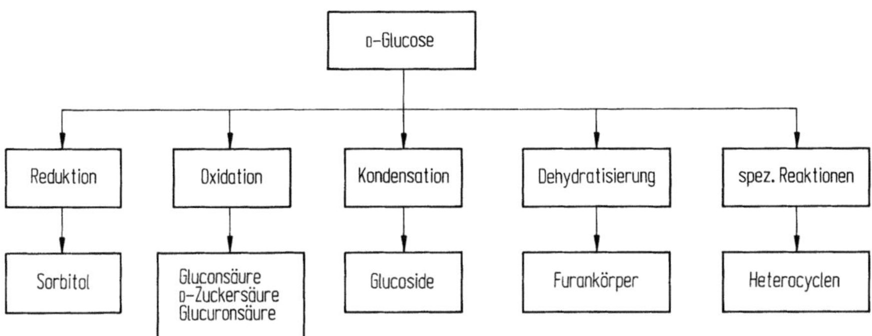

Abb. 12. Grundsätzliche Reaktionswege für die Herstellung von chemischen Basismaterialien aus D-Glucose

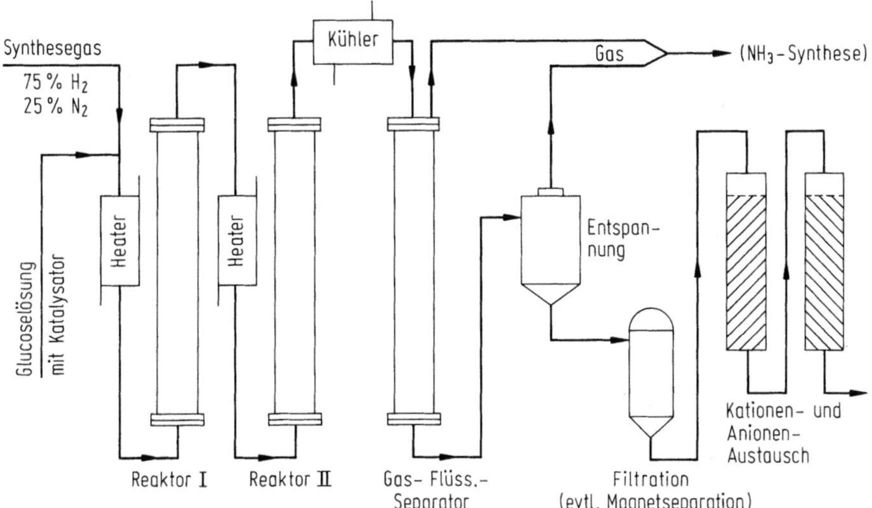

Abb. 13. Schema der Sorbitolproduktion durch Druckhydrierung von D-Glucose

Alkohol Sorbitol die wichtigste sein. Die Glucoselösung wird mit einem wasserstoff-übertragenden Katalysator, z. B. Raney-Nickel, versetzt und mit Wasserstoff unter sehr hohen Drücken hydriert. Sorbitol wird entweder in konzentrierten Lösungen oder in kristalliner Form gehandelt und dient als insulinunabhängiges Süßungsmittel in Diabetikerspeisen sowie für zahlreiche technische Zwecke, u. a. der Feuchtigkeitsstabilisierung (Abb. 13).

7 Qualität, Analytik, Produktionsmengen

In der Bundesrepublik Deutschland sind die Qualitätsanforderungen an Stärken und Stärkeprodukte in der „Richtlinie für Stärke und bestimmte Stärkeerzeugnisse" vom Bund für Lebensmittelrecht und Lebensmittelkunde als geltende Verkehrsanschauung festgelegt. Nach allgemeinen Begriffsbestimmungen werden dort u. a. höchstzulässige Gehalte an Feuchtigkeit, Rohprotein, Rohfett, Asche und Schwefeldioxid angegeben. An Stärkeerzeugnissen werden Kleber und Quellmehle beschrieben (Anhang I). Der Anhang II stellt einen Auszug aus der „Zuckerartenverordnung" vom 8. 3. 1976 dar und befaßt sich mit Glucosesirup, getrocknetem Glucosesirup, Dextrose (= D-Glucose), kristallwasserhaltig und Dextrose, kristallwasserfrei.

Die Normung der Analysenmethoden geschieht national durch den Normenausschuß NAL (Lebensmittel und landwirtschaftliche Produkte) des DIN sowie international durch die ISO (International Standardization Organization) im TC (Technical Committee) 93 in Form von Durchführungsempfehlungen. Chemische und technische Begriffe werden durch die Arbeitsgruppe „Terminologie" definiert.

Die Produktionsmenge an Stärke ist weltweit mit ca. 20 Mio. t zu veranschlagen. Als Stärkerohstoff nimmt Mais mit 62 % die erste Stelle ein; ihm folgen Kartoffeln mit 20 %, Weizen mit 13 %, Tapioka mit 4 % und Reis mit 1 %. Geringe Stärkemengen werden aus Gerste, Hafer, Sorghum, Arrowroot und Sagopalmen gewonnen. Neuerdings wird vielfach versucht, auch Leguminosensamen als Stärkerohstoff heranzuziehen. Etwa 9 Mio. t der erzeugten Stärke werden zu Verzuckerungsprodukten weiterverarbeitet, unter denen der Glucosesirup mit 3,9 Mio. t und Isoglucose mit 3,4 Mio.t die Hauptmengen ausmachen. Der Rest fällt mit 1,3 Mio. t auf kristalline Glucose und mit 0,4 Mio. t auf Sorbitol.

Über 4 Mio. t Stärke werden modifiziert, während der Rest als native Stärke den verschiedensten Zwecken als Handelsware zugeführt wird, ohne daß man seine Verwendung im einzelnen kennt. In den Europäischen Gemeinschaften gingen 1986 57 % der 4,9 Mio. t Stärke in die Ernährungs-Sektoren und 43 % in technische Sektoren, unter denen die Herstellung von Papier und Wellpappe mit etwa 60 % an der Spitze lag.

(Einen detaillierteren Überblick über Chemie, Technologie und Verwendung von Stärke bietet das Fachbuch von G. Tegge: „Stärke und Stärkederivate". B. Behr's, Hamburg 1984 und 1988.) Aktuelle Forschungsergebnisse sind der Fachzeitschrift „starch/stärke", VCH Verlagsges., Weinheim, zu entnehmen.

6 Zucker

6.1 Zuckertechnologie

H. J. Delavier, Braunschweig-Stöckheim

1 Zuckerwirtschaft

Die Handelsware „Zucker" (Saccharose, englisch: sucrose) hat als wichtigstes Süßungsmittel und als energiereiches Nahrungsmittel seit frühestem Menschengedenken besondere Bedeutung. Bis in die dreißiger Jahre des 19. Jahrhunderts gab es auf dem Weltmarkt nur Rohrzucker; erst danach, mit der Entwicklung der Rübenzuckerindustrie, entstand ihm im Rübenzucker ein ernsthafter Konkurrent, denn nur ein knappes Jahrhundert später wurde in der Welt mehr Rübenzucker als Rohrzucker erzeugt, wie Tabelle 1 zeigt. Infolge Zerstörung eines Teils der Zuckerindustrie in europäischen Ländern während des 1. Weltkrieges und als Folge dieses Krieges sank die Rübenzuckererzeugung weit unter die des Rohrzuckers; heute beträgt die Rübenzuckererzeugung nur noch etwa ein Drittel der Welterzeugung von Zucker.

In der Weltmarktstatistik für Zucker wird er als Rohzuckerwert angegeben, ausgedrückt als Zucker mit einem saccharimetrischen Drehwert von 96 °S (entspricht etwa einem Saccharosegehalt von 96 g/100 g Zucker), Grad Saccharose der internationalen Zuckerskale der International Commission for Uniform Methods of Sugar Analysis, ICUMSA, so daß eine Qualitätsstandardisierung besteht; die Umrechnung auf Weißzuckerwert erfolgt im Verhältnis 100:92. Schon im vergangenen Jahrhundert wurden von der Zuckerwirtschaft Abkommen in internationalen Rahmen getroffen, teils um Preise für Zuckerex- und -import festzulegen, die Zuckererzeugung zu steuern oder, wie die ICUMSA, die Methoden der Zuckeruntersuchung zu vereinheitlichen, um das bestehende Wirrwarr im internationalen Zuckerhandel zu beseitigen. So gibt es auch innerhalb der EWG eine Zucker-Grundverordnung von 1981 „über die gemeinsame Marktorganisation für Zucker", die Jahr für Jahr aktualisiert worden ist, zur Steuerung der Zuckererzeugung in der EG, Regelung der Preise für Rohstoffe und Fertigerzeugnisse (Zucker, Melasse usw.), Festsetzung von Qualitätsstandards usw.

In der Zuckermarktstatistik wird weiterhin zwischen zentrifugiertem und nichtzentrifugiertem Zucker unterschieden; zentrifugierter Zucker ist in einem Verfahren gewonnen, bei dem die kristallisierte Saccharose durch Zentrifugieren vom Muttersirup abgetrennt worden ist (erfolgt in allen herkömmlichen Zuckerfabriken der Rohr- und Rübenzuckerindustrie); der auf dem Welt- oder Binnenmarkt gehandelte Rohzucker, der in Raffinerien zu (weißem oder gelbem, braunen usw.) Verbrauchszucker veredelt wird, oder der direkt

Tabelle 1

Jahr	Zuckererzeugung als Weißzuckerwert						Zuckerverbrauch als Weißzuckerwert					Erläuterung
	zentrifugierter Zucker				Primitivzucker		zentrifugierter Zucker je Kopf der Bevölkerung pro Jahr					
	Rübenzucker		Rohrzucker		Rohrzucker (tel quel)			Max.	Mittel Welt	Min.	BRD	
	Mt	%	Mt	%	Mt	%	Mt	kg	kg	kg	kg	
1800			0,23	100								
1850	0,15	15	0,82	85								
1900/01	5,37	53	4,77	47					4,6			
1950/51	12,64	36	22,79	64					10,7			
1970/71	26,51	35	37,36	50	11,32	15	64,58	52,2	17,4	1,3	33,0	Max. Island Min. Nigeria
1980/81	30,16	33	49,88	54	11,94	13	80,39	54,5	17,8	1,1	35,6	Max. Singapur Min. Birma
1982/83	34,46	33	58,12	55	13,25	12	82,22	56,3	19,1	1,2	36,1	Singapur, Birma
1989/90	36,01	36	53,15	53	10,32	10	97,96	64,7	18,9	1,5	33,8	Max. Cuba Min. Birma

Quelle: Dankowski, K.; Barth, R.; Bruhns, G.: Zuckerwirtschaftliches Taschenbuch, verschiedene Ausgaben, Verlag Dr. A. Bartens, Berlin.
Achtung: Alle Werte gegenüber Quelle gerundet!
Statistische Werte für den Primitivzucker sind z.T. Schätzungen, s. Text (Palm- und Ahornzucker ist nicht enthalten wegen zu geringer Erzeugungsmenge).
Die Werte für 1989/90 sind vorläufig.
Umrechnung Weißzuckerwert in Rohzuckerwert: bis einschl. 1972/73 90:100, danach 92:100.
Primitivzucker wird wegen zu geringer Lagerungsstabilität im Erzeugungszeitraum verbraucht. Primitivzucker ist in tel quel angegeben, weil er unabhängig von der Qualität verbraucht wird, internationaler Handel findet nichtsignifikant statt

gewonnene Weißzucker sind zentrifugierter Zucker. Der in der Statistik aufgeführte nichtzentrifugierte Zucker, auch Primitivzucker genannt, ist ausschließlich aus dem Saft von Zuckerrohr erzeugt, und wird „tel quel" aufgeführt, d. h. „so wie die Ware anfällt, ohne Gewähr für eine bestimmte Qualität". Dieser nichtzentrifugierte Zucker, dessen Menge ungefähr ein Viertel der Rohrzucker-Gesamtmenge ausmacht, hat auf lokalen Märkten Asiens, Afrikas, sowie Mittel- und Südamerikas eine große Bedeutung; er wird im allgemeinen international nicht gehandelt. Seine Gewinnung erfolgt in Klein- und Kleinstindustrie (Heimindustrie); er ist mehr Lebensmittel als Süßmittel, und er hat in manchen Speisebereitungen (chinesische, indonesische, malaysische) große Bedeutung. Außerdem wird eine geringe Menge an nichtzentrifugiertem Zucker in Südost-, Süd-, Ostasien aus dem Saft von Palmen (z. B. Cocos), und im Südosten Canadas und Nordosten der USA aus dem Saft von Ahornbäumen gewonnen, die aber in der Weltstatistik für Zucker nicht aufgenommen ist.

Die Tabelle 1 weist weiterhin auf den Zuckerverbrauch hin, wobei hier alle Daten für zentrifugierten Zucker in Weißzuckerwert ($\triangleq$ Verbrauchszucker) umgerechnet sind, der nichtzentrifugierte Zucker „tel quel" beibehalten worden ist. Als „Saccharoseersatzstoffe" wurden seit Mitte der siebziger Jahre dieses Jahrhunderts andere Zucker in den Markt eingeführt, vor allem Stärkehydrolyseprodukte, z. B. Glucose („Dextrose"), und enzymatische Umwandlungsprodukte dieser Glucose, sogenannte Isoglucose, das sind Sirupe mit vor allem Gemischen von Glucose und Fructose verschiedener Anteile, u. a. High Fructose Corn Syrup $\triangleq$ Mais-(stärkehydrolyse)-Sirup mit hohem Fructosegehalt), die vor allem in der Zucker verarbeitenden Lebensmittelindustrie, z. B. für Eiscreme, Erfrischungsgetränke, Backwaren, Konserven, verwendet werden und ein ernsthafter Konkurrent für die Saccharosezuckerindustrie geworden sind.

In der Welt sind rund 2750 Zuckerfabriken in Betrieb; bei einer Mindestverarbeitung von 100 t Rohmaterial/d; davon sind ungefähr 1650 Rohrzuckerfabriken und 1100 Rübenzuckerfabriken. Weiterhin gibt es etwa 200 Zuckerraffinerien. Diese Angaben dienen zur Orientierung; sie unterliegen Veränderungen, z. B. durch Stillegung kleiner, unrentabel gewordener Anlagen (z. B. gab es auf der Fläche der heutigen Bundesrepublik Deutschland 1938/39 75 Zuckerfabriken, 1989 nur noch 38) bzw. durch Bau neuer Anlagen, vor allem in sogenannten Entwicklungsländern. Auch die Zahl der Zuckerraffinerien ist starken Änderungen unterworfen, weil mehr und mehr Rohrzuckerfabriken von der Rohzuckererzeugung zu der von „direktem Verbrauchszucker" übergehen.

2 Rohstoffe der Zuckerindustrie

In Tabelle 2 sind die bedeutendsten Quellen der industriellen Saccharosegewinnung, Zuckerindustrie, mit einigen wichtigen Daten als Orientierungshilfe zusammengestellt. Während Zucker aus Rohr und Rüben in der Statistik des

Tabelle 2. Rohstoffe der Zuckerindustrie

Rohstoff	Anbaugebiete	Vegetationszeit	Ertrag an Rohstoff zur Zuckergewinnung	Saccharose-gehalt	Saccharose-ausbeute (Zuckerausbeute)
Zuckerrohr Saccharum officinarum L., Fam. Gräser	Tropen und Subtropen 37°N–34°S, Kurztagpflanze	11–24 Monate	blatt-, wurzel-, spitzenfreie Stengel, 2–6 m lang, 2–5 cm dick 30–120 t/(ha · annum)	10–16%	7–12 kg/100 kg Rohr
Zuckerrübe Beta vulgaris saccharifera Alefeld Fam. Gänse-fußgewächse	gemäßigtes Klima ggf. Subtropen 64–28°N 34–42°S Langtagpflanze	6–8 Monate	blatt-, kopffreie Rübe 20–60 t/ha	13–20%	9–18 kg/100 kg Rübe
Ahornbaum Acer saccharum u.a.	gemäßigtes Klima Nord-USA, Süd-Canada	viele Jahre, wenn Stamm-durchmesser ca. 30 cm Zapfbeginn	Saft wird im Vorfrühling gezapft, von 400 Zapfstellen/ha werden ca. 200 kg Sirup von 60% Trockenstoff erhalten		
Palmen Cocos nucifera, Phoenix syl-vestris u.a.	Tropen	Zapfbeginn bei Baumalter 8–15 Jahre Zapfperiode 4–6 Monate je Jahr	Blütenstände, Blattstände, Kronentriebe werden abgeschlagen, austretender Saft gesammelt, je Baum 2–9 kg Saft je Tag, 200–2500 Bäume/ha, 1 t Palmzucker erfordert ca. 5 t Palmsaft		

Die Ernteergebnisse sind sehr stark beeinflußt von: Klima, Boden, Sorte, Agrotechnik, Schädlingen, Krankheiten, Pflanzenernährung

Tabelle 3. Zusammensetzung von Zuckerrüben und Zuckerrohr zur Orientierung

Komponenten	Zuckerrüben in %	Zuckerrohr in %
Feststoff	3–6	10–20
Flüssigkeit	97–94	90–80
Zusammensetzung des Feststoffs		
wasserfrei	Mark	Bagasse
Cellulose	22–30	52–58
Pentosane	24–32	28–30
Lignin	3–6	18–21
Pektin	24–32	–
Eiweiß	ca. 5	–
Asche	4–5	1–3
Zusammensetzung von Preßsaft		
Wasser	85–77	88–77
Trockenstoff	15–23	12–23
Saccharosegehalt	13–19	8–21
andere Saccharide	ca. 0,1	0,3–3
andere organische Komponenten	0,2–0,5	0,5–1
gelöste Asche	ca. 0,5	0,2–0,6

Die Zusammensetzung von Zuckerrüben und Zuckerrohr wie von anderen zuckerliefernden Pflanzen variiert sehr stark mit der Sorte, den agrotechnischen Bedingungen, dem Klima, dem Einfluß von Schädlingen und Krankheiten, dem Alter bei der Ernte, der Handhabung der Pflanzen nach der Ernte vor der Verarbeitung

Zuckerweltmarktes aufgeführt ist, sind es die Produkte aus Ahorn- und Palmsaft nicht, sie sind deshalb berücksichtigt, weil sie lokal von großer Bedeutung sind, jedoch gibt es über die Erzeugung keine zuverlässigen Daten.

In der Tabelle 3 ist die stoffliche Zusammensetzung von Zuckerrüben und -rohr näher aufgeführt.

3 Zuckergewinnung

3.1 Nichtzentrifugierter Zucker (Primitivzucker)

Der Prozeß zur Gewinnung von nichtzentrifugiertem Zucker ist in Abb. 1 schematisch dargestellt. Zuckerrohr wird in einer Dreiwalzenpresse, der „Zuckerrohrmühle", früher mit senkrecht, heutzutage allgemein horizontal angeordneten Walzen (Rollern) ausgepreßt; der Preßsaft wird grob gesiebt, um Zuckerrohrstengelstücke abzutrennen und dann in offenen Pfannen eingedampft, die mit dem an der Luft getrockneten Zuckerrohrrückstand, der Bagasse, mit direkter Feuerung beheizt werden (ggf. wird auch Holz zusätzlich verfeuert). Gezapfter Saft von Ahornbäumen oder Palmen wird direkt in die mit Holzfeuer beheizten Eindampfpfannen gegeben. Zur groben Klärung wird

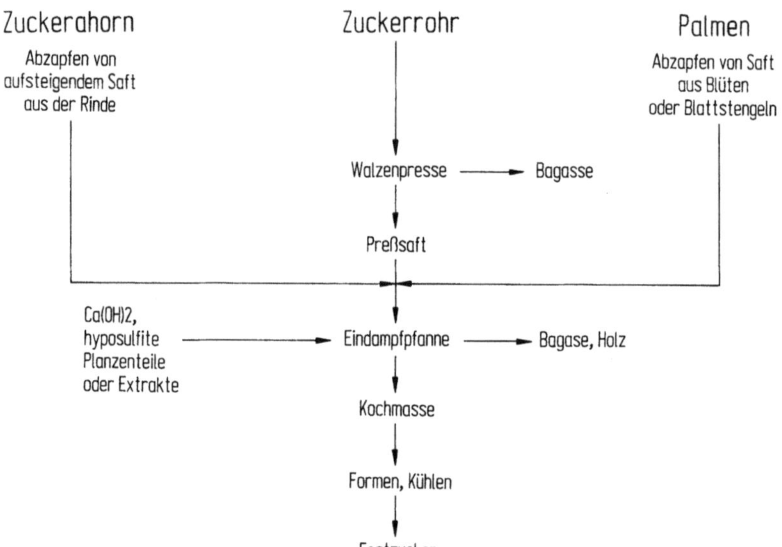

Abb. 1. Gewinnung von nichtzentrifugiertem Zucker, „Primitivzucker", aus dem Saft von Zuckerrohr, von Ahornen oder Palmen. Der Primitivzucker hat lokal-nationale Namen, wie *Panela* (Columbien), *Gula Merah*, *Gula Java*, *Gula Mangkok* (Indonesien, Malaysia), *Gur*, *Jaggery* (Indien, Pakistan, afrikanische Gebiete); allgemein wird jedoch unterschieden zwischen *Ahornzucker*, *Palmzucker und Rohrzucker* (s. Text)

dem Saft tanninhaltiger Pflanzenextrakt (oder entsprechend geeignete Pflanzenteile), zur Neutralisierung Kalk zugesetzt, wodurch Nichtsaccharosestoffe, wie Eiweiß, Pektin usw. teilweise ausgeflockt werden; sie reichern sich im während des Kochens entstehenden Schaum an, der abgeschöpft wird. Weil in offenen Pfannen eingedampft wird, steigt mit zunehmendem Trockenstoffgehalt der Lösung ihr Siedepunkt, was zu Caramel- und anderen Farbstoffbildungen führt und dem fertigen Primitivzucker die charakteristische Farbe von gelb bis dunkelbraunschwarz und den typischen Geschmack von caramelig bis schokoladig-bitter gibt. Wenn der Saft weit genug eingedampft ist, was einer Temperatur von 130–137 °C entspricht, wird die zähe, dickflüssige Lösung im allgemeinen in Formen abgekühlt, wobei infolge der hohen Saccharoseübersättigung viele Kristallkeime ausfallen, die aber nicht wesentlich wachsen können, so daß der fertige Primitivzucker eine fondantähnliche Beschaffenheit hat. Der Muttersirup wird nicht abgetrennt (nichtzentrifugiert), so daß alle Stoffe aus dem Rohsaft, die nicht im Schaum abgetrennt worden sind, im Zucker verbleiben. Dieser Zucker hat gemäß seiner Form unterschiedliche Namen, wie Panela (Columbien), Gula mangkok (Indonesien) oder gemäß seiner Farbe, wie Cula merah (roter Zucker in Indonesien) oder seiner Herkunft, wie Gula jawa (Zucker aus Java, Indonesien) usw.

3.2 Zentrifugierter Zucker

Die Gewinnung von zentrifugiertem Zucker ist in Abb. 2 schematisch dargestellt.

3.2.1 Rohstoffaufbereitung

3.2.1.1 Zuckerrohr

Manuell oder maschinell geerntetes Zuckerrohr, ganzstengelig oder in ca.
30 cm langen Stücken („chopped"), ungebrannt („grün") oder gebrannt (zur
Vernichtung des trockenen Laubs der Zuckerrohrpflanze wird in vielen
Anbaugebieten das Feld vor der Ernte „abgebrannt", wobei die safthaltigen
Stengel kaum direkt geschädigt werden) wird ohne längere Zwischenlagerung
(angestrebt werden nicht mehr als 24 Stunden nach Beginn der Ernte)
verarbeitet. Ist das Rohr stark mit Erde oder anderen Fremdstoffen kontami-
niert, so wird es naß oder trocken gereinigt, wobei die Naßreinigung zu
erheblichen Saccharoseverlusten durch Auswaschen führen kann. Das Zer-
schneiden der Stengel in Stücke vereinfacht die Abtrennung von stengelfrem-
den Stoffen. Um die Saftgewinnung zu erleichtern, werden die Rohrstengel
zerkleinert, desintegriert, wobei eine definierte Teilchengröße und -struktur
angestrebt wird; dazu werden rotierende Messersätze und Hammerbrecher
(„Shredder") eingesetzt, die von Dampfturbinen, Elektromotoren oder Hy-
draulikantrieben, mit einer Arbeitsdrehzahl von 600–1200/min angetrieben
werden. Der Aufbereitungsgrad (Zerkleinerungsgrad) der Rohrteilchen wird
als „Aufbereitungsindex" bestimmt; er muß bei 80–90% liegen, damit die
Saftgewinnung (Saccharose-Extraktion) den erforderlichen Wirkungsgrad
erreicht.

3.2.1.2 Zuckerrüben

Zuckerrüben werden heute meist maschinell geerntet, wobei Kopf und Blätter
von den Rüben abgetrennt, entweder gesammelt oder sofort zerkleinert
werden; sie dienen entweder frisch, siliert oder getrocknet als Viehfutter oder
als Gründünger dem Boden. In der Erntemaschine werden die Rüben
weitgehend von anhaftender Erde, ggf. Steinen (abhängig von der Witterung,
dem Boden usw.) befreit und im allgemeinen auf dem Feld zwischengelagert.
Nach dem Transport zur Zuckerfabrik werden sie gewaschen oder ungewa-
schen in großen, ggf. belüfteten Lagern, in Abhängigkeit von der Witterung,
bis zur Verarbeitung aufbewahrt. Die Belüftung dient zur Kontrolle der
Temperatur der lagernden Rüben, damit Saccharoseverluste minimiert bzw.
die Rübencharakteristika optimiert werden.
Die stets sorgfältig gewaschenen Rüben werden vor der Saccharoseextraktion,
der Saftgewinnung, zerkleinert, „geschnitzelt", wofür Schneidmaschinen mit
horizontalen Schneidscheiben oder Trommeln mit eingesetzten Messern
bestimmter Form und Teilung eingesetzt werden, die die Rüben in definierte
Teile desintegrieren. Form und Größe der Schnitzel sind von entscheidender

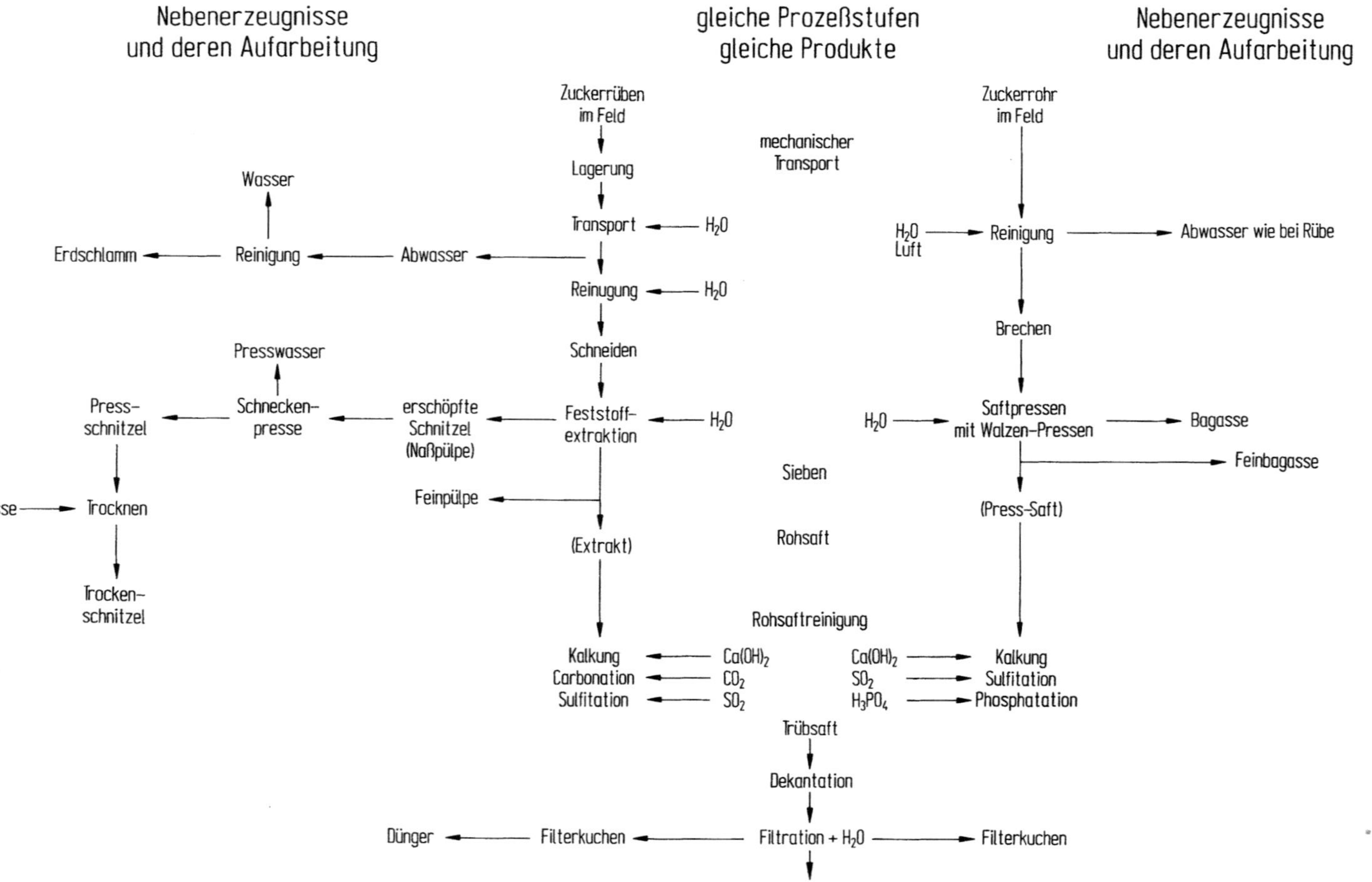
Nebenerzeugnisse und deren Aufarbeitung
gleiche Prozeßstufen gleiche Produkte
Nebenerzeugnisse und deren Aufarbeitung
Zuckerrüben im Feld
Lagerung
Transport
H2O
Reinigung
H2O
Schneiden
Feststoff-extraktion
H2O
Feinpülpe
(Extrakt)
mechanischer Transport
Sieben
Rohsaft
Rohsaftreinigung
Kalkung
Carbonation
Sulfitation
Ca(OH)2
CO2
SO2
Wasser
Erdschlamm
Reinigung
Abwasser
Presswasser
Schnecken-presse
erschöpfte Schnitzel (Naßpülpe)
Press-schnitzel
Melasse
Trocknen
Trocken-schnitzel
Zuckerrohr im Feld
H2O Luft
Reinigung
Abwasser wie bei Rübe
Brechen
H2O
Saftpressen mit Walzen-Pressen
Bagasse
Feinbagasse
(Press-Saft)
Ca(OH)2
SO2
H3PO4
Kalkung
Sulfitation
Phosphatation
Trübsaft
Dekantation
Dünger
Filterkuchen
Filtration + H2O
Filterkuchen

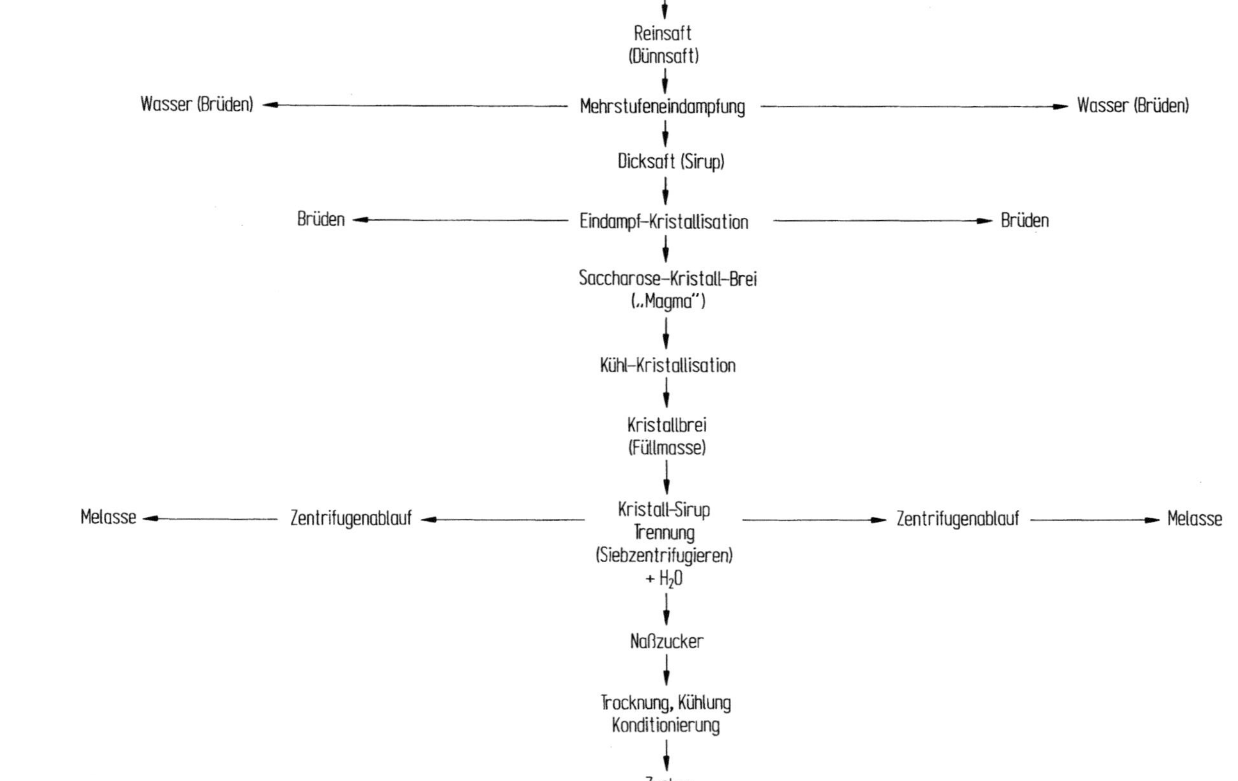

Abb. 2. Gewinnungsverfahren von zentrifugiertem Zucker in Rüben- oder Rohrzuckerfabrik. Kursive Termini bezeichnen Stoffe oder Produkte bzw. Erzeugnisse, nichtkursive Termini Prozeßstufen, wobei die für beide Rohstoffe gleichen Prozeßstufen gemeinsam, unterschiedliche für den jeweiligen Rohstoff getrennt dargestellt sind

Bedeutung für die Wirtschaftlichkeit der nachfolgenden Prozeßschritte in der Zuckerfabrik; verwendet werden scheiben- oder stäbchenförmige Schnitzel, was auch für die weitere Nutzung der erschöpften („ausgelaugten") Schnitzel nach der Saccharoseextraktion als Viehfutter von Bedeutung ist. Die Teilchengröße der Rübenschnitzel wird in der Prozeßkontrolle überwacht, so daß die Arbeitsweise der Schneidmaschinen optimiert werden kann.

Das Transportwasser für Rüben, „Schwemmwasser", und ihr Waschwasser werden nach mechanischer Abtrennung mitgeführter Feststoffteile, wie Sand und Pflanzenteile, im Kreislauf wiederverwendet, später biologisch gereinigt; neuerdings wird die biologische Abwasserreinigung zur Biogaserzeugung genutzt (s. auch 3.2.10 Wasserwirtschaft).

3.2.2 Saftgewinnung (Saccharoseextraktion)

Um die in dem Zellgewebe von Zuckerrohr und Zuckerrüben gespeicherte Saccharose zu gewinnen, wird der Zellsaft weitgehend aus dem Gewebe ausgepreßt oder festflüssig extrahiert; dabei fallen entweder ein Preßsaft oder ein Extrakt an, die in der Zuckerfabrik als Rohsaft bezeichnet werden, der in der nächsten Prozeßstufe gereinigt wird.

3.2.2.1 Zuckerrohr

In der Rohrzuckerindustrie werden zwei Verfahren zur Saftgewinnung eingesetzt: Das Preßverfahren mittels Zuckerrohrmühlen, hydraulischen dynamischen Walzenpressen, und das Fest-flüssig- (oder Feststoff-) Extraktionsverfahren.

Preßverfahren

Am weitesten verbreitet ist das Preßverfahren, für das „Zuckerrohrmühlen", im allgemeinen 3-Walzen(„Roller")-Pressen, zu fünf bis sieben Einheiten hintereinander in einem „Mühlenzug" eingesetzt werden; moderne Konstruktionen besitzen vier oder fünf Walzen in einer Einheit. Die drei Walzen sind im Dreieck angeordnet, eine Oberwalze über zwei Unterwalzen, wobei die vordere Unterwalze auch „Zuführungswalze", die hintere „Austragswalze" genannt wird; zwischen ihnen ist eine Umlenkplatte, der „Bagassebalken", angeordnet, durch den die Bagasse der ersten Preßstufe zur zweiten in einer Mühle umgelenkt wird. Auf die Oberwalze wirkt hydraulischer Druck, der über besonders konstruierte Kolben auf die Wellenenden übertragen wird; der Oberroller kann Auf- und Abwärtsbewegungen machen, „floaten", um nichtkomprimierbaren großen Fremdkörpern, wie Steinen oder Metallteilen, nach oben innerhalb festgelegter Grenzen auszuweichen, so daß Walzenbruch vermieden wird. Die „Öffnung" der Mühlen, d.h. der Abstand zwischen Ober- und Unterroller, beträgt wenige Zentimeter bzw. einige Millimeter; sie muß nach dem Fasergehalt des Rohrs, seiner nichtkomprimierbaren Komponente, berechnet werden und ist an der Mühlenvorderseite größer als an der Austragsseite. Das aufbereitete, zerkleinerte Rohr wird durch die vordere

Öffnung der Mühle zugeführt, ggf. durch besondere Speiseroller forciert hineingedrückt, von den geriffelten Walzenmänteln erfaßt und zwischen den Walzen komprimiert; dadurch wird Saft aus den Zellen gepreßt, läuft aus den Mühlen ab und wird unter ihnen in flachen Trichtern gesammelt, von wo er aus dem System abfließt. Die Umlenkplatte lenkt die Bagasse in die Öffnung zwischen Ober- und Austragswalze, wo erneut Saft abgepreßt wird. Die Bagasse der ersten Mühle wird zur zweiten gefördert, dann zur dritten usw., bis sie als „Endbagasse" die letzte Mühle verläßt; dabei wird die anfallende Preßsaftmenge von Stufe zu Stufe geringer. Zur Verbesserung des Saccharose-Extraktions-Wirkungsgrades wird auf die Bagasse vor der letzten Mühle im Zuge Wasser, „Imbibitionswasser", gegeben; der Preßsaft der letzten Mühle wird auf die Bagasse vor der zweitletzten Mühle gegeben, deren Preßsaft auf die Bagasse vor der drittletzten und so fort, bis schließlich der Preßsaft auf die Bagasse der ersten Mühle gegeben ist. Dadurch fallen zwei Typen Preßsaft an: der der ersten Mühle ohne Imbibitionsflüssigkeit, der der zweiten Mühle mit der gesamten Imbibitionsflüssigkeit; beide Typen vermischt ergeben den sogenannten Mischsaft, tatsächlich den Rohsaft. Diese Arbeitsweise der Imbibition wird „compound imbibition" genannt.
Angetrieben werden die Mühlen von Dampfturbinen oder Elektromotoren bzw. Hydraulikmotoren; die Arbeitsdrehzahl der Walzen liegt bei 4–6/min. Die Imbibitionswassergabe liegt bei 25–35 kg/100 kg Rohr, der Extraktions-wirkungsgrad erreicht 85–95%, in einigen Anlagen bis 97,5%, abhängig von Imbibitionswassergabe, Arbeitsbedingungen, Zustand der Pressen, Zucker-rohrcharakteristika. Moderne Anlagen haben eine Verarbeitungskapazität von 10 000 t Rohr/d in einem Zug von 7 Mühlen.
Die Endbagasse wird so gepreßt, daß ihr Feststoffanteil bei 50% (also 50% Wasser) liegt, so daß sie unmittelbar zur Energiegewinnung in den Dampfer-zeugern der Zuckerfabrik verbrannt werden kann. Die Bagasse kann aber auch für andere Produkte verwertet werden, z.B.: die Faserkomponente für Halbzellstoff, Papier und Cellulose, die Pentosane für Herstellung von Fur-furol oder Ethanol, das Lignin als Hilfsstoff für Plaste, die Integralbagasse als Viehfutter, Bodenverbesserer usw. Es kann ggf. lohnenswert sein, die Energiewirtschaft einer Zuckerfabrik so zu betreiben, daß Bagasse einge-spart wird, um so die Erträge aus der Nebenproduktverwertung zu erhöhen.

Fest-flüssig-Extraktionsverfahren

Das Fest-flüssig- oder Feststoff-Extraktionsverfahren, in der Zuckerindustrie „Diffusion" genannt, wird auch in der Rohrzuckerindustrie angewendet; noch immer ist aber das Preßverfahren vorherrschend. Von den verschiedenen ver-fahrenstechnischen Lösungen dieses Extraktionsprozesses konnte sich das Perkolationsverfahren am besten durchsetzen; bei diesem Verfahren wird die Extraktionsflüssigkeit schubweise auf das Feststoffbett von ca. 1 m Dicke gegeben, strömt durch den Feststoff nach unten, wird in Sammelbehältern aufgefangen und fließt von hier zur nächsten Stufe im Gegenstrom zur Feststoff-Förderrichtung: Am Ende des Extrakteurs, der Bagasseseite, wird

Wasser aufgegeben, an der Rohrseite wird der fertige Extrakt als Rohsaft abgenommen. Die Zellmembranen werden auf eine Temperatur von 75–85 °C durch zirkulierenden heißen Rohsaft erwärmt, d. h., das Gewebe wird denaturiert. Sorgfältige Zerkleinerung des Rohrs ist für dieses Verfahren von sehr großer Bedeutung, damit in den einzelnen Stufen die optimale Perkolationsgeschwindigkeit erreicht, die Überflutung des Bettes jedoch verhindert wird. Der Gegenstromprozeß, jedoch mit Kreuz- und Gleichstromkomponenten in den einzelnen Stufen, dauert ca. 45–60 min, die Länge des Apparates beträgt ca. 60 m, wobei die Breite gemäß der Verarbeitungsrate variiert wird. Zur Beseitigung von Oberflächenverdichtungen des Bettes durch Feinstmaterial, das mit der zirkulierenden Extraktionsflüssigkeit eingetragen wird, sind Vertikal-Auflockerungs-Schraubenförderer vorhanden.

Die nasse Bagasse wird am Ende des Extrakteurs noch in ihm vorentwässert, dann meist in 3-, 4- oder 5-Walzenpressen so weit weiterentwässert, daß die Bagasse wie die aus dem „Mühlenprozeß" verwendet werden kann; die abgepreßte Bagasseflüssigkeit wird in den Extrakteur zurückgeführt. Heutige Perkolations-Extraktionsanlagen für Rohr gestatten die Verarbeitung von 10 000 t/d in einer Anlage, die wegen ihrer geschlossenen Bauweise im Freien aufgestellt werden kann; es gibt noch eine Reihe weiterer Vorteile gegenüber Mühlenanlagen, u. a. die bessere Prozeßkontrolle, die leichtere mikrobiologische Kontrolle, geringere Operations- und Wartungskosten, die höhere Saccharoseextraktion: 95–98 %, bei allerdings höherem Rohsaftanfall, der jedoch durch eine angepaßte Energiewirtschaft der Zuckerfabrik, vor allem durch entsprechende Ausführung der Verdampfanlage, d. h. durch entsprechende Wärmewirtschaft, nicht zum Nachteil für die Fabrik führen muß.

3.2.2.2 Zuckerrüben

In der Rübenzuckerindustrie wird ausschließlich das Fest-flüssig-(oder Feststoff-)Extraktionsverfahren zur Gewinnung des Saftes bzw. der Saccharose aus dem Rübengewebe angewendet. Das von Saccharose weitgehend erschöpfte Rübengewebe, die „ausgelaugten Schnitzel" oder „Pülpen", der Extraktionsrückstand, wird in Schneckenpressen entwässert und kann als „Preßschnitzel" oder Preßpülpen" bzw. getrocknet als „Trockenschnitzel" oder „Trockenpülpen", ggf. vermischt mit Melasse, weiter verwertet werden.

Die Zuckerrübenschnitzel werden heute im allgemeinen in kontinuierlich arbeitenden Wärmetauschern auf die Denaturierungstemperatur von 70–80 °C gebracht; diese arbeiten im Gegenstrom von heißem Extrakt und kalten Schnitzeln, wobei der Extrakt abgekühlt wird, was für weitere Rohsaftverarbeitung und Wärmewirtschaft der Zuckerfabrik von großem Vorteil ist. Die Denaturierung bewirkt die erforderliche Permeabilität der Zellmembranen für den Durchtritt der Saccharose in die Extraktionsflüssigkeit, wobei die Temperatur entsprechend dem Rübengewebe optimiert werden muß. Die eigentliche Extraktion erfolgt heute vor allem in kontinuierlich arbeitenden (meist) Gegenstromanlagen, jedoch sind auch Anlagen im Einsatz, die Kreuz-

bzw. Gleichstromkomponenten aufweisen, von denen einige Typen auf eine getrennte Schnitzelanwärmung verzichten. Extraktionsanlagen weisen folgende Formen auf:
- Säule (Turm),
- Trog,
- Trommel,
- Siebband mit Perkolation.

Beim Extraktionsturm wird das zur Denaturierung erhitzte Schnitzel-Saft-Gemisch am Fuß des Turmes eingepumpt und durch entsprechende Einbauten nach oben gefördert; die Extraktionsflüssigkeit, das Wasser, wird am Kopf zugegeben und fließt nach unten durch das Bodensieb in den Wärmeaustauscher für die Schnitzeldenaturierung. Von hier wird der Extrakt als „Rohsaft" in den Prozeß geleitet. Die Extraktionszeit liegt bei 70–75 min, der pH-Wert der Flüssigkeit zwischen 4,5 und 6,5 (er ist von großem Einfluß auf die Entwässerungsfähigkeit der Pülpen: ein niedrigerer pH-Wert ermöglicht eine höhere Abpressung des Restsaftes (Preßwassers) und somit einen höheren Trockengehalt der Preßschnitzel, wodurch Trocknungsenergie gespart wird). Der Rohsaftanfall, der bei 105–115 kg/100 kg Rüben liegt, ist ebenfalls für die Wirtschaftlichkeit einer Zuckerfabrik von Bedeutung: je geringer der Rohsaftanfall bei gleichem Extraktionswirkungsgrad, desto geringer die Energiekosten für die Saftreinigung und -eindampfung. Der Saccharoseextraktionswirkungsgrad liegt bei 98–99,5%, er wird optimiert, ist also ebenfalls von wirtschaftlichen Überlegungen abhängig. Die höhere Saccharoseextraktion ist stets mit einer ebenfalls höheren Nichtsaccharoseextraktion verbunden, durch die die Saftreinigung verteuert werden kann und die Menge an erschöpften Schnitzeln, die als Viehfutter hohen Wert haben, geringer wird.
Moderne Extraktionsanlagen in der Rübenzuckerindustrie haben eine Verarbeitungskapazität von 12 000 t/d Rüben in einer Apparateeinheit.

3.2.3 Rohsaftreinigung

Die Reinigung des Rohsaftes (Rohextraktes oder Preßsaftes) besteht in der größtmöglichen Abtrennung von mitextrahierten oder mitausgepreßten Nichtsaccharosestoffen; dabei handelt es sich um andere Saccharide als Saccharose, ferner um stickstoffhaltige Verbindungen, z. B. Proteine, Pektine, organische Säuren, anorganische Verbindungen, Farbstoffe usw., aber auch Feststoff, z. B. Sand, Erde usw. Dies wird erreicht durch Siebung und kombinierte physiko-chemische und chemische Fällung – Wärmung – Sedimentation-(Dekantation) – Filtration. Da die Zusammensetzung der Nichtsaccharosekomponenten im Rohsaft abhängig vom Rohmaterial sehr verschieden ist, gibt es kein Rohsaftreinigungsverfahren, das in allen Parametern für alle Rohsaftzusammensetzungen optimal ist; es muß demgemäß in jeder Zuckerfabrik, auch von Verarbeitungszeit zu Verarbeitungszeit, erneut optimiert werden, was durch Anpassung von pH-Werten, Temperaturwerten, Hilfsstoffzusätzen, Reaktions- und Aufenthaltszeit usw. möglich sein muß. Allerdings ist in einer Zuckerfabrik aufgrund der installierten Apparatur nur ein bestimmtes Rohsaftreinigungsschema durchzuführen.

Feststoff-Fremdkörper werden zunächst durch Sieben entfernt. Dann folgt die Behandlung des Rohsaftes, wobei in der gesamten Zuckerindustrie, gleich ob Rohr- oder Rübenzuckerindustrie, annähernd dieselben Hilfsstoffe verwendet werden: vor allem Kalk (in Form von CaO bzw. $Ca(OH)_2$ bzw. Kalkmilch); die Gase CO_2 bzw. SO_2; ggf. Phosphat bzw. H_3PO_4; zur Verbesserung der Sedimentation der gefällten Nichtsaccharosestoffe auch Flockungsmittel; zur Erleichterung und Verbesserung der Filtration Filtrationshilfsmittel, wie Kieselgur-Präparationen, Feinbagasse, Cellulosepräparationen; zur Verbesserung der Farbe der Saccharoselösungen (Säfte) Entfärbungsmittel, wie Aktivkohle, Entfärbungskohle, Entfärbungs-Ionenaustauschharze; zum Entkalken der Säfte sowie zur Saftentsalzung Ionenaustauscherharze. Die Zahl der Variationen ist sehr groß; je reiner das Erzeugnis „Zucker" sein soll, je weniger Farbe, Asche usw. er enthalten soll, desto höher ist im allgemeinen der Aufwand an Hilfsstoffen und Prozeßschritten. Umfangreiche Fachliteratur informiert über Details.

Der Filtrationsrückstand, der Filterkuchen, der mit Wasser weitgehend von Saccharose befreit („abgesüßt") ist, wird als Dünger oder Bodenverbesserer in der Landwirtschaft genutzt.

Der gereinigte Rohsaft, der Reinsaft bzw. Dünnsaft, wird anschließend durch Eindampfen zum Dicksaft oder Sirup konzentriert.

Im folgenden werden nur die einfachsten, klassischen Reinigungsverfahren näher erläutert.

3.2.3.1 Zuckerrohr

Das angewendete Saftreinigungsverfahren hängt von der Qualität des gewonnenen Zuckers ab; für die Erzeugung von Rohzucker wird das einfachst-erforderliche Verfahren angewendet, für die von weißem Verbrauchszucker ein entsprechend geeignetes.

Rohzucker

Der Rohsaft wird entweder bei der Temperatur, mit der er aus der Preßanlage oder Extraktionsanlage austritt (30 bis 70 °C), durch Zusatz von $Ca(OH)_2$ bis pH = 7,5–9,0, abhängig von der Reinheit des Rohsaftes gekalkt; je reiner er ist, desto geringer ist die Kalkzugabe. Man kann aber auch den Rohsaft auf 60–105 °C erwärmen und dann kalken. Im ersten Fall wird der gekalte Saft bis zum Siedepunkt, ca. 105 °C, erhitzt und dadurch die Fällung von Nichtsaccharosestoffen vervollständigt, der Niederschlag wird entwässert und gelöstes Gas (z. B. Luft) ausgedampft. Der zum Sieden erhitzte Saft wird einem Dekanteur zugeführt, in dem Trennung in Niederschlag und Klarsaft (Dekantat) erfolgt, die als Unterlauf und Überlauf austreten. Der klare Überlauf wird zur Eindampfung weitergefördert; der niederschlaghaltige Unterlauf, „Schlamm" genannt (ggf. „Dickschlamm"), geht zur Filtration, die heute vor allem in kontinuierlich arbeitenden Trommel-Vakuum-Filtern durchgeführt wird. Damit schnell genug ein genügend stabiler, genügend poröser Filterkuchen zur Klarfiltration aufgebaut werden kann, wird Feinbagasse zum Unterlauf zugegeben, wobei genügende Feinheit der Bagasse für die Feststoffarmut des Filtrats von Bedeutung ist. Im allgemeinen ist jedoch das Filtrat ohne nachträgliche Feinfiltration bzw. ohne ein anderes geeignetes Reinigungsverfahren nicht genügend feststofffrei, so daß es in den Rohsaft zurückgeführt wird.

Weißzucker

Die Saftreinigung für Weißzuckergewinnung ist deshalb aufwendiger, weil vor allem die Entfärbung des gereinigten Saftes für die Farbe des Endproduktes Zucker von Bedeutung ist. Es gibt auch hier verschiedene Verfahren; die wichtigsten sind die „Sulfitation-Kalkung" oder „Kalkung-Sulfitation", die in unterschiedlichen Teilprozessen ausgeführt werden können.

Bei der „Sulfitation-Kalkung" wird der Rohsaft im ersten Schritt mit SO_2 (wird durch Verbrennen von Schwefel in „Schwefelöfen" in der Zuckerfabrik selbst erzeugt) bis zu einem pH-Wert von 3,5–4,5 angesäuert, wobei ggf. der isoelektrische Punkt einiger Aminosäuren erreicht wird und diese daher ausflocken; danach wird der Saft mit $Ca(OH)_2$ neutralisiert bzw. alkalisiert bis zu einem geeigneten pH-Wert, z.B. 7,5–9,0. Anschließend wird bis zum Siedepunkt erhitzt und danach geklärt, wie bereits zuvor beschrieben. In diesem und im folgenden Prozeß ist simultane Zugabe von SO_2 und Kalk bzw. gemischt konsekutive und simultane Zugabe möglich.

Bei der „Kalkung-Sulfitation" wird der Rohsaft zunächst durch Kalkung alkalisiert, jedoch bis zu einem höheren pH-Wert als bei den zuvor beschriebenen Verfahren (z.B. bis pH = 11); danach wird sofort durch Zugabe von SO_2 bis zu einem geeigneten pH-Wert, z.B. 7,5–8,0, sulfitiert, danach erhitzt und geklärt. Es ist auch möglich, zuerst zu sulfitieren (wie oben beschrieben), dann zu alkalisieren und schließlich noch einmal zu sulfitieren. Je reiner und heller der zu erzeugende Zucker sein soll, desto aufwendiger ist die Rohsaftreinigung.

Im allgemeinen wird vor der Kalkung bzw. Sulfitation-Kalkung usw. Phosphat oder Phosphorsäure zum Rohsaft zugesetzt, weil der Reinigungseffekt stark vom optimalen, freien Phosphatgehalt im Rohsaft abhängt; als Orientierungswert gilt ein Gehalt an reaktivem Phosphat von 300 mg/kg Saft.

Das früher in der Rohrzuckerindustrie weit verbreitete Kalkungs-Carbonations-Verfahren – ähnlich dem in der Rübenzuckerindustrie – wird nur noch in wenigen Rohrzuckerfabriken eingesetzt; es wird deswegen hier nicht erörtert.

Zur Verbesserung der Flockung der Nichtsaccharosestoffe, der Sedimentation des Niederschlags im Dekanteur und zur Verbesserung der Klarheit des Überlaufs, des Dekantats, werden in nahezu allen Rohrzuckerfabriken Flockungshilfsmittel vor der Dekantation zugesetzt. Diese Flockungsmittel unterscheiden sich vor allem durch ihre chemische Natur, ihren Hydrolysegrad und ihre Molmasse; sie müssen dementsprechend nach den Charakteristika der Trübe vor der Dekantation ausgewählt werden, denn bei Wahl des falschen Polymers kann der Flockungshilfseffekt in einen Dispersionseffekt umschlagen.

Seit wenigen Jahren wird zur zusätzlichen Reinigung des Drehfilter-Filtrats ein Flockungs-Flotations-Prozeß angewendet, bei dem durch Zugabe von Phosphorsäure und Kalk sowie Einblasen von Luft mit anschließender Zudosierung von Polymer Flotation in einem geeigneten Dekanteur erzielt wird; der Schaum enthält die geflockten Nichtsaccharosestoffe und wird zur Filtration rezirkuliert, der Klarsaft dagegen kann unterhalb des Flotats direkt zum Überlauf, also zum Klarsaft zur Eindampfung, gegeben werden. Somit entfällt hier die Rezirkulation des trüben Drehfilterfiltrats zum Rohsaft, und die Rohsaftreinigung wird dadurch erleichtert.

3.2.3.2 Zuckerrüben

In der Rübenzuckerindustrie wird, unabhängig ob Roh- oder weißer Verbrauchszucker erzeugt wird, die zweistufige Kalkung und die zweistufige Carbonatation angewandt, ggf. mit zusätzlicher Sulfitation; es wird also ausschließlich im stark- bzw. schwach-alkalischen pH-Gebiet gearbeitet und dadurch die Hydrolyse von Saccharose zu Invertzucker stark unterdrückt. Zucker aus Rübenzuckerfabriken zeichnen sich deshalb gegenüber Zucker aus Rohrzuckerfabriken durch geringen Invertzuckergehalt aus.

Das klassische Rohsaftreinigungsverfahren verläuft folgendermaßen: der Rohsaft wird mit einer geringen Menge Kalkmilch (oder gebranntem Kalk) bei einer Temperatur um 30–40 °C bis zum pH-Wert von 10,8–11,2 alkalisiert, wodurch Pektinstoffe und andere Nichtsaccharosestoffe gefällt bzw. ausgeflockt werden; diese Stufe wird in der Zuckerfabrik „Vorkalkung“ genannt und ist deshalb sehr wichtig, weil durch progressive Erhöhung des pH-Wertes („progressive Vorkalkung“) den einzelnen Komponenten der fällbaren Nichtsaccharose das optimale Reaktionsmilieu gesichert wird und die „freien Kolloide“ des Rohsaftes so weitgehend wie möglich ausgeflockt und agglomeriert werden. Diese Stabilität des geflockten, gefällten, agglomerierten Materials ist notwendig, damit es bei weiterer pH-Wert-Erhöhung durch Kalkung, Erhitzung bzw. pH-Wert-Erniedrigung durch Carbonatation nicht wieder in Lösung geht, peptisiert. Zur Verbesserung der Agglomerierung der Kolloide bzw. des geflockten, gefällten Materials wird in vielen Zuckerfabriken entweder Calciumcarbonattrübe der I. oder der II. Carbonatationstrübe zum Rohsaft vor der Kalkung rückgeführt, weil das frisch gefällte $CaCO_3$ noch über relativ starke Adsorptionskräfte verfügt.

Die zweite Stufe der Kalkung besteht in der Zugabe einer relativ großen Dosis Kalkmilch, bis zu einem CaO-Gehalt von 1,5–2,5 g/100 g Saft, in der Anionen als Ca-Verbindung gefällt werden, Flockung vervollständigt wird und die Basis für eine ausreichende Menge an Filterhilfsmittel in Form von (später gebildetem) $CaCO_3$ gelegt wird.

Nach dieser Kalkungsstufe wird die Trübe auf ca. 80–85 °C gewärmt, so daß die Flockungs-Reaktionen usw. vervollständigt werden; danach folgt die I. Carbonatation unter Zugabe von CO_2 bis zum pH-Wert von 10,5–11,0, abhängig von der Zusammensetzung der Nichtsaccharosestoffe. Sodann wird entweder direkt filtriert, um den Carbonatniederschlag vollständig abzutrennen, oder es wird dekantiert, das Dekantat nachfiltriert, der Dekanteurunterlauf auf Trommel-Vakuum-Filtern kontinuierlich in Filterkuchen – geeignet als Dünger – und Filtrat getrennt. Ist das Filtrat nicht genügend feststoffarm, wird es noch einmal auf Druckfiltern feinfiltriert und die dabei anfallenden Filterkuchen zu den Vakuum-Filtern rezirkuliert. Das feststofffreie Filtrat wird dann auf ca. 95 °C erwärmt, in der zweiten Carbonatationsstufe mit CO_2 bis zum pH-Wert von ca. 8 neutralisiert, dabei der Saft bis zum Minimum entkalkt und die Trübe fein-filtriert, so daß ein feststofffreies Filtrat „Dünnsaft" anfällt, das eingedampft wird. Wegen der verschiedenen Funktionen der Carbonatationsstufen bezeichnet man die erste als „Fällungs-Carbonatation", die die geflockten Nichtsaccharosestoffe aus den Kalkungsstufen mit einer $CaCO_3$-Kristallhülle umgibt, die zweite als „Entkalkungs-Carbonatation", durch die der Saft entkalkt wird.

Von den vielen Variationen der Saftreinigungsverfahren ist eine von besonderer Bedeutung, vor allem für die Verarbeitung des Rohsaftes von geschädigten Zuckerrüben (z. B. durch zu lange Lagerung, zu hohe Temperatur während der Lagerung, durch Frost usw.), dessen Kolloidgehalt sehr hoch und von abnormaler Zusammensetzung ist: die simultane Kalkung-Carbonatation I, bei der sehr hohe Alkaliwerte vermieden und die Aufenthaltszeit des Saftes während der Saftreinigung minimiert wird. Dabei entfällt ggf. die Vorkalkung bzw. sie wird bei 80 °C ausgeführt, danach der Überschußkalk und das CO_2-Gas simultan zugegeben, bis eine genügende Stabilität des Nichtsaccharose-$CaCO_3$-Niederschlages erreicht ist, der dann in üblicher Weise abgetrennt wird; das Filtrat bzw. Dekantat wird in üblicher Weise weiterbehandelt.

Auch hier werden Flockungshilfsmittel beim Dekantieren der I. Carbonatationstrübe angewendet, und für die Feinfiltration müssen geeignete Filterhilfsmittel, z. B. eine Kieselgurpräparation, Cellulose usw., herangezogen werden.

Wenn der erhaltene „Reinsaft" (Dünnsaft) entfärbt werden soll, wird SO_2 dosiert.

Gegebenenfalls muß der Dünnsaft weiter entkalkt werden, um Bildung von Niederschlägen auf den Heizflächen der Saftwärmer und Verdampfapparate zu verhindern. Die bei der Enthärtung mit Ionenaustausch-Harzen im Austausch gegen Ca^{++} in den Saft eingeführten Alkaliionen, die die Saccharosekristallisation in späteren Prozeßstufen vermindern und den Melasseanfall vergrößern, können nach dem Eindampfen des Dünnsaftes zum Dicksaft in einem Spezialverfahren wieder an das Harz zurückgegeben werden, indem der Dicksaft als Regeneriermittel für den Austauscher verwendet wird: Niederschlagsbildung auf den Heizflächen der Wärmetauscher wird vermieden, die Melassebildung nicht vergrößert (Gryllus-Verfahren).

3.2.4 Safteindampfung

In der gesamten Zuckerindustrie wird der gereinigte Rohsaft, der Reinsaft, als Dünnsaft in einer mehrstufigen Verdampfstation zum „Dicksaft" oder

„Sirup" eingedampft, wobei die Saccharoselösung von 11–16% Trockensubstanz auf 65–75% eingedickt wird; der Dicksaft ist das Ausgangsprodukt für die folgende Saccharosekristallisation. Die Obergrenze der Eindampfung in diesem Teil des Prozesses wird durch die Sättigungsgrenze der Saccharose in der Lösung bestimmt, die nie erreicht werden darf, weil sonst bei Abkühlen des Sirups im System Saccharose durch Übersättigung auskristallisieren und Störungen im Flüssigkeitstransport verursachen würde.

Die Mehrstufen-Verdampfanlage wurde um 1845 von Rillieux entwickelt; ihr Prinzip besteht darin, bei Druckerniedrigung von Stufe zu Stufe die jeweils folgende mit dem Brüden der davor installierten zu beheizen und den Brüden der letzten Stufe im Kondensator durch Kühlung zu kondensieren; nichtkondensierende Gase müssen mittels Luftpumpe abgesaugt werden. Drei- bis sechsstufige Verdampfanlagen sind in Betrieb; die Stufenzahl hängt vom Entwicklungsstand der Wärmewirtschaft der Zuckerfabrik ab. In modernen Zuckerfabriken wird vollständige Nutzung der Brüden für die Saftanwärmung und die Kristallisation angestrebt; der „Kondensatorverlust" wird minimiert.

Unterschieden werden zwei Typen von Verdampfanlagen: die „Vakuum"- von der „Druck"-Verdampfanlage. In der Vakuum-Verdampfanlage wird in der vorletzten und der letzten Stufe (ggf. schon in der Stufe davor) ein Unterdruck (Vakuum) aufrechterhalten

z. B. p_{abs}

$$\text{Stufe I} = 1{,}8 \text{ bar}, \quad \text{II} = 1{,}0 \text{ bar},$$
$$\text{III} = 0{,}8 \text{ bar}, \quad \text{IV} = 0{,}2 \text{ bar}$$

während die Druck-Verdampfanlage mit einem höheren Druckniveau arbeitet z. B. p_{abs}

$$\text{Stufe I} = 2{,}5 \text{ bar}, \quad \text{II} = 2{,}0 \text{ bar},$$
$$\text{III} = 1{,}5 \text{ bar}, \quad \text{IV} = 1{,}0 \text{ bar},$$

was auch einem unterschiedlichen Temperaturniveau entspricht.

Die Vakuum-Verdampfstation ist in der Rohr-, die Druck-Verdampfstation in der Rübenzuckerindustrie üblich, was darauf zurückzuführen ist, daß Zuckerrohrsaft wegen seiner Zusammensetzung thermoempfindlicher ist. Die daraus resultierende stärkere Farbkörperbildung hat zur Folge, daß der Saft in der Rohrzuckerfabrik bei niedrigerer Temperatur eingedampft wird als der Saft in der Rübenzuckerfabrik. Die zwei Verdampfanlagensysteme sind in Abb. 3 schematisch dargestellt.

Die in der Zuckerindustrie üblichen Eindampfapparate sind Naturumlauf-Verdampfer, sogenannte Robertverdampfer, mit dem Dünnsafteintritt unterhalb der Heizkammer. Als Wärmeüberträger dient eine Heizkammer mit Röhren, durch die der zu konzentrierende Saft als Saft-Brüden-Gemisch aufsteigt (Mammutpumpenprinzip), das sich oberhalb der Heizkammer trennt: der Brüden entweicht nach oben und verläßt den Apparat nach Passieren eines Tropfenabscheiders, der konzentrierte Saft fällt in ein Zentral-

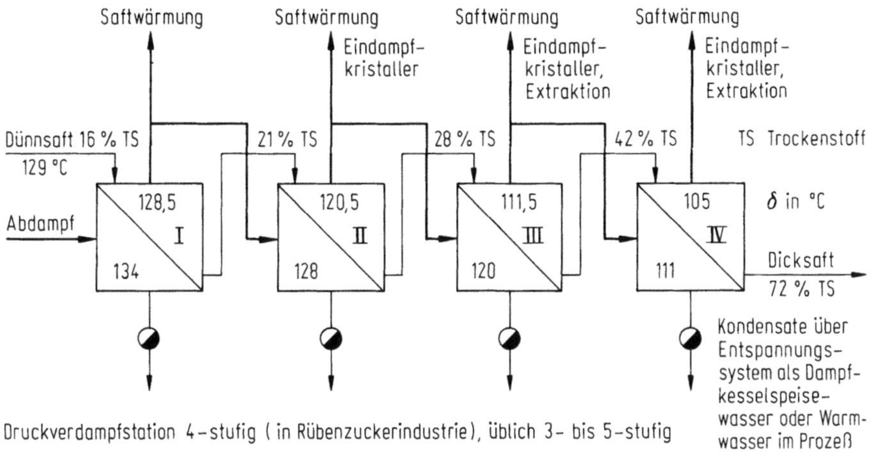

Druckverdampfstation 4-stufig (in Rübenzuckerindustrie), üblich 3- bis 5-stufig

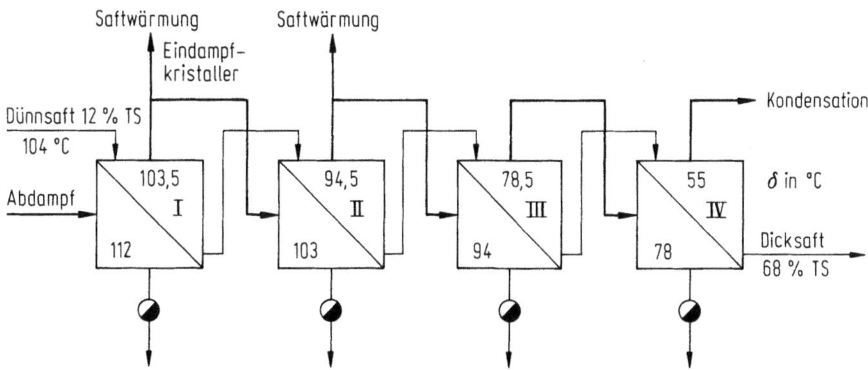

Vakuumverdampfstation 4-stufig (in Rohrzuckerindustrie), üblich 4- bis 6-stufig

Abb. 3. Fließbilder von Verdampfanlagen: Druckverdampfanlage (Rübenzuckerindustrie) und Vakuumverdampfanlage (Rohrzuckerindustrie). Die Stufenzahl ausgeführter Anlagen beträgt drei bis sechs, am häufigsten sind vier- und fünf-stufige Anlagen. Brüdenkompression (offener Wärmepumpenkreislauf) wird selten eingesetzt.

In der Rübenzuckerindustrie werden die Prozeßwärmeabnehmer so auf die Eindampfstufen verteilt, daß der für eine kontrollierte Kristallisation maximal zulässige Dicksaft-Trockensubstanzgehalt ohne „Kondensatorverlust" erreicht wird.

Vakuumverdampfanlagen der Rohrzuckerindustrie arbeiten mit „Kondensatorverlust", da die Sattdampftemperatur der Brüden der hinteren Verdampferstufen zu niedrig für die Prozeßwärmeabnahmer ist. Die niedrigen Temperaturen sind wegen der Thermoinstabilität des Saftes erforderlich. Wegen der Brennstoffautarkie der Rohrzuckerfabrik (Bagasse als Energieträger s. 3.2.9) kann ein im Vergleich zur Rübenzuckerindustrie höherer Dampfdurchsatz durch die Verdampfanlage hinsichtlich der Produktionskosten toleriert werden.

Die eingesetzten Verdampfapparate sollen eine enge, kurze Verweilzeit und ein entsprechend enges Verweilzeitspektrum der durchgesetzten Lösung haben, um deren Temperaturbeeinflussung zu minimieren

Reinsaft
H₂O
Auflösung
Eindampfung
Dicksaft
Filtration
Filterkuchen rezirkuliert z. Prozeß
Sulfitation
Filterkuchen rezirkuliert z. Prozeß
Filtration
Dicksaftfiltrat (Einheitskläre)
Kläre
Eindampf-Kristallisation
Kochmasse I
Kühl-Kristallisation
Füllmasse I
Magma
Rohzucker I
Zentrifugieren
Ablauf
Eindampf-Kristallisation
Kochmasse II
Mischen
Kühl-Kristallisation
Füllmasse II
Rohzucker II
Zentrifugieren
Rohzucker II
Melasse

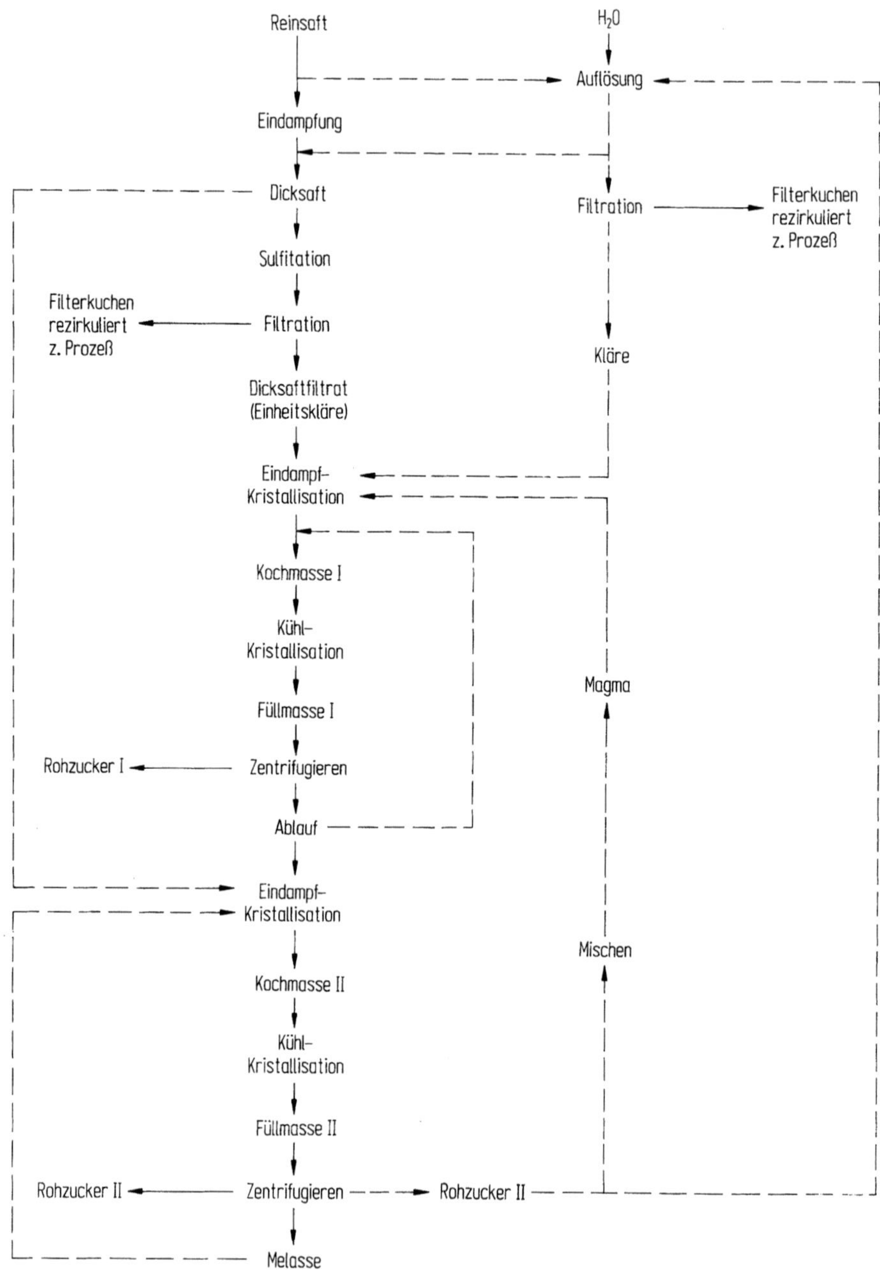

Abb. 4

rohr oder die Siederohre zurück und wird in die nächste Stufe der Verdampfstation geleitet. Die Saftaufenthaltszeit in einer 4-stufigen Robert-Verdampfstation beträgt ca. 30–40 min.

Neben den Naturumlaufverdampfern werden Zwangsdurchlaufverdampfer eingesetzt, als Kletter- oder Fallfilmverdampfer, in denen das Saftvolumen somit auch die Aufenthaltszeit des Saftes wesentlich geringer ist; sie beträgt z. B. in einer 4-stufigen Anlage ca. 10 min. Das geringere Saftvolumen und die höhere Geschwindigkeit des Saft-Brüden-Gemisches in den Siederohren erfordern eine aufwendigere Kontrolle der Arbeitsweise. Der Wärmedurchgangskoeffizient liegt beim Naturumlaufverdampfer, abhängig vom Trockenstoffgehalt der zu konzentrierenden Lösung zwischen 15 und 65%, bei $3000–600 \ W/(K \ m^2)$, beim Durchlaufverdampfer um $6000–1000 \ W/(K \ m^2)$, also wesentlich höher. Wegen der wesentlich kürzeren Aufenthaltszeit und des günstigeren Aufenthaltszeitspektrums können auch thermoempfindlichere Saccharoselösungen bei höherem Temperaturniveau eingedampft und die Wärmewirtschaft der Zuckerfabrik dadurch günstiger werden.

Der aus der Verdampfstation austretende Dicksaft wird, falls erforderlich, zur Verringerung der Farbintensität sulfitiert oder einer Kalkung-Phosphatation-Flotationsreinigung unterzogen, um weitere gelöste Nichtsaccharosestoffe und Farbstoffe auszuscheiden, oder er wird filtriert; danach erfolgt Eindampfkristallisation. Eine Übersicht über den Weg zu Rohzucker vermittelt Abb. 4.

3.2.5 Kristallisation der Saccharose zu Zucker

Der entscheidende Reinigungsprozeß im Zuckerfabriksverfahren bei Gewinnung vom Saccharose als Zucker ist die Kristallisation. Während in der Rohrzuckerindustrie der Rohsaft eine Reinheit (saccharimetrischer Saccharosegehalt/Trockenstoffgehalt) von 80–85% aufweist die beim Rein- oder

---

Abb. 4. Schematische Darstellung der Rohzuckergewinnung. Rübenzuckerindustrie: Reinheit des Dicksaftes 92%, der Koch-/Füllmasse I 87%, des Muttersirupablaufs 78%, der Koch-/Füllmasse II 78%, der Melasse 60%. Das Reinheitsniveau der Prozeßstufen wird durch Rücknahme von Abläufen eingestellt bzw. gesenkt. Wird Kalium und Natrium partiell gegen Magnesium im Ablauf I mittels Ionenaustauscherharz ausgetauscht, so wird mehr Saccharose erschöpft, die Reinheit der Melasse weiter gesenkt. Der Grad des Austauschs bestimmt den Grad der zusätzlichen Erschöpfung. Marktbedingungen der Melasse bestimmen den zulässigen Grad der Erschöpfung.
Rohrzuckerindustrie: Reinheit des Dicksaftes 85%, der Koch-/Füllmasse I 75%, Ablaufs I 65%, Koch-/Füllmasse II 60%, Melasse 35%; die Reinheitssequenz im Kristallisationsschema wird durch die zuckertechnologischen Charakteristika der Zuckerfabriksprodukte, u. a. die Nichtsaccharosezusammensetzung und deren spezifische Charakteristika bestimmt. Die Reinheit des gewonnenen Zuckers unterliegt Handelsbedingungen: Rohzucker I Rendementswert 92% {Berechnung für Rübenrohzucker = saccharimetrischer Drehwert in °S ($\hat{=}$% Saccharose − [4 + Aschengehalt + 2 × Invertzuckergehalt + 1], {von Rohrrohzucker = 2 × sacch. Drehwert −100}.
Ausgezogene Linie: normaler Prozeß, gestrichelte Linie: Ausweich- oder zusätzliche Möglichkeiten in Abhängigkeit von Stoff- oder Prozeßcharakteristika

Dicksaft von gleicher Größenordnung ist, liegt die Reinheit des gewonnenen
Zuckers nach Abwaschen des Muttersirupfilms um 99%; in der Rüben-
zuckerindustrie liegen die entsprechenden Werte bei 88%, 92% und 99,5%.
Der Reinigungseffekt zwischen Dicksaft und daraus gewonnenem Zucker,
berechnet nach der abgetrennten Nichtsaccharosemasse, beträgt demnach
etwa 94% (der in der Saftreinigung in der Rübenzuckerfabrik etwa 33%).
Saccharose kristallisiert nur aus übersättigten Lösungen; die Löslichkeit der
Saccharose steigt mit der Temperatur der Lösung. Der Grad der Übersättigung
(Überlöslichkeit), bei der Saccharosekristallkeime gebildet werden bzw. bei der
Keime wachsen, wird auch von der Reinheit der Lösung bestimmt, also von
den in ihr enthaltenen Nichtsaccharosekomponenten, die individuelle Einflüs-
se z. B. auf die Löslichkeit, die Viskosität, die Oberflächenspannung haben. Im
Löslichkeitsdiagramm unterscheidet der Zuckertechnologe das Unter- vom
Übersättigungsgebiet, getrennt durch die Sättigungskurve. Das Übersättigungsgebiet wird in drei mehr oder weniger deutlich ausgeprägte Gebiete
unterteilt:
- „labiles“ Gebiet, in dem infolge hoher Übersättigung spontan Kristallkeime
  gebildet werden und wachsen,
- „Zwischen“-Gebiet, in dem bei Abwesenheit von Kristallen Keime nicht, bei
  Vorhandensein von Keimen oder Kristallen weitere Keime gebildet werden
  und wachsen,
- „metastabiles“ Gebiet, das die geringste Übersättigung aufweist, in dem
  vorhandene Kristalle ausschließlich wachsen.

Der industrielle Kristallisationsprozeß wird deshalb so geregelt, daß nach der
Keimbildung oder der Zugabe von „Kristallfuß“ (Feinkristalle) das Kristall-
wachstum nur im metastabilen Gebiet erfolgt, damit Sekundärkeimbildung
usw. ausgeschlossen ist; infolge technischer Unvollkommenheiten der Kristal-
lisationsapparate kann die „Feinstkristallbildung“ („Falschkristalle“) jedoch
nicht völlig ausgeschlossen werden.
Die Übersättigung der Saccharoselösung wird durch „Eindampfkristallisation“, d. h. durch Verdampfen von Wasser, also weitere Konzentrierung von
Dicksaft oder einer anderen Lösung erreicht; dieser Prozeß wird unter
vermindertem Druck („Vakuum“) ausgeführt, um die Siedetemperatur der
hochkonzentrierten, kochenden Lösung bzw. der Kristallsuspension genügend
niedrig zu halten und Saccharoseabbau, Farbbildung usw. zu minimieren. Die
flüssige Phase in der Kristallsuspension, die an Saccharose verarmt und an
Nichtsaccharose angereichert wird, wird Muttersirup genannt, dessen Reinheit
eine Meßgröße für die erfolgte Saccharoseabtrennung ist. Die Kristallsuspension wird „Kochmasse“ („Magma“) genannt; sie fällt beim diskontinuierlichen
Verfahren in Form von „Suden“ chargenweise an.
Die Erschöpfung des Dicksaftes an Saccharose bis zu dem Punkt, an dem
weder durch Eindampfen noch durch Abkühlen, d. h. Kühlungskristallisation,
weitere Saccharose kristallisiert werden kann, erfolgt in Stufen, deren Zahl von
der Ausgangsreinheit und vom Kristallisationsschema sowie von der zu
erreichenden Qualität des Verbrauchszuckers bestimmt wird. Je höher die

Reinheit der Ausgangslösung ist, desto mehr Stufen müssen zugelassen werden; für die Gewinnung von Rohzucker genügen ggf. zwei Stufen („Zweiproduktschema"), für die von Weißzucker direkt aus Dicksaft ggf. drei („Dreiproduktschema"). In einer Zuckerraffinerie mit Lösungen der Reinheit von 99,9% müssen drei bis fünf Stufen zur Erzeugung von Raffinadezucker vorgesehen werden, dazu noch drei Stufen zur endgültigen Erschöpfung des Muttersirups. Den letzten Muttersirup im Kristallisationsprozeß, der eine wenig übersättigte Saccharoselösung sein soll, nennt man nach der Abtrennung des Kristallisats „Melasse". Ist die Eindampf-Kristallisation abgeschlossen, so wird der Kristallbrei in Kühlkristallisatoren („Maischen") abgekühlt, reine Produkte weniger, sehr unreine sehr intensiv. Durch die Abkühlung steigt die Übersättigung an Saccharose, so daß weitere Saccharose zur Kristallisation frei wird und sich an vorhandene Kristalle anlagert; der Kühlkristallisationsprozeß muß demnach so gelenkt werden, daß Übersättigung im Metastabilen-Gebiet bleibt und daher zusätzliche Keimbildung nicht möglich ist.

Anschließend wird das Kristallisat als Zucker vom Muttersirup abgetrennt; in Weißzuckerfabriken und Zuckerraffinerien wird das Kristallisat aus den Stufen mit niedriger Muttersirupreinheit wieder aufgelöst und der Ausgangslösung zugeführt, deren Reinheit dadurch erhöht wird.

Die Saccharosekristallisation zum Zucker wird meist chargenweise in Apparaten ausgeführt, die Robert-Verdampfern ähneln, in denen jedoch Siederohre und Zentralrohr den Fließbedingungen der Kochmasse u. a. durch größere freie Querschnitte und geringere Länge angepaßt sind. Kontinuierlich arbeitende Eindampfkristaller gibt es seit wenigen Jahren; sie sind nach unterschiedlichen Konstruktionsprinzipien ausgeführt, u.a. als horizontale, in Abteile unterteilte Apparate, die von der Kristallsuspension durchströmt werden, oder als vertikale „Turm", bei dem die Abteile übereinander angeordnet sind und die Kristallsuspension von oben nach unten fließt. Kühlkristaller sind im allgemeinen liegende Tröge, werden aber seit wenigen Jahren auch als stehende Zylinder ausgeführt und chargenweise oder kontinuierlich im Durchfluß in einer Batterie zur mehreren Einheiten betrieben. Gekühlt wird mit Umgebungsluft oder mit Kühlflüssigkeit.

Die Reinheitsabnahme in den Kristallisationsprozeßstufen folgt etwa den in Tabelle 4 angegebenen Werten.

Der „Gesamtzuckergehalt" der Melasse ist in beiden Industrien nahezu gleich und beträgt ca. 55–60%: in der Rohzuckerfabrikmelasse 35% Saccharose und 15% Invertzucker, in der Rübenzuckerfabrikmelasse 58% Saccharose und ca. 1–2% Invertzucker.

Tabelle 4. Reinheitsabnahme in den Kristallisationsprozeßstufen

Zuckerfabrikprodukt	Rohzuckerfabrik	Rübenzuckerfabrik
Dicksaft	85%	92%
Muttersirup I	75%	87%
Muttersirup II	60%	78%
Muttersirup III Melasse	35%	60%

Reinsaft
H₂O
Auflösung
Eindampfung
Rohkläre
Dicksaft
Entfärbung
Sulfitation
Filtration
Filtration
Reinkläre
Einheitskläre
Kristallisation
Kristallisation
Füllmasse I
Raffinade-füllmasse
H₂O Dampf
Trennung
Trennung
H₂O Dampf
Wasch-ablauf
Muttersirup-ablauf
Weiß-zucker (Affinade)
Raffinadezucker
Ablauf
Kristallisation (Eindampf- und Kühl-)
Füllmasse II
Magma (Mischen)
H₂O Dampf
Trennung
Wasch-ablauf
Muttersirup-ablauf
Zucker II (Affinade)
Kristallisation (Eindampf- und Kühl-)
Füllmasse III
Trennung
Melasse
Zucker III
Mischen (Magma)
H₂O
Trennung
Waschablauf
Zucker III (Affinade)

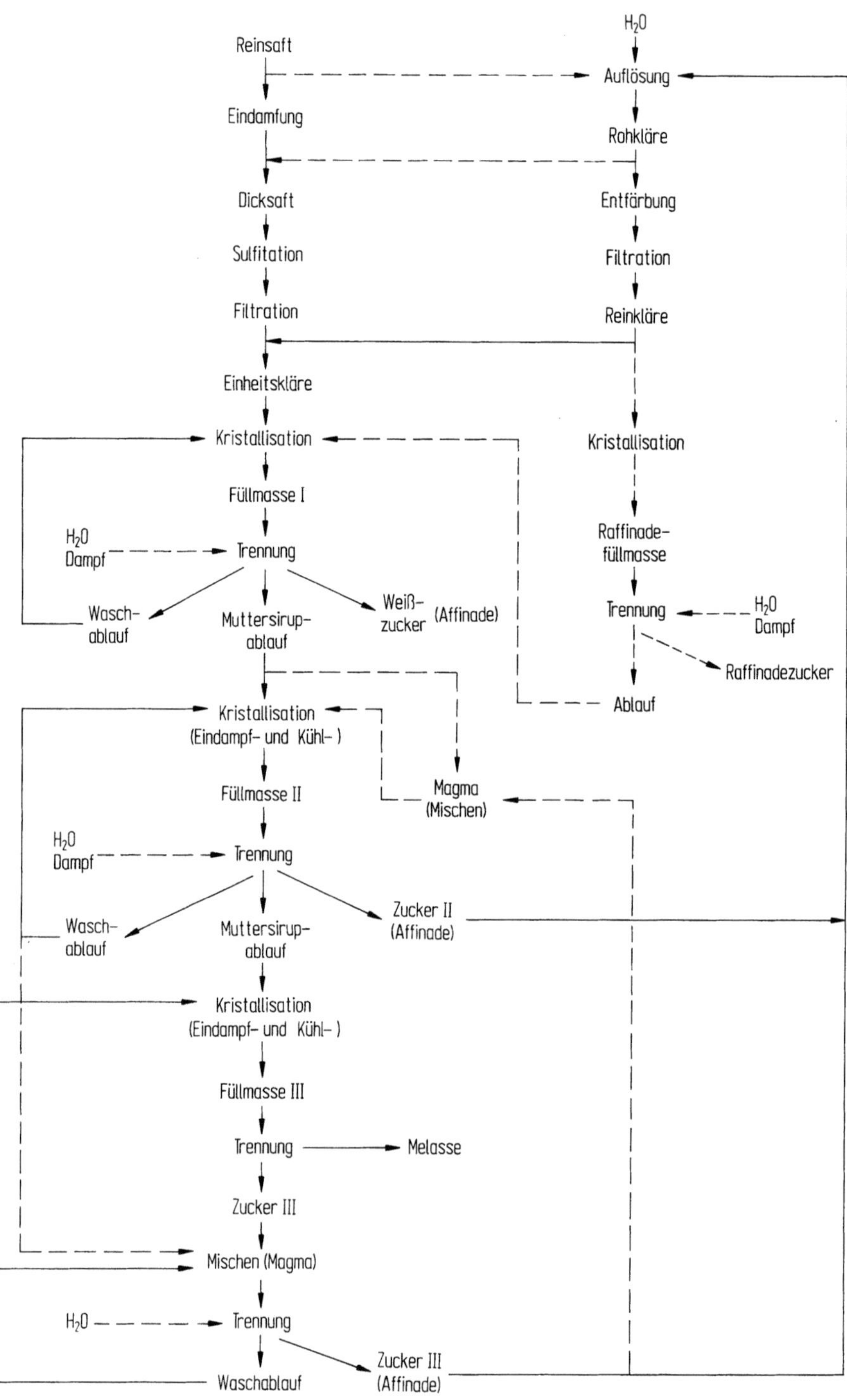

Abb. 5

Der Kristallisationsprozeß ist optimal durchgeführt, wenn die Kristall-
größenverteilung eines Sudes möglichst eng ist ohne Agglomerate und Feinst-
kristall, so daß die Aufarbeitung von Unter- oder Überkristallgrößen gering bleibt. Kommerzieller Zucker wird mit der Kristallgröße 0,8–1,2 mm
erzeugt, „Mittelprodukt" mit 0,6–0,8 mm, „Nachprodukt" (mit geringster
Reinheit) mit 0,3–0,5 mm. Mittel- und Nachproduktzucker wird im allgemeinen kommerziell nicht genutzt sondern in den Prozeß zurückgeführt.
Die schematische Darstellung der Weißzuckergewinnung vermittelt Abb. 5.
Den Weg zu Raffinade zeigt Abb. 6.

3.2.6 Abtrennen des Zuckers aus der Kristallsuspension

Die Saccharosekristall-Muttersirup-Suspension, die Füllmasse, wird für die
Gewinnung des „zentrifugierten Zuckers" in Zentrifugen getrennt. Weiß-
zucker-Kristallisat wird in der Zentrifuge mit Wasser und/oder Dampf
gewaschen (Affination), so daß die farblosen Saccharosekristalle vom gefärbten Muttersirup befreit sind. Rohzucker wird ohne den zusätzlichen Reinigungsprozeß erzeugt.
Für Zucker hoher Reinheit, wie Weißzucker aus Dicksaft bzw. Raffinadezucker, werden diskontinuierlich arbeitende Zentrifugen eingesetzt, für Produkte geringer Reinheit, wie Mittel- und Nachprodukt, kontinuierlich arbeitende Maschinen.
Die Zentrifugen sind Siebzentrifugen mit einem Fassungsvermögen bis zu
1800 kg Füllmasse/Charge; sie arbeiten mit einer maximalen Drehzahl von
1000–1800/min und werden durch polumschaltbare Drehstrommotoren,
Gleichstrommotoren oder Frequenzwandlerantriebe angetrieben. Der Spiel-
ablauf, d. h. die Sequenz von Reinigen der Siebtrommel, Füllen, Abschleudern
des Muttersirups, Affination des Zuckers und Räumen des Zuckers mit den
entsprechenden Beschleunigungen bzw. Abbremsungen, wird automatisch
gesteuert. Die am häufigsten eingesetzten kontinuierlich arbeitenden Zentrifugen sind Konussiebmaschinen, deren Konus nach oben geöffnet ist, so daß die
meist zentral zugeführte Füllmasse im sich erweiternden Konus verteilt und
nach oben geführt wird; dabei wird der Muttersirup durch den perforierten
Konus abgetrennt, während der Zucker automatisch weiter zum Rand wandert
und über ihn in den Sammelraum fällt.

Abb. 5. Schematische Darstellung der Weißzuckergewinnung. Typisch dafür ist das 3-Stufen-
Kristallisationsschema, mit der Affination des Zuckers in den Zentrifugen, d. h. Waschen des
Kristallisats mit Wasser, Dampf oder überhitztem Wasser, so daß der Muttersirupfilm von
den Saccharosekristallen abgewaschen, durch die Hitze das Kristallisat z. T. entwässert wird;
die unreinen Zuckerprodukte, hier das 3. Produkt, wird in zwei Stufen zentrifugiert, so daß in
der ersten Stufe der abgetrennte Muttersirup, ohne Zusatz von Wasser oder Dampf, als
unverdünnte Melasse aus dem Prozeß ausscheidet. Im allgemeinen werden die unreinen
Zuckerprodukte, hier 2. und 3., aufgelöst und als Kläre dem Dicksaft beigemischt zur
sogenannten „Einheitskläre". Auch hier gibt es viele verschiedene Möglichkeiten der
Prozeßführung

  H. J. Delavier

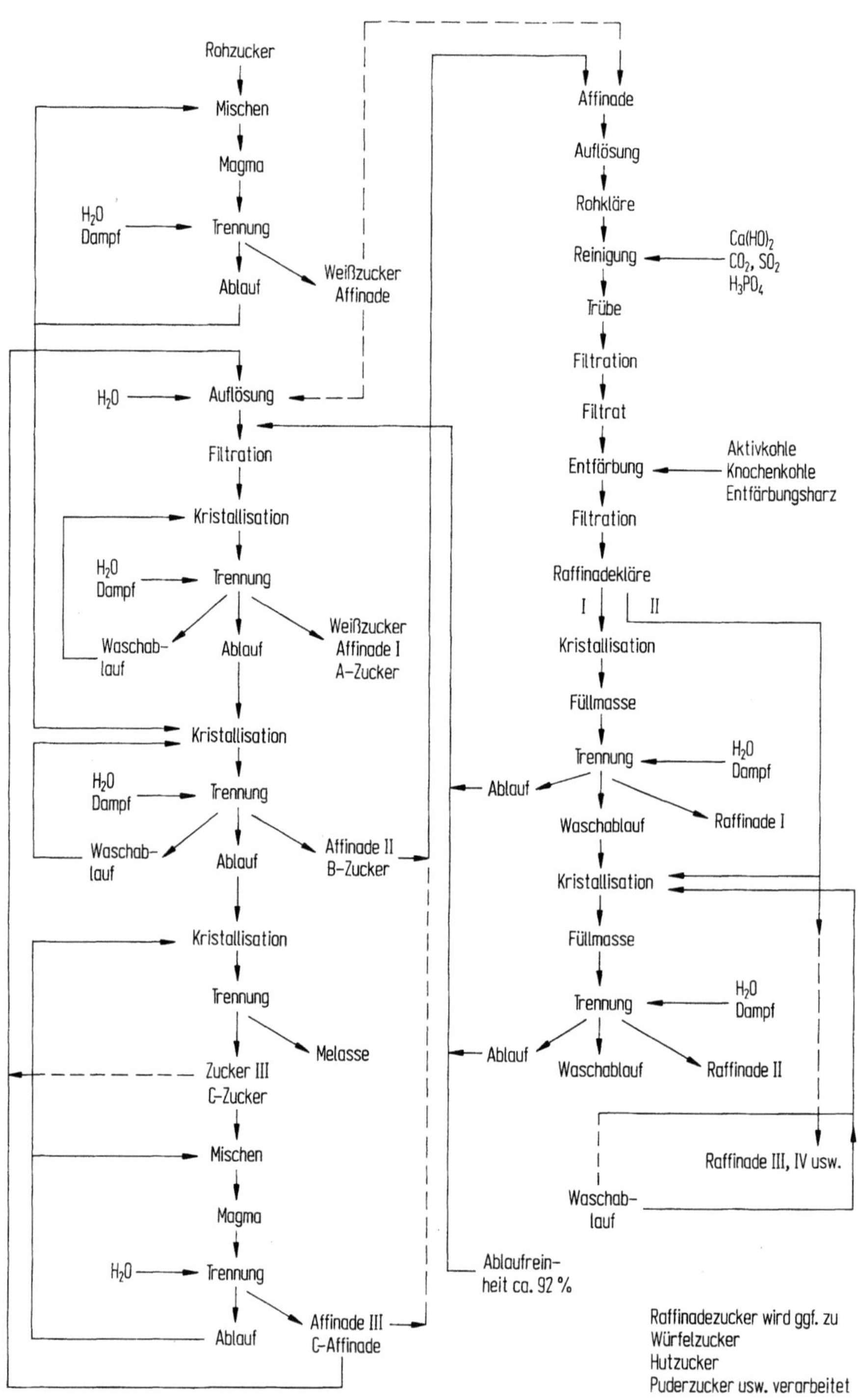

Abb. 6

Der Zucker hat beim Verlassen der Zentrifuge, je nach Produktqualität, Affinationstechnik und Drehzahl der Trommel, einen Wassergehalt von 1–2%.

3.2.7 Konditionieren des Zuckers

Der aus der Zentrifuge fallende Zucker wird in Abhängigkeit von der Qualität konditioniert, d. h. er wird zumindest gekühlt, meist getrocknet und in einer bestimmten Atmosphäre stabilisiert, damit er während der späteren Lagerung oder Handhabung nicht Klumpen bildet bzw. nicht zerfließt.

Entscheidend für das Verhalten des Zuckers ist die Reinheit der Muttersiruphülle, die jeden Kristall umgibt; die üblichen Nichtsaccharosestoffe in Zuckerlösungen haben ein unterschiedliches Verhalten gegenüber der Luftfeuchte, sind also mehr oder weniger hygroskopisch. Je reiner der Muttersirup ist, desto stabiler ist er gegenüber Luftfeuchteschwankungen; je gleichmäßiger das Kristallhaufwerk ist, desto gleichmäßiger ist auch das Verhalten in der umgebenden Luft. Dabei ist die spezifische Oberfläche der Saccharosekristalle von Bedeutung, die mit zunehmender Kristallgröße abnimmt und somit eine geringere „Reaktionsfläche" der umgebenden Luft bietet. Sehr feinem Zucker, z. B. Puderzucker, d. h. gemahlenen Saccharosekristallen, setzt man einen Stabilisator zu, u. a. Stärke.

In vielen Zuckerfabriken wird Zucker nicht in Säcken oder Packungen gelagert, sondern lose in klimatisierten Silos, um die relative Feuchte der Umgebungsluft konstant zu halten und ein Hartwerden des Zuckers bzw. ein Flüssigwerden ausgeschlossen ist; gegenüber der Sacklagerung werden so Verluste vermieden.

3.2.8 Spezialzuckersorten

Neben dem üblichen Rohzucker aus Zuckerrohr und Zuckerrüben, dem weißen Verbrauchszucker, die beide „zentrifugierter" Zucker sind, gibt es eine große Zahl weiterer Zuckersorten, die von besonderem lokalen oder nationalem Interesse sind.

Abb. 6. Schematische Darstellung der Raffinadezuckergewinnung. Typisch dafür ist die „Rekristallisation" $\triangleq$ Raffination im Gegensatz zur „Affination", bei der das kristallisierte Produkt, das Kristallisat, vom anhaftenden Muttersirup durch Waschen befreit wird.
Die Reinheit der Raffinadekläre nach Entfärbung liegt bei 99,9%, und es bedarf einer bestimmten Zahl von Kristallisationsstufen, um die Reinheit des Muttersirupablaufs auf den Wert zu verringern, der der Eingangsreinheit für die „Erschöpfungskristallisation" entspricht, die in 3 Stufen erfolgt, wie in einem Weißzucker-System.
Auch hier sind die Variationsmöglichkeiten zahlreich, die Optimierung des Prozesses, bei Minimierung der Stufen, ist wirtschaftliches Gebot. Jede Erhitzung der Saccharoselösung bedingt thermische Zersetzung und Bildung von Farbkörpern, deren Entfernung aus den Zwischenprodukten schwierig und unwirtschaftlich ist.
Raffinadezucker wird im allgemeinen zu einem höheren Preis als „Weißzucker" verkauft, so daß die Gewinnungskosten gedeckt sind.
Raffinadezucker der ersten Produkte haben eine Reinheit von nahezu 100%

So wird ein nichtzentrifugierter Verbrauchszucker aus hochreinen Saccharoselösungen in Zuckerraffinerien Brasiliens erzeugt: der „Açucar amorfo", ein
Feinstkristallzucker, der infolge der Feinheit der Kristalle den Eindruck
erweckt, amorph zu sein. Die Lösung wird unter Atmosphärendruck bis zu
einer geeigneten Konzentration konzentriert, die bei plötzlicher Abkühlung
ausreicht, eine enorm große Zahl von Kristallkeimen zu bilden, die aber nicht
wachsen können; durch intensives Mischen wird Zusammenklumpen des
Zuckers vermieden. Diese Zuckersorte ist vor allem zum Süßen von Kaffee
beliebt. Ein ähnlicher Zucker, Areado, wird in Portugal gewonnen.
Kandis ist eine in einigen Gebieten der Welt (u. a. vor allem in Nordeuropa)
beliebte Zuckersorte; man unterscheidet „Fadenkandis" vom „fadenlosen
Kandis". Es handelt sich um besonders große, bis zu einigen Zentimetern lange
Saccharosekristalle, die entweder durch Aufströmung der frisch zugeführten
Saccharoselösung in Schwebe gehalten werden oder die an Fäden wachsen, die
in Behälter mit der Saccharoselösung gehängt werden; das Verfahren ist relativ
kompliziert und teuer. Gegebenenfalls wird die Lösung mit Caramel gefärbt, so
daß gelber oder brauner Kandis entsteht. Krümelkandis ist eine andere Art
dieses Zuckers, der aus gebrochenen Kandiskrusten erzeugt wird.
Weit verbreitet ist Würfelzucker, von dem es „gegossene" und „gepreßte"
Sorten gibt. Die gegossenen Würfel werden nach dem Adant-Verfahren
zunächst als Platten oder Stangen erzeugt, die auf die entsprechenden
Würfelabmessungen geknippt werden. Preßwürfel werden in entsprechenden
Formen nach verschiedenen Verfahren verdichtet und getrocknet; dieser
Prozeß ist billiger als der für gegossene Würfel und hat ihn mehr und mehr
verdrängt. In diesem Zusammenhang muß auch der Zuckerhut erwähnt
werden, der ebenfalls gegossen oder gepreßt erzeugt wird; er hat in vorderasia-
tischen und nordafrikanischen Gebieten große Bedeutung, wo der Transport
von Kristallzucker unsicher ist (z. B. Bruchgefahr der Säcke); die Zuckerhüte
werden vor dem Verbrauch in Stücke zerschlagen und können dann wie
Würfelzucker verwendet werden.
Für bestimmte Verwendungszwecke, z. B. in der Konditorei, wird Kristallzucker gemahlen und ergibt dann „Puderzucker", „Fondant" und ähnliche
Produkte, die in unterschiedlicher Teilchengröße in den Handel kommen.
Schließlich zählen die „flüssigen Zucker" ebenfalls zu den Sondererzeug-
nissen, z. B. „flüssige Saccharose", „Invertzuckersirup" verschiedener Zusammensetzung, „Rübenkraut" (eingedickter Zuckerrübensaft), Abläufe verschiedener Reinheit, die in der Backindustrie verwendet werden, „Kunst-
honig" (hydrolysierte Saccharose mit Zusätzen von Stärkesirup, Stärkezucker, Oxymethylfurfurol zur Kenntlichmachung) und „Zuckercouleur"
(Caramel: Wasser = 2:1).

3.2.9 Energiewirtschaft der Zuckerfabrik

Nahezu jede Zuckerfabrik ist ein „Inselbetrieb", der in der Energie- und
Wasserversorgung sowie der Abwasserentsorgung von der allgemeinen Ver-
oder Entsorgung unabhängig ist.

In der Rohrzuckerindustrie wird allgemein der Rückstand des Zuckerrohrs aus der Preß- oder Extraktionsanlage, die Bagasse, als Energiequelle genutzt; in der Rübenzuckerindustrie wird dagegen grundsätzlich ein fremder Energieträger wie Kohle, Öl, oder Gas, zur Energielieferung verbrannt. Aber auch in der Rohrzuckerindustrie wird ein Fremdenergieträger genutzt, wenn nämlich die Bagasse als cellulosehaltiger, pentosanhaltiger wertvoller Rohstoff anderweitig genutzt werden kann, z. B. zur Gewinnung von Cellulose, von Halbzellstoff, des Lignins in Faserplatten bzw. Kunststoffpräparationen, von Furfural oder Furfurol, Äthanol usw.

Die Menge an Bagasse wird vom Fasergehalt des Zuckerrohrs, dem Unlöslichen im Zuckerrohr bestimmt, der zwischen 12 und 20 % liegt; Bagasse fällt mit ca. 50 % Wasser aus der Extraktionsanlage an. In modernen Anlagen wird die Bagasse getrocknet, um den spezifischen Heizwert zu steigern. Infolge des „Inselbetriebes" ist eine Zuckerfabrik gezwungen, Energie rationell zu nutzen; in der Rübenzuckerfabrik kann infolge der hohen thermischen Stabilität der Saccharoselösung die Eindampfung des gereinigten Saftes (Dünnsaftes) zum Dicksaft (Sirup) bei relativ hoher Temperatur erfolgen, so daß die freiwerdenden Brüden der Verdampfapparate in der Zuckerfabrik für die Anwärmung des Saftes und für die Eindampfkristaller genutzt werden können: der „Kondensatorverlust", d.i. der Wärmeverlust durch Kondensation von Brüden der Eindampfanlage im Kondensator ist daher gleich Null. Die Situation in der Rohrzuckerfabrik ist ungünstiger, weil wegen des thermoinstabilen Dünnsaftes bei geringeren Temperaturen eingedampft werden muß („Vakuum-Verdampfstation"), wodurch die Brüdentemperatur nicht mehr hoch genug ist, um die Brüden als Prozeßwärmeträger verwenden zu können.

Der Elektroenergiebedarf einer Rohrzuckerfabrik liegt abhängig von der Ausstattung der Anlage und von der Produktqualität bei 30–40 kWh/t Rohr, der Dampfbedarf insgesamt bei 400–600 kg/t Rohr, der einer Rübenzuckerfabrik bei 25–35 kWh/t Rüben und 200–350 kg Dampf/t Rüben.

Da die Energiekosten in der Rübenzuckerindustrie große Bedeutung haben, wird besonders hier rationalisiert. In der Rohrzuckerindustrie kann bei entsprechender Wärmewirtschaft Bagasse eingespart und somit für andere Zwecke genutzt werden.

3.2.10 Wasserwirtschaft der Zuckerfabrik

Die Zuckerfabrik ist eine wasser- und abwasserintensive industrielle Anlage; folgende Richtwerte für den Wasserbedarf können gegeben werden, wobei die Variationsbreite abhängig vom Prozeß usw. groß ist; s. Tabelle 5.

Wird im „Durchlaufbetrieb" gearbeitet, so fallen Transport-, Wasch-, Kondensator-, Kühl- und Sperrwasser z. T. mit hoher BSB- und CSB-Belastung als Abwasser an. Zur Minimierung des Abwasseranfalls wird deshalb im „Zirkulationsbetrieb" (Rücknahmebetrieb) gearbeitet; dabei kommt es vor allem darauf an, den Wasserverbrauch minutiös zu kontrollieren, was im allgemeinen mit einer intensiven Saccharosemassenflußkontrolle einhergeht und zusätzliche Vorteile für die Zuckerfabrik bringt.

Tabelle 5.

Rohrzuckerfabrik	in t/100 t Rohstoff
Waschwasser	400–1100
Kondensatorkühlwasser	600–1200
Imbibitionswasser	12–30
Kühl- und Sperrwasser	20–100
(für Ölkühler, Pumpen usw.)	
Rübenzuckerfabrik	
Schwemm-, Transportwasser	500–800
Waschwasser	150–200
Kondensatorkühlwasser	400–600
Extraktionswasser	20–40
Kühl- und Sperrwasser	20–100

Für Transport- und Waschwasser werden Absetz- und Reinigungsbecken installiert, in denen grobe Verunreinigungen abgetrennt werden. Das sogenannte Kondensator-Fallwasser, ein Gemisch von Kühlwasser und kondensiertem Brüden, der ggf. Saftspuren und Gase, wie NH_3, enthält, wird nach Kühlung und Neutralisation ebenfalls rezirkuliert, denn mitgerissener Saft wird durch Fermentation u. a. Säuren bilden, die bei Wiederverwendung des Wassers Korrosion verursachen können. Besondere Belastung bringen Filterkuchensuspensionen bei nassem Transport, die in speziellen Anlagen und aufwendigen Verfahren gereinigt werden müssen, deren Rückstand als Dünger genutzt werden kann; ebenfalls stark belastet ist auch das Dampfkessel-Abschlämm-Wasser.

Die BSB_5-Belastung des Abwassers liegt bei 15–5000 mg/dm^3, die des CSB bei Werten bis 8000 mg/dm^3. Verschiedene biologische Reinigungsverfahren für Zuckerfabriksabwasser sind in Gebrauch, die – je nach Art der Zusammensetzung der Belastung – bis zu 90 % Reinigungseffekt ergeben. Dabei sind die „Abwasserverarbeitungsverfahren" von besonderer Bedeutung, die Abwasser als Rohstoff für die Biogasproduktion nutzen, ggf. in Kombination mit anderen landwirtschaftlichen Abfallstoffen, so daß ein Beitrag für die Energieversorgung der Zuckerfabrik erreicht wird.

4 Literatur

Baxa J, Bruhns G (1967) Zucker im Leben der Völker. Berlin

Dankowski K, Barth R, Bruhns G (1989/90) Zuckerwirtschaftliches Taschenbuch. Berlin, 36. Jahrgang und frühere Ausgaben

Baloh T (1975) Wärmeatlas für die Zuckerindustrie. Verein der Zuckerindustrie, Hannover

Schneider F (Hrsg) (1968) Technologie des Zuckers. Im Auftrage des VDZ, 2. Aufl, Hannover

Werner E (1966) Zuckertechniker-Taschenbuch, Berlin

Hugot E (1986) Handbook of Cane Sugar Engineering. 3. Aufl, Amsterdam

Zeitschrift Zuckerindustrie, monatlich, Verlag Dr. A. Bartens, Berlin

6.2 Zuckerwarentechnologie

G. Gotsch, Scharbeutz

Zuckerwaren sind eine Untergruppe der als Süßwaren zu bezeichnenden Lebensmittel. Es handelt sich um Erzeugnisse, die aus Zucker jeglicher Art allein oder mit mannigfaltigen Zusätzen von anderen Lebensmitteln wie Milcherzeugnissen, Honig, Fetten, Kakao, Schokoladen, Früchten, Marmeladen, Gelees, Fruchtsäften, Gewürzen, Malzextrakten, Samenkernen, Gelierstoffen, Genußsäuren, Aromen, Essenzen usw. hergestellt werden. Zucker ist wesentlicher und kennzeichnender Bestandteil der Zuckerwaren, wobei außer Saccharose auch andere Zuckerarten wie z. B. Stärkezucker, Invertzucker, Maltose, Lactose u. a. Einsatz finden. Die Vielfältigkeit der hier zu rechnenden Erzeugnisse ist sehr groß. Der Vielfalt der Zuckerwaren entspricht die Technologie ihrer Herstellung.

Die wichtigsten Produktgruppen sind:

1 Karamellen
1.1 Hartkaramellen
    a) Ungefüllt
    b) Gefüllt
    c) Gegossen
1.2 Weichkaramellen
    a) Milch bzw. Sahne
    b) Frucht
2 Fondant und Fondant-Erzeugnisse
3 Gelee-Erzeugnisse und Gummibonbons
    a) Agar-Agar
    b) Pektin
    c) Gelatine
    d) Stärke
    e) Gummiarabicum
4 Lakritzen (Lakritzwaren)
5 Schaumzuckerwaren
6 Kokosflocken
7 Dragees
8 Komprimate (Preßlinge)
9 Kanditen (kandierte Früchte und Samenkerne)
10 Krokant
11 Nougaterzeugnisse
12 Eiskonfekt

13   Marzipan und marzipanähnliche Erzeugnisse
14   Kaugummi
15   Limonade und Brausepulver
16   Kakaohaltige und sonstige Getränkepulver.

Bei einigen Zuckerwaren besteht die Möglichkeit der Zuordnung zu mehreren
oder verschiedenen Gruppen, doch soll hierauf nicht näher eingegangen
werden.

1 Karamellen

1.1 Hartkaramellen

Hartkaramellen bestehen vorwiegend aus glasartig erstarrten Zuckerglucose-
massen, denen Geschmacksstoffe zugesetzt sind. Daneben sind spezielle Sorten
bekannt, bei denen ein Teil der Zuckerglucosemasse durch Fett, Milchtrocken-
substanz, Malz, Honig usw. ersetzt wird. Außerdem wird bei Hartkaramellen
zwischen gefüllten und ungefüllten unterschieden: Während die ungefüllten
Hartkaramellen ganz aus der obengenannten Masse bestehen, bildet sie bei den
gefüllten nur die äußere Schale. Die Füllung ist von flüssiger, halbfester oder
fester Konsistenz und enthält sehr unterschiedliche Inhaltsstoffe.
Die Herstellung von Hartkaramellen kann in folgende Stufen unterteilt
werden:
- Dosieren der Rohstoffe,
- Herstellung der Vorlösung bzw. des Vorgemisches,
- Kochen der Hartkaramellmasse,
- Vakuumieren der Hartkaramellmasse,
- Dosieren und Einmischen von Zusätzen wie Säure, Farben und Aromen,
- Weiterverarbeiten, d. h. Ausformen der Hartkaramellmasse wie Prägen oder
  Gießen.

Der Vorgang des Prägens kann wie folgt unterteilt werden:
- Temperieren der Hartkaramellmasse,
- Dosieren der Füllungsmasse,
- Strangformen der Hartkaramellmasse allein oder mit Füllung,
- Egalisieren des Hartkaramellmassenstranges,
- Prägen der Hartkaramellen,
- Kühlen der geprägten Bonbons,
- Wahlweise Nachbehandeln der geprägten Bonbons z. B. Kandieren.

Der Vorgang zur Herstellung von gegossenen Bonbons kann wie folgt
unterteilt werden:
- Gießen der Hartkaramellmasse in Formen,
- Kühlen der gegossenen Bonbons in den Formen,
- Ausstoßen dieser Bonbons aus diesen Formen.

Sowohl an das Prägen wie auch Gießen mit nachfolgendem Kühlen schließen
sich meist ein Wickeln der einzelnen Bonbons und das Verpacken an.

Während bei der handwerklichen Fertigung auch heute noch chargenweise arbeitende dampfbeheizbare Rührwerke und Satzkocher eingesetzt werden, arbeitet man in der Industrie mit kontinuierlichen Anlagen. Hier kommen Schlangen-, Schnecken- und Dünnschichtverdampfer zum Einsatz.
Als Austrags- bzw. Fördersystem vom Vakuum- zum Atmosphärenraum haben sich drei Systeme durchgesetzt:
- Schneckenaustragsystem,
- Walzenaustragsystem,
- Pumpensystem.

Das Dosieren der flüssigen Zusätze erfolgt meist über Kolben- und Membrandosierpumpen, das der festen Zusätze über Dosierschnecken, Vibrationsdosierrinnen oder Zellendosierräder. Das Vermischen mit der Hartkaramellmasse selbst erfolgt in entsprechenden Mischorganen, wobei sowohl offene wie geschlossene Systeme Einsatz finden. Als geschlossenes System findet der statische Mischer in seinen unterschiedlichsten Bauformen Anwendung. Nachteil des statischen Mischers ist jedoch, daß bei diesem System kein Feststoff eingebracht werden kann.
Neben offenen Mischtöpfen mit Rührer und Niveauregelung der Masse im Mischtopf finden Schneckensysteme zum Einmischen der flüssigen und festen Zusätze Anwendung. Die kontinuierliche Temperierung der mit allen Zusätzen versehenen Hartkaramellmasse auf Weiterverarbeitungstemperatur geschieht meistens auf 9–12 Meter langen Entlosstahlbändern. Durch Aufbringen eines hauchdünnen Films von Trennwachs auf das Stahlband wird das Anhaften der Zuckermasse auf dem Band verhindert. Die Zuckermasse wird dann auf dem Stahlband über mehrere Temperierzonen geführt und mit Hilfe von Knet- und Wendeorganen auf dem Stahlband zum besseren Temperaturausgleich bearbeitet. Am Ende des Stahlbandes wird das Zuckermassenband eingeschlagen; ein Abstreifer nimmt dieses Masseband und führt es meist über ein kleines Transportband den Weiterverarbeitungsmaschinen der Prägestraße zu.
Zum Ausformen der mit allen Zusätzen versehenen temperierten Zuckermasse kommen kontinuierlich arbeitende Prägeanlagen, die sogenannten Plastikstraßen, zum Einsatz. Diese setzen sich aus folgenden Einzelmaschinen zusammen:
- Strangformer (Kegelroller),
- Strangfüllmaschine,
- Ausziehmaschine (Egalisiermaschine),
- Prägemaschine,
- Kühl- und Transportband.

Durch gekühlte Umluft werden die Hartkaramellen so weit abgekühlt, daß keine Verformung mehr eintritt.
Beim Herstellen von gegossenen Bonbons gelangt die mit allen Zusätzen versehene Zuckermasse bei einer Temperatur zwischen 135 und 145 °C in einen Gießtrichter. Aus dem Gießtrichter wird die Bonbonmasse über Ventile den parallel darunter laufenden Formen zugeführt. Der Gießtrichter macht normalerweise mit dem Formentransportband während des Gießvorganges

eine horizontale Bewegung. Beim Gießen kommen mit Teflon innenbeschichtete Aluminiumformen zum Einsatz. Wichtig ist, daß die Zuckermasse eine
genügend niedrige Viskosität aufweist, andernfalls kommt es beim Gießvorgang leicht zum Fädenziehen. Nach Durchlaufen der Formen durch einen
Kühlkanal, wo die Bonbons mit konditionierter Luft gekühlt werden, wird das
einzelne Bonbon über Stößel auf ein Sammeltransportband ausgeworfen.
Anschließend erfolgt Verpackung der Bonbons, um einen erhöhten Schutz
gegen Feuchtigkeit und damit erhöhte Haltbarkeit und Transportfähigkeit zu
erreichen. Zum Wickeln der Bonbons kommen fünf verschiedene Wickelarten
in Frage:
- Dreheinschlag (Doppeldreheinschlag, Twistwrap),
- Säckchenwicklung,
- Körbchenwicklung,
- Buchfaltung,
- Crimpfaltung.

Daneben findet auch Kandieren der geprägten Bonbons durch Aufbringen
einer Schicht aus Saccharosekristallen durch einen Dragiervorgang und somit
Schutz gegen Feuchtigkeit Anwendung. Die weitere Abpackung der so
behandelten Bonbons erfolgt meist in Zellglasbeutel mit Abschweißungen an
den Enden.

1.2 Weichkaramellen

Weichkaramellen sind von weicher kaufähiger Eigenschaft, was auf den
geringeren Kochgrad, d.h. auf einen höheren Feuchtigkeitsgehalt und den
Fettzusatz im Gegensatz zu Hartkaramellen zurückzuführen ist. Sie enthalten
wie die Hartkaramellen als Hauptbestandteile Saccharose und Glucosesirup,
daneben aber stets Fett. Man unterscheidet Milchkaramellen und Fruchtkaramellen. Erstere enthalten Milchbestandteile meist in Form von kondensierter,
gezuckerter Milch, während Fruchtkaramellen meist wenig oder keine Milchbestandteile, dafür aber erhöhte Anteile an Gelatine enthalten. So werden
erstere zum Teil, letztere fast immer zur Erzielung einer niedrigen Dichte und
einer besseren Konsistenz (Kaubarkeit) durch Einarbeitung von Luft verändert. Vielfach enthalten Weichkaramellen auch feste, stückige Bestandteile in
Form von Früchten, Mandel- oder Nußanteilen und/oder es wird ihnen zur
Einleitung einer gezielten Rekristallisation der Saccharose und damit zur
Erzielung einer bröckligen kurzen Konsistenz Fondant zugesetzt, um die
nach der Rezeptur an Saccharose übersättigte Weichkaramellmasse zu verändern.
Zur Herstellung der Weichkaramellmassen finden ähnliche Kochverfahren wie
zur Herstellung von Hartkaramellmassen Anwendung.
Nach dem Temperieren der Masse, chargenweise auf Kühltischen oder
kontinuierlich über Stahlbändern oder Kühltrommeln, wird sie durch Kegelroller und Strangausziehmaschinen zu einem Strang ausgeformt. Anschließend
erfolgt das Schneiden und Wickeln in einer kombinierten Maschine; hierbei
findet sowohl der Falt- wie auch Dreheinschlag Anwendung. Die so fertig

Tabelle 1. Zusammensetzung von Hart- und Weichkaramellen

Inhaltsstoff	%-Anteil in		
	Hartkaramellen	milchhaltige Weichkaramellen	Frucht-kaubonbon
Wasser	1–3	4–8	14–8
Glucosesirup TS	30–60	20–50	20–50
Saccharose	40–70	30–60	30–60
Invertzucker	1–5	1–10	1–10
Fett	2	3–15	2–15
Gelatine	–	(0,05–0,5)[a]	0,5–1,0
Milcheiweiß	bis 3	3–5	–
Kochsalz	–	(bis 1)[a]	–
Genußsäure	(0,5–2)[a]	–	0,5–2

[a] Werte in Klammern wahlweise üblich

gewickelten Weichkaramellen werden dann vorwiegend mit Schlauchbeutelmaschinen in Zellglasbeutel verpackt. Daneben ist bei Weichkaramellen eine Stangenpackung im Einsatz, d. h. die mit Falteinschlag eingewickelten Weichkaramellen werden zu mehreren zu einer Stange zusammengepackt.

Zur Erzielung leichterer Massen wird, wie eingangs erwähnt, vielfach Luft eingearbeitet. Dies geschieht vorwiegend bei den Fruchtkaubonbons. Eingesetzt werden hierzu satzweise arbeitende Ziehmaschinen, die die temperierte Masse ziehen, wobei Luft in diese Masse eingeschlossen wird. Daneben findet vielfach auch vor dem Temperieren ein Aufschäumen der Masse in satzweise oder kontinuierlich arbeitenden Aufschlagmaschinen, ähnlich wie bei der Schaummassenherstellung, statt.

Eine Übersicht über die Zusammensetzung von Hart- und Weichkaramellen gibt Tabelle 1.

2 Fondant und Fondanterzeugnisse

Fondantmasse ist eine Suspension kleinster Saccharosekristalle in einer bei der jeweiligen Temperatur gesättigten Saccharosestärkesirup- oder Saccharoseinvertzuckerlösung. Fondanterzeugnisse sind aus Fondantmasse unter Zusatz von Geschmackstoffen, Fruchtbestandteilen, Farbstoffen und anderen Zusätzen hergestellte bissengroße Stücke. Trockenfondant ist ein pulverförmiges Erzeugnis, das nach Zugabe der entsprechenden Wassermenge die gleiche Zusammensetzung und annähernd die gleiche Korngröße wie Fondantmasse aufweist. Durch die vielen kleinen Saccharosekristalle erscheint der Fondant milchigweiß. Fondantmasse enthält meistens:

9–14% Wasser,

65–80% Saccharose,

10–20% Nichtsaccharosezuckerstoffe wie Glucosetrockenmasse oder Invertzucker.

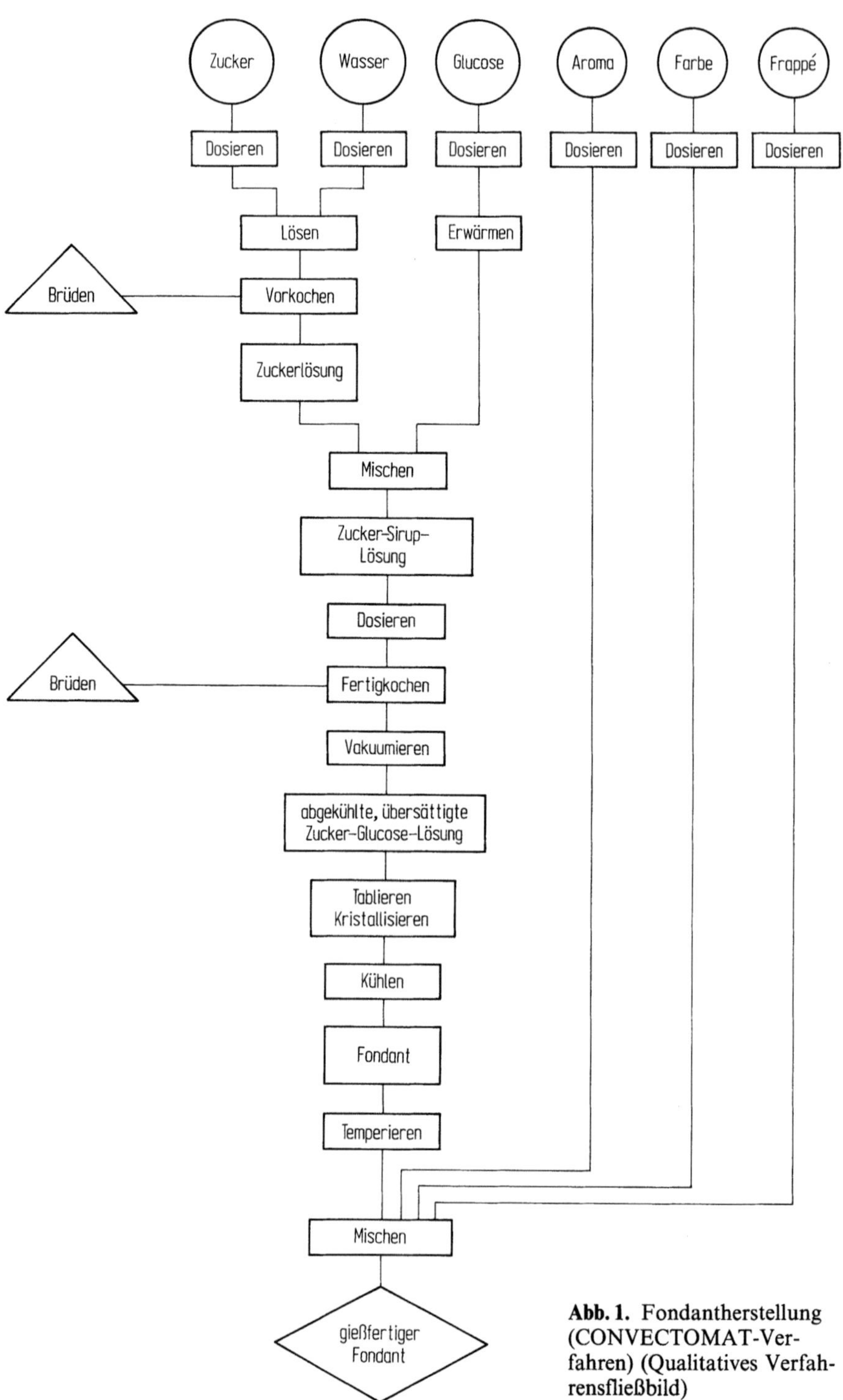

Abb. 1. Fondantherstellung (CONVECTOMAT-Verfahren) (Qualitatives Verfahrensfließbild)

Die Korngröße der Zuckerkristalle liegt im Bereich von 5–30 µ, die Hauptmenge bei 12–17 µ. Der Anteil von Kristallen unter 20–25 µ ist für die geschmackliche Wahrnehmung unbedeutend, denn erst oberhalb 25–30 µ werden Kristalle im Fondant von der Zunge als grob erkannt. Zur Herstellung von Fondant wird eine eingekochte Saccharoselösung mit Zusätzen von Stärkesirup oder Invertzucker tabliert. Der Tabliervorgang kann in 3 Stufen aufgegliedert werden:
– Kühlen der Lösung (Übersättigung an Saccharose),
– spontanes Erzeugen von Impfkristallen,
– weiteres Abkühlen und Austablieren der Masse.

Zur Durchführung dieses Vorganges werden Tabliermaschinen eingesetzt. Die Abkühlung erfolgt sowohl durch Vakuumeinwirkung (Entzug der Verdampfungswärme mit der dabei verbundenen Aufkonzentrierung der Lösung) als auch durch Wärmeaustauscher. Als Wärmeaustauscher kommen sowohl wassergekühlte Schnecken wie auch wassergekühlte Kühltrommeln zum Einsatz. Bei den wassergekühlten Schnecken sind der Abkühlvorgang und die Herstellung der übersättigten Lösung nicht von der darauf folgenden Einleitung der Kristallisation zu trennen. Dies ist jedoch bei Kühltrommeln der Fall, da hier keinerlei mechanische Bewegung der Zuckermasse und damit keine Impfkristallbildung stattfindet. Anzustreben ist eine möglichst hohe Übersättigung, damit durch Spontankristallisation möglichst viele Kristallkeime gebildet werden und somit sehr viele kleine Kristalle entstehen.
Zur Einleitung der Kristallisation und zum Austablieren, d.h. Einstellen des Gleichgewichtes zwischen flüssiger und fester Phase bei der jeweiligen Temperatur, werden Tablierschnecken (doppelwandige Schnecken, deren Schneckengänge in kurzen Abständen durchbrochen sind) eingesetzt. Zur Einstellung des Gleichgewichtes durch laufende Abfuhr der Kristallisationswärme ist anzustreben, mit einer möglichst tiefen Temperatur der Fondantmasse aus der Anlage zu kommen. Die erreichten Temperaturen liegen bei 40–60 °C.
Fondantmasse wird in Formen gegossen sowohl in Stärkepuder auf Mogulanlagen als auch in spezielle Gummiformen oder für Füllungszwecke verwendet. Das Fließbild der Fondantherstellung nach dem Convectomat-Verfahren zeigt Abb. 1.

3 Gelee-Erzeugnisse und Gummibonbons

Gelee-Erzeugnisse und Gummibonbons werden aus Saccharose, Stärkesirup und Invertzucker unter Verwendung von gelbildenden Stoffen wie Agar-Agar, Pektin, Gelatine, Stärke, Gummiarabicum sowie unter Zusatz von Säuren und Geschmacksstoffen hergestellt. Der Wassergehalt liegt zwischen 10 und 18%.

Die Eigenart des verwendeten gelbildenden Stoffes bestimmt die Technologie der Herstellung:
a) Agar-Agar ist ein Geliermittel, das durch Extraktion aus Meeresalgen gewonnen wird. Es bildet auch ohne die Anwesenheit von Sacchariden und

Genußsäuren ein Gel. Eine Säurezugabe sollte nicht über 75 °C erfolgen, da hierdurch das Gelgerüst durch hydrolytische Vorgänge nachteilig verändert werden kann. Agar-Agar-Gele sind reversibel und können durch Erwärmen wieder verflüssigt werden.

b) Bei Pektinen werden hoch- und niederveresteresierte Pektine unterschieden. Es handelt sich hier um partielle Methylester sowie Alkali- und Erdalkalisalze der Poly-D-Galakturonsäure. Pektin wird aus Äpfeln und Citrusfrüchten gewonnen. Bei hochveresterten Pektinen sind 55–75% der vorhandenen Carboxylgruppen der Poly-D-Galakturonsäure mit Methanol verestert. Eine Ausbildung des Gelgerüstes erfolgt durch Wasserstoffbrückenbildung. Die Ausbildung der Wasserstoffbrücken wird durch Zugabe von Genußsäuren und damit Zurückdrängen der Dissoziation der freien Carboxylgruppen begünstigt. Die Säurezugabe muß unmittelbar vor dem Gießvorgang erfolgen. Durch Abpuffern mit Alkalisalzen der Genußsäuren kann die Zeit zwischen Zusatz und Untermischen der Säure und dem Gießen verlängert werden, so daß genügend Zeit bleibt, um die Masse entsprechend zu verarbeiten. Da gleichzeitig die Gelbildungstendenz mit der Abkühlung zunimmt, wird die Verarbeitung, d.h. das Gießen, bei möglichst hoher Temperatur vorgenommen. Niederveresterte Pektine sind Methylester der Poly-D-Galakturonsäure, bei denen weniger als 55% der vorhandenen Carboxylgruppen mit Methanol verestert sind. Hier erfolgt die Bildung des Gelgerüstes über Hauptvalenzbindungen von Erdakali-, vor allen Calciumbrücken. Daher werden bei der Verwendung von niederveresterten Pektinen Calciumsalze der Genußsäuren oder Calciumchlorid zur Ausbildung des Gels zugegeben. Im Gegensatz zu Gelen aus hochveresterten Pektinen weisen Gele aus niederveresterten Pektinen eine Thermoreversibilität auf, d.h. sie schmelzen bei Temperaturen oberhalb 65 °C und erstarren erneut bei Abkühlung.
Da die Festigkeit eines Pektingelees durch die Anzahl der Wasserstoffbrückenbildung bestimmt ist, ist die Qualität abhängig vom pH-Wert. Ist der pH-Wert zu tief für den entsprechenden Wassergehalt des Pektingelees, so kommt es zur Synärese, d.h. zum Ausbluten des Pektingelees. Hierbei verfestigt sich das Gel noch weiter unter Austritt von Wasser. Das Optimum für die Gelbildung hochveresterter Pektine liegt zwischen pH 2,9 und 3,6 bei einem Wassergehalt des Endproduktes um 20%. Eine Absenkung des pH-Wertes unter 2,9 unter Ausschluß der Synärese ist nur möglich, wenn auch gleichzeitig der Wassergehalt gesenkt wird.

c) Gelatine ist ein Protein, das aus dem Kollagen von tierischem Bindegewebe durch Denaturierung und Extraktion gewonnen wird. Zur Qualitätsbewertung der Gelatine wird die Gallertfestigkeit herangezogen und in Bloomwerten zwischen 100 und 280 gemessen. Hierbei handelt es sich um eine Penetrationsmessung. Da Gelatine durch Temperatur und auch durch Säure geschädigt wird, weil dadurch die Gallert-Festigkeit beeinträchtigt wird, ist die Temperaturbelastung möglichst klein zu halten. Daher erfolgt die Zugabe der Gelatine zur Zuckermasse erst kurz vor dem Vergießen der Masse. Gleichfalls sollte die Säurezugabe so spät wie möglich erfolgen.

d) Stärke ist ein Naturprodukt, das auf mechanischem Wege aus pflanzlichen Rohstoffen durch Befreiung von Faserbestandteilen, Proteinen und anderen Beimengen gewonnen wird. Die Ausgangsrohstoffe zur Herstellung von Stärke sind vielseitig und damit auch der Typ und die Eigenschaften der daraus gewonnenen Stärke. Darüber hinaus ist es möglich, durch Eingriffe in den chemischen Aufbau Stärke in ihren chemischen und physikalischen Eigenschaften zu modifizieren.

Die für die Herstellung von Gelee und Gummiartikeln bedeutenden Eigenschaften sind folgende:

- Stärke geht im kalten Wasser nicht in Lösung; es erfolgt lediglich eine geringfügige Quellung.
- Im heißen Wasser erfolgt abhängig von der Stärkeart eine zunehmende Quellung bei 60–80 °C.
- Ein Teil der Stärke kann in Lösung gehen.
- Amylopektinreiche Stärkearten quellen erst bei hohen Temperaturen über 130–140 °C.
- Mit dem Quellen erfolgt Zunahme der Viskosität der Lösung.

Damit beim Abkühlen der Stärkelösung ein Gelzustand ausgebildet wird, müssen durch Temperatursteigerung die Verkleisterungsbedingungen so begünstigt werden, daß schließlich kolloidale Lösungen mit Teilchengrößen von 10^{-4}–10^{-6} mm erreicht werden. Diese konzentrierten Stärkelösungen können beim Abkühlen ein räumlich orientiertes Netz ausbilden, also in den Gelzustand übergehen. Die Ausbildung eines festeren und damit stabileren Gels ist bei amylosereicheren Stärken größer.

Für die Verarbeitbarkeit von Stärken zu Geleeartikeln ist es wichtig, daß die Zubereitungen trotz der hohen Stärkekonzentration, die zur Ausbildung des Gels notwendig ist, gießbar sind. Speziell für diesen Zweck sind dünnkochende Stärken entwickelt, die in ihrem Temperatur-Viskositäts-Verhalten eine niedrige Viskosität bei hohen Temperaturen und steilen Viskositätsanstieg beim Abkühlen zeigen.

Um die zur Verkleisterung und schnellen Lösung von Stärke erforderlichen Temperaturen zu erreichen, wird bei der Herstellung von Gelee- und Gummiartikeln auf Stärkebasis fast ausschließlich unter Überdruck gearbeitet.

e) Gummi-Arabicum ist der getrocknete Pflanzensaft von speziellen Akazien, die in Ost- und Westafrika wachsen, und kommt in Form von kugelförmigen, harten, durchscheinenden, farblosen oder bernsteinfarbenen bis braunen Teilchen in den Handel. Gummi-Arabicum ist ein Polysaccharid, das in der Hauptkette aus D-Galaktosemolekülen und in den Seitenketten aus Glucuronsäure, L-Arabinose und L-Rhamnose aufgebaut ist. Es ist sehr stabil gegenüber Wasser; seine Löslichkeit in Wasser beträgt bis zu 50%. Lösungen von Gummi-Arabicum sind verhältnismäßig niedrig viskos, besitzen adhäsive, emulgierende und stabilisierende Eigenschaften und sind gegenüber pH-Veränderungen empfindlich, d. h. sie werden im warmen Zustand und saurer Umgebung hydrolysiert. Eingesetzt wird Gummi-Arabicum in Form einer gereinigten Lösung, wobei das Reinigen durch Absetzenlassen der Verunreini-

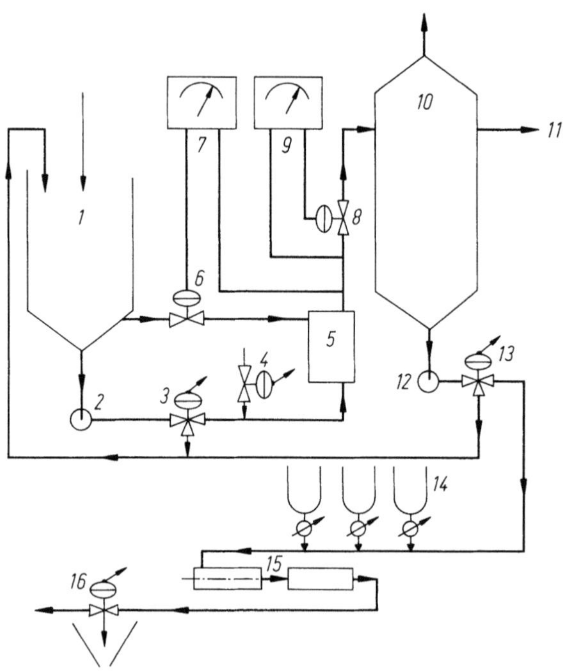

Abb. 2. Jet Kocher (System TER-BRAAK). *1* Tank für Vorgemisch (Slurry), *2* Gemischpumpe, *3* Dreiwegeventil, *4* Probenahmeventil, *5* Kochkammer, *6* Dampfkontrollventil, *7* Temperaturschreiber, *8* Rückschlagventil, *9* Druckschreiber, *10* Vakuumkammer, *11* Vakuumpumpe, *12* Auftragspumpe, *13* Dreiwegeventil, *14* Dosiereinrichtung für Farben, Säuren, Aromen, *15* Mischeinrichtung, *16* Weg zur Mogul-Anlage bzw. Rücklauf

gungen oder durch Zentrifugieren der Lösung erfolgt. Die Herstellung der Massen für Gelee- und Gummierzeugnisse geschieht chargenweise und auch kontinuierlich. Die Geliermittellösung wird meist am Ende des Kochprozesses zugegeben, und nur bei Einsatz von Kurzzeiterhitzern, wie Schneckenkochern, wird sie vielfach mitgekocht. Stärke wird praktisch ausschließlich unter Überdruck kontinuierlich verarbeitet. Zur Erzeugung des Überdrucks wird in sogenannten Jet-Kochern Dampf direkt eingespritzt. Das Schema eines Jet-Kochers zeigt Abb. 2. Aroma, Säure und Farben werden am Ende des Kochprozesses unmittelbar vor dem Vergießen zugesetzt. Das Formen der Gelee- und Gummizuckerwaren erfolgt durch Gießen in Formen aus konditionierten Stärkepudern auf Mogulanlagen. Nach bestimmten Standzeiten zur Verfestigung des Gelzustandes wird das Stärkepuder entfernt, und die Artikel werden an ihrer Oberfläche nachbehandelt. Zur Erzeugung von glänzenden Oberflächen werden die Stücke kurz mit Dampf besprüht und anschließend getrocknet. Diese Behandlung wird meistens beim Transport über ein Band in einem Tunnel durchgeführt. Weiter ist es üblich, die Oberfläche durch Fette glänzend zu gestalten. Hierbei wird das Fett in rotierende Trommeln gleichmäßig auf die Oberfläche der einzelnen Artikel verteilt. Daneben ist es auch

Tabelle 2. Verarbeitungskriterien für Geliermittel bei der Verarbeitung von Gelee-Erzeugnissen und Gummibonbons

Geliermitteltyp	Geliermittel-löslichkeit in Wasser	Bereitung der Geliermittel-lösung	Menge in Zuckerware %	Gieß-temperatur °C	Standzeit Std.	% TS beim Gießen	% TS im Endprodukt
1. Agar-Agar	8%/100°C (normal 4,75%)	Kochen, Lsg. nicht über 20% TS	1,0–2,0	65–75	ca. 18	76–80	80
2. Pektin	ca. 6,5%/100°C (max. 12%)	Kochen, Lsg. nicht über 20% TS, max. 25% TS	1,0–1,5	93–107	min. 3–12	76–78	78
3. Gelatine	bis 40%	erwärmen, 40–60°C	5–12,5	65–80	18–24	72–78	78
4. Stärke	ca. 20%	unterschiedlich evtl. Kochen unter Überdruck	4,5–12	65–110	18–36	72–78	78
5. Gummi Arabicum	35% (kalt) 50% (warm)	erwärmen, 40–60°C	34–45	65–80	36–72 bei 50–60°C	68–70	85

möglich, die Oberfläche der Artikel nach einer kurzen Dampfbehandlung mit Kristallzucker zu versehen (vor allem bei Pektingeleeartikeln).
Eine Übersicht über die Verarbeitungskriterien für Geliermittel bei der Verarbeitung zu Gelee-Erzeugnissen und Gummibonbons gibt Tabelle 2.

4 Lakritzen (Lakritzwaren)

Lakritzwaren sind Zuckerwaren mit einem Gehalt von wenigstens 5% eingedickten Süßholzsaft (Succus liquiritiae). Zu ihrer Herstellung wird Mehl mit Wasser bei 70–80 °C verkleistert, mit Zucker, Stärkesirup, Süßholzsaft, Gelatine und anderen Zusätzen vermischt und eingedickt. Als Geschmacksstoffe können neben geringen Mengen Ammoniumchlorid auch ätherische Öle, vor allem Anisöl und andere Pflanzenauszüge, verwendet werden.
Die Herstellung der Massen wird chargenweise in Kochkesseln und kontinuierlich meist auf Jetkochern oder Kochextrudern durchgeführt.
Neben dem Gießen in Stärkepuder wie bei den Gelee- und Gummierzeugnissen wird die größere Menge direkt durch Extrudieren ausgeformt. Im Anschluß an den Extrudiervorgang ist ein Trocknen der fertigen Artikel auf Trockenbänder oder in Trockenräumen notwendig. Die Vielfalt der so hergestellten Artikel erstreckt sich über Bänder, Stangen, Röhren, Spiralen, Pastillen und ähnlichen Formen. Daneben dienen Lakritzmassen vielfach mit weißen oder gefärbten Zuckerpasten zur Herstellung von Lakritzkonfekt, indem sie zusammen mit diesen Massen extrudiert oder ausgerollt und geschnitten werden. Man kommt so zu Artikel mit „Sandwich-Struktur".

5 Schaumzuckerwaren

Die Vielfalt der Schaumartikel in der Süßwarenindustrie ist sehr groß und reicht von den verschiedensten Riegeleinlagen über türkischen Honig, Marshmallows, Hamburger Speck, französischen Nougat, Kaubonbonmassen bis hin zum Negerkuß.
Diese Schaummassen sind im chemisch physikalischen Sinne ein Zweiphasensystem aus Gas und Flüssigkeit, also eine Dispersion. Die dispergierte Phase ist das Gas, das Dispersionsmittel ist eine halbflüssige Eiweiß-Zuckersiruplösung. Dieser Lösung werden oft zur Stabilisation Geliermittel wie Agar-Agar, Pectin oder Gelatine zugesetzt. Daneben werden noch Zusätze zum Färben und Aromatisieren benötigt.
Eiweiß ist ein grenzflächenaktiver Stoff und bildet im Schaum Häutchen um die dispergierten Partikel des Gases (Grenzschicht zwischen den zwei Phasen). Bei der Schaummassenherstellung wird eine große Grenzfläche zwischen Gas und flüssiger Phase geschaffen, deren Größe von der Menge und Größe der gebildeten Luftbläschen abhängt. Zu ihrer Ausbildung wird gegen die Oberflächenspannung der Flüssigkeit Energie benötigt, die auf zwei Arten zugeführt

werden kann. Mit mechanischer Arbeit (Schlagen/Ausziehen der Masse in Luft, Einblasen von Luft in die Flüssigkeit) oder durch Expandieren, d.h. durch Druckänderung sofern ein vorgefertigter Schaum vorliegt.

Da die Veränderung der Grenzfläche Energiegewinn aus der Verkleinerung der Oberfläche bedeutet, ist dieses System labil, und daher werden zu seiner Stabilisierung Eiweißstoffe als oberflächenaktive Stoffe eingesetzt.

Die einfachste Art, um Luft in einer Lösung zu verteilen, besteht im Aufschlagen mit einem Besen aus Stahldrähten. Die hierzu verwendeten Maschinen sind die sogenannten Schlagmaschinen, vorwiegend in der Form einer Planetenschlagmaschine.

Diese chargenweise arbeitende Planetenschlagmaschine ist jedoch weitgehend in der Industrie verdrängt worden durch Maschinen, die kontinuierlich und/oder unter Überdruck arbeiten. Diese Verfahren zeichnen sich dadurch aus, daß die Schlagzeiten durch Überdruck bzw. höhere Geschwindigkeit des Schlagorgans abgekürzt werden können. Bei diesem Druckschlagverfahren findet die Einarbeitung von Luft bzw. das Aufschlagen im geschlossenen System statt, d.h. in einem Kessel oder in einer Mischkammer, die unter einem bestimmten Überdruck steht. Neben diesen chargenweise arbeitenden Druckschlagmaschinen gibt es verschiedene Typen kontinuierlich arbeitender Druckschlagmaschinen, in denen die zu belüftende Masse (gekochte Zuckerlösung) meist unter beträchtlichen Druck von einer Pumpe in eine Aufschlagkammer gepumpt wird, in der ein Schläger mit einer bestimmten Geschwindigkeit rotiert. Die Aufschlagkammer ist meistens mit einem Heiz- bzw. Kühlmantel ausgerüstet, um die Temperatur konstant zu halten. Die Luft wird unter Überdruck in genau dosierter Menge zugeführt. Nach Verlassen der Mischkammer fließt die Masse unter Druck bis zu einem Gegendruckventil, durch das sie in ein Verarbeitungs- oder Transportrohr entspannt wird: Hier wird der Überdruck langsam abgebaut, und die Masse expandiert zu ihrem endgültigem Volumen.

In Abhängigkeit von den Eigenschaften der Schaummassen, in erster Linie von der Konsistenz, können sie in verschiedenster Weise verarbeitet werden: durch Dressieren, Gießen in Puder, Ausformen als Teppich mit anschließendem Schneiden in Stränge und Riegel, nach Temperierung über Extruder oder Kegelroller mit Ausziehmaschinen und Schneid- und Wickelmaschinen oder auch als pumpbare Füllung in Bonbons oder Pralinen.

6 Kokosflocken

Kokosflocken sind Zuckerwaren, die aus einem Gemisch von Fondantmasse, Zuckersirup und mindestens 25 % geraspelter Kokosnuß bestehen. Sie werden durch Dressieren auf Bleche in die bekannte Häufchenform gesetzt und meist weiß, rosa oder auch mit Schokolade überzogen hergestellt. Daneben ist auch die Tafelform üblich. Der Wassergehalt liegt meist zwischen 5 und 8 %.

7 Dragees

Dragees sind Zuckerwaren, die aus einem Kern bestehen, der weich oder fest sein und auch noch eine flüssige Füllung aufweisen kann und auf den dann mittels eines Dragierverfahrens verschiedene Decken aus Zucker oder Schokolade aufgebracht werden. Als Kern (Korpus oder Einlage) finden die verschiedenen Zuckerwaren, Kaugummistücke, Zuckerkristalle, Samenkerne, Krokant- oder Fruchtstücke und ähnliches Verwendung.
Durch das Dragieren werden in den Drageeanlagen die Einlagen durch Aufbringen von Schichten vergrößert. Bei der Herstellung von Hartdragees verdampft dabei Wasser aus der aufgetragenen Dragierlösung (Zuckerlösung). Werden Weichdragees hergestellt, so wird die flüssige Phase der aufgetragenen Deckmasse durch die Zugabe löslicher fester Partikel, meist Staubzucker, verfestigt. Bei der Herstellung von Schokoladendragees wird die Auftragsmasse vor dem Auftragen durch Erwärmen verflüssigt. Diese verfestigt sich dann auf der Drageeanlage durch Abkühlung. Die Verdunstung von Wasser und damit die Verfestigung kann durch konditionierte Luft, trocken und heiß bzw. kalt, gesteuert werden. Angestrebt wird für jede aufgetragene Schicht eine Vergrößerung in der Masse des Kernes um 0,475%.
Dragiermaschinen bestehen in der Regel aus einem Behälter in Form eines Rotationsellipsoids bzw. einer gestauchten Kugel mit runder Öffnung, die auf einer meist unter ca. 45° geneigten Achse rotieren. Daneben sind rotierende Trommeln in Einsatz. Zum Belüften, Entleeren und für den Dragiervorgang können die Neigungen vielfach stufenlos verstellt werden. Die Auftragslösungen werden meist auf die abrollende Schüttung der sich in den drehenden Trommeln bewegenden Dragierkernen aufgesprüht, wobei durch entsprechendes Einblasen von konditionierter Luft die Aushärtung der betreffenden Schicht eingeleitet wird. Zur Verhinderung des Überganges von Inhaltsstoffen des Kernes in die Deckschicht werden sogenannte Isolier- oder Gummierungsschichten aufgebracht, meist Gummiarabicumlösung. Um den Dragees eine bessere Haltbarkeit oder ein besseres Aussehen zu verleihen, werden am Ende des Drageesvorganges vielfach sogenannte Glanz- oder Schutzschichten aufgebracht, meist mit Gummiarabicum- oder Wachslösungen.

8 Komprimate (Preßlinge)

Komprimate werden mit Tablettenpressen aus Puder bzw. Staubzucker, mitunter auch mit Zusatz von Traubenzucker oder alleiniger Verwendung desselben, mit Bindemittel wie Gelatine, Traganth und Gummiarabicum sowie mit Kakaobutter oder ähnlichem und Aromen bzw. ätherischen Ölen, wie Pfefferminzöl, hergestellt. Je nach Anpreßdruck besitzen diese Erzeugnisse unterschiedliche Härte.
Beim sogenannten Teigverfahren werden durch Anwirken von Puderzucker, Bindemitteln, Stärkesirup und den sonstigen Bestandteilen einschließlich Aromen, tablettenähnliche Stücke gefertigt, indem aus der Teigmasse die

Körper ausgestochen und anschließend in einem Heißluftkanal kontinuierlich getrocknet werden. Diese Ware unterscheidet sich von den auf Tablettenpressen hergestellten Komprimaten in der Konsistenz durch eine relativ feste und nicht abbröckelnde Masse.

Wesentlich bei der Herstellung von Komprimaten ist die Vorbehandlung der zu komprimierenden Stoffe: So sorgt ein Zusatz von Bindemitteln in Form von Gelatine, Traganth und Gummiarabicum dafür, daß das Pulvergemisch komprimiert werden kann und die hergestellten Tabletten die erforderliche Festigkeit bekommen. Gleit- und Fließregulierungsmittel wie Stearinsäure oder Calcium- und Magnesiumstearat sorgen dafür, daß das Fließverhalten des Granulates in der Füllvorrichtung der Tablettiermaschine verbessert wird, ein Anhaften der Partikel an den Wänden verhindert und ein gleichmäßiges Nachfließen der Partikel gesichert ist.

9 Kanditen (kandierte Früchte und Samenkerne)

Kanditen oder kandierte Dickzuckerfrüchte sind Erzeugnisse, die aus Früchten, Fruchtteilen, Blüten und anderen Pflanzenteilen durch Anreicherung mit Zuckerarten und/oder Zuckeralkoholen gewonnen werden. Zunächst werden Früchte vorbehandelt, d. h. sie werden von Stielen und Steinen befreit und sortiert; bei größeren Früchten wird die Oberfläche gestichelt, um den Eintritt der Kandierlösung in das Gewebe zu erleichtern. Samenkerne werden gereinigt. Dann werden die Früchte oder Samenkerne mit heißem Wasser blanchiert und mit kaltem Wasser abgeschreckt, um ein festes Gewebe zu erhalten.

Die zu kandierenden Früchte werden dann in eine Lösung mit einer Zuckerkonzentration von 25% TS eingelegt. Die Konzentration der Lösung wird nach 1–2 Tagen um jeweils 5% erhöht. Es ergeben sich so je nach Produkt Kandierzeiten bis zu 10 Tagen. In kontinuierlich arbeitenden Anlagen, z. B. der von Darecchio, läßt sich dieser Prozeß auf 10–12 Stunden abkürzen. Zum Kandieren werden vorwiegend Lösungen aus Saccharose und Glucosesirup in wechselndem Verhältnis bis 1:1 verwandt. Durch osmotische Vorgänge findet eine Anreicherung der Gewebe der Früchte mit Zucker statt, so daß schließlich unter Erhaltung ihrer äußeren Form eine Saccharosekonzentration von 75–76% erreicht wird. Abschließend wird zur Erzielung einer nur noch wenig klebenden Oberfläche durch Lufttrocknung eine Haut gebildet. Die Kanditen werden in dieser Form oder mit Kristallzucker bestreut in den Handel gebracht.

Samenkerne werden nach dem Blanchieren in mindestens 65%iger Saccharoselösung gekocht, wobei diese auf 75% eingedickt wird. Dies kann chargenweise oder kontinuierlich unter Atmosphären- oder vermindertem Druck erfolgen. Anschließend erfolgt Trocknen mit Heißluft, Mikrowellen oder Fritieren, wodurch ein knuspriges Endprodukt erhalten wird.

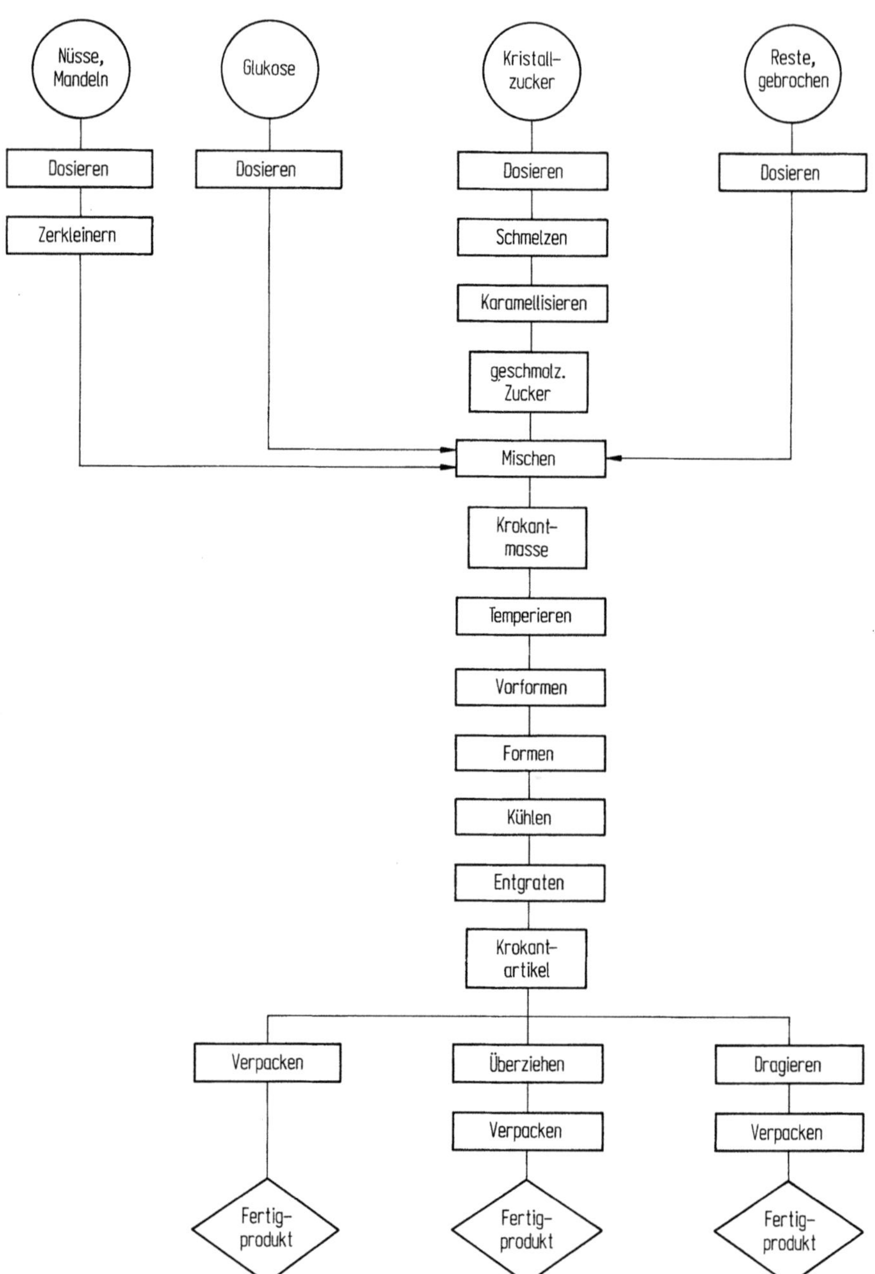

Abb. 3. Krokrantherstellung unter Einsatz der SUCROMELT (Qualitatives Verfahrens-fließbild)

10 Krokant

Krokant ist eine Zuckerware, die aus mindestens 20% grobzerkleinerten Mandel-, Haselnuß- und/oder Walnußkernen und ganz oder teilweise karamellisiertem Zucker besteht. Durch die Karamellisierung des Zuckers und das dabei zugleich erfolgende Rösten der Samenkerne wird der charakteristische Krokantgeschmack hervorgerufen. Die Verwendung von geschmacksgebenden oder die Beschaffenheit beeinflussenden Stoffen ist verkehrsüblich. Es werden Hart-, Weich-, und Blätterkrokant unterschieden. Sofern anstelle von Mandel- oder Nußkernen andere eiweißreiche Ölsamen verwendet werden, wird dies durch die Bezeichnung z. B.: Erdnußkrokant, Kokoskrokant hervorgehoben.

Die Herstellung erfolgt meistens auch noch heute chargenweise wie folgt:
In einem meist gasbeheizten Kupferkessel wird unter Rühren eine Zuckerschmelze hergestellt, in die dann die Samenkerne eingerührt werden.
Bei kontinuierlichen Verfahren wird trockener Kristallzucker bis zum Schmelzpunkt mit elektrischen Widerstandsheizungen bzw. durch Vermahlen des Kristallzuckers in einer Rührwerkskugelmühle erhitzt, wobei der Zucker durch die Reibungs- und Zerkleinerungswärme zum Schmelzen gebracht wird.
Die Mischung dieser Zuckerschmelze mit kontinuierlich zudosierten weiteren Rezepturbestandteilen, vor allem Samenkernen, erfolgt in nachgeschalteten Schnecken- oder Doppelschneckenmischer.
Die fertige Krokantmasse wird dann abgekühlt, im plastischen Zustand ausgeformt, und die ausgeformten Stücke werden abermals abgekühlt.
Das Fließbild der Krokant-Herstellung zeigt Abb. 3.

11 Nougaterzeugnisse

Nougatmassen sind höchstens 2% Feuchtigkeit enthaltende weiche bis schnittfeste Erzeugnisse, die aus geschälten Nußkernen oder aus gerösteten, geschälten Mandeln durch Feinzerkleinerung unter Zusatz von Zucker und Kakaoerzeugnissen hergestellt werden. Als Kakaoerzeugnisse werden verwendet: Kakaokerne, Kakaomasse, Kakaobutter, Kakaopulver (auch stark entölt), Schokolade, Schmelzschokolade, Sahneschokolade, Milchschokolade, Schokoladenüberzugsmasse, Sahne- und Milchschokoladenüberzugsmasse, Schokoladenpulver. Sie können einen Zusatz von geringen Mengen Lecithin enthalten. Ein Teil des Zuckers kann durch Sahne- und/oder Milchpulver ersetzt werden.
Nougat ist eine Mischung aus einer Nougatmasse und höchstens der halben Gewichtsmenge Zucker. Ein Teil des Zuckers kann durch Sahne- und/oder Milchpulver ersetzt werden. Sahnenougat ist ein Nougat, der einen Mindestanteil von 5,5% Milchfett aufweist, das aus Sahnepulver oder Sahne stammt.
Es werden also vier verschiedene Nougatmassen unterschieden:
1. Nuß-Nougatmassen mit höchstens 50% Saccharose und mit mindestens 30% Fett;

2. Mandel-Nougatmasse mit höchstens 50% Saccharose und mindestens 28%
   Fett;
3. Mandel-Nuß-Nougatmasse aus etwa gleichen Teilen Mandel- und Nußkernen und mit höchstens 50% Saccharose und mindestens 28% Fett;
4. Gesüßtes Nußmark (Nußpaste bestehend aus geschälten Nußkernen und
   Saccharose mit max. 50% Saccharose und mindestens 32% Fett).

Zur Herstellung werden zunächst die Samenkerne geröstet und dann ohne
weitere Zusätze zu einem Mark vermahlen. In einem Mischer wird dann aus
Nußmark und den übrigen Zutaten wie Zucker- und Kakaoerzeugnisse ein
Gemisch hergestellt, das über Fünfwalzwerke oder Kugelmühlen ähnlich wie
bei der Schokoladenherstellung feinvermahlen wird. Anschließend findet wie
bei der Schokoladenherstellung ein Conchiervorgang statt. Zur Verbesserung
der Fließeigenschaften ist ein Zusatz von Lecithin sowie einer Restmenge Fett
üblich. Nougatcreme ist ein weiteres Produkt mit den gleichen Bestandteilen
wie die Nougatmasse, jedoch mit Zusatz von Speisefetten. Sie müssen
mindestens 10% Ölsamen und dürfen maximal 67% Saccharose enthalten.
Diese auf die gleiche Weise wie Nougat hergestellte Creme findet vielfach als
Brotaufstrich Verwendung.
Weniger im industriellen jedoch im handwerklichen Maßstab ist es auch üblich,
Nougat über die Vorstufe Krokant statt der direkten Vermahlung von
Haselnußkernen herzustellen. Hierdurch ist eine größere Variation in der
Geschmacksvielfalt möglich.

12 Eiskonfekt

Eiskonfekt sind massive Konfektstücke bis 20 g Einzelgewicht, die kühl
schmecken. Sie bestehen aus mindestens 5% Kakaopulver oder Kakaomasse,
Zuckerarten und/oder Zuckeralkoholen, überwiegend ungehärtetem Kokos-
fett oder ähnlichem Fett hoher Schmelzwerte und Zutaten, die die Beschaffenheit oder den Geschmack beeinflussen. So kann der Kühleffekt des Fettes
durch Verwendung von Dextrose und/oder Menthol erhöht werden. Die
Herstellung der Eiskonfektmasse ist ähnlich der des Nougats- und der
Schokoladenmasse.

13 Marzipan und marzipanähnliche Erzeugnisse

Nach den Leitsätzen für Ölsamen und daraus hergestellten Massen und
Süßwaren werden vor allen Dingen zwei Rohmassen unterschieden: Diese
gehen von verschiedenartigen Samenkernen als Grundrohstoff aus, nämlich
von Mandeln für Marzipan und von Aprikosenkernen für Persipan.
Marzipanrohmasse ist eine aus geschälten Mandeln hergestellte Masse. Sie
enthält höchstens 17% Feuchtigkeit und höchstens 35% zugesetzten Zucker.
Dieser kann ganz oder teilweise aus Saccharose und/oder Invertzucker bestehen. Der Gehalt an Mandelöl beträgt mindestens 28%. Bei der Marzipan-

rohmasse MI kann der Gesamtgehalt an geschälten, bitteren Mandeln bis zu 12% des Mandelgewichtes betragen. Eine Kenntlichmachung ist nicht erforderlich. Entbitterte bittere Mandeln werden zur Herstellung von Marzipanrohmasse nicht verwendet.

Persipanrohmasse ist eine aus geschälten Aprikosenkernen hergestellte Masse. Sie enthält höchstens 20% Feuchtigkeit, höchstens 35% zugesetzten Zucker und 0,5% zugesetzte Kartoffelstärke. Der zugesetzte Zucker kann ganz oder teilweise aus Saccharose und/oder Invertzucker bestehen.

Daneben gibt es noch nicht näher in den Verkehrsbestimmungen definierte Rohmassen, wie z. B. Nußrohmasse, Erdnußrohmasse.

Marzipan ist eine Mischung aus Marzipanrohmasse und höchstens der gleichen Gewichtsmenge Zucker. Der Zucker kann teilweise durch Stärkesirup und/oder Sorbit ersetzt werden. In diesen Fällen können bis zu 3,5% des Gesamtgewichtes des Marzipans aus Stärkesirup und/oder bis zu 5% des Gesamtgewichtes des Marzipans aus Sorbit (auch in Form eines mindestens 70%igen Sirups) bestehen.

Persipan ist eine Mischung aus Persipanrohmasse und der höchstens der eineinhalbfachen Gewichtsmenge Zucker. Der Zucker kann teilweise durch Stärkesirup und/oder Sorbit ersetzt werden. In diesen Fällen können bis zu 5% des Gesamtgewichtes des Persipans aus Stärkesirup und/oder bis zu 5% des Gesamtgewichtes des Persipans aus Sorbit (auch in Form eines mindestens 70%igen Sirups) bestehen.

Diese Massen stellen im chemisch-physikalischen Sinn ein Mehrphasensystem dar: Es besteht aus einer geschlossenen flüssigen Phase aus gesättigter oder übersättigter Zucker-Lösung (vorwiegend Saccharose und Invertzucker sowie einige ölsameneigene Zucker) und einer hierin feinverteilter festen Phase aus in Wasser nicht löslicher Ölsamensubstanz (Eiweiß und Rohfaser mit in Zellsubstanz eingeschlossenem Fett), einer weiteren flüssigen Phase in Form von Tröpfchen aus Ölsamenöl, das beim Zerkleinerungsprozeß der Ölsamen aus der Zellsubstanz ausgetreten ist, und einer gasförmigen Phase in Form von kleinen Luftbläschen. Vielfach enthält die feinverteilte feste Phase auch noch auskristallisierten Zucker als unerwünschte Zuckerkristalle.

Die Rohmassenherstellung erfolgt nach verschiedenen Verfahren.

Der Verfahrensablauf der traditionellen Herstellung von Rohmassen kann in folgende Schritte untergliedert werden:
- Grobzerkleinerung der gebrühten, geschälten und verlesenen Ölsamen im feuchten Zustand;
- Vermischen der grobzerkleinerten Ölsamenkerne mit Zucker;
- Zerkleinerung des Ölsamen-Zuckergemisches auf Porzellanwalzenstühlen;
- Abrösten der erhaltenden feuchten Masse durch Erhitzen in offenen dampf- oder gasbeheizten Kesseln unter Rühren auf den gewünschten Feuchtigkeitsgehalt;
- Abkühlen der abgerösteten Masse in anderen wassergekühlten Kesseln, dem sogenannten Kühlschiff, unter weiterem Rühren auf 40 °C;
- Abfüllen der Rohmasse in meist mit Pergament ausgelegten Holzkisten zur Bevorratung.

Tabelle 3. Marzipan-Zusammensetzung

		Marzipanrohmasse	Marzipan, angewirkt 1:1
Wassergehalt	∅	15,0–17,0%	7,0–8,5%
	max.	17,0%	8,5%
Fettgehalt	∅	30,0–33,0%	15,0–16,0%
	min.	28,0%	14,0%
Aschegehalt		1,4–1,6%	0,7–0,8%
Saccharose und/oder Invertzucker zugesetzt max.		35,0%	67,5%
Saccharose analytisch max. (5% in Mandel-TS) ohne Analysenfehlerber.		37,4%	68,7%
Mandel-TS	∅	50,0–55,0%	25,0–27,0%
	min.	48,0%	24,0%
analytisch: a) Fettgehalt × 1,67 (60% Fett in Mdl.-TS) b) Eiweißgehalt × 4,08 (24,5% Eiweiß in Mdl.-TS)			
Stärkesirup zugesetzt max.		÷ nicht erlaubt	3,5%
Sorbit zugesetzt max.		÷ nicht erlaubt	5,0%
Summe Saccharose Invertzucker zugesetzt max.		35,0%	67,5%
Summe Saccharose Invertzucker Stärkesirup Sorbit zugesetzt max.		÷	67,5%

Neben diesem traditionellen Herstellungsverfahren arbeitet die Industrie heute weitgehend nach modernen neuen Verfahren. Der Verfahrensablauf bei den heute vorwiegend angewandten halbkontinuierlichen Verfahren ist folgender:

– Befüllen der Anlage mit vordosierten Rohstoffen: blanchierte Ölsamenkerne naß oder trocken, Kristallzucker und (falls nach Rezeptur notwendig) Invertzuckersirup sowie Wasser;
– Vermischen und Vorzerkleinern der Rohstoffe durch auf einer Messerwelle angeordnete profilförmige und ausgebildete und propellerförmig angestellte Kullenmesser mit Wellenschiff;
– Gleichzeitig Erhitzen der Mischung durch direkte Eingabe von gereinigten Dampf über Düsen während der Zerkleinerung;
– Feinzerkleinerung des Gemisches unter Rühren durch die obengenannten Messer auf gewünschte Endfeinheit durch Steigerung der Umdrehungsgeschwindigkeit der Messerwelle;

- Heißhalten der Masse aus bakteriologischen Gründen und um die Ölsamen-substanz quellen zu lassen, unter Rühren mit dem die Wandung abstreifenden Transportflügel;
- Feuchtigkeitsentzug der Masse durch Vakuumieren, wobei durch Entzug der Verdampfungswärme die Masse auf etwa 50–60 °C abgekühlt wird;
- chargenweises Belüften der Masse durch Unterschlagen von atmosphärischer, durch Filtration keimfrei gemachter Luft während weiteren Rührens der Masse;
- Ausformen und Abpacken der so hergestellten Masse auf halb- bzw. vollautomatischen Abpackanlagen.

Bei dieser Kutterzerkleinerung ist im Gegensatz zur traditionellen Zerkleinerung auf Walzenstühlen keine Zwangsführung der Masse gegeben und somit das Körnungsspektrum weiter gestreut. Die erreichten Temperaturen liegen bei 105 °C. Eine Verbesserung dieses Verfahrens wird durch ein kontinuierliches Zerkleinern oder Vermahlen des Vorgemisches mit Ringmühlen erreicht. Neben diesen chargenweise bzw. halbkontinuierlich arbeitenden Verfahren sind auch vollkontinuierliche Verfahren bei der Rohmassenherstellung im Einsatz, bei denen zum Erwärmen wie auch zum Kühlen der Masse Kratzwärmeraustauscher eingesetzt werden. Ein Verdampfen von Wasser während der Herstellung kann bei entsprechendem Arbeiten unter Überdruck in der Erhitzungsphase entfallen. Produktvorteil ist hierbei, daß die Mandelsubstanzpartikelchen im Munde weicher erscheinen.
Eine Übersicht über die Zusammensetzung von Marzipan gibt Tabelle 3.

14 Kaugummi

Kaugummi ist ein zum Kauen und längeren Verweilen im Munde bestimmtes Erzeugnis, das teilweise aus einem natürlichen oder künstlichen nicht zu verschluckenden, beim Kauen plastisch werdenden Stoff besteht. Dieser enthält Nährstoffe und Geschmacksstoffe, die beim Kauen an den Körper abgegeben werden.
Er wird in seiner Grundlage aus kautschuk- und guttaperchartigen Naturstoffen (Chiclegummi, Siak- und Pahang-Guttapercha, mit Herz vermischter Plantagenkautschuk, Mastrix, Wachs u.a.) sowie aus thermoplastischen Kunststoffen (Polyvinylester und -ether, Polyethylen usw.), auch unter Zusatz von Cellulose als Füll- und Trennmittel hergestellt. Als Aroma- und Geschmacksträger werden Stoffe wie Saccharose, Invertzucker, Stärkesirup, Süßstoffe, ätherische Öle (Pfefferminzöl) u.a.m. eingesetzt.
Zur Herstellung wird die plastische vorgewärmte Kaumasse in beheizten Knetmaschinen mit Staubzucker, Stärkesirup und Aromastoffen vermischt und die dabei entstehenden Massen meist zu dünnen Platten ausgewalzt. Diese werden entweder in Streifen geschnitten und verpackt oder in kleine Stücke zerschnitten, die anschließend mit Zuckerdecken beim Dragieren versehen werden. Durch Formpressen werden daneben Stränge geformt, die nach

Vorkühlung auf Schneid- und Wickelmaschinen ähnlich wie bei den Weichkaramellen geschildert, in Stücke geschnitten und verpackt werden.

15 Limonade- und Brausepulver

Limonade- und Brausepulver sind Zuckerwarenerzeugnisse, die aus pulverförmigen Komponenten, wie Zuckerarten und/oder Zuckeralkoholen, Aromen, Genußsäuren, Natriumhydrogencarbonat und färbende Stoffe, zusammengemischt werden. Bei der Rezeptierung ist darauf zu achten, daß soviel Genußsäure vorhanden ist, daß nicht am Ende der Reaktion im Wasser bei der Herstellung des Getränkes oder im Mund beim Direktverzehr das laugig schmeckende Natriumhydrogencarbonat nachbleibt, sondern stets ein Säureüberschuß von 10–15% gegenüber dem stöchiometrischen Verhältnis vorliegt, um eine angenehm saure Geschmacksnote zu entwickeln. Um die Freisetzung des prickelnden Kohlendioxids aus der Reaktion zwischen Natriumhydrogencarbonat und Säure zu verzögern, wird vielfach die Säure gekapselt, d. h. um die einzelne Kristalle wird eine nur wenig wasserlösliche Schicht z. B. von Gummiarabicum gelegt, um diese nur langsam frei zu setzen und somit das Erfrischungsgefühl im Mund zu verlängern.
Brauseartikel werden vielfach auch auf Tablettenpressen zu den gewünschten Formen gepreßt. Bei der Herstellung ist vor allen Dingen auf wasserfreie Arbeitsweise und auch auf Einsatz wasserfreier Genußsäuren und anderer Zutaten zu achten, damit nicht die erst beim Verzehr erwünschte Zersetzung schon bei der Lagerung oder Herstellung eintritt.

16 Kakaohaltige und sonstige Getränkepulver

Kakaohaltige Getränkepulver setzen sich folgendermaßen zusammen:
19–21% stark entöltes Kakaopulver,
21–68% Saccharose,
19–46% Dextrose,
0,5–1,1% Lecithin,
0,3–0,5% Mineralstoffe wie Kochsalz, Calciumphosphat, Magnesiumcarbonat.
Daneben enthalten sie vielfach noch Aromastoffe, Vitamine und gelegentlich auch Zutaten wie Milchzucker, Maltodextrin, Malzextrakt- und Kaffee-Extraktpulver.
Die Herstellung selbst beschränkt sich auf reine Mischvorgänge in für pulverförmige Medien geeigneten Mischern. Anschließend erfolgt Abpacken dieser pulverförmigen Mischungen in handelsüblichen Gebinde wie Beutel, Dosen und Faltschachteln.

17 Literatur

Andersen G (1968) Über die Feinstruktur von Hart- und Weichkaramellen. Süßwaren 12:1042–1054

Andersen G (1972) Über die optimale Zusammensetzung von Hartkaramellen als Voraussetzung für ihre Lagerfähigkeit. Süßwaren 16:665–671

Anonym (1959) Die Stabilisierung von Weichkaramellmassen. Süßwaren 3:1271–1273

Bauermeister (1976) Rösten und Kühlen von Mandel-, Kern- und Nußmassen. Zucker- und Süßwarenwirtschaft 29:405–407

Bauermeister H, Der Bauermeister. Herstellung von blanchierten Mandeln, Rohmasse und Mandelpräparaten. Bauermeister (Firmenschrift), Hamburg

Beckers H (1977) Herstellung von gefüllten Hartkaramellen mit hohem und gleichmäßigem Füllungsgrad. Kakao und Zucker 29:134–135

Behrens H (1980) Anwendungstechnische Aspekte bei der Herstellung von Agar-Geleeartikeln. Süßwaren 24:45–53

Bocklet G (1980) Nugat- und Marzipan-Rohmassen, Charakterisierung und Technologie. Süßwaren 24(H):18–29

Bonus H (1976) Der Hamac-Höller-Zylinderkocher 128. Kakao und Zucker 28:69–73

Carle & Montanari (1978) Die Kandierung von Früchten und die Systeme DMC. C&M Nachrichten, Mailand, 7:14–24

Daffertshofer G (1973) Die Herstellung von Frucht- und Brausekomprimaten. Kakao und Zucker 25:53–56

Daffertshofer G (1975) Kaugummibasen, Eigenart, Beeinflussung des plastischen Verhaltens durch Verwendung von Zusatzstoffen. Kakao und Zucker 27:406–407, 410

Daffey L (1972) Über das Gießen von Bonbons. Kakao und Zucker 24:9–14

Farbry Y (1970) Die automatische Drageeherstellung. Kakao und Zucker 22:581–583

Gotsch G (1972) Die kontinuierliche Herstellung von Weichkaramellen und die Einflüsse der gelenkten Karamellisation auf den Geschmack des fertigen Produkts. Zucker- und Süßwarenwirtschaft 25:594–596

Gotsch G (1972) Fondantherstellung. – Technik und Technologie. Kakao und Zucker 24:150–152

Gotsch G (1972) Fondantherstellung. Zucker- und Süßwarenwirtschaft 25:479–482

Gotsch G (1972) Kontinuierliche Herstellung von Schaummassen. Kakao und Zucker 24:123

Gotsch G (1972) Vollkontinuierliche Krokantherstellung. Kakao und Zucker 25(10):412–414

Gotsch G (1973) Hartkaramellherstellung. Zucker- und Süßwarenwirtschaft 26(3):100–104, (6):294–298, (10):420–421, (5):225–227

Gotsch G (1973) Neues zur Weichkaramellherstellung. Zucker- und Süßwarenwirtschaft 26:256, 258

Gotsch G (1974) Das kontinuierliche Herstellen von Hartkaramellen. Kakao und Zucker 26:24–28

Gotsch G (1974) Das rationelle Herstellen von Gelee- und Gummiartikeln. Kakao und Zucker 25(6):160–169

Gotsch G (1974) Die kontinuierliche Herstellung von Krokant für Drageekörper. Kakao und Zucker 25(8):236–238

Gotsch G (1974) Die kontinuierliche Herstellung von gießfertigem Fondant und Fondantcreme. Konditor-Zeitung 102:4

Gotsch G (1975) Kontinuierliches Herstellen von Schaummassen am Beispiel der Riegelmassenherstellung. Kakao und Zucker 27:10–14

Gotsch G (1976) Kaubonbon-Chewy Candy, Weg zur kontinuierlichen Herstellung. Kakao und Zucker 28:86–88

Gotsch G (1976) Moderne Zuckerkochmethoden zur kontinuierlichen Herstellung von Hartkaramellen. Zucker- und Süßwarenwirtschaft 29(11):346–349

Gotsch G (1976) Verfahrenstechnik bei der Herstellung und Verarbeitung von Fondant. Kakao und Zucker 28:162–167

Gotsch G (1977) Schaummassen in der Süßwarenindustrie: Theoretische Betrachtung, Herstellungsmethoden von Schaummassen, die Weiterverarbeitung von Schaummassen. Zucker- und Süßwarenwirtschaft 30:448–452

Gotsch G (1977) Was bei der Herstellung von Negerküssen beachtet werden sollte. Zucker- und Süßwarenwirtschaft 30:132–134

Gotsch G (1978) Hartkaramellen. dragoco bericht 23:95–108

Gotsch G (1979) Hartkaramellen: Von der theoretischen Grundlage bis zur kontinuierlichen Herstellung im modernen Betrieb. Kakao und Zucker 31(6):132–136, (7):158–162

Gotsch G (1981) Blätterkrokant Pralineneinlagen mit blättriger Struktur. Zucker- und Süßwarenwirtschaft 34(1):15–18, Nr 1386

Gotsch G (1981) Hartkaramellen. dragoco bericht 24:17–26

Gotsch G (1981) Kaschierte Bonbons. Ein Weg zur kontinuierlichen Herstellung. Kakao und Zucker 33:132–143

Gotsch G (1982) Marzipan und Marzipanrohmasse. Kakao und Zucker 34:25–33

Gotsch G (1986) Marzipanrohmasse: Übersicht über Herstellungsverfahren. Zucker- und Süßwarenwirtschaft 39:232–233

Gotsch G (1972) Kontinuierliches Kochen von Toffee- und Weichkaramellmassen. Kakao und Zucker 24(3):115, 118–119

Gotsch G (1974) Die kontinuierliche Herstellung von Krokant für Dragee-Einlagen. Kakao und Zucker 26:236–238

Hoppe F (1983) Krokant-Rührwerke, Krokant-Arbeitsstraßen und Nougama-Röstmaschinen. F. Hoppe Maschinenbau (Firmeninf), Goslar

Kleinert J (1977) Zucker-Fondant-Herstellung, Physikalische Grundlagen und qualitative Aspekte. Kakao und Zucker 29:40–52

Knoch A (1970) Lakritzenherstellung, Neue Methoden und Konzeptionen. Süßwaren 14:542–548

Knoch A (1977) Technologie der Herstellung von Lakritzartikeln. Süßwaren 21:47–56

Kolber A (1973) Vorgefertigte Granulate auf Zuckerbasis und deren Einsatz in Komprimaten. Zucker- und Süßwarenwirtschaft 26:10–31, 53–56

Kreiten K (1976) Betrachtungen zum Thema Kaugummiherstellung. Kakao und Zucker 28:13–16

Loser K (1974) Kaugummiherstellung, Produktions-Maschinen, Planungs-Schemata, Klimatisierung. Gordian 74:14–18, 49–50

Mansvelt JW (1975) Technologische Aspekte der Herstellung leichter Süßwaren. Kakao und Zucker 27:78–84

Müller H (1976) Komprimate. dragoco bericht 21:12–17

Neumann E (1972) Hochgekochter Zucker – gegossene Zuckerwaren. Kakao und Zucker 24:9–12

Reinders MA, Stekelenburg H (1974) Gummi- und Geleeartikel auf Stärkebasis. Zucker- und Süßwarenwirtschaft 27:443–447

Schaaf van der (1975) Die kontinuierliche Herstellung von belüfteten Zuckerwaren. Zucker- und Süßwarenwirtschaft 28:55–58

Schrieber R (1975) Speisegelatine, Eigenschaften und Anwendungsmöglichkeiten in der Lebensmittelindustrie. Gordian 75:218–277

Simon E (1979) Wirbelschicht-Verfahrenstechnik bei Süßwarenkomprimaten. Zucker- und Süßwarenwirtschaft 32:157–163

Talignani A (1979) Technologie der Herstellung von Kaugummi und Bubble-Gum-Einlagen. Zucker- und Süßwarenwirtschaft 32:49–52

6.3 Technologie der Kakao- und Schokoladeherstellung

J. Kleinert, Zürich

1 Einleitung

Der Kakaobaum, Theobroma Cacao Linné (Theobroma = Götterspeise), gehört zur Familie der Sterkuliengewächse. Die für sein Gedeihen erforderlichen klimatischen Bedingungen herrrschen im allgemeinen nur 15° nördlicher und südlicher Breite des Äquators.

Die kurz gestielten Kakaofrüchte sind botanisch als Beeren einzustufen. Die Kakaofrüchte lassen sich auf zwei typische Grundformen, den Criollo- und Forastero-Kakao zurückführen.

1.1 Criollo-Kakao (criollo = einheimisch)

Die Kakaofrucht ist länglich und der Durchmesser kleiner als die halbe Länge. Die Frucht weist fünf tiefe und fünf weniger tiefe Längsfurchen auf; die Oberfläche ist zudem warzig und die Fruchtschale relativ weich. Die ovalen Samen sind, da sie keine Pigmente enthalten, durch weißgelbliche Keimblätter (Kotyledonen) gekennzeichnet, die locker im Fruchtfleisch eingebettet sind. Die Criollo-Bäume werfen geringe Erträge ab und sind gegen Umwelteinflüsse, wie Wind, Temperatur, Trockenheit, Schädlinge u. a. m. sehr empfindlich.

1.2 Forastero-Kakao (forastero = fremd)

Im Vergleich zum Criollo-Kakao sind die Früchte runder, d. h. der Durchmesser ist größer als die halbe Länge. Die Fruchtschale ist glatt sowie hart und weist keine oder nur wenig ausgeprägte Längsfurchen auf.

Die im Fruchtfleisch eng zusammengebetteten Kakaosamen sind flach, fast dreieckförmig und die Kakaokeimblätter (Kotyledonen) sind stark violett gefärbt. Gegenüber den Criollo-Kakaobäumen sind die Forastero-Bäume wesentlich resistenter und ergeben deutlich höhere Erträge; die Forastero-Kakaobohnen erreichen indessen nicht die Qualität der Criollo-Kakaobohnen.

1.3 Ernte und Fermentation der Kakaobohnen

Nach dem Ernten der reifen Kakaofrüchte werden diese an Sammelstellen gebracht, geöffnet und die in das weiße, zuckerhaltige Fruchtmus eingebetteten Kakaosamen von Hand oder mit einem Holzlöffel entnommen.

Die anschließende Fermentation dient dazu, einerseits das fest an den Kakaosamenschalen anhaftende Fruchtmus abzubauen und anderseits durch den resultierenden Temperaturanstieg (48–50 °C), die Keimfähigkeit der Kakaosamen zu vernichten.

Parallel dazu werden durch die Fermentation in den Kakaokeimblättern (Kotyledonen) Aromavorstufen (Precursoren) gebildet, aus denen sich durch das Trocknen und spätere Rösten das typische Kakaoaroma entwickelt.

Nach dem Fermentieren und Trocknen sind die Kakaobohnen für den Versand an die kakaoverarbeitende Industrie bereit.

1.4 Die Verarbeitung der Kakaobohnen

Die Verarbeitung der Kakaobohnen, die fermentierten und getrockneten Samen des Kakaobaumes, zu Kakaomasse, Kakaopulver, Kakaobutter und Schokolade läßt sich in vier Gruppen unterteilen:
1. Kakaomasseherstellung,
2. Kakaopulverherstellung,
3. Kakaobutterherstellung,
4. Schokoladeherstellung.

Der Arbeitsablauf läßt sich folgendermaßen darstellen: (s. Seite 271).

2 Kakaobohnenaufbereitung

2.1 Kakaobohnenlagerung

Bis zur Verarbeitung der Kakaobohnen müssen diese, um Qualitätsbeeinträchtigungen auszuschließen, sachgemäß in Säcken oder Silos gelagert werden, wobei die Temperatur, um eine Schädlingsentwicklung zu unterdrücken, 15 °C nicht überschreiten sollte und die relative Feuchtigkeit unter 60 % gehalten wird.

2.2 Kakaobohnenreinigung [1, 2, 3]

Sowohl aus Qualitätsgründen als auch zum Schonen der Verarbeitungsanlagen müssen die Fremdmaterialien (Sand, Steine, Metall, Glas, Holz u.a.m.) möglichst vollumfänglich von den Kakaobohnen abgetrennt werden [1].

2.3 Thermische Vorbehandlung der Kakaobohnen [1, 4]

Zum sauberen Abtrennen der Kakaoschalen von den Kakaokeimblättern werden die Kakaobohnen in zunehmendem Maße einer thermischen Vorbehandlung nach der Infrarot-Technologie, Dampf-Technologie oder Heißluft-Technologie unterzogen, wobei die Feuchtigkeit in den Kakaokeimblättern (Nibs) 4,5 % nicht unterschreiten sollte.

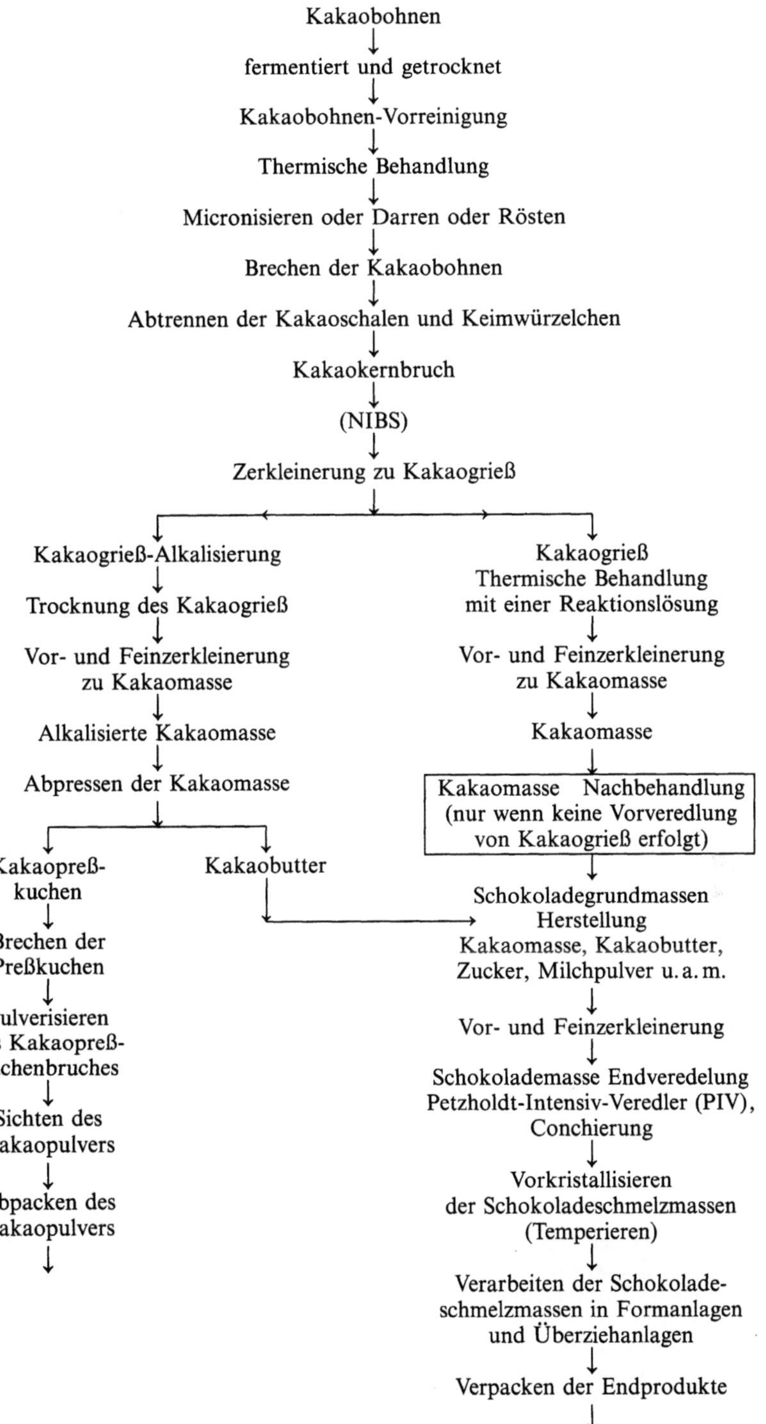
Kakaobohnen
fermentiert und getrocknet
Kakaobohnen-Vorreinigung
Thermische Behandlung
Micronisieren oder Darren oder Rösten
Brechen der Kakaobohnen
Abtrennen der Kakaoschalen und Keimwürzelchen
Kakaokernbruch
(NIBS)
Zerkleinerung zu Kakaogrieß
Kakaogrieß-Alkalisierung
Trocknung des Kakaogrieß
Vor- und Feinzerkleinerung zu Kakaomasse
Alkalisierte Kakaomasse
Abpressen der Kakaomasse
Kakaopreß-kuchen
Kakaobutter
Brechen der Preßkuchen
Pulverisieren des Kakaopreß-kuchenbruches
Sichten des Kakaopulvers
Abpacken des Kakaopulvers
Kakaogrieß Thermische Behandlung mit einer Reaktionslösung
Vor- und Feinzerkleinerung zu Kakaomasse
Kakaomasse
Kakaomasse Nachbehandlung (nur wenn keine Vorveredlung von Kakaogrieß erfolgt)
Schokoladegrundmassen Herstellung Kakaomasse, Kakaobutter, Zucker, Milchpulver u. a. m.
Vor- und Feinzerkleinerung
Schokolademasse Endveredelung Petzholdt-Intensiv-Veredler (PIV), Conchierung
Vorkristallisieren der Schokoladeschmelzmassen (Temperieren)
Verarbeiten der Schokolade-schmelzmassen in Formanlagen und Überziehanlagen
Verpacken der Endprodukte

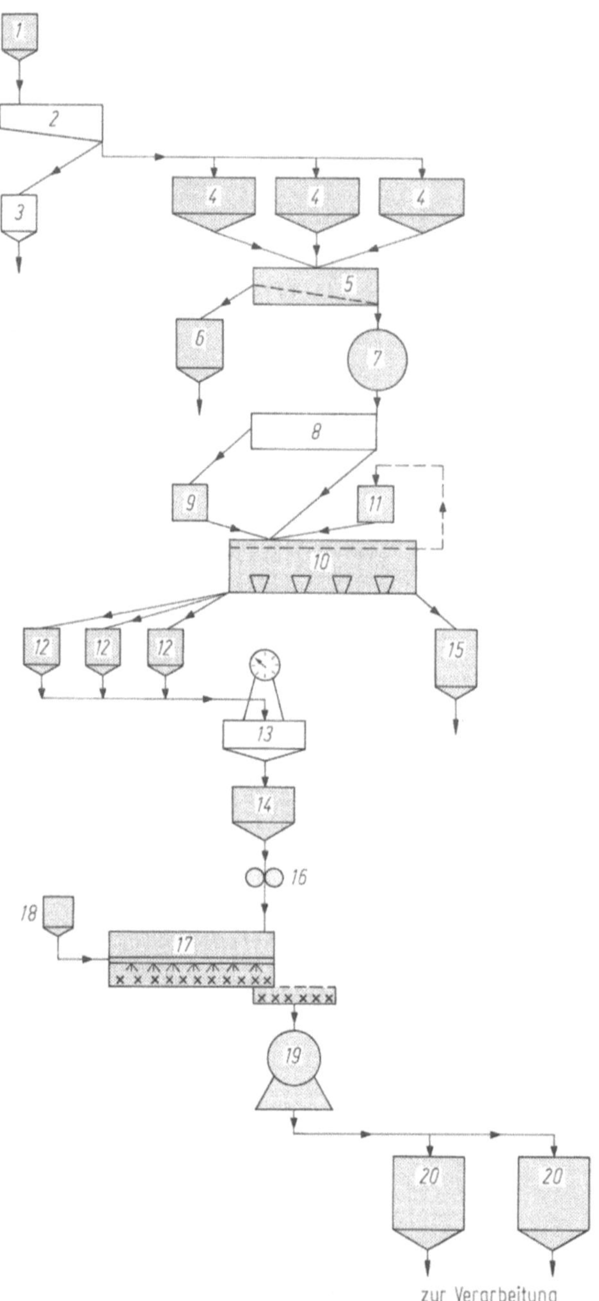

Abb. 1. Verarbeitung der Kakaobohnen bis zur Kakaomasse. *1* Kakaobohnenannahme, *2* Vorreinigung, *3* Abfälle, *4* Kakaobohnensilos, *5* Steinabscheider, *6* Sammelbehälter für die Steine, *7* thermische Vorbehandlung der Kakaobohnen, *8* Trommelsichter (Kernbruchabscheidung), *9* Wurfbrecher 1, *10* Kakaoschalenabtrennanlage, *11* Wurfbrecher 2 mit erhöhter Drehzahl, *12* Kakaokernbruchsilos, *13* Wägeeinrichtung, Kakaokernbruchrezepturen, *14* Silos für die Kakaokernbruchmischungen, *15* Kakaoschalensilo, *16* Kakaogrießherstellung, *17* Tornado-Trommelreaktor, *18* Behälter für die Reaktionslösung, *19* Kakaogrießvermahlung, *20* Kakaomassetanks mit Umwälzpumpe und Rührwerk

2.4 Brechen der Kakaobohnen und Abtrennen der Kakaoschalen [1, 2, 3, 5]

Die Kakaobohnen werden nach einer thermischen Vorbehandlung bzw. bei der Einstufentechnologie nach dem Rösten mit Vorteil in einem Wurfbrecher [1, 2] gebrochen; danach werden die Kakaoschalen und, wenn möglich auch die Kakaokeimwürzelchen, möglichst vollständig vom Kakaokernbruch abgetrennt [1, 2, 3, 5].

2.5 Kakaokernbruch- bzw. Kakaogrieß-Vorveredlung [1, 2, 4]

Um einerseits unerwünschte Geruchs- und Geschmackskomponenten (Essigsäure, Aldehyde u. a. m.) auszutragen und andererseits erwünschte Geruchs- und Geschmackskomponenten vorzubilden, wird der Kakaokernbruch direkt oder in Form von Kakaogrieß einer Behandlung mit Wasser oder einer Reaktionslösung unterzogen, dann getrocknet und anschließend geröstet. Diese Technologie hat den Vorteil, daß Mikroorganismen der verschiedensten Arten sowie Schimmel- und Hefepilze weitgehendst vernichtet werden; sie kann auch erst an der Kakaomasse nach dem Dünnschichtverfahren [2, 3, 5] durchgeführt werden.

2.6 Kakaokernbruch- bzw. Kakaogrieß-Vermahlung [1, 2, 3, 5]

Unabhängig von der Verwertungsart (Kakaopulver, Kakaobutter-, Schokoladeherstellung) muß der Kakaokernbruch bzw. der Kakaogrieß zu einer feinen, homogenen Kakaomasse vermahlen werden. Die Vermahlung erfolgt in Messer-, Schläger- oder Schlagleistenmühlen entweder einstufig oder mit einer nachgeschalteten Feinstvermahlung (Scheibenmühlen, Walzwerke, Kugelmühlen).
Die Verarbeitung der Kakaobohnen zu Kakaomasse veranschaulicht das Fließbild in der Abb. 1.

3 Kakaopulver- und Kakaobutter-Herstellung

3.1 Kakaopulver [2, 5]

Um aus einer nativen oder mit Alkalien aufgeschlossenen Kakaomasse, die über 50 % Fett enthält, Kakaopulver herstellen zu können, muß diese durch Auspressen von Kakaobutter partiell entfettet werden. Wird die Kakaomasse auf einen Fettgehalt unter 20 % abgepreßt, dann muß das daraus resultierende Kakaopulver als stark entölt bezeichnet werden.
Beim Pressen der Kakaomasse fallen Kakaopreßkuchen an; sie werden gebrochen, und der Kakaokuchenbruch durch Vermahlen zu Kakaopulver verarbeitet, das sowohl als Halbfabrikat für die Nahrungs- und Genußmittelindustrie als auch als Enderzeugnisse für die Konsumenten in den Handel gelangt.

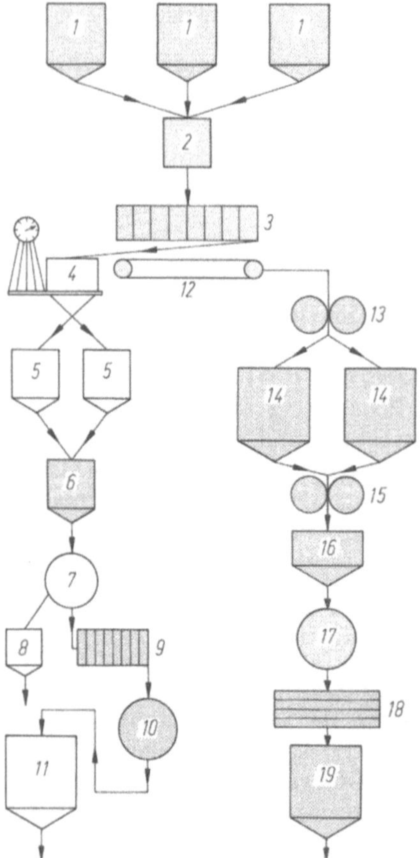

Abb. 2. Schematische Darstellung der Kakaomasseverarbeitung zu Kakaopulver und zu Kakaobutter. *1* Kakaomassetanks: 1/1)Native Kakaomasse, 1/2) Alkalisierte Kakaomasse, 1/3) Veredelte Kakaomasse, *2* Kakaomasse-Erhitzer, *3* Kakaobutter-Presse, *4* Kakaobutter-Wiegebehälter, *5* Tank für die rohe Kakaobutter, *6* Kakaobutter-Schönung, *7* Kakaobutter-Klärzentrifuge, *8* Auffangbehälter für die Schleimstoffe und Trübstoffe, *9* Kakaobutter-Preßfilter, *10* Kakaobutter-Desodorierung, *11* Tank für die Desodorierte Kakaobutter, *12* Förderband für die Kakaopreßkuchen, *13* Kakaopreßkuchen-Vorbrecher, *14* Konditionierbunker für die vorgebrochenen Kakaopreßkuchen, *15* Kakaokuchenbruch-Feinbrecher, *16* Kakaokuchenbruch-Lezithinierung, *17* Anlage zum Pulverisieren des Kakaopreßkuchen-Feinbruches, *18* Kakaopulver-Konditionierung, *19* Silo für das verkaufsbereite Kakaopulver

3.2 Kakaobutter [2, 5]

Die beim Abpressen der Kakaomasse anfallende Kakaobutter findet einerseits als wichtiges Rohmaterial zur Herstellung von Schokolade Verwendung, andererseits benötigt auch die pharmazeutische und kosmetische Industrie Kakaobutter. Die Kakaobutter gelangt sowohl in nativer als auch desodorierter Form in den Handel. Das Desodorieren der Kakaobutter erfolgt mit Dampf mit einer Temperatur, die 170 °C nicht überschreiten darf, in einem Vacuum, das unter 5 Torr liegen muß. Geringste Lufteinbrüche während des Desodorierens führen an der Kakaobutter zu einem talgigen Abgeschmack (Deso-Geschmack).

Die Herstellung von Kakaopulver und die Gewinnung von Kakaobutter veranschaulicht das Fließbild in der Abb. 2.

4 Schokolade-Herstellung

4.1 Begriff

Schokoladen stellen homogene Gemische aus feinzerkleinerter Kakaomasse, Saccharose, Kakaobutter, Aromen und Emulgatoren dar. Neben den vorgenannten Grundstoffen dürfen Schokoladen unter Kennzeichnung auch andere Komponenten, entweder in feinzerkleinerter Form wie Milcherzeugnisse, Nußmassen, Kaffee u. a. m. oder in grobstückiger Form wie Mandeln, Haselnüsse, Walnüsse, Pinienkerne, Pistazien, Sultaninen u. a. m. zugesetzt werden.

4.2 Schokoladen-Grundmassenherstellung [1, 2]

Die Ausgangsmaterialien, Kristallzucker (Saccharose), Kakaomasse, Milchpulver, Kakaobutter werden in einen robusten Kneter eingewogen, zu einer homogenen Masse vermischt und anschließend durch Vor- und Feinwalzen homogen feinstvermahlen, wie aus dem Fließbild in der Abb. 3 ersichtlich ist.

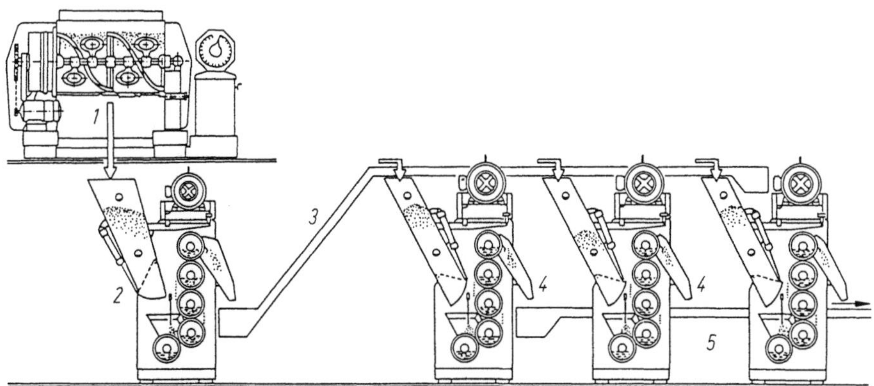

Abb. 3. Schematische Darstellung der Schokolade-Grundmassenherstellung mit der Vermahlung nach dem Zweistufenverfahren. *1* Mischer zum Ansetzen der Schokoladegrundmasse, *2* Vorwalzwerk, *3* Förderband zu den Feinwalzwerken, *4* Feinwalzwerke, *5* Transportband des Feinwalzgutes zu den Conchen

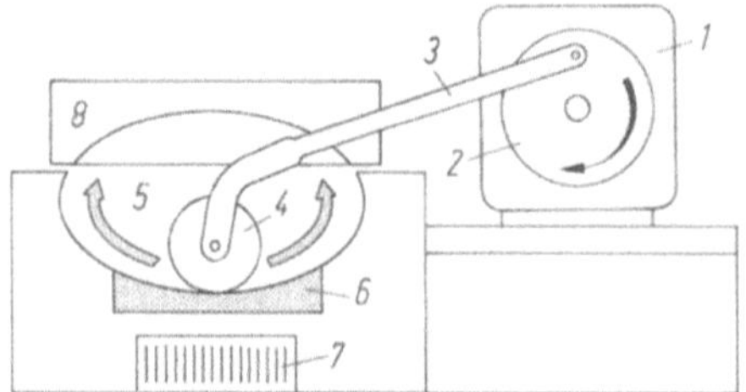

Abb. 4. Schnittbild durch die Original-Lindt-Conche [9]. *1* Antriebsmotor, *2* Antriebsrad der Kurbelstange, *3* Kurbelstange, *4* Läuferrolle, *5* Conchentrog, *6* Conchenboden, *7* Heizraum, *8* Conchendeckel

4.3 Endveredlung der Schokolade-Grundmasse [2, 6]

Die nach dem Feinwalzen in pulveriger und trockener Form anfallende Schokoladegrundmasse muß sowohl zur Verflüssigung als auch zur sensorischen Verfeinerung einem Endveredlungsprozeß unterzogen werden. Dieser gliedert sich in eine Plastifizier- und eine Verflüssigungsphase. Erfinder dieser Technologie ist Rod. Lindt fils [9]: Die Schokoladegrundmasse wird unter Zugabe von Kakaobutter in Brockenform in einen muschelförmigen Trog (Abb. 4) mehrere Tage mechanisch bearbeitet, wobei die Kakaobutter unter der resultierenden Friktionswärme verflüssigt wird und langsam eine Phasenumkehr eintritt, d. h. die Nichtfettstoffe werden mit dem Fett umhüllt, und es bildet sich eine Suspension in der Kakaobutterphase.

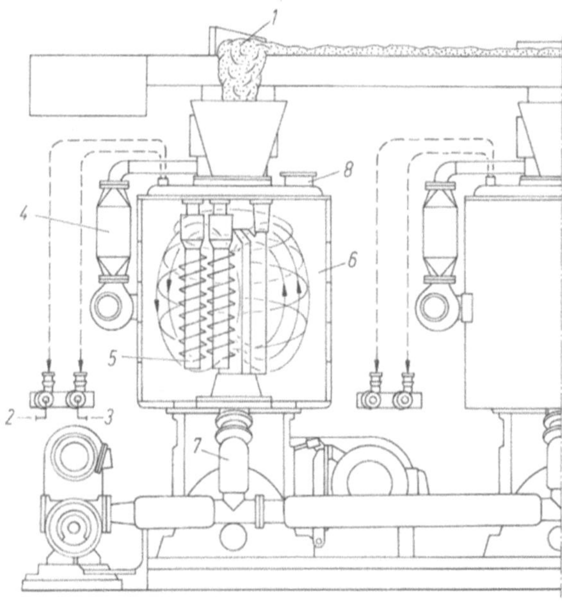

Abb. 5. Schematische Darstellung des Petzoldt-Intensiv-Verflüssigers zum Endveredeln von Schokoladegrundmassen. *1* Walzgut, *2* Kakaobutter, *3* Lecithin, *4* Gebläse mit Luftheizung, *5* Doppelschnecken, *6* Abstreich-/Mischarm, *7* (Schokoladen-)Auslauf, *8* Abluftöffnung

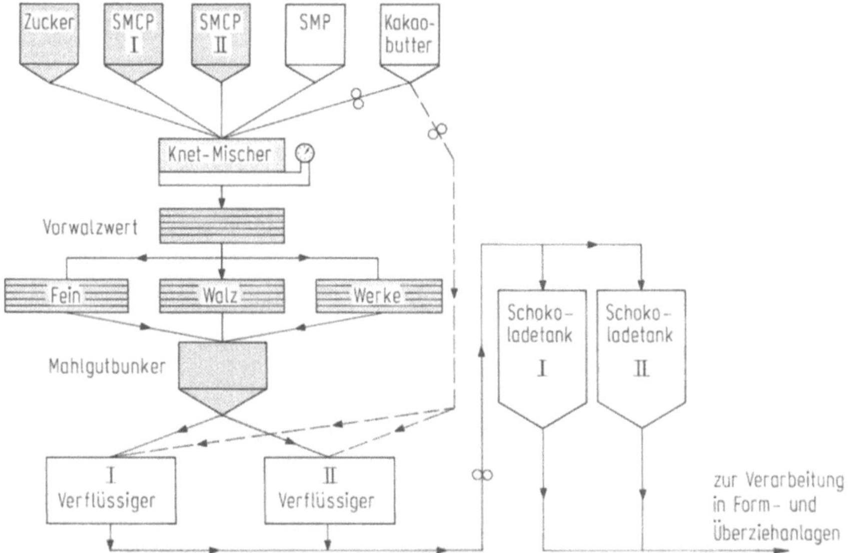

Abb. 6. Schematische Darstellung der Schokoladeherstellung von den Grundkomponenten bis zur fertigen Schokolade (Nach J. Kleinert)

Den muschelförmigen Trog bezeichnete Lindt [9] von Conca = Muschel abgeleitet mit CONCHE; auch heute noch wird die Endveredlung der Schokoladegrundmasse mit Conchieren bezeichnet, obwohl ganz andere Maschinen zum Einsatz gelangen.

Mit dem Petzholdt-Intensiv-Verflüssiger (PIV) [6], wie aus der Schemaskizze in der Abb. 5 ersichtlich ist, läßt sich die von Lindt [6] entwickelte Verfahrenstechnik zur Endveredlung von Schokoladegrundmassen in sehr kurzer Zeit optimal nachvollziehen.

Während des Plastifizierens der Schokoladegrundmasse werden niedermolekulare, wasserdampfflüchtige Stoffe wie Essigsäure, Acetaldehyd, Aceton, i-Butanol, Aethanol, i-Propanol, i-Pentanol, Diacetyl u. a. m. ausgetragen; zugleich erreicht man eine Desagglomierung des Feinwalzgutes sowie eine optimale Fettverteilung. Nach Beendigung der Plastifizierung wird die Schokolademasse durch langsames Zugeben der Restkakaobutter und des Lezithins verflüssigt.

Den Schokoladeherstellungsprozeß vom Zusammenmischen der Ausgangskomponenten bis zur endveredelten Schokolade veranschaulicht das Fließbild in der Abb. 6.

5 Vorkristallisation der Schokoladeschmelzmasse

Unabhängig davon, ob eine Schokoladeschmelzmasse zu Tafeln, Riegeln oder anderen Kleinformaten abgeformt werden soll oder zum Überziehen von

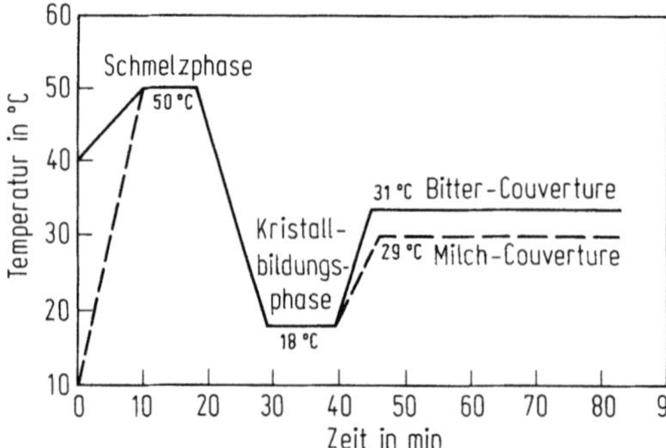

Abb. 7. Schematische Darstellung der Temperaturführung zum sachgemäßen Vorkristallisieren der Fettphase in Schokoladeschmelzmassen, Couverturen und Füllmassen nach J. Kleinert

Pralinenkernstücken bestimmt ist, muß deren Fettphase, die allein den Aggregatzustand bestimmt, sachgemäß vorkristallisiert (temperiert) werden. Das Vorkristallisieren bezweckt einerseits Schmelzwärme, (verborgene Wärme, latente Wärme) aus der Schokoladeschmelzmasse abzuführen und anderseits möglichst viele sowie sehr kleine Fettkriställchen einer stabilen Form vorzubilden. Im Zusammenhang mit dem Vorkristallisieren begangene Fehler führen zu Endprodukten mit einem grobkristallinen Strukturgefüge, das nicht nur schlechte Schmelzeigenschaften aufweist, sondern auch durch eine ungenügende visuelle und strukturelle Haltbarkeit gekennzeichnet ist; dem physikalisch-kristallographisch korrekten Vorkristallisieren von Schokoladeschmelzmassen kommt deshalb eine dominierende Bedeutung zu, da hier begangene Fehler alle vorangegangenen Bemühungen zunichte machen. Die während des Vorkristallisierens korrekte Temperaturführung veranschaulicht die Abb. 7.

Eine sachgemäße Vorkristallisation von Schokoladeschmelzmassen läßt sich durch das Aufzeichnen von Temperkurven überwachen, wie aus der Abb. 8 ersichtlich ist.

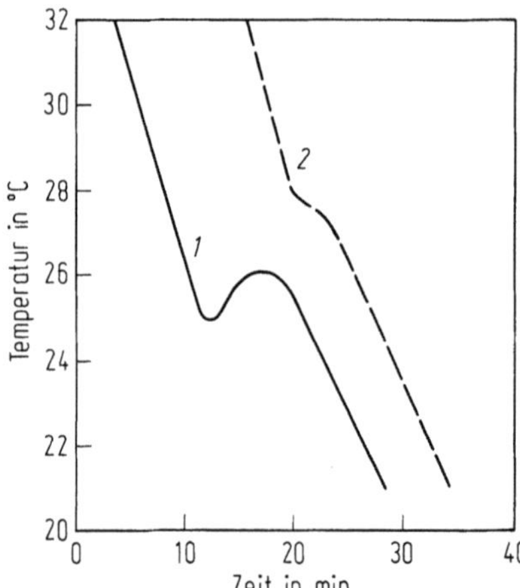

Abb. 8. Temperkurven einer schlecht (*1*) und gut (*2*) vorkristallisierten Schokoladeschmelzmasse (Nach J. Kleinert)

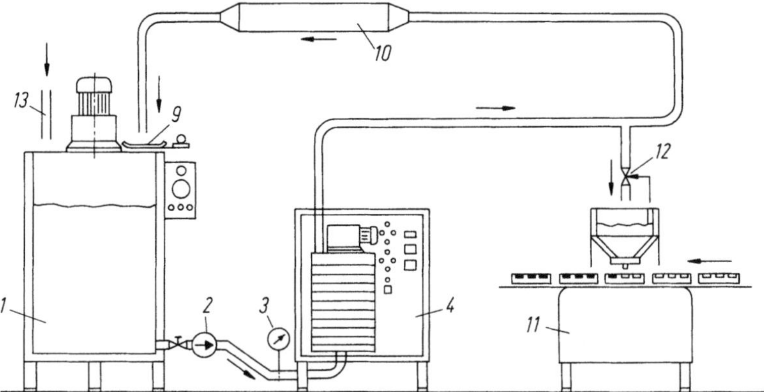

Abb. 9. Schematische Darstellung des Aufbaus einer neuzeitlichen Vorkristallisieranlage [7].
1 Vorratstank, *2* regelbare Speisepumpe, *3* Masse-Temperaturanzeige, *4* Solltemper-Turbo,
9 Schwingsieb, *10* Masse-Wärmetauscher, *11* Gießmaschine, *12* automatisches Speiseventil,
13 Masseergänzung entsprechend Verbrauch

Heute wird eine ganze Reihe von Anlagen angeboten, die sich zum korrekten
Vorkristallisieren von Schokoladeschmelzmassen eignen. Die Abb. 9 veran-
schaulicht das Prinzip einer Vorkristallisieranlage in Verbindung mit einer
Formanlage.

6 Verpackung

Zum Verpacken von Schokoladen sowie Schokoladeerzeugnissen und Pralinen
müssen geruchlich neutrale sowie lichtundurchlässige Materialien verwendet
werden; die Verpackung soll das verpackte Gut optimal gegen geruchliche
Umwelteinflüsse, Verlust von Aromastoffen sowie Zuwandern von Ungeziefer
der verschiedensten Arten schützen. Den besten Schutz bietet eine durch
Versiegeln luftdicht verschlossene Packung [8].

7 Lagerung

Ganz generell müssen Kakao, Schokoladen sowie Kakaoerzeugnisse und
Pralinen kühl, trocken und vor Licht geschützt in einer geruchlich neutralen
Atmosphäre gelagert werden; damit sich das Feststoff-Flüssigverhältnis im
Lagergut möglichst nicht verändert, ist die Lagertemperatur konstant zu
halten. Zur Kurzzeitlagerung von einigen Monaten eignet sich eine Temperatur von 15 °C ± 1 °C und eine relative Feuchtigkeit zwischen 55–65 %. Bei
einer Langzeitlagerung sollte die Temperatur 10 °C ± 1 °C betragen und die
relative Feuchtigkeit zwischen 55–65 % liegen. Vor dem Auslagern der Ware
muß diese, um einen Verderb durch eine Mikrokondensation von Feuchtigkeit

aus der Luft zu vermeiden, während mindestens zwei Tagen bei 16 °C ± 1 °C zwischengelagert werden.

8 Firmen und Literatur

1. Gebrüder Bühler AG, Maschinenfabrik, CH-9240 Uzwil/Schweiz. Tel 0 73/50 11 11, Tx 883 134, Fax 0 73/50 32 82
2. Carle & Montanari S. p. A., Via Neera 39, I-20141 Mailand. Tel 02/8 44 91, Tx 310 616, Fax 02/84 49 21
3. Lehmann FB, Maschinenfabrik GmbH, Daimlerstr. 12–13, D-7080 Aalen/BRD. Tel 0 73 61/4 10 91, Tx 07-13 860, Fax 0 73 61/4 10 95
4. Barth GW, Maschinenfabrik Ludwigsburg GmbH und Co., Daimlerstr. 6, D-7149 Freiburg/Neckar. Tel 0 71 41/7 05-0, Fax 0 71 41/70 51 00
5. Gebrüder Bauermeister & Co., Verfahrenstechnik GmbH und Co., Oststr. 40, D-2000 Norderstedt/Hamburg. Tel 0 40/52 60 08, Fax 0 40/5 26 08-1 99
6. Petzholdt GmbH, Maschinenfabrik, Schielestraße 39–43, D-6000 Frankfurt/Main. Tel 0 69/41 30 39, Tx 417 112, Fax 0 69/41 15 51
7. Sollich GmbH & Co. KG, Siemensstr. 17–23, D-4902 Bad Salzuflen/BRD. Tel 0 52 22/5 00 41, Tx 9312 133, Fax 0 52 22/45 06
8. Schweizerische Industriegesellschaft (SIG), CH-8212 Neuhausen/Rheinfall. Tel 0 53/8 61 11, Tx 896 022, Fax 0 53/21 66 04
9. Rod. Lindt fils (1965) Handbuch der Kakaoerzeugnisse. 2. Aufl, Springer, Berlin Heidelberg New York, S 15

7 Getränke

7.1 Erfrischungsgetränke

J. Firnhaber

Die Herstellung, Kennzeichnung sowie Beurteilung von Erfrischungsgetränken richtet sich in Ermangelung eines verbindlichen Rechtssatzes nach einer
gutachterlichen Äußerung über die allgemeine Verkehrsauffassung aus den
Jahren 1954 und 1987.

Die „Richtlinien für Erfrischungsgetränke" (Fruchtsaftgetränke, Limonaden
und Brausen) sind somit Ausdruck des redlichen Handelsbrauches der
alkoholfreien Getränkeindustrie.

1 Begriffsbestimmungen

Erfrischungsgetränke können bis zu 0,3 Masseprozent Alkohol enthalten.
Sie werden aus Wasser i. S. der Verordnung über Trinkwasser und über Wasser
für Lebensmittelbetriebe (Trinkwasserverordnung – TrinkwV) vom 22. Mai
1986 (BGBl. I S. 760) oder aus Wasser i. S. der Verordnung über natürliches
Mineralwasser, Quellwasser und Tafelwasser vom 1. August 1984 (BGBl. I
S. 1036) und geschmacksgebenden Zutaten mit oder ohne Zusatz von Kohlendioxid sowie mit oder ohne Zusatz von Zuckerarten oder anderen Süßungsmit-
teln hergestellt.

Es werden folgende Sorten unterschieden:
- Fruchtsaftgetränke
- Limonaden
- Brausen.

2 Fruchtsaftgetränke

Der Fruchtsaftanteil beträgt im Fertiggetränk aus Kernobstsaft oder Traubensaft mindestens 30, aus Zitrussaft mindestens 6 und aus anderen
Fruchtsäften mindestens 10 Masseprozent.

Zur Süßung werden kristalline und flüssige Zuckersorten sowie Glucosesirupe
verwendet.

Das Fertiggetränk muß ein Gewichtsverhältnis (20°/20°) von mindestens
1,035 aufweisen.

Mit Ausnahme bei Zitrusfruchtsaftgetränken können die Genußsäuren Citro-
nensäure, Weinsäure, Milchsäure und Äpfelsäure bei Kernobstsaftgeträn-

ken jedoch nur, wenn das Fertiggetränk ein Gewichtsverhältnis (20°/20°) von mindestens 1,038 aufweist, verwendet werden.

3 Limonaden

Limonaden enthalten Aromen, Genußsäuren sowie mindestens 7 Masseprozent einer oder mehrerer Zuckersorten. Ferner können bei Limonaden folgende Zutaten verwendet werden: Fruchtsaft, Fruchtmark, Zuckerkulör, Orthophosphorsäure bei koffeinhaltigen Getränken, Chinin, Molke, Beta-Carotin, L-Ascorbinsäure, Johannisbrotkernmehl sowie Gummi arabicum.

4 Brausen

Brausen sind Erfrischungsgetränke, bei denen Zucker ganz oder teilweise durch künstliche Süßstoffe oder die natürlichen Aromastoffe ganz oder teilweise durch naturidentische oder künstliche Aromastoffe ersetzt sind.

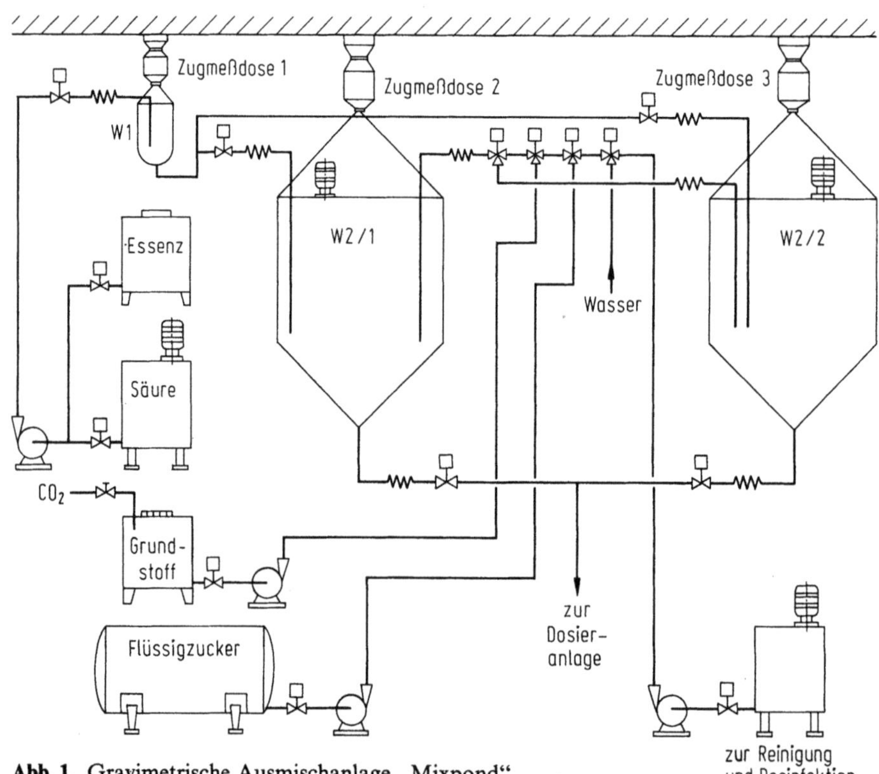

Abb. 1. Gravimetrische Ausmischanlage „Mixpond"

5 Herstellung von Erfrischungsgetränken

Um eine gleichbleibende Qualität der Getränke zu erreichen (Einhaltung eines konstanten Mischungsverhältnisses), kommt der Ausmischtechnik eine besondere Bedeutung zu.

Bei der Ausmischtechnik haben sich 3 Verfahren herausgebildet:
1. Gravimetrische Ausmischtechnik
2. Volumetrische Ausmischtechnik
3. Kombinierte gravimetrische und volumetrische Ausmischtechnik.

Die gravimetrische Ausmischtechnik ist die genaueste, da z. B. unterschiedliche spezifische Gewichte, unterschiedliche Viskositäten oder unterschiedliche Temperaturen der auszumischenden Komponenten keinen Einfluß auf die Wägung haben. Sie erfordert jedoch die Einhaltung bestimmter Voraussetzungen:
a) Das Einwiegen der Komponenten erfolgt nacheinander.
b) Die unterschiedlichen Gewichtsverhältnisse zwischen den Einzelkomponenten erfordert unterschiedliche Wägeanlagen.
c) Die Befestigung der Waagen muß so ausgeführt sein, daß sie von Pumpen, Rohrleitungen, Ventilen etc. beim Wiegen nicht beeinflußt wird.

Bei der volumetrischen Ausmischtechnik haben sich beispielsweise Anlagen mit Volumenzählwerken (Ovalradzähler, Ringkolbenzähler) und Volumenmeßwerke mit eigenem Antrieb (Dosierpumpen) durchgesetzt.

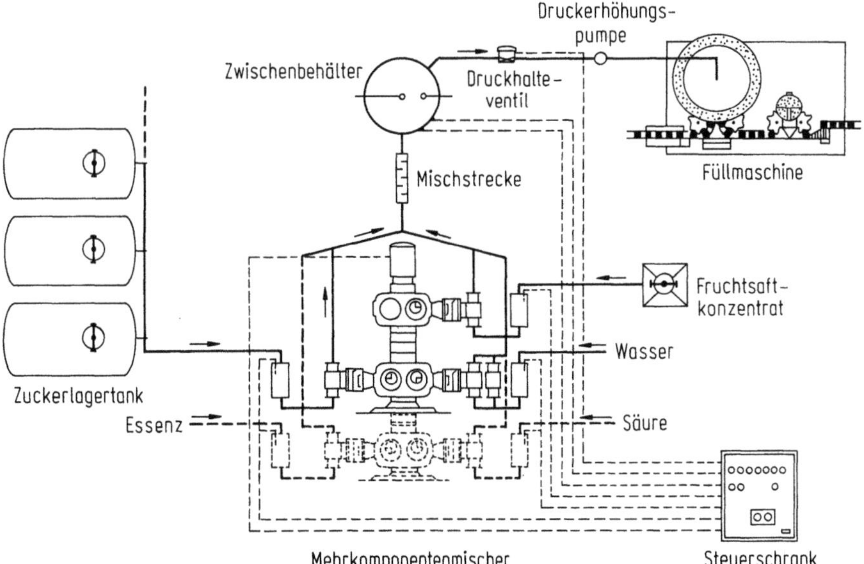

Abb. 2. Mehrkomponentenmischanlage Dekatronik VSK (Düning und Krausse, Braunschweig)

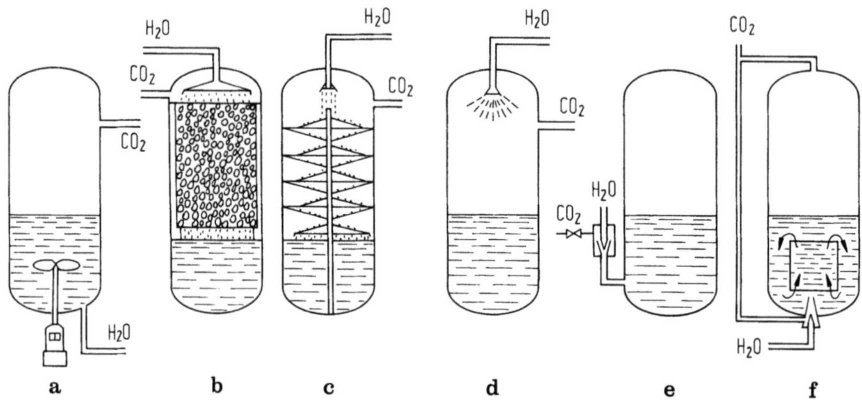

Abb. 3. Imprägniersysteme. **a** Rühr-System, **b** Füllkörper-System, **c** Kaskaden-System, **d** Düsen-System 1, **e** Injektorsystem (Eindüsen in Rohrleitung), **f** Injektorsystem (Eindüsen in Behälter)

Bei den Dosierpumpenanlagen wird für jede Komponente der Getränkerezeptur eine eigene Dosiereinheit entsprechender Größe benötigt (Unterschied im Kolbendurchmesser). Die genaue Dosiereinstellung erfolgt über Veränderung des Kolbenhubes. Alle Tauchkolbendosierpumpen eines Systems haben einen gemeinsamen Antriebsmotor, so daß Synchronität der Dosierarbeit erreicht wird.

Die Zugabe von CO_2 zum Getränk wird als Imprägnierung (Carbonisierung) bezeichnet. Erfrischungsgetränke enthalten $5-12$ g CO_2/l. Verfahrenstechnische Einrichtungen für die Imprägnierung sind: Rührsysteme, Fließen der Flüssigkeit über Füllkörper, Zerstäubung des Getränkes im Gasraum, Verteilung von Gas im Getränk nach dem Injektorprinzip oder Imprägnierung im Plattenapparat.

Von den abzufüllenden Erfrischungsgetränken dominieren die Produkte mit Kohlensäuregehalten zwischen $5-12$ g/l. Die Abfüllung wird im allgemeinen im Temperaturbereich von $12-18$ °C vorgenommen. Hierzu eignen sich die sogenannten Druckfüller.

Die gefüllten Flaschen werden durch Kronenkorken, Schraubverschlüsse oder dem Twist-Off-Verschluß verschlossen.

7.2 Fruchtgetränke und Gemüsesäfte

G. Fuchs, W. Knechtel, Bielefeld

1 Herstellung von Fruchtmark

Zu Fruchtmark werden vor allem Birnen, Mirabellen, Aprikosen, Pfirsiche, Kirschen und Johannisbeeren verarbeitet.

Das Prinzip der Fruchtmarkherstellung ist in Abb. 1 dargestellt. Früchte mit fester Konsistenz (Birnen, Pfirsiche, Aprikosen) werden zuerst vorgewaschen, sodann werden ungeeignete Früchte auf einem Sortierband manuell entfernt. Bei der anschließenden Hauptwäsche unter Mitwirkung einer Gebläseeinrichtung erfolgt durch die entstehende Turbulenz eine gründliche, aber schonende Reinigung; dabei können je nach Verschmutzung mit Pestiziden und Insektiziden dem Wasserbad Detergenzien zugesetzt werden. Nach Abspülen mit Frischwasser gelangen die Früchte zur Nachreinigung. Von der Nachreinigung wird das Steinobst (Pfirsiche, Aprikosen) in die Entsteinmaschine transportiert, wo die Steine entfernt und die Früchte grob zerkleinert werden. Das Kernobst (Birnen) gelangt direkt in die Mühle und wird grob zerkleinert. Früchte mit weicher Konsistenz (Sauerkirschen, Beerenobst) werden in speziellen Gebläsewaschmaschinen vorsichtig gewaschen. Nach dem Verleseband und einer Brausewaschmaschine gelangen die Sauerkirschen in eine Entstielmaschine, wo die Entstielung mittels Gummiwalzen erfolgt. Johannisbeeren werden nach dem Verlesen in einer Brausewaschmaschine gereinigt und in der Mühle grob gemahlen.

Die grob zerkleinerten und gemahlenen Früchte (Fruchtmaische) werden zur Enzyminaktivierung und Verminderung des Gehalts an Mikroorganismen in einem Blancheur (Röhrenerhitzer) $10-30$ s auf etwa $95\,°C$ erhitzt.

Zur enzymatischen Mazeration kann die Fruchtmaische auf $45-55\,°C$ gekühlt und $30-60$ min mit protopektolytischen Enzympräparaten behandelt werden. Dabei kommt es durch eine Umwandlung von Protopektin in lösliches Pektin zu einer Auflockerung des Zellverbandes. Nach Beendigung der Mazerierung wird die Maische zur Inaktivierung der Enzyme über einen Röhrenerhitzer auf $105\,°C$ erhitzt und zur Passiermaschine geleitet. Falls keine Mazeration erfolgen soll, wird die Fruchtmaische nach der Hitzebehandlung direkt auf die Passiermaschine geleitet.

Auf den meist $2-3$ stufigen Passiermaschinengruppen wird die heiße Maische durch Siebzylinder mit Lochdurchmesser von 1,2 mm in der ersten Passiermaschine, 0,8 mm in der zweiten Passiermaschine und 0,6 oder 0,4 mm in der dritten Passiermaschine gedrückt, das passierte Fruchtmark wird in einem

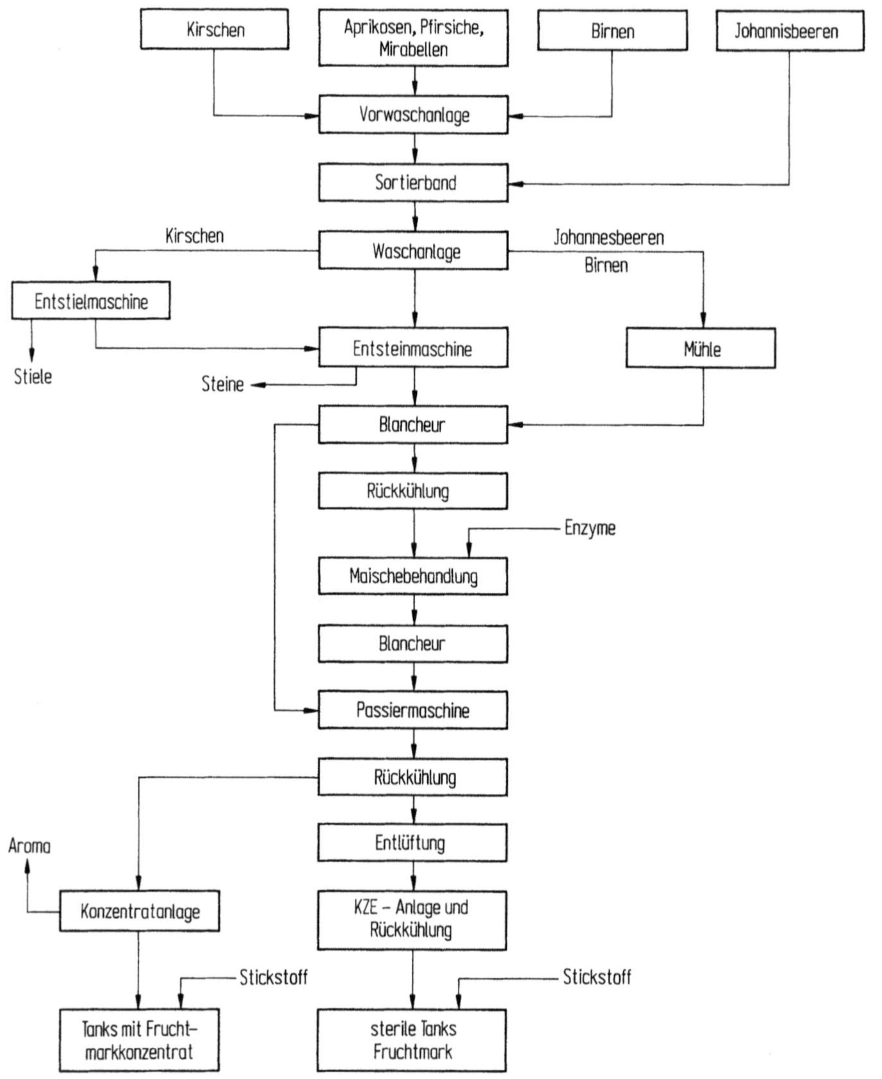

Abb. 1. Herstellung von Fruchtmark

Röhrenkühler auf Normaltemperatur gekühlt, in einer Entlüftungsanlage entgast, in einer Kurzzeiterhitzungs (KZE-)Anlage für 20–30 s bei 90–120 °C pasteurisiert und wieder auf Normaltemperatur zurückgekühlt.

Anschließend erfolgt die kaltsterile Einlagerung in Großbehältern (5–100 cbm) Inhalt unter Stickstoffatmosphäre.

Je nach Fruchtart beträgt die Ausbeute 70–95%.

Eine Weiterverarbeitung des Fruchtmarks zu Fruchtmarkkonzentraten ist möglich.

2 Herstellung von Gemüsemark und Gemüsesaft

Zu Gemüsemark und Gemüsesaft werden vor allem die Fruchtgemüse
Tomaten und Paprika, die Wurzel- und Knollengemüse Karotte, Sellerie und
Rote Beete verarbeitet.

Das Prinzip der Gemüsemark- und -saftherstellung ist in Abb. 2 dargestellt
und ist der Fruchtmarkherstellung sehr ähnlich. Tomaten werden zur Entfernung von Staub, Erde, Spritzmitteln usw. mit Wasser grob vorgewaschen und
gelangen über einen Elevator in eine zweite Vorwäsche. Über die Mitwirkung
einer Gebläseeinrichtung erfolgt durch das Aufwirbeln des Wassers eine
gründliche, aber schonende Reinigung. Auf einem Sortierband werden ungeeignete Tomaten manuell entfernt. Nach nochmaliger Wäsche mit Frischwasser gelangen die Tomaten in eine Entsamungseinrichtung, wo sie grob
vermahlen und die Samen auf einem Sieb entfernt werden. Die Tomatenmai-
sche wird anschließend in den Röhrenerhitzer geleitet.

Paprika wird vorgewaschen, verlesen und noch einmal gewaschen. In einer
Mühle werden die Paprika grob zerkleinert und die Maische anschließend in
den Röhrenerhitzer geleitet.

Wurzel- und Knollengemüse werden intensiv gewaschen, evtl. unter Anwendung von Detergenzien. Nach dem Verlesen und der Nachwäsche gelangen
diese Gemüse zu den Schäleinrichtungen. Beim chemischen Schälen wird das
Gemüse durch ein Laugenbad gefördert (2,5–5% Natronlauge, 75–95 °C,
30 s–5 min Verweilzeit); dadurch werden die Schalen gelockert. Beim thermischen Schälen wird das Gemüse zuerst durch ein schwaches Laugenbad
gefördert; in einem Hochdruck-Dampfschäler erfolgt anschließend das Schälen: nach Behandlung mit Hochdruckdampf wird der Überdruck plötzlich
entspannt, wodurch die Schale gelockert wird.

In einer Trommelwaschmaschine werden die gelockerten Schalen durch das
Reiben der Gemüse aneinander entfernt. Nach einer weiteren Wäsche, evtl. mit
noch folgendem Zitronensäure-Neutralisationsbad, werden die Gemüse gemahlen und in den Röhrenerhitzer geleitet, die Gemüsemaische zur Enzym-
Inaktivierung und Verminderung des Gehaltes an Mikroorganismen 10–30 s
auf 110–125 °C erhitzt.

Zur enzymatischen Mazeration kann die Maische auf 50 °C heruntergekühlt
und mit protopektolytischen Enzympräparaten behandelt werden. Dabei
kommt es durch eine Umwandlung von Protopektin in lösliches Pektin zu einer
Auflockerung des Zellverbandes.

Nach Beendigung der Mazerierung wird die Maische zur Enzym-Inaktivierung
über einen Röhrenerhitzer auf 105 °C erhitzt und heiß auf die Passiermaschine
geleitet, wo sie durch Siebzylinder mit einem Lochdurchmesser von 1,2 und
0,8 mm passiert wird. Das Gemüsemark wird über einen Röhrenrückkühler
auf Normaltemperatur gekühlt.

Bei der Herstellung von Gemüsesäften wird die Gemüsemaische nach der
thermischen Behandlung auf Normaltemperatur gekühlt und in einer Presse
entsaftet. In der Entlüftungsanlage wird das Gemüsemark bzw. der Gemüsesaft entgast, über eine Kurzzeiterhitzungsanlage bei 120–125 °C über 30–40 s

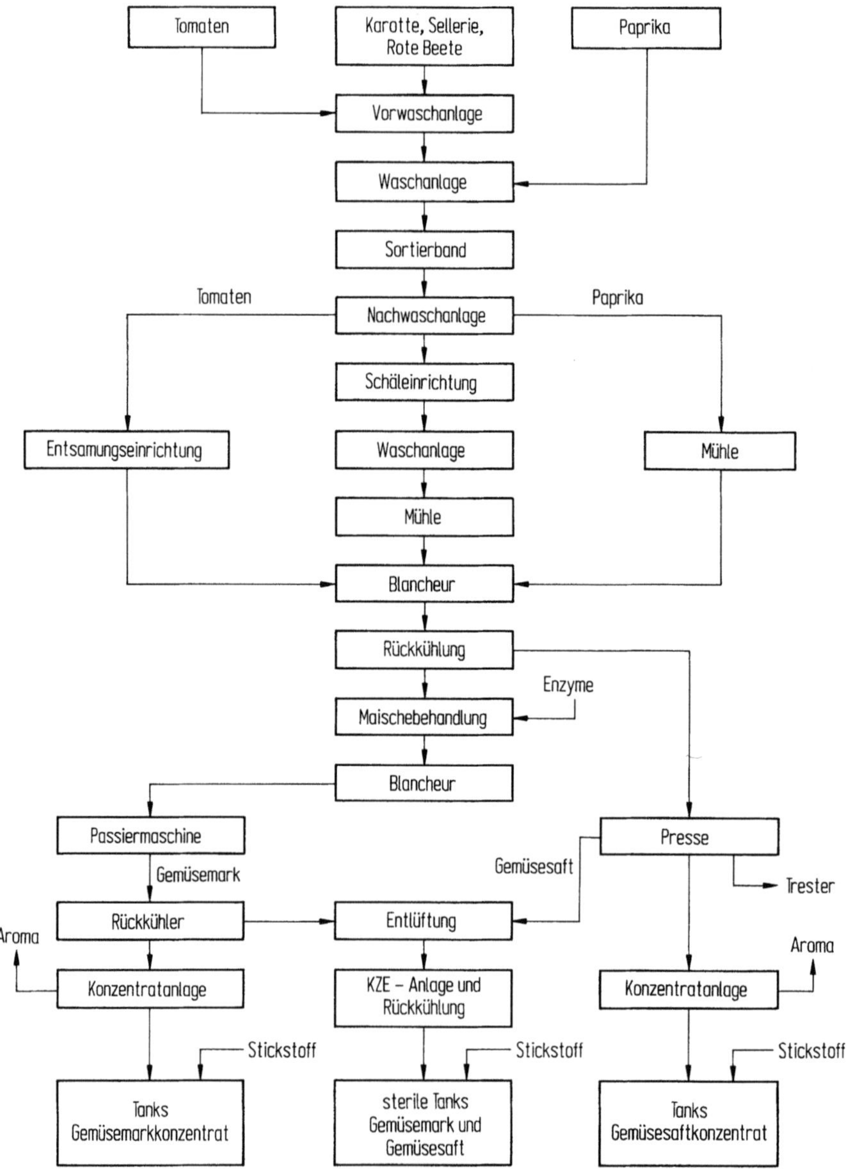

Abb. 2. Herstellung von Gemüsemark und Gemüsesaft

sterilisiert und nach der Rückkühlung auf Normaltemperatur unter einer Stickstoffatmosphäre in Großbehältern von 5–100 cbm eingelagert.
Je nach Gemüseart beträgt die Ausbeute 75–95%.
Eine Weiterverarbeitung der Gemüsemarks und Gemüsesäfte zu Halbkonzentraten ist möglich.

3 Herstellung von Fruchtsäften und Fruchtsaftkonzentraten

Zu Fruchtsäften werden vor allem die Kernobstsorten Äpfel und Birnen, die Stein- und Beerenobstsorten Sauerkirschen, Johannisbeeren und Weintrauben (s. Kapitel Wein) sowie die Citrusfrüchte Orange, Grapefruit, Zitrone und Mandarine verarbeitet.

3.1 Kern-, Stein- und Beerenobstsäfte

Das Prinzip der Fruchtsaftherstellung aus Früchten dieser Arten ist in Abb. 3 dargestellt.

Das in Tief- oder Flachsilos zwischengelegte Obst wird durch Schwemmkanäle oder Förderbänder über einen Elevator zur Mühle transportiert. Im Schwemmkanal erfolgt durch das Aneinanderreihen der Früchte während des Transports die Entfernung anhaftenden Schmutzes, wobei spezifisch schwerere Stoffe in Absetzbecken abgetrennt werden. Der Reinigungseffekt kann durch Zusatz von Detergentien verbessert werden. Auf den Förderbändern werden die Früchte mit Frischwasser abgespült.

Die Zerkleinerung erfolgt in Mühlen verschiedener Bauarten, wobei Art und Umfang der Zerkleinerung Einfluß auf die Entsaftung haben (Dauer des Entsaftungsvorganges, Saftausbeute, Trubstoffgehalt). Die Entsaftung des zerkleinerten Obstes (Maische) kann diskontinuierlich in Horizontal-Korbpressen oder kontinuierlich über Bandpressen oder Extraktoren erfolgen.

Bei den Horizontal-Korbpressen erfolgt die Entsaftung zwischen zwei Preßplatten in einem Preßkorb, wobei der Saftabfluß durch ein spezielles Drainage-System über Hohlräume in den beiden Preßplatten erfolgt.

Bei den Bandpressen erfolgt die Entsaftung zwischen zwei endlosen horizontal oder vertikal auf Walzen umlaufenden perforierten Bändern aus einem Gewebe von Nylon und rostfreiem Stahl. Die Pressung erfolgt zwischen den Walzen, der Preßsaft läuft durch das Gewebe ab.

Bei der Extraktion (nur Äpfel) werden die in der Mühle in Scheiben geschnittenen Äpfel in einem schrägstehenden Diffusionszylinder mit einer Transportschnecke im Gegenstrom mit 60–65 °C warmen Wasser extrahiert. Am unteren Ende läuft der Diffusionssaft ab, die extrahierten Schnitzel werden am oberen Ende in einer kontinuierlichen Presse entwässert.

Je nach Fruchtart und Preßverfahren beträgt die Ausbeute 75–95 %.

Bei der nachfolgenden Schönung des Preßsaftes werden die Trübungen verursachenden Saftinhaltsstoffe Pektin und Stärke zur Erzielung eines blanken Saftes abgebaut und durch Kieselsol-Gelatine-Bentonit-Behandlung ausgefällt. Die Abtrennung der Trubstoffe erfolgt zur Großfiltration diskontinuierlich mit Filterpressen oder kontinuierlich mit Vakuumdrehfiltern und zur Feinfiltration diskontinuierlich mit Schichtenfiltern oder kontinuierlich mit Kieselgurausschwemmfiltern.

Daneben spielt die Ultrafiltration eine immer größere Rolle bei der Saftbehandlung, da hierbei die enzymatische und Kieselsol-Gelatine-Bentonit-

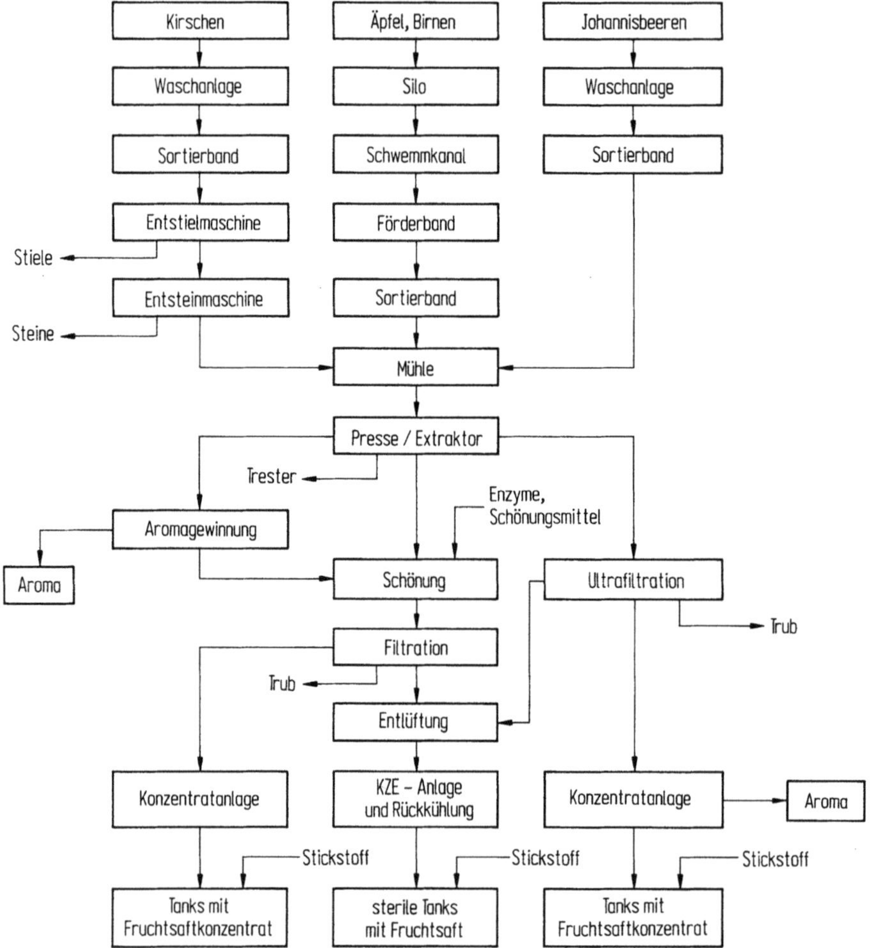

Abb. 3. Herstellung von Fruchtsäften und Fruchtsaftkonzentraten aus Kern-, Stein- und Beerenobst

Behandlung entfällt und die hochmolekularen Stoffe Pektin und Stärke über semipermeable Membrane abgetrennt werden.

Der klar filtrierte Saft wird entweder nach der Pasteurisation (10–20 s auf 87 °C) und Rückkühlung auf 15 °C steril unter CO_2-Druck oder Stickstoffatmosphäre in Großbehältern von 5–100 cbm Inhalt eingelagert oder in kombinierten Aroma- und Konzentratanlagen weiterbehandelt.

Bei der Konzentrierung wird durch Verdampfen von Wasser der Trockensubstanzgehalt der Säfte von ursprünglich ca. 10% auf 60–70% erhöht; die Saftkonzentrate werden dadurch in chemischer und mikrobiologischer Hinsicht weitgehend stabilisiert und gleichzeitig das Lager- und Transportvolumen um das 6–7fache reduziert.

Um einen Verlust der flüchtigen Aromastoffe beim Konzentrieren zu verhindern, werden die Säfte vor der eigentlichen Konzentrierung in Aromagewinnungsanlagen entaromatisiert. Die Aromastoffe werden bei Temperaturen von 40–100 °C unter Vakuum oder Normaldruck durch eine Wasserverdampfung von 10–15% abdestilliert und auf das 100–200fache konzentriert.

Das anschließende eigentliche Konzentrieren des Saftes erfolgt ebenfalls durch Verdampfen des Wassers im Vakuum bei 40–70 °C in mehrstufigen Konzentratanlagen, wobei verschiedene Verdampferarten zur Verfügung stehen. Aromakonzentrat und Saftkonzentrat werden separat eingelagert.

3.2 Zitrussäfte

Die Fruchtsaftherstellung aus Zitrusfrüchten erfolgt bei den einzelnen Zitrusarten im Prinzip auf ähnliche Weise (Abb. 4), wobei für alle Zitrussäfte die gleichen Entsaftungsanlagen verwendet werden.

Nach dem Waschen der Früchte in einem Wasserbad werden sie auf einem Transportband mit sauberem Wasser abgespült, auf einem Verleseband werden ungeeignete Früchte manuell aussortiert.

Zur Entsaftung von Zitrusfrüchten können die Früchte nicht zerkleinert und als Masse gepreßt werden, sondern es muß eine möglichst saubere Trennung von Saft und Schale erfolgen. Dabei werden hauptsächlich zwei verschiedene Systeme unterschieden, wobei die Früchte aber vorher auf jeden Fall mechanisch nach Größe sortiert werden.

Beim AMC-System werden die Früchte anschließend halbiert und jede Hälfte durch Einführen eines rotierenden Stempels entsaftet. Beim weiterverbreiteten FMC-System werden die Früchte nicht halbiert, sondern durch einen handartigen Stempel in einen Auffangbehälter gepreßt. Ein kreisförmiges Messer schneidet von unten einen Pfropfen aus der Frucht. Durch Senken des handartigen Stempels wird die Frucht zusammengepreßt und der Saft fließt durch die Öffnung des kreisförmigen Messers ab.

Die Gewinnung des Schalenöls kann vor, während oder nach der Entsaftung erfolgen.

Der Preßsaft wird in einer Passiermaschine (Finisher) von Samen und großen Pulpbestandteilen (Saftzellen) befreit, grobe Trubstoffe werden in einem Separator abzentrifugiert. Die Saftausbeute beträgt 40–45%.

Der so gewonnene Zitrussaft wird in einer kombinierten Aromagewinnungs- und Konzentratanlage weiterbehandelt (s. Abschn. 3.1). Das Konzentrat wird in Fässern gefüllt tiefgefroren (bei −18 °C) oder in Lagertanks bei −6 °C gelagert.

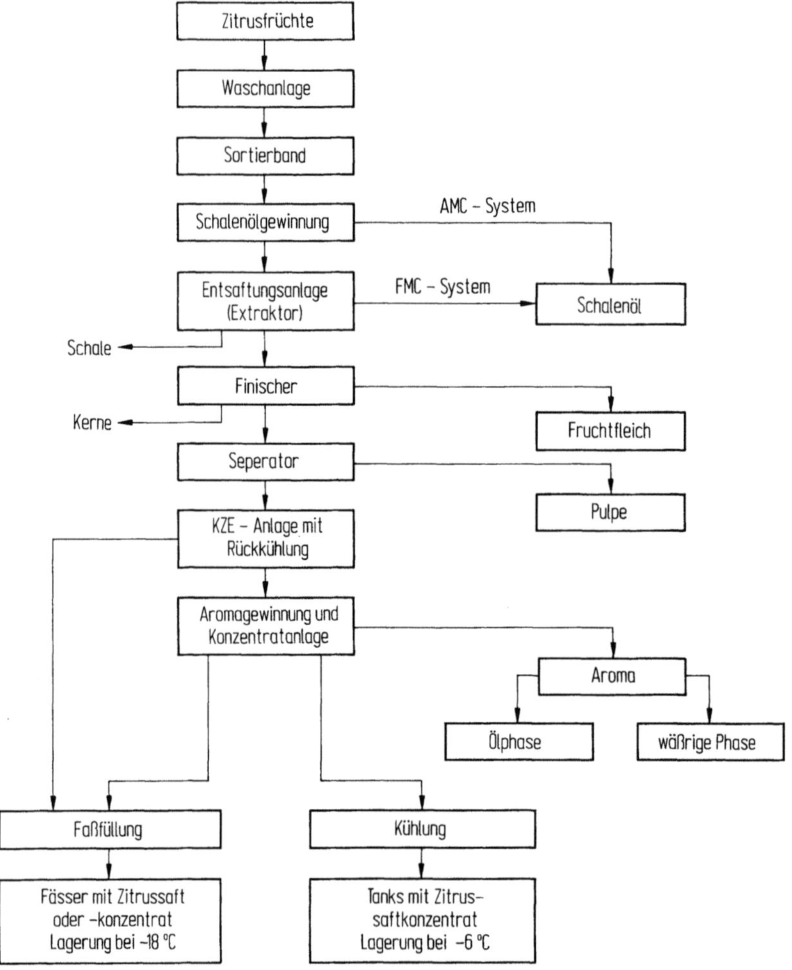

Abb. 4. Herstellung von Zitrussäften und Zitronensaftkonzentraten

4 Fertigstellung und Abfüllung

Das Prinzip der Fertigstellung und Abfüllung von Fruchtsäften, Gemüsesäften, Fruchtnektaren und Getränken mit Fruchtsaft/-mark bzw. Gemüsesaft/-mark ist in Abb. 5 dargestellt.

Die Halbfabrikate (Fruchtsaft, Fruchtmark, Fruchtsaftkonzentrat etc.) werden in Tanks mit Rührwerk gemischt und anschließend über Durchflußzähler in Ansatztanks gefördert, in denen die entsprechend den Rezepturen notwendigen Zutaten zugesetzt werden: Wasser, Zucker, Aromastoffe etc. Bei der Herstellung blanker Fruchtsäfte wird der Saft über Kieselgurfilter und Schichtenfilter blank filtriert.

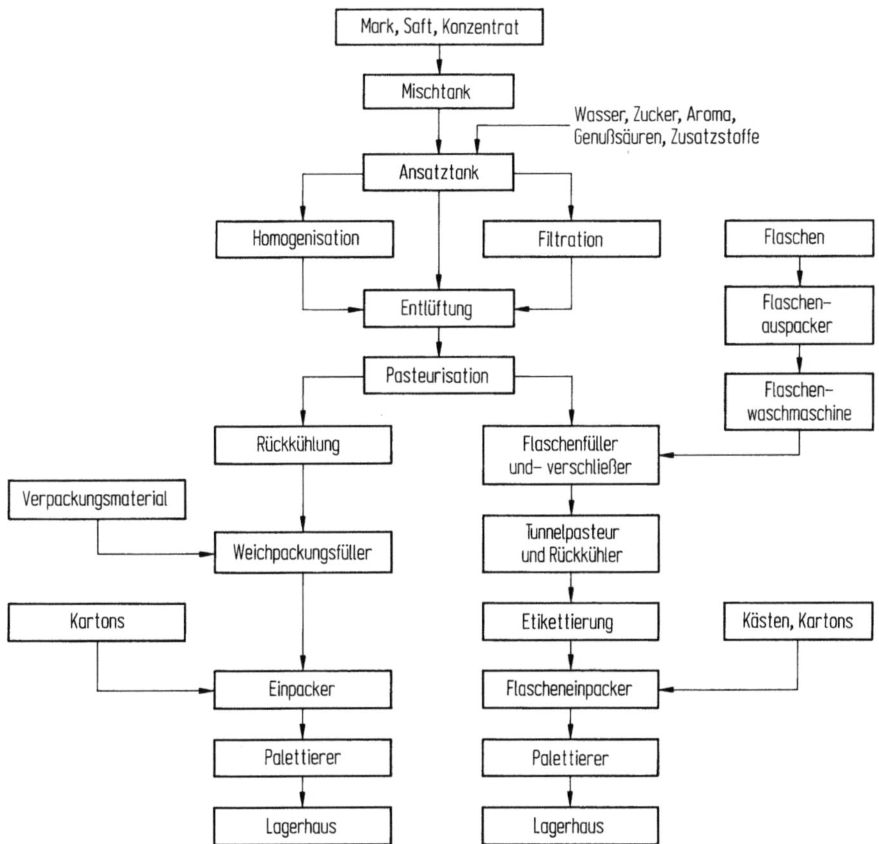

Abb. 5. Fertigstellung und Abfüllung von Fruchtsäften, Gemüsesäften und Getränken mit
Fruchtsaft/-mark bzw. Gemüsesaft/-mark

Bei der Herstellung fruchtfleischhaltiger Produkte kann eine Homogenisation
über Homogenisatoren erfolgen.

Das trinkfertig gemachte Produkt wird über eine Entlüftungsanlage im
Vakuum entlüftet, um unerwünschte Oxidationen des Produktes durch
Luftsauerstoff zu verhindern. Bei der anschließenden Pasteurisation im
Platten- oder Röhrenwärmeaustauscher wird das Produkt bei Temperaturen
von 95–115 °C über 4–12 s zur Abtötung von Mikroorganismen pasteurisiert
und dadurch haltbar gemacht.

Bei der anschließenden Heißfüllung in Glasflaschen durch verschiedene
Füllerarten wird das Produkt mit einer Temperatur von 80–90 °C in Flaschen
verschiedener Größe (von 0,125–1,0 l) abgefüllt und verschlossen.

Die leeren Flaschen werden in einem Auspacker automatisch von Paletten
abgepackt und über ein Förderband durch die Flaschenwaschmaschine
transportiert. Nach der Waschmaschine werden die Flaschen angewärmt und
mittels Füller verschiedener Bauarten gefüllt. Die heißgefüllten und verschlos-

senen Flaschen werden in einer Tunnel-Rückkühlanlage auf max. 35 °C zurückgekühlt, um unerwünschte Geschmacksbeeinflussungen und Farbveränderungen zu vermeiden.

In automatischen Etikettiermaschinen werden die Flaschen etikettiert, mittels Einpacker in automatisch vorgefertigte Kartons oder in Kisten verpackt und nach dem Palettieren im Lagerhaus gelagert.

Bei der kaltaseptischen Füllung in sog. Weichpackungen (Tetra-Pak, Pure-Pak, PKL u. a.) wird das Produkt nach der Pasteurisation im geschlossenen System auf 20–25 °C zurückgekühlt und unter sterilen Bedingungen kalt' abgefüllt.

Die aus mit Kunststoff und Aluminiumfolie kaschierten, bedruckten Papierverpackungen werden als Rolle oder Zuschnitte geliefert. Über automatische Auffaltvorrichtungen wird der entsprechende Behälter geformt, befüllt und anschließend verschlossen.

Die gefüllten Packungen werden palettiert und im Lagerhaus bis zum Versand gelagert.

5 Literatur

Schobinger U (1987) Frucht- und Gemüsesäfte (Handbuch der Lebensmitteltechnologie). Eugen Ulmer Verlag, Stuttgart, 2. Aufl
Kardos E (1979) Obst- und Gemüsesäfte. VEB Fachbuchverlag, Leipzig, 2. Aufl
Flüssiges Obst, Fachzeitschrift der Fruchtsaft-, Fruchtnektar-, Fruchtsaftgetränke-, Gemüsesaft- und Fruchtwein-Industrie. Verlag Flüssiges Obst, Schönborn
Confructa-Studien. Fachinformation für die Fruchtsaft-, Gemüsesaft- und Fruchtweinindustrie. Verlag Flüssiges Obst, Schönborn

7.3 Bier

G. Baron, Lemgo

1 Rechtliche Vorschriften und Begriffsbestimmungen

Die Herstellung von Bier erfolgt in der Bundesrepublik Deutschland nach den Bestimmungen des Biersteuergesetzes (BierStG) und den dazu erlassenen Durchführungsbestimmungen und Dienstanweisungen. Das BierStG beinhaltet auch das Reinheitsgebot, das auf Erlässe der bayrischen Herzöge Albrecht IV. (1487) und Wilhelm IV. (1516) zurückgeht. Damit wurden erstmals die Rohstoffe für die Bierherstellung festgeschrieben.

Untergärige Biere sind aus Gerstenmalz, Wasser und Hopfen durch Maischen und Kochen hergestellte, mit untergäriger Hefe vergorene Getränke.

Obergärige Biere sind aus Gersten- und/oder Weizenmalz, Wasser und Hopfen durch Maischen und Kochen hergestellte, mit obergäriger Hefe vergorene Getränke. Zur Bereitung obergäriger Biere ist außer in Bayern auch die Verwendung von technisch reinem Rohr-, Rüben- oder Invertzucker oder aus diesen Zuckern hergestellter Färbemittel erlaubt (§9 Abs. 2, BierStG).
Zulässig ist weiterhin der Einsatz von Hopfenpräparaten statt Hopfen, der Zusatz von Farbebier und die Verwendung von Klärmitteln, die rein mechanisch wirken und wieder ausgeschieden werden können.
Die Qualifizierung der Biere erfolgt nach dem Stammwürzegehalt (s. Tabelle 1). Darunter versteht man den Extraktgehalt der unvergorenen Würze in Massen-%. Als Extrakt bezeichnet man die Summe der beim Maischen aus dem Malz gelösten Anteile.
Biere mit Stammwürzegehalten, die nicht den Biergattungen entsprechen, werden als „Lückenbiere" bezeichnet und dürfen nicht in den Verkehr gebracht werden. Die neue Bierverordnung läßt Ausnahmen im unteren Stammwürzebereich zu. Der Stammwürzegehalt eines Bieres kann aus dem Alkoholgehalt und dem wirklichen Extrakt berechnet werden.

Tabelle 1. Biergattungen nach BierStG

Biergattung	Stammwürzegehalt (%)
Einfachbier	2–5,5
Schankbier	7–8
Vollbier	11–14
Starkbier	≥ 16

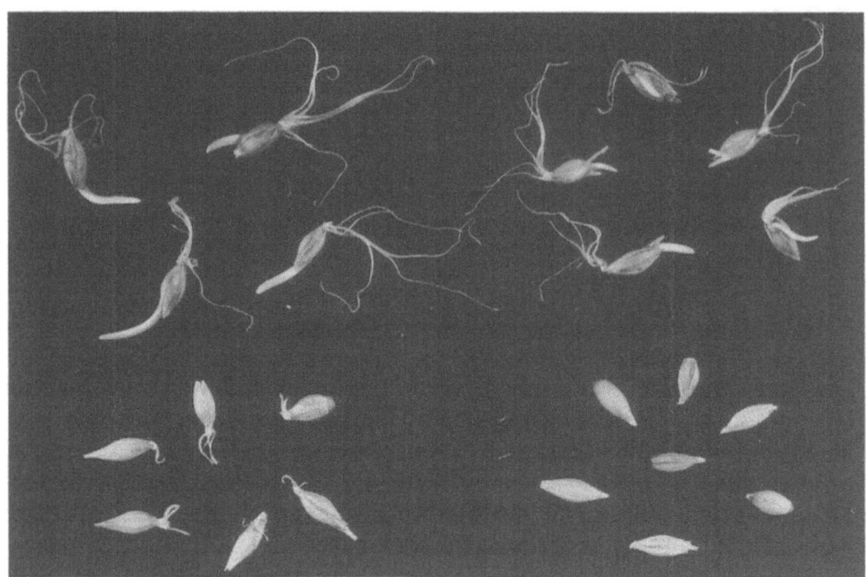

Abb. 1. Keimende Gerstenkörner

2 Rohstoffe

2.1 Gerste

Gerste eignet sich besonders zur Malz- und Bierherstellung, da sie einen hohen
Gehalt an Enzymen, Polyphenolen und Hefenährstoffen aufweist. Außerdem
spielen die Spelzen bei der Läuterarbeit eine wichtige Rolle. Als Braugerste
wird überwiegend die zweizeilige, nickende Sommergerste (Hordeum disti-
chum nutans) verwendet. Sommergersten werden Ende Februar bis Mitte
April ausgesät und benötigen bis zum Ährenschieben viel Wasser. Während
der Reifung nach der Kornausbildung sollte es warm und trocken sein. Die
Ernte erfolgt Ende Juli/Anfang August. Die Erträge liegen in der BR Deutschland durchschnittlich bei 35 dt/ha.
Zunehmend wird auch Wintergerste als Rohstoff für die Malzbereitung
eingesetzt, da die Erträge höher sind (ca. 45 dt/ha), jedoch ist die Malzqualität
noch nicht immer voll befriedigend.
Hauptkriterien für eine gute Braugerste sind:
- Körner gleichmäßig gereift, feinspelzig und trocken (Wassergehalt unter
  14%);
- Eiweißgehalt nicht über 11,5%;
- Vollgerstenanteil ca. 90% (Körner mit einer Breite >2,5 mm);
- Keimenergie mindestens 95% (Prozentsatz der keimenden Körner);
- Keimfähigkeit mindestens 98% (Prozentsatz der lebenden Körner);
- gutes Quellvermögen (Wasseraufnahmefähigkeit).

Die Beurteilung der Gerste wird nach äußeren Merkmalen (Bonitierung), durch mechanische Untersuchungen und durch die chemische Analyse vorgenommen.

2.2 Malzsurrogate

Statt Malz können bei der Bierherstellung auch andere stärke- oder zuckerhaltige Rohstoffe eingesetzt werden. Dies ist jedoch im Geltungsbereich des BierStG verboten. Als „Rohfrucht" wird unvermälztes Getreide bezeichnet. In vielen Ländern wird Reis, Mais oder Gerste als Rohfrucht eingesetzt. Der Anteil beträgt bis zu 40%; bei diesen hohen Zusätzen ist der Einsatz von stärkeabbauenden Enzymen erforderlich. In manchen Ländern werden bis zu 20% des Malzes durch Saccharose, Invertzucker oder Glucose ersetzt.

2.3 Hopfen

Hopfen (Humulus lupulus) ist eine mehrjährige, zweihäusige Kletterpflanze. Allein die weiblichen Blütenstände (Dolden oder Zapfen) werden bei der Bierherstellung verwendet und enthalten die typischen Bitter- und Aromastoffe. Die Hopfenpflanze gedeiht besonders gut in gemäßigten Klimazonen auf tiefgründigen Böden. In Hopfengärten werden die Pflanzen an über Gerüste gespannten Drähten gezogen. Die Vermehrung erfolgt vegetativ durch Rhizomstücke (Setzling oder Fechser).
Im Frühjahr treiben zahlreiche Sprosse aus; sie werden bis auf wenige abgeschnitten, diese wachsen dann am Aufleitdraht nach oben. Bei der Reife schließen sich die Dolden. Die Hopfenernte setzt meist Ende August ein und dauert bis Mitte/Ende September. Das Pflücken der Dolden erfolgt überwiegend maschinell. Nach der Ernte wird der Wassergehalt durch schonende Trocknung von 75–80% auf 10–12% reduziert. Der getrocknete Hopfen wird in Ballen gepreßt und muß bis zur Verwendung oder Verarbeitung zu Hopfenpräparaten kühl und trocken gelagert werden. Dies ist notwendig, um Oxidationen und andere negative Veränderungen der wertgebenden Inhaltsstoffe zu vermeiden.
Die Dolden bestehen aus einer mehrfach knieförmig gebogenen Achse, der Spindel, an der Deckblätter und Vorblätter sitzen. Hauptsächlich an der Basis der Deck- und Vorblätter befinden sich Lupulindrüsen, die die wichtigen Aroma- und Bitterstoffe sekretieren (Abb. 2).
Das wichtigste deutsche Anbaugebiet ist die Hallertau, die etwa 85% der Anbaufläche umfaßt. Außer in der BR Deutschland wird in den USA, in der Tschechoslowakei und UdSSR, in China und Großbritannien Hopfen in größerer Menge angebaut. Innerhalb der EG werden die unterschiedlichen Hopfensorten in Aromahopfen und Bitterhopfen eingeteilt. Alle Hopfen und Hopfenerzeugnisse werden einem lückenlosen Bezeichnungsverfahren (Anbaugebiet, Jahrgang, Sorte) unterworfen.
Hopfen wird beurteilt nach äußeren Merkmalen (Bonitierung) und mit Hilfe der chemischen Analyse, die eine Fraktionierung der Bitterstoffe und die

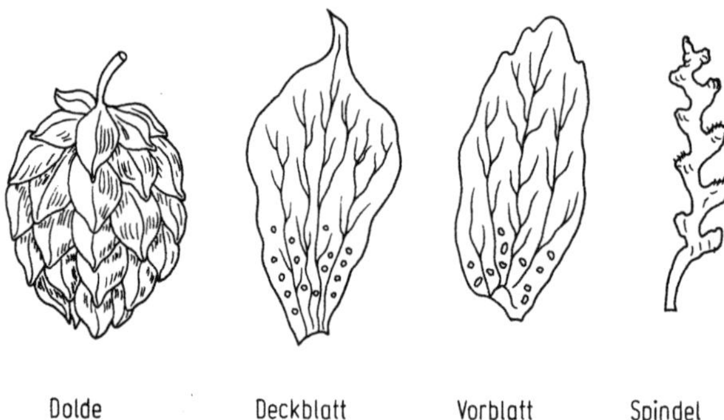

Abb. 2. Aufbau der Hopfendolde

Zusammensetzung des Hopfenöls beinhaltet. Statt Doldenhopfen können auch unterschiedliche Hopfenpräparate eingesetzt werden, die im Folgenden aufgelistet sind:

- *Hopfenpulver:* getrockneter Hopfen, zerkleinert, meist pelletiert, abgepackt in Folienbeuteln;
- *konzentriertes:* Hopfenpulver, getrockneter Hopfen, zerkleinert, mechanische Abtrennung der bitterstofffreien Bestandteile bei tiefen Temperaturen, pelletiert, abgepackt in Folienbeuteln oder Dosen;
- *Hopfenextrakte:* gewonnen durch Extrahieren von zerkleinertem Hopfen, Extraktionsmittel: Dichlormethan, Hexan, Ethanol, Methanol, flüssiges CO_2, Wasser, verpackt in Dosen;
- *Isomerisierte Hopfenextrakte:* speziell aufbereitete Präparate für eine postfermentative Hopfung (in der BR Deutschland verboten).

2.4 Wasser

Während es heute möglich ist, die Zusammensetzung des Wassers durch moderne Aufbereitungsverfahren zu beeinflussen, spielten die Inhaltsstoffe des naturbelassenen Wassers früher eine wichtige Rolle bei der Ausprägung bestimmter Biertypen (z. B. Pilsener Bier – sehr weiches Wasser). Zum einen muß das Brauwasser Trinkwasserqualität besitzen, d.h. es muß den chemischen, hygienischen und sensorischen Anforderungen der jeweils gültigen Fassung der Trinkwasserverordnung entsprechen; zum anderen beeinflussen bestimmte Wasserionen den Brauvorgang. Man unterscheidet zwischen aciditätsverringernden und aciditätsfördernden Ionen.
Aciditätsverringernd wirken hauptsächlich die Hydrogenkarbonationen, aciditätsfördernd dagegen sind Calcium- und – weniger intensiv – Magnesiumionen. Dadurch wird der pH-Wert der Maische, der Würze und des Bieres und somit auch die Enzymaktivität, die Farbe und der Geschmack beeinflußt. Für die zumindest bei der Herstellung heller Biere unerwünschte

pH-erhöhende Wirkung von Brauwasser wurde der Begriff „Restalkalität"
eingeführt:

$$RA\,(^\circ dH) = GA\,(^\circ dH) - \frac{CaH\,(^\circ dH) + 0,5\,MgH\,(^\circ dH)}{3,5}$$

Darin bedeuten:
RA = Restalkalität, GA = Gesamtalkalität (Karbonathärte),
CaH = Calciumhärte, MgH = Magnesiumhärte.
Für Biere nach Pilsener Brauart wird eine RA $\leq 2\,^\circ$dH und für andere helle
Biere eine RA $\leq 6\,^\circ$dH empfohlen. Weist das Wasser einen höheren Wert auf,
muß es in diesen Fällen aufbereitet (z. B. entkarbonisiert) werden.

2.5 Hefe

Bei den Bierhefen unterscheidet man obergärige und untergärige Hefen. Beide
sind fakultativ anaerobe Mikroorganismen und gehören zur Gattung Saccharomyces. Die zur Herstellung obergäriger Biere eingesetzten Hefen sind
Stämme von Saccharomyces cerevisiae.
Die Gärung verläuft bei 15–25 °C, und die Hefen steigen während der Gärung
nach oben. Untergärige Bierhefen sind Stämme von Saccharomyces uvarum;
sie setzen sich gegen Ende der bei einer Temperatur zwischen 5 und 10 °C
verlaufenden Hauptgärung am Boden des Gärgefäßes ab. Je nach Intensität
der Ausflockung unterscheidet man Staub- und Bruchhefen. Letztere setzen
sich schneller ab. Untergärige Hefen können Raffinose vollständig vergären,
obergärige nur zu einem Drittel, da ihnen das Enzym Melibiase fehlt.
Die in der Brauerei eingesetzten Hefen stammen zum größten Teil aus der
eigenen Hefeernte nach der Hauptgärung. Da jedoch die Anzahl der Wieder-
verwendungen durch das mögliche Auftreten von Degenerationserscheinun-
gen beschränkt ist, werden frische Reinkulturen durch spezielle Anzuchtver-
fahren gewonnen.

3 Malzherstellung

Bei der Herstellung von Braumalz wird die Gerste zunächst gereinigt und
anschließend mit Wasser eingeweicht. Dadurch soll die Keimung eingeleitet
werden, bei der die Enzyme gebildet bzw. aktiviert werden, die in der Brauerei
den Abbau hochmolekularer Stoffe (Stärke, Eiweiß etc.) bewirken. Die
Keimung wird durch eine schonende Trocknung (Darren) unterbrochen, die
gleichzeitig zu der Bildung der typischen Aroma- und Farbstoffe führt.

3.1 Reinigen und Sortieren der Gerste (Abb. 3)

Bedingt durch moderne Erntetechniken muß die Mälzerei große Gerstenmen-
gen innerhalb kurzer Zeit aufnehmen können. Damit ergibt sich die Notwendigkeit einer hohen Lagerkapazität. Da die Lagerung der Gerste bis zur

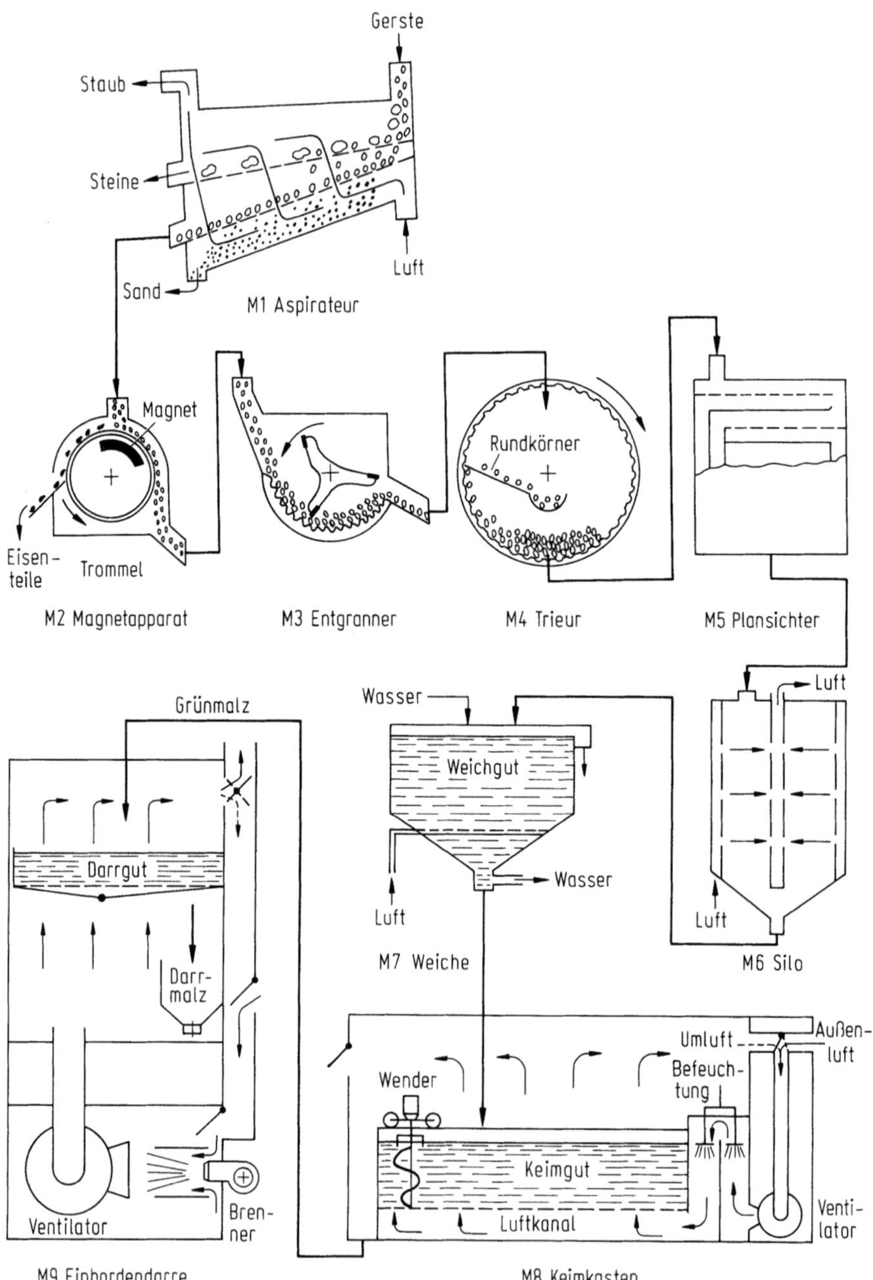

Abb. 3. Übersicht über die Malzherstellung. Die Bezeichnungen M1 bis M9 sind Hinweise im Text. Die Darstellungen der einzelnen Aggregate sind so gewählt, daß die Funktionsweise ersichtlich ist

Verarbeitung nur nach einer entsprechenden Reinigung erfolgen sollte, müssen auch die für die einzelnen Reinigungsschritte notwendigen Apparate groß genug ausgelegt sein.

Die Reinigung umfaßt folgende Stufen:
- *Aspirateur* (M1): Durch eine Kombination von Siebung und Windsichtung werden größere und kleinere, schwerere Bestandteile (Steine und Sand) sowie leichtere Verunreinigungen (Staub) entfernt;
- *Magnetapparat* (M2): Abscheidung von Eisenteilen;
- *Entgranner* (M3): Durch besondere Schlagwerke werden die Grannen abgetrennt und abgesaugt;
- *Trieur* (M4): Entfernung von Unkrautsamen und Halbkörnern.

Anschließend werden die Gerstenkörner mit Hilfe von Sortierzylindern oder Plansichtern sortiert. Zu kleine Körner werden als Futtergerste ausgesondert (M5).

3.2 Lagerung der Gerste (Abb. 3)

Die Einlagerung der Gerste dient nicht nur der Überbrückung der Zeit bis zur Verarbeitung sondern auch der Überwindung der Keimruhe. Die Keimruhe ist ein natürlicher Zustand, durch den ein Auskeimen des Gerstenkorns am Halm vermieden werden soll. Während dieser Zeit ist die Keimenergie stark herabgesetzt, es besteht auch eine höhere Wasserempfindlichkeit. Gerste wird heute überwiegend in Silos gelagert, die eine Kontrolle der Temperatur und der Lageratmosphäre gestatten. Außerdem sollten Einrichtungen zur Belüftung des Lagergutes vorhanden sein. Damit die Atmungsverluste nicht zu groß werden, sollten der Wassergehalt der eingelagerten Gerste nicht über 14% und die Temperatur nicht über 15 °C liegen (M6).

3.3 Weichen und Keimen (Abb. 3)

Während früher die Wasseraufnahme des Gerstenkorns („Weichen") und das Keimen als jeweils getrennter Vorgang betrachtet wurden, sieht man heute beides als eine biologische Einheit an. Auch im technologischen Bereich zeigen sich Tendenzen, diese Prozeßschritte zu vereinigen.

Ziel des Weich- und Keimvorgangs ist es, Enzyme zu bilden, zu aktivieren oder zu vermehren und eine teilweise Auflösung der Zellwände zu erreichen. Daneben kommt es zum partiellen Abbau von Kohlenhydraten, Eiweißen und Fetten. Durch die Wasseraufnahme wird der Keimling veranlaßt, Wachstumsstoffe zu bilden. Diese induzieren die Bildung bzw. Aktivierung von Enzymen. Mit Hilfe dieser Enzyme werden Reservestoffe im Mehlkörper des Gerstenkorns abgebaut, und diese Vorgänge liefern Energie und Baustoffe für das Keimlingswachstum.

Die Wasseraufnahme erfolgt vorwiegend noch in besonderen Weichapparaten (M7, „Weichen"). Die Gerste nimmt dabei so viel Wasser auf, daß der Wassergehalt („Weichgrad") 42–47% beträgt. In den Weichen wird die Gerste mit Wasser überflutet („Naßweiche"); in bestimmten Abständen wird das Wasser abgelassen („Trockenweiche"). Dabei wird die Wasseraufnahme nicht unterbrochen, da das Haftwasser für diesen Vorgang ausreicht. Während der Naßweichen wird mittels perforierter Ringrohrleitungen im konischen Teil der Weiche Druckluft eingeblasen. Dies bewirkt eine kräftige Durchmischung und eine zusätzliche Reinigung der Gerste. In den Perioden der Trockenweichen muß das bei den Atmungsvorgängen entstehende CO_2 abgesaugt werden. Als sichtbares Zeichen für das Ende des Weichvorgangs wird das „Ankeimen" angesehen, d. h. der Wurzelkeim wird sichtbar.

Nach Beendigung der Weichzeit wird das Weichgut durch groß dimensionierte Rohrleitungen und Pumpen in die Keimanlagen gebracht („Ausweichen"). Bei modernen Weichverfahren wird die Weicharbeit bereits bei einem niedrigeren Wassergehalt unterbrochen und die Wasseraufnahme im Keimapparat durch Besprühen fortgesetzt.

Heute wird mit pneumatischen Keimanlagen gearbeitet, dies bedeutet, daß das Keimgut durch temperierte Luft bei einer bestimmten Temperatur gehalten wird. Außerdem müssen Einrichtungen zur Befeuchtung und zum Durchmischen („Wenden") des Keimgutes vorhanden sein. Für die Durchführung der Keimung werden neben Keimtrommeln vorwiegend Keimkästen (M 8) eingesetzt. Jeder Keimanlage ist ein Belüftungssystem mit einem Ventilator, einer Temperier- und Befeuchtungsanlage und einem Kanalsystem zur Luftverteilung zugeordnet. Im Kasten liegt das Keimgut auf einer Horde in einer Schicht von 0,8–1,4 m. Die Keimtemperatur wird anfangs bei 12 °C gehalten und steigt zum Ende des Keimungsvorgangs nach etwa sieben Tagen auf 18 °C an.

3.4 Darren (Abb. 3)

Nach der vorgesehenen Keimzeit wird das Keimgut („Grünmalz") in die Trocknungseinrichtung, die „Darre" (M 9), gebracht. Beim Trocknungsvorgang soll der Wassergehalt von knapp 50 % auf 4 % gebracht werden, ohne die Enzyme des Malzes zu sehr zu schädigen. Der Wasserentzug läuft in verschiedenen Phasen ab:

- *Schwelken:* Wasserentzug bei niedrigen Temperaturen und hohem Luftdurchsatz bis etwa 10 % Wassergehalt
- *Trocknen:* Nach dem Ansteigen der Temperatur und dem Sinken der Feuchtigkeit in der Abluft („Durchbruch"), aufheizen auf mindestens 80 °C (helles Malz) oder 105 °C (dunkles Malz)
- *Ausdarren:* Halten der höchsten Temperatur für mindestens 5 Std., Wassergehalt wird auf 4 % gesenkt.

Die Trocknung des Grünmalzes erfolgt meistens in horizontal angeordneten Ein- oder Mehrhordendarren durch erhitzte, trockene Luft, die durch das Gut geblasen wird. Die Darrbeheizung kann direkt (Kohle, Öl, Gas) oder indirekt mit Hilfe von Wärmetauschern vorgenommen werden.

Durch den Darrvorgang wird nicht nur das Wasser entzogen und das Malz haltbar gemacht, es kommt außerdem zur Bildung von malztypischen Aro-

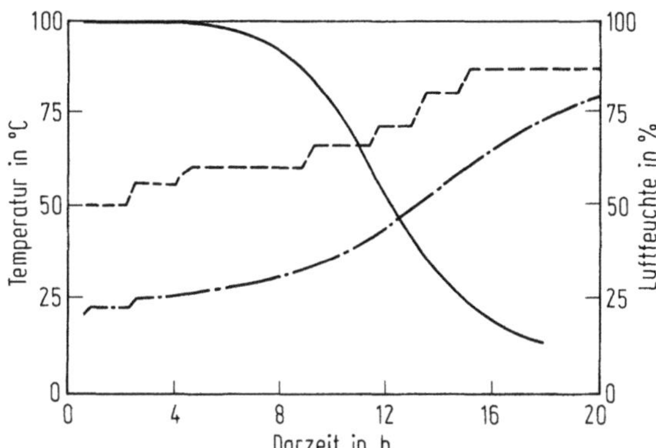

Abb. 4. Darrschema. – – – – Temperatur der eingeleiteten Trocknungsluft, –––– Temperatur der Abluft, ——— Feuchte der Abluft

mastoffen, besonders bei Ausdarrtemperaturen über 100 °C, und zu einer Abnahme der Enzymaktivität. Zur Nachbehandlung wird das Darrmalz entkeimt und poliert.

4 Bierherstellung

Der technologische Prozeß in der Brauerei beginnt mit der Schrotung des Malzes. Das Malzschrot wird mit Wasser vermischt, es entsteht die Maische. Nach dem Abbau der Malzinhaltsstoffe zu löslichen Komponenten erfolgt die Trennung der festen Bestandteile (Treber) von den flüssigen (Würze). Die Würze wird mit Hopfen versetzt, gekocht, geklärt und abgekühlt. Durch Zugabe von Hefe wird die Gärung eingeleitet. Nach einer Hauptgärung wird eine Nachgärung durchgeführt, bei der eine Anreicherung mit CO_2, eine Klärung und Reifung erreicht werden soll. Anschließend wird das Bier filtriert und in Fässer, Flaschen oder Dosen abgefüllt.

4.1 Würzegewinnung

4.1.1 Schroten (Abb. 5)

Das Braumalz muß vor dem Maischen zerkleinert werden. Dabei sollen einerseits die Spelzen erhalten bleiben, weil sie beim Läutern als Filterschicht benötigt werden, andererseits soll der Mehlkörper (Endosperm) möglichst stark zermahlen werden, um die Lösungsprozesse beim Maischen zu forcieren. Um dieses Ziel zu erreichen, werden Schrotmühlen eingesetzt, die das Malz trocken oder nach Vermischen mit Wasser naß zerkleinern. Zur Trockenschrotung werden überwiegend Sechs-Walzen-Mühlen (B1) verwendet. Die Schrotzusammensetzung beeinflußt die Ausbeute, die Läuterarbeit, die Farbe und den Geschmack des Bieres.

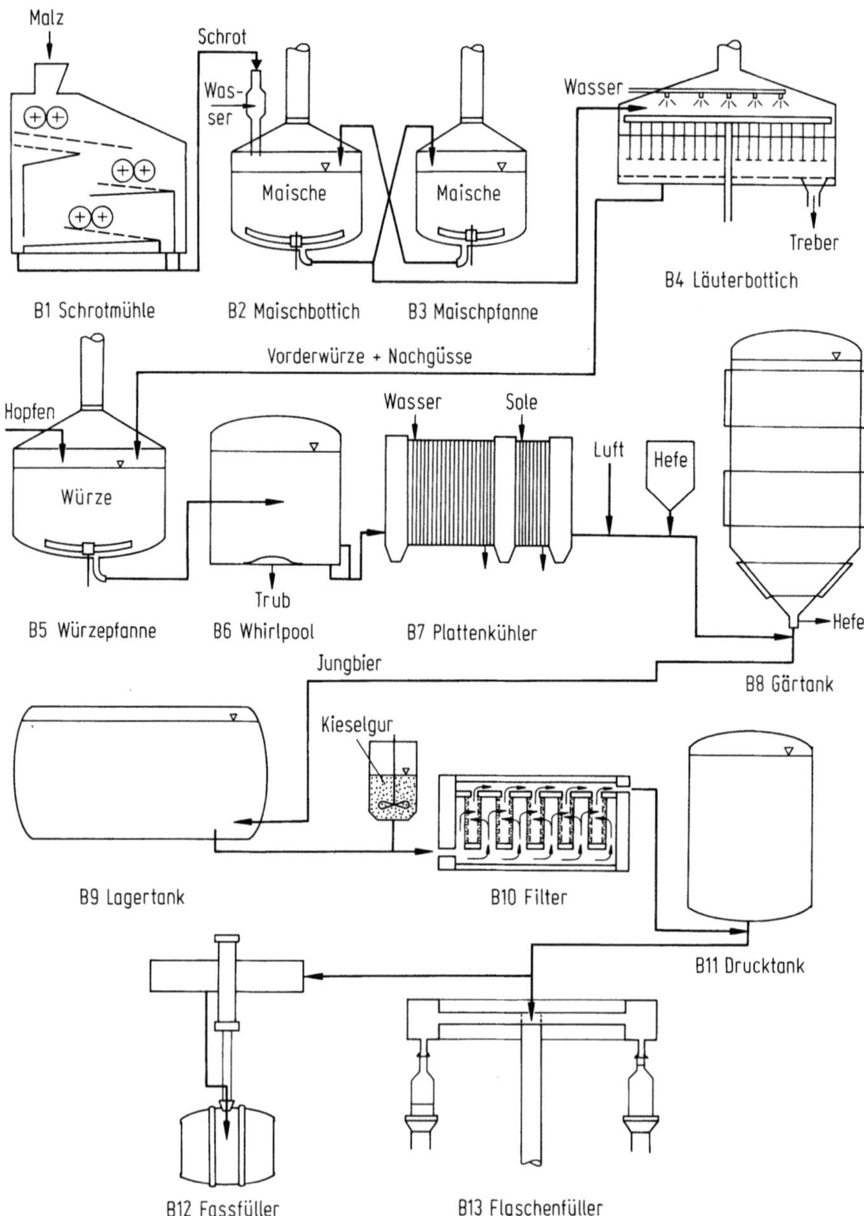

Abb. 5. Übersicht über die Bierherstellung. Die Bezeichnungen B1 bis B13 sind Hinweise im Text. Die Darstellungen der einzelnen Aggregate sind so gewählt, daß die Funktionsweise ersichtlich ist

4.1.2 Maischen (Abb. 5)

Außer bei der Naßschrotung beginnt der Maischprozeß mit dem „Einmaischen", dem Vermischen von Malzschrot mit Wasser. Die daraus entstehende breiige Masse wird als Maische bezeichnet. Ziel des Maischens ist es, die Malzinhaltsstoffe in Lösung zu bringen. Dazu ist es notwendig, diese mit Hilfe der malzeigenen Enzyme so weit abzubauen, daß sie in Wasser löslich sind.

Der mengenmäßig wichtigste Abbauvorgang ist die Stärkespaltung. Über verschiedene Zwischenstufen entstehen neben Dextrinen vor allem Maltose. Die beteiligten Enzyme sind die α- und β-Amylase. Außerdem werden durch proteolytische Enzyme Eiweiße bis hin zu Aminosäuren sowie durch spezielle Enzymsysteme Hemicellulose und andere Gerüststoffe abgebaut. Da die unterschiedlichen Enzyme und Enzymgruppen verschiedene Temperaturoptima hinsichtlich ihrer Aktivität zeigen, können die Abbauvorgänge beim Maischen durch die Einhaltung bestimmter Temperaturstufen gesteuert werden. Damit läßt sich auch das Verhältnis von vergärbaren zu unvergärbaren Extraktstoffen beeinflussen.

Man unterscheidet Dekoktions- und Infusionsmaischverfahren. Bei den Dekoktionsverfahren werden Teile der Gesamtmaische abgezogen, getrennt gekocht und der Restmaische wieder zugegeben („Aufmaischen"). Damit können höhere Ausbeuten erzielt werden. Bei Infusionsverfahren wird die Gesamtmaische unter Einhaltung bestimmter Temperaturstufen erhitzt.

In Abb. 6 ist das Schema für ein Zweimaischverfahren dargestellt. Die Gesamtmaische wird nach dem Einmaischen im Maischbottich (B2) bei 50 °C gehalten; anschließend wird eine Teilmaische gezogen (——), in der Maischpfanne (B3) auf 72 °C erwärmt, verzuckert und zum Kochen gebracht. Das Volumen der Teilmaische beträgt etwa $^1/_3$ der Gesamtmaische. Nach dem Kochen wird die Teilmaische der Restmaische (– – –) zugegeben. Es stellt sich

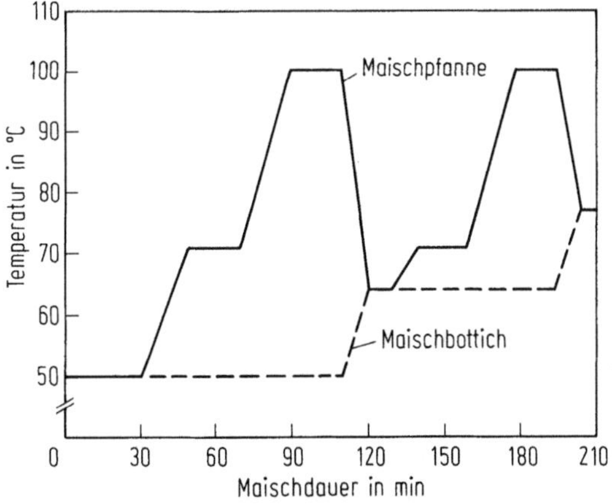

Abb. 6. Schema für Zweimaischverfahren (Erläuterung im Text)

eine Temperatur von 64 °C ein. Dann wird eine 2. Teilmaische gezogen und in
gleicher Weise behandelt. Nach dem Zurückpumpen der 2. Teilmaische wird in
der Gesamtmaische eine Temperatur von 72–74 °C erreicht, die der Verzucke-
rungstemperatur entspricht.
Als Ergebnis der Maischarbeit muß eine verzuckerte oder „jodnormale"
Maische vorliegen. „Jodnormal" bedeutet, daß keine mit Jod färbbaren
Stärkeanteile mehr vorliegen dürfen.

4.1.3 Läutern (Abb. 5)

Unter Läutern versteht man die Trennung der flüssigen Maischebestandteile
(Würze) von den festen (Treber). Sowohl im Läuterbottich (B4) als auch im
Maischefilter bilden Spelzen und die feineren unlöslichen Maischeanteile eine
Filterschicht; beim Maischefilter wird allerdings die Filtrationswirkung durch
Filtertücher unterstützt. Der Vorgang im Läuterbottich kann wie folgt
beschrieben werden:
Die heiße Maische wird in den Läuterbottich eingepumpt und dort gleichmäßig
verteilt. Nach Absetzen der Treber auf dem Siebboden wird die klare
Flüssigkeit („Vorderwürze") abgezogen. Anschließend werden die Treber
kontinuierlich oder chargenweise so lange mit heißem Wasser extrahiert
(„Nachgüsse"), bis der Extrakt nahezu vollständig gewonnen ist. Bei der
Extraktion („Aussüßen" oder „Anschwänzen") werden die Treber mit Mes-
sern aufgelockert. Wegen ihres hohen Eiweißanteils (ca. 25%) werden die
Treber als Viehfutter verkauft.

4.1.4 Kochen der Würze (Abb. 5)

Vorderwürze und Nachgüsse werden in der Würzepfanne (B5) gesammelt und
anschließend unter Zugabe von Hopfen gekocht. Mit dem Kochen der Würze
sollen folgende Ziele erreicht werden:
- *Konzentrierung:* Durch die letzten Nachgüsse ist die Würze verdünnt
  worden und muß auf den gewünschten Extraktgehalt eingestellt werden
- *Ausscheidung von Eiweiß* („Bruchbildung"): Durch Koagulation und Ver-
  bindung von Eiweißen mit Gerbstoffen entsteht eine flockige Trübung
- *Lösung bzw. Umwandlung von Hopfeninhaltsstoffen:* die einzelnen Substan-
  zen der Hopfenbitterstoffe sind in der ursprünglichen Form in der Würze
  nicht oder nur schwer löslich. Beim Kochen werden diese Stoffe durch
  Umwandlung („Isomerisierung") in Lösung gebracht.
- *Sterilisation der Würze*
- *Inaktivierung von Enzymen*
- *Bildung von reduzierenden Substanzen.*

Die Würzepfanne wird in der Regel mit Dampf beheizt. Zur Energieein-
sparung werden heute Systeme wie die Brüdenverdichtung, Niederdruck-
kochung oder Hochtemperaturkochung eingesetzt.

4.2 Klären, Kühlen und Belüften der Würze

Falls Doldenhopfen beim Würzekochen eingesetzt wird, müssen die ausgelaugten Dolden mit einem Hopfenseiher entfernt werden. Der beim Kochen
entstandene Trub und Hopfenpulver werden meist mit Hilfe einer Art
Hydrozyklon („Whirlpool", B6) abgeschieden. Bevor die Würze mit Hefe
versetzt werden kann, muß sie abgekühlt werden. Dieser Kühlvorgang wird in
einem Plattenkühler (B7) durchgeführt; dabei wird die Temperatur auf 4–6 °C
(bei Untergärung) bzw. 13–15 °C (bei Obergärung) abgesenkt. Bei diesen
niedrigen Temperaturen trübt sich die Würze erneut ein. Der Kühltrub kann
ebenfalls durch besondere Verfahren ganz oder teilweise entfernt werden. Um
der Hefe die Vermehrung zu ermöglichen, wird die kalte Würze mit steriler Luft
begast.

4.3 Gärung und Lagerung

Hauptziel der Gärung ist die Umwandlung der vergärbaren Extraktanteile
(Hexosen, Maltose, Maltotriose) in Ethanol und Kohlendioxid. Die konven-
tionelle Brauereitechnologie unterscheidet zwei Abschnitte für die Gärung und
Lagerung:
1. die Hauptgärung in etwa sieben Tagen, bei der der größte Teil der
   vergärbaren Extraktstoffe umgewandelt wird und
2. die Nachgärung (Lagerung, Reifung), bei der innerhalb von mehreren
   Wochen bei tiefen Temperaturen und unter Druck eine langsame Gärung
   bei gleichzeitiger Klärung, Reifung und CO_2-Anreicherung erfolgt.

Moderne Verfahren kombinieren Gärung und Reifung und erzielen damit eine
Verkürzung der Gär- und Reifungszeit.
Eingeleitet wird die Hauptgärung durch die Zugabe der Hefe („Anstellen").
Die Menge wird so gewählt, daß etwa $2 \cdot 10^7$ Hefezellen in 1 ml Würze
enthalten sind. Früher fand die Hauptgärung in offenen Gärbottichen statt,
heute verwendet man liegende oder stehende, zylindrokonische Tanks (B8).
Alle Gärgefäße sind mit einer Kühleinrichtung ausgestattet. Der Verlauf der
Extraktabnahme läßt sich durch eine Temperaturregelung beeinflussen
(s. Abb. 7).
Neben Ethanol und CO_2 werden bei der Gärung auch noch andere Stoffe wie
höhere Alkohole, Ester, Aldehyde, organische Säuren, vicinale Diketone und
Schwefelverbindungen gebildet, die auf das Aroma des Bieres einen wichtigen
Einfluß haben. Weitere wichtige Veränderungen sind eine pH-Wert-Abnah-
me, eine Farbaufhellung und die Ausscheidung von Gerb- und Bitterstoffen.
Das Ende der Hauptgärung wird bestimmt durch die Menge des noch
vorhandenen Restextraktes. Die Hefe setzt sich ab und das „Jungbier" wird in
die Lagertanks (B9) gepumpt („Schlauchen"). Während der Nachgärung
(Lagerung, Reifung) wird das Bier durch die Vergärung des Restextraktes
unter Druck mit CO_2 gesättigt und durch Sedimentationsvorgänge weitgehend
vorgeklärt. Die für das typische Hefearoma verantwortlichen Stoffe werden
abgebaut, dadurch wird eine Abrundung des Geschmacks und des Aromas

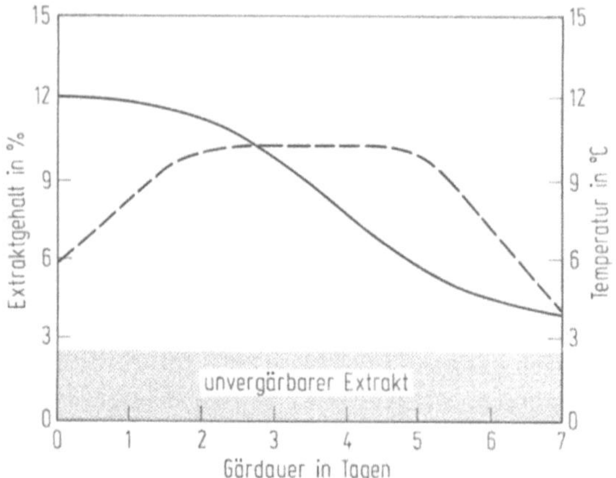

Abb. 7. Extrakt- und Temperaturverlauf bei der Hauptgärung. —— Extraktgehalt, - - - - Temperatur

erreicht. Die Lagerung erfolgt bei Temperaturen von $+3\,°C$ bis $-2\,°C$. Die Lagerdauer richtet sich nach dem Biertyp und liegt zwischen 4 und 12 Wochen.

Moderne Gär- und Reifungsverfahren arbeiten bereits bei der Hauptgärung mit Druck. Damit kann die Gärung durch Temperaturerhöhung beschleunigt werden, ohne daß die Bildung der Gärungsnebenprodukte im gleichen Maße zunimmt. Bei der Reifung werden unterschiedliche Temperaturstufen eingehalten. Bei höheren Temperaturen erfolgt eine schnellere Reduzierung der Hefebukettstoffe, die niedrigeren Temperaturen dienen den Klärungs- und Anreicherungsvorgängen.

4.4 Filtration

Trotz einer weitgehenden Vorklärung ist eine zusätzliche Klärung des Bieres notwendig, da der Verbraucher ein blankes Produkt wünscht (Ausnahme: hefetrübe Biere). Die Klärung wird mit Zentrifugen und/oder Filtern durchgeführt. Als Filterhilfsmittel verwendet man Kieselgur und Schichten aus Cellulosematerialien. Letztere können so fein hergestellt werden, daß auch eine Entkeimungsfiltration möglich ist.

Zur Anwendung gelangen Rahmen- (B10) oder Kesselfilter. Das Filterhilfsmittel wird auf Stützschichten angeschwemmt, bevor das Bier durch den Filter geleitet wird. Aber auch während der Filtration wird Kieselgur zudosiert. Meistens werden die Filtrationsarten kombiniert angewendet (z.B. Kieselgur + Schichten). Das filtrierte Bier gelangt in Drucktanks (B11) und von dort zu den Abfüllanlagen.

4.5 Abfüllung

Wie bei allen CO_2-haltigen Getränken müssen auch beim Bier besondere
Vorkehrungen getroffen werden, damit bei der Abfüllung kein CO_2 entweicht.
Sowohl die Faß- als auch die Flaschen- oder Dosenabfüllung erfolgt unter
Druck. Da es sich hierbei um denselben Druck handelt, der im Vorratsbehälter
mit Bier (Füllerkessel) herrscht, spricht man von einer isobarometrischen
Abfüllung (B 12, B 13).
Im Durchschnitt werden in der BR Deutschland knapp 30 % der Gesamtbier-
menge in Fässer gefüllt. Zur Verwendung gelangen bauchige Fässer aus einer
Aluminiumlegierung und zylindrische Edelstahlfässer („Kegs"). Holzfässer
sind kaum noch anzutreffen. Die Fässer werden mit besonderen Maschinen
außen und innen gründlich gereinigt und dem Faßfüller zugeleitet. Bei Kegs
erfolgt die Reinigung und Füllung vollautomatisch. Beim Einsatz einer
volumetrischen Befüllung entfällt die Füllmengenkontrolle.
Die Organisation eines Flaschenkellers zeigt die Abb. 8. Darin sind alle für die
Flaschenfüllung notwendigen Prozeßschritte zusammengefaßt. Das eigent-
liche Abfüllen des Bieres in Flaschen oder Dosen erfolgt wie bei den Fässern
isobarometrisch. Der Füllvorgang gliedert sich in vier Abschnitte:
- *Vorevakuieren:* Durch eine Saugpumpe wird die Luft größtenteils aus der
  Flasche entfernt.
- *Vorspannen:* Durch Einleiten von CO_2 wird in der Flasche der gleiche
  Druck wie im Füllerkessel eingestellt.
- *Befüllen:* Das Bier läuft durch das eigene Gewicht in die Flasche ein, das
  Spanngas entweicht in einen besonderen Behälter
- *Druckentlastung:* Der Druck in der Flasche wird in mehreren Stufen auf
  Atmosphärendruck abgesenkt, um ein Überschäumen zu vermeiden.

Füller und Verschließer sind zu einer Einheit zusammengefaßt. Bei Blockanla-
gen sind Leerflaschenkontrolle, Füller, Verschließer und Etikettiermaschine so
angelegt, daß sie eine Einheit bilden.

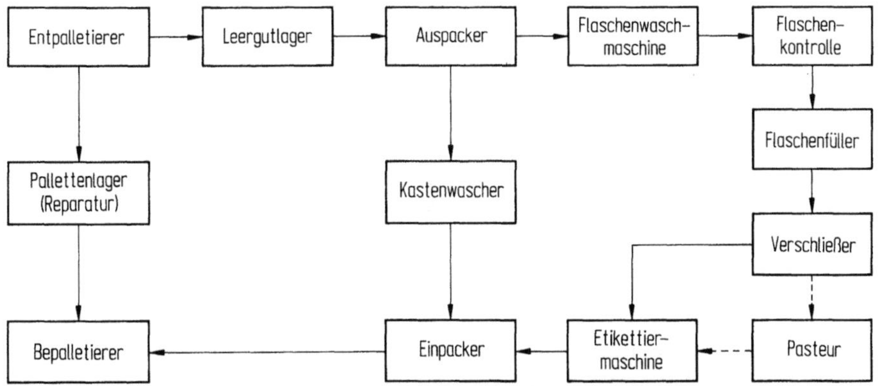

Abb. 8. Organisation eines Flaschenkellers

Tabelle 2. Anteil verschiedener Bierarten am Gesamtausstoß

Biergattung	Anteil am Gesamtausstoß [%]		Beispiele	
	obergärig	untergärig	obergärig	untergärig
Einfachbier	0,03	0,01	Süßbier	
Schankbier	0,23	0,36	Braunbier Berliner Weiße	
Vollbier	16,37	82,24	Alt, Kölsch, Weißbier, Weizenbier, Malzbier	Pils, Export, Lager, Märzen
Starkbier	0,05	0,71	Porter, Weizenbock	Bockbier, Doppelbock

5 Biersorten und Biertypen

Die Vielfalt der Biersorten und Biertypen in der Bundesrepublik Deutschland
ist eine Folge der langen Brautradition. Aber auch die Rohstoffe, insbesondere
das Wasser, haben zur Prägung charakteristischer Biere in bestimmten
Regionen beigetragen. Während noch vor wenigen Jahren eine Entwicklung
zur Vereinheitlichung der Biertypen festzustellen war, findet man heute immer
mehr Brauereien, die spezielle, oft traditionelle Biere herstellen, um ihren
Marktanteil zu halten oder zu steigern. Insgesamt nimmt die Gattung
„Vollbier" mit 98,6% am Gesamtausstoß (1989: 93,2 Millionen hl) eine
vorherrschende Stellung ein. Die weitere Aufteilung ergibt sich aus der
Tabelle 2.
Nachfolgend sollen einige Biertypen und -sorten kurz näher charakterisiert
werden:

Untergärige Biere
- Pils (Pilsener): sehr helles Vollbier, Stammwürze ca. 12%, charakteristi-
  sche, intensive Bittere, oft typisches Hopfenaroma
- Dortmunder Bier: helles, goldfarbenes Vollbier, weniger gehopft als Pils,
  Stammwürze um 12%
- Münchner Bier: ursprünglich dunkles Vollbier mit typisch malzigem Ge-
  schmack, heute auch hell, Stammwürze 12–13%
- Bockbier: dunkles oder helles Starkbier, Stammwürze 16–18%, meist
  saisonalbedingter Ausschank (Maibock, Weihnachtsbock)
- Doppelbock: dunkles oder helles Starkbier, über 18% Stammwürze

Obergärige Biere
- Altbier: dunkleres Vollbier, Stammwürze 11–12%, stark gehopft
- Kölsch: helles Vollbier, Stammwürze 11–12%, geringere Bittere als Altbier
- Weizenbier (hefefrei): helles Vollbier, Stammwürze 11–12%, mindestens
  50% Weizenmalz, geringe Hopfung, hoher CO_2-Gehalt, geklärt

- Hefeweizenbier: helles oder dunkles Vollbier, Stammwürze 11–12%, Weizenmalzanteil 50–100%, sehr wenig bitter, Nachgärung in Flaschen, trüb
- Berliner Weiße: helles Schankbier, sehr geringer Hopfenzusatz, saurer Geschmack durch Milchsäure (bei der Gärung werden neben Hefe Milchsäurebakterien verwendet), trüb oder geklärt
- Malzbier: dunkle Biere mit ausgeprägtem Malzcharakter, meist als Einfachbier eingebraut und mit Zucker versetzt, sehr geringer Bitterstoffgehalt, alkoholarm oder alkoholfrei

Besondere Biere aus ernährungsphysiologischer Sicht
- Diätbiere: meist helle Biere nach Pilsener Brauart, arm an belastenden Kohlenhydraten und Eiweiß, Reduzierung des durch die intensivere Gärung höheren Alkoholgehaltes auf vergleichbare Werte (normales Pils)
- Alkoholarme oder alkoholfreie Biere: Verfahren zur Herstellung:
  - Drosselung der Gärung
  - Vergärung mit speziellen Hefen, die nicht allen in der Würze enthaltenen Zucker in Alkohol umwandeln
  - nachträgliche Reduzierung des Alkoholgehaltes z. B. durch Destillation, Umkehrosmose oder Dialyse
  - Senkung des Stammwürzegehaltes (Schankbier).

Meist werden verschiedene Maßnahmen kombiniert.

6 Literatur

Gesetzliche Bestimmungen

Biersteuergesetz
Durchführungsbestimmungen zum Biersteuergesetz und
Dienstanweisungen zum Biersteuergesetz in den
Vorschriftensammlung Bundesfinanzverwaltung
Bierverordnung

Technologie:

Narziß L (1980) Abriß der Bierbrauerei. 4. Aufl, Verlag Enke, Stuttgart
Kunze W (1979) Technologie Brauer und Mälzer. 5. Aufl, VEB Fachbuchverlag, Leipzig
Hennies K, Spanner R, Zentgraf G (1977) Die Brauerei im Bild. 7. Aufl, Verlag Hans Carl, Nürnberg
Heyse KU (1989) Handbuch der Brauereipraxis. 2. Aufl, Verlag Hans Carl, Nürnberg
Leberle H (1976/1985) Die Bierbrauerei. Bd 1, Narziß L, Die Technologie der Malzbereitung. Bd 2, Narziß L, Die Technologie der Würzebereitung. Verlag Enke, Stuttgart

Analytik:

Krüger E, Bielig J (1976) Betriebs- und Qualitätskontrolle in Brauerei und alkoholfreier Getränkeindustrie. Verlag Paul Parey, Berlin Hamburg
Analytica EBC (1975) 3. Ausg., Schweizer Brauerei Rdsch, Zürich
Drawert (Hrsg) (1979/1982) Brautechnische Analysenmethoden. Bd 1–3, Selbstverlag der MEBAK, Freising-Weihenstephan

7.4 Technologie des Weines

A. Rapp, Siebeldingen

Unter den Getränken, die sich die Menschen im Laufe der Jahrtausende zu bereiten verstanden, spielte der Wein schon immer eine wichtige Rolle. Die Kultur des Weinstocks ist über die gemäßigten Zonen der ganzen Erde verbreitet. Die ältesten und wichtigsten Weinbaugebiete liegen in den Ländern um das Mittelmeer. Die gesamte mit Reben bepflanzte Fläche der Erde umfaßt heute etwa rund 10 Mill. ha, davon in Europa etwa 8 Mill. ha.

1 Gesetzliche Regelungen

Nach den derzeitigen Regelungen der europäischen Wirtschaftsgemeinschaft ist unter Wein das Produkt zu verstehen, das ausschließlich durch vollständige oder teilweise alkoholische Gärung der frischen, auch gemaischten Weintrauben oder des Traubenmostes gewonnen wird.

Bei deutschem Wein sind als Bezeichnung für Weinkategorien (Weinarten) nur zugelassen:
- *Weißwein:* für einen nur aus Weißweintrauben hergestellten Wein;
- *Rotwein:* für einen nur aus Rotweintrauben hergestelltem Wein;
- *Roséwein* (Weißherbst): für einen nur aus hell-gekeltertem Most von Rotweintrauben hergestelltem Wein;
- *Rotling:* für einen Wein von blasser bis hellroter Farbe, der durch Verschneiden von Weißweintrauben, mit Rotweintrauben, jeweils auch gemaischt, hergestellt werden kann:
  - Badisch-Rotgold: hergestellt aus Ruländer- (Grauburgunder) und Spätburgunder-Trauben, die ausschließlich im Anbaugebiet geerntet worden sind;
  - Schillerwein: nur für im Anbaugebiet Württemberg für die Herstellung von Rotlingen geerntete Erzeugnisse;
- *Perlwein:* Wein, der unter Kohlensäuredruck steht (mind. 1,5 bar, max. 2,5 bar bei 20 °C) und erkennbar perlt.

Nach geltendem Recht sind die Weine der Europäischen Gemeinschaft als Einkaufshilfe für den Verbraucher sowie als Anreiz zur Qualitätssteigerung für den Winzer in Gruppen (Güteklassen) unterteilt. Für die BRD gilt folgende Gruppeneinteilung:

- Tafelwein/Landwein,
- Qualitätswein,
- Qualitätswein mit Prädikat in Verbindung mit einem der Begriffe: Kabinett, Spätlese, Beerenauslese, Trockenbeerenauslese sowie Eiswein.

Dieser Gruppeneinteilung (Güteklasse, Qualitätsstufe) wird der Zuckergehalt („Mostgewicht") des Traubenmostes vor der Gärung zugrunde gelegt. Je nach Anbaugebiet (in der BRD gibt es für Qualitätsweine 11 Anbaugebiete (Tabelle 1)), und Rebsorte sind andere Mindestmostgewichtgehalte (innerhalb der EG offiziell in °Alkohol = Vol.% Alkohol (potentieller Alkohol) ausgedrückt) erforderlich. In Tabelle 2 sind die gesetzlich vorgeschriebenen Mindestmostgewichte für die Anbaugebiete Nahe, Rheinhessen, Rheinpfalz, Franken angegeben.

Bei Eiswein müssen die verwendeten Weintrauben bei ihrer Lese und Kelterung gefroren sein. Das Mostgewicht muß mindestens dem im jeweiligen Anbaugebiet für Beerenauslese festgelegten Mindestalkoholgehalt entsprechen. Die Bezeichnung Eiswein muß immer zusammen mit der Qualitätsstufe (Beerenauslese, Trockenbeerenauslese) angegeben werden.

Landwein ist ein qualitativ gehobener Tafelwein (natürlicher Mindestalkoholgehalt muß mindestens um 0,5 Vol.% über dem für Tafelwein vorgeschriebenen Wert liegen) mit gebietstypischem Charakter. Die Weine müssen der Geschmacksrichtung „trocken" oder „halbtrocken" entsprechen. Für Landweine sind 15 Gebietsnamen gesetzlich festgelegt (z. B. Pfälzer Landwein, Ahrtaler Landwein usw.) (Abb. 1).

Tabelle 1. Gebietseinteilung für Qualitätswein, Landwein und Tafelwein

Qualitätsweine b. A. „bestimmte Anbaugebiete"	Tafelwein „Weinbaugebiete"		Landweine „Gebiete"
Ahr Hessische Bergstraße Mittelrhein Nahe Rheingau Rheinhessen Rheinpfalz	Rhein-Mosel	Rhein	Ahrtaler Landwein Starkenburger Landwein Rheinburgen-Landwein Nahegauer Landwein Altrheingauer Landwein Rheinischer Landwein Pfälzer Landwein
Mosel – Saar – Ruwer		Mosel	Landwein der Mosel
		Saar	Landwein der Saar
Franken	Bayern	Main	Fränkischer Landwein
		Donau	Regensburger Landwein
		Lindau	Bayer. Bodensee-Landwein
Württemberg	Neckar		Schwäbischer Landwein
Baden	Ober-rhein	Römertor	Südbadischer Landwein
		Burgengau	Unterbadischer Landwein

Tabelle 2. Ausgangsmostgewicht – Mindestalkoholgehalt

Anbaugebiete	Qualitätsgruppe	Rebsorten	°Oechsle	% Vol. Alkohol
Nahe	Qualitätswein	Riesling	57	7,0
		übrige Rebsorten	60	7,5
	Kabinett	Riesling	70	9,1
		übrige Rebsorten	73	9,5
	Spätlese	Riesling	78	10,3
		übrige Rebsorten	82	10,4
	Auslese	Riesling	85	11,4
		übrige Rebsorten	92	12,5
	Beerenauslese und Eiswein	alle Rebsorten	120	16,5
	Trockenbeerenauslese	alle Rebsorten	150	21,5
Rheinhessen Rheinpfalz	Qualitätswein	Riesling, Morio-Muskat und Portugieser	60	7,5
		übrige Rebsorten	62	7,8
	Kabinett	Riesling, Müller-Thurgau, Silvaner	73	9,5
		übrige Rebsorten	76	10,0
	Spätlese	Ruländer, Traminer und alle Rotweinsorten	90	12,0
		übrige Rebsorten	85	11,4
	Auslese	Riesling	92	12,5
		übrige Weißweinsorten	95	13,0
		Rotweinsorten	100	13,8
	Beerenauslese und Eiswein	alle Rebsorten	120	16,5
	Trockenbeerenauslese	alle Rebsorten	150	21,5
Franken	Qualitätswein	alle Rebsorten	60	7,5
	Kabinett	Weißweinsorten	76	10,0
		Rotweinsorten Rotling	80	10,6
	Spätlese	Ruländer, Scheurebe, Traminer, Rieslaner	90	12,2
		übrige Weißweinsorten	85	11,4
		Rotweinsorten und Rotling	90	12,2
	Auslese	alle Rebsorten	100	13,8
	Beerenauslese und Eiswein	alle Rebsorten	125	17,7
	Trockenbeerenauslese	alle Rebsorten	150	21,5

2 Gewinnung und Behandlung des Traubenmostes

2.1 Traubenlese

Die Weinbereitung beginnt schon mit der Lese der Trauben. Dabei dürfen für
die Herstellung von Wein nur Trauben von genehmigten Rebanlagen, die von
empfohlen zugelassenen und vorübergehend zugelassenen Rebsorten stammen, verwertet werden.
Die Lese der inländischen Trauben zur Weinbereitung darf erst dann erfolgen,
wenn sie entsprechend den von den weinbautreibenden Bundesländern erlassenen Leseordnungen, durch kommunale Leseausschüsse freigegeben wurden.
Der Zeitpunkt der Lese richtet sich nach der Rebsorte, der Reife der Trauben,
dem Gesundheitszustand, der Lage und nach der Witterung. Im allgemeinen
wird eine Vorlese (faule, abgängige Trauben) und eine Hauptlese, sehr oft auch
eine Spätlese durchgeführt.
Bei der Lese wie bei der gesamten Weinbereitung ist auf größte Reinlichkeit zu
achten. Gefäße aus ungeschütztem Eisenblech dürfen nicht verwendet werden.
Eisenhaltige Weine neigen zu Trübungen sowie zum Schwarzwerden und nehmen ferner einen eigenartigen metallischen Beigeschmack an. Die Lese-
geschirre und Transportbehälter bestehen heute größtenteils aus Kunststoff
(Polyethylen, Glasfaserpolyester usw.) oder Edelstahl.
Seit einigen Jahren werden vollautomatisch arbeitende Erntemaschinen auch
in der Bundesrepublik eingesetzt. Diese Maschinen arbeiten nach dem
Schüttel- und Rüttelprinzip. Mit Hilfe von Glasfaserstäben werden Trauben
abgeschlagen und nach dem Ausblasen der Blätter über Förderbänder in die
Sammelbehälter transportiert. Der Traubenvollernter ermöglicht eine große
Leseleistung. In heißen Ländern ist dadurch das Ernten in der Nacht bei den
günstigen, kühleren Nachttemperaturen möglich. Ein Sortieren der Trauben
nach dem Reifegrad ist aber bei diesem Verfahren nicht möglich.
Auch das Abladen der Trauben im Kelterhaus wurde in den letzten Jahren
weitestgehend mechanisiert. Folgende Systeme stehen heute zur Verfügung:
- Kippvorrichtungen für Bottiche, Bütten, Wagen,
- Entleeren der Bütten mittels Traubengreifer,
- Absaugvorrichtungen zum Entleeren von Bütten, Wagen.

2.2 Entrappen und Mahlen

Will man saubere, reintönige Weine gewinnen, so müssen die gelesenen Trauben noch am gleichen Tage gemahlen und gekeltert werden. Besonders bei
warmer Herbstwitterung dürfen die von der Sonne erhitzten Trauben nicht
über Nacht stehenbleiben, da es sowohl zu geschmacklicher (Gerbstoffe aus
Kämmen und Kernen) als auch zu bakteriellen Beeinträchtigungen (essig-
stichige, milchsäurestichige Weine) kommen kann.
Die heutigen Traubenmühlen sind meist mit einer Vorrichtung zum „Entrappen", d. h. zum Entfernen der Kämme, versehen. Die abgelösten Beeren
fallen auf die Walzen der Traubenmühlen, während die Kämme ausgeworfen

werden. Die Trauben werden vorsichtig gequetscht („gemahlen"), ohne dabei
die Kerne zu beschädigen. Durch die Entrappung der Trauben vor der Kelterung kann der unerwünschte Maische- oder Rappengeschmack weitgehend
verhindert werden.

2.3 Maischebehandlung

Die zerquetschten Beeren (Maische) von weißen Weintrauben sollen so rasch
wie möglich gekeltert werden, um mögliche Qualitätseinbußen durch Oxy-
dationsvorgänge und die Entwicklung schädlicher Mikroorganismen (z.B.
Essigbakterien) zu unterbinden. Kann die Maische nicht sofort verarbeitet
werden, so ist eine Maischeschwefelung, je nach Gesundheitszustand des Lesegutes, mit 30 bis 50 mg/l SO_2 zu empfehlen. Maischestandzeiten erhöhen die
Saftausbeute beim Preßvorgang. Durch die Standzeit wird der Gehalt zahl-
reicher Inhaltsstoffe (u.a. Gerbstoffe, Aromastoffe, Mineralstoffe) im Traubenmost erhöht. Dies kann, insbesondere bei Gerbstoffen, zu unerwünschter Geschmacksbeeinflussung beim Wein führen. Da die Nachteile des
Stehenlassens der Maische oft die Vorteile übertreffen, wird auf eine längere
Standzeit als 6 bis 8 Stunden verzichtet.
Die Maische von Rotweintrauben wird zur Farbstoffgewinnung vergoren oder
auch erwärmt (s. Kapitel 3.2).
Um die Arbeit des Kelterns zu erleichtern und um die Zeit, die hierfür erforderlich ist, abzukürzen wurden Vorrichtungen geschaffen, die ein Vorentsaften
(bis zu 70% der gesamten Mostausbeute) der Maische ermöglichen. Bei diesen
Entsaftungseinrichtungen unterscheidet man zwischen zwei Systemen:
– Entsaftungskammern,
– maschinelle Entsafter.

2.4 Keltern und Mostbehandlung

Keltern

Zur Trennung des Traubensaftes von den festen Bestandteilen der Maische
werden heute hauptsächlich Horizontal-Pressen eingesetzt. Sie bieten viele
Vorteile gegenüber den alten Vertikal-Pressen: schnellerer Saftablauf, kürzere
Preßzeit.
Bei Horizontal-Pressen haben sich mehrere Typen auf dem Markt bewährt:
– Horizontal-Pressen mit durchgehender Schraubenspindel (u.a. Systeme
  Vaslin, Amos, Howard).
– Horizontal-Pressen mit einseitiger Außenspindel (u.a. System Willmes,
  Hollmann).
– Kolbenlose pneumatische Horizontal-Presse, in der ein innenliegender dick-
  wandiger Gummibelag mit Preßluft gefüllt die Maische mit 6 bar Druck an
  die Wandung des Zylinders preßt (u.a. Willmes-Presse, Howard Rotapress).
– Großraum-Tankpresse (System Willmes):
  Bei diesem Preßsystem erfolgt die Pressung in einer geschlossenen Preß-
  trommel. Der Traubenmost kann unter weitgehendem Luftabschluß bei

geringem Preßdruck (2 bar), geringem Gerbstoffgehalt und geringem Trub-
anteil erzeugt werden.
- Kontinuierliche Pressen:
Die Maische wird einer horizontalen Schnecke zugeführt, die sich in einem
mit Schlitzen versehenen Zylinder dreht und das Keltergut gegen eine Ab-
schlußplatte preßt. Diese Keltertypen sind nur noch in einigen Betrieben
(vorwiegend in südlichen Ländern) im Einsatz. Das Preßgut wird stärker
angegriffen, so daß der Trubgehalt dieser Moste sehr hoch ist. Die Weine
haben oft viel Gerbstoff und damit einen deutlichen Trestergeschmack.
Eine Weiterentwicklung der kontinuierlichen Pressen sind die in der Obst-
und Gemüsesaftherstellung bereits seit einigen Jahren im Einsatz befindlichen Bandpressen (z.B. Flottweg B-FRU-1000). Unter Anwendung eines
gleichmäßig ansteigenden Flächendrucks, der mittels verschiedener, sich
ständig drehender Walzen auf zwei Polyester-Preßbänder übertragen wird,
ergibt sich eine Fest-Flüssig-Trennung (Saftablauf).

Die beim Keltern gewonnene Menge Traubensaft schwankt je nach Traubensorte, Reifegrad, Jahrgang und Leistungsfähigkeit der Kelter zwischen 65 und
80 l auf 100 kg Trauben. Die Preßrückstände (Traubentrester) werden kompo-
stiert, in geringem Umfang auch fermentiert und anschließend zur Gewinnung
von Tresterbranntwein destilliert.

Schwefeln des Traubenmostes

Wenn Moste aus gesunden Trauben nach erfolgter Mostbehandlung durch
Zusatz von Reinzuchthefe rasch in Gärung gebracht werden, erübrigt sich eine
Schwefelung des Mostes. Bei krankheitsgefährdetem Lesegut aus stark faulen
Trauben ist eine Mostschwefelung jedoch notwendig. Hierdurch wird die Entwicklung schädlicher Bakterien (u.a. Essigbakterien, Milchsäurebakterien)
und anderer Mikroorganismen (u.a. wilde Hefen, Schimmelpilze) unterdrückt. Zur Mostschwefelung reichen Mengen von 40 bis 50 mg/l SO_2 oder
80–100 mg/l Kaliumdisulfit aus. Auch bei Mosten, die sofort der Kurzzeiterhitzung (KZE; 90″ 87 °C) unterworfen werden, ist keine Mostschwefelung
erforderlich.

Anreicherung des Alkoholgehaltes

Die Anreicherung des Alkoholgehaltes des späteren Weines durch einen be-
schränkten Zuckerzusatz (Saccharose) zum Ausgangsmost ist in den meisten
Weinbauländern der Erde die übliche Methode zur Qualitätserhöhung von
Weinen. Vor allem in kleinen Weinjahren wäre der Ausbau selbständiger Weine
wegen fehlendem Alkoholgehalt unmöglich. Diese Anreicherung ist in der
Bundesrepublik Deutschland nur bei Tafelwein/Landwein und Qualitätswein erlaubt, nicht aber bei Qualitätswein mit Prädikat. Bei Tafelwein
und Qualitätswein b.A. darf durch die erlaubte Anreicherung der Gesamtalkoholgehalt auf keinen Fall die unten angegebenen Werte übersteigen (Tab. 3). Maximal erlaubte Anreicherung in Weinbauzone A um 28 g/l
Alkohol und in Weinbauzone B um 20 g/l Alkohol (Weinbauzone A: alle
Weinbaugebiete der BRD ohne Baden).

Tabelle 3. Höchstgrenzen des Gesamtalkoholgehaltes bei der Anreicherung

		Weinbauzone A BRD ohne Baden	Weinbauzone B Baden
Tafelwein:	Rotwein	95 g/l (12 Vol.%)	100 g/l (12,5 Vol.%)
	Weißwein	91 g/l (11,5 Vol.%)	95 g/l (12 Vol.%)
Qualitätswein b. A.:			
	Rotwein	100 g/l (12,5 Vol.%)	103 g/l (13 Vol.%)
	Weißwein	95 g/l (12 Vol.%)	100 g/l (12,5 Vol.%)

Entsäuerung des Traubenmostes

In manchen Jahren muß neben der Anreicherung auch eine Minderung des Säuregehaltes der Moste durchgeführt werden, um die aufgrund mangelnder Reife sensorisch zu sehr in den Vordergrund tretende überhöhte Säure geschmacklich zu harmonisieren. Das Verfahren der teilweisen Entsäuerung ist bei frischen Trauben, Traubenmost, teilweise vergorenem Traubenmost und Jungwein bis 16. März des auf die Weinernte folgenden Jahres zulässig.

Die Entsäuerung kann durchgeführt werden mit

- kohlensaurem Kalk ($CaCO_3$): um den Gehalt an Säure um 1 g/l zu senken, werden 0,67 g/l $CaCO_3$ benötigt.
- Doppelkalciumsalz: $CaCO_3$ mit geringen Mengen an Doppelkalciumsalzen der D-Weinsäure und L-Äpfelsäure. Mit dieser Methode wird nicht nur die Weinsäure sondern auch die Äpfelsäure vermindert.
- biologischem Säureabbau (nur bei Weinentsäuerung; s. Abschn. 4.1).

Neuerdings darf zusätzlich zur Most- oder Jungweinentsäuerung eine zusätzliche Feinentsäuerung von Wein (bis 1 g/l) durchgerführt werden.

3 Weinbereitung

3.1 Weißwein- und Roséweinbereitung

Die Verarbeitung der Trauben zur Weißwein-, Roséwein- und Rotlingbereitung erfolgt getrennt von der zur Rotweinbereitung. In Abb. 1 ist eine schematische Übersicht der Weißweinbereitung dargestellt.

Vorklären des Mostes

Läßt man den Most einige Zeit stehen, so klärt er sich unter Absetzen aller festen und flockigen Trubteilchen (Entschleimung). Insbesondere bei faulem Lesegut ist zur Erzielung einer reintönigen Gärung eine Entfernung des Trubes unbedingt erforderlich. Nach 12–24 Stunden trennt man den geklärten Most durch Ablassen vom Trub. Je nach Gesundheitszustand des Lesegutes werden zur Verhinderung einer mikrobiellen Tätigkeit (Essigbakterien, Hefen) dem Most vor dem Stehenlassen 0 (bei gesundem Lesegut) bis 50 mg/l (bei faulem Lesegut) schweflige Säure zugesetzt (s. Abschn. 2.4).

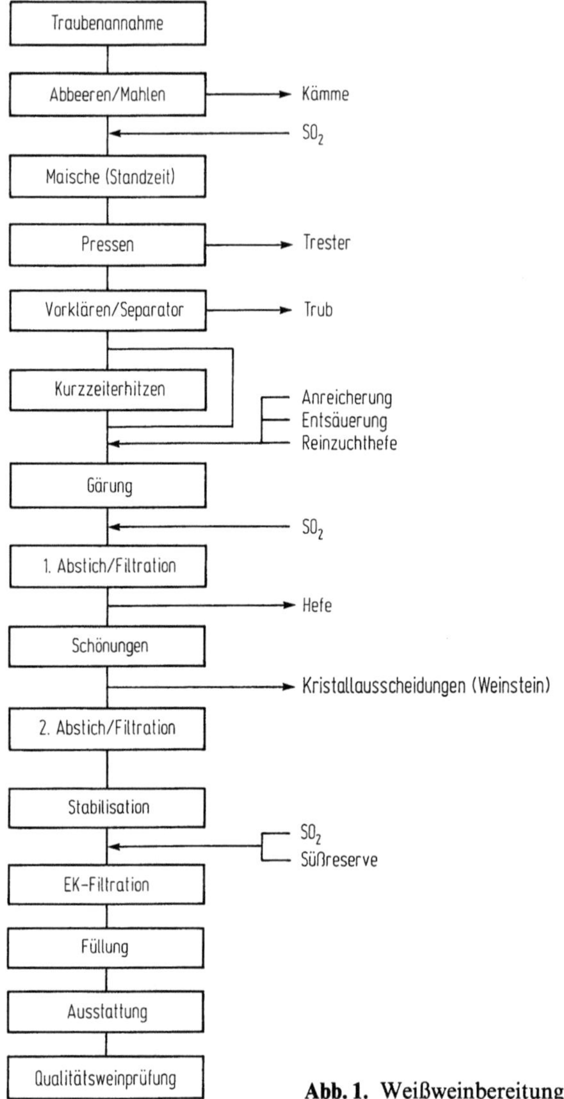

Abb. 1. Weißweinbereitung

Die günstige Wirkung des Vorklärens kann noch verstärkt werden durch Zusatz von 50–100 g/hl Aktivkohle (Entfernung unerwünschter Geruchs- und Geschmacksstoffe, z. B. Frostgeschmack, Faulgeschmack), 150–200 g/hl Bentonit (zur Eiweißstabilisierung) oder 40–70 g/hl Gelatine (Verminderung des Gerbstoffgehaltes).
Eine bessere Klärung des Traubenmostes als durch Absetzenlassen erzielt man durch Verwendung von selbstaustragenden Klärschleudern (Separatoren). Der Leistungsbereich moderner Separatoren liegt bei 4500 l/h (bei Most) bzw.

5500 l/h (bei Wein). Der Feinseparator CSA 160 hat einen Leistungsbereich zwischen 7000 und 15 000 l/h.

Kurzzeiterhitzen des Mostes

Zur Vermeidung negativer Einflüsse durch unerwünschte Mikroorganismen, Qualitätseinbußen durch Oxidation und Fehlgärungen sowie zur Einsparung von schwefliger Säure werden die Moste nach dem Vorklären in Plattenerhitzern (2 Minuten) unter Luftabschluß auf 87 °C erhitzt und sofort wieder auf 15 °C zurückgekühlt. Durch die Kurzerhitzung der Moste wird die Eiweißstabilität der Weine günstig beeinflußt.

Alkoholische Gärung

Bei nicht zu stark geschwefelten und nicht kurzzeiterhitzten Mosten setzt die Gärung, selbst ohne Zusatz von Hefe, meist schon nach einem Tag ein (Spontangärung). Leider kommen in der Natur nicht nur erwünschte, leistungsfähige, sondern auch viele weinschädliche Hefen- und Bakterienarten vor. Es empfiehlt sich deshalb, die vorgeklärten Moste – bei pasteurisierten Mosten ist dies eine zwingende Notwendigkeit – mit Reinzuchthefen (heute als Trockenhefen von verschiedenen Herstellern auf dem Markt), deren Eigenschaften bekannt sind, zu vergären. Im allgemeinen reichen 5–10 g des trockenen Präparates zur Vergärung eines Hektoliters Most aus.
Bei der günstigen Gärtemperatur von 20–23 °C ist die Gärung nach 6–8 Tagen beendet.
Die Gärung kann durch verschiedene Faktoren beeinflußt werden:
- Temperatur: bei zu hohen Temperaturen (insbesondere bei nicht gekühlten Großgebinden) kann es zu Gärstockungen („Versieden") des Mostes kommen.
- Zuckergehalt: bei sehr zuckerreichen Mosten (Beerenauslesen, Trockenbeerenauslesen) wird durch die hohe Zuckerkonzentration die Hefe osmotisch beeinflußt. Die Gärung verläuft sehr langsam und nicht vollständig.
- Schweflige Säure: der Gärverlauf wird durch schweflige Säure beeinflußt: durch 100 mg/l SO_2 kann der Beginn der Gärung um 3 Tage verzögert werden, bei 200 mg/l SO_2 um 3 Wochen.
- Druck: bei 8 bar Druck kommt die Hefegärung zum Stillstand. Durch Vergärung in Drucktanks kann man bei 3 bar Druck (durch Gärungs-CO_2) eine „gezügelte" Gärung über 3–4 Wochen erreichen.
- Alkoholgehalt: Mit steigender Gärungstemperatur nimmt die Gärhemmung bzw. der Gärstopp durch Ethanol zu. Unter besonders günstigen Bedingungen werden durch sehr gärkräftige Hefestämme Alkoholmengen von 140 bis 145 g/l (17,5–18,3 Vol.%) erzeugt.

3.2 Rotweinbereitung

Da bei nahezu allen europäischen roten Traubensorten die Farbstoffe (Anthocyane) nur in den äußeren Zellen der Beerenhäute enthalten sind, der Saft also ungefärbt ist, unterscheidet sich die Rotweingewinnung (Abb. 2) zunächst

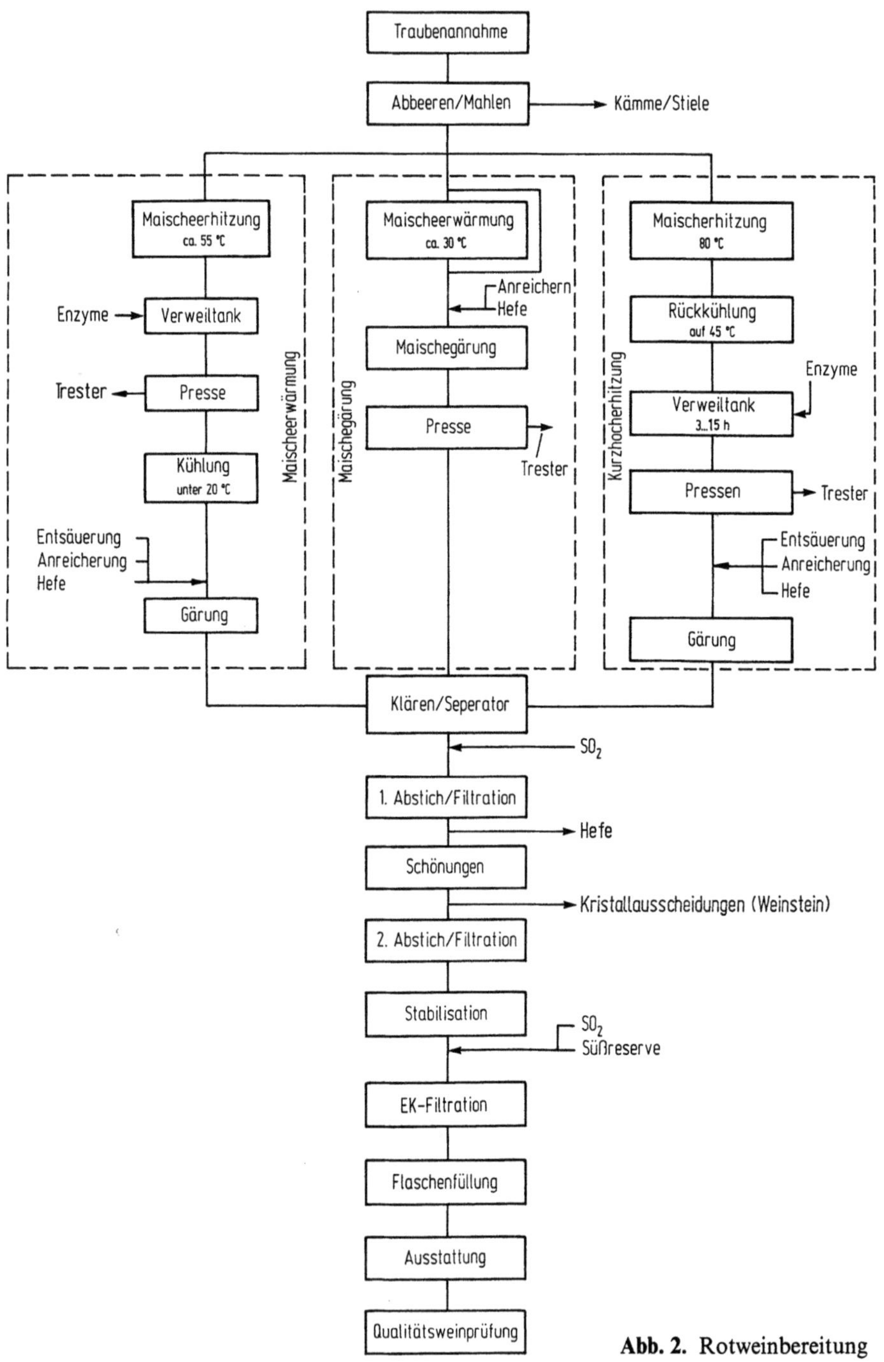

Abb. 2. Rotweinbereitung

weitgehend von dem bei der Weißweinbereitung (Abb. 1) angewandten Verfahren.

Unter den klimatischen Bedingungen der BRD ist das Hauptproblem bei der Rotweinbereitung die Gewinnung und Erhaltung von genügend Farbe. Eine seither übliche Methode war es, unsere extrakt- und farbschwachen Rotweine durch Zugabe von „Deckweinen" (ausländische Rotweine: je nach Qualitätsstufe des zu erzeugenden Rotweines war ein Zusatz von 9 bis 13% vom Endvolumen erlaubt) zu ergänzen. Durch die wesentlich enger gefaßten EG-Verschnittbestimmungen ist diese traditionelle Kellerpraxis für Qualitätswein mit Prädikat nicht mehr durchführbar. Qualitätswein darf seit dem 30. 06. 1989 nicht mehr mit ausländischem Deckrotwein (nur aus der EWG) verschnitten werden. Nach dem gegenwärtigem Stand der Kellertechnik stehen für die Extraktion der Farbe aus den Beerenhäuten und somit für die Gewinnung von Rotweinen mit ausreichender Farbe aus deutschen Rotweinsorten entweder die Maischegärverfahren oder die Maischeerhitzung zur Verfügung.

3.2.1 Maischegärung

- Traubeneigene Mikroflora kommt besonders zur Geltung.
- Alkoholische Auslaugung ergibt ein anderes Phenolspektrum als bei Wärmeextraktion.
- Vielfältige Oxidationsmöglichkeiten führen zu starken Farbverlusten.

Die grundsätzlichen Möglichkeiten für die Maischegärung sind:

Drucklose Tankgärung

Der Tresterhut kann von Hand in die Flüssigkeit gestoßen werden, oder man überbraust die Maischekappe im Rundlauf mittels einer Pumpe. Ferner kann durch periodisches oder kontinuierliches Rühren die Ausbildung des Maischehuts verhindert werden. Die mechanische Maischebearbeitung (Rühren) führt zur Verbesserung der Farbextraktion.

Drucktankgärung

Bei diesem Gärverfahren ist folgendes zu beachten:
- Zur Erreichung eines schnellen Gärstartes muß genügend Hefe eingebracht werden;
- Optimale Starttemperatur: 24 °C;
- Entlüften des Tanks mindert den Gehalt an flüchtiger Säure;
- Starke Belüftung kann zu Farbverlusten führen.

Die Vorteile des Druckwechselverfahrens sind:
- völlig geschlossenes System (Vinomat);
- gute Steuermöglichkeit der Gärung über Druck und Temperatur;
- gute Farbausbeute und Weinqualität.

Die teilweise oder ganz vergorenen Maischen werden abgepreßt, bei Bedarf weiter vergoren und, wie im Abschn. 4 beschrieben, weiter verarbeitet.

3.2.2 Maischeerwärmung

In zunehmendem Maße erfolgt in jüngster Zeit die Farbstoffgewinnung aus roten Trauben durch *Kurz-Hocherhitzung der Maische* bei 80 °C. Unter zusätzlicher Anwendung pektolytischer Enzyme kann eine weitere Verbesserung der Farbausbeute erreicht werden. Die so behandelte Maische wird abgepreßt und der Most wird wie bei der Weißweinbereitung vergoren.

Diese Methode weist im Vergleich zur Maischegärung folgende Vorteile auf:
- schnell und einfach durchführbar,
- Mostgärung erlaubt exaktere Gärführung,
- alkoholfreie Farbstoffextraktion hilft Fremdtöne vermindern,
- traubeneigene Mikroorganismen und Oxidationsenzyme werden inaktiviert,
- wenig manuelle Arbeit.

Die *Enzymzugabe* ist nicht zwingend notwendig, doch verbessert sie die Preßbarkeit und erhöht die Klärwilligkeit der Moste. Man sollte bei der Maische (auf 40 °C rückgekühlt) etwa ¼ der empfohlenen Mindestmenge des jeweiligen Enzyms anwenden, die restlichen ¾ werden dann im Mostsammeltank vorgelegt.

Beim automatischen *Imeca-Sick-Verfahren* werden durch Regulierung des Grades der Maischeentsaftung (Weißherbstanteil), der Erwärmungstemperatur und der Warmhaltezeit der Rotweincharakter vorbestimmt. Die teilentsaftete Maische wird im Maischeerhitzer auf die gewünschte Temperatur erwärmt; nach der Warmhaltezeit wird abgepeßt, auf 20 °C abgekühlt und im Gärtank vergoren. Mit zunehmender Maischeentsaftung vertieft sich die Farbe des Rotmostes.

3.2.3 Macération Carbonique

Beim „*Macération-Carbonique*"-*Verfahren*, das insbesondere im Midi-Gebiet angewendet wird, werden die möglichst intakten Trauben, ohne zu entrappen oder einzumaischen, in einem Behälter mit Kohlendioxid überschichtet. Dabei tritt innerhalb der Traubenbeere die Bildung von Ethanol ein, das die Farbe und die Gerbstoffe extrahiert. Danach werden die Trauben gekeltert und wie üblich verarbeitet.

4 Weinausbau, Weinbehandlung

Das Ende der Gärung ist daran zu erkennen, daß die Entwicklung von Kohlendioxid aufhört und der junge Wein sich klärt. Der Hefetrub sammelt sich am Boden des Fasses. Der Jungwein enthält (mit Ausnahme bei hochgrädigen Produkten, wie Auslesen, Beerenauslesen und Trockenbeerenauslesen) keinen Zucker mehr, dafür aber Alkohol, Kohlensäure, Glycerin und andere Stoffe, die seine Eigenart und seinen Geschmack bestimmen.

4.1 Biologischer Säureabbau

Bei Weinen mit noch zu hohem Säuregehalt kann in dieser Ausbauphase des Weines die Säureverminderung durch den biologischen Säureabbau vorgenommen werden. Der bakterielle Säureabbau spielt beim Rotwein eine wesentlichere Rolle als beim Weißwein.

Bei dem durch Milchsäurebakterien (z. B. Leuconostoc oenos) bedingten Säureabbau wird L-Äpfelsäure in L-Milchsäure überführt. Aus 10 g Äpfelsäure werden rund 6,7 g Milchsäure gebildet. Gefördert wird der biologsche Säureabbau durch die Begünstigung bakterieller Vorgänge, wie durch die Erhöhung der Temperatur auf über 20 °C, Aufrühren des Hefetrubes, Unterlassung der Schwefelung bei Jungweinen oder durch eine Umgärung, welche die für die Vermehrung der Bakterien nützlichen Zuckermengen in den Wein bringt und zu der gewünschten Erwärmung des Gebindes führt. Die Säureabbau-Bakterien gedeihen am besten in wenig sauren Weinen, deren pH-Wert um 3,2 bis 3,5 liegt.

Der biologische Säureabbau bringt neben der Säureverminderung auch andere Vorteile. So u. a.:
- Restzucker wird abgebaut. Die Weine sind „biologisch stabiler".
- Verminderung solcher Substanzen, die SO_2 zu binden vermögen (Aldehyde, Pyruvat usw.), was sich in der Gesamtbilanz der SO_2-Gehalte absenkend auswirkt.

4.2 Abstich

Nach der Klärung des Weines (Absinken der Hefe und anderer Trubteilchen) muß der mehr oder minder klare Wein vom Hefetrub getrennt werden. Ein längeres Belassen des Weines auf der Hefe ist in keinem Fall von Vorteil, kann sogar nachteilige geruchliche und geschmackliche Veränderungen (Hefeböckser) zur Folge haben. Der Zeitpunkt des 1. Abstichs richtet sich nach der Beschaffenheit des Weines, nach dem Gärverlauf, dem Säuregehalt und nach dem Grad der Klärung. Säurearme Weine werden schon wenige Wochen nach Beendigung der Hauptgärung von der Hefe getrennt (Anfang November, Mitte Dezember), säurereiche Weine, bei denen ein biologischer Säureabbau erwünscht wird, erst nach der Jahreswende. Der 1. Abstich erfolgt heute meist in Verbindung mit einer Kieselgurfiltration oder mit einem Separator und einem dahinter geschalteten Schichten- bzw. Kieselgurfilter.

In Verbindung mit dem 1. Abstich müssen die Weine (zur biologischen Stabilität und zum Oxidationsschutz) geschwefelt werden. Je nach Art (Qualitätsstufe, Gesundheitszustand des Lesegutes), Sorte und Jahrgang soll der Jungwein nach dem 1. Abstich einen Gehalt von 30–50 mg/l freie SO_2 aufweisen. Leichtere und säurereiche Weine brauchen weniger, schwere (Auslese, Beerenauslese, Trockenbeerenauslese) und säurearme Weine brauchen mehr SO_2.

Der 2. Abstich erfolgt nach den durchgeführten Weinschönungen bzw. Behandlungen (s. Abschn. 4.3, 4.4). Er wird 6–8 Wochen nach dem 1. Abstich durchgeführt und mit einer Filtration verbunden. Mehr als zwei Abstiche sind heute im Verlauf des Weinausbaus kaum mehr notwendig.

Das Ziel der Lagerung der Faßweine ist, diese zu biologisch, chemisch und physikalisch stabilen Produkten auszubauen. Während des Lagerns (auch später noch in der Flasche) laufen im Wein zahlreiche chemische und physikalische Veränderungen ab.

4.3 Kristallausscheidungen

Durch den bei der Gärung entstehenden Alkohol wird die Löslichkeit verschiedener Bestandteile des Mostes so vermindert, daß sie im Wein ausgeschieden werden. Hierzu gehören die schwer löslichen Kalium- und Calciumsalze der Weinsäure und Schleimsäure. Die Ausscheidung des Weinsteins (Kaliumhydrogentartrat) ist in hohem Maße vom Alkoholgehalt des Weines, von der Temperatur und vom pH-Wert abhängig. Sehr häufig scheiden sich die Salze nicht vollständig bis zur Flaschenfüllung des Weines ab, so daß es hin und wieder bei Flaschenweinen zu Kristallausscheidungen (Trübungen) kommen kann. Insbesondere das Ca-Salz der Schleimsäure neigt zu einer fein kristallinen Ausscheidung bei der Alterung des Weines.

Durch verschiedene Verfahren beim Weinausbau kann die Weinsteinausscheidung in der Flasche verhindert werden:
- durch Unterkühlen und Kühlhalten des Jungweines in der Nähe des Gefrierpunktes (Kältebehandlung),
- durch Kühlen auf etwa 0 °C und Zugabe von feingemahlenen Weinsteinkristallen (Kontaktverfahren),
- Zusatz von Metaweinsäure zum Wein direkt vor der Flaschenfüllung; damit wird eine Weinsteinstabilität von 6–9 Monaten erreicht (nur bei bald dem Konsum zugeführten Weinen anwendbar).

4.4 Weinbehandlung/Schönungen

Während der Weinbereitung (des Weinausbaus) werden neben den physikalischen Methoden (Erwärmung, Kühlung) auch chemische (biochemische) Verfahren angewandt. Bei den chemischen Verfahren werden Stoffe (Behandlungsstoffe) („Schönen der Weine") zugesetzt, die wieder vollständig ausgeschieden werden. Die bei diesen chemischen Verfahren eingesetzten Weinbehandlungsstoffe müssen zugelassen sein. Einige der zur Zeit nach dem deutschen Weingesetz zugelassenen önologischen Verfahren und Behandlungen sind in Tabelle 4 zusammengestellt. Im folgenden sind einige Anwendungsbeispiele aufgeführt:

Blauschönung nennt man die Behandlung (Schönung) von Wein mit Kaliumhexacyanoferrat (gelbes Blutlaugesalz), welches zum Zweck der Entfernung von Eisen, Zink, Mangan, Kupfer und anderen Schwermetallen zugesetzt wird. Die Zulassung des Verfahrens erwies sich als notwendig, damit die durch Eisen, Kupfer und andere Schwermetalle verursachte unangenehme schleierartige Trübungen zuverlässig verhindert werden können.

Wegen der Risiken des Verfahrens muß die Ermittlung der zur Behandlung notwendigen Menge an Blutlaugesalz von einem Weinlabor durchgeführt werden, und die behandelten Weine müssen anschließend einer Analyse auf noch vorhandenes Kaliumcyanoferrat bzw. auf freies Cyanid untersucht werden.

Tabelle 4. Önologische Verfahren und Behandlungen, die bei Weintrauben, Traubenmost, teilweise gegorenen Traubenmost, Jungwein und Wein angewendet werden dürfen

- Belüftung
- thermische Behandlung
- Zentrifugierung und Filterung mit oder ohne inerte Filterhilfsstoffe
- Verwendung von CO_2, N_2
- Verwendung von Weinhefe (Reinzuchthefe, Trockenhefe)
- Verwendung von SO_2, H_2SO_3, Kaliumbisulfit, Kaliummetabisulfit oder Kaliumpyrosulfit
- Behandlung der Weißmoste, der noch in Gärung befindlichen Jungweine und der Weine mit Aktivkohle bis zum Grenzwert von max. 100 g trockener Kohle pro 100 l Wein
- Klärung durch einen oder mehrere der folgenden önologischen Stoffe: Speisegelatine, Hausenblase, Kasein und Kaliumkaseinate, tierisches Eiweiß, (Ovalbumin, Blutmehl), Bentonit, Siliciumdioxid in Form von Gel oder kolloidaler Lösung, Kaolinerde, Tannin, pektolytische Enzyme, Kaliumhexacyanoferrat (Blauschönung)
- Sorbinsäure oder Kaliumsorbat (im Endprodukt Wein max. 200 mg/l)
- neutrales Kaliumtartrat, $KHCO_3$, $CaCO_3$, $CaCO_3$, mit geringen Mengen von Doppelkalciumsalz der L(+)Weinsäure und L(−)Äpfelsäure zur Entsäuerung
- Zusatz von CO_2: sofern der Gehalt an CO_2 des hierdurch konservierten Weines nicht 2 g/l übersteigt
- L-Ascorbinsäure (max. 150 mg/l)
- Kupfersulfat (max. 20 mg/l)
- Metaweinsäure (max. 100 mg/l) zur Weinsteinstabilisierung

Schönung mit Bentonit: Zur Behandlung von Weinen mit Eiweißtrübungen und zur vorbeugenden Behandlung von Weinen, die zu Trübungen neigen, werden Bentonite (kaolinähnliche Materialien) mit Erfolg eingesetzt. Seine Teilchen sind negativ geladen und vermögen daher die Ladung der positiven Eiweißteilchen zu neutralisieren und damit das Eiweiß zu absorbieren. Zur Behandlung verwendet man 50 bis 150 g Bentonit je 100 l Wein. Vorteilhaft ist, Bentonit vor der Anwendung 1 bis 2 Stunden in einer kleinen Menge Wein (Most) vorzuquellen. Neben Eiweiß werden durch die Bentonitbehandlung auch Aminosäuren, insbesondere die basischen Aminosäuren wie auch biogene Amine (z.B. Histamin) abgereichert.

Schönung mit Aktivkohle: Erst durch die Anwendung der A-Kohle in der Weinbehandlung ist es möglich geworden, leichte Fehler, wie z.B. Maische-, Ester-, Rahngeschmack auf einfache Weise zu entfernen. Es sind Produkte zur Beseitigung von Farbfehlern (Kohle F) und Geschmacksfehlern (Kohle G) auf dem Markt. Da A-Kohle den Wein stark angreift, werden bei der Behandlung möglichst geringe Mengen eingesetzt, es reichen oft schon 2 bis 6 g pro 100 l Wein zur Beseitigung von leichten Geschmacksfehlern aus.

Schönung mit Kieselsol-Gelatine: Zur Verminderung hoher Gerbstoffgehalte (unerwünschte Geschmacksnote) hat sich die Behandlung mit Kieselsol-

Gelatine gut bewährt. Bei der Schönung verwendet man Kieselsol und Gelatine meist im Verhältnis 1:6 bis 1:12. Während man bei Weißweinen mit 2–4 g Gelatine und 24–48 ml Kieselsol (30%ige kolloidale Kieselsäure) je hl Wein auskommt, müssen zur Schönung von Süßmost 15–30 g Gelatine und 100–200 ml Kieselsol verwendet werden. Rotweinen wird nur Gelatine (5–14 g/hl) ohne Zusatz von Kieselsol zugegeben.

Schönung mit Kupfersulfat: Mit Kupfersulfat werden geruchliche oder geschmackliche Fehler („Böckser", „Aromaböckser") behandelt. Es darf bis zu einem Grenzwert von 20 mg/l zugesetzt werden, sofern der Kupfergehalt des behandelten Weines danach 1 mg/l nicht übersteigt. Diese Forderung kann nur durch nachträgliche Blauschönung erfüllt werden.

4.5 Filtrieren der Weine

Bei der Herstellung von Wein und Fruchtsaft ist es in verschiedenen Verfahrensschritten notwendig, fest-flüssige Trennoperationen durchzuführen. Dies geschieht durch Trennverfahren wie Sedimentation, Zentrifugation, Filtration usw. Die Abfüllung der Weine in Flaschen macht eine Filtration unumgänglich. Von einem guten Filtrierverfahren muß man verlangen, daß der Wein nicht verändert wird und, daß weder Bukett noch Frische, weder Körper noch Kohlensäuregehalt beeinträchtigt werden.
Als Filterstoffe kommen Zellulose, Kieselgur und vor allem Asbest in Betracht. Bei der Wirkung eines Filters, gleich welcher Bauart und welchen Filtermaterials, ist zu unterscheiden zwischen der *Siebwirkung* der Filterporen und der *adsorbierenden Wirkung* des verwendeten Materials. Adsorptionswirkung ist bei den Asbestfiltern und in geringem Grade auch bei der Kieselgur und den Zellulosefiltern festzustellen.
In der Praxis sind verschiedene Filtersysteme in der Anwendung:

Sackfilter: Diese primitiven Filter mit ihren doppelwandigen, schlauchartigen Säcken werden nur noch zum Filtrieren von Hefetrub verwendet.

Anschwemmfilter: Das aus Asbest und Zellulose bestehende Filtermaterial wird in dünner Schicht auf zylindrische oder flache Siebe angeschwemmt. Durch Anordnung mehrer Siebelemente in einem Filtergehäuse wird die Filterfläche vergrößert und die Leistung außerordentlich gesteigert.

Schichtenfilter: Einen hohen Grad der Vollendung haben die Schichtenfilter erreicht. Das Filtermaterial wird hier nicht mehr angeschwemmt sondern in Form fertiger, fester Schichten zwischen Filterrahmen eingespannt. In ihrer Gesamtheit bilden diese Schichten eine gleichmäßige, unempfindliche Filterfläche fast beliebiger Größe.
Die besonderen Vorteile der Schichtenfilter bestehen darin, daß die Weine während der Filtration nicht mit Luft in Berührung kommen und, daß sie weder Kohlensäure noch Bukettstoffe verlieren.

Drehfilter: Diese Filter eignen sich vor allem im Großbetrieb zur Verarbeitung von Mosttrub und dickflüssiger Hefe. Eine Filtertrommel, über die ein Filtertuch gespannt ist, dreht sich in einem Trog. Mit Hilfe einer Vakuumpumpe wird grobes Kieselgur aufgeschwemmt. Der Trub wird von der Trommel entnommen, die Flüssigkeit in die Trommel eingesaugt und die Feststoffe an der Oberfläche festgehalten, von wo sie mit einem Schaber kontinuierlich abgekratzt werden.

Entkeimende Filtration: Mit der Entwicklung des EK-Filters haben sich für die Behandlung der Weine und für die Haltbarmachung der Trauben- und Obstsäfte Verfahren ergeben, die eine Umwälzung sowohl in der Kellerwirtschaft als auch in der Bereitung von Süßmost bedeuten. Die Filter bestehen aus Asbestschichten oder aus Membranschichten und sind so wirksam, daß nicht allein Hefezellen sondern auch die sehr viel kleineren Sporen von Pilzen und selbst Bakterien zurückgehalten werden.
Bei der klassischen Filtration (*statische Filtration*) ist die Filtrationsleistung infolge der raschen Kuchenbildung (Abb. 3) und der ausgeprägten Pressibilität der Feststoffe gering und begrenzt deshalb die Wirtschaftlichkeit dieses Verfahrens. Mit der Entwicklung von prozeßfähigen Membranfiltern hat in den letzten Jahren in der Getränkeindustrie die ,,*Cross-Flow-Filtrationstechnik*" an Bedeutung gewonnen.

Mikrofiltration (Tangentialfiltration mit Cross-Flow-Technik): Die Tangentialfiltration ist dadurch gekennzeichnet, daß die Membranoberfläche im Gegensatz zu der statischen Filtration (Dead-End-Filtration) mit einem quer zur Filtrationsrichtung wirksamen Schubspannungsgradienten tangential überströmt wird (Abb. 3). Hierdurch wird die Bildung einer Deckschicht an der Membranoberfläche (Membranfouling) zurückgedrängt bzw. minimiert (Abb. 3).
Die Cross-Flow-Mikrofiltration ist eine hochleistungsfähige Alternative zu den bisherigen Filtrationsverfahren. Hiermit können sämtliche Trubstoffe bis

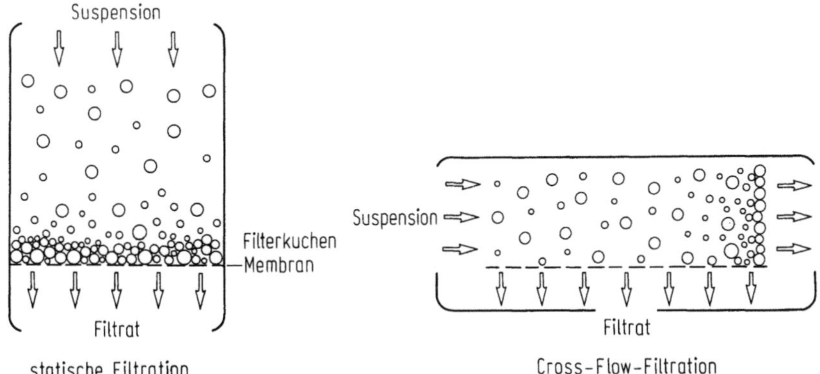

Abb. 3. Schematische Darstellung der statischen Filtration und der ,,Cross-Flow-Filtration"

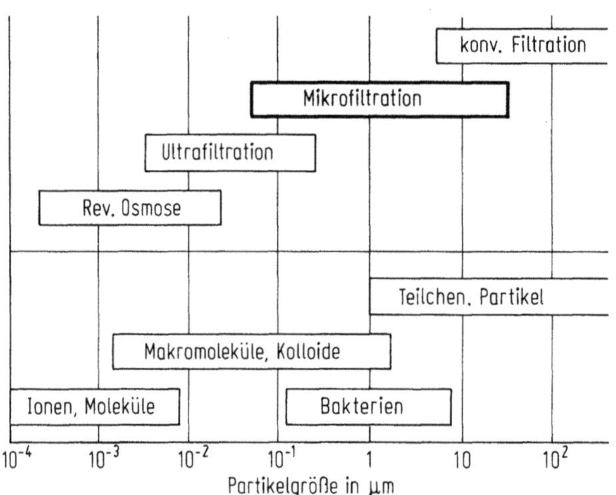

Abb. 4. Trennleitung der Mikrofiltration

hin zu den schwerfiltrierbaren Kolloiden und auch Bakterien entfernt werden.
In Abb. 4 sind Porengröße und abtrennbare Bestandteile der Mikrofiltration
im Vergleich zur konventionellen Filtration dargestellt.

4.6 Lagern und Reifen des Jungweines (Faßlagerung)

Wie lange man den Wein im Faß beläßt, hängt von der Traubensorte, dem
Weintyp (Rotwein, Weißwein), vom Jahrgang, von der Behandlung des Weines, von der Größe und der Art des Gebindes (Holzfaß, Stahltank) und von
anderen Faktoren (z. B. Kellertemperatur) ab. Leichte Weine mit flüchtigem
Bukett und geringer Säure füllt man schon sehr früh ab, um ihren frischen und
spritzigen Charakter zu erhalten. Die Zeit des Ausbaus und der Lagerung vor
der Flaschenfüllung beträgt heute 3 bis 9 Monate.
Zur Lagerung der Weine sind in Großbetrieben des In- und Auslandes große
Betonbehälter in Gebrauch, deren Innenwände mit Glasplatten ausgekleidet
oder durch einen säurefesten Anstrich mit Zweikomponenten-Kunstharz
(Epoxidharz, Polyurethane, Polyesterharz) geschützt sind. Die Vorzüge der
Betontanks bestehen darin, daß sie den vorhandenen Kellerraum besser als
alle anderen Behälter ausnutzen und daß sie sehr dauerhaft sind. Die Nachteile
der Betontanks bestehen in der Schwierigkeit, während der Gärung eine Temperaturbeeinflussung vornehmen zu können. Dadurch erwärmen sich die gä-
renden Moste oftmals sehr stark.
Neuerdings haben sich mehr liegende oder stehende Edelstahltanks (3000 bis
60 000 l Inhalt) als Gär- bzw. Lagerbehälter durchgesetzt. Diese Tanks sind
leicht zu pflegen und lassen sich gut reinigen und sterilisieren. Sie sind ideal
zur Lagerung fertig ausgebauter Weine.

Zum Ausbau und zur Lagerung der Weine (insbesondere der Rotweine) verwendet man auch heute noch (bzw. wieder) Holzfässer, deren Größe und Form in den einzelnen Weinbaugebieten sehr verschieden sind. Dabei werden Weinfässer aus Eichen-, Kastanien- oder Lärchenholz benutzt. Rotweine (vor allem in südlichen Ländern) werden bevorzugt für einige Wochen bis Monate in jungen frischen Eichenfässern gelagert (bzw. vergoren), danach in bereits benutzte ältere Fässer umgefüllt und bis zum Erreichen des gewünschten Lagerbuketts weiter aufbewahrt („Barrique-Ausbau"). Die Größe dieser Behälter (Barrique) liegt zwischen 200 bis 300 Litern.

Beim Lagern in Holzfässern wird einerseits das Reifen (Altern) des Weines beschleunigt, andererseits werden bestimmte Stoffe aus dem Holz herausgelöst. Diese Komponenten (vorwiegend Laktone, Vanillin usw.) verleihen dem Wein das typische Bukett holzfaßgelagerter Weine.

5 Haltbarmachung und Flaschenfüllung

Wenn der Wein eine gewisse Reife besitzt, sowie die Kristallausscheidungen und die Behandlungen (Schönungen) abgeschlossen sind, ist der Zeitpunkt der Abfüllung in Flaschen gekommen. Der Abfüllzeitpunkt wird auch vom Marktgeschehen und vom Kellerklima beeinflußt. Normalerweise liegt der Abfüllzeitpunkt heute zwischen Februar und Sommer des auf die Lese folgenden Jahres.

5.1 Süßreserve

Der größte Teil unserer Weine enthält zur geschmacklichen Abrundung eine bestimmte Mengen an Restzucker. Diese Restsüße kann im Wein entweder durch eine entsprechende Gärunterbrechung (mittels Kühlung oder Filtration) oder durch Zusatz einer Süßreserve (unvergorener Traubenmost) vor der Flaschenfüllung erfolgen. Dieser Vorgang wird als Süßung bezeichnet und ist gesetzlichen Regelungen unterworfen.

Zur Süßung von Landwein, Qualitätswein und Qualitätswein mit Prädikat darf zur Erhöhung der Qualität nur Traubenmost (Süßreserve) verwendet werden, bei Tafelwein ist zusätzlich noch die Verwendung von konzentriertem Traubenmost und rektifiziertem Traubenmostkonzentrat (RTK) erlaubt. Entsprechend den EG-Verordnungen gilt die Süßung nicht als Verschnitt. Um einem Übermaß an fremder Süßreserve abzuhelfen, darf der gesamte Fremdanteil (Verschnittwein (max. 15 %) + zugesetzte Süßreserve) nicht mehr als 25 % betragen.

Die Süßreserve ist unvergorener Traubenmost mit max. 8 g/l (1 Vol.%) Ethanol. Zur Herstellung der Süßreserve können verschiedene Verfahren angewandt werden:

- kaltsterile Einlagerung.
- Böhi-Verfahren: die Süßreserve wird keimarm in Drucktanks eingelagert. Zur Verhinderung einer Gärung wird sie mit 15 g/l CO_2 imprägniert. Bei

einer Temperatur von 15 °C ergibt dies einen Druck von 8 bar. Zu diesem Verfahren werden Drucktanks benötigt.
- Kurzzeiterhitzung: die Einlagerung der Süßreserve erfolgt nach einer Kurzzeiterhitzung (87 °C) und anschließender Rückkühlung in einem sterilen Tank.
- Heißeinlagerung: hierbei wird die Süßreserve auf 78 °C erhitzt und heiß in unsterile Behälter eingelagert.
- Stummschwefelung: bei der Stummschwefelung der Süßreserve werden 1000–1500 mg/l SO_2 zugesetzt. Bei Bedarf wird dann in einer Entschwefelungsanlage das SO_2 wieder entfernt; dies ist ein Verfahren für den Großbetrieb.
- Einlagerung mit Sorbinsäure: zur Unterdrückung von Essig- und Milchsäurebakterien werden 800–1000 mg/l benötigt. Die Anwendung der Sorbinsäure zur Konservierung von Süßreserven hat sich nicht bewährt, da sich bei Weinen gelegentlich der unangenehme „Geranienton" (durch bakterielle Umwandlung der Sorbinsäure in 2-Ethoxyhexa-3,5-dien) entwickeln kann.

5.2 Haltbarmachung

Zur Haltbarmachung werden die Weine vor der Flaschenfüllung mit schwefliger Säure (Kaliumdisulfit, schweflige Säure, gasförmiges SO_2) versetzt. Dabei dürfen die gesetzlich festgelegten Höchstmengen nicht überschritten werden:
- Weißwein und Roséwein unter 5 g/l Restzucker: max. 210 mg/l,
- Weißwein und Roséwein mit mehr als 5 g/l Restzucker: max. 260 mg/l,
- Rotwein unter 5 g/l Restzucker: max. 160 mg/l,
- Rotwein mit mehr als 5 g/l Restzucker: max. 210 mg/l,
- Spätlesen: max. 300 mg/l,
- Auslesen: max. 350 mg/l,
- Beerenauslesen und Trockenbeerenauslesen: max. 400 mg/l.

Weiterhin sind zur Haltbarmachung nur noch Sorbinsäure (wenig verwendet) und L-Ascorbinsäure (max. 150 mg/l) erlaubt. Bei Sorbinsäure dürfen max. 200 mg/l zugesetzt werden, jedoch muß ab 40 mg/l der Zusatz kenntlich gemacht werden („mit Konservierungsstoff Sorbinsäure").

5.3 Flaschenfüllung

Vor der Füllung müssen Filter, Füller und Korkmaschine sterilisiert werden. Bei Filter und Füller erfolgt dies durch Dämpfen, bei der Korkmaschine mittels 2%iger SO_2-Lösung.
Die Weine werden direkt nach der Filtration mit Entkeimungsfiltern in gewaschene und keimfreie Flaschen eingefüllt. Das Entkeimen der Flaschen geschieht entweder durch Erhitzen mit Dampf oder zweckmäßiger durch Behandlung mit 1,5 bis 2%iger schwefliger Säure. Man verwendet dazu Schwefelräder, Sprüh-Geräte oder auch Tauchbadsterilisatoren. Im Tauchbadsterilisator ist auch die Anwendung von Ozon (O_3) anstelle von SO_2 möglich.

Die gefüllten Flaschen werden sofort mit fehlerfreien zylindrischen Korken (Naturkork, Preßkork) oder mit Schraubverschlüssen (Anrollverschluß) verschlossen. Die heutigen Korken werden von den Korklieferanten vorbehandelt, entkeimt und in Plastikbeuteln keimfrei (Sterilkorken) geliefert.

6 Flaschenlagerung, Kennzeichnung und Aufmachung

6.1 Flaschenlagerung

Die abgefüllten Flaschen werden in einem trockenen Keller bei möglichst gleichbleibender Temperatur gelagert. Bei Weißweinen soll die Temperatur im Keller 10–12 °C, bei Rotwein 12–15 °C betragen.

Mit der Abfüllung eines Weines in Flaschen sind sein Ausbau und seine Entwicklung noch keineswegs beendet. Manche Weine, besonders körperreiche Produkte, erhalten ihr volles Bukett, ihre höchste Reife und ihre schönste Art oft erst nach 2- bis 3-jähriger Lagerung in der Flasche.

Bei der Flaschenlagerung laufen zahlreiche Reaktionen ab, die das Alterungsbukett bedingen. Man kann die gesamten Alterungsreaktionen in vier Gruppen einteilen:
- Veränderung der Gehalte der Ester,
  - Zunahme der Ethylester,
  - Abnahme der Acetate,
- Bildung neuer Komponenten aus dem Kohlenhydratabbau (Bildung von Furankomponenten),
- Bildung neuer Komponenten aus dem Carotinoidabbau (Bildung von u. a., Trimethyldihydronaphthalin: eine Komponente mit typischer Kerosin- bzw. Petrolnote),
- Veränderung in der Terpenzusammensetzung und damit Veränderung des sortentypischen Buketts.

Diese Alterungsprozesse laufen je nach Lagertemperatur und Weintyp unterschiedlich schnell ab. Einige Reaktionen sind selbst nach 10 Jahren noch nicht abgeschlossen.

6.2 Kennzeichnung und Aufmachung

Die Bezeichnung und Aufmachung der Weine ist durch die Europäische Gemeinschaft geregelt. Zur Kennzeichnung unserer Weine ist alles verboten, was nicht ausdrücklich aufgeführt und damit erlaubt ist.

Folgende Angaben sind u. a. bei Qualitätsweinen vorgeschrieben:
- die Angabe Weißwein, Rotwein, Rotling oder Roséwein,
- das bestimmte Anbaugebiet,
- die Qualitätsstufe,
- die amtliche Prüfnummer (A. P.-Nr.),
- das Nennvolumen, z. B. 0,75 l,

- der Abfüller oder Versender,
- der Gesamtalkoholgehalt.

Folgende Angaben können u.a. wahlweise verwendet werden:
- engere geographische Herkunftsangaben (Groß- und Einzellage),
- Rebsorte und Jahrgangsangaben (wenn 85% des Weines der angegebenen Bezeichnung entsprechen),
- Informationen über Geschichte des Weines und Betriebes,
- Weißherbst, Eiswein, Schillerwein, Bad. Rotgold,
- Angabe von Auszeichnungen (Weinsiegel, Gebiets- und Bundesweinprämiierung),
- Angabe von Weingut, Weingutsbesitzer, Winzer, Weinhändler usw.,
- Erzeugerabfüllung,
- die Geschmacksangaben:
  - *trocken:* wenn ein Wein einen Restzuckergehalt bis höchstens 9 g/l aufweist und der in g/l Weinsäure ausgedrückte Gesamtsäuregehalt höchstens 2 g/l niedriger ist als der Restzuckergehalt,
  - *halbtrocken:* wenn der Wein einen Restzuckergehalt bis höchstens 18 g/l aufweist und der in g/l Weinsäure ausgedrückte Gesamtsäuregehalt höchstens 10 g/l niedriger ist als der Restzuckergehalt.

7 Literatur

Troost G (1980) Technologie des Weines. Verlag Eugen Ulmer, Stuttgart
Vogt E, Jakob L, Lemperle E, Weiss E (1979) Der Wein. Verlag Eugen Ulmer, Stuttgart
Meidinger F (1984) Kellerwirtschaft. Verlag Eugen Ulmer, Stuttgart
Dittrich HH (1987) Mikrobiologie des Weines. Verlag Eugen Ulmer, Stuttgart
Geiss W (1960) Lehrbuch für Weinbereitung und Kellerwirtschaft. Selbstverlag, Bad Kreuznach
Jakob L (1984) Taschenbuch der Kellerwirtschaft. Fachverlag Dr. Fraund, Wiesbaden
Jakob L (1986) Lexikon der Önologie. Meininger, Neustadt
Amerine MA, Cruess WV (1960) The Technology of Wine Making. AVI Publishing Company, Westport, Connect/USA
Ribéreau-Gayon J, Peynaud E, Sudraud P, Ribéreau-Gayon P (1966–1977) Sciences et Techniques du Vin. Tome I Analyse et Contrôle des vins. Tome II Composition, Transformations et Trailement des Vins. Tome III Vinification Transformations du Vin. Tome IV Clarification et stabilisation matériels et instalations. Dunod, Paris
Schanderl H, Koch J, Kolb E (1981) Fruchtweine. Verlag Eugen Ulmer, Stuttgart
Amtsblatt der Europäischen Gemeinschaften, Rechtsvorschriften: Verordnung (EWG) Nr. 1108/82 der Kommission zur Bestimmung gemeinsamer Analysenmethoden für den Weinsektor. Verordnung VO (EWG) Nr. 337/79 über die gemeinsame Marktorganisation für Wein. Verordnung VO (EWG) Nr. 3282/73 bezüglich der Definition von Verschnitt und Weinbereitung. Verordnung VO (EWG) Nr. 338/79 zur Festlegung besonderer Vorschriften für Qualitätsweine.
Koch HJ (1983) Weinrecht – Kommentar. Deutscher Fachverlag, Frankfurt
Becker W, Hieke G, Jäger H, Sebastian R (1977) Wegweiser durch das Weinrecht. Gewa-Druck, Bingen
Würdig G, Woller R (1989) Chemie des Weines. Verlag Eugen Ulmer, Stuttgart

7.5 Spirituosen

H. Laber, Geisenheim-Johannisberg

1 Einleitung

Spirituosen sind für den menschlichen Verbrauch bestimmte alkoholische Getränke, in denen aus vergorenen zuckerhaltigen Stoffen oder in Zucker verwandelten und vergorenen Stoffen durch Brennverfahren gewonnener Alkohol (Ethylalkohol landwirtschaftlichen Ursprungs) als wertbestimmender Anteil enthalten ist.
Die Verordnung (EWG) Nr. 1576/89 des Rates vom 29. Mai 1989 zur Festlegung der allgemeinen Regeln für die Begriffsbestimmung, Bezeichnung und Aufmachung von Spirituosen, regelt in der EWG die Herstellung von Spirituosen. Es wird das Qualitätsniveau von Erzeugnissen unter Berücksichtigung der traditionellen Herstellungsverfahren und Bezeichnungen definiert, die die Grundlage für ihren guten Ruf sind. Um eine Abwertung so definierter Erzeugnisse und Bezeichnungen zu verhindern und den Charakter von Herkunftsbezeichnungen zu erhalten, sind die erwähnten Spirituosen an überlieferte Herstellungsverfahren und/oder an bestimmte geographische Gebiete gebunden.
Die in der Bundesrepublik und den Staaten der Gemeinschaft hergestellten Spirituosen müssen einen Mindestalkoholgehalt aufweisen. Nach einem Urteil des EuGH sind alle in irgendeinem Mitgliedstaat der Gemeinschaft nach den EG-Begriffsbestimmungen hergestellten Spirituosen in jedem EG-Staat verkehrsfähig. Dieses Recht ist durch VO am 10. 03. 1983 in das nationale Recht der Bundesrepublik übernommen worden. Nach einzelstaatlichen Bestimmungen kann für die im Anhang II der neuen EG-Verordnung aufgeführten Spirituosen ein höherer Mindestalkoholgehalt festgelegt werden.
Diese neue EG-Verordnung gilt auch für importierte Spirituosen aus Drittländern – nicht EG-Länder – und für Erzeugnisse, die aus der Gemeinschaft auf den Weltmarkt exportiert werden.

2 Allgemeine Bestimmungen

a) Süßung kann durch folgende Erzeugnisse einzeln oder in Kombination miteinander erfolgen:
Halbweißzucker, Weißzucker, raffinierter Weißzucker, Dextrose, Fruktose, Glukosesirup, flüssiger Zucker, flüssiger Invertzucker, rektifiziertes Traubenmostkonzentrat (RTK), konz. Traubenmost, frischer Trauben-

most, karamelisierter Zucker (burned sugar), Honig, Karobbesirup sowie andere natürliche Zuckerstoffe.

b) Mischung ist die Vermischung von ein oder mehr Getränken, um ein neues Getränk zu erhalten.

c) Durch Zusatz von Alkohol zu einer Spirituose entsteht ein Verschnitt (Rum Verschnitt).

d) Zusammenstellung, Blend, Blending ist das Verfahren, bei dem zwei oder mehrere Spirituosen ein und derselben Kategorie zusammengemischt werden; das dabei entstehende Getränk gehört derselben Kategorie an, wie die zur Zusammenstellung verwendeten Spirituosen.

e) Reifung ist das Verfahren, bei dem in geeigneten Behältern Vorgänge ablaufen können (!), durch die eine Spirituose neue, sensorisch wahrnehmbare Merkmale erhält.

f) Aromatisierung erfolgt durch die Zugabe von zugelassenen Stoffen bei der Spirituosenherstellung.

g) Färbung erfolgt durch Zugabe von einem oder mehreren Farbstoffen.

h) Der zur Herstellung von Spirituosen verwendete Ethylalkohol (kurz Ethanol genannt) darf nur landwirtschaftlichen Ursprungs sein: Er ist durch Destillation nach alkoholischer Gärung aus landwirtschaftlichen Erzeugnissen hergestellt und muß neben anderen Mindestanforderungen 96,0% vol aufweisen. Wird auf die zur Herstellung verwendeten Stoffe Bezug genommen, so muß der Alkohol ausschließlich aus ihnen gewonnen worden sein. Die Eigenschaften sind im Anhang I der EG-Verordnung geregelt.

i) Destillat landwirtschaftlichen Ursprungs ist durch Destillation nach alkoholischer Gärung aus den im Anhang II der EG-Verordnung genannten landwirtschaftlichen Erzeugnissen hergestellt und weist die typischen Merkmale auf.

j) Alkoholgehalt (% vol) ist das Verhältnis des in dem betreffenden Erzeugnis enthaltenen Volumens an reinem Alkohol, bei einer Temperatur von 20 °C, zum Gesamtvolumen des Erzeugnisses bei 20 °C.

k) Gehalt an flüchtigen Bestandteilen: Gehalt an flüchtigen Bestandteilen einer auschließlich durch Destillation hergestellten Spirituose, außer Ethanol und Methanol.

l) Herstellungsort ist der Ort oder die Region, wo die Phase des Herstellungsprozesses des Fertigerzeugnisses stattgefunden hat, in der die Spirituose ihren Charakter und ihre wesentlichen endgültigen Eigenschaften erhalten hat.

m) Kategorie von Spirituosen: Sämtliche Spirituosen, die ein und derselben Begriffsbestimmung entsprechen.

3 Einzelne Arten von Spirituosen

3.1 Spirituose aus Zuckerrohr

Rum 37,5% vol ist die Spirituose, die ausschließlich durch alkoholische Gärung und Destillation von Zuckerrohrsaft, -melasse, -sirup oder anderen bei der Rohrzuckerherstellung anfallenden Nebenprodukten gewonnen wird. Das Destillationserzeugnis muß bei weniger als 96% vol destilliert werden und die besonderen Merkmale von Rum aufweisen. Der ausschließlich aus Zuckerrohrsaft gewonnene Rum mit 225 g/hl r.A. flüchtige Stoffe und mit lt. Anhang II versehener geographischer Bezeichnung der französischen überseeischen Departements, darf mit „landwirtschaftlich" bezeichnet werden. Rum-Verschnitt 37,5% vol ist eine in Deutschland hergestellte Mischung von Rum und Alkohol, wobei der Rumalkoholanteil mindestens 5% des Gesamtalkohols betragen muß.

3.2 Spirituose aus Getreide

Whisky oder Whiskey 40% vol wird durch Destillation von Getreidemaische gewonnen, die durch Malzamylasen oder andere natürliche Enzyme verzuckert, mit Hefe vergoren, zu weniger als 94,8% vol so destilliert worden ist, daß das Aroma und der Geschmack der verwendeten Ausgangsstoffe erhalten bleiben; er ist mindestens drei Jahre lang in Holzfässern mit 700 l oder weniger gereift. Getreidespirituose 35% vol wird durch Destillation aus vergorener Getreidemaische gewonnen. Wird eine Getreidespirituose in Gebieten der Gemeinschaft mit Deutsch als eine der Amtssprachen hergestellt und „Korn (32% vol)" oder „Kornbrand (37,5% vol)" bezeichnet, so muß das Produkt in diesen Regionen herkömmlicherweise hergestellt werden. Die Maische darf nur aus dem vollen Korn von Weizen, Gerste, Hafer, Roggen oder Buchweizen mit allen seinen Bestandteilen hergestellt werden. Führt die Getreidespirituose die Bezeichnung „Getreidebrand", so muß das Destillat zu weniger als 95% vol mit den Merkmalen der Ausgangsstoffe gewonnen worden sein.

3.3 Spirituose aus Wein

Branntwein 37,5% vol ist eine Spirituose, die aus Wein oder Brennwein kontinuierlich oder diskontinuierlich zu weniger als 86% vol gewonnen wird und einen Gehalt von mindestens 125 g/hl r.A. an flüchtigen Bestandteilen und höchstens 200 g/hl r.A. Methanol aufweist.
Cognac und Armagnac 40% vol sind Branntwein mit kontrollierter Ursprungsbezeichnung.
Brandy oder Weinbrand 36% vol ist die Spirituose, die aus Branntwein mit oder ohne Weindestillat, das zu weniger als 94,8% vol destilliert worden ist, hergestellt wird; sie weist einen Gehalt von mindestens 125 g/hl r.A. an flüchtigen Bestandteilen und höchstens 200 g/hl r.A. Methanol auf. Das Weindestillat ist auf 50% im Fertigprodukt begrenzt. Die Lagerzeit beträgt mindestens 12 Monate, wenn das Fassungsvermögen der Eichenlagerfässer 1 000 l und größer ist; andernfalls beträgt die Mindestlagerzeit 6 Monate.

3.4 Spirituose aus Rückständen der Weinbereitung

Tresterbrand oder Trester 37,5% vol ist die Spirituose, die aus vergorenem Traubentrester, zu weniger als 86% vol destilliert worden ist, einen Gehalt von

140 g/hl r. A. oder mehr und einen Höchstgehalt an Methanol von 1 000 g/hl
r. A. aufweist. Die Bezeichnung „Grappa" darf nur für die in Italien hergestellte Spirituose verwendet werden.

Korinthenbrand oder Raisin Brandy 37,5 % vol ist die Spirituose, die aus dem
durch alkoholische Gärung des Extraktes von getrockneten Beeren der Reben
„Schwarze Korinth" oder „Malaga Muskat" und anschließender Destillation
zu weniger als 94,5 % vol so destilliert wird, daß das Aroma und der Geschmack der Ausgangsstoffe erhalten bleibt.

3.5 Spirituose aus Obst

Obstbrand 37,5 % vol ist die Spirituose, die ausschließlich durch alkoholische
Gärung einer frischen fleischigen Frucht oder des frischen Mosts dieser Frucht
– mit oder ohne Steine – zu weniger als 86 % vol so destilliert wird, daß das
Destillat das Aroma und den Geschmack der verwendeten Frucht behält. Der
Gehalt an flüchtigen Bestandteilen muß 200 g/hl r. A. oder mehr, der Höchst-
gehalt an Methanol 1 000 g/hl r. A. in besonderem Fall 1 500 g/hl r. A. und der
Blausäuregehalt bei Steinobstbrand 10 g/hl r. A. betragen.

Die Spirituose wird unter Voranstellung des Namens der verwendeten Frucht
als „-brand" bezeichnet: Kirschbrand oder Kirsch, Pflaumenbrand oder Sli-
bowitz, Mirabellen-, Pfirsich-, Apfel-, Birnen-, Aprikosen-, Feigenbrand,
Brand aus Zitrusfrüchten, Brand aus Weintrauben oder Brand aus sonstigen
Früchten. Sie kann auch unter Voranstellung des Namens der verwendeten
Frucht als „-wasser" bezeichnet werden.

„Williams" 37,5 % vol darf nur Birnenbrand sein, der ausschließlich aus der
Sorte „Williams Christ" gewonnen worden ist.

Werden Obstmaischen zweier oder mehrerer Sorten zusammen destilliert,
dann wird das Erzeugnis als „Obstbrand" bezeichnet. Ergänzend können die
einzelnen Sorten in absteigender Reihenfolge der verwendeten Mengen aufgeführt werden.

Als „-brand" 37,5 % vol mit Voranstellung des Namens der verwendeten
Frucht können ferner Spirituosen bezeichnet werden, die durch Einmaischen
bestimmter Beeren und anderer Früchte wie Himbeeren, Brombeeren, Heidel-
beeren und anderen, die teilweise ver- oder unvergoren sind, in Ethanol, Brand
oder einem zugelassenen Destillat durch Destillation gewonnen werden, wobei
die Einsatzmenge mindestens 100 kg Früchte per 20 Liter r. A. betragen muß.
Um eine Verwechslung mit anderen Obstbränden zu vermeiden, sind extra
Regeln aufgestellt.

Als „-geist" 37,5 % vol unter Voranstellung des Namens der verwendeten
Frucht kann die Spirituose bezeichnet werden, die durch Einmaischen ganzer
unvergorener Früchte in Ethanol durch Destillation gewonnen worden ist.

Brand aus Apfel- oder Birnenwein 37,5 % vol ist die Spirituose, die aus Apfel-
oder Birnenwein durch ausschließliche Destillation hergestellt worden ist.

„Calvados" 40 % vol darf nur die Spirituose genannt werden, die in Frankreich in dem ausgewiesenen Gebiet nach den einschlägigen Bestimmungen
hergestellt worden ist.

Enzian 37,5% vol ist die aus Enzianlutter mit oder ohne Verwendung von Ethanol hergestellte Spirituose.

Obstspirituose 25% vol ist die Spirituose, die durch Einmaischen einer Frucht in Ethanol und/oder Destillaten und/oder dafür zugelassenem Brand hergestellt wird. Zur Aromatisierung dieser Spirituose können definierte Aromastoffe und/oder -extrakte, die nicht mit der verarbeiteten Frucht identisch sind, zugesetzt werden. Der charakteristische Geschmack sowie die Färbung müssen ausschließlich von der verarbeiteten Frucht stammen. Diese Spirituose kann als „Spirituose" unter Voranstellung des Namens der verwendeten Frucht, benannt werden. Mindestfruchtmenge 5 kg je 20 l r. A.

Als „Pacharán" darf nur die in Spanien durch Einmaischen von Schlehen (Prunus espinosa) mit einer Mindestfruchtmenge von 250 g/Liter r. A., hergestellte Obstspirituose bezeichnet werden.

3.6 Spirituose mit Wacholder

Die Spirituose, die durch Aromatisieren von Ethanol und/oder Getreidebrand und/oder -destillat mit Wacholderbeeren (Fructus Juniperus communis) gewonnen wird.

Bei Genièvre, Jenever, Genever 37,5% vol und Peket muß der zur Herstellung verwendete Ethylalkohol die entsprechenden Eigenschaften und höchstens 5 g/hl r. A. Methanol aufweisen. Der Wacholderbeerengeschmack muß bei diesen Spirituosen nicht wahrnehmbar sein.

Gin 37,5% vol wird die Spirituose genannt, die durch Aromatisierung von Ethanol mit definierten natürlichen und/oder naturidentischen Aromastoffen hergestellt wird. Der Wacholdergeschmack muß vorherrschend bleiben.

„London Gin" gehört zur Getränkeart „destillierter Gin".

3.7 Spirituose mit Kümmel

Die Spirituose 30% vol, die durch Aromatisieren von Ethanol mit Kümmel (Carum carvi L.) gewonnen wird.

Akvavit oder Aquavit 37,5% vol ist die Spirituose, die mit einem Kräuteroder Gewürzdestillat hergestellt wird. Der wesentliche Teil des Aromas muß aus der Destillation von Kümmel -und/oder Dillsamen stammen, die Verwendung von ätherischen Ölen ist nicht statthaft.

3.8 Spirituose mit Anis

Die Spirituose 15% vol, die durch Aromatisierung von Ethanol mit natürlichen Extrakten und/oder Destillaten von Sternanis (Illicium verum), Anis (Pimpinella anisum), Fenchel (Foeniculum vulgare) oder anderen Pflanzen, die im wesentlichen das gleiche Aroma aufweisen, hergestellt wird.

Pastis 40% vol darf eine Spirituose genannt werden, wenn sie zusätzlich natürliche Extrakte aus Süßholz enthält, wobei der Glycyrrhizinsäuregehalt zwischen 0,05 g und 0,5 g/Liter Spirituose liegen muß. Der Zuckergehalt von

Pastis muß weniger als 100 g/Liter, der Anetholgehalt mindestens 1,5 g und höchstens 2 g pro Liter betragen.

Als „Ouzo" 37,5% vol darf eine Spirituose mit Anis bezeichnet werden, wenn sie ausschließlich in Griechenland hergestellt wird durch Zusammenstellung von Ethanol mit durch Destillation aromatisiertem Ethylalkohol, der mindestens 20% des Ethylalkohols des Ouzo ausmachen muß. Ouzo muß farblos sein und darf einen Zuckerzusatz bis zu 50 g pro Liter aufweisen.

Anis 35% vol ist die Spirituose, die ihr charakteristisches Aroma auschließlich von Anis und/oder Sternanis und/oder Fenchel erhält. Die Bezeichnung „destillierter Anis" darf sie dann tragen, wenn ihr Alkoholgehalt zu mindestens 20% aus unter Beigabe der genannten Samen destilliertem Ethanol stammt.

3.9 Spirituose mit bitterem Geschmack oder Bitter

Die Spirituose 15% vol mit vorherrschend bitterem Geschmack, die durch Aromatisierung von Ethanol mit definierten natürlichen und/oder naturidentischen Aromastoffen und /oder Aromaextrakten, hergestellt wird. Sie darf auch unter der Bezeichnung Bitter/Amaro allein oder in Verbindung mit einem anderen Begriff vermarktet werden.

3.10 Wodka

Die Spirituose 37,5% vol, die aus Ethanol durch Rektifikation, Filtration über Aktivkohle oder einem gleichwertigen besonderen Verfahren gewonnen wird. Dem Erzeugnis können durch Zusatz von Aromastoffen besondere sensorische Eigenschaften, insbesondere ein weicher Geschmack verliehen werden.

3.11 Likör

Die Spirituose 15% vol, die einen Mindestzuckergehalt von 100 g/Liter (berechnet als Invertzuckergehalt) aufweist und durch Aromatisieren von Ethanol oder eines dafür zugelassenen Destillats und/oder Spirituosen auch unter Beigabe von Erzeugnissen landwirtschaftlichen Ursprungs wie Rahm, Milch, Obst, Wein etc. hergestellt wird.

Die Bezeichnung „-creme" mit vorangestellter Bezeichnung des Ausgangsstoffes mit Ausnahme von Milcherzeugnissen, erfordert einen Mindestzuckergehalt von 250 g/Liter. „Cassiscreme" ist Likören mit einem Mindestzuckergehalt von 400 g/Liter, hergestellt aus schwarzen Johannisbeeren, vorbehalten.

Eierlikör oder Advokat/Advocaat/Avocat 14% vol ist die Spirituose, aromatisiert oder nicht, die aus Ethanol gewonnen wird und als Bestandteile hochwertiges Eigelb (Mindesteigelbgehalt 140 g/Liter), Eiweiß und Zucker oder Honig (Mindestzuckergehalt 150 g/Liter) enthält.

Likör mit Eizusatz muß im Fertigprodukt 70 g Eigelb/Liter aufweisen, wobei das Eigelb charakteristischer Bestandteil ist.

Die nachfolgend genannten Spirituosen dürfen, wenn ihnen Ethanol zugesetzt wird, in keinerlei Form und Aufmachung den ihnen vorbehaltenen Gattungsbegriff führen:
- Rum (Ausnahme: „Rum-Verschnitt")
- Whisky und Whiskey,
- Getreidespirituosen/Getreidebrand,
- Branntwein und Brandy,
- Tresterbrand,
- Korinthenbrand,
- Obstbrand (Ausnahme: die in Artikel 1 Absatz 4 Buchstabe i) Nummer 2 definierten Erzeugnisse)
- Brand aus Apfel- oder Birnenwein.

Die neue EG-Verordnung berührt nicht die Einfuhr und die Vermarktung von Spirituosen unter ihrer Ursprungsbezeichnung, deren Herstellung in Drittländern erfolgt, für die die Gemeinschaft besondere Übereinkünfte getroffen hat.

4 Literatur

1. Straten S von, LOV List of Volatiles, CIVO, Zeist, Holland
2. Spirituosen Jahrbuch, Versuchs- und Lehranstalt für Spiritusfabrikation und Fermentationstechnologie in Berlin
3. Rose AH (1977) Economic microbiology, Vol 1, Alcoholic beverages
4. Pieper, Bruchmann, Kolb (1977) Handbuch der Getränketechnologie, Technologie der Obstbrennerei, Eugen Ulmer Verlag, Stuttgart
5. Wüstenfeld W, Haeseler G (1964) Trinkbranntweine und Liköre (Gesetzteil veraltet), 4. Aufl, Paul Parey Verlag, Berlin
6. Weinrecht der EG, der Bundesrepublik Deutschland und der Bundesländer (Loseblattsammlung), Walhalla und Pretoria Verlag
7. Conrad H, Branntwein „Was nicht im Monopolgesetz steht", R v Decker's Verlag
8. Thurm HG (1978) Shao Chiu, Gebrannter Wein im alten China, Alkohol – Industrie (Edition 1978)
9. Arius C, Liköre – hausgemacht, 2. Aufl, Hädecke Verlag/7225 Weil der Stadt
10. Tanner H, Brunner HR (1982) Obstbrennerei heute, Verlag Heller, 7170 Schwäbisch Hall
11. Nykänen L, Suomalainen H (1983) Handbuch der Aromaforschung, Aroma of Beer, Wine and Destilled Alcoholic Beverages, Academie-Verlag, Berlin/Kluwer Boston Inc.
12. Kreipe H (1981) Handbuch der Getränketechnologie, Getreide- und Kartoffelbrennerei, Eugen Ulmer Verlag, Stuttgart

8 Kaffee und Tee

K. F. Sylla, Bremen

1 Rohkaffee

1.1 Die Kaffeepflanze und ihre Frucht

Die etwa 70 verschiedenen Kaffeepflanzen der Gattungsbezeichnung „Coffea"
gehören zur Familie der Krapp-Gewächse oder Rubiaceen. Kommerziell
verwertet werden davon jedoch nur Coffea arabica (65% der Welternte) und
Coffea canephora (robusta) zu 35%. An der Elfenbeinküste wird seit 1973 eine
Kreuzung von Arabica und Robusta, „Arabusta" mit steigendem Erfolg
angepflanzt.

Die Kaffeepflanzen findet man in den meisten tropischen Ländern, wobei die
Arabicasorten am besten bei Temperaturen zwischen 25 und 35°C gedeihen
und empfindlich sind gegen zu heißes und zu feuchtes Klima; auch Kälte
vertragen sie nicht. Ideal sind Höhenlagen von 600–1500 m. Robusta ist
weniger empfindlich, er wird daher auch im Flachland kultiviert.

Die zumeist auf eine Höhe von 2–2,5 m gestutzten Büsche haben immergrüne,
kurzstielige Blätter, weiße, wie Jasmin duftende Blüten und kirschenähnliche
Steinfrüchte von ca. 1,5 cm Durchmesser. Diese sind im unreifen Zustand grün;
später werden sie rot bis violett.

Der Aufbau der Frucht ist in Abb. 1 gezeigt. Unter der ledrigen Kirschhaut
befindet sich die süße Pulpe, darunter sind zwei mit den glatten Seiten
aneinanderliegende Steinkerne von dem festen Silberhäutchen und der Perga-

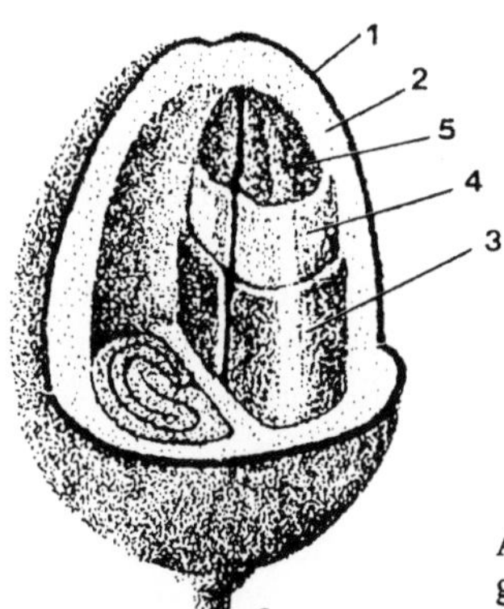

Abb. 1. Die Kaffeefrucht. *1* Kirschhaut, *2* Pulpe, *3* Pergamenthaut mit Schleimschicht, *4* Silberhäutchen, *5* Kaf-
feebohne, *6* Stiel

menthaut umgeben. An der Berührungsseite zeigen die Kaffeebohnen eine Furche. Circa 10 % der Kaffeebohnen wachsen einsamig, sie sind rund und heißen Perlkaffee. Zwischen der Blüte und der Ernte vergehen je nach Art und Anbaugebiet 6–14 Monate. Im Gegensatz zu den schlanken Arabikabohnen von 0,8–1,5 cm Länge sind die 0,5–0,8 cm großen Robustabohnen fast rund. Der gelbbraun bis blaugrün gefärbte Rohkaffee riecht und schmeckt wie Getreide.

1.2 Die Aufbereitung

Nach der Ernte müssen die reifen Früchte vom Fruchtfleisch, der Pergament-haut und möglichst auch dem Silberhäutchen getrennt und getrocknet werden. Das geschieht in der „trockenen" oder in der „nassen" Aufbereitung und ergibt die Handelsbezeichnungen „ungewaschene" oder „gewaschene" Rohkaffees. Älter und einfacher ist die *trockene Methode*; sie verbraucht kein Wasser und ist billiger. Hierbei werden die Kaffeekirschen (Gutsfeuchte bis zu 70 %) im Freien innerhalb von 10–20 Tagen auf einem sauberen Untergrund in Schichten bis zu 6 cm ausgebreitet und an der Luft getrocknet. Die Kirschen werden dabei öfter umgewendet. Zur Nacht oder bei drohendem Regen werden sie zusammengeschoben und mit einer Plane abgedeckt. Die getrockneten Kirschen zeigen durch ein rasselndes Geräusch beim Schütteln an, daß sich das getrocknete Fruchtfleisch mit der Pergamenthülle von den Bohnen mit Silberhäutchen getrennt hat. Der Einsatz von Trockenmaschinen wird eben-falls praktiziert, vor allem, wenn die Wetterbedingungen nicht zuverlässig sind und zu wenig Platz zum großflächigen Ausbreiten der Kirschen vorhanden ist. Heiße Luft wird dann durch die Kirschen in rüttelnden Siebkästen geblasen. Häufig werden Partien zuerst an der Luft vorgetrocknet und anschließend in Trockenmaschinen weiterbearbeitet.

Beim Durchlauf durch Schälmaschinen mit konischen Schneckenwalzen werden das verdorrte Fruchtfleisch und die Pergamenthüllen von den Rohboh-nen getrennt. Die Bohnen haben jetzt eine Feuchte von ca. 12 %. Anschließend findet das Polieren statt, bei dem das Silberhäutchen bis auf Reste in den Bohnenfurchen entfernt wird und der Rohkaffee eine glattere Oberfläche bekommt.

Neben den erwähnten Bestandteilen der Kaffeekirsche werden auch andere Verunreinigungen, wie Steine, Sand, Staub und Pflanzenreste entfernt, danach werden die Rohbohnen sortiert und klassifiziert.

Die Vorrichtungen und Techniken sind von Land zu Land unterschiedlich. Von der Sorgfalt der Bearbeitung, vom Pflücken bis zum Verpacken in Jutesäcke zu je 60 kg, hängt im wesentlichen die Qualität des Rohkaffees ab.

Während der trockene Prozeß vorwiegend bei Robustakaffees und bei preiswerten Arabicasorten angewendet wird, durchlaufen die *nasse Aufberei-tung* vor allem hochwertige Arabicaprovenienzen. Hierbei werden die frisch geernteten Kirschen zunächst mit Wasser für etwa 12 Stunden in Quelltanks gegeben und danach entpulpt. Abbildung 2 zeigt einen Trommelpulper, in dem beim Durchlaufen in einem Quetschvorgang so gut wie möglich Fruchtfleisch und Bohnen getrennt werden. Die anfallende Pulpe findet als Dünger Verwendung. Wegen unterschiedlicher Bohnengrößen ist das Trennen nicht vollkommen möglich. Daher enthält der „Pergamentkaffee", das sind Bohnen, die noch von Silber- und Pergamenthaut umgeben sind, noch Teile von Fruchtfleisch. Um dieses zu entfernen, werden die Pergamentbohnen bis 2 Tage lang einem Fermentations- und Waschprozeß in Gärtanks unterzogen.

Nach dem Abtropfenlassen werden sie getrocknet, in Schälmaschinen von der Pergamenthaut und dem größten Teil des Silberhäutchens befreit, poliert, dann klassifiziert und in Säcke gefüllt.

Abbildung 2 zeigt Trommelpulper mit verschiedenen Brustplatten. In Abb. 3 ist die Naßaufbereitung dargestellt: Man füllt frische Kirschen in das Becken 1, die aufschwimmenden leichten gehen bei 4 in das Auffangbecken 5. Das Schmutzwasser fließt über das Sieb 6 in den Kanal 7. Schwere Kirschen gelangen über Auslaufschieber 3 und Siphonrohr 2 zum Entpulpen in den Trommelpulper 8, der entpulpte Bohnen von noch ganzen Kirschen und Pulpe trennt. Die Pulpe geht über 9 in den Schmutzwasserkanal, die Kirschen in den Nachentpulper. Die entpulpten Bohnen aus beiden Pulpern gelangen über die beiden Rutschen 10 in den Sammelkanal 11 und dann in den Schwemmkanal 12, in dem durch verschieden hohe Sperrwehre 13 die Bohnen in drei unterschiedlich schwere Fraktionen separiert werden. Mittlere und leichte Bohnen gelangen über Kanal 14 und einen der Schieber 15 zu den kleinen Fermentationsbecken 17, die schweren gehen in die großen Tanks 16. Das Schmutzwasser gelangt von dort über Kanal 18 in den Schmutzwasserkanal. Nach der Fermentation verlassen die Bohnen die Tanks über Schieber 19, Ablaufrohr 20, Wasch- und Förderpumpe 21 und Förderleitung 22 direkt zur Trockenfläche. Auf diesem Weg werden die Bohnen gewaschen und am

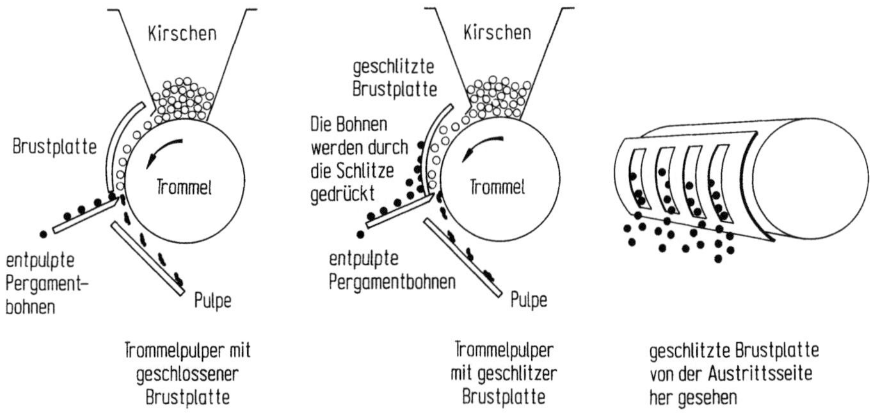

Abb. 2. Trommelpulper

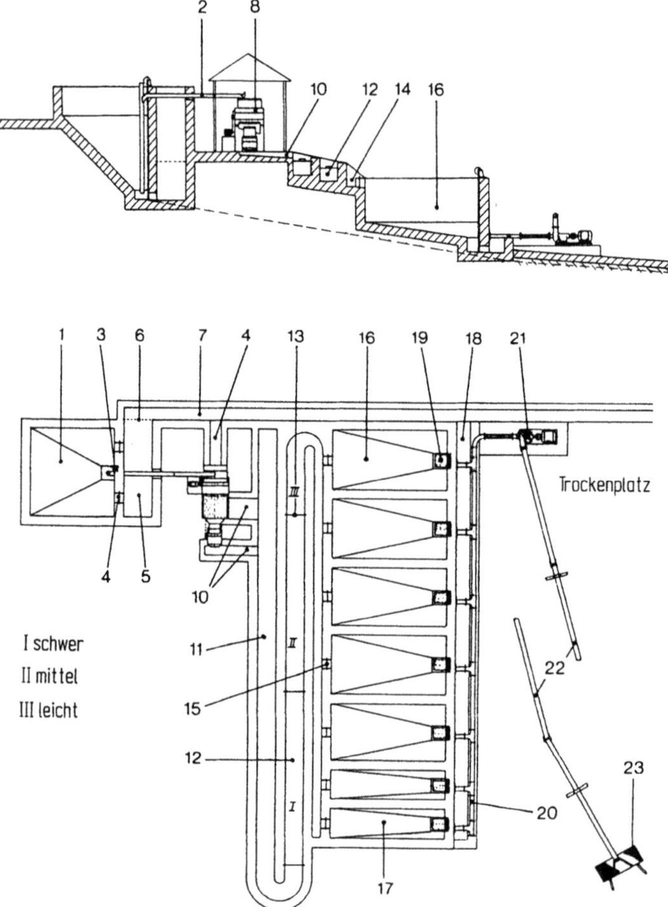

Abb. 3. Schema der Naßaufbereitung. I: schwer; II: mittel; III: leicht

Rohrauslauf in einem Auffangsieb 23 vom Waschwasser getrennt und zum
Trocknen befördert.

Bei der hier beschriebenen Anlage mit einem Volumen der Fermentationstanks
von 28,5 m^3 können bis zu 4,4 t/h frische Kirschen verarbeitet werden, das
entspricht etwa 0,6 t/h an trockenem Rohkaffee. Der Wasserbedarf liegt bei
25 m^3/t marktfertiger Ware.

1.3 Die Rohkaffeesorten

Nach dem internationalen Kaffeeabkommen von 1962 unterscheidet man in:
„*Colombian Mild Arabicas*" aus Kolumbien, Kenia und Tansania, „*Other Mild
Arabicas*" aus Costa Rica, Dominikanische Republik, El Salvador, Ecuador,

Guatemala, Honduras, Jamaica, Mexiko, Nicaragua, Panama, Peru, Vene-
zuela, Haiti sowie aus Burundi, Rwanda, Indien und Papua-Neu Guinea,
„Unwashed Arabicas" vor allem aus Brasilien, Bolivien, Paraguay, Äthiopien,
und *„Robustas"* aus Kamerun, Elfenbeinküste, Zaire, Indonesien, Mada-
gaskar, Uganda, Togo, Nigeria, Angola, Liberia, Guinea, Benin, Gabun,
Ghana, Kongo, Sierra Leone, Tobago, Trinidad und Zentralafrikanische
Republik.
Viele der bezeichneten Länder produzieren gleichzeitig mehrere der oben
angegebenen Sorten, die noch weiter differenziert werden nach festgelegten
Qualitätsbegriffen, die die Güte bzw. Fehler definieren.
Weltweit werden 60–80 Millionen Sack zu je 60 kg produziert, die Schwankun-
gen sind bedingt durch Frost, Krankheiten und Schädlinge.

1.4 Die Fehlbohnen

Dieses sind solche Rohkaffeebohnen, die in Aussehen, Geruch und Geschmack
im Vergleich zu normaler Ware starke Abweichungen zeigen und vor allem
nach dem Rösten zu Beanstandungen führen.
Nur vom Aussehen her abweichend sind: Wachsbohnen, entstanden durch
ungenügende Trocknung, Weiße Bohnen und Grasbohnen aus unreifen
Kirschen, Schwarze Bohnen sind als unreife Kirschen vom Baum gefallen,
Frostbohnen sind durch Kälte dunkel gefärbt. Rote Bohnen haben einen
Überzug von eingetrockneter Pulpe oder von Roterde, Springer sind bei der
nassen Aufbereitung überhitzt. Insekten- und Hagelgeschädigte Bohnen
besitzen verfärbte Stellen, fleckige Bohnen wurden zu schnell und ungleichmä-
ßig getrocknet. Durch Seewasser havarierter Kaffee zeigt blaue oder dunkel-
grüne Flecken. Die meisten dieser Bohnen können durch Verlesen aussortiert
werden.
Abweichenden Geruch und Geschmack nennt man: erdig, bei beschädigten,
schimmelig und muffig bei feuchtgewordenen Bohnen. Grasig sind zu frisch
geerntete Bohnen, die nach dem Rösten sauer schmecken, bitter sind Bernstein-
Bohnen. Weiter gibt es die Bezeichnungen: fruchtig, erbsig, ranzig, nußartig,
holzig, kartoffelartig, pulpig, zwiebelartig, gummiartig und weinig. Gelegentlich nimmt Kaffee beim Transport die verschiedenartigsten Gerüche von
gemeinsam gelagerten Gütern an.
Besonders unangenehm sind überfermentierte Bohnen; sie entstehen aus
abgestorbenen Bohnen von angefaulten Kirschen oder durch Beschädigung
oder zu starkes Erhitzen und andere Störungen bei der Aufbereitung. Diese Art
Fehler kann bis zum „Stinker" führen; sie sind schwer auszulesen und zeigen
nach dem Rösten einen durchdringenden Fehlgeschmack.

1.5 Die Chemische Zusammensetzung

Lagerfähiger Rohkaffee enthält etwa 12% Wasser. An Kohlenhydraten
enthält er neben Spuren von Monosacchariden bis zu 9% Olygosaccharide,
zumeist Saccharose. Polysaccharide findet man bei Arabica zu etwa 53% und

44% bei Robusta. Davon sind 5–7% Cellulose, weiterhin D-Mannose, D-Galactose und L-Arabinose. Andere Polysaccharide, darunter Stärke und Pektin, sind nur in Spuren vorhanden. Der Anteil an Lipiden beträgt etwa 10% bei Robusta und 15% bei Arabica, wobei 75% davon Triglyceride und 18% Diterpenester sind und der Rest aus Sterinestern, freien Sterinen, Carbonsäure-5-hydroxytryptamiden, freien Diterpenen und anderen Stoffen besteht.
An Proteinen wurden 8–12% gefunden, an Chlorogensäure 4,5–11%. Der Mineralstoffgehalt beträgt 3–5,4%, wobei Kalium den Hauptbestandteil bildet. Der Anteil an Coffein schwankt je nach Sorte von 0,9–2,6%. Weitere Stoffe und genaue Beschreibungen sind den im Quellenverzeichnis angegebenen Fachbüchern zu entnehmen.

2 Röstkaffee

2.1 Das Rösten

Beim trockenen Erhitzen ganzer Rohkaffeebohnen auf Temperaturen um 200 °C ändern diese ihr Aussehen und Volumen, ihre mechanischen Eigenschaften und ihren Geruch und Geschmack. Erst durch den Röstprozeß erhält Kaffee seinen Genußwert. Die hellen Rohkaffeebohnen färben sich dann über gelb nach braun und dunkelbraun bis schwarz, vergrößern dabei ihr Volumen bis zu 100% und werden spröde. In der anfangs endothermen Reaktion verdampft vor allem Wasser; dann wird die Röstung exotherm, der Kaffee bläht sich auf, er knackt dabei, und es entweichen weitere Gase, zumeist Kohlendioxid. Es ist dann nötig, den Röstvorgang durch Kühlen abzubrechen, der Kaffee kann sonst leicht verbrennen. Beim Rösten verliert Rohkaffee neben seinem Wasser noch 2–10% an Gewicht als sog. „Einbrand".
Vom Temperatur/Zeit-Verlauf des Röstvorgangs und von der Rohkaffeemischung hängen die Geschmackseigenschaften des aus gemahlenem Röstkaffee gewonnenen Kaffeegetränks ab. Eine helle Röstung von gewaschenen Arabicasorten ist in Mitteleuropa und Nordamerika sehr beliebt, während in romanischen Ländern und im Orient Kaffee getrunken wird, der dunkler geröstet ist und erhebliche Robustaanteile enthält. Die sorgfältige Auswahl von gleichmäßig gelieferten 4–8 Rohkaffeeprovenienzen und eine genau kontrollierte Röst- und Mahltechnik sind die Voraussetzung für einen guten Markenkaffee.

2.2 Die Röstkaffeeproduktion

Beim Verarbeiten von Roh- zu Röstkaffee in einem Industriebetrieb sind viele Produktionsstufen organisatorisch miteinander zu verbinden: Bestellen, Anliefern und Lagern der Kaffeesäcke, dem Entleeren über Kontrollwaagen und Vorrichtungen zum Reinigen, Entsteinen, eventuellen elektronischen Auslesen von Fehlbohnen, dem Lagern in nach Provenienzen getrennten Silos, dem Prüfen und dem Zusammenstellen der für das Sortiment benötigten Mischun-

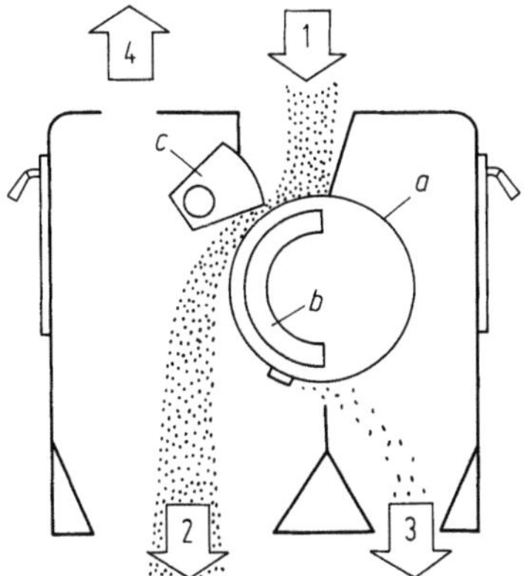

Abb. 4. Trommel-Magnetapparat

gen. Es sind umfangreiche technische Vorgänge aufeinander abzustimmen, bevor das eigentliche Rösten begonnen hat. Bei einem Materialfluß in der Größenordnung von 50–100 t/h, das sind 900–1800 Sack/h, ist es verständlich, daß dies nicht mehr von Hand geschieht; dafür sind elektronisch gesteuerte komplexe Transport-, Lager- und Kontrollsysteme erforderlich. Der Anblick solcher Anlagen wird von Hallen, Maschinen, Silos und Förderanlagen beachtlicher Ausmaße bestimmt, wie sie vergleichsweise auch in Großmühlen vorkommen.

Die Abbildungen 4 und 5 zeigen Reinigungsmaschinen. Der Magnetapparat nimmt aus dem Kaffeestrom 1, der zwischen Segmentschieber c und der Trommel mit Magnet b vorbeifließt, Eisenteile heraus und fördert sie zum Austrag 3. Über 4 wird Staub abgesaugt und bei 2 verläßt das gereinigte Gut den Apparat.

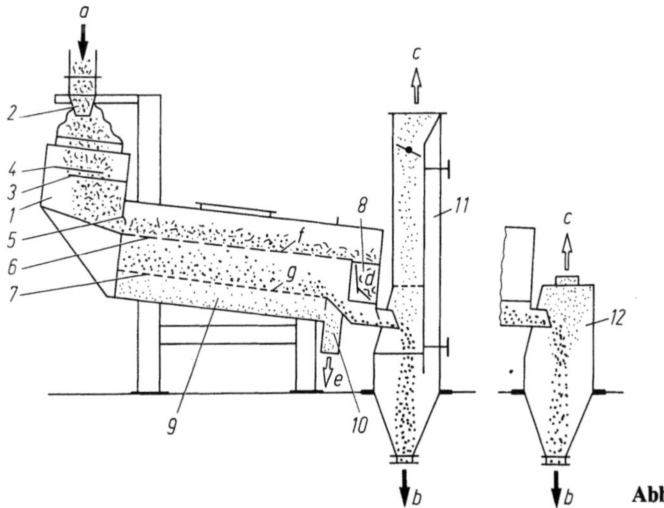

Abb. 5. Klassierseparator

Im Separator gelangt Rohkaffee a über die Verteilereinsätze 1–5 auf ein Sieb 6, bei der große Begleitstoffe bei 8 ausgetragen wird. Der Kaffee fällt auf Sieb 7 und gelangt über 12 nach b. Das Feingut e gelangt über 9 und 10 und der Staub c über 11 oder 12 aus dem Separator.

2.3 Die Röstmaschinen

Im Prinzip kann man Kaffee unter Umrühren auf einem heißen Blech rösten. Früher waren flache Gußeisentöpfe mit Deckel und Rühraufsatz verbreitete „Maschinen" zum Herstellen von Röstkaffee im Haushalt. Nach der Jahrhundertwende entwickelte sich über gewerbliche Kaffeegeschäfte mit handbetriebenen Röstern ein bedeutender Zweig der industriellen Lebensmittelverarbeitung, die Großröstereien; das wurde möglich durch die Konstruktion von leistungsfähigen Röstanlagen. Umwelt- und Energiefragen und der Einsatz von Mikroelektronik runden heute die Technik ab.
Das Rösten geschieht in Apparaten, in denen die Wärmeenergie der Heizgase hauptsächlich durch Konvektion auf die Bohnen übertragen wird. Die früher üblichen, einfachen Trommelröster, bei denen der Kaffee durch Wärmeleitung von den Wänden der Rösttrommeln erhitzt wurde, sind wegen der wenig gleichmäßigen Erwärmung und wegen zu langer Röstzeiten von 20–40 min durch schneller (6–12 min) und gleichmäßiger arbeitende Anlagen verdrängt worden. Obgleich Druckröster einen geringeren Einbrand bei Drücken bis zu 10 bar ergeben, haben sie sich nicht allgemein durchsetzen können. Während in den USA auch kontinuierliche Röstanlagen laufen, werden in Europa Chargenröster bevorzugt. Zu jedem Röster gehört grundsätzlich ein Produktkühler.
Die Abbildungen 6–8 zeigen Alternativen moderner Röstmaschinen, die mit Gasrezirkulation und katalytischer Nachverbrennung ausgerüstet sind. Beheizt werden die Apparate mit Gas oder Öl unter Beachten genauester Temperaturprogramme. Es ist hier nicht möglich, auf Details einzugehen; interessierte Leser werden von den Herstellern (Neotec, Probat) umfangreiches

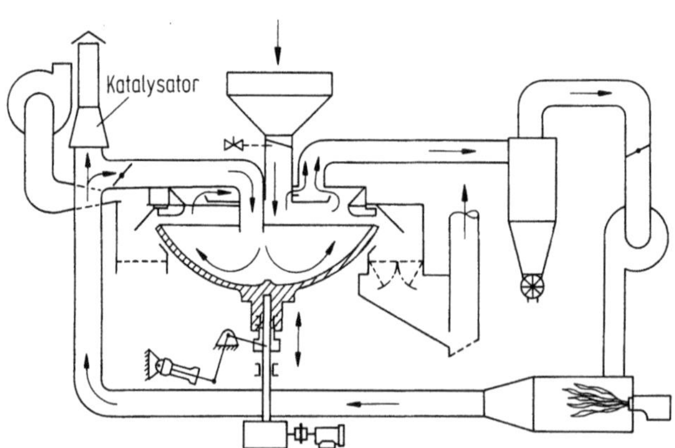

Abb. 6. Zentrifugalröster

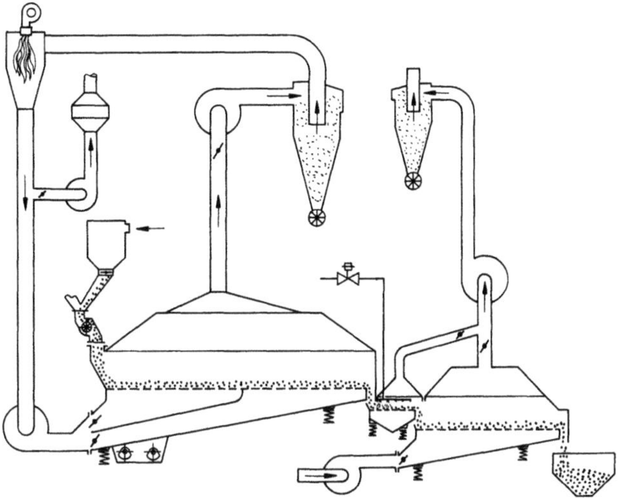

Abb. 7. Kontinuierlicher Fließbettröster

Material auf Anfrage erhalten. Es sei noch erwähnt, daß man heute die Bohnenfarbe beim Rösten „on-line" messen und damit den Prozeß steuern kann.

Bezeichnend für die rasche technische Entwicklung der letzten 15 Jahre sind folgende Daten: Senkung der Heizenergie in kWh/100 kg Rohkaffee von 67,5 auf 27,9, Vermindern der Emissionen im Röstabgas in mg C/m^3n von 250 auf 50 bei Erniedrigen des Gas-Volumens um 40% und der -Temperatur von 550

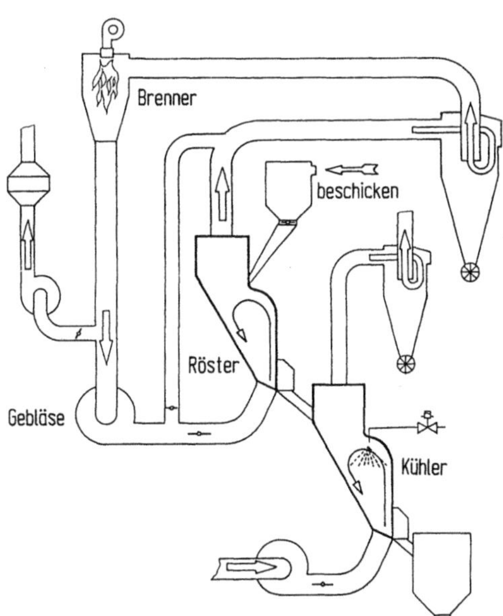

Abb. 8. Rotations-Fließbettröster

auf 140 °C. Das Bundes-Immissionsschutzgesetz vom 1.3.1986, auch „TA-Luft" genannt, hat eine Reihe von verbindlichen Forderungen zum Schutz der Umwelt aufgestellt. Dieses Ziel kann ohne nachteilige Einflüsse auf den Röstvorgang und seine Produkte mit Hilfe moderner Technologien erreicht werden durch: Rezirkulation der Abgase, thermische Röstgasreinigung im Anlagenheizofen, katalytisches Nachverbrennen der Abgase und Gewinnen der darin enthaltenen Wärme.

Diese Forderungen werden inzwischen von allen Neuanlagen erfüllt, Altanlagen werden mit demselben Ziel umgerüstet. Weitere Maßnahmen haben eine Serie von Verbesserungen gebracht, die der Gleichmäßigkeit des Röstvorganges und des Röstgutes und der Sicherheit des Betriebes dienen.

Die Chargengrößen haben sich ebenfalls verändert. Während der „Ladenröster" mit nur 5 kg Rohkaffee beschickt wird, nimmt ein moderner Trommelröster bis 500 kg auf und leistet damit 3 t/h an Röstkaffee. Der Turboröster und die großen kontinuierlichen Röster haben eine Kapazität bis 4 t/h.

Die in manchen Ländern bewährte, sehr heiße Kurzzeitröstung, bei der der Mahlkaffee um fast 20 % an Volumen und bis 15 % an Extraktgehalt zunimmt, wurde in Deutschland vom Verbraucher nicht angenommen, obgleich ein gleich starkes Kaffeegetränk merklich ökonomischer hergestellt werden kann.

2.4 Mahlen, Verpacken und Lagern

Der weitaus größte Teil des Röstkaffees erreicht den Konsumenten in gemahlener Form. Der Aufguß wird bei uns durch Filtern zubereitet. In Skandinavien wird Kaffee auch „gekocht". Ganze Bohnen, die der Kunde selbst mahlt, sind weniger gefragt. Die Größe und Verteilung der Partikel von gemahlenem Kaffee können das daraus hergestellte Getränk stark beeinflussen: während sehr fein gemahlenes Gut zu lange filtriert, ergibt ein grobes zu geringe Ausbeuten. Daneben werden die leicht- und schwerflüchtigen, in Wasser löslichen Kaffeeinhaltsstoffe in unterschiedlichen Anteilen extrahiert, abhängig davon, wie der Röstkaffee gemahlen ist. Das kann das Geschmacksprofil verschieben.

Die Hersteller von Röstkaffee ziehen auch das Mahlen in die Produktoptimierung ein. So haben Entwicklungsarbeiten auf diesem Gebiet zu spezifischen Maschinenausrüstungen geführt, vor allem bei Walzwerken. Diese sind aus dem Mühlenbetrieb bekannt und enthalten mehrere übereinander angeordnete, unterschiedlich geriffelte Walzenpaare. Sie arbeiten nach dem Prinzip der Schneidmühle. So wirken die Riffeln der langsamer laufenden Haltewalze als Schneidkanten, die dagegen laufende schnellere Schneidwalze dient als Messer. Für das optimale Zerkleinern entscheidend sind Anordnung, Einstellung, Riffelung und die unterschiedlichen Drehzahlen der Walzenpaare. Die Kornkennwerte werden mit Hilfe von Siebfraktionsanalysen bestimmt; bewährt hat sich die Methode nach DIN 10765 mit dem Luftstrahlsieb.

Während noch vor wenigen Jahren Röstkaffee wie Käse und Brot als nur mittelfristig haltbar galt, liefern heute moderne Verpackungstechniken lagerfähige Produkte. Diese sind bei Raumtemperatur bedenkenlos länger als ein Jahr bevorratbar, ohne daß merkliche Geschmacksveränderungen auftreten. Besonders wichtig ist dabei die möglichst völlige Abwesenheit von Sauerstoff. Das wird am besten in geschlossenen Systemen erreicht, bei denen schon beim Lagern und Mahlen des Röstkaffees unter Luftausschluß und Schutzgas, meist Kohlendioxid, gearbeitet wird. Die angeschlossenen Mahlgutsilos und Verpackungsautomaten folgen demselben Prinzip. Als Packmaterial dienen Blechdosen oder mehrlagige, schweißbare Verbundfolien, die als Diffusionssperre eine Aluminiumlage enthalten. In Folien verpackter Mahlkaffee wird so stark evakuiert, daß die Steifigkeit des Päckchens als Nachweis für die Unversehrtheit dient.

3 Extraktkaffee

3.1 Die Chemische Zusammensetzung

In der Literatur findet man umfangreiche Hinweise über die Inhaltsstoffe von Röstkaffee, aus dem mit Wasser als einzig zugelassenem Lösemittel Extraktkaffee hergestellt wird. Zusammengefaßt ergibt sich folgendes Bild:
Etwa 25 % der Röstkaffeebestandteile sind heißwasserlöslich, wobei es sich um Stoffe handelt, die zu ⅓ aus genau definierbaren chemischen Verbindungen, zu ⅓ aus teilweise bekannten und zu restlichen ⅓ aus nicht mehr genau bestimmbaren Verbindungen bestehen. Die 0,4 % flüchtigen Aromastoffe sind mit enormen Forschungsaufwendungen untersucht; ihre Anzahl liegt in der Größenordnung von 1000 Verbindungen.
Bei Temperaturen merklich über 100 °C werden weitere Substanzen des gerösteten Bohnenkaffees extrahierbar, die von ihrer chemischen Struktur her nur grob in Gruppen einzuordnen sind. Per saldo ist demnach nur die Hälfte der Extraktinhaltsstoffe genau bekannt. Zusammengefaßt enthalten Extraktkaffees: 0,1–1,0 % Wasser, 26–43 % Kohlenhydrate, ca. 1 % Lipide, 9–15 % scheinbares Protein, ca. 12 % organische Säuren (zumeist Chlorogensäuren), 8–15 % Mineralstoffe, 4–8 % Allkaloide (meist Coffein), ca. 0,2 % Glykoside und 15–28 % Melanoidine.
Nach einer EWG-Richtlinie von 1977 müssen für 1 kg Trockenextrakt (mit maximal 4 % Wasser) mindestens 2,3 kg Rohkaffee verwendet werden. Diese Einschränkung wurde 1987 aufgehoben. Der Zusatz von Kohlenhydraten (wie früher zum Schutz des Aromas) ist nicht zulässig, ebensowenig die Hydrolyse durch Säuren oder Laugen.

3.2 Die Extraktherstellung

Flüssiger und pastenförmiger Extrakt ist nur tiefgekühlt haltbar, daher gibt es für den Hausgebrauch getrockneten Extraktkaffee zu kaufen. Für preiswerte Produkte findet die Sprühtrocknung mit dem oft nachfolgenden Agglomerieren Anwendung. Die Gefriertrocknung hat sich für Marken höherer Qualität bewährt.

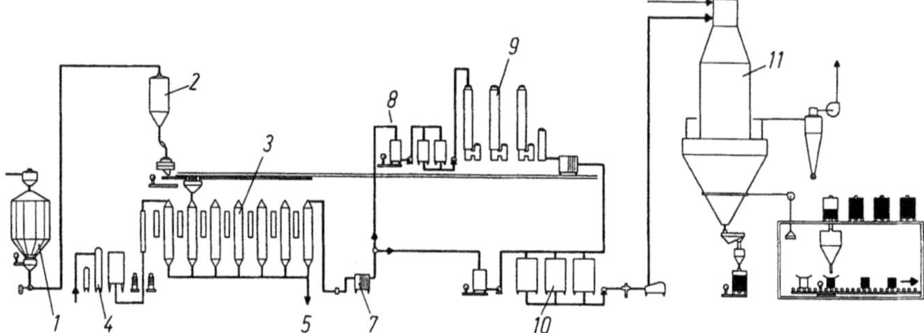

Abb. 9. Herstellen von flüssigem und sprühgetrocknetem Extrakt

Der im Vergleich zum Haushalt etwas dunkler geröstete und auch Robustasorten enthaltende Kaffee gelangt (s. Abb. 9) vom Silo 1 über die Mahl- und Dosiervorrichtung 2 in einen der Extraktionsbehälter 3. Diese sind in Serie geschaltet und erlauben das Extrahieren nach dem Gegenstromprinzip. Das aufbereitete Wasser 4 tritt mit hoher Temperatur in die letzte Extraktstufe ein und verläßt die Batterie aus der Stufe mit dem frischen Kaffee. Im Takt wird eine neue Röstkaffeekolonne angeschlossen und zugleich der ausgelaugte Kaffeesatz über eine Sammelleitung 5 entfernt. Wärmetauscher 6 erlauben, die einzelnen Stufen der Batterie nach Wunsch zu temperieren.
Der Extrakt gelangt über das Filter 7 entweder in den Wägetank 8 und die angeschlossenen Anlagen zum Aufkonzentrieren 9, oder er fließt über einen anderen Wägetank direkt in Vorratstanks 10. Von dort wird er dem Sprühtrockner 11 zugeleitet oder in einer Gefriertrocknungsanlage verarbeitet.

3.3 Die Trocknungsverfahren

Beim *Sprühtrocknen* wird der auf ca. 40 % Feststoffgehalt aufkonzentrierte Extrakt in mehr als 10 m hohe und 3–5 m dicke Edelstahltürme eingesprüht,

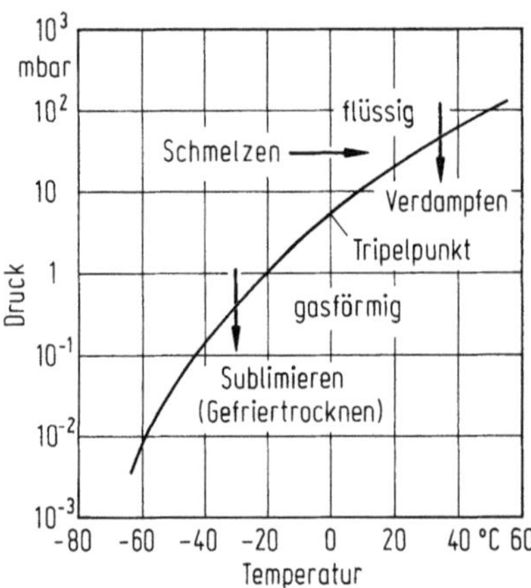

Abb. 10. Zustandsdiagramm für Wasser

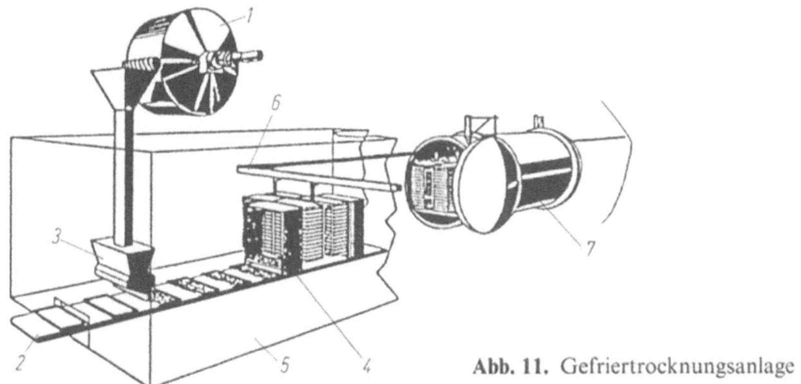

Abb. 11. Gefriertrocknungsanlage

wobei sich zunächst eine Vielzahl von kleinen Tröpfchen bildet. Parallel dazu wird heiße Luft eingeblasen, die den verdüsten Extrakt sehr schnell unter Verdampfen des Wasseranteils zu kleinen Hohlkugeln trocknet. Im unteren Teil des Turms wird der getrocknete Extrakt von der Abluft getrennt.

Zum Agglomerieren wird das „Turmpulver" in Apparaten verschiedener Bauarten erneut befeuchtet, wobei es zu Agglomeraten verklebt. Anschließend wird es nachgetrocknet und klassiert.

Beim *Gefriertrocknen* wird der flüssige Extrakt tiefgefroren und zu kleinen Eisstückchen zerteilt. Im Vakuum wird durch Wärmestrahlung oder -Leitung das Wasser verdampft, ohne daß das Eis schmelzen kann, oder das Produkt

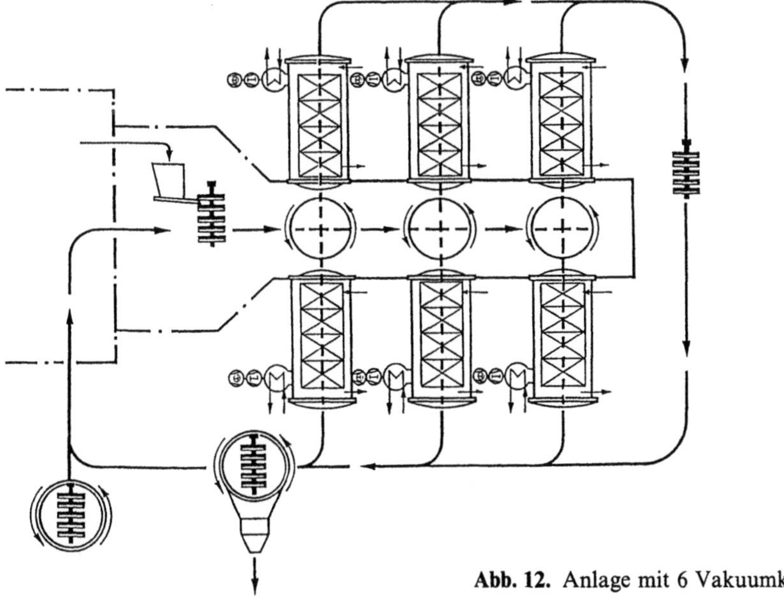

Abb. 12. Anlage mit 6 Vakuumkammern

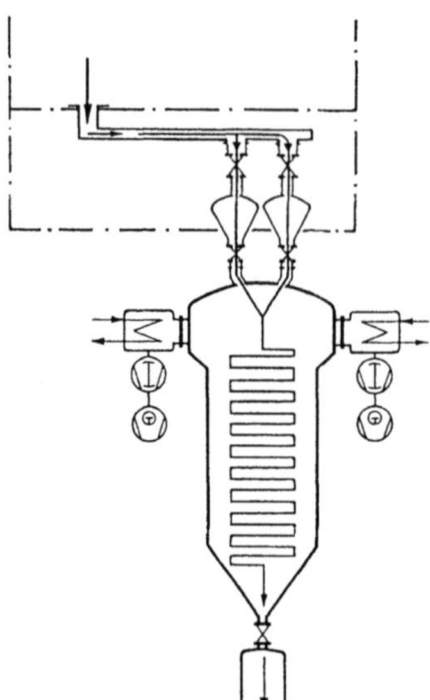

Abb. 13. Kontinuierlicher Trockner

erwärmt wird. Bei sehr niedrigen Drücken sublimiert Wasserdampf direkt aus dem Eiszustand. Abbildung 10 zeigt dieses im Zustandsdiagramm.

Die Abb. 11 zeigt eine Anlage zum chargenweisen Gefriertrocknen. Hier wird über eine Scherbeneistrommel 1 Extrakt gefroren und zerkleinert, das Eis fällt über den Füllautomaten 3 in Schalen 2, die auf Förderwagen 4 gestapelt sind und aus der Kältekammer 5 über die Schiene 6 in die Vakuumkammer 7 gelangen. Diese enthält Heizplatten und Kondensoren für den abgegebenen Wasserdampf. Der Durchmesser einer solchen Kammer beträgt 2 m und mehr.

Es gibt sehr weit entwickelte Gefriertrocknungsanlagen, bei denen die Arbeit im Kälteraum und das Hantieren der Trocknungsschalen automatisiert ist. So zeigt Abb. 12 den Grundriß einer Anlage mit 6 Kammern, die vom Kälteraum her beschickt werden. Abbildung 13 veranschaulicht ein kontinuierliches System, in dem die Eisstückchen in den übereinander angeordneten Vibrationsrinnen nach unten befördert und dabei getrocknet werden.

4 Tee

4.1 Die Teepflanze

Der immergrüne Teestrauch „Camellia sinensis", der bis zu 9 m hoch wachsen kann, in den Plantagen jedoch durch das ständige Beschneiden auf 1,5 m Höhe gehalten wird, liefert das Ausgangsmaterial für schwarzen und grünen Tee in Form seiner Blätter, Blattknospen und jungen Triebe. Er wächst im tropischen und subtropischen Klima bei reichlicher Luftfeuchtigkeit. Abgeerntet werden

5–75 Jahre alte Sträucher, je nach Lage und Klima 9–12 Monate im Jahr alle 6–9 Tage. Die Auswahl und Sorgfalt beim Pflücken sowie die Herkunft und Verarbeitung bestimmen die vielen Klassen.

4.2 Die Produktion von Tee

Weltweit werden mehr als 1,8 Millionen t Tee produziert, davon über ⅔ in Asien, gefolgt von Afrika, Osteuropa und UdSSR, Südamerika und Ozeanien.

Der größte Teil der Ernte wird zu *schwarzem Tee* verarbeitet. Zunächst gelangen die frisch gepflückten Pflanzenteile in Welkhäuser oder in Welktrommeln, in denen sie innerhalb von 4–18 h bei Umgebungstemperatur ihre Feuchtigkeit von 75 auf ca. 50 % reduzieren. Danach lassen sie sich rollen ohne zu brechen. In Rollmaschinen wird im mehrfachen Durchgang sowohl Saft ausgepreßt und die Zellstruktur aufgelockert. Damit kann im anschließenden Fermentationsprozeß Luftsauerstoff auf die Inhaltsstoffe einwirken. Hierzu wird das Gut in 5–10 cm hohen Schichten bei 35–40 °C 1–4 h ausgebreitet. Die Blätter färben sich dabei dunkel und riechen nach sauren Äpfeln. Danach wird das Gut bei Temperaturen um 90 °C geröstet, wobei die Feuchte auf 3 % heruntergeht und der Tee seine typische, fast schwarze Farbe erhält.

Zur Herstellung von *grünem Tee* werden die Blätter über siedendem Wasser gedämpft, das verhindert die Oxidation der Gerbstoffe und erhält das Chlorophyll. Danach wird der Tee an der Sonne gerollt und getrocknet. In moderneren Verfahren wird das frische Erntegut in rotierenden Behältern unter Druck gedämpft, mehrfach gerollt und getrocknet. *Oolongtee* ist halb fermentiert.

Teesorten werden oft durch Zusätze parfümiert. Das Zubereiten des Getränks wird durch portionsweises Verpacken in Aufgußbeutel vereinfacht.

4.3 Instant-Tee

Ähnlich wie Extraktkaffee läßt sich auch aus Tee ein nach dem Trocknen haltbarer Extrakt herstellen. Etwa 40 % der Inhaltsstoffe sind extrahierbar, vor allem oxidierte phenolische Verbindungen, Aminosäuren, Kohlenhydrate, Mineralstoffe, Coffein und flüchtige Aromastoffe. Im Gegensatz zu Kaffee treten jedoch beim Tee die weniger erwünschten bitteren, astringierenden Anteile mit erhöhter Ausbeute in den Vordergrund. Deshalb werden nur etwa 30 % extrahiert, wobei die Kontaktzeit nur wenige Minuten beträgt und 100 °C nicht überschritten werden. Dieses ermöglicht den Einsatz von kontinuierlichen Extraktionsapparaten. Der gewonnene Extrakt wird vor dem Aufkonzentrieren gekühlt und von Ausfällungen getrennt. Zumeist werden flüchtige Aromastoffe gesondert behandelt. Das Trocknen geschieht in Sprühtrocknern.

5 Literatur

1. Bücher

Belitz HD, Grosch W (1987) Kaffee, Tee, Kakao. In: Lehrbuch der Lebensmittelchemie, Springer, Berlin Heidelberg New York

Clarke RJ, Macrae R (1985) Coffee, vol 1: Chemistry, Elsevier Applied Science Publishers London New York

Maier HG (1981) Kaffee. Paul Parey, Berlin Hamburg

Processing of Instant Coffee. In: 13. internationales wissenschaftliches Kolloquium über Kaffee. Paipa, Columbien, 21.–25. 8. 1989. ASIC, Paris, S. 219–225

Rothfos B (1984) Kaffee – Die Produktion und Kaffee – Der Verbrauch. Verlag Gordian – Max Rieck GmbH, Hamburg

Schmitt WFJ (1986) Tea, Taschenbuch Nr 486, Verlag Harenberg Kommunikation, Dortmund

Vitzthum OG (1976) Chemie und Bearbeitung des Kaffees. In: Eichler O (Hrsg) Kaffee und Coffein. Springer, Berlin Heidelberg New York

Winnacker, Küchler (1986) Kaffee, Tee, Kakao. In: Chemische Technologie, Bd 7, 4. Aufl, Organische Technologie 3, C. Hanser, München Wien

2. Informationsmaterial der Firmen

Alfa-Laval Industrietechnik GmbH, Postfach 80 03 29, D-2050 Hamburg 80

Atlas Industries A/S, Baltorpvej 160, DK-2750 Ballerup

G. W. Barth, Maschinenfabrik, Martin-Luther-Straße 44, D-7140 Ludwigsburg

Gebrüder Bühler AG, Postfach, CH-9240 Uzwil

Leybold-Heraeus GmbH, Bonner Straße 498, D-5000 Köln 51

Neotec Verfahrenstechnik und Datenverarbeitung GmbH, Gutenbergring 46, D-2000 Norderstedt

Niro Atomizer, Gladsaxevej 305, DK-2860 Soeborg

Probat-Werke von Gimborn GmbH & Co. KG, Reeser Straße 94, D-4240 Emmerich 1

Rohkaffee-Bearb.masch. Paul Kaack & Co. Heselstücken 3, D-2000 Hamburg 61

9 Milch und Milchprodukte

H. Reuter, Kiel

Die Verarbeitung des Rohstoffes Milch läßt sich bis in früheste Zeiten der Menschheit zurückverfolgen. Ursprüngliches und Anlaß gebendes Ziel für die Verarbeitung war die Verlängerung der Haltbarkeit der bakteriologisch leicht verderblichen Milchproteine durch einen Fermentationsprozeß. Größte Bedeutung haben auch heute immer noch vier Gruppen von Milchprodukten: Konsummilch, Butter, Käse und fermentierte Produkte.

Den heutigen industriellen Verfahren zum Be- und Verarbeiten der Milch liegen die gleichen Grundprinzipien zugrunde, nach denen der Mensch seit Jahrtausenden die Milchprodukte in Handarbeit gewonnen hat. Die moderne Technik ersetzt lediglich die manuelle Arbeit durch eine maschinelle und führt die Prozesse in kontinuierlichen und weitgehend automatisierten Verarbeitungsanlagen durch, die große Mengen verarbeiten und zu einer gegenüber der handwerklichen oder küchenmäßigen Zubereitung wesentlichen Qualitätssteigerung führen.

1 Milch als Rohstoff für die Verarbeitung

Die originäre Zusammensetzung der Milch (hierunter wird im nachfolgenden nur Kuhmilch verstanden) schwankt stark und ist abhängig von der Rasse der Milchtiere und deren Laktationsstadium, der Fütterung, damit von der Jahreszeit und Region. Hinzu kommen noch sekundäre Variationen, die erst nach dem Milchentzug auftreten und durch unterschiedliche Melkverfahren, Kühlhaltung und Vorlagerung der Milch beim Erzeuger sowie mikrobiologische oder enzymatische Veränderungen bedingt sind.

Für die Verarbeitung interessieren die Zusammensetzung und die physikochemischen Eigenschaften der Milch und ihrer Bestandteile, Tabelle 1. Aus physikalisch-chemischer Sicht ist Milch ein polydisperses System, das in bezug auf das Fett, wenn dieses unter höherer Temperatur flüssig vorliegt, eine Öl-in-Wasser-Emulsion bildet und, wenn die Fettkügelchen erstarrt sind, eine Suspension darstellt. Die Proteine liegen kolloidal dispers und die übrigen Bestandteile gelöst in wäßriger Phase vor.

Das Milchfett ist ein Gemisch aus gesättigten und ungesättigten Triglyceriden mit Spuren von Di- und Monoglyceriden. Änderungen in der Triglycerid-Zusammensetzung wirken sich auf die physikalischen Eigenschaften von Milchfett und der daraus hergestellten Butter aus.

Tabelle 1. Originäre Zusammensetzung der Kuhmilch

	Mittl. Gehalt %	Dispersionsart	Partikelgröße
Fette (Lipide)	3,0–4,0	Emulsion, Suspension	1–10 μm, Fettkügelchen
Caseine: α-Casein/40–63%	2,8–3,0		
β-Casein/19–28%		kolloidal gelöst	0,03–0,3 μm,
γ-Casein/3–7%			Micellen
Molkenproteine (Globuline, Albumine)	0,6–0,7		ca. 0,05 μm
Laktose	4,7–4,8	molekular gelöst	8–10 A
Salze	1,0	molekular gelöst	2–4 A
Säuren, Enzyme, Vitamine, Spurenelemente			
Trockenmasse	12–12,5		
Fettfreie Trockenmasse	9,0		
Wasser	87,5–88		

Über 38 °C ist Milchfett vollständig flüssig und stellt ein Einphasensystem dar. Beim Abkühlen unter 38 °C kommt es zu einem Erstarren der höher schmelzenden Triglyceride. Weiteres Senken der Temperatur bringt weitere Triglyceridfraktionen zum Erstarren. Es bildet sich ein Mehrphasensystem, das makroskopisch eine plastische Masse, bestehend aus einer festen Phase aus polymorphen Kristallmodifikationen und einer flüssigen Phase aus dem noch flüssigen Triglyceridgemisch, darstellt. Zwischen den einzelnen Phasen besteht ein temperaturabhängiges Gleichgewicht [1].

Die Fettkügelchen der Milch liegen in einer polydispersen Verteilung in Kugelform vor. Im Durchschnitt liegt die Breite der Größenverteilung der Fettkügelchen zwischen 1–10 μm, mit einer größten Häufigkeit zwischen 2–5 μm. Das Milchfett hat eine niedrigere Dichte von $\varrho = 0,931$ g/cm³ als der Plasmaanteil, die Magermilch, mit $\varrho = 1,034$ g/cm³. Durch diesen Dichteunterschied steigt bei längerem, ruhigen Stehen das Fett in der wäßrigen Phase auf, die Milch „rahmt auf". Beim langsamen Aufrahmen im Schwerefeld haften die Einzelkügelchen zu kleineren und größeren Trauben zusammen, wodurch das Entmischen wesentlich beschleunigt wird. Dieser Vorgang des Aufrahmens, der im Zentrifugalfeld nach dem Stokes'schen Gesetz in extrem kurzer Zeit durchgeführt werden kann, ist die Grundlage für das mechanische Abtrennen des Milchfettes.

Die Milch bildet im Zustand flüssiger Fettkügelchen eine stabile Emulsion, deren Stabilität auf einer besonderen Beschaffenheit der Oberfläche der Fettkügelchen, der Fettkügelchenhülle, beruht, die verhindert, daß die flüssigen Fettpartikel zusammenfließen und die Emulsion gebrochen wird.

Nach einer Modellvorstellung [2] besteht die Fettkügelchenhülle oder -membran aus mehreren Schichten, Abb. 1. Auf dem Fett liegt zunächst eine monomolekulare Phospholipoidschicht mit dem Hauptbestandteil Lezithin von etwa 2,5 nm Dicke. An die Phospholipoide ist eine Proteinschicht aus

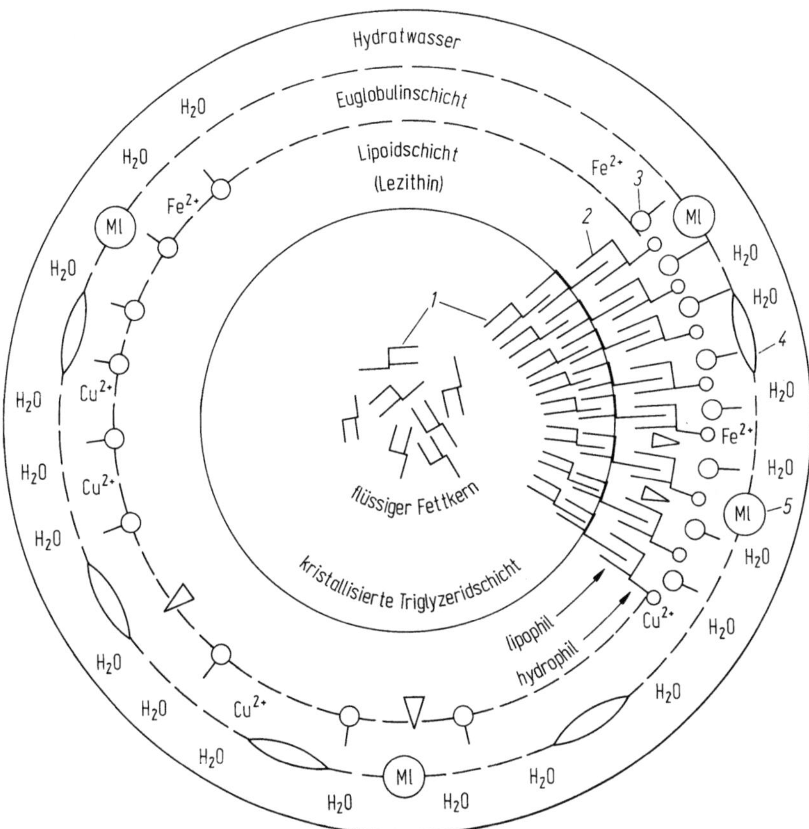

Abb. 1. Aufbau eines Milchfettkügelchens nach [2]

Euglobulin angelagert. Dieses Hüllenprotein seinerseits bindet Hydratwasser und baut nach außen eine Hydrathülle auf.

Das Casein in der Milch enthält festgebundene Phosphatgruppen und Calcium. Es wird daher auch als Calcium-Phosphat-Caseinat-Komplex bezeichnet. Die Calciumbindung verleiht dem Casein eine besondere thermische Resistenz, so daß es bei den üblichen Erhitzungsverfahren nicht gerinnt. Das Problem der Proteinstabilität ist für die Verarbeitung von besonderer Bedeutung, da bei den flüssigen Milchprodukten im allgemeinen eine Destabilisierung der Proteine vermieden, deren Stabilität während einer längeren Lagerung gesichert werden soll.

Das Casein liegt in der Milch in Form von komplexen Partikeln oder Micellen vor, die polydispers und annähernd kugelförmig sind. Die Caseinat-Phosphat-Partikel in Milch stehen in einem sehr labilen Gleichgewicht mit dem Milchserum und sind außerordentlich empfindlich gegenüber Änderungen in ihrer Ionen-Umgebung, weil das Casein in erster Linie durch die Ladung der

Partikel in der Lösung stabilisiert wird. Ein Teil der Verarbeitungsprozesse von Milch strebt die Destabilisierung und Ausfällung der Caseinat-Partikel durch pH-Änderung an.

Die Serum- oder Molkenproteine, als solche bezeichnet, weil sie gegenüber proteolytischen Enzymen und pH-Änderungen sehr beständig sind und nach Fällung der Caseine durch Lab- oder Säuregerinnung in der Molke verbleiben, sind thermisch weniger beständig. Beim Erhitzen beginnt schon ab 74 °C die Denaturierung. Die damit einhergehenden hitzeinduzierten Veränderungen sind verantwortlich für einige technologische Wirkungen, die nicht immer erwünscht sind, wie Ausbildung eines Kochgeschmacks, Bildung von Ablagerungen auf den Heizflächen von Erhitzern und Verdampfern.

2 Milcherfassung

Die Behandlung der Milch auf dem Erzeugerhof kann bereits gravierende Auswirkungen für die Verarbeitung haben. Aus Gründen der Rationalisierung ist an vielen Stellen ein zweitäglicher Abholrhythmus der Milch, verbunden mit einer Kühllagerung der Rohmilch bei 4–8 °C beim Erzeuger, eingeführt worden. Mit der längeren Kühllagerung der Milch, die auch im Molkereibetrieb, vor allem am Wochenende, noch verlängert wird, geht vermehrtes Wachstum psychrotropher Bakterien einher, insbesondere der Gattung Pseudomonas. Deren Stoffwechselprodukte, äußerst hitzeresistente Proteasen und Lipasen, führen bei zu hohen Keimzahlen durch ihre biochemische Aktivität zu Geschmacksfehlern [3].

Neben diesen bakteriologischen hat die Kühllagerung auch physikalische und chemische Auswirkungen auf die Rohmilch. Mechanische Beanspruchung durch Rühren während des Abkühlens kann bei bestimmten Temperaturzuständen zu mehr oder weniger starken Ausbutterungseffekten führen. Eine ähnliche Wirkung kann bereits in der Melkmaschine durch Strömungsbeanspruchung auftreten. Bestandteile der Fettkügelchenmembran können herausgelöst werden, fettspaltende Enzyme finden Zutritt zum Milchfett. Der Fehler Ranzigkeit, der bis zur Butter oder dem Joghurt bemerkt wird, kann die Folge sein [4].

Durch die Kühllagerung wird β-Casein aus den Caseinmizellen herausgelöst neben Calciumphosphationen und Proteasen. Die Gerinnungszeiten der Rohmilch werden verlängert, die Bruchfestigkeit des Koagulums wird schlechter, ihre käsereitechnologischen Eigenschaften werden negativ verändert [3].

In der Bundesrepublik wird die Anlieferungsmilch mit Milchsammelwagen erfaßt. Die Tanks der Wagen werden in der Bundesrepublik ohne Isolierung ausgeführt. Da die Rohmilch abgekühlt übernommen wird, treten bei guter Organisation der Touren und Zeiten auch im Sommer keine Probleme durch eine Keimvermehrung der Milch im Tanksammelwagen auf. Die Milchsammelwagen sind überwiegend mit einem mechanischen Volumenzähler und einem automatischen Probenahmegerät sowie Instrumenten zum Messen von

Temperatur und pH-Wert ausgerüstet. Alle Werte und Meßgrößen, die direkt
auf die Milchgeldabrechnung Einfluß haben, können direkt im Milchsammelwagen auf einen EDV-kompatiblen Datenträger geschrieben werden.
Das Probenahmesystem für das automatische Entnehmen von Proben aus der
Anlieferungsmilch muß eine repräsentative Entnahme gewährleisten und eine
möglichst geringe Verschleppung aufweisen. Probenahmegeräte neuerer Bauart, die für eine bakteriologische Probenahme entwickelt wurden, weisen
Verschleppungsquoten von 0,5–1% auf. Unter normalen in der Praxis
gegebenen Verhältnissen läßt sich mit diesen Geräten eine Probe für eine
Keimzahlbestimmung entnehmen. Der durch die Probenahme entstandene
Fehler ist bei den neueren Geräten im Regelfall weit geringer als der Fehler aus
den üblichen Untersuchungsmethoden [5].

3 Milchbearbeitung und Konsummilchherstellung

Aufgrund gesetzlicher Regelung muß in der Bundesrepublik Deutschland
jegliche Milch, die in einem milchverarbeitenden Betrieb angeliefert wird,
durch eine geeignete und zugelassen Wärmebehandlung erhitzt werden, um die
Übertragung von Krankheitserregern vom Tier auf den Menschen und von
Tier zu Tier zu unterbinden. Neben diesem hygienischen Zweck hat diese
Wärmebehandlung eine herausragende Bedeutung zur Verbesserung der
Haltbarkeit des mikrobiologisch und enzymatisch sehr anfälligen Rohstoffes
Milch. Darüber hinaus können Konsummilch und Milchprodukte zum
Zwecke der Haltbarkeitsverlängerung eine zusätzliche Wärmebehandlung
erfahren.
Der angestrebte thermische Effekt einer Wärmebehandlung ist abhängig von
der Kombination aus Temperatur und Zeit und kann über Sterilisationswerte,
die sich aus reaktionskinetischen Daten berechnen lassen, vorgegeben werden.
Der aus dem Erhitzungsverfahren und seiner Temperatur-Zeit-Kombination
resultierende biologische Abbaueffekt (Mikroorganismen und Enzyme) wie
auch die thermisch bedingten Veränderungen der originären Produkteigenschaften (Abbau, Umwandlung, Neubildung von Inhaltsstoffen) ergeben die
charakteristischen Milchsorten. Tabelle 2 zeigt die in der Milchverarbeitung
wesentlichen Erhitzungsverfahren, die in der Bundesrepublik Deutschland
durch das Milchgesetz geregelt werden [6]. Abbildung 2 gibt eine Übersicht
über die Verfahrensabläufe zur Herstellung der Konsummilchsorten. In das
Erhitzungsverfahren werden die Bearbeitungsstufen, Reinigen und Entrahmen
sowie Homogenisieren integriert.
Zum Reinigen und Entrahmen der Milch werden selbstreinigende Separatoren
(Tellerzentrifugen) eingesetzt, in denen nicht originäre und in die Milch
gelangte sedimentierbare Fremdpartikel abgeschieden und selbsttätig durch
ein hydraulisches Entleerungssystem aus der Trommel entleert werden. Die
Trennung des dispersen Systems Milch unter der Wirkung der Zentrifugalkraft
erfolgt in die leichtere innere Phase (Milchfett, Rahm) und die schwerere
äußere Phase (Magermilch). Nach dem Stokesschen Gesetz wird der Trenn-

Tabelle 2. Erhitzungsverfahren und Milchsorten

Erhitzungsverfahren	Temperatur	Zeit	Milchsorte
Pasteurisieren			
Dauererhitzen	62–65 °C	30–32 min	
Kurzzeiterhitzen	72–75 °C	mind. 15 s	Pasteurisierte
im Durchfluß		(max. 30 s)	Milch
Hocherhitzen im	mind. 85 °C	(mind. 2–3 s,	
Durchfluß		techn. bedingt)	
Ultrahocherhitzen (UHT)			
Direktes Erhitzen	140–145 °C	2–4 s	H-Milch
(Dampfinjektion) im			
Durchfluß			
Indirektes Erhitzen	136–138 °C	5–8 s	
im Durchfluß			
Sterilisieren			
Erhitzen in der	107–115 °C	20–40 min	Sterilmilch
Verpackung	120–130 °C	8–12 min	
Eindicken,	115–120 °C	20 min	Kondensierte
Erhitzen in der Verpackung			Milch

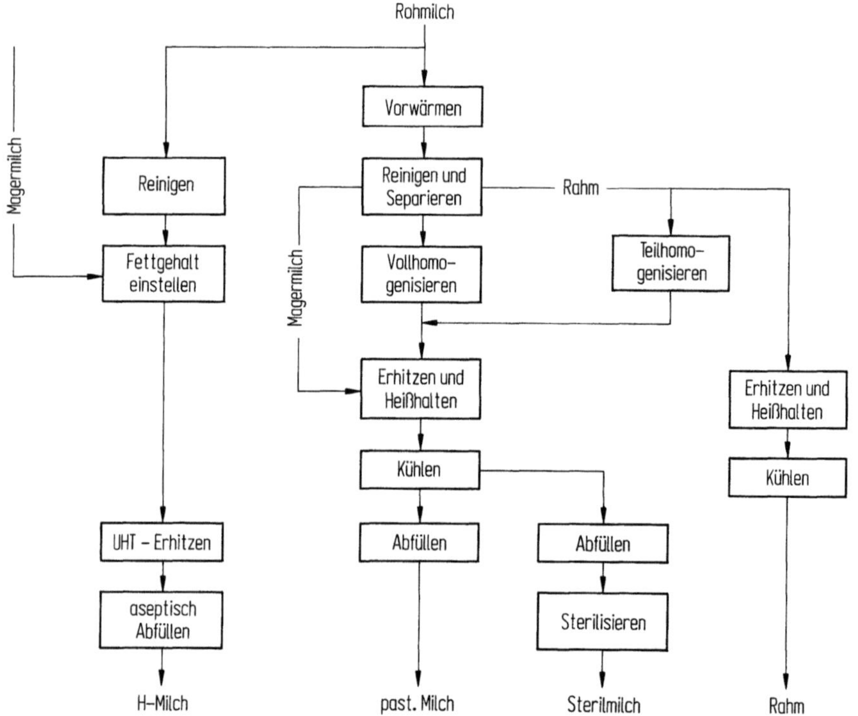

Abb. 2. Fließschema für die Milcherhitzung

effekt wesentlich verbessert, wenn durch höhere Temperatrur (bei Milch ca. 45 °C) die Zähigkeit der äußeren fluiden Phase herabgesetzt wird. Die Maschinen selbst werden täglich zusammen mit dem Erhitzer automatisch durch Umlaufreinigung (CIP) gereinigt und brauchen nicht geöffnet zu werden.

Zum Homogenisieren wird die Milch mittels einer Mehrkolben-Hochdruckpumpe auf einen hohen Druck bis maximal 350 bar gebracht und über ein besonders geformtes ein- oder zweistufiges Homogenisierventil abrupt entspannt. Der Druckabfall im Homogenisierventil, dem eigentlich prozeßwirksamen Teil, erzeugt starke Scherkräfte und hauptsächlich Kavitation, die eine Zerkleinerung der Fettkügelchen der Rohmilch von 1–8 μm auf unter 0,1 μm Durchmesser bewirken. Für das Homogenisieren von Konsummilch werden Temperaturen von 40–70 °C und Drücke von 150–200 bar angewendet. Der angestrebte Homogenisiereffekt, die Teilchengrößenverteilung nach dem Homogenisieren, richtet sich nach der Konsummilchart und liegt bei pasteurisierter Milch, die nur einige Tage lagert, niedriger als bei H-Milch oder Sterilmilch. Aseptisch arbeitende Homogenisiermaschinen sind mittels Dampf bis 140 °C sterilisierbar und verhindern Reinfektionen beim Bearbeiten von sterilem Produkt in Ultrahocherhitzunganlagen.

3.1 Pasteurisierte Milch

Zum schonenden Pasteurisieren großer Milchmengen wird bevorzugt die Kurzzeiterhitzung und in Sonderfällen die Hocherhitzung angewendet. Beim Kurzzeiterhitzen im kontinuierlichen Durchfluß muß in der Bundesrepublik Deutschland auf mindestens 72 bis maximal 75 °C und unter Einhaltung einer kürzesten Heißhaltezeit von 15 s (wie in den übrigen EG-Ländern auch) erhitzt werden, um pathogene und coliforme Keime mit Sicherheit abzutöten. Der Abtötungseffekt auf die gesamte Mikroflora beträgt bei durchschnittlich zusammengesetzter Mikroflora etwa 99,5 %. Die sensorischen, chemischen und physikalischen Veränderungen der Milch sind sehr gering. Es tritt kein Kochgeschmack auf, das Molkenprotein wird kaum denaturiert und die Vitamine werden kaum abgebaut. Die Lipase und die alkalische Phosphatase werden inaktiviert. Die Kurzzeiterhitzung ist das optimale Pasteurisierverfahren für Konsummilch und wird daher international mit geringen Modifikationen angewendet.

Beim Hocherhitzen im kontinuierlichen Durchfluß muß die Milch auf mindestens 85 °C erhitzt werden. Grenzen für die Heißhaltezeit sind nicht vorgegeben. Es ergibt sich jedoch eine technisch bedingte minimale Heißhaltezeit von etwa 1–2 s durch die Rohrleitung, welche die Erhitzungsabteilung mit der Wärmeaustauschabteilung (Rücklauf) verbindet. In der Praxis werden Temperatur und Haltezeit jedoch meist höher gewählt, um einen besseren Abtötungseffekt auf die Mikroflora zu erreichen. Beim Hocherhitzen werden auch mit minimaler Heißhaltezeit pathogene und coliforme Keime abgetötet. Der Abtötungseffekt auf die gesamte Mikroflora beträgt bei durchschnittlich zusammengesetzter Mikroflora etwa 99,9 %. Die sensorischen, chemischen und physikalischen Veränderungen der Milch sind wesentlich größer als beim Kurzzeiterhitzen. Obwohl die Grenze des Kochgeschmacks auch bei der Hocherhitzung noch nicht erreicht wird, ist hocherhitzte Milch von kurzzeiterhitzter sensorisch zu unterscheiden. Die Molkenproteindenaturierung liegt beim Kurzzeiterhitzen unter 5% (MPI), beim Hocherhitzen über 15%. Neben der schon durch Kurzzeiterhitzen inaktivierten alkalischen Phosphatase soll auch die Peroxidase sicher inaktiviert werden, damit anhand des Peroxidasenachweises eine sichere Unterscheidung zwischen kurzzeiterhitzter und hocherhitzter Milch möglich wird. Die Hocherhitzung wird hauptsächlich für Rahm sowie spezielle Milcherzeugnisse und nur noch selten für Konsummilch angewendet, da die Hocherhitzung die Milchinhaltsstoffe sehr viel stärker beeinträchtigt als die Kurzzeiterhitzung.

3.2 Ultrahocherhitzte und aseptisch verpackte Milch und Milchprodukte [7]

Der allgemeine Grundsatz für das thermische Behandeln von Lebensmitteln lautet: Möglichst hohe Temperatur und kurze Zeit. Für viele Lebensmittel läßt sich daher beim Sterilisieren eine optimale Qualität erreichen, wenn mit möglichst hoher Temperatur und für kurze Zeit behandelt wird. Die Entwicklungstendenzen auf dem Gebiet der Sterilisationstechnik folgen diesem Grundsatz. Das verfahrenstechnische Problem besteht darin, den Vorgang des Wärmetransportes in das Lebensmittel hinein und wieder heraus derart zu verbessern, daß möglichst kurze Zeiten zum Erwärmen und Abkühlen erreicht werden. Ein gutes Beispiel für diesen Trend bieten die mit sog. ultrahoher Temperatur (UHT) arbeitenden Sterilisationsverfahren zur Herstellung von UHT- oder H-Milch. Bei extremer Auslegung dieses Grundsatzes kam man zu dem als Uperisation bezeichneten Verfahren, bei dem die Milch durch eine Injektion reinen Dampfes in extrem kurzer Zeit von 80 auf 150 °C erwärmt wird. Nach einer Heißhaltezeit von 2,4 s wird durch Entspannen der unter Druck stehenden Milch in ein Vakuumgefäß in einem ebenso kurzzeitigen Vorgang ein Abkühlen auf 82 °C erreicht.
Das direkte Erhitzen des Gutes durch Kontakt mit heißem Sattdampf hat sich jedoch aus einem rein wirtschaftlichen Grund nicht allgemein durchsetzen können. Es wird heute nur noch in Einzelfällen angewendet. Schon direkt nach Einführung der Uperisation trat an die Stelle des direkten Erhitzens das indirekte Erhitzen durch Wärmeübertragung in Wärmeaustauschern. Die derzeitig überwiegend angewendeten UHT-Verfahren für Milch werden charakterisiert durch ein kurzzeitiges Erhitzen auf 136–138 °C mit Heißhaltezeiten von 5–8 s und nachfolgendem ebenso kurzzeitigem Abkühlen auf 20 °C durch Wärmeübertragung in Wärmetauschern, die einen extrem guten Wärmetransport ermöglichen. Von der Art des Erhitzens her unterscheidet man zwischen Anlagen mit direkter Erhitzung und Anlagen mit indirekter Erhitzung.
Abbildung 3 zeigt ein vereinfachtes Fließschema einer Anlage mit indirekter Erhitzung. Das Einsatzprodukt (1) wird aus einem Vorlaufbehälter (2) mittels einer Pumpe (3) durch einen oder mehrere hintereinandergeschaltete Wärmeaustauscher (4) geführt und im Gegenstrom mit dem heißen und sterilen

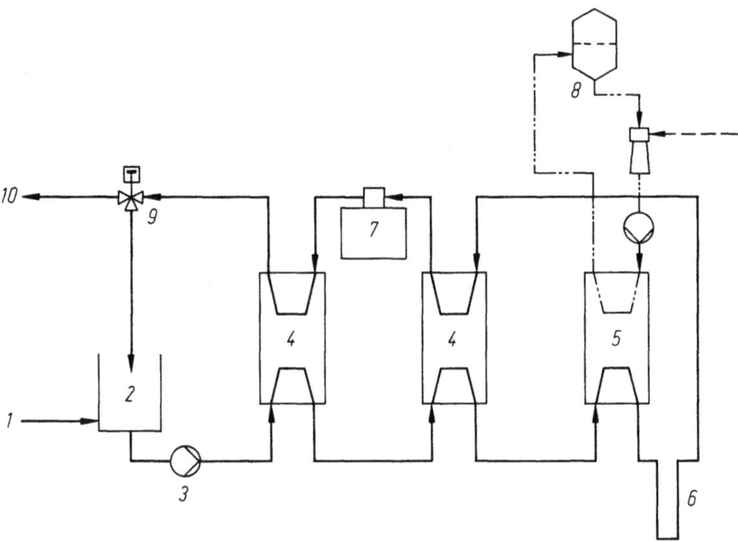

Abb. 3. Vereinfachtes Fließschema einer UHT-Anlage mit indirekter Erhitzung

Produkt vorgewärmt. Im nachfolgenden Erhitzer (5) wird das Produkt durch einen Wärmeträger – Sattdampf oder Heißwasser – auf die erwünschte Sterilisationstemperatur von 136–140 °C gebracht. Nach dem Erreichen der Maximaltemperatur wird das Produkt in einer Rohrstrecke (6) für 5–8 s heißgehalten. Nach dem Heißhalten ist das Produkt steril und muß unter aseptischen Bedingungen transportiert und behandelt werden. Nach dem Heißhalter wird das Produkt möglichst schnell abgekühlt (4), nach Bedarf zwischen 50–75 °C homogenisiert (7) und mit dem Restdruck der Homogenisiermaschine durch den ersten Teil des Wärmeaustauschers (4) zu der Abfüllmaschine gefördert. Auf der Transportstrecke, im allgemeinen einer Rohrleitung, zwischen der Sterilisationsanlage und einer aseptischen Verpackungsmaschine, darf das Produkt nicht mit einer unsterilen Umgebung in Kontakt kommen. Zwischen der Sterilisationsanlage und den aseptischen Abfüllmaschinen wird vielfach ein Aseptiktank installiert, der als Puffer und zeitweilig als Vorratsbehälter für sterilisiertes Produkt dient.
Die wirkungsvolle Anwendung des Ultrahocherhitzens als ein Vorsterilisieren des unverpackten Produktes ist an die Verfügbarkeit geeigneter Verfahren zum nachfolgenden aseptischen Verpacken gebunden. Im engeren Sinne wird beim aseptischen Verpacken ein vorsterilisiertes und steriles Produkt unter sterilen Bedingungen in sterile Packungen abgefüllt, die unter sterilen Bedingungen keimdicht verschlossen werden.
Das aseptische Verpacken des wärmebehandelten Produktes ist ein integraler Bestandteil der Technologie. Das aseptische Verpacken ist aber das schwächste und störanfälligste Glied dieses Verfahrens. Ein Verderben eines vorsterilisierten und aseptisch abgefüllten Produktes ist in der Mehrzahl der vorkommen-

den Fälle auf eine Störung an der Verpackungsmaschine und dadurch entstandene Rekontamination zurückzuführen.

Derzeit lassen sich zwei unterschiedliche Anwendungsbereiche des aseptischen Verpackens von Lebensmitteln unterscheiden:

1. Verpacken von vorsterilisierten und sterilen Produkten. Die Packmaschine kann mit einem Sterilbehälter oder direkt mit dem Sterilisationsverfahren kombiniert werden.

   Ziel ist entweder
   - ein schonend wärmebehandeltes Produkt mit wesentlich verlängerter Haltbarkeit (für H-Milch mindestens 6 Wochen bis zu 6 Monaten) und dessen Lagerfähigkeit unter normaler Temperatur
   - eine qualitätsschonend hergestellte Konserve mit begrenzter Haltbarkeit.

   Im allgemeinen werden vorsterilisierte Produkte, wie Milch und Milchprodukte, Puddings, Desserts, Frucht- oder Gemüsesäfte, Suppen, Soßen oder auch Produkte mit kleineren oder größeren Partikeln aus Kartoffeln oder Gemüse, keimfrei abgepackt. Vorteile dieser Kombination aus Vorsterilisieren und aseptischem Verpacken ergeben sich durch bessere Produktqualität und Kosteneinsparung.

2. Verpacken von nicht sterilem Produkt zur Verhinderung einer Infektion mit Fremdkeimen.

   Ziel ist eine verlängerte Haltbarkeit, gegebenenfalls in der Kühlkette, durch Verhinderung einer Reinfektion mit Hefen oder Schimmel und ohne Wärmebehandlung oder Zusätze von Konservierungsstoffen.

   Beispiele bieten Frischprodukte, wie fermentierte Milchprodukte (Joghurts, Desserts).

3.3 Sterilmilch und sterilisierte Milchprodukte

Normale Sterilisierverfahren, bei denen das Abpacken vor der Wärmebehandlung erfolgt, werden für Produkte wie Steril-, Kondensmilch und Kaffeesahne angewendet. Die Sterilisationstemperaturen liegen zwischen 107 und 115 °C mit Zeiten von 20–40 min. Sterilmilch in Flaschen wird in hydrostatischen Durchlaufsterilisatoren in Turm- oder Kammerbauweise und Dosenmilch in Spiraldurchlaufsterilisatoren sterilisiert.

Abweichend von dieser konventionellen Verfahrensweise hat sich das Sterilisieren von Milch und Milchprodukten in HST-Sterilisatoren (HST = High temperature short time) bis zu einer Temperatur von 130 °C eingeführt. Diese Behandlung führt zu wesentlich verkürzten Sterilisationszeiten von etwa 12 min für Milch in einer 1-Liter-Plastikflasche und ergibt ein Produkt, das sich im Geschmack der H-Milch nähert.

4 Milchfettverarbeitung

Die Milchfettverarbeitung umfaßt im wesentlichen die Herstellung von Butter und Sahne (für Schlag- und Kaffeesahne) und im begrenzten Umfang von Butterreinfett und aufkommend fraktionierten Milchfetten.

4.1 Butterherstellung [8]

Die Technologie und Technik der Butterherstellung konnten in den letzten
Jahren beachtliche Erfolge aufweisen. Die diskontinuierlichen Butterfertiger
wurden durch kontinuierliche Butterungsmaschinen nach dem Fritz-Verfah-
ren verdrängt. Die neuere Entwicklung wird hauptsächlich durch Tendenzen
zur Verbesserung der Streichfähigkeit, neue Butterungsverfahren, höhere
Stundenleistungen der Maschinen und Prozeßautomatisierung bestimmt. Die
Verbesserung der Streichfähigkeit für die aus dem Kühlschrank entnommene
Butter ist seit Jahren ein besonderes Anliegen der Verbraucher und der
Butterhersteller. Die Streichfähigkeit der Butter, definiert anhand von Hilfs-
merkmalen, deren gebräuchlichste die Schnittfestigkeit ist, wird bestimmt
durch den Anteil an ungesättigten Fettsäuren im Fett, die Struktur des
Buttergefüges und die Temperatur. Der Anteil an ungesättigten Fettsäuren
im Milchfett, im Sommer bei Weidenfütterung hoch und im Winter bei Stall-
fütterung niedrig, ist von der Art des Futters und der Milchtiere abhängig
und kann durch geeignete Zusammensetzung des Futters am einfachsten
erhöht werden.
In der Molkerei kann die Streichfähigkeit der Butter beeinflußt werden durch
intensives Kneten der Butter unter Vakuum mit Gefügeänderung, durch
Zusatz der weichen Anteile des Milchfettes, die vorher durch eine Fraktionierung (z. B. durch Filtrieren, Separieren) gewonnen wurden. Letzteres ist
technologisch aufwendig und bringt das Problem der Weiterverwendung des
harten Anteils des Milchfettes. Weitere Möglichkeiten sind gegeben durch das
Mischen von Sommer- und Winterrahm, das jedoch bedingt eine Gefrierlagerung des Sommerrahms unter Energieverbrauch, oder durch Tempera-
turbehandlung des Rahms. Als technologisch einfachste und wirtschaft-
lichste Verfahrensweise hat sich in der Praxis die Rahmbehandlung heraus-
kristallisiert.
Der kontinuierliche Butterungsprozeß geht von einem im Separator auf 40–
50% Fettgehalt konzentrierten Rahm aus. Aufgrund der Butterverordnung
darf in der Bundesrepublik Butter nur aus Rahm hergestellt werden, der durch
ein anerkanntes Pasteurisierverfahren erhitzt worden ist. Für das Erhitzen des
Rahms wird im allgemeinen ein Hocherhitzungsverfahren (Erhitzung auf
mindestens 85 °C) angewendet. In der Praxis wird jedoch auf höhere Temperaturen als gesetzlich vorgeschrieben erhitzt. Die Pasteurisiertemperatur des
Rahms richtet sich nach der Beschaffenheit des Rahms und hat Auswirkungen auf die Lagerfähigkeit der Butter. Erhitzungstemperaturen auf etwa
100–105 °C haben sich zum Vermeiden von Oxidationsfehlern in der
Butter bewährt, die durch Lipasen bedingt sind. Aus dem gleichen Grund ist
auch die Heißhaltezeit auf 5–10 min ausgedehnt worden, Abb. 2. Der
Rahm kann danach zu Süßrahm- oder Sauerrahmbutter verarbeitet werden,
Abb. 4.
Eine nachfolgende Reifung soll den Rahm einmal in einen geeigneten
physikalischen Gleichgewichtszustand für das spätere Verbuttern bringen. Das
beim Erhitzen flüssig gewordene Fett in den Fettkügelchen muß wieder

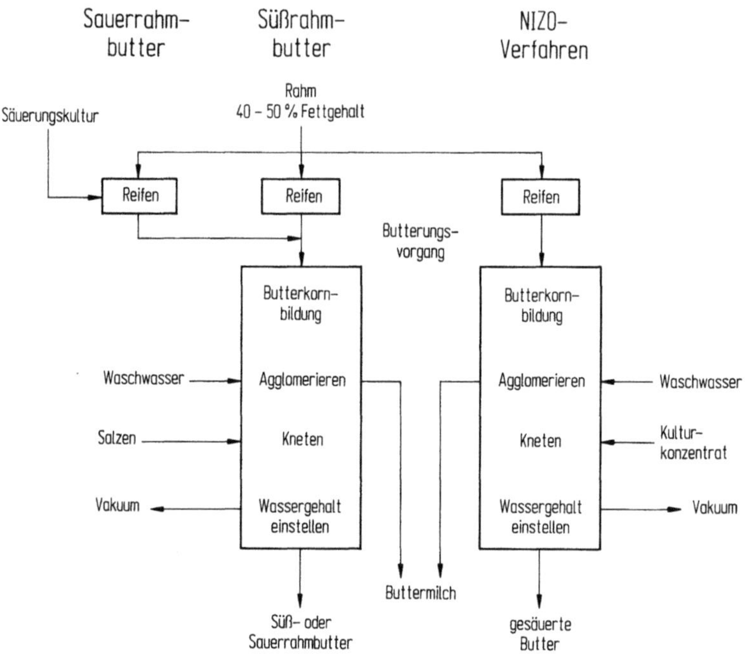

Abb. 4. Vereinfachtes Fließschema der kontinuierlichen Butterherstellung

erstarren, wozu Zeit benötigt wird. Die Erstarrungstemperatur des Milchfettes liegt je nach jahreszeitlich bedingter Fettzusammensetzung zwischen 8–20 °C. Man läßt deshalb den Rahm bei niederen Temperaturen zwischen 8–19 °C in großen meist stehenden Behältern über längere Zeit (3–20 h) lagern, um in den Fettkügelchen ein Auskristallisieren des Fettes im notwendigen Umfang zu erreichen.

Die Rahmreifung dient aber auch dazu, durch eine geeignete Temperatur-Zeit-Behandlung die Konsistenz der Butter zu beeinflussen. Bei der Rahmbehandlung werden Lagerzeit und -temperatur auf die Fetterstarrungskurve abgestimmt. Die Streichfähigkeit der bereits weicheren Sommerbutter verbessert sich durch Warm-Kalt-Säuerung des Rahms (15–19 °C, dann Abkühlen auf 7–10 °C) nur wenig. Die Kalt-Warm-Behandlung (5–8 °C/15–19 °C/9–12 °C) stellt eine sichere Methode zur Konsistenzveränderung dar und ergibt eine weichere Butter mit feinem Gefüge. Für die weniger streichfähige Winterbutter wird eine Kalt-warm-kalt-Reifung und für die weichere Sommerbutter eine Warm-kalt-kalt-Reifung durchgeführt.

Einen weiteren Vorgang während des Reifens stellt die Säuerung bis auf einen pH-Wert von 4,8–4,9 für das Herstellen von Sauerrahmbutter dar. Das charakteristische Merkmal für die Herstellung der Sauerrahmbutter ist die Zugabe von speziellen Säuerungskulturen zu dem süßen Rahm, die sich in diesem bei Temperaturen von 14–19 °C während 20 h entwickeln und dabei Säuren und Aromastoffe erzeugen, die zum Teil in die Butter übergehen und das für Sauerrahmbutter typische Aroma, das auf einen Diacetylgehalt von 1–2 mg/kg Butter zurückzuführen ist, bewirken. Es werden Einzelstamm- oder Mischkulturen von Milchsäurebakterien verwendet, die Stämme von Streptococcus cremoris, Streptococcus lactis, Streptococcus diacetylactis und Betacoccus cremoris enthalten.

Die eigentliche Butterherstellung, der Vorgang der Phasenumkehr zur Bildung einer Wasser-in-Fett-Emulsion, ist ein rein mechanischer Vorgang. Die klassische Methode besteht darin, die Fettkügelchen, die durch das Reifen auf den Butterungsvorgang eingestellt worden sind, durch Schlagen, Schütteln, Stürzen des Rahms zum Aneinanderlagern, zum Agglomerieren zu bringen und das Butterkorn zu erzeugen (Agglomerierungsverfahren). Der Vorgang kann diskontinuierlich (im häuslichen Butterfaß oder im industriellen Butterfertiger) oder kontinuierlich in der Butterungsmaschine nach dem Fritz-Verfahren ausgeführt werden. Durch entsprechende Temperaturvorbehandlung liegt in den Fettkügelchen flüssiges neben erstarrtem Fett vor. Das erstarrte Fett kann bei einer Stoßeinwirkung die Phospholipoidschicht durchdringen und die Filmbildung unterbrechen; an diesen Stellen vermag dann flüssiges Fett auszutreten. Stoßen zwei Fettkügelchen an solchen Stellen mit ausgetretenem Fett zusammen oder tritt bei einem Zusammenstoß zweier oder mehrerer Fettkügelchen flüssiges Fett aus, so agglomerieren die Fettkügelchen, und es kommt zur Butterkornbildung.

Als Voraussetzung zur Butterkornbildung muß in Fettkügelchen ausreichend auskristallisiertes neben flüssigem Fett vorhanden sein. Bei Temperaturen oberhalb 25 °C, wenn zuviel flüssiges Fett vorhanden ist, tritt keine Butterkornbildung auf. Auf der anderen Seite ist eine Butterherstellung unter zu niedrigen Temperaturen, unter 8 °C, ebenfalls nicht möglich. In der Butterungsmaschine wird in der 1. Stufe, dem Ausbutterungszylinder, durch rotierende Schläger und mechanische Beanspruchung die Hüllensubstanz getrennt und aus den einzelnen Fettkügelchen das Butterkorn gebildet, Abb. 5. Sobald die Hüllensubstanz von den Fettkügelchen getrennt worden ist, sind diese in die Lage versetzt worden, untereinander zu agglomerieren. Die mechanische Beanspruchung, die zu dem Trenn- und Agglomerationsprozeß führt, ist bei etwas höheren Temperaturen wirksam. Die Temperatur ist jedoch nach oben begrenzt, da mit steigender Temperatur ein Emulgieren des Butterfettes im Serum begünstigt wird und zu Ausbeuteverlust führt. Die optimale Temperatur für diese 1. Stufe liegt zwischen 12–14 °C.

In der nächsten Stufe erfolgt das Agglomerieren der einzelnen Butterkörner in einem langsam rotierenden Zylinder (15–40 U/min) und, um einen niedrigen Wassergehalt zu erreichen, unter abgesenkter Temperatur. Das nach der Trennung Eiweiß/Fett gebildete Butterkorn wird vor dem weiteren Agglomerieren daher indirekt mit Eiswasser gekühlt. Die Wirkung des Agglomerierens ist von der Aufenthaltszeit in diesem Nachbutterungsteil abhängig. In der folgenden Trennzone kann die Buttermilch ablaufen, und gleichzeitig wird das Agglomerieren fortgesetzt. Eine Waschzone kann sich anschließen. Meist verzichtet man auf das Waschen der Buttermasse, um den fettfreien Trockenmassegehalt zu erhöhen.

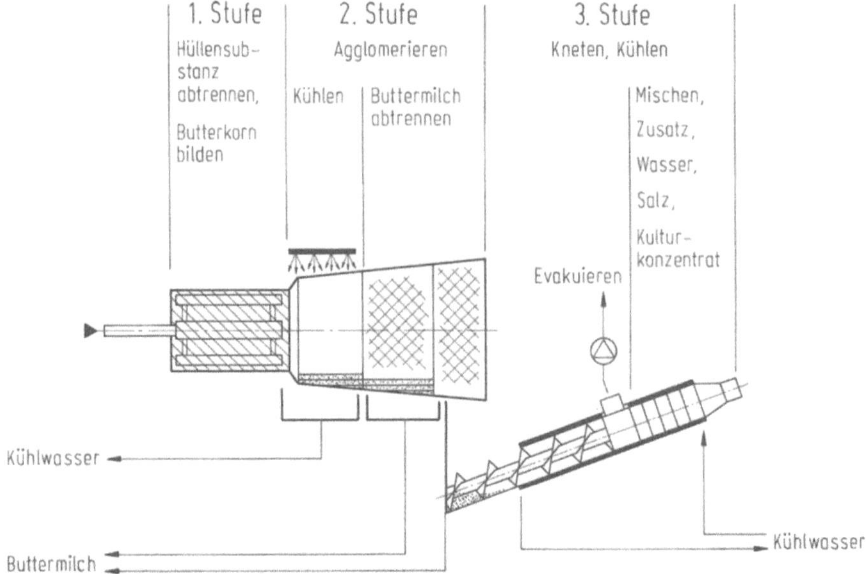

Abb. 5. Schema einer Butterungsmaschine

Die agglomerierten Butterkörner fallen dann in der 3. Stufe in den Kneter und
werden intensiv geknetet. Gleichzeitig erfolgt ein Abpressen noch eingeschlos-
sener Buttermilch, die im unteren Teil des Kneters durch ein Sieb ablaufen
kann. Ein intensives Durchkneten erbringt eine weiche Konsistenz und ein
gutes Gefüge der Butter. Anzustreben ist eine Wassertröpfchengröße $<1-$
3 µm, die für Mikroorganismen keine Lebensbedingungen bietet. Ein Kneten
der Butter unter Vakuum verbessert die Streichfähigkeit und vermindert den
Luftgehalt von 4–6% auf etwa 1%, wodurch eine Oxidation des Butterfettes
verringert wird.
Eine besondere Bedeutung kommt der Einstellung des Wassergehaltes in der
Butter zu, der kanpp unter 16% ohne die im Wasser enthaltene Trockenmasse
liegen soll. Zur Feineinstellung des Wassergehaltes ist meist eine Dosierpumpe
zum Zudosieren von Wasser unerläßlich. Die Maschinen wurden in den letzten
Jahren mit Einrichtungen zum kontinuierlichen Messen und Registrieren des
Wassergehaltes und automatischen Zudosieren von Wasser ausgerüstet.

4.2 Neuere Entwicklung

Die Entwicklung der Butterungstechnologie läuft auf die Verbutterung von
Süßrahm zu Butter mit dem Charakter einer Sauerrahmbutter hinaus. Der
Grund ist in der besseren Verwertungsmöglichkeit der ungesäuerten Butter-
milch zu suchen.
Nach der modernen Technologie wird der bakteriologische Säuerungsprozeß
nicht mehr durchgeführt. Die Aromaanreicherung der Butter als Folge der

Säuerung wird als reiner Mischvorgang am Ende des Butterungsprozesses rein mechanisch vorgenommen, indem Säure und Aroma der Butter zugegeben und eingeknetet werden. Nach dem NIZO-Verfahren wird ungesäuerter Rahm zu „gesäuerter Butter" verarbeitet. In die Süßrahmbutter werden unmittelbar nach dem Agglomerieren (Abbuttern) und dem Abtrennen der freien Buttermilch eine mittels Ultrafiltration konzentrierte Säuerungskultur sowie Spezialsäuerungskulturen, die viel Diacetyl bilden, eingeknetet. Der pH-Wert im Butterserum ist einstellbar und erreichte Werte ≤ 5.0. Die Butter hat eine lange Haltbarkeit bei $10-11\,°C$ Lagerung und erreicht auch eingefrostet bei $-25\,°C$ eine gute Lagerfähigkeit.

5 Käseherstellung

Die Käseherstellung ist die älteste Art das leicht verderbliche Milcheiweiß für den menschlichen Genuß haltbar zu machen. In der modernen Milchwirtschaft ist die Käseherstellung eine der wirtschaftlich bedeutendsten Möglichkeiten der Milchverarbeitung.

Ein wesentlicher Fortschritt in der Käseherstellung gelang, als man die mikrobiellen und enzymatischen Gärungs- und Reifungsvorgänge nicht mehr der zufälligen und variierenden Kontamination der Rohmilch überließ, sondern ab Ende des 19. Jahrhunderts durch die Anwendung vorgezüchteter Kulturen gezielt steuerte. Damit gelang der Übergang von der häuslichen oder handwerklichen Herstellung zur industriemäßigen Produktion. Die klassischen Verfahren zur Käseherstellung waren mit viel Handarbeit verbunden und daher sehr arbeitsintensive Chargenprozesse. Mit der Entwicklung der Technik erfolgte eine Mechanisierung der einzelnen Be- und Verarbeitungsstufen (Käsefestiger, Käseformmaschinen, Käsewendemaschinen etc.). Die gegenwärtigen Bemühungen sind darauf gerichtet, in der Herstellung den Chargenprozeß in einen kontinuierlichen umzugestalten.

Käse sind frische oder in verschiedenen Graden der Reife oder eines Fermentationszustandes befindliche Produkte aus koaguliertem und konzentriertem Milcheiweiß.

Allgemein und grob systematisierbare Stufen der Herstellung sind demgemäß:
1. Koagulieren oder Ausfällen des Milcheiweißes, traditionell der Caseine.
2. Konzentrieren des koagulierten Caseins, der Gallerte, durch Abtrennen der Molke.
3. Mikrobiologisch-enzymatischer Vorgang des Reifens unter bestimmten Klimabedingungen, der Wochen oder Monate betragen kann und sich auf die Konsistenz und den Geschmack auswirkt.

Da die Bedingungen in diesen 3 Stufen sehr variiert werden können, ergeben sich eine Vielzahl von Käsesorten, die sich nach Zusammensetzung, Struktur und Konsistenz sowie Geschmack unterscheiden. Weltweit sind etwa 2000 verschiedene Käsesorten bekannt, die teilweise sehr verschiedene Eigenschaften aufweisen und damit mehr oder weniger unterschiedliche Herstellungsverfahren erfordern.

Nach Herstellungsmerkmalen unterschieden, lassen sich die Käse nach der Art der Eiweißfällung in Süßmilch- oder Labkäse und Sauermilchkäse unterteilen.

5.1 Labkäse

Für Lab- oder Süßmilchkäse wird das Casein der Milch im süßen bzw. schwachsauren Zustand mit einem pH-Wert von 6,6–6,3 oder einem Säuregrad von 7–8 °SH unter Verwendung proteolytischer Enzyme zum Gerinnen (Koagulation) gebracht. Zu den Labkäsen zählen:
- Hartkäse, mit langer Reifung (z. B. Parmesan, Emmentaler, Cheddar)
- Schnittkäse, mit mittellanger Reifung (z. B. Gouda, Edamer, Tilsiter)
- Weichkäse mit kurzer Reifung (z. B. Camembert, Brie, Romadur)
- Käse ohne Reifung (z. B. Rahmfrischkäse, Mozarella).

An die Rohmilch, die Käsereimilch, wurden bestimmte Anforderungen hinsichtlich ihrer Tauglichkeit für die Käseherstellung gestellt. Wichtigste Voraussetzungen sind die Eignung zur enzymatischen oder Säuregerinnung, Bruchbearbeitung und zum Ablauf aller mit der Käseherstellung und Käsereifung verbundenen mikrobiologischen und enzymatischen Vorgänge. Hinzukommen soll ein möglichst hoher Eiweißgehalt und für Hart- und Schnittkäse soll sie möglichst wenig Sporen von Clostridien (Buttersäurebildner, die zu Fehlgärungen führen) enthalten. Regional unterschiedliche Zusammensetzung des Futters sowie der Rasse der Milchtiere haben ebenfalls Auswirkungen auf die Käsereimilch. Daher ist gegenwärtig noch die Erzeugung einiger hochwertiger Käsesorten (z. B. Emmentaler) territorial für Tiere, die auf Hochgebirgsweiden gehalten werden, begrenzt.
Erste Verarbeitungsstufe ist die Vorbereitung der Käsereimilch auf die Eiweißgerinnung, die sog. Reifung, Abb. 6. In der Reifung wird durch Temperatur- und Zeiteinwirkung unter Zugabe von Säuerungskultur ein für die Gerinnung günstiger pH-Wert eingestellt, durch Calcium und Nitrat enthaltene Zusatzstoffe wird die Gerinnungsfähigkeit günstig beeinflußt und Spätblähung in Hart- und Schnittkäsen vermieden, durch Spezialkulturen (z. B. zur Schimmelbildung bei Camembert) wird ein sortentypischer Effekt erreicht.
Die Labgerinnung läuft in 2 Phasen ab:
    Enzymatische Phase (Primärphase)
    Koagulationsphase (Sekundärphase)

In der enzymatischen Phase werden vom Schutzkolloid κ-Casein die Glycomakropeptide abgespalten, wobei die Hydrathülle der Micelle verlorengeht und damit der Schutz vor gegenseitiger Verbindung aufhört. In der Koagulationsphase bilden sich dann bei günstiger Temperatur und geeignetem pH-Wert zwischen den Ca-empfindlichen Casein-Micellen durch das Vorhandensein von Ca-Ionen Salzbrücken aus, so daß es zu einer raschen Verbindung, zur Gerinnung kommt.
Aus dem kolloid gelösten Calcium-Caseinat-Komplex ist durch die irreversible Labgerinnung das wasserunlösliche Calcium-Paracaseinat-Gerüst entstanden,

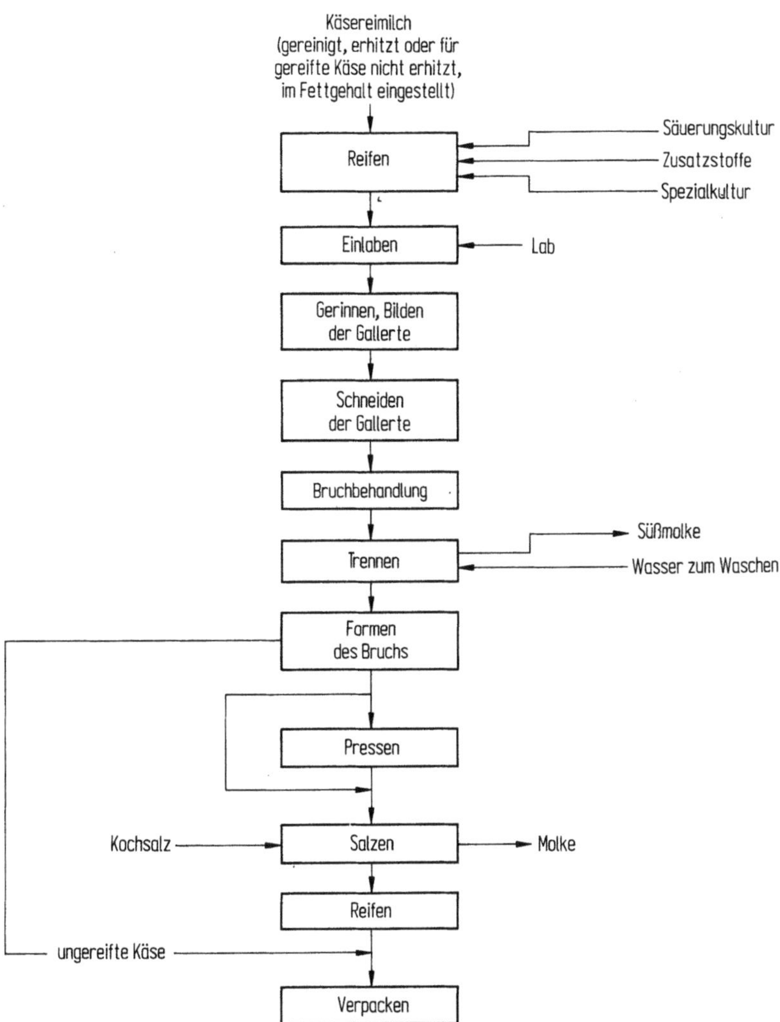

Abb. 6. Vereinfachtes Fließschema für die Herstellung von Labkäse

welches auch als Koagulum oder Labgallerte bezeichnet wird und den eigentlichen Käsestoff darstellt. Das dabei entstehende Gel bildet ein netz- oder wabenartiges dreidimensionales Gerüst, vergleichbar einem feinporigen Schwamm.

Über die eigentliche Gerinnungsfunktion hinaus hat das Lab auch noch eine proteolytische (eiweißabbauende) sekundäre und hauptsächlich während der Reifung auftretende Wirkung. Die Milchserumproteine werden durch die Labeinwirkung nicht erfaßt. Sie bleiben wasserlöslich und werden als Molkenproteine mit der Molke abgeführt. Der Gerinnungsvorgang wird nach Temperatur, pH-Wert, Zeit und Labmenge sortenabhängig durchgeführt.

Während der Gerinnung, insbesondere in der Sekundärphase, darf die Milch keinen Schubspannungen, die durch Bewegung oder Erschütterung entstehen können, ausgesetzt werden, da sonst der Vorgang der Koagulation gestört wird und Casein in die Molke übergeht.

Bei der Labgerinnung wird in den Poren oder Hohlräumen des Gels Wasser (Molke) als Hohlraumwasser gebunden, das nach Öffnen der Hohlräume relativ leicht abfließt. Ein weiterer Teil befindet sich in den Kapillaren zwischen den Caseinteilchen als Kapillarwasser. Der Kapillarwassergehalt ist um so höher, je feiner das „Netzwerk" des Gels ist. Das Kapillarwasser ist von Bedeutung, als es größtenteils im Käse verbleibt und somit die weiteren Parameter, wie Säuerung, Reifung und Endwassergehalt, beeinflußt. Der Rest des Wassers ist chemisch gebundenes Hydratwasser.

Die Labgerinnung wird sortenspezifisch bei Erreichen einer bestimmten Festigkeit der Gallerte, die über ein Laktodynamogramm objektiv meßbar ist, abgebrochen, die Gallerte geschnitten und der Bruch, das ist das in Stücke geschnittene Gel, je nach Käsesorte mehr oder weniger intensiv durch Rühren und Temperaturführung bearbeitet. Durch Abtrennen der Molke wird der Wassergehalt und durch geeignete Maßnahmen (Waschen) der pH-Wert und später der Kochsalzgehalt sortenspezifisch in der Käserohmasse eingestellt.

Ein weiteres Abtrennen der noch außen an und in den Bruchstückchen verbliebenen Molke erfolgt durch nachfolgendes Pressen. Gleichzeitig wird der Käse dabei in die arteigene Form gebracht.

Beim nachfolgenden Salzen erfolgt durch Diffusion ein Austausch von Molke und Salz unter der Wirkung eines osmotischen Drucks. Dadurch wird der Molkengehalt reduziert, die Säure reguliert und ein gewisser Salzgeschmack eingestellt. Das Salz hat gegenüber gewissen Mikroorganismen eine konservierende Wirkung. Eine Salzzugabe kann bereits zur Käsereimilch oder zum Bruch erfolgen, ein höherer Salzgehalt wird durch Trockensalzen oder in der häufigsten Art im Salzbad eingestellt.

Die letzte Stufe der Käseherstellung bildet für die gereiften Käse das Reifen. Unter sortenspezifischen, günstigen klimatischen Bedingungen, dies sind vor allem Temperatur und relative Luftfeuchtigkeit, laufen die physikalischen, mikrobiologischen und enzymatischen Vorgänge ab, die dem Käse seine arteigenen charakteristischen Merkmale hinsichtlich Aussehen, Struktur, Konsistenz und Geschmack geben.

5.2 Sauermilchkäse

Für Sauermilchkäse wird das Casein der Milch durch die Stoffwechselprodukte von Milchsäurebakterien bei einem pH-Wert von 4,9–4,6 oder 26–28 °SH zum Gerinnen gebracht. Typische Sauermilchkäse sind
– Quark
– Harzer

Bei der Säuregerinnung wird bei Absenken des pH-Wertes der isoelektrische Punkt, um pH = 4,65, und damit im Inneren der Caseinteilchen eine Ladungs-

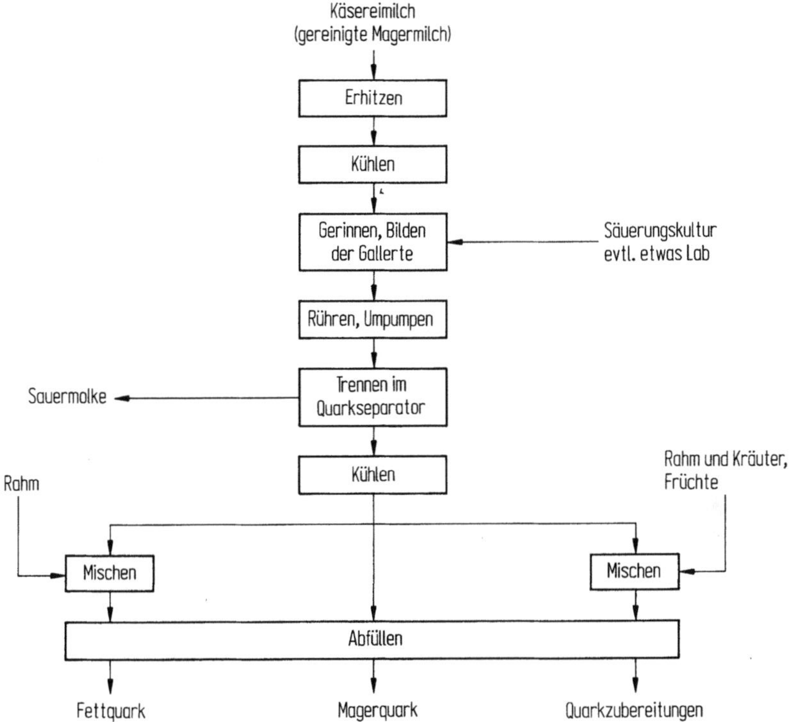

Abb. 7. Vereinfachtes Fließschema für die Herstellung von Quark

gleichheit erreicht, wodurch diese nach außen neutral sind und ein Minimum an Löslichkeit aufweisen. Der Calcium-Casein-Komplex geht im isoelektrischen Punkt in ausflockendes Säurecasein über, Calcium-Ionen treten aus und verbinden sich mit der Milchsäure zu Calciumlactat.

Dieser Vorgang ist reversibel und bei entsprechender Einstellung des pH-Wertes (Laugezugabe) über den isoelektrischen Punkt hinaus kann das Säurecasein wieder in Lösung gebracht werden. Das Säurecasein ist frei von Calcium und damit nicht vergleichbar mit dem bei der Labgerinnung entstehenden Ca-haltigen Paracaseinat. An die Käsereimilch werden nicht so große Anforderungen gestellt wie für die Labkäse, da das Reifen und die hierfür optimalen Bedingungen entfallen.

Für die Quarkherstellung, Abb. 7, wird heute vielfach die Milch auf 85−90 °C für 2−5 min erhitzt, um die Serumproteine (Molkenproteine) thermisch soweit zu denaturieren, daß sie sich an das Casein anlagern. Hierdurch wird die Ausbeute verbessert.

Nach der Gerinnung erfolgt die Trennung des Quarks von der Molke heute fast nur noch durch Zentrifugieren in besonderen Quarkseparatoren. Die fließfähige Quarkmasse kann kontinuierlich an die Verpackungsmaschine und in die Verpackung gepumpt werden.

Eine Vielzahl von Käsesorten, die von Frischkäse, Weich-, Schnitt-, Hart- bis zu Schmelzkäse reichen, erfordern durch unterschiedliche Koagulationsbedingungen, Bruchbereitung, Formen der Käse, Abmessungen, Größe und Gewicht, Strukturen, Reifungs- und Lagerbedingungen teilweise sehr unterschiedliche Herstellungstechniken. Die Verfahrenstechnik der Käseherstellung läßt von daher keine einheitliche Beschreibung und nur eine grobe Systematisierbarkeit zu.

In der Verfahrenstechnik der Käseherstellung hat sich in den letzten zwei Jahrzehnten ein enormer Wandel vollzogen. Bis zum Anfang der 60er Jahre war die Herstellung von Käse praktisch unverändert handwerklich betrieben worden. Qualitativ war man im wesentlichen von der Zuverlässigkeit des Käsers und der Gründlichkeit des Reinigens abhängig. Da nur kleinere Milchmengen in einem Betrieb in einer Charge jeweils verarbeitet wurden, war das Risiko von Qualitätsschwankungen durch unterschiedliche Milchqualitäten überschaubar. In den Jahren von 1965–1975 setzte die Mechanisierung der Käsereien ein, indem zuerst die von Hand vorgenommenen und lohnintensiven Verrichtungen maschinell nachgeahmt wurden. Die so mechanisierten Betriebe erlaubten die Verarbeitung wesentlich größerer Milchmengen.

Die gegenwärtig angestrebte Entwicklungsstufe ist die kontinuierlich und automatisch ablaufende Käseherstellung. Ein Kernproblem in dieser Entwicklung ist die Umstellung der Koagulationsphase vom diskontinuierlichen in einen kontinuierlichen Vorgang und die Mechanisierung gewisser notweniger und bisher nur manuell durchzuführender Bearbeitungsvorgänge während des Reifens. Der in der Käseherstellung gegenwärtig erreichte Stand der Mechanisierung und Automatisierung ist sehr unterschiedlich und sortenabhängig. Er ist am höchsten bei den Frischkäsen – herausragendes Beispiel bildet die Quarkherstellung mittels Separatoren – und fällt ab bis zu den Hartkäsen.

5.3 Käseherstellung mittels Ultrafiltration

Eine völlig neuartige Technologie zur Käseherstellung, die sich von den handwerklich abgeleiteten Verfahrensweisen grundsätzlich unterscheidet, bietet die Ultrafiltration. Mager- oder Vollmilch wird mittels Membranen, die für Wasser und gelöste niedermolekulare Moleküle (Laktose, Salze) durchlässig sind, konzentriert. Die schonenden Bedingungen der Ultrafiltration führen zu Magermilchkonzentraten, die nach Einstellung des Fettgehaltes mit hochkonzentriertem Rahm bis zu 40 % Trockenmasse und 14 % Eiweißgehalt enthalten, ohne daß die Gerinnungstauglichkeit beeinträchtigt und der Milchzuckergehalt erhöht wird.

Nach Zugabe von Lab wird die Gallertenbildung unter veränderten Reaktionsbedingungen herbeigeführt. Das Verfahren eröffnet die Möglichkeit, Weichkäse ohne Molkenablauf herzustellen. Dadurch verbleiben die Molkenproteine im Käse und bei Käse mit höherer Trockenmasse, wie Schnitt- und Hartkäse, wird der Molkenablauf wesentlich verringert. Durch die gleichzeitige Konzentrierung von Casein und Molkenproteinen können je nach Höhe des Molkenablaufs erhebliche Ausbeuteerhöhungen gegenüber traditionellen Verfahren erreicht werden, beispielsweise bei Weichkäse ohne Molkenablauf über 20 %. Versuche und praktische Erfahrungen haben gezeigt, daß sich Frischkäse gut und Weichkäse brauchbar nach diesem Verfahren herstellen lassen. Die Anwendung der Membranverfahren steht erst am Anfang der Möglichkeiten.

6 Herstellung von sauren Milcherzeugnissen

Saure Milcherzeugnisse sind fermentierte Produkte im engeren Sinne, die durch Milchsäuregärung in Verbindung mit Aromabildung ihren sauren Charakter erhalten. Rein oder Mischkulturen von Milchsäurebakterien, die zugesetzt werden, vergären unter Bildung von Milchsäure die Laktose. Durch das Absinken des pH-Wertes kommt es zur Gerinnung der Eiweißstoffe, die danach teilweise bis zu den Aminosäuren abgebaut werden. Säure, Eiweißabbau, Aromastoffe (Acetaldehyd, Diacetyl, Acetoin und Aceton in verschiedenen Mengenverhältnissen) bestimmen den hohen ernährungsphysiologischen Wert dieser Milchprodukte.

Zu den sauren Milcherzeugnissen zählen Joghurt, Sauer- oder Dickmilch, Kefir und auch saure Buttermilch ist hier einzuordnen, obwohl diese als Nebenprodukt bei der Butterherstellung anfällt. Sie werden unter Verwendung spezifischer Kulturen von Milchsäurebakterien hergestellt, für Sauermilch Streptococcus lactis für Joghurt Mischungen von Lactobacillus bulgaricus und Streptococcus thermophilus, für Kefir Mischungen von Lactobacillen, Streptococcen und Torulahefen. Die sauren Milcherzeugnisse können aus Milch mit verchiedenen Fettgehalten mit und ohne Erhöhung der Trockenmasse hergestellt werden. Den bedeutendsten Anteil in der Herstellung stellen heute jedoch die Joghurterzeugnisse dar.

Es gibt drei Grundtypen von sauren Milcherzeugnissen, die sich durch die erreichte Endkonsistenz unterscheiden:
- Stichfeste Produkte, mit Gallertenbildung in der Verpackung
- Gerührte Produkte, mit kremartiger Konsistenz
- Trinkfertige Produkte, fließfähig.

Jede dieser drei Grundtypen erfordert eine in Kulturzusammensetzung und -menge, Temperaturführung und Verfahrenstechnik geänderte Herstellung.

Ein allgemeingehaltenes und daher nicht vollständiges Fließschema über die Herstellung derartiger Erzeugnisse zeigt Abb. 8. Die Verarbeitungstechnik ist relativ einfach und setzt sich aus gebräuchlichen Elementen (Behältern, Erhitzern, Homogenisiermaschinen, Rührern etc.) zusammen. Die Bebrütung von stichfesten Produkten in Behältern wird allgemein noch chargenweise in Bebrütungskammern durchgeführt; der kontinuierliche Bebrütungstunnel hat sich noch nicht durchsetzen können. Kontinuierlich durchführbar ist jedoch das Abkühlen der Produkte in der Verpackung im Kühltunnel mit kalter Luft, Wasser oder Eiswasser nach dem Bebrüten, nach einem Heißabfüllen oder nach einer thermischen Behandlung.

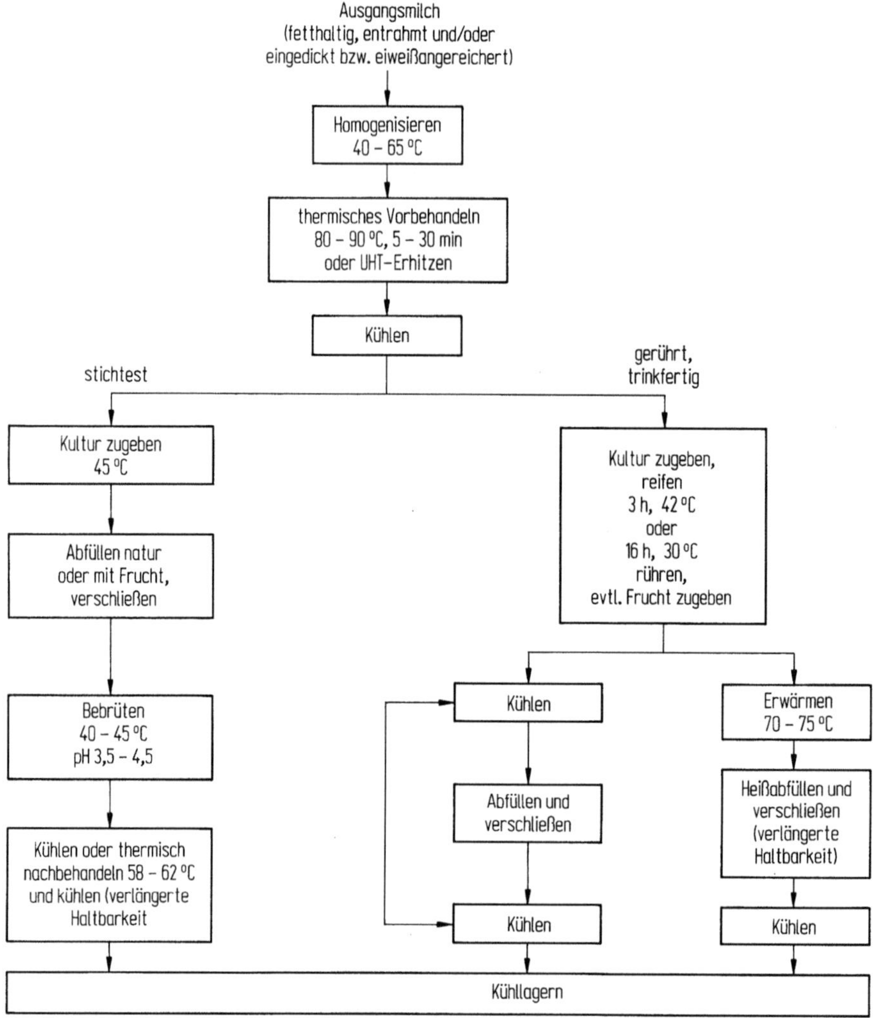

Abb. 8. Herstellung von sauren Milcherzeugnissen

Im allgemeinen wird ein hoher Qualitätsstandard der Produkte hinsichtlich der Haltbarkeit gefordert. Eine verlängerte Haltbarkeit kann erreicht werden durch:
- Herstellen des Produktes und Abfüllen unter aseptischen Bedingungen. Aseptisch arbeitende Becherfüll- und -verschließmaschinen gewährleisten dies.
- Herstellen des Produktes unter normalen Bedingungen mit anschließender Wärmebehandlung. Fließfähige Produkte können heiß abgefüllt und in der Verpackung auf Lagertemperatur abgekühlt werden.
Stichfeste Produkte werden in der Verpackung pasteurisiert.

Letzteres ist konventionell durch Wärmetransport von außen durch das Verpackungsmaterial in das Produkt oder dielektrisch möglich.

Im Aufbau der Anlagen für diese Produkte geht auch hier die Tendenz zu kontinuierlichen und weitgehend automatisierten Produktionsverfahren.

7 Herstellung von Trockenmilcherzeugnissen

Bei Trockenmilchprodukten wird rein thermisch durch Verdampfen und nachfolgendes Trocknen das Wasser entzogen; das Endprodukt ist ein Pulver, Abb. 9. Typische Trockenprodukte sind Magermilch-, Vollmilch-, Sahne-, Molken-, Buttermilchpulver, Säuglingsmilchpulver. Der Endwassergehalt von Milchpulvern liegt zwischen 4–6%. Die Haltbarkeit ist abhängig von der Zusammensetzung des Pulvers, dem Wassergehalt, der Lagertemperatur und dem Ausschluß von Luftsauerstoff und kann z. B. für ein Magermilchpulver unter 20 °C 2–4 Jahre und für ein Vollmilchpulver unter 15 °C und in Kunststoff-Folien verpackt ½–2 Jahre betragen.

Trocknungsverfahren gehören zu den energetisch aufwendigsten in der Lebensmittelverarbeitung. Es wird daher vor dem eigentlichen Trocknen dem Produkt der größte Teil des Wassers durch Verdampfen entzogen. Der Dampfbedarf beim Verdampfen beträgt in neuzeitlichen Verdampferanlagen (3-stufiger Verdampfer mit mechanischer Brüdenkompression) nur noch etwa 0,05 kg Heizdampf pro kg verdampftes Wasser. Durch Verdampfen wird daher die Konzentration des zu trocknenden Produktes bis nahe an seine Fließgrenze auf einen Trockenmassegehalt von 40–50% eingedickt.

Die beim Trocknen von Milchprodukten wirtschaftlich anwendbaren großtechnischen Trocknungsverfahren

- Walzentrocknung,
- Sprühtrocknung,
- Gefriertrocknung,

bestimmen den Zustand des Endprodukts, das als Pulver oder Granulat anfällt.

Beim Walzentrocknen wird das Konzentrat auf eine von innen mit Dampf beheizte Walze aufgetragen (Kontakttrocknung) und nimmt am Ende des Trocknungsvorgangs die Walzentemperatur von über 100 °C an. Durch die starke Erhitzung tritt eine fast vollständige Denaturierung der Molkenproteine und verstärkte Bräunungsreaktion auf. Das Trockengut wird durch Messer von der Walze abgeschabt und fällt als schuppenförmiges Produkt an, das in speziellen Mühlen auf ein gut benetzbares Pulver zerkleinert wird. Kostenmäßig ist die Walzentrocknung am günstigsten, wird aber überwiegend nur noch für Spezialprodukte und Produkte für die Tierernährung angewendet.

Beim Sprühtrocknen wird das eingedickte Produkt im Kopf einen hohen Sprühturms über Druckdüsen oder einen Zentrifugalzerstäuber in feine Tröpfchen (< 200 μm) versprüht. Während des freien Falls im Turm werden sie von einem Heißluftstrom umströmt (im allgemeinen im Gleichstrom) und getrocknet. Bei Eintrittstemperaturen der Trockenluft von 180–220 °C stellt

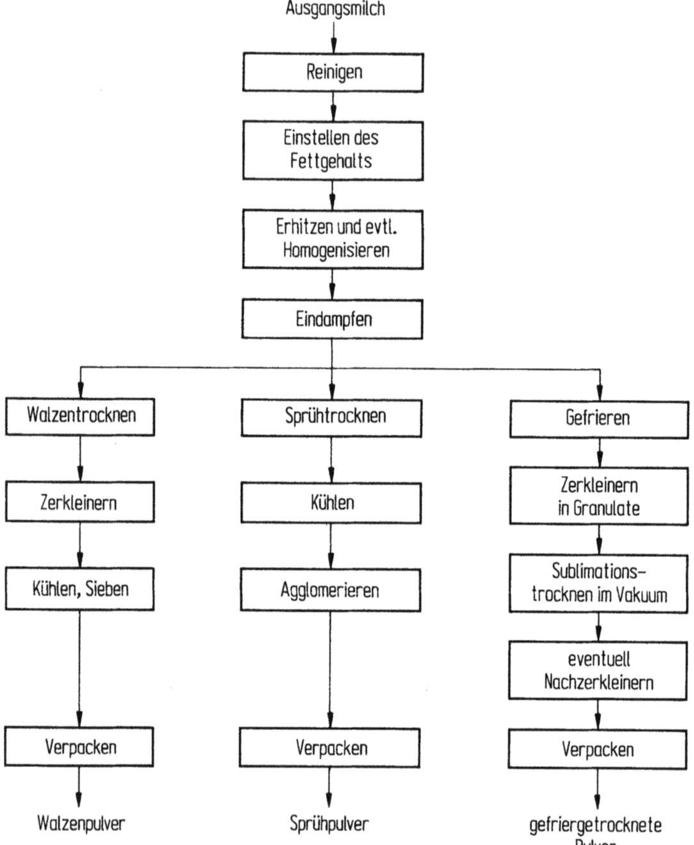

Abb. 9. Vereinfachtes Fließschema für die Herstellung von Milchpulver

sich am Tröpfchen durch die Verdunstungstrockung eine relativ niedrige Temperatur 50 °C (Kühlgrenztemperatur) ein, die erst am Ende des Trocknungsvorgangs etwas ansteigt. Die Sprühtrocknung ist wegen der mäßigen Temperaturen im Trocknungsverlauf ein schonendes Verfahren unter weitgehender Vermeidung von Denaturierungen der Milchinhaltsstoffe. In modernen Trocknungsanlagen wird eine Sprühtrocknung zum Vortrocknen bis auf ein rieselfähiges Pulver eingesetzt und mit einem Fließbett-Trockner zum schonenden und energiesparenden Nachtrocknen und Kühlen kombiniert. Nachfolgende Stufen des Fließbett-Trockners dienen zur Agglomeration der sehr feinen Pulverteilchen (Instantisieren), um dessen Löslichkeit beim Rehydratisieren zu verbessern.

Die Sprühtrocknung ist das heute in der Milchtrocknung überwiegend angewendete Verfahren, mit dem Pulver für vielfältige Ansprüche und mit unterschiedlichen Eigenschaften für die Humanernährung hergestellt werden können. Da man Eindampf- und Sprühtrocknungsanlagen für große Durchsatzmengen und weitgehend automatisiert bauen kann, ist das Verfahren auch unter wirtschaftlichen Aspekten günstig.

Das Gefriertrocknen liefert wegen seiner niedrigen Trocknungstemperatur während der Sublimation (bis etwa 35 °C) die qualitativ hochwertigsten Trockenprodukte. Das Verfahren ist jedoch wegen seiner geringen Durchsatzmengen und der hohen Investitions- und Energiekosten nur auf einige wenige Spezialprodukte beschränkt.

8 Literatur

Bücher

Schulz ME (1965) Das große Molkerei-Lexikon, 2 Bd. Volkswirtschaftlicher Verlag GmbH, Kempten
Jeness R, Patton S (1967) Grundzüge der Milchchemie. Bayerischer Landwirtschaftsverlag, München Basel Wien
Töpel A (1981) Chemie und Physik der Milch. VEB Fachbuchverlag, Leipzig
Walstra P, Jeness R (1984) Dairy Chemistry and Physics. John Wiley & Sons Inc, New York
Spreer E (1984) Technologie der Milchverarbeitung. VEB Fachbuchverlag, Leipzig

Zitierte Literatur

1. Freede B, Precht D (1978) Dtsche Molkerei-Ztg 43:1514
2. King N, Lagoni H (1957) Die Membran der Fettkügelchen. Volkswirtschaftlicher Verlag, Kempten
3. Klostermeyer H, Reimerdes EH (1976) Die Molkerei-Zeitung Welt der Milch, 30:105
4. Brandl E (1970) Österreichische Milchwirtschaft 25:53
5. Reuter H, Meier R (1989) Kieler Milchwirtschaftliche Forschungsber. 41:267 und 277
6. Loos H, Nebe Th (1990) Das Recht der Milchwirtschaft. Bd IV: Bundesrepublik Deutschland, B. Behr's Verlag, Hamburg
7. Reuter H (Hrsg) (1987) Aseptisches Verpacken von Lebensmitteln, B. Behr's Verlag, Hamburg
8. Reuter H (1982) Fette, Seifen, Anstrichmittel 84:567

10 Fleischverarbeitung

W.-D. Müller, Kulmbach

1 Rohware

Zu Fleischerzeugnissen wird vor allem Fleisch von folgenden Tieren verarbeitet
- Säugetiere: Rind, einschließlich Kalb, Schwein und vereinzelt Schaf, einschließlich Lamm, zum Teil Wildfleisch,
- Geflügel: Huhn und Pute.

Nach den Leitsätzen für Fleisch und Fleischerzeugnisse ist Fleisch folgendermaßen definiert: „Fleisch" sind alle Teile von geschlachteten oder erlegten warmblütigen Tieren, die zum Genuß für Menschen bestimmt sind. Bei der gewerbsmäßigen Herstellung von Fleischerzeugnissen wird unter „Fleisch" nur Skelettmuskulatur mit anhaftendem oder eingelagertem Fett- und Bindegewebe sowie eingelagerten Lymphknoten, Nerven, Gefäßen und Schweinespeicheldrüsen verstanden. Das Fleisch wird zum Teil schlachtwarm, meist jedoch gekühlt oder gefroren verarbeitet.

Tabelle 1 zeigt die durchschnittliche Zusammensetzung von Verarbeitungsfleisch, nach den Standards der Leitsätze für Fleisch und Fleischerzeugnisse.

Tabelle 1. Zusammensetzung von Verarbeitungsfleisch (Tändler, 1984)

Fleischart	Fettgehalt %	Fleischeiweiß %	BEFFE %	Bindegewebe[a] %	Wasser %
1.111 Rindfleisch I	5	21,6	19,7	8,5	72,4
1.111 Rindfleisch II	8	20,3	17,6	13,4	70,7
1.112 Rindfleisch III	11	20,0	16,3	16,3	68,0
1.112 Rindfleisch IV	35	14,1	11,7	17,0	49,9
1.113 Rindfleisch V	25	17,5	13,1	25,0	56,5
1.121 Schweinefleisch I	8	19,6	18,0	8,0	71,4
1.121 Schweinefleisch II	24	16,0	14,4	10,0	59,0
1.122 Schweinefleisch III	25	15,5	12,1	22,0	58,5
1.123 Schweinefleisch IV	55	10,0	8,5	15,0	34,0
1.123 Schweinegriffe	65	7,0	4,7	33,0	27,0
1.212 Schweinebacken	65	7,5	5,2	31,0	26,5
1.33 Schweinemasken	30	15,0	9,9	34,0	54,0
1.312 Schwarten	25	25,0	–,–	100,0	50,0
1.211 Flomen	92,3	2,8	1,2	44,0	7,6
1.212 Speck	88	2,9	1,4	48,0	9,0
1.212 Nacken-Speck	86	3,2	1,5	54,2	10,3

[a] Bindegewebsanteil im Fleischeiweiß

Bei der Verarbeitung von Fleisch zu Fleischerzeugnissen ist die jeweilige Eignung des Fleisches für bestimmte Fleischerzeugnisse zu beachten. Einschränkungen sind insbesondere durch die Fleischabweichungen PSE (pale = blaß, soft = weich, exudative = wäßrig) und DFD (dark = dunkel, firm = fest, dry = trocken) gegeben, die vor allem bei Schweinefleisch auftreten.

Beim PSE-Fleisch kommt es zu einer beschleunigten Säuerung (pH-Wert-Abfall) durch eine überstürzte Glykolyse; das führt zu einer teilweisen Denaturierung des Muskeleiweißes und dadurch zu geringem Safthaltevermögen, blasser Farbe und weicher Konsistenz. Wenn im lebenden Muskel vor dem Schlachten die Glykogenreserven weitgehend erschöpft sind, so bleibt die Säuerung (pH-Wert-Abfall) weitgehend aus, und der pH-Wert bleibt hoch. Die Folgen sind ein hohes Safthaltevermögen, eine dunkelrot stumpfe Farbe, eine gequollene leimige Konsistenz und eine geringere Haltbarkeit.

1.1 Einteilung der Fleischerzeugnisse

Die Fleischerzeugnisse werden nach den Endprodukten in folgende Gruppen unterteilt und beschrieben:
1. Herstellung von Rohpökelwaren,
2. Herstellung von Kochpökelwaren,
3. Herstellung von Rohwurst,
4. Herstellung von Brühwurst,
5. Herstellung von Kochwurst.

2 Pökeln

2.1 Herstellung von Rohpökelwaren

Bei der Herstellung von Rohpökelwaren ist die Materialauswahl besonders wichtig, da sich bei Teilstücken von einem Tier eine abweichende Fleischbeschaffenheit besonders gravierend bemerkbar macht. Ein Ausgleich durch Vermischung ist im Gegensatz zur Wurstherstellung nicht möglich. Für Rohpökelware sollte möglichst kein DFD- und PSE-Fleisch verwendet werden. Besonders gefährlich ist die Verarbeitung von DFD-Fleisch. Fleisch mit einem pH_{24}-Wert über 5,8 ist für große Rohschinken ungeeignet, bei kleinen Rohschinken können pH-Werte bis 6,0 toleriert werden. Weiterhin sollten Schinken innerhalb 24 Stunden nach dem Schlachten auf eine Kerntemperatur unter $+4\,°C$ abgekühlt werden; die Keimzahl sollte unter 100 pro Gramm liegen.

Die Pökelung mit den Pökelstoffen Nitrat und Nitrit bezweckt die Umrötung des Muskelfarbstoffes Myoglobin (Farbbildung), Konservierung und Aromatisierung. Nitrat wirkt weder bakterizid noch bakteriostatisch und nicht umrötend. Erst das aus Nitrat durch bakterielle Reduktion entstehende Nitrit hat die erwünschten Eigenschaften. Nitritpökelsalz (NPS) besteht aus 99,5 –

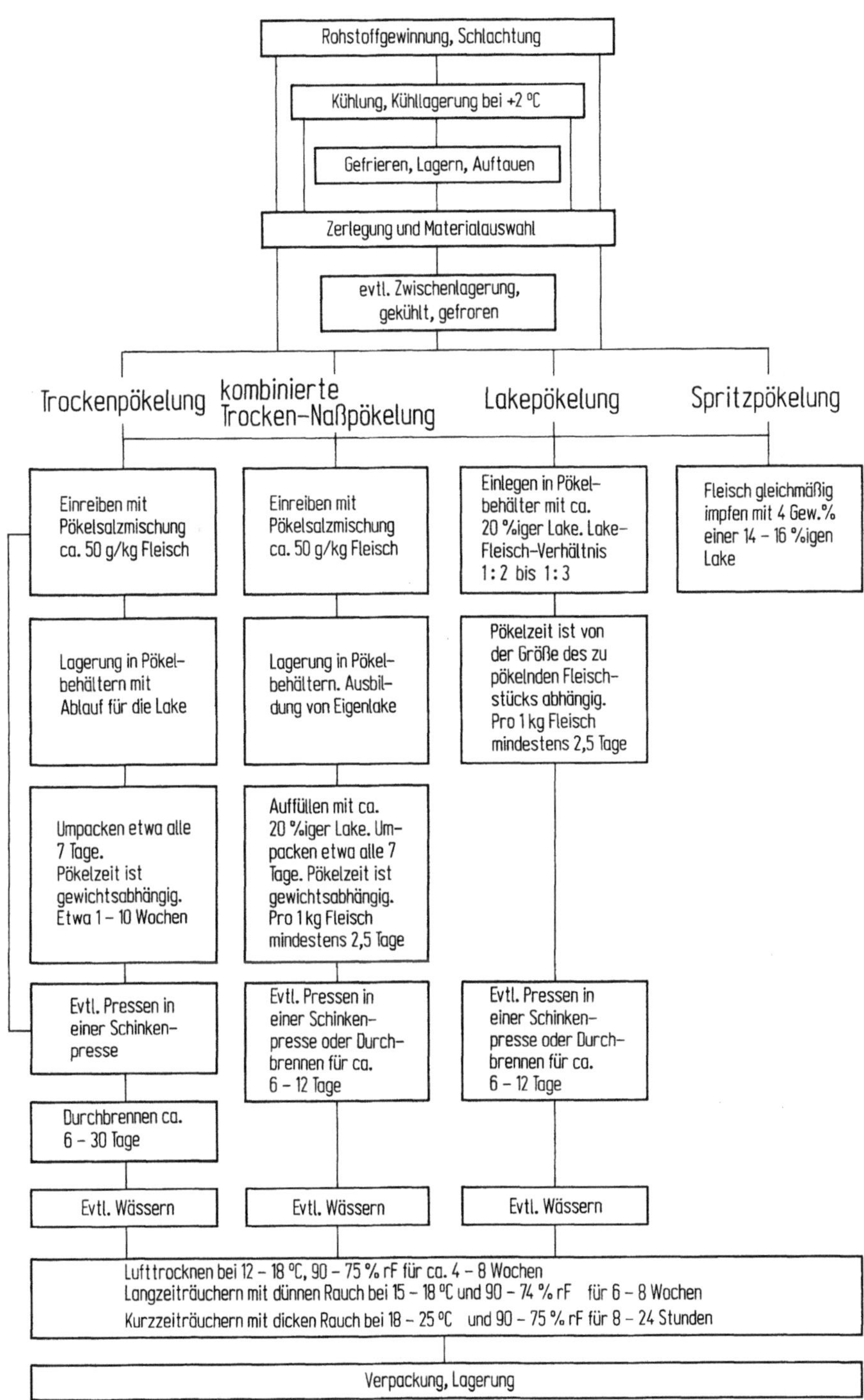

Abb. 1. Arbeitsablauf Rohpökelwarenherstellung

99,6 % Kochsalz und 0,4–0,5 % Natriumnitrit. Beim Pökeln von großen rohen
Schinken ist die Verwendung von 0,6 g Kaliumnitrat (Salpeter) pro 1 kg
Fleisch zulässig. Das Kaliumnitrat wird mit Kochsalz vermischt verarbeitet.
Die Verordnung über die Zulassung von Nitrit und Nitrat zu Lebensmitteln
vom 19.12.1980 ist im einzelnen zu beachten. Bei der Herstellung von
Rohpökelwaren werden verschiedene Verfahren angewandt (Abb. 1).

2.1.1 Trockenpökelung

Die Trockenpökelung ist ein traditionelles Verfahren vor allem zur Herstellung
von hochwertigen Rohpökelwaren. Für die Trockenpökelung von meist
größeren Schinken werden neben Nitritpökelsalz (NPS) auch Kochsalz-
Salpeter-Mischungen und NPS-Salpeter-Mischungen vielfach mit Gewürzen
verwendet. Die sich bildende Eigenlake kann bei der Trockenpökelung
ablaufen. Die Geschwindigkeit, mit der das Salz in das Fleisch eindringt, hängt
hauptsächlich von der Größe der Fleischstücke, dem pH-Wert und dem Gehalt
an Bindegewebe ab (bis zu 2 Monaten, z. B. bei Parmaschinken). Die Trockenpökelung verläuft langsamer als die Naßpökelung. Da Trockenpökelung
großer Fleischstücke längere Zeit dauert, bis eine bakteriostatisch wirkende
Konzentration von Salz (4,5%) und Pökelstoffen erreicht ist, muß die
Pökeltemperatur $\leq 5\,°C$ gehalten werden.

2.1.2 Kombinierte Naß-Trockenpökelung

Bei der kombinierten Naß-Trockenpökelung kann die sich bildende Eigenlake
nicht ablaufen. Die Eigenlake wird nach 1–2 Tagen durch frische Aufgußlake
(ca. 80 Gew.% Trinkwasser und 20% NPS oder Kochsalz-Salpeter-Gemisch)
ergänzt.

2.1.3 Naßpökelung bei Rohpökelwaren

Die einfachste Form der Naßpökelung ist die Lakepökelung. Bei der Lakepökelung wird das Fleisch in eine Lake eingelegt. Die Lakepökelung wird
überwiegend mit Nitritpökelsalzlaken, seltener mit Laken aus Kochsalz und
Salpeter durchgeführt. Die Lakepökelung verläuft schneller als die Trockenpökelung. Die Geschwindigkeit der Salzdiffusion ist abhängig von der Salzkon-
zentration der Lake, dem Lake/Fleisch-Verhältnis (1:2–1:3), wie auch bei den
anderen Pökelverfahren vom pH-Wert des Fleisches und der Lake sowie dem
Fett- und Bindegewebsanteil, dem Gewicht und der geometrischen Form des
Fleisches (mindestens 2–2,5 Tage pro kg Fleisch; Coretti, 1975). Eine mäßige
Zugabe von Zucker (3–5 g/kg Fleisch) ist zur Stabilisierung des pH-Wertes
und der Mikroflora der Lake sinnvoll.

2.1.4 Spritzpökelung von Rohschinken (Impfen)

Für rohe Pökelfleischerzeugnisse ergibt sich bei der Injektion der Lake der
Widerspruch, daß man einem Produkt, dem Wasser zur Konservierung

entzogen werden soll, Wasser hinzufügt. Neben diesem Nachteil sind auch einige Vorteile zu nennen. Zur Verkürzung der Pökelzeit und zur Vermeidung zu hoher Kochsalzkonzentrationen kann es bei dickeren Fleischpartien (z. B. Knochenschinken) sinnvoll sein, diese mit Lake zu beimpfen. Der a_w-Wert wird durch die Lakeinjektion in den mikrobiologisch gefährdeten Bereichen früher abgesenkt, als das bei reiner Salzdiffusion der Fall ist. Dazu werden – bezogen auf das Fleisch-Gewicht – 4 Gew.% einer 14–16%igen Lake, in Form von 3–4 gleichmäßig im Innern der Stücke verteilten Depots, längs der Muskelfaserrichtung und längs der Injektionsnadel gesetzt. Bei der Verwendung dünnlumiger Injektionsnadeln und unter mäßigem Spritzdruck treten keine Gewebezerreißungen auf (Wirth, 1985). Der Spritzlake kann bei frischer Zubereitung und sofortiger Verwendung 0,5% Na-Ascorbat zugesetzt werden. Nach dem Impfen können die Fleischstücke einer Trocken- oder Lakepökelung unterzogen werden.

2.1.5 Durchbrennen

Das Durchbrennen ist zum Konzentrationsausgleich zwischen Rand- und Kernzone im Schinken notwendig. Die Unterschiede in der Salz- und Pökelstoffkonzentration werden durch Diffusion ausgeglichen. Weiterhin soll während des Durchbrennens das Pökelaroma verbessert, die Pökelfarbe stabilisiert und die Zartheit verbessert werden. Dafür sind pro kg Fleisch mindestens 2–2,5 Tage notwendig (Coretti, 1975). Wenn noch nicht genügend Salz in den Kern des Pökelfleisches vorgedrungen ist, muß die Durchbrenntemperatur aus mikrobiologischen Gründen $\leq 5\,°C$ liegen. Ist der a_w-Wert im Kern $\leq 0,96$, können auch höhere Durchbrenntemperaturen gewählt werden. Nach dem Durchbrennen werden zu stark gesalzene Rohpökelwaren gewässert. Danach folgt die Lufttrocknung oder die Räucherung.

2.1.6 Trocknen, Räuchern

In der Bundesrepublik Deutschland werden im Gegensatz zu Frankreich und Italien nur relativ wenige luftgetrocknete, nicht geräucherte Schinken hergestellt. Die Trocknungszeit ist in erster Linie vom Gewicht des Schinkens abhängig und liegt überwiegend zwischen 4–8 Wochen. Dabei kommen Temperaturen zwischen $+18$ und $+12\,°C$ zur Anwendung, die relative Luftfeuchtigkeit wird ausgehend von etwa 90% rF auf ca. 70% rF abgesenkt. Das Räucherverfahren ist auf das Produkt abgestimmt. Traditionelle, lange gepökelte und gereifte Schinken wie Schwarzwälder oder Katenschinken werden bis 6–8 Wochen mit dünnem Rauch bei 15–18 °C und 90–70% rF geräuchert. Kurz gepökelte, relativ frische Schinken werden nur ca. 8–12 Stunden bei Temperaturen bis 25 °C und etwa 80% rF mit sehr dichtem Rauch geräuchert. Zwischen diesen beiden Varianten gibt es zahlreiche Übergänge und Kombinationsmöglichkeiten.

2.2 Herstellung von Kochpökelwaren

Nach den Leitsätzen für Fleisch und Fleischerzeugnisse sind gekochte Pökelfleischwaren umgerötete und gegarte, meist geräucherte Fleischerzeugnisse, denen kein Brät zugesetzt ist, soweit dieses nicht zur Bindung großer Fleischteile dient (z. B. Kaiserfleisch).

Da Kochschinken überwiegend aus ganzen Muskelpartien hergestellt werden, bei denen gegenüber der Wurstherstellung kein Mischeffekt stattfindet, kommt der Auswahl des Rohmaterials entscheidende Bedeutung zu. Nur bei geeignetem Rohmaterial kann ein saftiges, aromatisches sowie farblich ansprechendes und haltbares Produkt hergestellt werden. Die Verwendung von PSE- und DFD-Fleisch führt verstärkt zu Fehlfabrikaten.

Kochpökelwaren werden einer Naßpökelung unterzogen. Bei größeren Fleischstücken wird überwiegend das Spritzpökelverfahren, bei kleineren Stücken teilweise auch das Lakepökelverfahren angewandt (Abb. 2). Bei der Muskelspritzung, dem bei der Kochpökelwarenherstellung überwiegend angewandten Verfahren, wird die Lake von Hand oder maschinell über ein System von Hohlnadeln direkt in das Muskelfleisch gespritzt. Die eingespritzte Lakemenge ist vom Salzgehalt der Lake abhängig (z. B. 15 % einer 12 %igen NPS-Lake). Nach dem Muskelspritzen werden die Fleischstücke ca. 1 – 2 Tage bei 2 – 5 °C in eine Lake eingelegt; während dieser Zeit läuft der Pökelprozeß ab. Seit einigen Jahren hat sich ein modernes Verfahren für die Herstellung von Kochschinken, vor allem für Formschinken durchgesetzt. Durch die mechanische Bearbeitung (Poltern oder Tumbeln), d. h. Stürzen, Abrollen der Schinken und Schinkenteile in einer butterfaßähnlichen Edelstahltrommel oder durch Rühren (Massieren) mit entsprechenden Rührarmen in Behältern wird die Muskulatur aufgelockert und die Aufnahme und die Verteilung der Lake beschleunigt. Weiterhin werden die Bindegewebshüllen, die die Muskelfasern umschließen, teilweise zerstört und das Muskeleiweiß kann verstärkt quellen und in Lösung gehen. Dadurch wird die Wasserbindung erhöht, der Kochverlust verringert und die Saftigkeit des Schinkens verbessert. Dem gleichen Zweck dienen zwei Verfahren, bei denen die Schinken vor oder nach der Lakeinjektion zwischen einem Förderband und einer Walze im Durchlaufverfahren stark gequetscht werden.

Kochschinken werden zum Teil vor dem Verpacken in Kochschinkenformen leicht geräuchert. Wenn Kochschinken in wasserdampfdurchlässige Zellulosefaserdärme eingezogen werden, werden diese überwiegend geräuchert. Bei folienverpackten Kochschinken entfällt diese Räucherung.

Aus hygienischer Sicht sollten Kochschinken jedoch mindestens auf 68 °C im Kern erhitzt werden, um lebensmittelvergiftende (pathogene) Mikroorganismen ausreichend abzutöten. Da einige nicht krankmachende (apathogene) Bakterien diese Temperaturen in kleinen Keimzahlen jedoch überleben können, sollen Kochschinken bei maximal 5 °C kühl gelagert werden.

Hinsichtlich der Zusammensetzung und Deklaration ist für Kochpökelwaren folgendes in den Leitsätzen für Fleisch und Fleischerzeugnisse festgelegt. Wird eine Kochpökelware ohne Hinweis auf die Tierart angeboten, so handelt es sich

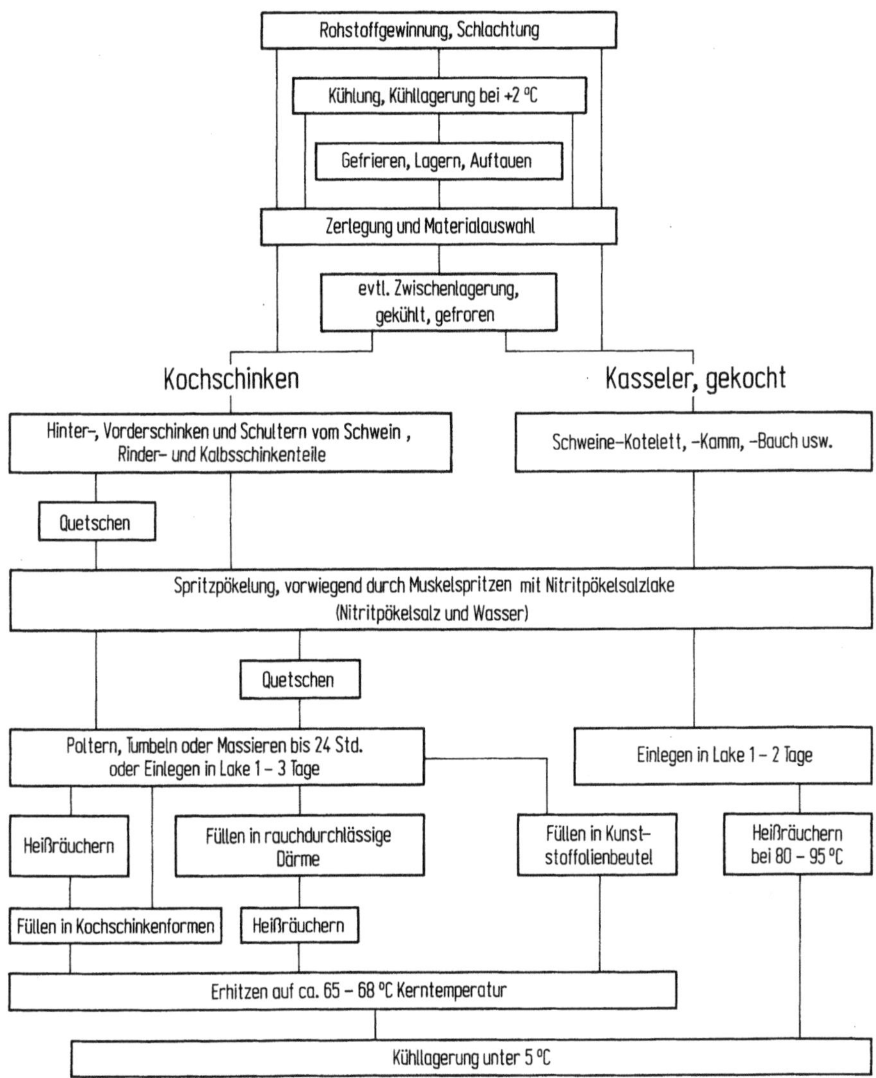

Abb. 2. Arbeitsablauf Kochpökelwarenherstellung

in der Regel um Schweinefleisch. Andernfalls wird auf die Tierart hingewiesen, z. B. Kalbsschinken. Bei der Bezeichnung „Schinken" ohne weitere Hinweise auf das Tierkörperteil handelt es sich um die hintere Extremität (Hinterschinken oder Keule). Schinken aus der Vorderextremität wird z. B. als Vorderschinken oder Schulterschinken bezeichnet. Erzeugnisse, die ganz oder teilweise aus kleineren Muskelstücken – als die Muskeln oder Muskelverbände, die auch isoliert hergestellt als Schinken verkehrsfähig wären – nach einem speziellen Verfahren (Tumbeln) zu größeren Schinken zusammengefügt wurden, müssen in Verbindung mit der Verkehrsbezeichnung ausreichend kenntlich gemacht werden (z. B. Formschinken, aus Schinkenteilen zusammengefügt).

3 Rohwurst

Rohwürste sind aus zerkleinertem rohen Fleisch und Fettgewebe zusammengesetzt. Sie werden in wasserdampfdurchlässige Hüllen (Kunst- oder Naturdärme) gefüllt und unterliegen einem Reifungsprozeß (Fermentation und Abtrocknung). Zur Vermeidung von Fehlfabrikaten sollte der Anteil an PSE- und DFD-Fleisch jeweils 20% nicht übersteigen. Rohwürste werden ebenso wie Rohpökelwaren nicht erhitzt. Man unterscheidet schnittfeste und streichfähige Rohwürste. Für die Ausbildung der Pökelfarbe und zur mikrobiologischen Stabilisierung wird meist ca. 25–30 g/kg Nitritpökelsalz (NPS) verwendet. Mindestens 4 Wochen gereiften Rohwürsten kann auch 25–30 g/kg Kochsalz und 0,3 g/kg Nitrat (Salpeter) als Pökelstoff zugesetzt werden. Weiterhin werden Gewürze zugegeben. Die Haltbarmachung der Rohwurst erfolgt durch Säuerung (pH-Wert-Senkung auf pH 4,8–5,3) und durch Abtrocknung (a_w-Wert-Senkung auf a_w-Werte 0,93–0,72 bei schnittfester Rohwurst und 0,95–0,86 bei streichfähiger Rohwurst). Die Säuerung bewirken Mikroorganismen, die den zugesetzten Zucker (0,3–2%) zu Milchsäure abbauen. Diese Laktobazillen sind auf dem Fleisch normalerweise vorhanden, werden aber auch zum Teil mit anderen, nitratreduzierenden Bakterien in Form von Starterkulturen zugesetzt. Die Säuerung in Verbindung mit dem Kochsalzgehalt und die Abtrocknung bewirken das Schnittfestwerden und die Haltbarkeit der Rohwurst. Derartige Rohwürste können maximal ein Jahr ohne Kühlung aufbewahrt werden. Weniger gesäuerte und abgetrocknete streichfähige Rohwürste mit geringerem Kochsalzgehalt müssen gekühlt aufbewahrt werden.
Die Mehrzahl der in Deutschland hergestellten Rohwürste wird zur Farbgebung, Aromatisierung und Haltbarmachung (Schutz gegen Schimmelpilzwachstum) kaltgeräuchert. Ungeräucherte, luftgetrocknete Rohwürste – z. B. italienische Salami – sind oftmals auf der Oberfläche mit Hefen und Schimmelpilzen bewachsen und besitzen daher ein arttypisches Aroma. Da einige Schimmelpilzstämme gesundheitlich schädliche Stoffe (Mykotoxine) bilden, wurden Schimmelpilze selektiert und als Starterkulturen gezüchtet, die keine Mykotoxine bilden. Die Herstellung von Rohwurst erfolgt in Deutschland überwiegend im Kutter (Abb. 3).
Der Kutter ist eine Zerkleinerungs- und Mischmaschine, die aus einer umlaufenden Schüssel unterschiedlicher Größe und in dieser Schüssel schnell rotierenden Messern besteht. Für die schnittfeste Rohwurst wird das Fettgewebe (Speck) fast ausschließlich gefroren im Kutter verarbeitet. Das Fleisch wird je nach Körnung der Rohwurst und maschineller Ausstattung des Betriebes vollständig oder teilweise gefroren verarbeitet. Dadurch soll ein klares Schnittbild gewährleistet und das Verschmieren des Fettes vermieden werden. Günstig für das Füllen der Würste ist eine Kutterendtemperatur von −2–0 °C, um ein Schmieren des Fettes beim Füllen zu vermeiden. Für die Herstellung

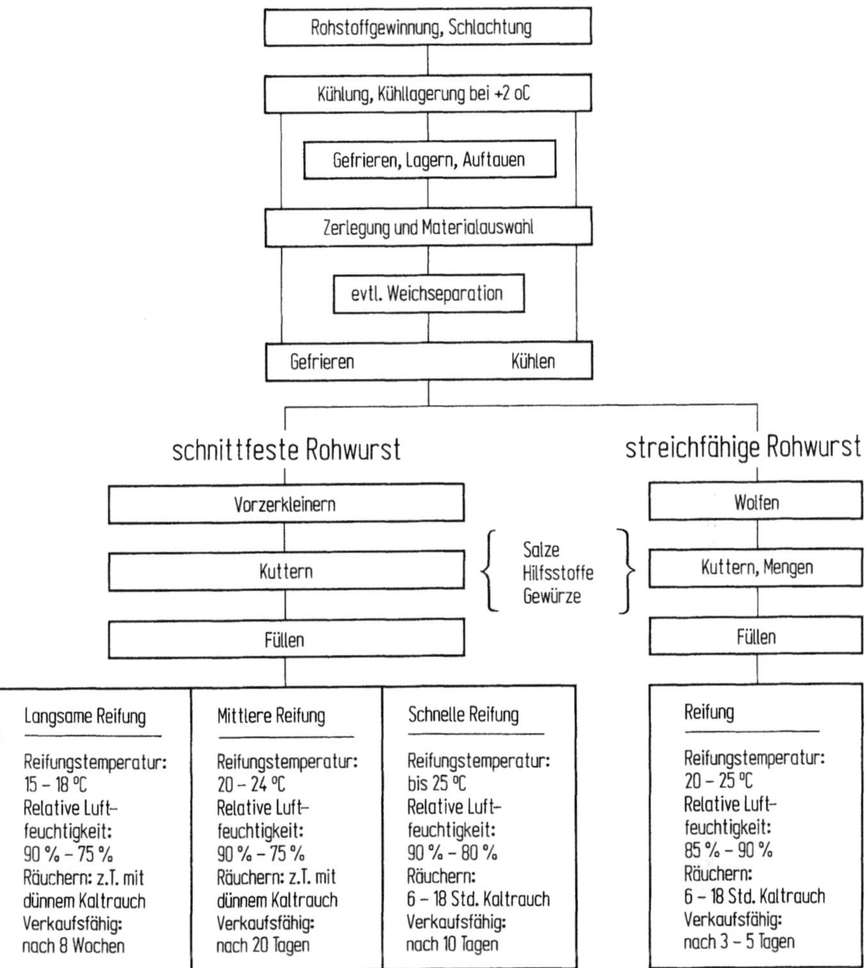

Abb. 3. Arbeitsablauf Rohwurstherstellung

feinzerkleinerter, streichfähiger Rohwurst wird feingewolftes, gekühltes Fleisch und Fettgewebe im Kutter unter Zusatz von Gewürzen und Salz ausreichend fein zerkleinert. Für grobe, streichfähige Rohwurst wird das Fleisch und Fettgewebe zum Teil nach dem Vermischen mit Salz und Gewürzen über einen Fleischwolf mit einer der gewünschten Körnung angepaßten Lochscheibe gewolft. Anschließend wird das gewolfte Material in einem Mischer, gegebenenfalls unter Zusatz von Salz und Gewürzen, gemischt und abgefüllt. Die Würste werden dann einer produktspezifischen Reifung und Räucherung unterzogen (Abb. 3).

Die Zusammensetzung der verschiedenen Rohwurstsorten ist durch die Bestimmungen der „Leitsätze für Fleisch und Fleischerzeugnisse" festgelegt.

Für jede Sorte sind die Ausgangsmaterialien und die Analysenforderungen
festgelegt (Mindestgehalt an bindegewebsfreiem Fleischeiweiß (BEFFE) und
Höchstgehalt an Bindegewebe). Rohwürste dürfen neben Fleisch und Fettgewebe keine weiteren Zusätze wie Innereien oder Wasser enthalten.

4 Brühwurst

Brühwürste sind durch Brühen, Backen oder Braten hitzebehandelte Wurstwaren, die meist aus Rind- und Schweinefleisch, Schweinefettgewebe (Schweine-
speck), Trinkwasser, Kochsalz oder Nitritpökelsalz, evtl. Hilfsstoffen, wie z. B.
Milcheiweiß, Citrat, Phosphat und Ascorbinsäure sowie Gewürzen zusammengesetzt sind. Da es bei der Brühwurstherstellung entscheidend auf die
Wasserbindefähigkeit des Fleisches ankommt, sollte der PSE-Fleischanteil
maximal 20 % betragen. Das Fleischeiweiß wird durch Zerkleinerung und
Einwirkung von Kochsalz und evtl. Hilfsstoffen aufgeschlossen, so daß es
durch Quellung das zugesetzte Trinkwasser aufnimmt. Das gequollene
Fleischeiweiß umhüllt das ebenfalls stark zerkleinerte und fein verteilte
Fettgewebe, gerinnt beim Erhitzen zusammenhängend und wird dabei schnittfest. Die Schnittfestigkeit bleibt auch beim Wiedererwärmen erhalten. Ohne
den Zusatz von Trinkwasser, das meist als Eis zugesetzt wird, ist es nicht
möglich, eine saftige Brühwurst mit dem erwünschten Biß herzustellen. Der
überwiegende Teil der Brühwurstsorten wird mit Nitritpökelsalz hergestellt.
Pökelfarbbildung (Umrötung) und das Pökelaroma bestimmen den Charakter
dieser Brühwürste entscheidend. Neben Brühwürsten, die zum Braten oder
Grillen hergestellt werden, gibt es in Süddeutschland weitere Brühwurstarten,
wie Gelbwurst oder Weißwurst, die nur mit Kochsalz hergestellt werden und
damit nicht umgerötet sind. Die Herstellung von Brühwurst erfolgt in
Deutschland heute noch überwiegend im Kutter (Abb. 4).
Die Herstellung des feinzerkleinerten Brühwurstbrätes geschieht folgenderma-
ßen: Fleisch und Fettgewebe werden in einem Fleischwolf vorzerkleinert. Das
Fleisch wird unter Zusatz von Kochsalz, Nitritpökelsalz, Eis und evtl.
Hilfsstoffen im Kutter zerkleinert; dabei werden sehr viele Muskelzellen
zerstört und das freigewordene Muskeleiweiß kann das beim Auftauen des
Eises freiwerdende Wasser durch Quellung oder Lösung aufnehmen. Die
Verwendung von Kochsalz ist notwendig, da nur durch den Salzzusatz eine
ausreichende Quellung des Eiweißes möglich ist. Bei einem Salzzusatz von 5 %
ist die Quellung, d.h. die Wasserbindung des Eiweißes optimal. Aus geschmacklichen Gründen können einer Brühwurst jedoch nur bis ca. 2 %
Kochsalz zugesetzt werden; daher verwendet man zum Teil Hilfsstoffe. Nach
ausreichender Zerkleinerung und Quellung des Muskeleiweißes etwa bei 0 °C
im Magerbrät werden das Fettgewebe und Gewürze zugegeben. Das Fettgewebe wird ebenfalls feinzerkleinert und homogen verteilt. Vielfach wird dabei von
einer Emulgierung gesprochen, was nach derzeitigem Erkenntnisstand nur für
einen sehr kleinen Fettanteil zutrifft. Die Brätendtemperatur sollte zwischen
10−15 °C, bei Bräten mit dem Kutterhilfsmittel Natriumdiphosphat 16−18 °C

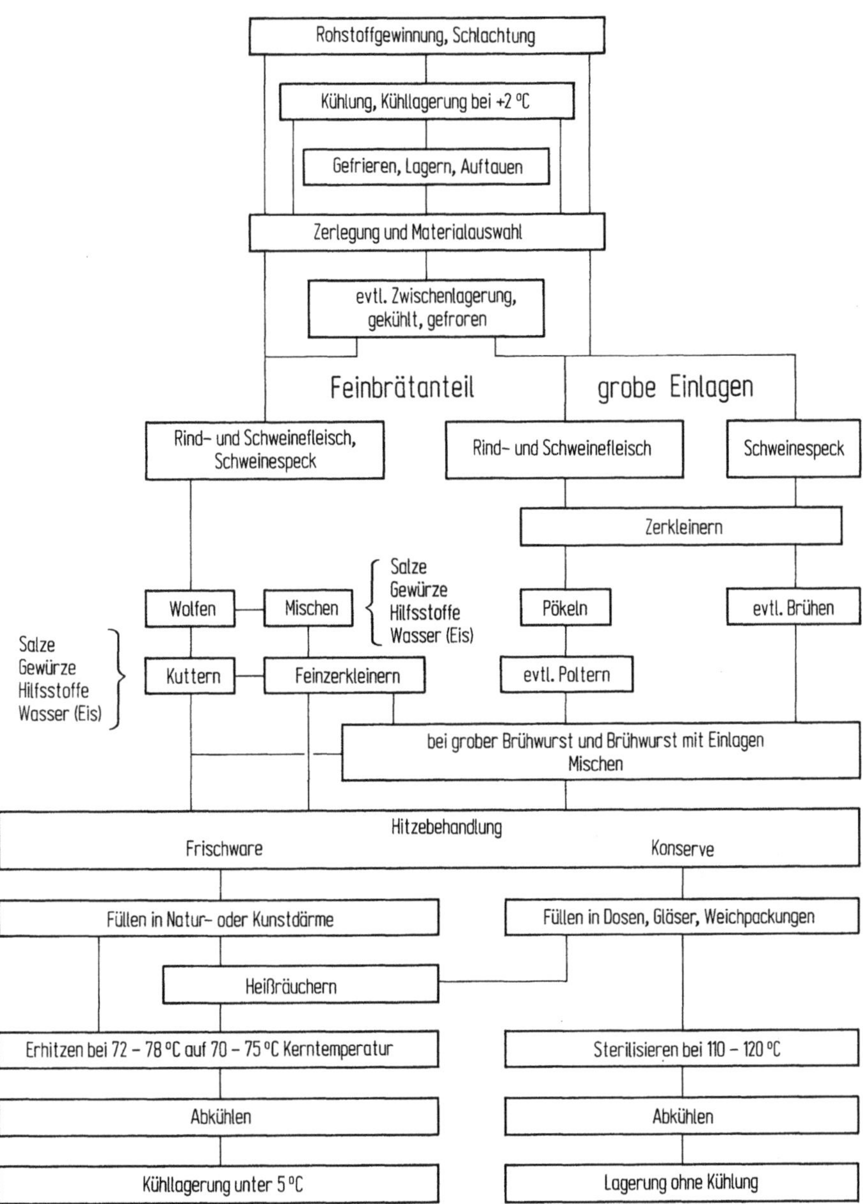

Abb. 4. Arbeitsablauf Brühwurstherstellung

liegen. Bei der industriellen Herstellung von Brühwurst werden zum Teil die vorzerkleinerten Rohmaterialien in Großmischern gleichmäßig vermischt und durch Feinzerkleinerungsmaschinen mit speziellen Schneidesätzen zerkleinert. Die grobstückigen Einlagen für die Brühwürste werden ein bis mehrere Tage vorgepökelt, d. h. mit Nitritpökelsalz angesalzen, vorzerkleinert und dann im

Kutter oder einer Mischmaschine mit dem Feinbrät intensiv vermischt. Nach dem Abfüllen in Wursthüllen wird die Brühwurst zum Teil heißgeräuchert und dann gebrüht oder bei der Verwendung rauchundurchlässiger Därme ausschließlich gebrüht. Dies geschieht meist bei Temperaturen von 72–78 °C auf eine Kerntemperatur von mindestens 70, besser 75 °C. Bei diesem Brühprozeß wird die Wurst durch Abtötung der meisten Mikroorganismen haltbarer gemacht. Trotzdem bleibt die Brühwurst durch überlebende Bakterien und solche, die durch Aufschneiden usw. wieder auf die Brühwurst gelangen, ein verderbnisanfälliges Erzeugnis, das bei Temperaturen unter 5 °C gelagert werden sollte.

Die mehrfach erwähnten Hilfsstoffe kann man nach ihrer Wirksamkeit in zwei Gruppen unterteilen: Die erste Gruppe, die Natriumsalze der Genußsäuren, Zitronensäure, Essigsäure, Milchsäure, Weinsäure und Natriumdiphosphat beeinflussen das Wasserbindevermögen des Muskeleiweißes. Da ein Kochsalz- bzw. Nitritpökelsalz-Gehalt von ca. 2 % erheblich unter dem für die Quellung und Lösung optimalen Salzgehalt liegt, werden die erwähnten geschmacksneutralen Salze der Genußsäuren, z. B. Natriumcitrat als Salz der Zitronensäure in einer Konzentration von 0,3 % – bezogen auf den Fleisch- und Fettanteil – zugegeben, um eine bessere Quellung und Lösung des Muskeleiweißes zu erreichen. Den gleichen Zweck erreicht man mit dem Zusatz des Natriumdiphosphat. Zusätzlich, und das ist der Hauptvorteil des Natriumdiphosphat, versetzt dieses das Muskeleiweiß in einen besonders quellfähigen Zustand, wie er nur kurz nach der Schlachtung im Fleisch vorgelegen hat. Die zweite Gruppe der Hilfsstoffe sind Eiweiße, die nicht aus dem Fleisch stammen, z. B. Milcheiweiß, Blutplasma und Eiklar. Durch die Anreicherung des Brühwurstbrätes mit zusätzlichem Eiweiß wird die Bindung und Stabilisierung des Fettgewebes verbessert. Milcheiweiß wird vor allen Dingen bei Brühwurstkonserven, die einer hohen Hitzebelastung ausgesetzt werden, angewandt.

Die Verwendung aller vorgenannten Hilfsstoffe dient nicht einer Verfälschung der Brühwurst durch Herabsetzung des Fleischanteils und Erhöhung des Wasser- oder Fettanteils, sondern der Vermeidung von Fabrikationsfehlern, wie Gelee- und Fettabsatz und der Verbesserung der Konsistenz (Biß). Bei Brühwürsten, die umgerötet, d. h. mit Nitritpökelsalz hergestellt worden sind, werden zur schnelleren, intensiveren und stabileren Ausbildung des Pökelfarbstoffes die Umrötehilfsstoffe Ascorbinsäure, Natrium-L-Ascorbat, GDL (= Glucono-δ-lacton) und Genußsäuren, z. B. Zitronensäure, eingesetzt. Die Verarbeitung von Hilfsstoffen und ihre Deklaration ist durch die Fleischverordnung geregelt. Die Zusammensetzung der einzelnen Brühwurstsorten aus unterschiedlichen Fleischteilen und der Gehalt an BEFFE (bindegewebsfreies Fleischeiweiß im Fleischeiweiß) und Bindegewebe, Sehnen und Schwarten im fertigen Erzeugnis ist in den Leitsätzen für Fleisch und Fleischerzeugnisse des Deutschen Lebensmittelbuches festgelegt. Die Einordnung von Fleischteilen in bestimmte Standards, die sich durch den Gehalt an BEFFE, Bindegewebe und Fettgewebe unterscheiden, haben den Zweck, die Werte der Leitsätze zuverlässig einzuhalten und eine gleichmäßige Qualität der Erzeugnisse zu gewährleisten.

5 Kochwurst

Zu den Kochwürsten zählt man einerseits Leberwürste, andererseits Blut- und
Sülzwürste. Die gemeinsame Einordnung dieser sonst sehr unterschiedlichen
Wurtsorten unter dem Oberbegriff „Kochwurst" erklärt sich aus der überwie-
genden Verwendung von vorgekochtem Ausgangsmaterial bei der Herstellung.
Gemeinsam ist den Kochwürsten weiterhin, daß sie fast ausschließlich aus
Schweinefleisch, Innereien und Fettgewebe vom Schwein hergestellt werden
und diese Ausgangsmaterialien so frisch wie möglich verarbeitet werden sollen.
Durch die Verwendung von Nitritpökelsalz sind Kochwürste in der Regel
umgerötet. Ausnahmen, die nur mit Kochsalz hergestellt werden, sind z. B.
Pfälzer Blut- und Leberwurst.

5.1 Leberwurst

Leberwurst zählt zu den fettreicheren Fleischwaren. Das feinverteilte Fett
erfüllt in der Leberwurst die wichtige Funktion, feste Fleisch-, Leber- sowie bei
den Einfachqualitäten Schwarten und Organpartikel zu umhüllen und die
Wurst auch im erkalteten Zustand streichfähig zu erhalten.
Für die Herstellung feinzerkleinerter Leberwurst (Abb. 5) wird das Fleisch-
und Fettgewebe bei Temperaturen von ca. 90 °C auf Kerntemperaturen von
über 65 °C erhitzt. Dieses Material wird unter Zugabe der Menge an
Kochbrühe, die dem Kochverlust entspricht, im Kutter feinzerkleinert; dabei
sinkt die Temperatur unter 60 °C. Dann wird die vorher evtl. unter Salzzusatz
feinzerkleinerte rohe Leber zugegeben; sie dient als bindende – emulgierende –
Substanz. Nach Zugabe des Nitritpökelsalzes und der Gewürze wird bis zur
Ausbildung einer Emulsion weitergekuttert, d. h. zerkleinert und gemischt. Die
Abfülltemperatur muß über 35 °C liegen, da sonst mit Gelee- und Fettabsatz zu
rechnen ist. Für die Herstellung grober Leberwurst werden die Ausgangsmaterialien für die grobstückigen Einlagen, z. B. Vorderschinken, Schultern,
Bäuche, Backen und Köpfe vom Schwein, 1–3 Tage vor der Verarbeitung mit
10–15% einer 8–15%igen Nitritpökelsalzlake, die aus Trinkwasser und
Nitritpökelsalz besteht, gespritzt und darin eingelegt, evtl. getumbelt. Anschließend werden diese Fleischteile auf 65–67 °C Kerntemperatur vorerhitzt;
danach werden sie auf die benötigte Stückgröße zerkleinert. Die Schweineleber
wird ein bis zwei Tage mit Nitritpökelsalz angesalzen und anschließend im
Fleischwolf auf die gewünschte Körnung zerkleinert. Die vorbehandelten
Grobanteile werden mit einem Teil der feinzerkleinerten Leberwurstmasse
vermischt. Nach dem Abfüllen in Natur-, Kunstdärme oder Konservenbehält-
nisse wird die Leberwurst durch Erhitzen haltbar gemacht.
Zur Absicherung der Produktion gegen Fehlfabrikate und bei leberarmen
Rezepturen werden z. B. Emulgatoren und Stabilisatoren als Hilfsstoffe
verwendet. Hierbei handelt es sich für die Konservenherstellung meist um den
Stabilisator Milcheiweiß. Für Frischware und Konserven können Mono- und
Diglyceride und deren Ester mit Zitronen- und Milchsäure verwendet werden.

                                                    W.-D. Müller

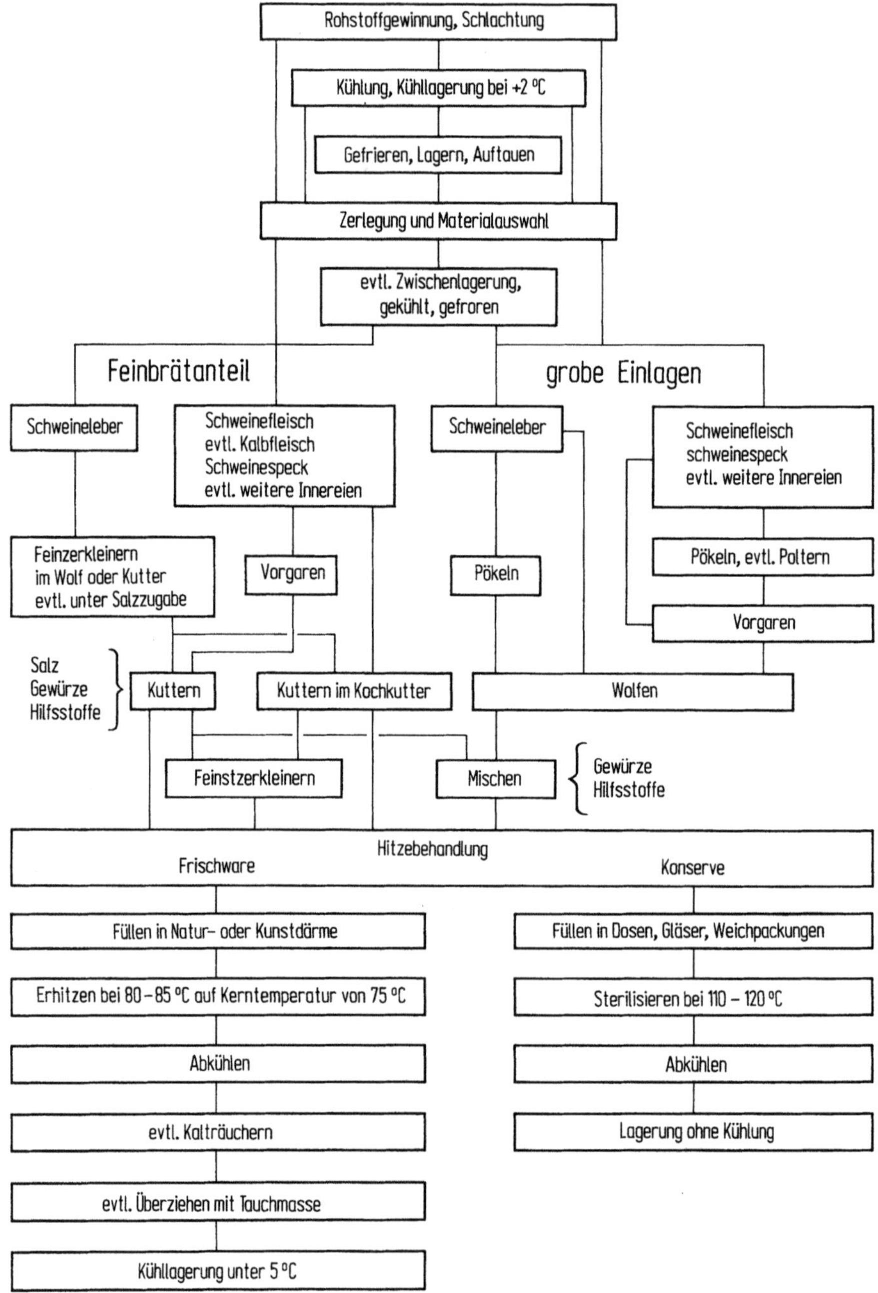

Abb. 5. Arbeitsablauf Leberwurstherstellung

Diese Emulgatoren sind in ihrem chemischen Aufbau den Fettmolekülen ähnlich.
Zusammensetzung und Deklaration von Leberwürsten werden nach den Richtlinien für die Qualität von Fleisch und Fleischerzeugnissen und deren Kenntlichmachung geregelt. Danach wird entsprechend der Zusammensetzung in Spitzen-, Mittel- und Einfachqualität unterschieden. Spitzenqualität enthält den höchsten Anteil an Muskelfleisch und keine Innereien, außer Leber. Bei Mittel- und Einfachqualitäten wird zunehmend mageres, sehnenarmes Muskelfleisch gegen fetteres und bindegewebsreicheres Muskelfleisch mit anhaftenden Schwarten, weitere Innereien und Fettgewebe ausgetauscht. Der Salzgehalt von Leberwürsten liegt um 2%.

5.2 Blutwurst

Blutwürste bestehen aus einer Blutbindemasse, die durch Erhitzen schnittfest wird und in die je nach Qualität grobe Teile von Fleisch- und Fettgewebe sowie teilweise Innereien eingelagert sind. Die Blutbindemasse wird ca. zu 60–80% aus vorgekochten zerkleinerten Schweineschwarten und zu 20–40% aus Schweineblut hergestellt. Dabei ist besonders hervorzuheben, daß Blut aufgrund des hohen Eiweißgehaltes ein ernährungsphysiologisch besonders hochwertiges Nahrungsmittel ist. Für die Herstellung der Blutschwarten-Bindemasse werden Schweineschwarten bei 85–90 °C für ein bis zwei Stunden gegart; danach werden die Schwarten unter Zusatz von Schweineblut im Kutter zerkleinert. Die wie bei der groben Leberwurst vorbehandelten stückigen Einlagen werden im warmen Zustand unter Zugabe von Gewürzen mit der Blutschwarten-Bindemasse intensiv vermischt (Abb. 6).
Die Zusammensetzung von Blutwurst ist ebenfalls durch die Qualitätsrichtlinien für Fleisch und Fleischerzeugnisse geregelt. Je höher der Anteil an Magerfleisch ist, umso höher ist die Qualität der Blutwurst (Spitzenqualität). Bei Mittel- und Einfachqualitäten steigt der Anteil der Blutbindemasse und Magerfleisch wird zunehmend durch Fettgewebe, sehnenreicheres Fleisch und Innereien ersetzt.

5.3 Sülzwürste und Sülzen

Sülzwürste bestehen aus einer gelierenden Bindemasse, die durch Erhitzen schnittfest wird und in die je nach Qualität grobe Teile von Fleisch und Fettgewebe sowie teilweise Innereien eingelagert sind. Die Bindemasse wird, ähnlich der Blutbindemasse bei Blutwürsten, aus feinzerkleinerten Schwarten und Wasser oder Gelatine und Wasser hergestellt. Die Einlagen sind überwiegend gepökelt.
Vom Herstellungsablauf erfolgt die Herstellung einer Sülzwurst sehr ähnlich wie bei einer Blutwurst (Abb. 7). Die Schwarten werden vorgekocht und unter Zusatz von Brühe im Kutter feinzerkleinert. Für die Herstellung von Sülzen wird eine bestimmte Menge Gelatine in Wasser gequollen und dann erhitzt. Die Behandlung der Fleischeinlage erfolgt wie bei der Leber- und der Blutwurst.

                                                                                 W.-D. Müller

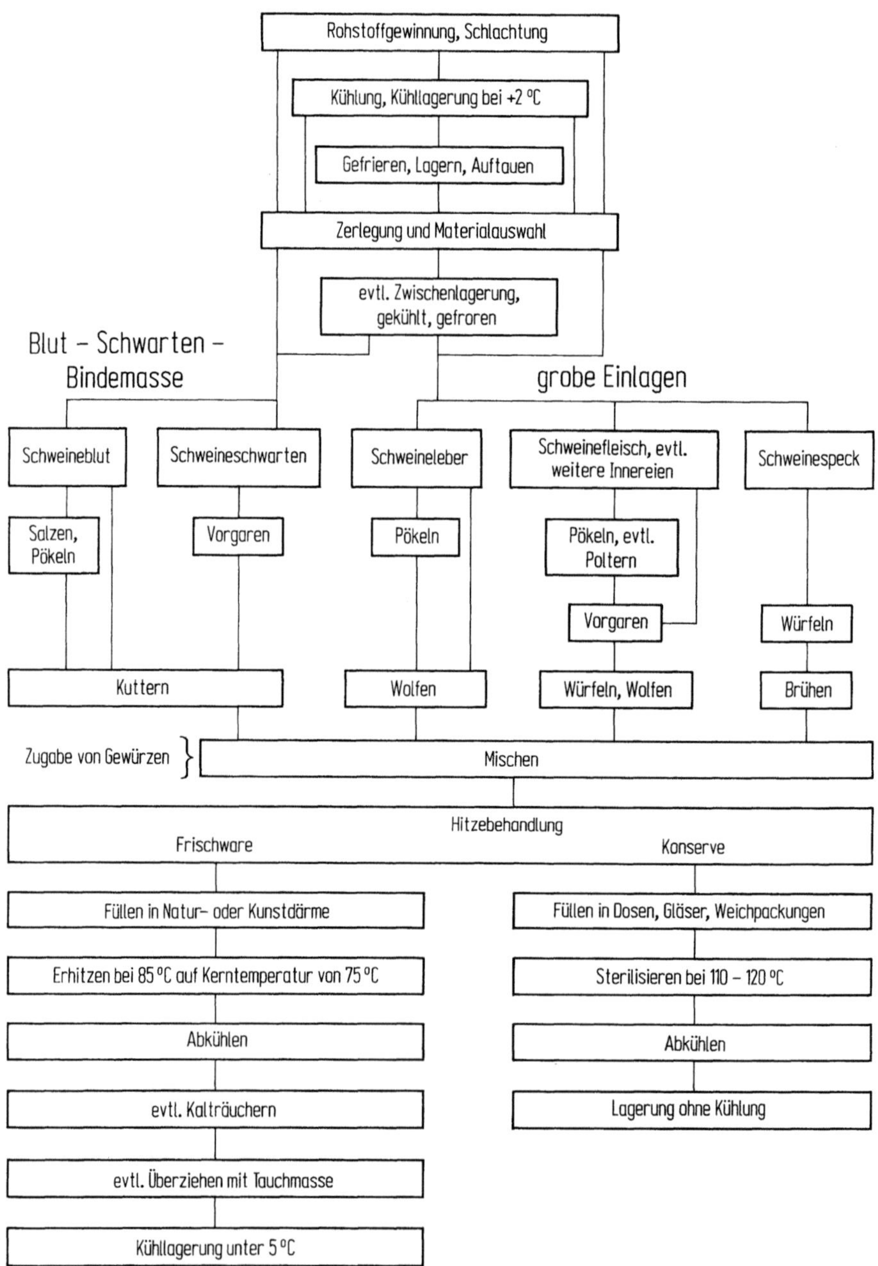

Abb. 6. Arbeitsablauf Blutwurstherstellung

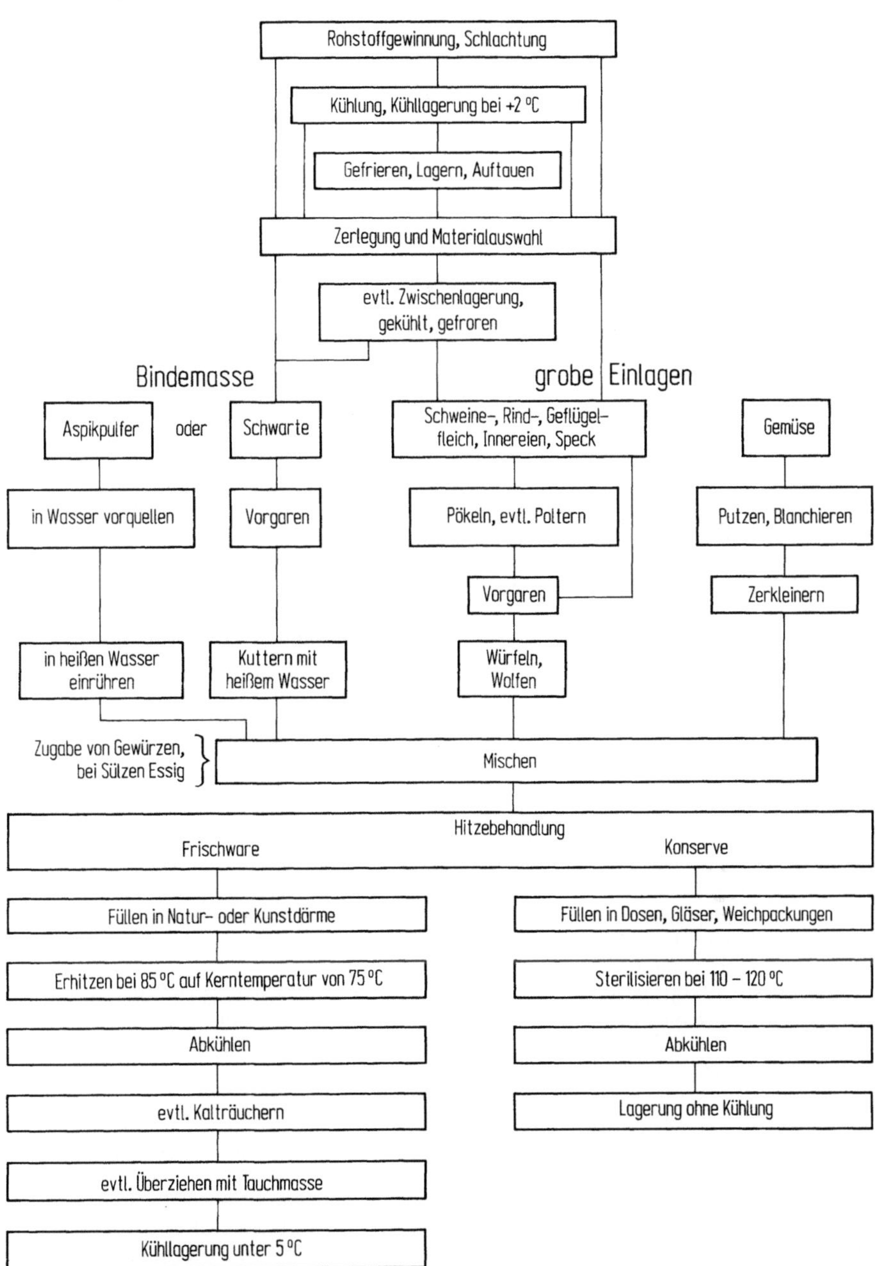

Abb. 7. Arbeitsablauf Sülzwurstherstellung und Sülzen

Die Zusammensetzung der Einlagen ist ähnlich wie bei der Blutwurst und durch die Richtlinien für die Qualität von Fleisch und Fleischerzeugnissen geregelt und läßt sich folgendermaßen charakterisieren: Je höher der Magerfleischanteil ist, umso höher ist die Qualität. Bei den Sülzen, die mit Essig gesäuert sind, wird nicht nur Schweinefleisch, sondern vielfach auch Rindfleisch, Kalbfleisch und Geflügelfleisch verarbeitet. Diese Erzeugnisse werden dann entsprechend als Kalbfleisch-, Hähnchen- oder Putensülze bezeichnet. Zusätzlich werden bei Sülzen in gewissem Umfang auch Gemüseanteile, wie Champignons, Gewürzgurken, Zwiebeln, Paprika und Blumenkohl mitverwendet.

6 Literatur

Coretti K (1975) Rohwurst und Rohfleischwaren, II. Teil: Rohfleischwaren. Fleischwirtschaft 55:792

Hofmann K (1986) Der pH-Wert – ein Qualitätskriterium für Fleisch in „Chemischphysikalische Merkmale der Fleischqualität" Institut für Chemie und Physik der BAFF, Kulmbach

Koch H (1982) Die Fabrikation feiner Fleisch- und Wurstwaren. 17. Aufl – Verlagshaus Sponholz, Frankfurt a. M.

Leistner L (1985) Allgemeines über Rohwurst und Rohschinken. In: Mikrobiologie und Qualität von Rohwurst und Rohschinken. Institut für Mikrobiologie, Toxikologie und Histologie der BAFF, Kulmbach

Leistner L (1985) Empfehlungen für sichere Produkte in „Mikrobiologie und Qualität von Rohwurst und Rohschinken". Institut für Mikrobiologie, Toxikologie und Histologie der BAFF, Kulmbach

Linke H (1980) Rechtsvorschriften. Fleischwaren Handbuch 1, B. Behr's Verlag, Hamburg

Müller W-D (1983) Brühwurst, Kochwurst, Kochschinken. AID Verbraucherdienst 28:14– 18, Sonderdruck „Fleisch und Verbraucher"

N. N., Leitsätze für Fleisch und Fleischerzeugnisse. Bundesanzeiger Nr 134 vom 25.7.1975, Beilage 21, S 4–17

N. N., Verordnung über die Zulassung von Nitrit und Nitrat zu Lebensmitteln. Bundesgesetzblatt, Jahrgang 1980, Teil I, S 2313

N. N., Bekanntmachung der Neufassung der Fleischverordnung vom 21. Januar 1982 (BGBl. I, S 89), geändert durch Art 3 der Änd-VO vom 13.3.1984 (BGBl. I, S 393)

Rödel W (1985) Rohwurstreifung – Klima und andere Einflußgrößen. In: Mikrobiologie und Qualität von Rohwurst und Rohschinken. Institut für Mikrobiologie, Toxikologie und Histologie der BAFF, Kulmbach

Stiebing A (1984) Erhitzen – Haltbarkeit. Länger lagerfähige Erzeugnisse. In: Technologie der Brühwurst. Institut für Technologie der BAFF, Kulmbach

Tändler K (1983) Rohwurst und Rohschinken. AID Verbraucherdienst 28:12–14, Sonderdruck „Fleisch und Verbraucher"

Tändler K (1984) Rohstoffauswahl und Zusammensetzung von Brühwürsten in „Technologie der Brühwurst". Institut für Technologie der BAFF, Kulmbach

Troeger K (1984) Behandlung und Bevorratung der Rohstoffe in „Technologie der Brühwurst". Institut für Technologie der BAFF, Kulmbach

Wirth F (1984) Wasserbindung, Fettbindung, Strukturbildung in „Technologie der Brühwurst". Institut für Technologie der BAFF, Kulmbach

Wirth F, Zur Technologie bei rohen Pökelfleischerzeugnissen. Mitteilungsblatt der BAFF, Kulmbach, Nr 88, 6388–6393

11 Fischverarbeitung [1]

W. Krane, Langen

In diesem Kapitel werden nur die wichtigsten Verfahren zur Verarbeitung
von Seefischen [1] dargestellt, die zu Erzeugnissen führen, wie sie auch in
den Leitsätzen des Deutschen Lebensmittelbuches [2] beschrieben sind.

1 Fischfang und Verarbeitung auf See

1.1 Frischfisch

Die von großen Fangschiffen oder kleineren Fischereifahrzeugen mit Grund-
schleppnetzen oder Schwimmschleppnetzen oder anderen Fanggeräten gefan-
genen Fische werden, soweit es sich um größere Fische wie Kabeljau oder
Seelachs handelt, geschlachtet und ausgeweidet und dabei gründlich mit
sauberem Seewasser gewaschen. Sie werden ebenso wie ungeschlachtete Fische
(Rotbarsch und kleine Fische wie Heringe, Sardinen und Sprotten) in den
Stauräumen, die mit Brettern unterteilt sind, oder in Kisten in zerkleinertes Eis
gepackt. Das langsam abschmelzende Eis kühlt dabei den Fisch auf nahezu
0 °C ab und hält ihn bei dieser Temperatur. Das abtropfende Schmelzwasser
hält die Oberfläche der Fische feucht und sauber.
Nach der Anlandung wird der Fisch meist in leicht zu reinigende Kunststoffki-
sten in frisches Eis umgepackt. Nach der Fischauktion gehen die Fische in
diesen Behältnissen in die Verarbeitungsbetriebe oder direkt als Frischfisch auf
den Markt.

1.2 Seegefrorener Fisch

Die Herstellung von seegefrorenen Fischen oder Fischerzeugnissen erfolgt
heute in der Regel auf großen Fangfabrikschiffen. Die sog. „Rundfische" und
„Weißfische" wie Kabeljau (Dorsch), Seelachs, Seehecht usw. sowie Rotbarsch
werden an Bord dieser Schiffe in der Regel zu Filets verarbeitet. Fische der
gleichen Art und Größe durchlaufen dabei eine Kombination von Fischver-
beitungsmaschinen [3], wobei die Fische maschinell geköpft, ausgeweidet,
entblutet, filetiert und ebenfalls maschinell enthäutet und dabei ständig
gewaschen werden.

---

[1] Gekürzte Fassung des von W. Krane verfaßten Kapitels 9 „Fisch" aus: R. Heiss (Hrsg)
Lebensmitteltechnologie, 3. Aufl. Berlin, Heidelberg, New York: Springer-Verlag 1990

Für die Herstellung praktisch grätenfreier Filets müssen auch die Stehgräten (epipleurale Gräten) durch den sog. „V-Schnitt" entfernt werden. Dies kann von Hand geschehen oder neuerdings durch entsprechende Filetiermaschinen. Die Filets werden anschließend zwischen vertikalen oder horizontalen Kontaktplatten zu flachen Blöcken tiefgefroren, wobei sie von beschichteten Kartons vollständig umhüllt werden.

Große Fische (Thunfisch, Heilbutt) werden in den Tiefgefrierräumen eingefroren.

2 Verarbeitung an Land [4–6] (Abb. 1)

2.1 Frischfisch

Die von Amtstierärzten freigegebene Ware wird in Fischverarbeitungsbetrieben weiterverarbeitet. Wie bei der Verarbeitung an Bord, wird der größte Teil der Fische (Rundfische) an Land mit Hilfe von Filetiermaschinen filetiert [3]. Die Filets werden heute hauptsächlich in Kunststoffbehältern mit Schmelzwasserabfluß nach außen unter Zugabe von zerkleinertem Eis eingelegt und ins Binnenland verschickt. Küchenfertig zubereitete Fische (geköpfte und ausgenommene Fische) sowie in anderer Weise speziell hergerichtete Fische oder Fischteile werden ebenfalls unter Eiskühlung zum Versand gebracht.

2.2 Getrockneter Fisch

„Stockfisch" ist Fisch (hauptsächlich Kabeljau), der an der Luft getrocknet worden ist. Die geköpften und gesäuberten Fische werden an der Luft zum Trocknen aufgehängt. Dieses Verfahren der natürlichen Trocknung ist nur unter besonderen klimatischen Bedingungen möglich, ($+2$ bis $+12\,°C$, sehr niedriger Luftfeuchtigkeit, starke Luftbewegung). Die Trocknung dauert 2–3 Monate. Der Wassergehalt im Endprodukt darf 18% nicht überschreiten.

„Klippfisch" wird in nordischen Ländern aus Kabeljau oder anderen Gadidenarten durch eine Kombination von Salzung und Trocknung hergestellt. Der Salzgehalt des fertigen Klippfisch sollte 18–20% betragen und der Wassergehalt unter 40% liegen.

2.3 Geräucherter Fisch

Heißgeräucherter Fisch

Heißgeräucherte Fische und Fischteile sind Erzeugnisse, die während des Räuchervorgangs einer Hitzebehandlung unterzogen werden und die nur soweit gesalzen werden, wie es die Geschmacksgebung erfordert. Zur Verwendung kommen frische oder tiefgefrorene Fische, die aufgetaut, zurechtgeschnitten und gereinigt wurden. Fische und Fischteile werden aufgespießt oder in geeigneter Weise auf fahrbaren Horden aufgehängt zusammengestellt. Man läßt die Fische gut abtropfen bzw. vortrocknen. Der eigentliche Räuchervorgang erfolgt in mehreren Schritten über 1–4 h. Im Räucherofen läßt man die

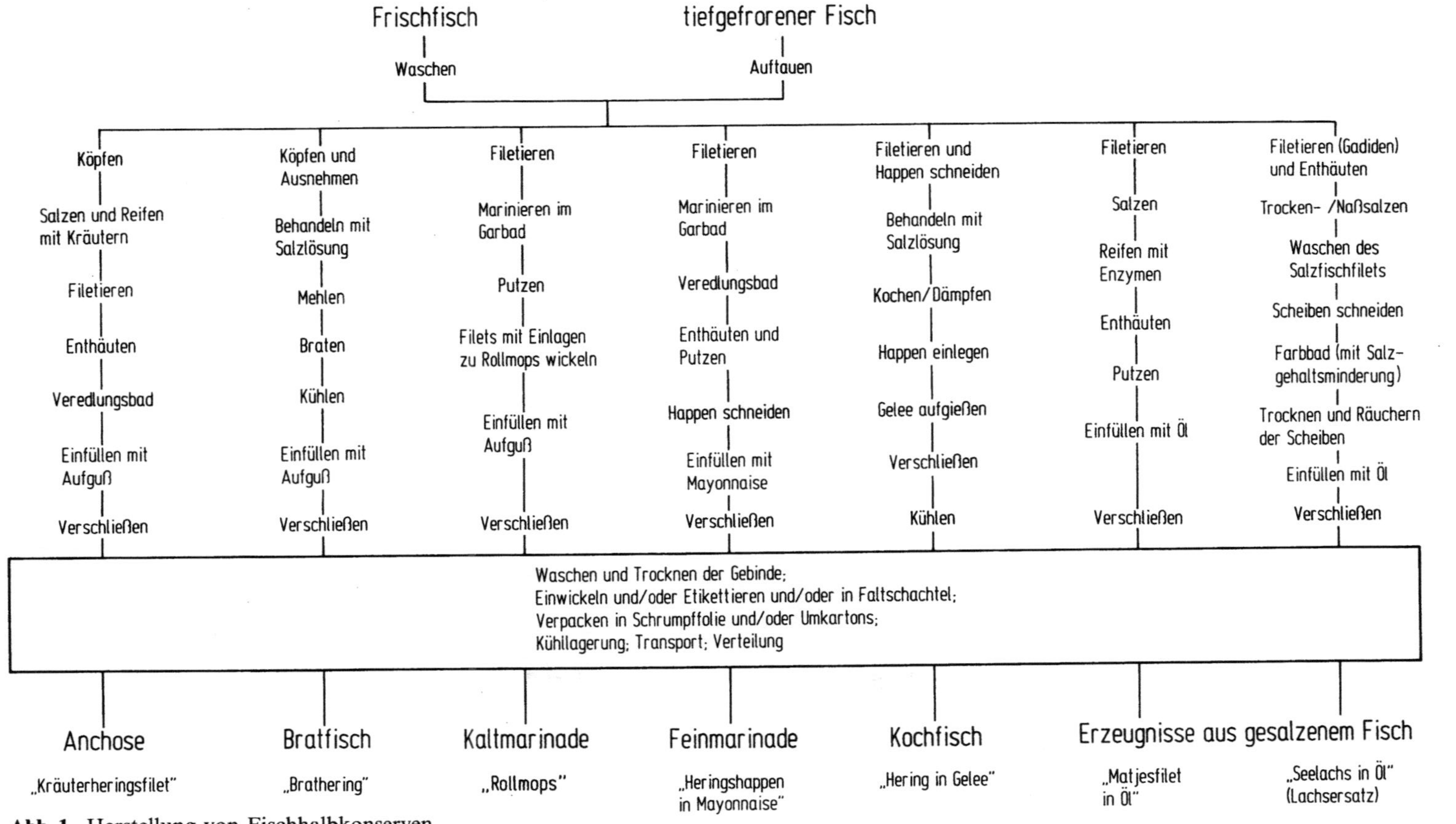

Abb. 1. Herstellung von Fischhalbkonserven

Temperatur zunächst langsam ansteigen, womit das Vortrocknen fortgesetzt wird. Bei Temperaturen zwischen 70–90 °C erfolgt dann die Garung des Fischfleisches. Daran schließt sich die Phase der eigentlichen Räucherung an, in der die Fische oder Fischteile für die Dauer von 1–2 h der Einwirkung von Rauch, der durch Schwelen von Holz erzeugt wird, ausgesetzt werden. Nach Beendigung der Räucherung müssen die Erzeugnisse sofort abgekühlt werden, bevor sie verpackt, kühl gelagert werden und zum Versand kommen. Die Haltbarkeitszeit beträgt, je nach Produkt 3–10 Tage.

Kaltgeräucherter Fisch

Kaltgeräucherter Fisch wird aus Salzfisch (s. Abschn. 2.4) hergestellt. Die zur Verarbeitung kommenden Fische und Fischteile sind bereits durch die Behandlung mit Salz gar und haltbar gemacht worden, so daß die Hitzeeinwirkung beim Räuchern entfallen kann. Vor dem Räuchern müssen jedoch die Salzfischerzeugnisse, deren Salzgehalt 15–17 % beträgt, durch Wässern auf einen Salzgehalt von 6–8 % gebracht werden. Beim Verwenden von Frischfisch als Rohware muß dieser durch Einlegen in Salzlake auf den erforderlichen Salzgehalt gebracht werden (20–40 min in 10–20 %ige Salzlake). Beim Vortrocknen und Räuchern darf die Temperatur der Fischerzeugnisse 25 °C nicht überschreiten, weil sonst das Fischfleisch weich werden würde. Der Räuchervorgang kann sich je nach Produkt über 1–3 Tage hinziehen. Die bekanntesten Erzeugnisse der Kalträucherung sind Lachshering und Räucherlachs. Die Haltbarkeitszeit beträgt 2 Wochen.

2.4 Gesalzene Fische

Das Salzen von Fischen dient sowohl der Haltbarmachung wie auch als Vorstufe zur Weiterverarbeitung. Für die Herstellung von gesalzenen Fischen wird in der Regel Kochsalz (Steinsalz) benutzt. Das Fischeiweiß wird dabei denaturiert. Ein vollständiger mikrobieller Schutz wird jedoch durch das Salzen nicht erreicht (halophile Mikroorganismen).
Je nach dem Grad der Salzung unterscheidet man zwei Arten von gesalzenen Fischen: „Hartgesalzen" sind Fische und Fischteile mit einem Salzgehalt von mehr als 20 g in 100 g Fischgewebewasser; bezogen auf das gesamte Erzeugnis beträgt der Salzgehalt mehr als 14 bis zu 24 %. „Mildgehalten" sind Fische und Fischteile mit einem Salzgehalt von mindestens 6 g, jedoch höchstens 20 g in 100 g Fischgewebewasser; bezogen auf das gesamte Erzeugnis liegt der Salzgehalt zwischen 4–13 %.
Es gibt mehrere Verfahren für das Salzen von Fisch (Trockensalzung, Naßsalzung, kombinierte Salzung).
Wichtige Salzfischprodukte sind:
- Salzhering (hartgesalzen).
- Matjeshering (mildgehalten und enzymatisch gereift).
- Salzsardellen (hartgesalzen und enzymatisch gereift).

– Salzfische, Salzfischseiten oder -filets aus Fischarten der Familie Gadidae
dienen hauptsächlich als Rohware für die Herstellung von Erzeugnissen aus
Salzfischen.

2.5 Anchosen

Anchosen sind Erzeugnisse aus frischen, gefrorenen oder tiefgefrorenen
Sprotten, Heringen oder anderen Fischen, die unter Verwendung von Zucker
oder auch von Erzeugnissen der Stärkeverzuckerung und mit Kochsalz,
Gewürzen, auch mit Salpeter, biologisch gereift, und auf verschiedene Weise
schmackhaft, z. B. süßsauer, zubereitet werden. Sie sind mit Aufgüssen, Soßen,
Cremes oder Öl, auch mit pflanzlichen Zutaten, versehen, auch unter
Verwendung von Konservierungsstoffen und Glucono-δ-Lacton.

2.6 Marinaden

Kaltmarinaden

Eine typische Kaltmarinade, der Bismarckhering, wird aus frischen oder
aufgetauten Heringsfilets auf kaltem Wege durch eine Essig-Salz-Behand-
lung gar und damit genußfähig gemacht. Die eigentliche Garbadbehandlung
geschieht chargenweise in Fässern oder neuerdings in Kunststoffbehältern
unter ständiger Bewegung. Die Konzentration des Garbads richtet sich nach
Größe, Fettgehalt und Herkunft des Herings; es enthält zwischen 5–8% Essig
sowie 10–14% Salz. Die Behälter werden bei 10–15°C gelagert; nach ca.
1 Woche ist die Garung abgeschlossen. Für die Weiterverarbeitung wird der
Hering dem Garbad entnommen und abgespült, gefolgt von einem kurzen
Abtropfvorgang. Der Bismarckhering wird sodann in die vorgesehenen
Behältnisse, meistens in Gläsern mit einem Aufguß, der je nach Jahreszeit 1–
2% Essigsäure und 2–5% Salz sowie Gewürzauszüge, Garnierungen und ggf.
zugelassene Konservierungsstoffe enthält, verpackt.

Marinadenzubereitungen

Marinadenzubereitungen wie z. B. die sog. Heringstöpfe enthalten mindestens
35% kaltmarinierte Heringsfilets oder -stücke mit anderen stückigen Beilagen
(Gemüse, Obst etc.) in emulgierten Soßen.

2.7 Bratfischwaren

Das bekannteste Erzeugnis dieser Art ist der Brathering. In modernen Anlagen
werden die durch Pökelung vorbehandelten, gemehlten Heringe kontinuierlich
auf Sieben oder Bändern durch die Bratanlage geführt, die Speiseöl, welches
auf 170°C erhitzt ist, enthält. Der warme, gebratene Hering läuft daraufhin
durch einen Kühltunnel und wird dann in Gläser oder Dosen verpackt. Vor
dem Verschließen wird der Brathering mit Beilagen (Gewürze etc.) und dann
mit einem Essig-Salzaufguß versehen. Zur Verlängerung der Haltbarkeit
können die Gebinde in der üblichen Weise pasteurisiert oder sterilisiert werden.

2.8 Kochfischwaren und Fischerzeugnisse in Gelee

Nach der üblichen Vorbereitung der Rohware wird der Fisch in Kochbädern, die ca. 4% Essig und ca. 6% Salz enthalten, bei Temperaturen von 80–90 °C für die Dauer von 15–20 min gegart. Der gekochte Fisch oder die Fischteile werden in Gläser, Dosen oder Kunststoffschalen mit Aufgüssen oder Soßen bzw. mit einem wässerigen Geleeaufguß versehen, der neben Speisegelatine auch noch Essig oder andere Genußsäuren sowie Salz und geschmacksgebende Zutaten enthält und der nach dem Erkalten erstarrt. Ein typisches Produkt dieser Art ist der Hering in Gelee.

2.9 Fischdauerkonserven

Bei den meisten Produkten dieser Art handelt es sich um Fisch in Dosen, der durch Erhitzen für mehrere Jahre haltbar gemacht wird. Die Dosen enthalten entweder große, einzelne Stücke von zusammenhängendem Fischfleisch (Thunfisch, Lachs) oder ganze, kleine Fische (Sardinen, Sprotten), oder Filets von Fischen mittlerer Größe (Hering, Makrele).

2.10 Tiefgefrierfisch

Tiefgefrorene Fischfilets

Sie zeichnen sich durch eine besondere Frische aus, wenn sie unmittelbar nach dem Fang des Fisches an Bord eingefroren werden, und sie erscheinen auf dem Markt in folgenden Angebotsformen:
- mehrere kleine, ganze Filets in einer Packung,
- ein einzelnes ganzes Filet in einer Packung (ggf. mit einem kleinen Stück Filet zur Gewichtskorrektur),
- ein großes Stück von einem ganz großen Filet,
- Filets, in Blöcken tiefgefroren und haushaltsgerecht geteilt.

Wegen der großen Bedeutung wird nachfolgend die Herstellung von Filets aus tiefgefrorenen Filetblöcken beschrieben: In den Verarbeitungsbetrieben wird zunächst das Verpackungsmaterial von Hand von den Blöcken entfernt. Anschließend werden sie durch hintereinandergeschaltete Sägen mehrfach zerteilt bis die gewünschte Portionsgröße erreicht ist. Unpanierte Portionen werden entweder in Kunststoffbeutel verpackt und/oder direkt in Faltschachteln eingelegt. Die meisten Filetportionen werden allerdings vorher paniert, oder in Backteig gehüllt, wieder heruntergekühlt, werden verpackt und tiefgefroren gelagert.

Fischstäbchen

Die besonders bei Kindern beliebten Fischstäbchen, die in der Regel praktisch grätenfrei sind, werden in großem Maße aus besonderen Blöcken von tiefgefrorenem Fischfleisch (Filets, meistens von Kabeljau oder Seelachs) hergestellt. Die eigentliche Herstellung der Fischstäbchen erfolgt in ähnlicher

Weise wie bei den Filetportionen aus Blöcken. Die Fischstäbchen werden aber in jedem Fall paniert.

2.11 Fischfertiggerichte, Fischvorspeisen, Fischsuppen

Diese Erzeugnisse, die als Dauerkonserven oder Tiefgefrierprodukte angeboten werden, gewinnen auf dem Markt eine zunehmende Bedeutung. Sie entsprechen in der Art und Herstellung den entsprechenden Erzeugnissen aus Fleisch.

3 Entsorgung

Alle anfallenden Fischreste und Fischabfälle, das sind etwa $^2/_3$ des Gewichts der Fische, werden in Fischmehlfabriken an Land, bei großen Fangfabrikschiffen auch an Bord, zu Fischmehl und Fischöl verarbeitet, die der Tierernährung und ggf. anderen Zwecken zugeführt werden, z. B. der Herstellung von Spezialbackfetten aus Fischöl.
Eine noch intensivere Ausnutzung von Fischresten führt zu eßbarem, geruchlosem Fischmehl, Fischproteinkonzentration oder Fischproteinisolaten [7].

4 Literatur

1. Krane W (1986) Fisch, Fünfsprachiges Fachwörterbuch der Fische, Krusten-, Schalen- und Weichtiere. Behr's Verlag, Hamburg
2. Hauser H (1985) Deutsches Lebensmittelbuch, Leitsätze. Ausgabe 1984. Bundesanzeiger, Köln
3. Baader (1986) Maschinen für die Fischindustrie. Nordischer Maschinenbau Rud. Baader GmbH + Co KG, Lübeck
4. Schormüller J (1968) Handbuch der Lebensmittelchemie Bd 3, Teil 2. Eier, Fleisch, Fische und Buttermilch. Antonacopoulos N: B. Fischerzeugnisse. Springer, Berlin, S 1341–1398
5. Kietzmann U, Priebe K, Rakow D, Reichstein K (1969) Seefisch als Lebensmittel. Parey, Berlin
6. Ludorff W, Meyer V (1973) Fische und Fischerzeugnisse. Parey, Berlin
7. Mitteilung der NORDSEE Deutsche Hochseefischerei (1986) Bremerhaven

12 Obst- und Gemüseverwertung

A. Perco, Wien

1 Einleitung

Seit alters her nehmen Obst und Gemüse einen besonderen Platz unter den pflanzlichen Lebensmitteln ein. Da aber gerade in diese beiden Gruppen von Nahrungsquellen besonders leicht verderbliche Spezies fallen, wurde es schon frühzeitig erforderlich, dafür entsprechende Haltbarmachungsverfahren zu entwickeln. Diese Konservierungsmethoden verändern mehr oder weniger stark Geruch, Geschmack und Konsistenz des frischen Produktes, doch boten diese neuen sensorischen Eindrücke als Nebeneffekt der verlängerten Lebensdauer eine durchaus nicht unwillkommene Abwechslung im Speiseplan des Menschen.

Aus dem einfachen Wunsch, die Haltbarkeit von Obst und Gemüse zu verlängern, sowie der angenehmen Erfahrung einer Erweiterung des sensorischen Erlebnishorizontes begannen diese Verfahren ein Eigenleben zu führen: Die Obst- und Gemüseverwertung zum Zweck der Diversifikation des sensorischen Lustgewinns beim Essen und Trinken hatte das Licht der Welt erblickt.

Genaues Beobachten und die daraus gezogenen Erkenntnisse führten im Verlauf der Menschheitsgeschichte zu einem reichen Schatz an Erfahrungen; so kam man vom ursprünglichen Erfordernis und Wunsch nach Erhöhung des Zeitraumes, über den hinweg Obst und Gemüse (aber auch Fleisch und andere tierische Lebensmittel) genußtauglich bleiben, zu einem breiten Spektrum von Bearbeitungsformen. Daraus resultierten letztlich die äußerst vielfältigen Erscheinungsformen von Lebensmitteln unterschiedlichster sensorischer Eindrücke, die auf Obst und Gemüse basieren. Tabelle 1 und 2 geben darüber einen kurzen Überblick ohne Anspruch auf Vollständigkeit, da u. a. regionale Spezialitäten diese Liste sicher noch erweitern.

2 Die Stufen der Verarbeitung bei der Herstellung eines hitzebehandelten Obst- oder Gemüseerzeugnisses

Tabelle 3 gibt den Überblick über die wesentlichen Schritte, die letztlich zum verarbeiteten, für den Endverbraucher bestimmten, sterilisierten oder pasteurisierten Obst- oder Gemüseerzeugnis führen.

Tabelle 1. Obst

A. Frischobst	F. Fruchtsaft, Obstrohsaft
B. Tiefkühlobst	Fruchtsaftkonzentrat
C. Trockenobst	Fruchtsirup
Trockenobst, eßfertig zubereitet	Fruchtsaftpulver
D. Obstmark, Obstpulpe	Fruchtnektar
Marmelade	Fruchtsaftgetränk
Konfitüre	Limonade
Obstgelee	Fruchtsaft, milchsauer vergoren
Obstmus	G. Fruchtaroma
eingedicktes Obstmus, wie Powidl	H. Wein
und Lequar	Obstwein
Fruchtsaucen	Spirituosen
Basisprodukte für Fruchtspeiseeis	Essig
Basisprodukte für Fruchtfüllungen	I. Pectin, Obstgeliersäfte
von Süßwaren	andere Gelier- und Verdickungsmittel
E. Kompott	(z. B. Karobenkernmehl)
Dunstobst	J. Würzsaucen wie Cumberlandsauce
Kandierte Früchte	Fruchtchutneys
Dickzuckerfrüchte	K. Milchsauer vergorenes Obst
Früchte in Alkohol	(z. B. Oliven)
Essigfrüchte	L. Pflanzenfette und -öle aus Obst
Senffrüchte	(z. B. Olivenöl, Traubenkernöl, Avo-
	cadoöl, Walnußöl, Kokosfett u. a.)
	M. Natürliche Farbstoffe
	N. Kaffeezusatz (z. B. Feigenkaffee)

Tabelle 2. Gemüse

A. Frischgemüse	H. Tomatenmark
B. Tiefkühlgemüse	I. Würzsaucen auf Gemüsebasis
Tiefkühlgemüsezubereitungen	Ketchup
C. Trockengemüse	Chutney
D. Sterilisiertes Gemüse in Dosen	Relish
und Gläsern	Kren-(Meerrettich)zubereitungen
E. Milchsauer vergorenes Gemüse	J. Kartoffelerzeugnisse
(z. B. Sauerkraut, Salzgurken)	(z. B. Flocken, Chips, Pommes frites
F. Essiggemüse (z. B. Essiggurken)	u. a.)
Salate	K. Natürliche Farbstoffe
G. Gemüsesaft unvergoren	L. Natürliche Aromen
Gemüsesaft milchsauer vergoren	
Gemüsetrunk	

2.1 Die Ernte

Sie setzt den Schlußpunkt hinter viele Maßnahmen der Obst- und Gemüse-
produktion, die entscheidenden Einfluß auf die Erzielung eines optimalen
Endproduktes haben. Voraussetzung ist zunächst der richtige Erntezeitpunkt mit der richtigen Verarbeitungsreife, die von der gewünschten Fertigware bestimmt ist. Schon vor Festlegung dieses Zeitpunktes müssen bereits
andere Entscheidungen getroffen sein.

Tabelle 3

Ernte	→	Anlieferung der Rohware	→	Eingangs-kontrolle	→	
→	Waschen, Reinigen	→	Sortieren	→	Blanchieren	→
→	Schälen, Entsteinen u. ä.	→	Zubereiten	→	Füllen	→
→	Exhaustieren	→	Verschließen	→	Hitze-behandlung	→
→	Abkühlen	→	Etikettieren	→	Verpacken	→
	→ Einlagern → Ausliefern					

So ist die Wahl der geeigneten Sorte von entscheidender Bedeutung: Nicht jede Sorte, nicht jede Subspecies ist für die Verarbeitung geeignet. Sortenwahl, Züchtung und – z. T. noch Zukunftsperspektive – die Gentechnologie ermöglichen es dem landwirtschaftlichen Produzenten, den Weiterverarbeitern die für ihre Zwecke beste Sorte zu liefern. Zwischen Sortenwahl und Erntezeitpunkt müssen zahlreiche Maßnahmen durchgeführt werden, die ein gutes Endresultat vorbestimmen; eine boden-, sorten- und umweltgerechte Düngung sowie adäquate Schädlingsbekämpfung sind als entscheidende Faktoren zu erwähnen.

2.2 Die Anlieferung

Der Transport vom Ort der Ernte zur Verarbeitungsstätte ist von sehr wichtigem Einfluß auf das gewünschte Endprodukt: Gerade die ersten Stunden nach der Ernte bringen größte Veränderungen der Rohware mit sich. So ist der Vitamin-C-Abbau unmittelbar nach der Ernte sehr groß. Da gerade bei Obst und Gemüse das ihnen in der Öffentlichkeit verliehene Attribut eines „gesunden Lebensmittels" mit dem Vitamin-C-Gehalt untrennbar verbunden ist, müßte im Idealfall die Verarbeitung im Zentrum des Erntegebietes oder zumindest in dessen unmittelbarer Nachbarschaft erfolgen. Lange Transportwege, speziell unter ungünstigen Bedingungen, können zu einer raschen Keimvermehrung führen – die Oberfläche von Obst und Gemüse ist niemals steril im Gegensatz zum Inneren einer gesunden und unverletzten Frucht. Dadurch können für eine Pasteurisierung oder Sterilisierung verschärfte Ausgangsbedingungen bzw. bei einer beabsichtigten Milchsäuregärung unerwünschte Fehlgärungen eintreten, die sensorische Eigenschaften und Haltbarkeit des gewünschten Produktes negativ beeinflussen.

2.3 Eingangskontrolle

Bevor die Ware übernommen bzw. der Verarbeitung zugeführt wird, muß
durch einfache und vor allem rasch durchzuführende Prüfungen die Eignung
der Rohware für den vorgesehenen Zweck getestet werden.

2.4 Waschen, Reinigen

Oft ist mit der Übernahme der Ware im verarbeitenden Betrieb eine grobe
Vorreinigung gekoppelt: Äpfel oder Kartoffeln werden direkt vom Transport-
mittel in Schwemmkanäle gekippt, wo unter mehr oder minder hohem
Wasserdruck Schmutz, aber auch stark faulige Stücke entfernt werden.

2.5 Sortieren

Im Anschluß an das Waschen erfolgt das Entfernen schlechter Ware sowie das
Sortieren etwa nach der Größe. Früher wurde dieser Schritt mühsam von Hand
unter wenig hygienischen Bedingungen durchgeführt; heute arbeitet man
größtenteils maschinell und automatisiert.

2.6 Blanchieren

Das Blanchieren ist ein kurzes Erhitzen in heißem Wasser oder mit Wasserdampf, wodurch vor allem zwei Ziele verwirklicht werden: Zum einen erreicht
man eine deutliche Keimreduktion, zum anderen werden Enzyme, die ja
hitzeempfindliche Eiweißsubstanzen sind, inaktiviert. Dadurch verhindert
man die enzymatische Bräunung, die durch Polyphenoloxidasen bewirkt
wird.
Prinzipiell kann der Blanchiervorgang als Wasser- oder Dampfblanchieren
erfolgen. Im ersten Fall wird die Behandlung mit siedendem Wasser durchgeführt, wobei diskontinuierlich oder kontinuierlich gearbeitet werden kann;
dabei geht ein Teil der wasserlöslichen Substanzen (Mineralstoffe, Spurenele-
mente, wasserlösliche Vitamine) ins Blanchierwasser über. Andererseits
kommt es bei Gemüsesorten, die viel Nitrat speichern, wie z. B. Spinat, im Zuge
dieser Art des Blanchierens zu einer Abreicherung des Nitratgehaltes: Nitrate
gehen als gut wasserlösliche Substanzen ebenfalls teilweise ins Blanchierwasser
über, wobei die Nitratverminderung ca. ein Drittel des Ausgangswertes
ausmachen kann.
Demgegenüber kommt es beim Dampfblanchieren kaum zu Auslaugungsef-
fekten; allerdings treten bei hitzesterilisierten Lebensmitteln, wie beispielsweise
bei Erbsen, gelegentlich Geschmacksbeeinträchtigungen auf. Das Blanchieren
mit Dampf hat sich vor allem in der Tiefkühlindustrie bewährt.

2.7 Schälen und Entsteinen

Dieser Prozeß erfolgte früher mühsam von Hand; heute stehen dafür
Maschinen zur Verfügung, etwa automatisch arbeitende Hochgeschwindig-

keitsmaschinen zum Entsteinen. Wichtig ist, daß deren Effektivität regelmäßig überprüft wird. So legt der FDA-Qualitätsstandard für entsteinte Kirschen fest, daß in 20 oz (567 g) maximal ein Stein enthalten sein darf.

Zur mechanischen Durchführung des Schälens gibt es eine chemische Alternative: Äpfel kann man dadurch schälen, daß sie in heiße Lauge (Natron- oder Kalilauge) gebracht werden, wodurch sich die Schale erweicht; anschließend werden die Laugenreste sowie die erweichte Schale unter hohem Wasserdruck entfernt. Bei diesem Vorgang kommt es gleichzeitig zur Entfernung von oberflächlich anhaftenden, unerwünschten Stoffen, wie Rückständen von Schädlingsbekämpfungsmitteln, toxikologisch relevanten Schwermetallen (z. B. Blei), aber auch von anderen Umweltkontaminantien, wie polycyclischen aromatischen Kohlenwasserstoffen (z. B. 3,4-Benzpyren).

2.8 Füllen

Das Füllen der Ware in die Behälter erfolgt von Hand oder maschinell. Einfüllen von Hand wird nur mehr dann zur Anwendung kommen, wenn das Füllgut sehr heikel gegenüber mechanischer Beschädigung ist, oder wenn es erforderlich sein sollte, eine genaue Stückzahl zu erzielen. Aus hygienischen Gründen ist jedoch eine vollautomatisierte, mechanische Beschickung der Behälter weitestgehend zu bevorzugen.

Festes Füllgut und Aufgußflüssigkeit werden zumeist getrennt zugegeben. Große Bedeutung kommt dem Kopfraum zu, d. h. dem Volumen im Gefäß, das vom Füllgut freigehalten wird; ein zu großer Kopfraum bringt zu viel Sauerstoff in die Ware, was negative, oxidative Veränderungen bewirkt und bei Dosen die Korrosion begünstigt; bei sehr flachen Dosen kann der Luftpolster überdies durch Isolation Untersterilisation hervorrufen. Zu kleiner Kopfraum birgt die Gefahr in sich, daß als Folge von Quellungserscheinungen oder Wasserausdehnung eine nicht unproblematische Volumenvergrößerung des Inhaltes auftritt.

2.9 Exhaustieren, Evakuieren, Bedampfen

Im Anschluß an das Füllen erfolgt das Exhaustieren; sein Zweck ist möglichst weitgehende Entfernung von Sauerstoff, um sauerstoffabhängige Reaktionen, wie unerwünschte Farbveränderungen, nachteilige Aromaveränderungen, Abbau sauerstoffempfindlicher Vitamine, Dosenkorrosion, aber auch störende Flatterbombagen hintanzuhalten. Das Exhaustieren erfolgt durch Erhitzen der offenen Gefäße. Um ein über den Rand-Treten des Füllgutes zu vermeiden, wird der Deckel bereits in der Weise aufgebracht, daß Luft, nicht aber der Inhalt austreten kann (das sogenannte „Klinschen" des Deckels). Nach dem Exhaustieren müssen die Behälter unbedingt rasch verschlossen werden, da sonst beim Abkühlen Luft eingezogen würde, was den Erfolg schmälern und vor allem die Gefahr einer bakteriologischen Infektion nach sich ziehen würde. Diesem möglichen Nachteil des Exhaustierens steht eine Verkürzung der nach dem Verschließen folgenden Sterilisation gegenüber, denn beim Exhaustieren erreicht der Mittelpunkt des Füllgutes eine Temperatur zwischen 75 und 85 °C.

Um den oben erwähnten Lufteinzug auszuschließen, entwickelte man ein Verfahren, bei dem unter Vakuum (ca. 55–65 cmHg) verschlossen wird: Das Evakuieren in Vakuumkammern.

Bedampfen ist eine weitere Alternative, um den Luftsauerstoffgehalt zu verringern. Bei dieser Methode werden unter Vakuum (ca. 70 cmHg) sowohl der feste als auch der flüssige Anteil des Füllgutes gefüllt. Anschließend wird ein Dampfstrahl über den Rand des Behältnisses geblasen, um die Hauptmenge der Luft im Kopfraum zu entfernen.

2.10 Verschließen

Neben ausreichender Hitzebehandlung ist ordnungsgemäßes Verschließen der Behälter von ausschlaggebender Bedeutung für die Haltbarkeit des Füllgutes. Schlecht verschlossene Gläser oder Dosen führen zu verdorbenen oder sogar gesundheitsschädlichen Nahrungsmitteln; dies kann zu schweren wirtschaftlichen Verlusten des Produzenten führen.

Das Verschließen von Dosen erfolgt, bei aller Unterschiedlichkeit im Detail, nach folgendem Grundprinzip: Nach Auflegen des genau passenden Deckels (mit Dichtungsmasse oder Fadengummi, der in den Deckelrand eingespritzt ist) wird die Dose zwischen einem Pinole genannten Teller und dem genau in den Deckelkern passenden Verschließkopf eingespannt. Mit Hilfe von zwei hintereinander einwirkenden Verschließrollen werden Deckelrand und Rumpfbördel ineinander gefalzt; dabei muß die Dichtungsmasse unbedingt unter ständigem Preßdruck stehen, um sich in den feinen Kapillaren längs des Rumpfhakens verteilen zu können.

Das zuvor erwähnte Anklinschen wird ebenfalls mit der oben beschriebenen Apparatur vorgenommen: Der Pinolendruck wird verringert, der Verschließkopf etwas gesenkt und die erste Rolle lose eingestellt, damit das Anrollen des Deckels so erfolgen kann, daß der Rumpfbördel nicht nach unten gezogen

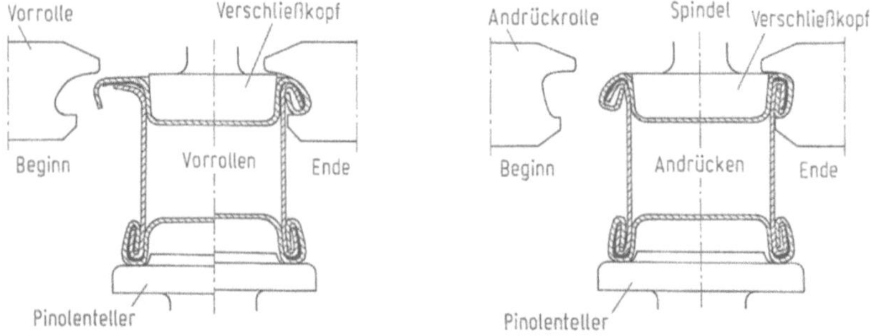

Abb. 1. Verschließvorgang, zweite Operation (Aus: „Der Falzverschluß bei Feinblechpackungen", Firma Schmalbach-Lubeca-Werke AG, Braunschweig)

wird. Die zweite Rolle wird für das Anklinschen überhaupt nicht in Betrieb genommen.

Für ein sachgemäßes Verschließen, das eine optimale Dichtheit gewährleistet, sind die nachstehend aufgeführten Faktoren entscheidend:
- die jeweilige Einstellung der beiden Verschließrollen,
- das Spiel zwischen dem Verschließkopf und der jeweiligen Rolle,
- der Pinolendruck.

Nur dann ist der entstehende Falz gleichmäßig und dicht. Für das Verschließen von Gläsern gibt es eine ganze Reihe unterschiedlicher Deckelarten, die man je nach dem Ort, an dem die hermetische Abdichtung erfolgt, im wesentlichen in zwei Gruppen einteilen kann:
1. Die Top-seal-Verschlüsse, bei denen die Abdichtung auf die Glasmündung vor allem von oben, also stirnseitig erfolgt. Zu diesem Typ zählen z. B. Twist-off- oder Schraub-Vac-Verschlüsse.
2. Die Side-seal-Verschlüsse, bei denen die Abdichtung auf die Glasmündung des Behältnisses von der Seite her erfolgt.

Einen ganz speziellen Kombityp stellen die Spezial-Baby-Food-Verschlüsse, auf Grund ihrer Bauart bzw. ihrer Dichtungsstellen Triple-seal-Verschlüsse genannt, dar: Die Abdichtung erfolgt hier zugleich von oben, von der Seite und an der Schräge zum Kerndurchmesser der Mündung.

2.11 Die Hitzebehandlung

In Abhängigkeit vom pH-Wert kann man zwischen Produkten, die bis 100 °C pasteurisiert und solchen, die bei höheren Temperaturen sterilisiert werden, differenzieren. Demgemäß unterscheiden sich auch die passenden Anlagen, die entweder bei Atmosphärendruck eine Kochtemperatur bis 100 °C erlauben oder infolge der Nutzung eines Überdrucks höhere Temperaturen ermöglichen (sogenannte Autoklaven).

2.12 Kurzer historischer Rückblick

Wie bei so mancher technischen Entwicklung war auch bei der Entwicklung der Haltbarmachung von Lebensmitteln in verschlossenen Behältern durch Hitze der Krieg der Vater der Dinge: Napoleon I. brauchte für seine Feldzüge haltbare Verpflegung für die Soldaten und setzte für die Entwicklung neuer Haltbarmachungsverfahren einen Preis aus, den 1809 der Koch Nicolas Appert (1750–1841) für sein Verfahren des Erhitzens in Flaschen erhielt. Die wissenschaftliche Erklärung für diese empirisch ermittelte Methode lieferte erst viele Jahre später Louis Pasteur (1822–1895): Er entdeckte, daß Mikroorganismen für die zum Verderb von Lebensmitteln führenden Fäulnis- und Gärungsprozesse verantwortlich sind und durch Hitzeeinwirkung abgetötet werden; dadurch kann der mikrobiologische Verderb verzögert werden. Ein weiterer Meilenstein auf dem Weg zur Entwicklung der modernen physikalischen Konservierungstechnik durch Erhitzen war der Bau von Autoklaven durch

Durand 1814, der auf den Dampftopf von Denis Papin (1647–1712) zurück-
griff.

2.13 Der mikrobiologische Status von Frischobst und -gemüse

Im Gegensatz zum üblicherweise sterilen Inneren einer gesunden, unverletzten,
lebenden Pflanze ist deren Oberfläche stets mehr oder weniger stark von
Mikroorganismen besiedelt. Diese Oberflächenflora hängt von einer Reihe von
Faktoren ab: Zunächst ist es die Pflanzenart selbst, weiterhin sind es Standort,
Klima, Witterung, aber auch Reifegrad, die Menge und Art der Mikroflora
beeinflussen. Kontakt mit Boden, Wind, Wasser und Tieren kann Mikroorganismen auf Obst und Gemüse bringen.
Auf Obst sind vor allem Hefen und Schimmelpilze, weniger dagegen Bakterien
anzutreffen. Gemüse, dessen Oberfläche im Gegensatz zum sauren Obst eher
im neutralen pH-Bereich liegt, ist vor allem von Bakterien der Gattungen
Alcaligenes, Flavobacterium, Lactobacillus und Micrococcus besiedelt. Daneben findet man auf Gemüseoberflächen auch häufig Schimmelpilze der
Gattungen Penicillium, Fusarium, Alternaria, Botrytis, Sclerotinia und Rhi-
zoctonia. Bei genießbaren Pflanzenteilen, die in unmittelbarer Nähe des
Erdbodens wachsen, spielen die resistenten Sporen der typischen erdbewoh-
nenden, sporenbildenden Bakteriengattungen Bacillus und Clostridium eine
wesentliche Rolle. Düngung mit Naturdünger, Klärschlamm und Berieselung
mit Abwässern können humanpathogene Keime der Gattungen Salmonella,
Escherichia sowie Enterokokken auf die Nutzpflanzen bringen. Durch Blanchieren erreicht man zwar eine Reduktion der Keimzahl, keineswegs jedoch
eine vollständige Eliminierung vermehrungsfähiger Mikroorganismen.

2.14 Auswirkung der Hitzebehandlung auf die Mikroorganismen

Die Abtötung von Mikroorganismen durch Hitze verläuft im Sinne der Kinetik als Reaktion 1. Ordnung; d. h. daß pro Zeiteinheit jeweils der gleiche
Prozentsatz der noch lebenden Mikroorganismen abgetötet wird. Anders
ausgedrückt: Trägt man die Anzahl der überlebenden Keime oder Sporen im
logarithmischen Maßstab gegen die Zeit auf, so erhält man eine Gerade. Die

Tabelle 4. Einteilung der Lebensmittel nach ihren pH-Werten

Gruppe	Lebensmittel	pH-Wert
Schwach sauer	Fleisch und Fleischprodukte; Fisch; zahlreiche Gemüsearten, wie Erbsen, Bohnen, Spinat, Spargel und Fertiggerichte	>4,5
Sauer	Vorwiegend Früchte, wie Birnen, Tomaten, Äpfel, Pflaumen	4,0 bis 4,5
Stark sauer	Sauerkraut, Essiggemüse, zahlreiche Obstarten, wie Sauerkirschen, Äpfel, Beerenobst u. a.	<4,0

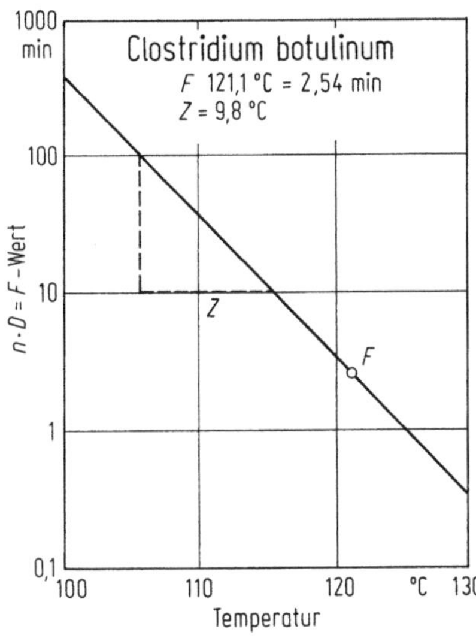

Abb. 2. Thermische Abtötungszeitkurve für Sporen von Clostridium botulinum mit eingezeichnetem F-Wert und Z-Wert (aus Pflug, I. J.: In: Industrial Sterilization, hrsg. von G. B. Phillips. Duke University Press. Durham 1973)

Überlebensrate der Mikroorganismen ist einerseits von Temperatur und Zeit abhängig, wird aber andererseits von der chemischen Zusammensetzung beeinflußt; insbesondere der pH-Wert ist von größter Bedeutung.

Bei pH-Werten < 4 können endosporenbildende Bakterien üblicherweise nicht mehr wachsen; zumindest können ihre Sporen nicht mehr auskeimen. Bei pH < 4,5 kann sich Clostridium botulinum weder vermehren noch Toxine bilden. Allerdings sind einige andere hitzeresistente, sporenbildende Bakterienarten wie z. B. Clostridium thermosaccharolyticum im pH-Bereich zwischen 4,5 und 4 vermehrungsfähig. Mit sinkendem pH-Wert steigt die Absterberate der im Lebensmittel enthaltenen Keime einschließlich ihrer Sporen; daher lassen sich neutrale bis schwach saure Lebensmittel am schlechtesten sterilisieren, während bei stark sauren Füllgütern meist Pasteurisieren genügt.

2.15 Sterilisationskennzahlen

Als *D-Wert* bezeichnet man die Dezimalreduktionszeit bzw. den Destruktionswert. Der D-Wert ist die Zeit in Minuten, die erforderlich ist, um die Ausgangskeimzahl um eine Zehnerpotenz herabzusetzen, (entsprechend einer Abtötungsrate von 90%).

Der *F-Wert* ist der erforderliche Zeitraum in Minuten, um bei einer Temperatur von 250 °F (= 121,1 °C) alle in einer Suspension vorhandenen Sporen abzutöten.

Der *Q 10-Wert* zeigt an, in welchem Umfang sich die Reaktionskonstante k der Abtötungsreaktion ändert, wenn die Temperatur um 10 °C ansteigt. Für die meisten chemischen und biologischen Reaktionen beträgt der Q 10-Wert ca. 2, für die Abtötung von Bakterien bei trockener Hitze liegt er bei 2,2–4,6, und bei feuchter Hitze bei 10–18; für Clostridium botulinum bei ca. 10.

Als *Z-Wert* wird die Temperaturerhöhung bezeichnet, die benötigt wird, um den D-Wert um den Faktor 10 zu ändern. Er ist gleich dem Neigungswinkel der thermischen Abtötungszeitkurve und stellt für jede Mikroorganismenart einen charakteristischen Wert dar.

Der *thermische Abtötungspunkt* (Thermal death point) ist die niedrigste Temperatur, bei der alle Mikroorganismen einer Keimsuspension nach 10 min abgetötet sind. Er beträgt für Escherichia coli 55 °C, für Bacillussporen 120 °C. Als *L-Wert* (Letalitätsrate) bezeichnet man den reziproken Wert der bei der Temperatur T benötigten Sterilisationszeit F.

Das *12 D-Konzept.* Sporen von Clostridium botulinum sind für die menschliche Gesundheit die gefährlichste Bedrohung und – abgesehen von den Sporen von Bacillus stearothermophilus – die gegen Hitzeeinwirkung widerstandsfähigste Mikroorganismenspecies überhaupt. Man geht davon aus, daß die Reduktion der Keimzahl von Clostridium botulinum um den Faktor 10^{12} ausreichende, praktische hygienische Sicherheit für ein Lebensmittel mit pH-Wert > 4,5 bietet.

3 Ausgewählte Obst- und Gemüseprodukte

3.1 Sterile Obstkonserven, Kompotte

Abgesehen von Marmeladen, Fruchtsäften und Trockenobst stehen Kompotte (sterilisiertes Obst in Zuckerlösung) an prominenter Stelle der Beliebtheitsskala der Konsumenten. Zur Verarbeitung kommt nur gesundes, reifes Obst. Als Einlegeflüssigkeit dient vor allem wäßrige Saccharoselösung; anstelle von Saccharose können auch Stärkesirup, Fructose, Glucose sowie andere Zuckerarten Verwendung finden.

Da die Zuckerkonzentration (der Trockensubstanzgehalt) des Fertigproduktes durch Normen, Codex bzw. Deklaration festgelegt sind, kommt der Konzentration der Aufgußflüssigkeit entsprechende Bedeutung zu. Die Berechnung dieser Konzentration kann nach folgenden Formeln erfolgen.

Für Kern-, Beeren- und entsteintes Steinobst:

$$C_Z = \frac{F(C_P - C_F)}{G - F} + C_P$$

Für Steinobstfrüchte mit Stein:

$$C_Z = \frac{F(100 - S)(C_P - C_F)}{100(G - F)} + C_P$$

Es bedeuten:

C_Z: Konzentration der Zuckerlösung (% bzw. °Brix)

C_P: Trockensubstanzgehalt im Fertigprodukt nach Konzentrationsausgleich (% bzw. °Brix)

C_F: Trockensubstanzgehalt der zur Verarbeitung gelangenden Früchte (% bzw. °Brix)

F: Fruchteinwaage (g)
G: Gesamtgewicht (g)
S: Steinanteil (%).

Zum Konzentrationsausgleich zwischen Frucht und Aufgußflüssigkeit kommt es nach ca. 15–30 Tagen.

Neben dem Einlegen in Zuckerlösung gibt es ein zweites klassisches Verfahren: die Verwendung von Wasser ohne Zuckerzusatz als Aufgußflüssigkeit. Das so hergestellte Produkt wird als Dunstobst bezeichnet. Neben diesen beiden traditionellen Einlegeflüssigkeitstypen sind in den letzten Jahren neue Varianten entstanden; so besteht die Möglichkeit, die Frucht in eigenem Fruchtsaft einzulegen, der entweder gezuckert oder ungezuckert sein kann. Weiterhin kann es auch ein Saft sein, der nicht der eingelegten Frucht entspricht. Da diese Geschmackskombinationen nicht immer harmonierten, wurde als weitere Variante der entaromatisierte Fruchtsaft als Aufgußflüssigkeit entwickelt. Um einen besonders vollmundigen Aufguß zu erhalten, kann man auch Obstmus zusetzen, so daß man eine Frucht in einem fruchtfleischreichen Fruchtnektar erhält.

3.2 Gemüsekonserven

Die verschiedenen Gemüsearten, aber auch Speisepilze, werden zumeist in Salzlake eingelegt. Zugabe von Zitronensäure, allenfalls noch L-Ascorbinsäure, dienen der Farberhaltung (speziell bei Arten, die auf Grund der Tätigkeit von Polyphenoloxidasen zum Nachdunkeln neigen). Bei Mais, Karotten und einigen anderen Gemüsearten wird in gewissem Ausmaß auch Zucker zugesetzt. Bei allen genannten Zutaten sowie den Sortierungen und Qualitäten sind die nationalen Qualitäts- und Deklarationsnormen zu beachten.

Milchsauer vergorene Produkte

Die Haltbarmachung pflanzlicher Lebensmittel durch natürliche Säuerung ist ein sehr altes Verfahren, das die antimikrobielle Wirkung organischer Säuren, in diesem Fall der Milchsäure, ausnützt. Dies Prinzip entspricht der chemischen Konservierung mit Benzoesäure oder Sorbinsäure.

Biochemisch gesehen handelt es sich bei der sogenannten Milchsäuregärung um eine gewöhnliche Glycolyse (Kohlenhydratabbau), bei der die Brenztraubensäure in Gegenwart des Enzyms Lactatdehydrogenase mit Hilfe des Coenzyms Nicotinamiddinucleotid in der reduzierten Form (NADN) zu Milchsäure reduziert wird; diese Vorgänge erfolgen im Prinzip so wie in einem unter anaeroben Verhältnissen arbeitenden Muskel.

Eines der wichtigsten Produkte, das durch Milchsäuregärung erzeugt wird, ist das *Sauerkraut*, für das geschnittenes, eingesalzenes Weißkraut (Weißkohl, Brassica oleracea ssp. capitata) als Ausgangsmaterial dient. Die Bildung von Sauerkraut ist ein komplexer mikrobiologisch-biochemischer Vorgang, an dem eine Reihe von Mikroorganismen, überwiegend Säurebildner, beteiligt sind; er hängt vor allem von der Kochsalzkonzentration, der Temperatur und der Sauerstoffkonzentration ab. Hauptverantwortliche Mikroorganismen für eine ordnungsgemäße Milchsäuregärung sind Lactobacillus plantarum und Lactobacillus brevis neben einer Reihe anderer Keime, darunter auch Hefen und Schimmelpilze. Für saubere Gärführung haben sich Salzkonzentrationen zwischen 1 und 2,5%, eine Anfangstemperatur von 25 °C und möglichst vollständiger Sauerstoffausschluß bewährt. Neben Milchsäure entstehen noch geringere Mengen weiterer Gärungsnebenprodukte, darunter Essigsäure, Ethanol, Mannit, Dextran, Kohlendioxid sowie unerwünschte biogene Amine wie Histamin. Die gebildete Milchsäure ist eine Mischung aus D- und L-Form, wobei das Isomeren-Verhältnis in Abhängigkeit der äußeren Bedingungen schwankt; meist liegen beide Isomere in vergleichbaren Mengen vor.

Zur Geschmacksverbesserung wird Sauerkraut gern gewürzt, wobei Wacholder und Kümmel am beliebtesten sind. Weinsauerkraut enthält auf 100 kg einen Zusatz von mindestens 2 l Wein.

Sauerkraut wird u. a. wegen seiner guten Haltbarkeit und seines hohen Vitamin-C-Gehaltes geschätzt; sie bewahrten Kapitän Cook und seine Mannschaft bei seiner Weltumseglung (1872–1875) während der mehr als 3 Jahre währenden Fahrt vor Skorbut.

An anderen milchsauer vergorenen Gemüseerzeugnissen seien *Salzgurken* erwähnt. Verarbeitet werden unreife Gurken mit maximal 4 cm Durchmesser. Das mikrobiologische Geschehen ist dem der Sauerkrautherstellung analog.

Wir kennen eine Obstsorte in erster Linie als milchsauer vergorenes Produkt: Die Früchte des Olivenbaumes (Olea europaea), die *Oliven*. Da sie ein bitteres Glycosid Oleuropin enthalten, werden sie vor der Milchsäuregärung unter Luftzutritt mit Natronlauge (bis zu ca. 2%ige Lösung) behandelt. Zur Verarbeitung gelangen sowohl die grünen, unreifen Früchte wie auch die schwarzvioletten, reifen Früchte. Die grünen Oliven werden zumeist entsteint mit verschiedenen Zusätzen wie Paprikastreifen, Mandeln, Silberzwiebeln, Kapern, Sardellen u. a. gefüllt angeboten.

3.3 Trockenobst

Eine der einfachsten und ältesten Methoden zur Erhöhung der Haltbarkeit besteht im Entzug von Wasser, wodurch die Lebensbedingungen für Mikroorganismen drastisch verschlechtert werden.

Schon um ca. 1200 v. Chr. stellten die Phönizier in Malaga, Valencia und Korinth sowie die Armenier in Persien, der Türkei etc. aus den Weintrauben ihrer Weingärten getrocknete Weinbeeren her. Das heiße Klima dieser Gegenden begünstigte die Rosinenherstellung. Noch heute werden in Californien Rosinen nach klassischen Verfahren hergestellt: Die Trauben werden nach der Ernte auf sauberes Papier in die Reihen zwischen den Weinstöcken gelegt. Unter gelegentlichem Wenden der Rispen erhält man nach 2–3 Wochen dunkle Rosinen. Sobald der Wassergehalt ca. 15% erreicht, wird das Papier sorgfältig zu Bündeln gerollt und verbleibt noch einige weitere Tage auf dem Feld. Die Bündel werden dann auf der Farm ausgepackt; durch Vibration werden die Rosinen von den Stengeln getrennt. Danach kommen die Rosinen in „bins" genannte Holzboxen, wo ein Feuchtigkeitsaustausch stattfindet und eine vorübergehende Lagerung erfolgt. Letzte Reste von Stengelteilen und Fremdkörper werden in Trommeln und durch Vakuum entfernt. Anschließend werden die Rosinen noch mit reinem Gebirgswasser gewaschen. In Gegenden mit klimatisch nicht so günstigen Verhältnissen verwendet man geeignete Trockenöfen zur Trockenobstherstellung. Zur Herstellung von hellem Trockenobst wird entsprechend gesetzlichen Bestimmungen Schweflige Säure eingesetzt.

3.4 Ausklang

Abschließend soll anhand einer einzigen Pflanze ein Beispiel für die Vielfalt der Obst- und Gemüseerzeugnisse gegeben werden.
Der Weinstock ist eine Pflanze, bei der fast alle Teile zur menschlichen Ernährung genutzt werden können. Er liefert Obst und Genußmittel, Speiseöl (aus den Kernen) und Gemüse, Erfrischung und Genuß. Die abschließend folgende schwerpunktmäßige Aufzählung soll dies belegen: frische Weintrauben, getrocknete Weinbeeren (Rosinen, Sultaninen, Korinthen, Zibeben), Traubensaft und Traubensaftkonzentrat sowie weitere daraus produzierte Erfrischungsgetränke, Wein in allen Variationen, Weinbrand und andere darauf basierende alkoholische Getränke, Weinessig, und last but not least Weinblätter (für die griechische Spezialität Dolmades).

13 Konfitüren – Gelees – Marmeladen

H. O. Weiss, Thannhausen

1 Allgemeine Hinweise

Das Einkochen von Konfitüren und Marmeladen aus Frucht, Zucker, Pectin und Genußsäure gehört mit zu den ältesten Verfahren der Menschheit, Lebensmittel durch Wasserentzug haltbar zu machen. Die Haltbarkeit so gewonnener Produkte gegen mikrobiellen Verderb ist von folgenden Kriterien abhängig:
- Hygienisch einwandfreie Betriebsräume, Abfüll- und Herstellungsanlagen.
- Hygienisch einwandfreie Rohstoffe und Verpackungsmaterialien.
- Hoher Zuckergehalt (mind. 58% Trockensubstanz bei Konfitüren) bewirkt eine Absenkung des freien Wassers.
- Niedriger pH-Wert (pH = 2,6 – 3,2).
- Ausreichende Kochzeit, um Inversion und Austausch des Zuckers in der Frucht zu erreichen.
- Kochtemperatur: Offener Kessel 90–105 °C.
  Vakuum-Kochanlage 65– 80 °C.
- Kopfraumbedampfung des Glases nach dem Abfüllen.
- Vakuumverschluß.

2 Lebensmittelrechtliche Bestimmungen

Als Rechtsgrundlage für die Bundesrepublik Deutschland und West-Berlin dienen die Bestimmungen der Verordnung über Konfitüren und einige ähnliche Erzeugnisse (Konfitürenverordnung – KonfV vom 26. Oktober 1982) (BgBl. I, S. 1434).
Die Mitgliedsstaaten der EG haben die Richtlinie des Rates vom 24. Juli 1979 (79/693/EWG) zur Angleichung der Rechtsvorschriften über Konfitüren, Gelees, Marmeladen und Maronenkrem in das jeweils nationale Recht umgesetzt.

3 Rohstoffe – Frucht als wertgebender Bestandteil

Aroma, Farbe und Konsistenz, sowie die Erhaltung und Verteilung der Früchte bestimmen im wesentlichen die Qualitätsmerkmale von Konfitüren, Gelees und Marmeladen. Sie hängen weitgehend von den eingesetzten

Rohstoffen ab, wobei besonders der Auswahl der geeigneten Früchte eine bedeutende Rolle zukommt. Der Zusatz von Zuckerstoffen, Pectin und Genußsäure gibt dem Fertigprodukt seine charakteristische Eigenart.

Für die Herstellung von Konfitüren, Gelees und Marmeladen wird ausgesuchtes, gut gereinigtes und vollwertiges Steinobst, Kernobst und Beerenobst in geeignetem Reifezustand verwendet, dem weder durch Auspressen noch auf anderem Wege Saft entzogen worden ist.

Unter „Pülpe" versteht man den eßbaren Teil der ganzen, geschälten oder entkernten Frucht in ungeteiltem, stückigem oder grob zerkleinertem Zustand. Steinobst und Kernobst werden ohne Steine und Kerngehäuse, im allgemeinen im ungeschälten Zustand verarbeitet. Citrusfrüchte werden in der Regel geschält eingesetzt, Teile der Schalen häufig mitverwendet.

Als „Fruchtmark" versteht man den eßbaren Teil der ganzen, geschälten oder entkernten Frucht, der durch Passieren oder ein ähnliches Verfahren zu Mark zerkleinert worden ist. Da Fruchtmark nur für Konfitüre einfach und Marmelade einfach eingesetzt wird, kann mit SO_2-konservierten Früchten gearbeitet werden.

Aus frischen Früchten können saison- und kostenbedingt nur geringe Mengen Fertigprodukte hergestellt werden. Die Herstellung der Hauptmengen erfolgt durch Einsatz von tiefgefrorenen bzw. hitzesterilisierten (Dosenware) oder SO_2-konservierten Früchten.

Der durch mechanische Verfahren aus Früchten gewonnene unvergorene Saft wird zur Herstellung von Gelees und Marmeladen verwendet. Ebenso kann Fruchtsaft, der aus Konzentrat durch Zufügen der entzogenen Wassermenge hergestellt wird, oder konzentrierter Fruchtsaft eingesetzt werden.

4 Kochverfahren

Das Ziel des Einkochens von Konfitüren, Gelees und Marmeladen ist ein haltbares Endprodukt mit gefordertem Soll-Trockensubstanzgehalt und den angestrebten Produkteigenschaften.

Durch das Kochverfahren wird ein ausreichender Zuckeraustausch zwischen dem flüssigen Medium und der Frucht erzielt, um ein Auswässern im Fertigprodukt während der Lagerung zu verhindern. Bei Verwendung von SO_2-konservierten Früchten muß die Einhaltung des maximal zugelassenen Schwefeldioxid-Gehaltes gewährleistet sein.

Zur industriellen Herstellung von Konfitüren, Gelees und Marmeladen in Kochkesseln unterscheidet man vom Einkochprinzip her zwei Arten:
- Kochen im offenen Kessel unter Atmosphärendruck.
- Kochen im geschlossenen Vakuumkessel bei Unterdruck.

Das Behältermaterial moderner Kochkessel ist V2A-Edelstahl. Sie sind mit automatischen Dosieranlagen für Glukosesirup, Säurelösung und Pectinlösung versehen. Durch den Einbau eines Prozeß-Refraktometers und einer pH-Meßkette ist die automatische Kontrolle von Trockensubstanzgehalt und pH-Wert möglich.

Auch kontinuierlich arbeitende Vakuumkochanlagen werden zur Herstellung von Konfitüren, Gelees und Marmeladen angeboten und eingesetzt.

5 Konfitüren-Herstellung in der Vakuum-Kochanlage (Abb. 1)

Das Kochen in Vakuum-Kochanlagen erfolgt in geschlossenen Kochkesseln unter vermindertem Druck. Die wesentlichen Vorteile dieses Kochverfahrens liegen in den niedrigen Kochtemperaturen und in den kurzen Kochzeiten. In diesem Kochverfahren können nicht nur Konfitüren, Gelees und Marmeladen hergestellt werden, sondern auch diätetische Fruchterzeugnisse und Fruchtzubereitungen für die Milch- und Backindustrie.

Frucht

Rollende tiefgefrorene oder mechanisch vorbehandelte blocktiefgefrorene Früchte, bzw. schwefeldioxid-konservierte Früchte werden vorgewogen und mittels Fördereinrichtungen oder auch von Hand in den Vorwärmer gegeben.

Zucker

Sack- oder Silozucker wird von Hand oder über automatische Verwiege- und Fördereinrichtungen in den Vorwärmer beschickt. Flüssige Zucker, Zuckersirupe und Glukosen werden aus meist beheizten Vorratsbehältern über Durchflußmengenzähler in den Vorwärmer oder direkt in den Vakuumkessel gepumpt.

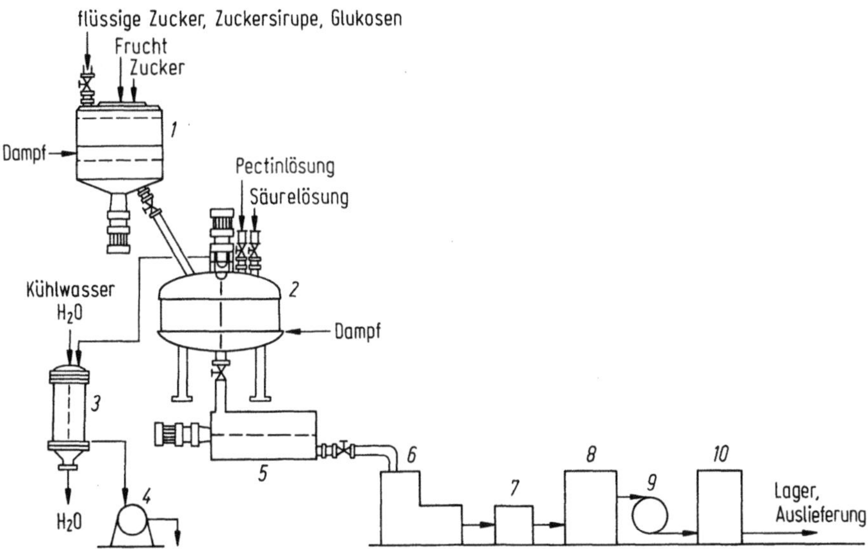

Abb. 1. Vakuum-Kochanlage. *1* Vorwärmer, *2* Vakuumkessel, *3* Kühler, *4* Vakuumpumpe, *5* Abfüllwanne, *6* Abfüllmaschine, *7* Deckelverschließer, *8* Tunnelkühler, *9* Etikettiermaschine, *10* Endverpackung

Pectin

Das in einer Konzentration von 3–10% in heißem Wasser von ca. 80 °C
aufgelöste Pectin wird aus den Vorratsbehältern mit einer Temperatur von
60–70 °C mittels Pumpen über Durchflußmengenzähler in den Vakuumkessel
direkt eingebracht.

Säure

Vorwiegend Zitronensäure, Milchsäure oder Weinsäure wird als 50%ige
wäßrige Lösung (bei Milchsäure sind 50%ige, 80%ige oder 90%ige Lösungen
im Handel) eingebracht.

Entschäumer

Zur Schaumverhütung können Speiseöle und Speisefette, auch Mono- und
Diglyceride von Speisefettsäure in die Kochung zugesetzt werden.

Verfahren

Im Vorwärmer werden die geschütteten Früchte und die zugesetzten Zuckerarten auf 70–80 °C aufgeheizt und durch ein Ankerrührwerk mit Abstreifer
durchgemischt.
Die vorgewärmte Frucht-Zucker-Mischung wird vom Vorwärmer durch
Vakuum in den Kessel eingezogen und unter Dampfzufuhr und Rühren
im Vakuum eingedampft. Dann wird die Pectinlösung zudosiert und im
Vakuum bis zum Erreichen der gewünschten End-Trockenmasse weiter ein-
gedampft. Aufgrund der niedrigen Kochtemperaturen bis herunter auf
65 °C setzt man langsam bis mittelschnell gelierende Pectine ein. Ist die
End-Trockenmasse erreicht, wird belüftet und die Säure zudosiert. Die
Temperatur des Kochgutes steigt dabei an; sie soll vor dem Ablassen 80–
85 °C betragen, um eine keimfreie Abfüllung zu gewährleisten.
Die fertig gekochten Konfitüren, Gelees und Marmeladen gelangen aus dem
Vakuumkessel über Pumpen oder noch schonender im freien Fall in beheizte
Abfüllwannen mit Rührwerk, von denen auf die Abfüllmaschine abgezogen
wird. Die Temperatur des Kochgutes bei Abfüllung liegt im Bereich von 70–
85 °C. Abgefüllt wird mit Leistungen bis zu 15 000 Gläser/Stunde, je nach
Verpackung und Maschinentyp in saubere, hygienisch einwandfreie Gläser.
Durch die relativ hohe Abfülltemperatur und durch einen Vakuumverschluß
mit Kopfraumverdampfung wird keimfreie Abfüllung bei vollkommener
Haltbarkeit gewährleistet. Vor dem Abdeckeln der Gläser empfehlen sich
geeignete Maßnahmen zur Keimfreihaltung der Produktoberfläche während
des Abfüllvorganges.
Nach dem Befüllen und Abdeckeln durchlaufen die Gläser einen Tunnelkühler, in dem sie durch Berieseln mit kaltem Wasser auf eine Temperatur von 40–
45 °C gebracht werden. Das rasche Absenken der Temperatur verhindert
Karamelisationserscheinungen und Farbveränderungen im Füllgut (Nach-
brennen) und bringt das Produkt in einen Temperaturbereich, in welchem die
Gelierung bereits einsetzt und sich noch langsam eine optimale Gelstruktur
ausbilden kann.

Nach dem Kühlen erfolgt die Etikettierung und anschließend die Verpackung. Vor dem Versand sollten die Gläser bis zur völligen Ausgelierung gelagert werden.

6 Erstellung von Rezepturen

Gemäß der Vorgabe durch die Richtlinie 79/693/EWG sind die Qualitätsanforderungen sowie Art und Menge der Zutaten für Erzeugnisse entsprechend der Konfitürenverordnung geregelt. Tabelle 1 informiert über den im Fertigerzeugnis festgelegten Mindestfruchtanteil.
Bei Mehrfruchterzeugnissen müssen die Mindestfruchtmengen anteilmäßig berechnet werden.
Für Marmeladen ist die Verwendung von mindestens 20% Citrusfrüchten (davon mindestens 7,5% Fruchtfleisch = Endokarp) vorgeschrieben.
Die durch die Konfitürenverordnung festgelegte Einwaage an Pülpe, Mark, Saft oder wäßrigen Auszügen und der refraktometrisch bestimmte Mindestgehalt an löslicher Trockenmasse von mind. 58% bilden die Basis zur Rezepturerstellung. Der Weg der Rezeptur- und Ausbeuteberechnung sei an einem Beispiel erläutert (s. Tabelle 2).

Tabelle 1

Fruchtpülpe für Konfitüre extra / Saft/Auszüge für Gelee extra	Pülpe oder Mark für Konfitüre einfach / Saft/Auszüge für Gelee einfach	
45%	35%	für alle Früchte außer:
35%	25%	schwarze Johannisbeeren, Hagebutten, Quitten
25%	15%	Ingwer
23%	16%	Kaschuäpfel
8%	6%	Passionsfrüchte

Tabelle 2

Rohstoff	Menge	TS-Gehalt	Trockenmasse
Frucht	45 kg	ca. 10%	4,5 kg
Zucker	51 kg	ca. 100%	51,0 kg
Glukosesirup	5 kg	ca. 80%	4,0 kg
Pectin	0,3 kg	ca. 100%	0,3 kg
Säure	0,2 kg	ca. 100%	0,2 kg
Total	101,5 kg		60,0 kg

Die Mengensumme der gesamten Rohstoffe ergibt die Ansatzgröße. Der Ansatz besteht aus 60 kg Trockenmasse und 41,5 kg Wasser. Um einen Trockensubstanzgehalt von z. B. 63 % zu erreichen, muß eine bestimmte Menge Wasser verdampft werden:

$$\frac{\text{kg TS-Gesamt } 100\%}{\% \text{ TS Soll}} = \frac{60 \text{ kg } 100\%}{63\%} = 95,2 \text{ kg theoretische Ausbeute.}$$

Die Menge des zu verdampfenden Wassers ergibt sich aus der Differenz der Ansatzgröße und der theoretischen Ausbeute (101,5 kg − 95,2 kg = 6,3 kg Wasser).

7 Beurteilung

Zur Beurteilung der Bruchfestigkeit von Pectinen dient unter anderem das Pectinometer, ein digitalanzeigendes elektronisches Meßgerät. Neben der Standardisierung von Pectinen auf konstante Bruchfestigkeit eignet sich dieses Präzisionsinstrument für die rasche Produktionsbeurteilung in der fruchtverarbeitenden Industrie. Bei der Prozeßkontrolle von Konfitüren, Gelees und Marmeladen werden aussagekräftige Ergebnisse erzielt, wenn direkt aus dem Kochkessel oder während des Abfüllvorganges Proben gezogen werden (grobe Fruchtteile müssen abgesiebt werden). Mit besonderen Zerreißfiguren kann bereits nach kurzer Abkühlzeit vom erhaltenen Meßwert auf einen Bruchfestigkeitsendwert geschlossen werden, der der Gelstärke nach vollständiger Ausgelierung entspricht.

8 Literatur

Bailey A, Ortiz EL, Radecka H (1980) The book of ingredients. M Joseph Ltd, London
Belitz HD, Grosch W (1985) Lehrbuch der Lebensmittelchemie. Springer, Berlin
Heimann W, Grundzüge der Lebensmittelchemie. Steinkopff Verlag, Darmstadt
Heiss R (1987) Lebensmitteltechnologie. Springer, Berlin
Knopf K (1975) Lebensmittelchemie. Schöningh, Paderborn
Madrid A (1983) Continuous production of jams, jellies and marmalades. Industrie Alimentari 22:111
Tressler DK, Woodroof JG, Food products formulary. vol 3, AVI Publishing Co Inc, Westport USA
Vail GE, et al, Foods. Houghton Mifflin Publ Ltd, London
Die industrielle Herstellung von Konfitüren, Gelees und Marmeladen. Informationsschrift Herbstreith & Fox KG, Neuenbürg

14 Gewürze und Drogen

F. Siewek, Bielefeld

Viele Pflanzenteile, die sich durch ein intensives Aroma bzw. durch Inhaltsstoffe auszeichnen, die würzende Eigenschaften besitzen oder lindernd bzw. heilend wirken, werden seit Jahrhunderten bei der Zubereitung von Speisen als Gewürze bzw. in der Volksheilkunde als Drogen eingesetzt. Tabelle 1 zeigt die wichtigsten Gewürzpflanzen mit den zum Würzen verwendeten Pflanzenteilen (aus Belitz/Grosch, Lehrbuch der Lebensmittelchemie, Springer (1987)).
Die Technologie der Gewürze und Drogen wird durch Trocknungsvorgänge, Reinigungsverfahren und die Zerkleinerungstechnik geprägt. Alle Be- und Verarbeitungsschritte müssen unter dem Aspekt größtmöglicher Schonung der empfindlichen, wertgebenden Inhalts- bzw. Wirkstoffe durchgeführt werden. Auch die Lagerungsbedingungen und die Art der Verpackung haben erheblichen Einfluß auf die Qualität des Endproduktes.
Die *Ernte* der Gewürze und Drogen erfolgt noch zu einem großen Teil manuell; nur bei Anbauware ist eine maschinelle Ernte möglich.
Die frische Ware ist mit einem Wassergehalt von 55–85 % [1] nicht handelsfähig und muß für eine ausreichende Haltbarkeit auf einen Restwassergehalt von 10–14 % [2] getrocknet werden.
In tropischen und subtropischen Regionen erfolgt die *Trocknung* häufig an der Luft durch Ausbreiten der frischen Ware auf der Erde oder auf Horden. Ökonomischen Vorteilen dieser Vorgehensweise stehen Gefährdungen und Verluste durch Schädlingsbefall als Nachteile gegenüber [1, 3]. Eine von der Witterung unabhängige Trocknung erfolgt besonders in unseren Breiten in Trocknungsanlagen unterhalb der für jedes Trocknungsgut ermittelten, kritischen Temperatur, so daß unerwünschte farbliche und sensorische Veränderungen minimiert sind [1].
Zur Reduzierung des Wassergehaltes und damit der Wasseraktivität ($a_w < 0,7$) [4] werden Konvektionstrockner im Chargenbetrieb (z. B. Trockenkammer) oft mit variabler Abluftrückführung – je nach Trockenstadium – und vor allem kontinuierlich arbeitende Trockner (z. B. Bandtrockner, Trommeltrockner) im Parallel- oder Gegenstrom-Prinzip eingesetzt [5, 6, 7]. Die kontinuierlich arbeitenden Trocknungsanlagen sind sehr wirtschaftlich und bieten ein gleichmäßiges Trocknungsergebnis.
Zur Herstellung besonders hochwertiger Qualitäten werden Kräuter und einige Würzgemüse heute unter hohem energetischen Aufwand gefriergetrocknet [8].
Die weitere Bearbeitung der Rohwaren im Verarbeitungsbetrieb ist in Abb. 1 am Beispiel einer modernen Gewürzmühle dargestellt.

Tabelle 1. Gewürze

Nr.	Deutscher Name	Lateinischer Name	Klasse/Ordnung/ Familie	Anbaugebiet
Frucht				
1	Pfeffer	*Piper nigrum*	Piperaceae	Tropische und subtropische Gebiete
2	Vanille	*Vanilla planifolia*	Orchidaceae	Madagaskar, Komoren, Mexiko, Uganda
3	Piment	*Pimenta dioica*	Myrtaceae	Westindische Inseln, Mittelamerika
4	Gewürzpaprika	*Capsicum annuum*	Solanaceae	Mittelmeergebiet, Balkan
5	Lorbeerbaum[a]	*Laurus nobilis*	Lauraceae	Mittelmeergebiet
6	Wacholder	*Juniperus communis*	Cupressaceae	Gemäßigte Breiten
7	Chillies	*Capsicum frutescens*	Solanaceae	Tropische Gebiete
8	Anis	*Pimpinella anisum*	Apiaceae	
9	Kümmel	*Carum carvi*	Apiaceae	Gemäßigte Breiten
10	Koriander	*Coriandrum sativum*	Apiaceae	
11	Dill[a]	*Anethum graveolens*	Apiaceae	
Same				
12	Senf	*Sinapsis alba*[b] *Brassica nigra*[c]	Brassicaceae Brassicaceae	Gemäßigte Breiten
13	Muskatnußbaum	*Myristica fragrans*	Myristicaceae	Indonesien, Sri Lanka, Indien
14	Cardamom	*Elettaria cardamomum*	Zingiberaceae	Indien, Sri Lanka
Blüte				
15	Gewürznelkenbaum	*Syzygium aromaticum*	Myrtaceae	Indonesien, Sri Lanka, Madagaskar
16	Safran[d]	*Crocus sativus*	Iridaceae	Mittelmeergebiet, Indien, Australien
Rhizom				
17	Ingwer	*Zingiber officinale*	Zingiberaceae	Südchina, Indien, Japan, Westindien, Afrika
18	Gelbwurz, Curcuma	*Curcuma longa*	Zingiberaceae	Indien, China, Indonesien
Rinde				
19	Zimtbaum	*Cinnamomum zeylanicum, C. aromaticum, C. burmanii*	Lauraceae	China, Sri Lanka, Indonesien, Westindien, Brasilien
Wurzel				
20	Meerrettich	*Armoracia rusticana*	Brassicaceae	Gemäßigte Breiten
Blatt				
21	Blattpetersilie	*Petroselinum crispum*	Apiaceae	
22	Bohnenkraut	*Satureja hortensis*	Lamiaceae	Gemäßigte Breiten
23	Majoran	*Origanum majorana*	Lamiaceae	
24	Origano	*Origanum heracleoticum, O. onïtes*	Lamiaceae	
25	Rosmarin	*Rosmarinus officinalis*	Lamiaceae	Mittelmeergebiet
26	Salbei	*Salvia officinalis*	Lamiaceae	Mittelmeergebiet
27	Schnittlauch	*Allium schoenoprasum*	Liliaceae	Gemäßigte Breiten
28	Thymian	*Thymus vulgaris*	Lamiaceae	Gemäßigte Breiten

[a] Früchte und Blätter, [b] Weißer Senf, [c] Schwarzer Senf, [d] Narbenschenkel ohne Griffel.

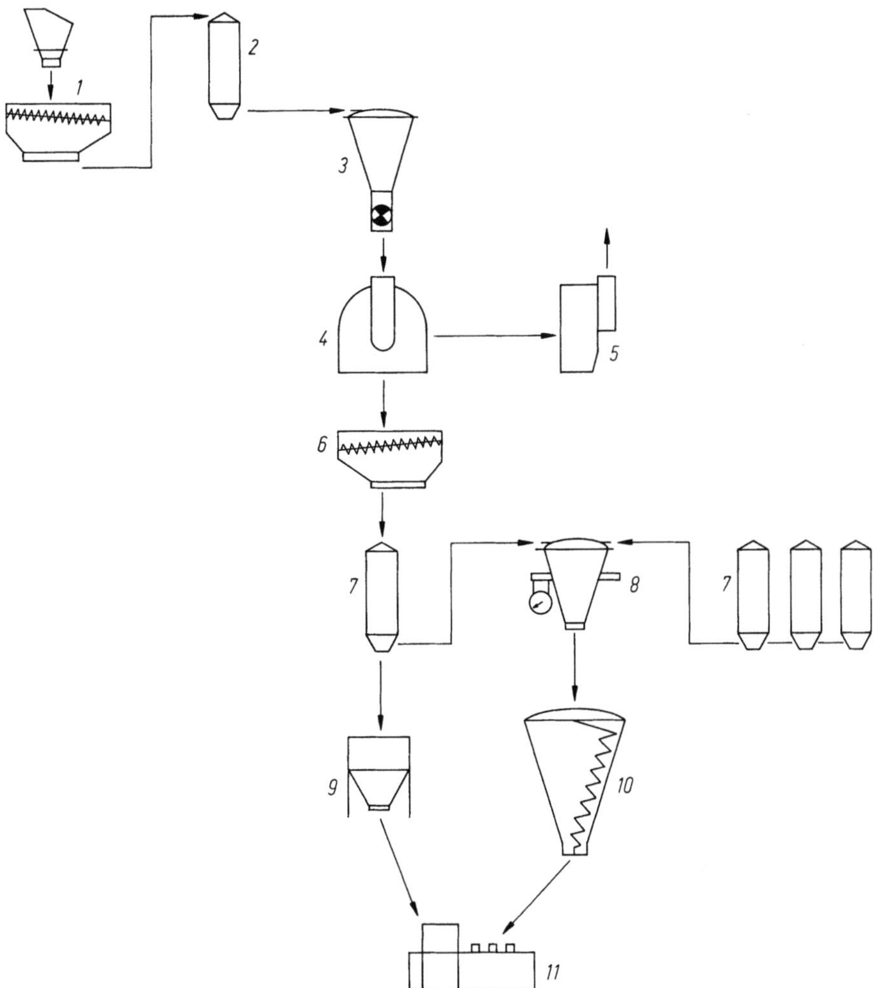

Abb. 1. Produktionsablauf in einer Gewürzmühle. *1* Wareneingang mit Produktaufgabe zum Sieben/Sichten, *2* Rohwarensilo, *3* Abscheider, *4* Mühle, *5* Abluftreinigung, *6* Sieben/Sichten, *7* Fertigwarensilo(s), *8* Förderwaage, *9* Transport-Container, *10* Mischanlage, *11* Verpackungsmaschine

Nach der jeweiligen Beschaffenheit der Eingangsware richten sich weitere Nachreinigungsschritte. Zur *Reinigung* werden Sichter [9], Siebmaschinen [10] und Trieure eingesetzt, die ursprünglich aus dem Bereich der Getreideverarbeitung stammen. Saatgut-Reinigungsmaschinen, die alle genannten Trennprinzipien vereinen, werden auch z. B. bei Pfeffer, Koriander und anderen Samengewürzen erfolgreich eingesetzt. Die sorgfältige Reinigung erhöht den hygienischen Status der Rohware beträchtlich durch Entfernung keimbelasteter Feinstbestandteile (Gewürzstaub, Sand) und Verminderung des leichten

Filthes [3] (Nagetierhaare, Insektenfragmente u. a.). Waren mit einem hohen Umschlag werden in Silos zwischengelagert und von dort pneumatisch in den Mühlenbereich gefördert. Grobgut (z. B. Zimt) wird dazu vor dem Transport vorgebrochen.

Im Mühlenbereich erfolgt dann – je nach den spezifischen Eigenschaften des Mahlgutes – die *Zerkleinerung* in den dafür geeigneten Mühlen. Das Gut wird durch Druck-, Scher- oder Prall-Beanspruchung in seiner Struktur zerstört [11]. Für eine Vorzerkleinerung werden Brecher eingesetzt, wobei grobe Partikel bis etwa 50 mm entstehen. Zur Feinzerkleinerung dienen häufig Prallmühlen, deren schnell rotierende Schlagvorrichtungen (Rotor-Umfangsgeschwindigkeiten 40–80 m/s) das Mahlgut auf eine Partikelgröße unter 1 mm zerkleinern. Dazu zählen die Universalmühlen, die, mit verschiedenen Mahlwerkzeugen bestückt, als Turbo-, Schlagkreuz- oder Zahnkranzmühlen arbeiten, sowie die Querstrom-, Hammer- und Stiftmühlen [12, 13].

Das Zerkleinern von Arznei- und Gewürzkräutern erfolgt bevorzugt in Schneidmühlen (Umfangsgeschwindigkeit 10–20 m/s) [11]. Wird keine Partikelgrößenbegrenzung durch eingebaute Siebe erreicht, so muß nach der Vermahlung das Überkorn abgetrennt [14, 7] und einer erneuten Vermahlung zugeführt werden.

Beim Zerkleinern wird der größte Teil der Antriebsenergie der Mühle in Wärme umgesetzt. Die eintretende Temperaturerhöhung im Laufe des Zerkleinerungsprozesses verschlechtert die Mahleigenschaften, bedingt die Gefahr des Verlegens der Mühle, besonders bei fettreichem Mahlgut (z. B. Muskat), fördert oxydative Veränderungen empfindlicher Gewürz-Inhaltsstoffe und führt zu einem unnötigen Verlust ätherischer Öle. Diese Nachteile treten bei *Kaltmahltechniken* mit Stickstoff $(L-N_2)$ oder Kohlendioxyd $(L-CO_2)$ als Kältemittel nicht auf.

Zwei Typen von Kaltmahlanlagen haben sich bewährt. Die apparativ aufwendigere arbeitet mit einer Vorkühlstrecke (Kühlschnecke, Kühlschacht), in der das Mahlgut ca. eine Minute verweilt [14] und mit Stickstoff auf Mahltemperatur gekühlt wird. Bei dem anderen Typ wird das Kältemittel (Kohlendioxyd) direkt zur Kühlung des Mahlgutes in die Zerkleinerungsmaschine eingedüst [15]. Obwohl der direkte Kältemittelkontakt lediglich Bruchteile einer Sekunde beträgt, ist die oberflächige Versprödung am Produkt zur Erzielung guter Mahlergebnisse ausreichend.

Hauptproblem der Kaltmahltechnik mit rotierenden Mahlwerkzeugen ist die Gefahr der Kondensation der durch die Luft eingesaugten Luftfeuchtigkeit; Schimmelbildung und Verderb im gemahlenen Produkt sind die Folge. Eine Abluft-Rückführung – wie in Abb. 2 am Beispiel einer Kaltmahlanlage mit Direkteindüsung des Kältemittels gezeigt – verhindert eine Kondensation. Der Gasmassenstrom, der zum Betrieb der Mühle erforderlich ist, wird im Kreislauf geführt, die als Kältemittel zugeführte Masse bestimmt die Menge des Abgasmassenstromes. Diese Rückführung bedingt als weiteren Vorteil eine Inertisierung des gesamten Mahlsystems.

Durch den Einsatz von Kältemitteln (0,2–0,4 kg/kg Mahlgut) [15, 16, 17] wird der Mühlendurchsatz gesteigert, d. h. der Energieaufwand pro Kilogramm

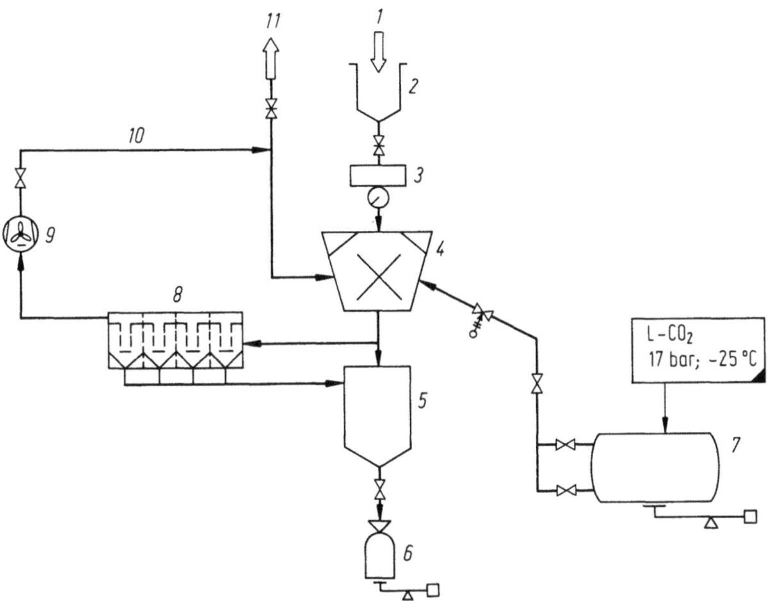

Abb. 2. Kaltmahlanlage mit Abgas-Rückführung [15]. *1* Mahlgut, *2* Vorratsbehälter, *3* Dosierung, *4* Mühle, *5* Mahlgutbunker, *6* Abfülleinrichtung, *7* Kühlmitteltank, *8* Taschenfilter, *9* Gebläse, *10* Abgas-Rückführung, *11* Abgas

Mahlgut wird gegenüber der konventionallen Vermahlung vermindert und das kalt vermahlene Produkt zeigt zwischen 30–100 % höhere Ölgehalte, wodurch die Lagerfähigkeit gemahlener Gewürze verlängert wird.

Ein weiteres Zerkleinerungsverfahren (Cell-cracking-Verfahren) beruht darauf, daß das Zerkleinerungsgut in einem geschlossenen Behälter unter Druck gesetzt und anschließend einer schnellen adiabatischen Dekompression unterworfen wird, die bei Kohlendioxyd als Druckgas zu einer Abkühlung führt [18]. Diese Technik ist heute jedoch nur von geringer praktischer Bedeutung.

Die bei der Vermahlung anfallenden feinsten Partikel in der Mühlenluft werden bis auf geringste Spuren (< 30 mg/m^3) entfernt. Dazu dienen *Gewebefilter*, oft als Flächenfilter eingesetzt, deren Filtergewebe eine große Luftdurchlässigkeit bei hohem Rückhaltevermögen für den Staub besitzen [19, 20].

Das gemahlene Produkt wird direkt abgepackt oder mit anderen Zutaten in *Mischanlagen* [7, 21] zum gewünschten Endprodukt verarbeitet und sofort verpackt.

Die „*ideale Verpackung*" ist inert gegenüber Gewürzinhaltsstoffen und bietet Licht- und Aromaschutz [22]. Während Glas für UV-Strahlung unterhalb 300 nm praktisch undurchlässig und durch Färbung (Braun-, Grünglas) gegen langwellige UV-Strahlung schützt, sind viele Kunststoffe auch im kurzwelligen UV-Bereich unterschiedlich stark durchlässig. Völligen Lichtschutz bietet nur die Metallverpackung (z. B. Aluminium). Beutelmaterialien sollen weitgehend

gas-, wasserdampf- und aromadicht und nicht von den teils agressiven
Gewürzinhaltsstoffen angreifbar sein (z. B. Nelkenöl). Mehrlagen- Verbundfo-
lien mit Lagen aus Polyäthylen, Zellglas, Polyvinylidenchlorid, Aluminium
u. a. sowie beschichtetes Papier finden Verwendung.
Die Aromenindustrie bedient sich gemahlener Gewürze als Grundstoffe zur
Herstellung von *Gewürzaromen* [23]. Diese werden durch Destillation des
ätherischen Öles im Dampfstrom oder im Vakuum oder durch Ausziehen
(Extraktion) mit flüchtigen organischen Lösungsmitteln (z. B. Aceton, Hexan,
Isopropanol, Methylenchlorid) gewonnen. Die durch Extraktion entstehenden
Gewürz-Oleoresine enthalten neben den ätherischen Ölen alle anderen lipophi-
len Inhaltsstoffe des Gewürzes [24]. Weiterhin gewinnt die Extraktion mit
überkritischen Gasen (CO_2) an Bedeutung vgl. Beitrag Vitzthum, S. 61.
Vorteile der Gewürzaromen sind deren Standardisierbarkeit und vor allem
deren Keimfreiheit, die in bestimmten Bereichen der Lebensmittelindustrie
gefordert wird.
Für die Anwendung von Naturgewürzen in diesen Bereichen (z. B. Fleisch-
warenindustrie) wäre eine vorherige Keimreduzierung nützlich. Dies gilt
jedoch nicht für die Gewürze, die schon seit Jahrhunderten ohne jegliche
Behandlung zur Keimreduzierung als „Haushaltsgewürze" verzehrt werden.

Literatur

1. Pruthi JS (1980) Spices and Condiments – Chemistry, Microbiology, Technology.
   Academic Press, New York London, S 178
2. Melchior H, Kastner H (1974) Gewürze. Paul Parey Verlag, Berlin Hamburg, S 23
3. Gecan JS, Bandler R, Glaze LE, Atkins JC (1986) J Food Protec 49(3):216
4. Leninger HA, Beverloo WA (1975) Food Process Engineering. D. Reidel Publ Co,
   Dordrecht Boston, p 399
5. Van Arsdel WB (1963) Theoretical Tunnel Drying Characteristics. In: Van Arsdel WB,
   Copley MJ (eds) Food Dehydration, vol 1 (Principles) Conn, AVI Publ Co, Westport,
   p 133
6. Brown AH, Van Arsdel WB, Lowe E (1964) Drying Methods and Driers. In: Van
   Arsdel WB, Copley MJ (eds) Food Dehydration, vol 2 (Products and Technology) Conn,
   AVI Publ Co, Westport, p 28
7. Loncin M (1969) Die Grundlagen der Verfahrenstechnik in der Lebensmittelindustrie.
   Verlag Sauerländer, Aarau-Frankfurt/Main, S 674
8. Mellor JD (1978) Fundamentals of Freeze-Drying. Academic Press, London New York
9. Kaiser F (1972⁴) Windsichter. In: Ullmanns Encyklopädie der technischen Chemie.
   Verlag Chemie, Weinheim, Bd 2
10. Wessel J (1972⁴) Sieben. In: Ullmanns Encyklopädie der technischen Chemie. Verlag
    Chemie, Weinheit, Bd 2
11. Biller E (1978) Ernährungswirtsch/lebensmitteltech 6:22
12. Samans H (1976) Ernährungswirtsch/lebensmitteltech 8:424
13. Rüb F (1970) Ernährungswirtsch/lebensmitteltech 11:885
14. Wunderlich F (1980) ZFL 6:249
15. Landwehr D, Pahl MH (1986) ZFL 3:174
16. Lissack W (1975) Lebensmitteltech 7:438
17. Schaub R (1974) CAV 6:43
18. Strauss K, Urbat L (1983) Lebensmitteltech 11:590

19. Arras K (1972[4]) Entstaubung durch Filter. In: Ullmanns Encyklopädie der technischen Chemie. Verlag Chemie, Weinheim, Bd 2
20. Moore HD (1969) Ernährungswirtsch/lebensmitteltech 11:864
21. Knopf K (1975) Lebensmitteltechnologie – Gewinnung und Verarbeitung der Lebensmittel in Industrie- und Großbetrieben. Ferdinand Schöningh-Verlag, Paderborn, S 51
22. Senger R (1970) Ernährungswirtsch/lebensmitteltech 9:686
23. Karl C (1982) Kräuter-Gewürze-Etherische Öle. In: Ziegler E (Hrsg) Die natürlichen und künstlichen Aromen. Alfred Hüthig Verlag, Heidelberg, S 53
24. Weber K (1971) Ernährungswirtsch/lebensmitteltech 9:1032

15 Essig und Senf

15.1 Essig

G. D. Philipp, Winsen/Luhe

1 Definition

Essig (Speiseessig) ist eine sauer schmeckende, essigsäurehaltige Flüssigkeit.
Essig dient zum Würzen, Säuern und Haltbarmachen von Lebensmitteln [1].
Als Essig werden in der Bundesrepublik Deutschland verstanden:
- durch Essiggärung aus alkoholhaltigen Flüssigkeiten erhaltener biologischer Gärungsessig
- durch Verdünnen von synthetischer Essigsäure bzw. Essigessenz mit Wasser hergestellte Erzeugnisse
- durch Vermischung von biologischem Gärungsessig mit synthetischer Essigsäure resp. Essig aus Essigsäure erzeugte Produkte.

Die Verordnung über den Verkehr mit Essig und Essigessenz (Essig-Verordnung) in der Fassung vom 25.04.1972 regelt für die Bundesrepublik Essig als ein Erzeugnis, das in 100 ml
- mindestens 5,0 g Säure und
- höchstens 15,5 g Säure
enthält, berechnet als wasserfreie Essigsäure [2].
In den meisten europäischen und überseeischen Ländern ist die Verwendung von Essig aus Essigsäure für Lebensmittelzwecke verboten [3].
In der Bundesrepublik können auch synthetische Essigsäure oder Essigessenz unter Kenntlichmachung für die Lebensmittelherstellung verwendet werden. Unter Essigessenz versteht man Produkte mit 15,5–25 g Essigsäure in 100 ml. Der Anteil der synthetischen („künstlichen") Essigsäure am gesamten Essigmarkt beläuft sich auf ca. 18,5%.

2 Eigenschaften

Biologischer Gärungsessig ist eine klare, wasserähnliche Flüssigkeit, farblos, mit der Farbe der Rohware oder durch Zuckercouleur getönt, von reinaromatischen Geruch und (in der Verdünnung) von saurem, abgerundeten, leicht süßlichen Geschmack. Die Geruchs- und Geschmackseindrücke hängen von den weiteren Inhaltsstoffen ab, die in engem Zusammenhang mit den für die Gärung verwendeten Ausgangsmaterialien und Rohstoffen stehen. Dies können u. a. sein bis zu 18 verschiedene Aminosäuren (mit puffernder Wirkung), Vitamine der B-Gruppe sowie zahlreiche flüchtige, Aroma-bildende

Substanzen (bis zu 27 festgestellt), hauptsächlich Acetaldehyd, Aceton, Ethylacetat und Ethanol [3].

Die physikalischen Parameter (Dichte, Siedepunkt, Gefrierpunkt, Oberflächenspannung, Viskosität etc.) weichen von denen des reinen Wassers in Abhängigkeit von der Essigsäurekonzentration und den übrigen Inhaltsstoffen ab. Davon hängt ebenfalls die Pufferkapazität ab, so daß z. B. pH-Werte zwischen 2,0 und 2,8 bei Gärungsessig mit 10 % Säure gemessen werden [5].

Synthetische reine Essigsäure ist ebenfalls eine klare, wäßrige Flüssigkeit, farblos, von sauer-stechendem Geruch und einseitig scharf-saurem Geschmack nach reiner Essigsäure. Synthetische Essigsäure besitzt keine Pufferkapazität [6].

Essig allgemein muß klar sein, darf nicht bitter schmecken oder fremdartig riechen. Er muß frei sein von Mineralsäuren, von schleimigen und ähnlichen Ausscheidungen, Essigälchen etc. [2].

Die Anforderungen des „Österreichischen Lebensmittelbuches" gehen noch weiter: Es verbietet bei Essig die Färbung und die Verwendung von Verdickungsmitteln, Konservierungsstoffen und Antioxidantien. In Gärungsessig müssen die typischen Fermentationsprodukte, wie 2-Ketogluconsäure, 5-Ketogluconsäure und Gluconsäure nachweisbar sein, in Wein- und Obstweinessigen Acetoin und 2,3-Butylenglycol. Synthetische Essigsäure („Säureessig") enthält die erwähnten Fermentationsprodukte naturgemäß nicht. Hier sind Begleitstoffe limitiert [7].

3 Herstellung des biologischen Gärungsessigs

3.1 Essiggärung

Die sog. Essiggärung ist ein oxidativer Fermentationsprozeß, bei dem Ethanol – entsprechend verdünnt auf Konzentrationen < 5 % – durch Essigbakterien (Genera Acetobacter und Gluconobacter) mittels Luftsauerstoff zu Essigsäure und Wasser oxidiert wird. Die exotherme Reaktion läuft ab nach der Summenformel

$$CH_3CH_2OH + O_2 \rightarrow CH_3COOH + H_2O; \quad \Delta H° = -493\ kJ$$

Dabei kommt es (theoretisch) zu folgendem Mengenumsatz:

    1 ml Ethanol = 1,036 g Essigsäure bzw.
    1 g Ethanol =   1,3 g Essigsäure [3].

3.2 Rohstoffe

Die zur Vergärung anzusetzende alkoholhaltige Flüssigkeit wird als Maische bezeichnet. Sie besteht aus dem alkoholischen Rohstoff, aus Wasser und den Nährstoffen (Mineralien, Eiweißsubstanzen) für die Essigbakterien.

Alkohol. Der größte Teil des Essigs (71 % in Deutschland, 57 % in der EG) ist Branntweinessig (synonym Alkoholessig, Spritessig, Weingeistessig) aus gereinigtem Sprit (Prima- und Sekundasprit) oder Rohsprit (Fuselöl-haltig). Der Rohstoff bestimmt das Aroma des Endprodukts.

Die Denaturierung (Vergällung) des Alkohols (in Europa meist mit Alkoholessig, in den USA auch mit Essigsäureethylester) erfolgt aus zolltechnischen Gründen praktisch in allen Ländern.

Als Maische können alle Flüssigkeiten, bei denen der Alkohol durch die Vergärung natürlicher Zucker entstanden ist, verwendet werden, z. B. Wein, Apfelwein, Fruchtwein, Biermaische etc. oder solche, die verdünnten Branntwein enthalten. Entsprechend wird die Gattungsbezeichnung gewählt, wie „Weinessig", „Apfelessig", „Waldhimbeeressig", „Bieressig" oder „Branntweinessig" (in Österreich werden analoge Begriffe verwandt; für „Branntweinessig" steht „Weingeistessig") [8].

Die Anteile an alkoholhaltigen Rohstoffen in Deutschland sind:

Branntwein   45 %
Wein   37 %
Apfelwein und andere   18 % [4].

Wasser. Die Vorschriften der Trinkwasser-Verordnung sind einzuhalten. Das Wasser muß frei von Chlor sein (Vorsicht bei Stadtwasser, Aktivkohlefilter einsetzen!).

Nährstoffe. Bei den meisten natürlichen Rohstoffen erübrigt sich eine Nährstoffzugabe (Apfelessig: N-Gabe erforderlich). Bei Alkoholessig wird ein Gemisch aus Glucose, Mineralien, Spurenelementen, Trockenhefe etc. verwendet. Die N-Gaben werden für die Protein-Synthese benötigt.

3.3 Gärverfahren

Von grundsätzlicher Bedeutung für einen störungsfreien Gärbetrieb ist das Verhalten der Essigbakterien. Sie sind empfindlich gegen Mangel an Sauerstoff, Alkohol sowie gegen Veränderungen von Temperaturen und Konzentrationen. Ferner muß eine Überoxidation (Weiteroxidation der Essigsäure bei Alkoholkonzentration gegen Null) verhindert werden.

Bei Essig als historischem Lebensmittel haben sich verschiedene Gärverfahren entwickelt. Von praktischer Bedeutung sind die nachstehend aufgeführten.

Das **Fesselgärverfahren** hat die Bezeichnung von der lokalen Fixierung der Essigbakterien auf einer festen Unterlage (Buchenholzrollspäne, Birkenreisig, Maiskolbenspindeln). Die Rundpumpbildner (Spanbildner) bestehen im wesentlichen aus der mit Spänen gefüllten turmartigen Trägersäule (gängige Größe: 50 m³ Spanraum) mit darunter liegendem Sammelraum, dem Kühler, dem Gebläse sowie den Rohrleitungen und Pumpen. Von oben wird die Maische aufgeregnet, von unten gefilterte Luft eingeblasen (Gegenstrom). Die durchgelaufene Maische wird im Sammelraum aufgefangen, durch einen

Wärmetauscher gepumpt (Abkühlung auf 28–26 °C) und wieder oben aufgebracht. Die Leistungen liegen bei einem Umsatz von 6–7 l reinem Alkohol pro Kubikmeter Spanraum in 24 h. Die Dauer einer Gärperiode beträgt ca. 4–10 Tage (abhängig von der Relation Spansäule:Sammelraum). Die Essigsäurekonzentration nach Gärabschluß kommt auf ca. 11 %. Der Restalkohol bleibt unter 0,3 Vol.-% [8].

Das **submerse Gärverfahren** (submersus = untergetaucht) bietet den Essigbakterien keine feste Unterlage; sie befinden sich vielmehr an der Grenzfläche zwischen der in einen Tank (Acetator, Fermenter) feinblasig eingetragenen Luft und der Maische (inniger Kontakt mit hohen Oxidationsraten). Durch die höheren Leistungen und die etwa 1,2-fache Gabe des theoretischen O_2-Bedarfs ist die Gefahr der Überoxidation besonders groß; der Restalkoholgehalt wird deshalb automatisch überwacht (Alkograph, Siedepunktsbestimmung).
Die Maische wird ebenfalls ständig gekühlt (Idealtemperatur für die Fermentation: 31 ± 1 °C). Der durch die intensive Verwirbelung auftretende Schaum (abhängig von der Eiweißkonzentration) muß automatisch entfernt werden (mechanischer Entschäumer). Die Leistungen liegen bei einem Umsatz von 20–30 l reinem Alkohol pro Kubikmeter Tankraum in 24 h. Die Dauer einer Gärperiode beträgt ca. 36 h. Die Essigsäurekonzentration kommt bis auf 15 %. Der Restalkohol kann bei 0,2 Vol.-% gehalten werden [3].

3.4 Essigsorten

Aus Gärungsessig sind folgende Sorten üblich (s. Tabelle 1):

Tabelle 1

Essigsorte	Anteil BRD	Anteil EG	Bemerkungen
Branntweinessig, Kräuteressig	71,0 %	57 %	Zusatz von Kräuterextrakten
Wein-Branntweinessig	20,5 %	–	Mischungen aus Weinessig und Branntweinessig
Obst/Apfelessig	3,5 %	–	überwiegend aus Apfelwein
Reiner Weinessig	2,5 %	32 %	mit mindestens 6 % Säure
Gurkenaufguß	2,0 %	–	küchenfertige Zubereitung
Essig mit Zitronensaft	0,5 %	–	mit rückverdünntem Zitronensaft
Malzessig	–	9 %	meist aus Gerstenmalz
andere Essige	–	2 %	Würz- und Fruchtessige [4]

Anmerkung zu Wein-Branntweinessig. Es werden folgende zwei Zubereitungen unterschieden:
1. Wein-Branntweinessig: Mindestens 25 % Weinessig-Anteil.
2. Weinwürziger Essig: Mindestens 33 % Weinessig-Anteil.

4 Essigsäure-Synthese

Essigsäure ist eines der wichtigsten aliphatischen Zwischenprodukte. Jahrzehntelang war Acetaldehyd der wichtigste Ausgangsstoff für seine Synthese. Ursprünglich wurde Acetaldehyd aus Acetylen gewonnen; mit dem Aufkommen der petrochemischen Industrie verschob sich die Rohstoffbasis hin zum Ethylen.
Die Oxidation von Acetaldehyd zu Essigsäure erfolgt mit Luft bzw. Sauerstoff in Gegenwart von Katalysatoren:

$$2\,CH_3-C\overset{O}{\underset{H}{<}} \xrightarrow{\ O_2\ } 2\,CH_3-C\overset{O}{\underset{OH}{<}}$$

Essigsäure kann weiterhin auch durch oxidativen Abbau höherer Kohlenwasserstoffe, bevorzugt im Breich C_4-C_8 (Butan, Butene, Leichtbenzin), gewonnen werden.
Große Bedeutung hat die Carbonylierung von Methanol zu Essigsäure gewonnen:

$$CH_3OH + CO \rightarrow CH_3-C\overset{O}{\underset{OH}{<}}$$

Früher spielte der bei der trockenen Destillation von Holz (Holzkohlegewinnung) in geschlossenen Retorten anfallende „Holzessig" eine bedeutende Rolle.
Der so entstandene *synthetische Rohessig* (95–97% Säure) muß ähnlich dem historischen, durch trockene Destillation gewonnenen „Holzessig" (75–80%), rektifiziert werden. Eine nicht ganz einfache Destillation mit einer hohen Fraktioniersäule (Kapselböden mit Raschigringen) schließt sich an, um eine reine Essigsäure zu erhalten, die weitgehend frei von allen Begleit- und Reaktionsstoffen ist [6].
Die *Sorten* bei *Essigessenz* (gereinigte, mit Wasser verdünnte Essigsäure) mit (gemäß Essig-Verordnung)
– mindestens 15,2 g wasserfreie Säure in 100 g und
– höchstens 25,0 g wasserfreie Säure in 100 g

werden in Anpassung an den Verbrauchergeschmack angeboten als
– „hell", wasserklar und
– „dunkel", braun durch Zuckercouleur [2].

Essigessenz wird durch Verdünnen mit Wasser in die für Speisezwecke benötigte Konzentration von 5 oder 10 g pro 100 ml gebracht bzw. in die für die industrielle Weiterverarbeitung erforderliche Stärke. Für die industrielle Verarbeitung von synthetischer Essigsäure verwendet man (z. B. aus Platzgründen) häufig 80%ige Essigsäure, die unter entsprechenden Schutzmaßnahmen (starke Ätzwirkung!) auf Gebrauchsstärke eingestellt wird.

5 Verwendung von Essig

Essig dient zum Herstellen, Zubereiten und Haltbarmachen von Lebensmitteln im Haushalt wie in der Lebensmittelindustrie.

Essig ist selbst ein Lebensmittel und deshalb als Zutat oder Zusatzstoff nicht zulassungsbedürftig. Mengenbegrenzungen ergeben sich im Haushalt wie in der Industrie durch den sauren Geschmack.

Im Haushalt, in der Gastronomie sowie im Lebensmittelhandwerk wird Essig als Würz- und Säuerungsmittel eingesetzt, so zum Anrichten von Salaten (grüner Salat, Mischsalat, Kartoffelsalat), zum Einlegen von Fleisch (Sauerbraten, Sauerfleisch), für Sülzen (Schweinskopfsülze, Sülzkotelett), für süßsaure Gerichte (Linsen, Eintöpfe), zum Einlegen von Sauergemüse (Bohnen, Gurken, Pilze) und Essigfrüchten (Pflaumen, Kirschen).

In der Industrie wird Essig für verschiedene Bereiche der Lebensmittelherstellung verwendet.

A. In der Fischindustrie wird in erster Linie Gärungsessig zum Marinieren von Fischen (Hering, Blauer Wittling, Anchosen) verwendet. Um die in den Garbädern benötigten hohen Konzentrationen an Säure zu erreichen, wird häufig Gärungsessig mit einem Säuregehalt von 12,5% eingesetzt. Bemerkenswert ist, daß der Essig sich in hohem Maße an das Fischeiweiß anlagert: man findet im ausmarinierten Fisch eine höhere Säurekonzentration als im Garbad [9].

B. In der Sauerkonserven-Industrie ist Gärungsessig Hauptbestandteil von Aufgüssen für Sauerkonserven wie Gurken, Zwiebeln, Paprika, Mixed Pickles, Rotkohl und Salate. Der niedrige pH-Wert (pH < 4,5) ermöglicht zur haltbaren Herstellung eine Pasteurisation (Temperatur < 100 °C): die Sporenbildner können nicht auskeimen, vegetative Formen anderer Mikroorganismen werden abgetötet, Enzyme werden inaktiviert [10].

C. Bei Erzeugnissen der Feinkostindustrie, die in der Regel nicht thermisch behandelt werden, ist Essig die wichtigste Substanz für die Konservierung, d. h. für den Erhalt der wertbestimmenden Merkmale über eine Haltbarkeitszeit von 4–6 Wochen.

Von allen Genußsäuren ist Essigsäure die einzige, die lipid löslich ist und somit die Lipoproteinschranke in der Zellmembran von Mikroorganismen überwinden kann. Weiterhin hat sie im Vergleich zu anderen Genußsäuren die kleinste Dissoziationskonstante ($K = 1,8 \times 10^5$) und damit den größten pK_s-Wert (4,75); sie liegt bereits beim pH-Wert von 4,75 zu 50% undissoziiert und damit in elektrisch neutraler Form vor. Nur die undissoziierte Form kann die polarisierte Proteinbarriere der Zellmembran von Mikroorganismen überwinden und in die Zelle eindringen. Im Innern der Zelle löst sich die Essigsäure in der wäßrigen Zellflüssigkeit, dissoziiert erneut und kann nun über die H-Ionen ihre unspezifische Hemmwirkung ausüben.

Als zweites Glied der homologen Fettsäurereihe $[C_nH_{2n+1}COOH]$ ist Essigsäure für Mikroorganismen noch ziemlich toxisch.

Die Wirkung undissoziierter Essigsäure wird in der Praxis noch – speziell für Feinkostprodukte ohne chemische Konservierungsstoffe – optimal genutzt, indem die Dissoziation mittels geeigneter Zusatzstoffe weiter zurückgedrängt wird (z. B. Abpufferung mit E-SALZ SPEZIAL Nr. 17) [11, 12].

Essig ist – besonders als biologisch gewonnener Gärungsessig – eine weit verbreitete Zutat im Haushalt und eine wichtige Substanz für die industrielle Verarbeitung von Lebensmitteln.

6 Literatur

1. Dr. Oetker Warenkunde Lexikon (1967) Ceres Verlag Rudolf-August Oetker KG, Bielefeld, 9. Aufl
2. Verordnung über den Verkehr mit Essig und Essigessenz vom 25. April 1972 (BGBl. I S 732)
3. Ebner H (1976) Essig. In: Ullmanns Encyklopädie der technischen Chemie, Bd 11, S 41 ff
4. Jahresbericht 1987 des Verbandes der deutschen Essigindustrie e.V., Reuterstr. 151, 5300 Bonn 1
5. Eigene Messungen
6. Ost H, Rassow B, Schwarze WK (1955) Lehrbuch der Chemischen Technologie, Johann Ambrosius Barth-Verlag, Leipzig, 26. Aufl
7. Österreichisches Lebensmittelbuch – Codex-Kapitel B 8 (1987) Essig, Ernährung/Nutrition, 11/1:49–53
8. Herrmann K (1970) Essig im Handbuch der Lebensmittelchemie. In: Schormüller J et al (Hrsg) Springer, Berlin
9. Philipp GD (1982) Die Vorteile des biologisch gewonnenen Essigs. Lebensmitteltechnik 14/4:143–146
10. Philipp GD (1979) Die Praxis der Pasteurisation von Gläsern und Dosen in der Konservenindustrie. Zeitschrift für Lebensmittel-Technologie 30/1:1–7
11. Stölzing U (1987) Einfluß von Essigsäure und Puffersubstanzen auf die Haltbarkeit und die sensorischen Eigenschaften unkonservierter Salatmayonnaise. Lebensmitteltechnik 19/3:96–99
12. Philipp GD (1980) Puffersubstanzen zur Milderung der Säurespitzen. Lebensmitteltechnik 12/9:21–22

15.2 Senf

G. D. Philipp

1 Definition

Senf (Speisesenf, Tafelsenf, Mostrich, Mostert) ist eine verzehrsfertige, mehr oder weniger scharf schmeckende Paste, die auf der Basis von Senfkörnern und durch Zusatz von Essig, Salz und Gewürzen nach verschiedenen Verfahren hergestellt wird und zum Würzen von Speisen bestimmt ist.

2 Rohstoffe

Die Senfkörner (Senfsaat) werden entölt oder nicht entölt bzw. in Mischungen verwendet.

2.1 Braunsenfsaat (Brassica-Arten)

- Schwarzer Senf (Br. nigra (L.) W. Koch),
- Sarepta-Senf (Br. juncea Czern. et Coss.),
- Indischer Braunsenf (Br. integrifolia O. E. Schulz),
- Chinesischer Senf (Br. cernua (Thunb.) Forb. et Hemsl.).

Rotbraune bis schwarzbraune, fast kugelige Körner, 1,0–1,6 mm Durchmesser, oberflächlich netzig-grubig. Das Glukosid Sinigrin liefert bei enzymatischer Spaltung mittels der Myrosinase das flüchtige, sehr scharfe Allylsenföl. Die Fetten Öl sind mit 18–32% enthalten.

2.2 Gelbsenfsaat (Sinapis-Arten)

- Weißer Senf (S. alba L.),
- Gardal-Senf (S. dissecta Lagasca).

Weißlich-gelbe bis rötlich-gelbe, fast kugelförmige Samen, 2,0–2,5 mm Durchmesser, oberflächlich glatt. Aus dem Glukosid Sinalbin wird bei der enzymatischen Hydrolyse das nichtflüchtige, scharfe Sinalbinsenföl freigesetzt. Fettes Öl ist zu 28–36% enthalten.

2.3 Sonstige Rohstoffe

Trinkwasser, Zucker, Salz, biologischer Branntweinessig (evtl. mit Süßstoff gesüßt), Gewürze: Curcuma (Hauptgewürz mit färbenden Eigenschaften),

Estragon, Koriander, Piment, Pfeffer, Lorbeer, Muskat u. a. (Gewürze werden
häufig aus mikrobiologischen Gründen als Extrakt verwendet), Stabilisatoren
(Spezial-Galaktomannane) zur Verhinderung der Synärese mit Wasserabscheidung. Für alle Zutaten gelten die Grundsätze des LMBG.

3 Herstellung

3.1 Aufbereitung der Senfsaat

Die Saat wird gereinigt (Zentrifugalreiniger, Schüttelsiebe, Eisenabscheider,
Windfegen, Bürstenmaschinen), dann über eine Mühle (Walzenstuhl oder
Stiftmühle) grob trocken vermahlen (geschrotet). Soll das Schrot entölt
werden, schließt sich eine Spindelpresse an. Der Preßkuchen wird in einem
Brecher grob, in einer Mühle fein zerkleinert (siehe Abb. 1).

3.2 Herstellungsverfahren

3.2.1 Das Deutsche oder Bordeaux-Verfahren (am weitesten verbreitet)

Bei mildem Senf und mittelscharfem Senf geht man von entöltem oder nicht
entöltem Senfmehl oder Senfschrot aus; das Mischungsverhältnis ergibt die
Schärfe.
Mit den flüssigen und festen Zutaten wird unter langsamen Rühren einge-
maischt. Die Qualität des fertigen Senfes hängt stark von der Fermentations-
dauer und -temperatur ab.

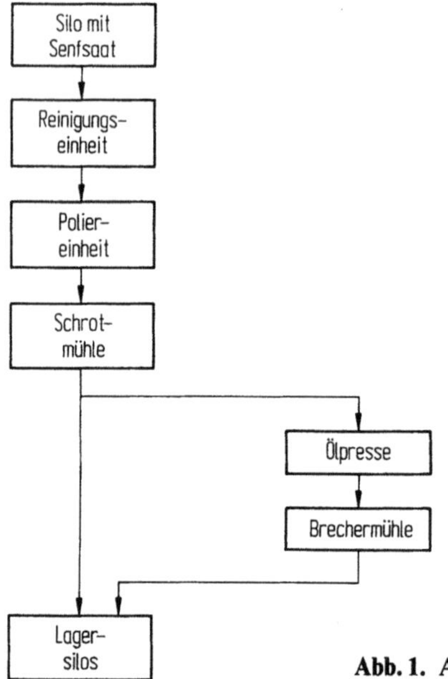

Abb. 1. Aufbereitung von Senfsaat

Anschließend wird die Maische über einen Flachmahlgang („über den Stein") oder über eine Korundscheibenmühle (heutige Methode) naß vermahlen. Bei schnellaufenden Scheibenmühlen (3000 U/min) kommt es zur Erwärmung (enger Mahlspalt um 50 µm, Maischevordruck bis 5 bar), die nicht über 50 °C gehen soll, da sonst das flüchtige Allylsenföl abdampft und der Enzymapparat inaktiviert wird. Die Köpfe der Mühlen sind mit einem Kühlsystem versehen; der Senf wird in einem Platten- oder Röhrenapparat auf ca. 20 °C abgekühlt. Die eingearbeitete Luft wird über einen Vakuumentlüfter mit Schleuderplatte weitestgehend entfernt. Der Senf reift im Nachfermentierbottich aus; er erhält dabei sein typisches Aroma und seine endgültige Konsistenz. Unter Vermeidung von Lufteinschlag wird abgefüllt (siehe Abb. 2).

Der süße bayerische Senf (Weißwurstsenf, gelb, und Hausmacher Senf, braun) wird als süddeutsche Spezialität ebenfalls nach dem Deutschen Verfahren hergestellt, jedoch mit einer groben Vermahlung. Die Besonderheiten sind:

- grobe Vermahlung mit rauher Struktur und zahlreichen dunklen Schalenpartikeln;
- erhöhter Zuckeranteil (bzw. Zuckersüßwert, 18 bis über 30 %), dadurch der mild-süße Geschmack;
- überwiegend Gelbsenfsaat neben Braunsenfsaat, heller Essig und weißer Zuckersirup, Curcuma und braune Schalen: typisch für den hellen bayerischen Weißwurstsenf;
- ein relativ hoher Anteil an Braunsenfsaat, dunkler Essig und Karamelzuckersirup, kein Curcuma und braune Schalen: kennzeichnend für den braunen Hausmacher-Senf.

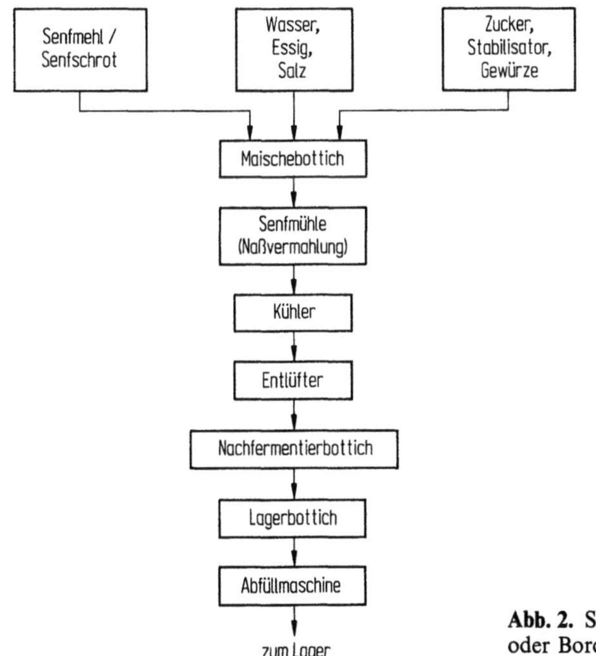

Abb. 2. Senfherstellung: Das Deutsche oder Bordeaux-Verfahren

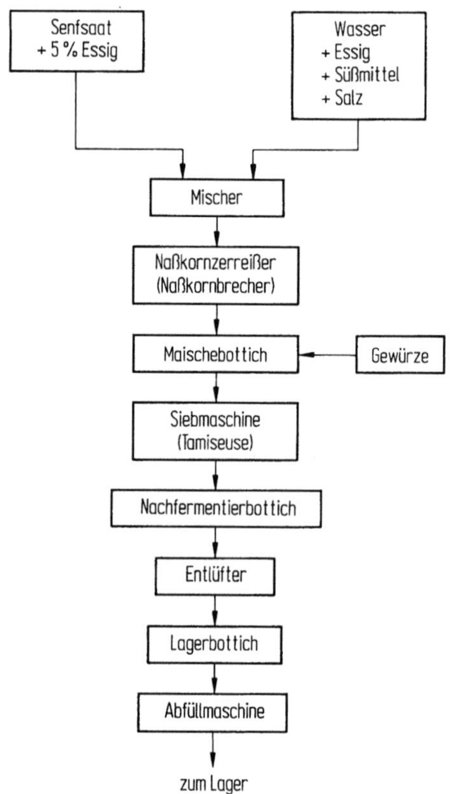

Abb. 3. Senfherstellung: Das Dijon-Verfahren

3.2.2 Das Dijon-Verfahren (Ursprung und Anwendung in Frankreich)

Bei scharfem oder extrascharfem Senf wird nach dem Dijon-Verfahren gearbeitet: Von nicht entölter Braunsenfsaat werden nach dem Mahlen die Schalen abgesiebt.

Die über Nacht mit Essig angequollene Saat wird unter Zugabe einer Würzlösung im Naßkornbrecher aufgerissen. In der Siebmaschine (Tamiseuse) wird das Mark der Körner mittels rotierender Gummiwalzen durch ein Sieb gestrichen, die Schalen bleiben zurück. Nachfermentierung ca. zwei Tage (siehe Abb. 3).

3.2.3 Das Englische Verfahren (English Mustard, praktiziert im UK)

Man verwendet durch Hochmüllerei trocken gewonnenes, feinstvermahlenes Senfpulver. Mit den weiteren Zutaten wird ein Teig geknetet, der zur Reifung einige Tage gelagert wird. Englischer Senf sieht etwas rauh und weniger glänzend (stumpf) aus (siehe Abb. 4).

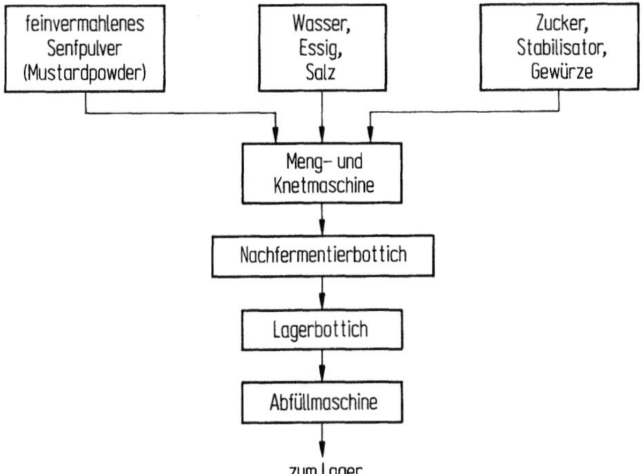

Abb. 4. Senfherstellung: Das Englische Verfahren

4 Allgemeine Qualitätsanforderungen

4.1 Senfsaat

Senfsaat darf nicht dumpf oder muffig riechen und schmecken; sie darf ferner nicht nachkeimen (sonst ranzig-bitterer Geschmack).
Die Feuchtigkeit soll zwischen 8 und 10% liegen.
Nach DIN 10204 dürfen Besatz und Fremdbestandteile in der angelieferten Saat nicht mehr als 2% ausmachen.

4.2 Senf

4.2.1 Allgemeine Grundsätze

Bei entölter Senfsaat muß nach dem Abpressen der fetten Öle der Restfettgehalt im Senfmehl mindestens 12% betragen.
Die salz- und fettfreie Trockenmasse von Senf beträgt allgemein 12%. Der Fettgehalt beträgt mindestens 1,6%.
Stabilisatoren zur Verhinderung der Wasserabscheidung werden als „geringe Mengen", d.h. mit 0,2–0,3%, verwendet, wodurch sich die Mindestwerte für die Trockenmasse entsprechend erhöhen.

4.2.2 Spezielle Vorschriften

Bei Süßem Senf beträgt der Gehalt an salz-, fett- und zuckerfreier Trockenmasse mindestens 11%. Der Fettgehalt des Senfes beträgt mindestens 1,6%. Der Zusatz von abgesiebten Braunsenfsaatschalen ist üblich bis zu 1,5% trockener Schalen, bezogen auf den fertigen Senf. Entsprechend erhöht sich die Mindesttrockenmasse.

Dijon-Senf besteht ausschließlich aus abgesiebter, nicht entölter Braunsenfsaat. Der verbleibende Schalenrest übersteigt nicht 2%. Die salz- und zuckerfreie Trockenmasse beträgt mindestens 22%. Der Fettgehalt des Senfes beträgt mindestens 8%.

5 Senfsorten im Überblick

- Milder Senf, Delikateß- oder Tafelsenf. Überwiegend aus Gelbsenfsaat.
- Mittelscharfer Senf, auch als Delikateß- oder Tafelsenf. Aus Gelb- und Braunsenfsaat.
- Scharfer und extrascharfer Senf. Überwiegend oder ausschließlich aus Braunsenfsaat.
- Süßer Senf. Aus Gelb- oder Braunsenfsaat. Mild, süß.
- Dijon-Senf. Ausschließlich aus gesiebter Braunsenfsaat.
- Würz- und Kräutersenfsorten, wie
  Kräuter-Senf
  Estragon-Senf
  Meerrettich-Senf
und viele weitere Varianten.

6 Der Senfmarkt

Die Produktion in der gesamten EG liegt bei 134000 t Senf im Jahr, in Deutschland bei 42000 t (31% der EG-Menge).
Der pro-Kopf-Verbrauch errechnet sich mit 0,64 kg im Jahr, in der gesamten EG mit 0,65 kg.

7 Literatur

1. Hasterlik A (1910) Der Tafelsenf, Hartleben's Verlag, Wien
2. Lehmann K (1924) Die Frabrikation von Surrogat-Kaffee und des Tafelsenfs, Hartleben's Verlag, Wien
3. Moeller J (1928) Mikroskopie der Nahrungs- und Genußmittel, Springer-Verlag, Berlin
4. Bames E (1935) Lebensmittel-Lexikon, Heymanns Verlag, Berlin
5. Oetker A (1967) Warenkunde-Lexikon, Ceres-Verlag, Bielefeld
6. Herrmann K (1969) Gemüse und Gemüsedauerwaren, Parey-Verlag, Hamburg
7. Schweizer Lebensmittelbuch (1970) Bd II, Kapitel 37, Bern
8. Richtlinie zur Beurteilung von Senf (1980) Schriftenreihe des BLL Nr. 96, B. Behr's Verlag, Hamburg
9. Lechner H, Keszthelyi (1986) Die Senfherstellung, Ernährung/Nutrition 10, Nr. 3, S 168–171
10. Jahresbericht des Verbandes der deutschen Senfindustrie e.V. 1985

16 Suppen, Soßen, Brühen in Trocken- und Pastenform, Würzen

K. Holtmann, Ettlingen

Die Zahl der angebotenen Erzeugnisse ist vielfältig, da sich nahezu jede in der Kochbuchliteratur beschriebene Rezeptur auch in trockener oder eingedickter Form darstellen läßt.

1 Suppen, Soßen, Brühen

1.1 Rohstoffe

Neben zahlreichen allgemein verwendeten Lebensmitteln sind für diese Erzeugnisse viele Zutaten erforderlich, die der besonderen Herstellung oder Zubereitung bedürfen [1, 2, 3, 7]. Fast alle wasserhaltigen Zutaten werden getrocknet. Die Trocknungsverfahren richten sich nach der Art der Zutaten; sie beeinflussen in vielen Fällen die Qualität und Eigenschaften der Trocken-Erzeugnisse. Der Wassergehalt (Wasseraktivität) bedarf für die meisten Zutaten der genauen Festlegung und Beachtung. Er beeinflußt wesentlich die Qualität (sensorische Eigenschaften, Haltbarkeit, mikrobiologische Beschaffenheit) der Trockenprodukte und der daraus hergestellten Fertigerzeugnisse.

Gemüse, Kräuter und Pilze

Sie entsprechen besonderen Anforderungen an die sensorischen Eigenschaften, Sorte, Schnitt (Stücke, Pulver), Quellverhalten. Mikrobiologische Beschaffenheit und möglicher Schädlingsbefall sind zu beachten. Die Versorgung ist vielfach nur über Anbauverträge mit den Erzeugern sicherzustellen.

Hülsenfrüchte und Hülsenfruchtmehle

Sie werden durch eine Hitzebehandlung (Dämpfen, Kochen, auch in Autoklaven) vorgegart, zugleich entbittert und dann getrocknet. Die Mehle erhält man durch Vermahlung der Trockenerzeugnisse.

Mehle, Stärken, Teigwaren

Sie haben in der Regel einen niedrigeren Wassergehalt als die vergleichbaren handelsüblichen Erzeugnisse. Hierdurch wird die Haltbarkeit der Endprodukte sehr verbessert. Bei Teigwaren sind Form und Abriebfestigkeit hinsichtlich der Belastung durch Misch- und Abfüllprozesse zu beachten. Nach besonderer Vorbehandlung werden auch Teigwaren mit Instant-Eigenschaften hergestellt.

Fleisch, Fisch, Schalen-, Krusten-, Weichtiere

Die Erzeugnisse werden nach speziellen Verfahren (z. B. Vakuum- oder Gefriertrocknung) getrocknet und kommen in verschiedenen Stückigkeiten (auch pulverisiert) zur Verwendung. Sie können vor der Trocknung mit Salz und anderen Zutaten vermischt werden, um das Verkleben zu verhindern. Es werden auch zahlreiche Klößchenarten (z. B. Fleisch-, Fisch-, Knochenmark-Klößchen) in trockener Form als Suppeneinlagen hergestellt.

Fleischextrakt, Hefeextrakt, Würze

Für die Verwendung in Trocken-Erzeugnissen werden die Produkte, zumeist mit Salz und Fett, durch Trocknung und Vermahlung zu gekörnten rieselfähigen Erzeugnissen verarbeitet.

Pflanzliche und tierische Fette

Sie werden nach Bedarf mit Zusatzstoffen oder pflanzlichen Extrakten vor oxidativem Verderb geschützt. Harte Fette (z. B. Rinderfett, gehärtete Pflanzenfette) werden auch in Schuppen- oder Flockenform verwendet. Sie können Trockenmischungen ohne vorhergehende Verflüssigung zugesetzt werden.
Die Lagerbedingungen der Rohstoffe richten sich nach deren Art und der notwendigen Einlagerungszeit, in der Regel kühl und trocken. Besonders empfindliche Rohstoffe werden auch in Kühl- oder Tiefkühlräumen gelagert (z. B. Trockenfleisch, Speck, Schinken, Fette). Nötigenfalls werden die Rohstoffe vor der Einlagerung oder Verarbeitung gereinigt (z. B. Siebe, Sichter, Eisen- und Buntmetallabscheider, Verlesung). Von großer Bedeutung für die Lagerhaltung ist die andauernde Beobachtung und Bekämpfung von Vorratsschädlingen.

1.2 Mischen

Die Verwiegung und Dosierung der Zutaten ist zumeist automatisiert, wobei die Steuerung über Datenträger erfolgt, auf denen die Rezepturen gespeichert sind. Die Kopplung mit übergeordneten Datensystemen ermöglicht die Registrierung jeder Rohwaren-Entnahme, wodurch die gesamte Bestands-Logistik erleichtert und abgesichert wird.
Für die Vermischung der Zutaten eignen sich Mischer für kleinstückiges oder pulverförmiges Mischgut. Da manche Zutaten bei intensivem Mischen zu Bruch oder Abrieb neigen (Teigwaren, grobstückige oder gefriergetrocknete Gemüse oder Pilze), wird der Mischprozeß solchem Mischgut angepaßt (Schongang).
Manche Mischer sind mit Zerkleinerungsvorrichtungen (sog. Zerhackern) ausgestattet. Sie dienen der Auflösung von Klumpen, die sich z. B. aus Fett oder pastösen Zutaten und pulverförmigen Rohstoffen im Verlaufe des Mischprozesses bilden können. Ebenso gibt es mit Sprühsystemen ausgerüstete

Mischer, über die flüssige Zutaten (z. B. verflüssigte Fette) während des Mischens zugeführt werden können. Schnellösliche (Instant-)Erzeugnisse werden aus entsprechend vorbehandelten Rohstoffen gemischt oder nach besonderen Verfahren (z. B. Sprühtrocknung, Agglomeration) hergestellt.

1.3 Abfüllung und Verpackung

Die Abfüllung erfolgt maschinell, wobei überwiegend Systeme mit Volumendosierung eingesetzt werden. Pastöse Produkte werden in Pastenpressen zu Würfeln geformt. Es ist ebenso üblich, trockenes oder granuliertes Mischgut unter hohem Druck in Würfelform zu pressen.

Wie beim Mischprozeß ist auch bei der Abfüllung eine schonende Behandlung des Mischgutes nötig, um Bruch oder Schädigung wertbestimmender Bestandteile zu vermeiden. Diesem Zweck wie auch der Vorbeugung von Entmischungen dienen Mehrkomponenten-Abfüllsysteme, über die einzelne Mischungsbestandteile (z. B. Teigwaren) gesondert in jede Packung eingefüllt werden.

Als Verpackung dienen, sofern es sich um Haushalts- oder Portionspackungen handelt, überwiegend Beutel oder Faltschachteln mit Innenbeuteln oder Einschlag. Gekörnte Produkte werden auch in Gläser mit Schraubdeckeln gefüllt, Erzeugnisse in Pastenform werden zumeist in papier- oder kunststoffbeschichtete Aluminiumfolie eingewickelt und in Faltschachteln gefüllt. Für den Großküchen-Bedarf werden neben großen Beuteln und Faltschachteln auch Kunststoff- und Pappwickeldosen sowie Kunststoff- und Blecheimer verwendet. Die Verpackung schützt den Inhalt vor der nachteiligen Einwirkung durch Licht, Sauerstoff und Feuchtigkeit, aber auch vor dem Befall durch

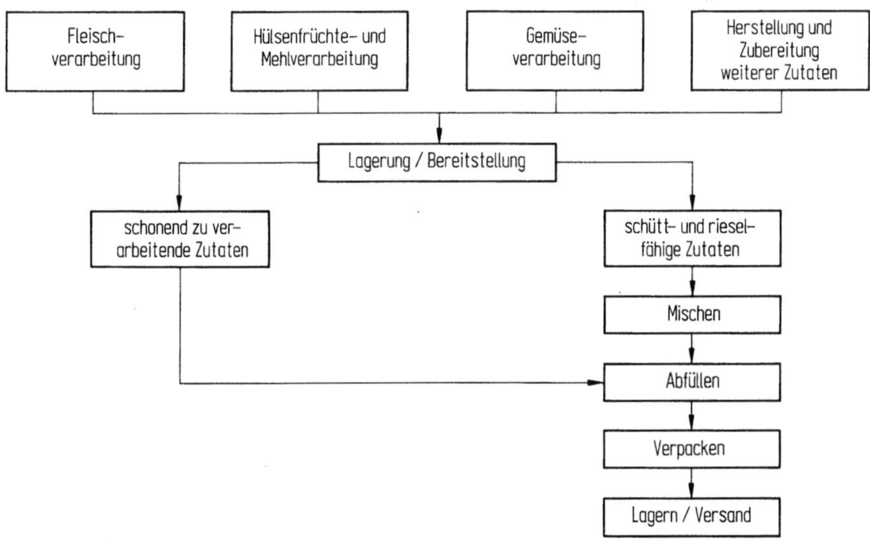

Abb. 1. Herstellung von Suppen und Soßen in trockener Form

Mikroorganismen und Vorratsschädlinge. Sie muß ebenso den Belastungen durch Lagerung und Transport genügen [4, 5, 6].

2 Würze, Speisewürze

2.1 Herstellung von Würze

Die Herstellung erfolgt durch den Abbau (Hydrolyse) von Eiweiß durch Salzsäure und die nachfolgende Neutralisation mit Natriumcarbonat oder Natriumhydroxid [1, 2]. Die Verwendung von anderen Säuren oder proteolytischen Enzymen ist möglich, aber bisher ohne Bedeutung. Es werden vorwiegend pflanzliche Eiweißträger wie Preßrückstände der Speiseölgewinnung (z. B. Erdnuß-, Sojaschrot) oder Getreidekleber, wie sie bei der Herstellung von Mais-, Weizen- oder Reisstärke anfallen, verwendet. Tierische Eiweißstoffe (z. B. Casein, Fleisch-, Fisch- oder Blutmehl, Keratin) sind gleichfalls geeignet. Ihre Bedeutung ist gegenüber pflanzlichen Eiweißträgern gering. Hinsichtlich der Verwendung von Keratin (vorwiegend Horn- und Hufmehle) sind die international nicht einheitlichen lebensmittelrechtlichen Bestimmungen zu beachten.

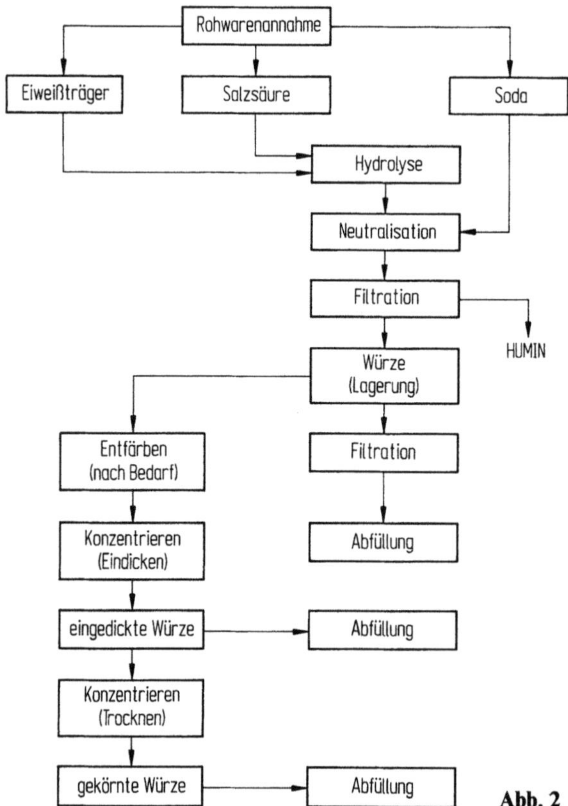

Abb. 2

Die Hydrolyse des Eiweißes mit Salzsäure geschieht in beheizbaren Autoklaven mit Rührwerken, alle Oberflächen und Leitungen in säurefester Ausführung (z. B. Emaillierung, Gummierung, Steinzeug). Die Hydrolysebedingungen wie Säurekonzentration, Temperatur, Druck und Zeit sind unterschiedlich. Sie richten sich nach dem jeweils erprobten Verfahren wie auch nach der Art der Eiweißträger. So ist z. B. der Aufschluß pflanzlicher Eiweißträger mit Salzsäure (20–25 %ig) bei einer Temperatur von 120–125 °C nach etwa 4–5 h beendet.

Nach dem Abkühlen wird das Hydrolysat in besonderen Behältern, zumeist mit Soda, neutralisiert. Es entsteht dabei u. a. das für den Geschmack wie auch für die Haltbarkeit der Würze wichtige Kochsalz. Die bei der Neutralisation entweichenden Dämpfe und Gase sind mit Geruchstoffen belastet, deren Entweichen durch Absorptionsvorrichtungen oder thermische Zersetzung verhindert wird.

Das Hydrolysat (Würze) enthält neben den löslichen Bestandteilen unterschiedlich hohe Anteile an unlöslichen Rückständen (sog. Humin), die sich im Verlaufe der Hydrolyse z. B. aus Pflanzenfasern, Kohlenhydraten und Eiweißstoffen gebildet haben. Es ist daher eine Filtration notwendig (Filterpressen, Saug- oder Druckfilter). Durch Eiweißträger, die noch Fett enthalten, können sich bei der sauren Hydrolyse unerwünschte Chlorpropanole bilden. Sie werden durch ein aufwendiges Verfahren weitestgehend aus der Würze entfernt.

Nach der Filtration kann es in der Würze zur weiteren Ausscheidung von Feststoffen kommen (Huminsubstanzen, schwerlösliche Aminosäuren, Salz). Sie wird daher mehrere Monate gelagert und vor der Abfüllung in Verkaufsgebinde nochmals filtriert. Die Haltbarkeit der Würze beträgt mehrere Jahre.

Für manche Verwendungszwecke wird eine hellere Würze bevorzugt. In diesen Fällen ist die Behandlung mit Bleichmitteln wie Aktivkohle üblich.

2.2 Eingedickte (pastenförmige) Würze, gekörnte (getrocknete) Würze

Bei verschiedenen würzehaltigen Lebensmitteln ist der Zusatz von flüssiger Würze nachteilig oder nicht möglich. Für diese Verwendungszwecke wird die Würze durch schonenden Wasserentzug konzentriert. Es erfolgt zunächst die Eindickung in Verdampfern (z. B. Vakuum-Umlaufverdampfer) bis zur pastösen Konsistenz (Eingedickte Würze). Durch weiteren Wasserentzug in Trocknern (zumeist Vakuumtrockner verschiedener Bauarten) und anschließender Vermahlung erhält man das Trockenprodukt (Gekörnte Würze). Letztere wird wegen ihrer hygroskopischen Eigenschaften zumeist mit geringen Mengen an Fett (2–6 %) versetzt (Gekörnte Brühe).

3 Literatur

1. Schiller K (1950) Suppen, Soßen, Würzen und Brüherzeugnisse. Wiss Verlagsgesellschaft mbH, Stuttgart
2. Richtlinie zur Beurteilung von Suppen und Soßen. B. Behr's Verlag, Hamburg 1980
3. Advanced techniques of powder handling at Maggi Soups Ltd of Aylesbury Food Manufacture 4/1966
4. Vogt HF, Hammerschmidt WB, Herrero FM (1978) Verpackung von Trockensuppen. ZFL 29(3)
5. Empfehlungen für Mindestanforderungen an die Beschaffenheit von Lebensmittelverpackungen. XII. Getrocknete Suppenerzeugnisse Inst für Lebensmitteltechnologie und Verpackung, München, Verp-Rdsch 3/1978
6. Flachbeutel als ideale Verpackung für Trockensuppen. Verp-Rdsch 3/1986
7. EWG-Leitsatz „Code of Practice for Bouillons and Consommes" 1990 (in Druck-Vorbereitung). Association Internationale de L'Industrie des Bouillons et Potages. Bezug: Verband der Suppenindustrie, Reuterstr. 151, 5300 Bonn

17 Tiefkühlkost

E. Stein von Kamienski, Bielefeld

1 Eiskremherstellung (Abb. 1)

Rohstoffe

Als Rohstoffe werden eingesetzt:
a) Flüssige Rohwaren,
   – Milch, Wasser, Flüssigzucker,
b) Trockenrohwaren,
   – Zucker, evtl. Milchpulver, Emulgatoren etc.,
c) Butter oder Butterschmalz.
Die Herstellung durchläuft folgende Stufen (s. Abb. 1).

Vormischen

Alle Produkte werden nach Abwiegen in einem Mischbehälter vorgemischt; dabei findet bereits Vorhomogenisierung statt. Ab jetzt laufen die Rohstoffe in einem geschlossenen System; da sie flüssig sind, können sie durch Rohrleitungen zu den einzelnen weiteren Verarbeitungsstufen gepumpt werden.

Homogenisieren

Die Vormischung wird homogenisiert; dies ist eine gesetzliche Vorschrift. Beim Homogenisieren werden die Fettpartikel so fein verteilt, daß ihr Zusammenklumpen später nicht mehr möglich ist: So kann der gesetzlich vorgeschriebene Mindestfettgehalt in den einzelnen Eiskremstufen garantiert werden.

Pasteurisieren

Die Pasteurisation ist aus hygienischen Gründen ebenfalls gesetzlich vorgeschrieben, damit durch den Genuß von Eiskrem keine Erkrankungen hervorgerufen werden können.
Je nach Ländern sind verschiedene Höchstgrenzen von bakteriologischen Keimen vorgeschrieben.

Kühlen

Unmittelbar nach dem Pasteurisieren wird in möglichst kurzer Zeit auf ca. +4°C abgekühlt und im Mixvorratsbehälter bei diesen Temperaturen gelagert; hier lagert der gesamte Mix einige Zeit bei +4°C, um eine Art Reifung durchzumachen.

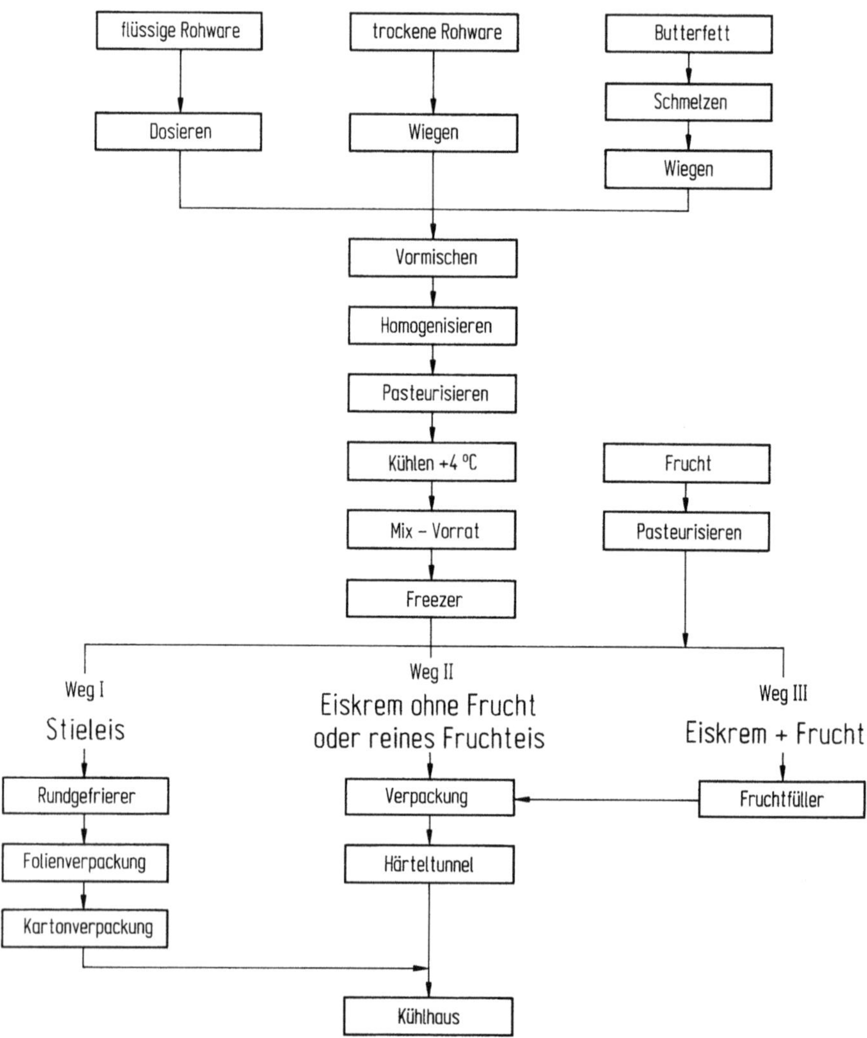

Abb. 1. Fließschema der Eiskrem-Herstellung

Freezer

Nach dem Mixvorratsbehälter durchläuft der Eiskrem den Freezer, wo der
Eiskremmix in einem Kratz-Kühlsystem vorgefroren wird. Die Verdampf-
fungstemperatur am Rand des Wärmeausgleichs beträgt etwa −25 °C bis
− 35 °C. Während des Abkühlens wird die Speiseeismasse durch einen rotierenden Schaber ständig von den Wandungen des Kühlzylinders abgeschabt,
um Bildung größerer Eiskremkristalle zu vermeiden; gleichzeitig wird hierbei
Luft eingeschlagen, die dem Eiskrem eine cremige, formbare Konsistenz gibt.
Dieser Lufteinschlag wird „overan" bezeichnet; je nach Eiskremtyp kann er
zwischen 50 % und 120 % betragen.

Ausformung

Je nach Ausformung und Verwendung des Eiskrems gibt es verschiedene
weitere Verfahren:

Weg 1: Stieleis nach Verlassen des Vorfrierens im Freezer.
Hierbei wird nur gering vorgefroren und der Mix in Formen gebracht, die in
einem Rundgefrierer weiter bearbeitet werden. Der Rundgefrierer besteht aus
Formkränzen, in die der Eiskrem oder mehrere Sorten von Eiskrem eingefüllt
werden; hier wird der Eiskrem durchgefroren und gleichzeitig auch gehärtet.
Kurz vor dem fertigen Durchfrieren wird ein Stiel eingesteckt, an dem der
Eiskrem später verzehrt werden kann. Die Leistung eines Rundgefrierers
beträgt bis 14000 Stück pro Stunde.
Nach dem Rundgefrieren werden die Produkte im allgemeinen in Folien einzeln verpackt, die sodann zu mehreren in Kartonverpackungen zusammengestellt werden; danach kommt der Eiskrem in das Tiefkühl-Lagerhaus.

Weg 2: So kann man verschiedene Mischungen von Eiskrem miteinander
oder reines Fruchteis herstellen.
Je nach dem endgültigen Eiskremtyp wird der Eiskrem entweder allein oder
durch verschiedene Tüllen aus verschiedenen Freezern zusammengesetzt, so
daß Produkte entstehen, die verschiedene Sorten Eiskrem, oder feingerührte
Strukturen etc. enthalten.
Nach der Verpackung in verschiedenen Verpackungsformen werden diese in
Becher, Ziegel, Dosen etc. abgefüllt.
Der vorgefrorene Eiskrem, der im Freezer nur bis auf max. 50% des frier-
baren Wassers gefroren wird, muß in einem Härtetunnel nachgefroren werden, damit er lagerbeständig wird; nach Ausfrieren im Härtetunnel wird er
dann in das Tiefkühl-Lagerhaus verbracht.

Weg 3: Er dient zur Herstellung von Eiskrem mit Fruchtbeimischungen oder
mit Fruchtsaucen.
Die Frucht wird je nach Wunsch mit Zucker etc. versetzt und muß pasteurisiert
werden, um den gesetzlichen Vorschriften des Höchstgehaltes an Keimen zu
entsprechen. Nach dem Pasteurisieren wird die Fruchtmischung in einen
Fruchtfüller nach dem Freezer dem Eiskrem beigegeben. Weitere Behandlung
des Produktes erfolgt wie bei Weg 2 beschrieben.
Zum Härten von Eiskrems werden verschiedene Einrichtungen angewandt:
- Rundgefrierer wie beschrieben.
- Plattenfriergeräte, bei denen durch Kontakt mit den Wärmeaustauschplat-
  ten ein möglichst schnelles Durchgefrieren erreicht wird.
- Kaltluftgefriergeräte:
  a) Kühltunnel mit Band
  b) Kühltunnel mit Spiralband
  c) Kühltunnel mit Tablett-Transporteinrichtungen

Bei all diesen Verfahren wird der Wärmeaustausch durch bewegte Luft
erreicht.

Ein spezieller Weg ist das Frieren mit flüssigem Stickstoff als Vorfriermöglichkeit bei besonders empfindlichen dekorativen Produkten, z. B. bei Torten etc.; danach erfolgt gleicher Ablauf im Härtetunnel, wie oben beschrieben.

2 Gemüse (Abb. 2)

a) Zerkleinertes Gemüse, z. B. Spinat, Grünkohl. Die Rohware wird zunächst sehr sorgfältig in 3 Stufen gewaschen; danach erfolgt sorgfältiges Sortieren, bei dem gelbe Blätter und Fremdstoffe per Hand entfernt werden. Anschließend wird die Ware entweder in einem Dampf- oder Wasserblancheur blanchiert und dann mit einem Wolf auf die geforderte Größe zerkleinert. Die noch heiße zerkleinerte Ware wird in einem Kühlsystem (meist ein Röhrensystem) im Gegenstromverfahren auf etwa 4 °C heruntergekühlt; dabei dient eine Solemischung als Kühlmittel.

Die pasteuse gekühlte Ware wird in Verkaufsverpackungen verpackt und anschließend zumeist in automatischen Plattenfrostern gefroren; durch Kontakt an den mit Ammoniak gekühlten Platten erfolgt das Frieren recht schnell. Schließlich wird das Gemüse in Sammelpackungen gebracht und im Kühlhaus eingelagert.

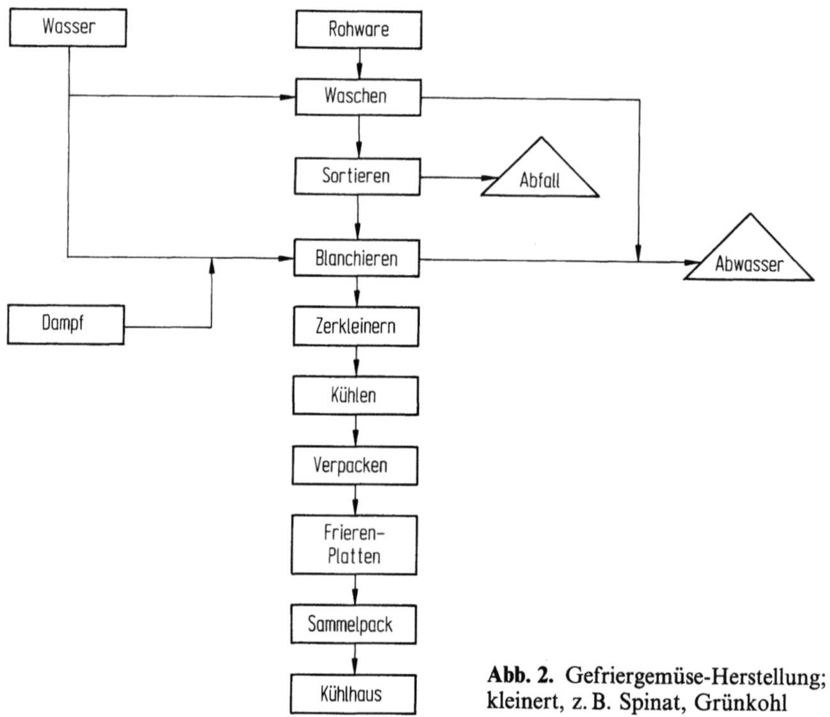

Abb. 2. Gefriergemüse-Herstellung; zerkleinert, z. B. Spinat, Grünkohl

b) Freifallende Ware, d. h. Ware, bei der nach dem Frieren noch Einzelstücke vorhanden sind, z. B. Erbsen, Bohnen und Mischgemüse, wie z. B. Suppengemüse etc. Das Rohgemüse wird sehr sorgfältig auch in einem 3-Stufen-Verfahren mit Wasser gereinigt; anschließend erfolgt sehr sorgfältiges Sortieren per Hand, wobei Fremdstoffe und faule Teile entfernt werden. Bei Erbsen erfolgt eine Gradierung, entweder nach Größen oder nach spezifischem Gewicht.

Nach diesem Sortiervorgang können verschiedene Produktionswege eingeschlagen werden:

Blanchiert werden nur solche Gemüsesorten, bei denen es hauptsächlich darauf ankommt, die grüne Farbe zu erhalten. Beim Blanchiereffekt werden die

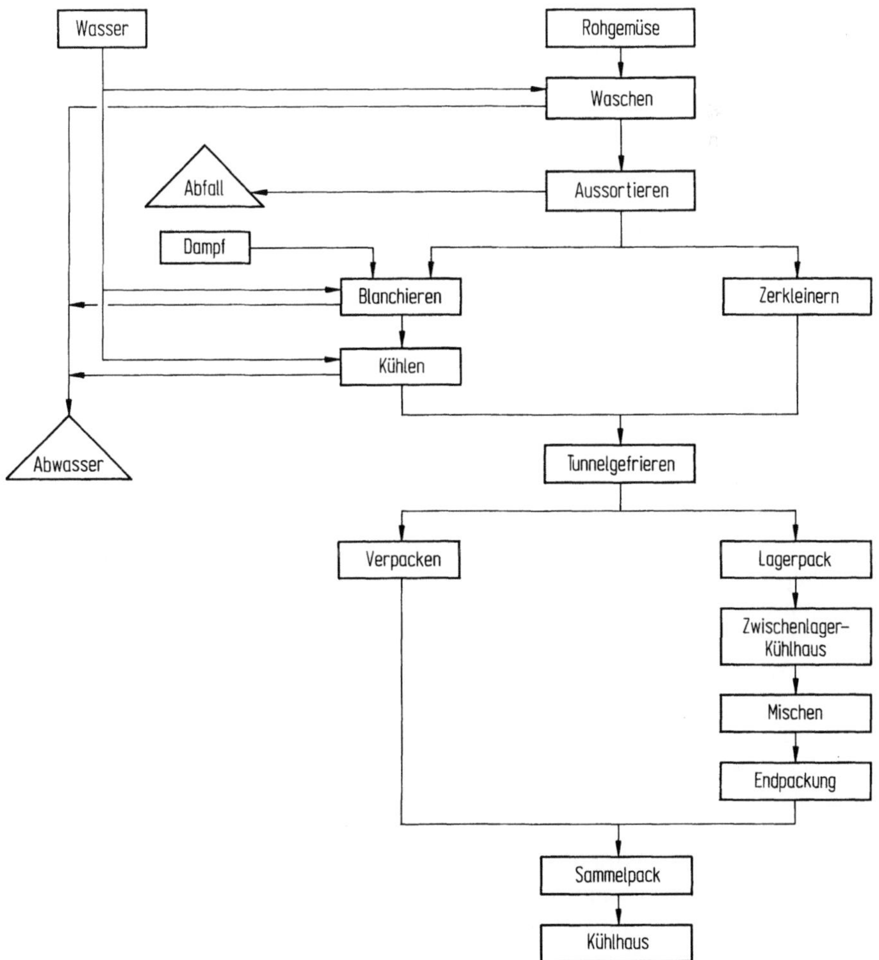

Abb. 3. Gefriergemüse-Herstellung; freifallende Ware, z. B. Erbsen, Bohnen, Karotten, Suppengewürze etc.

Enzyme denaturiert, so daß eine bessere Frostlagerung möglich ist. Nach dem Blanchieren wird mit Wasser gekühlt.

Bei einem Großteil der Gemüse, insbesondere bei Wurzelgemüse, wie Karotten, Sellerie etc., auch bei Kohlgemüse, vor allem bei sehr stark geschmacksgebenden Gemüsesorten, wie z.B. Sellerie, Petersilie, Schnittlauch etc. würde Blanchieren die aromatischen Bestandteile durch die hohen Temperaturen sehr stark beeinträchtigen; andererseits wird aber die grüne Farbe gut erhalten.

Aus diesen Gründen wird in der Regel auf Blanchieren verzichtet; meist wird ein Zerkleinerungsvorgang eingeschoben, mit dem die Gemüse in Würfel oder andere gewünschte Größen zerteilt werden.

Beide Wege treffen beim Gefriertunnel wieder zusammen; hier werden die Produkte einzeln gefroren, so daß sie nicht zusammenfrieren und ihre Fließfähigkeit auch nach dem Frieren erhalten bleibt. Hierfür sind verschiedene Systeme im Gebrauch; bei fast allen Systemen wird die Wärme durch bewegte Kaltluft abgeführt.

Je nach Verwendungszweck werden die Produkte entweder sofort in die Endverpackung abgefüllt, sodann in Sammelverpackungen gebracht und kommen dann ins Kühlhaus, oder sie werden in Großgebinden abgepackt und gelangen zunächst in ein Zwischenlager-Kühlhaus.

Aus dem Zwischenlager-Kühlhaus werden die einzelnen Produkte abgerufen und je nach Wunsch mit anderen Gemüsen zusammen gemischt; erst so ist es möglich, auch solche Gemüsesorten zu mischen, die unterschiedliche Erntezeitpunkte haben, z.B. Erbsen und Karotten, Suppengemüse und viele andere Mischgemüse. Nach dem Mischen gelangen sie in die Endverpackung, sodann in die Sammelpackung und schließlich ins Kühlhaus.

3 Fischprodukte (Abb. 4)

Die Fische werden von Fangschiffen auf dem Meer gefangen; sie werden so schnell wie möglich ausgenommen, und dann wird der Kopf entfernt. Danach werden sie maschinell von der Mittelgräte befreit und filetiert; die Filets werden maschinell enthäutet.

Zur Weiterverarbeitung bieten sich zwei Wege an: Will man praktisch grätenfreie Ware herstellen, so muß per Hand die Stehgräte, die sogenannten Epipleuralien, mit dem Messer aus dem Filet herausgeschnitten werden; legt man auf grätenfreie Ware keinen Wert, so läßt man die Stehgräten im Fisch.

Die fertigen Filets werden in Packungen zwischen 6 kg und 10 kg abgefüllt und in Plattenfrostern gefroren; sie sind in diesen Packungen nicht ausgerichtet, sondern liegen in unterschiedlichen Lagen tiefgefroren in diesen Platten. Alle diese Vorgänge werden heute fast ausschließlich an Bord der Fabrikschiffe vorgenommen und nur zu einem geringen Teil dann an Land durchgeführt, wenn die Fanggründe sehr nah am Land liegen, z.B. in Norwegen und Island.

Die tiefgefrorenen Fischplatten werden von den Fabrikschiffen angelandet und zunächst zwischengelagert; die weitere Verarbeitung erfolgt in den

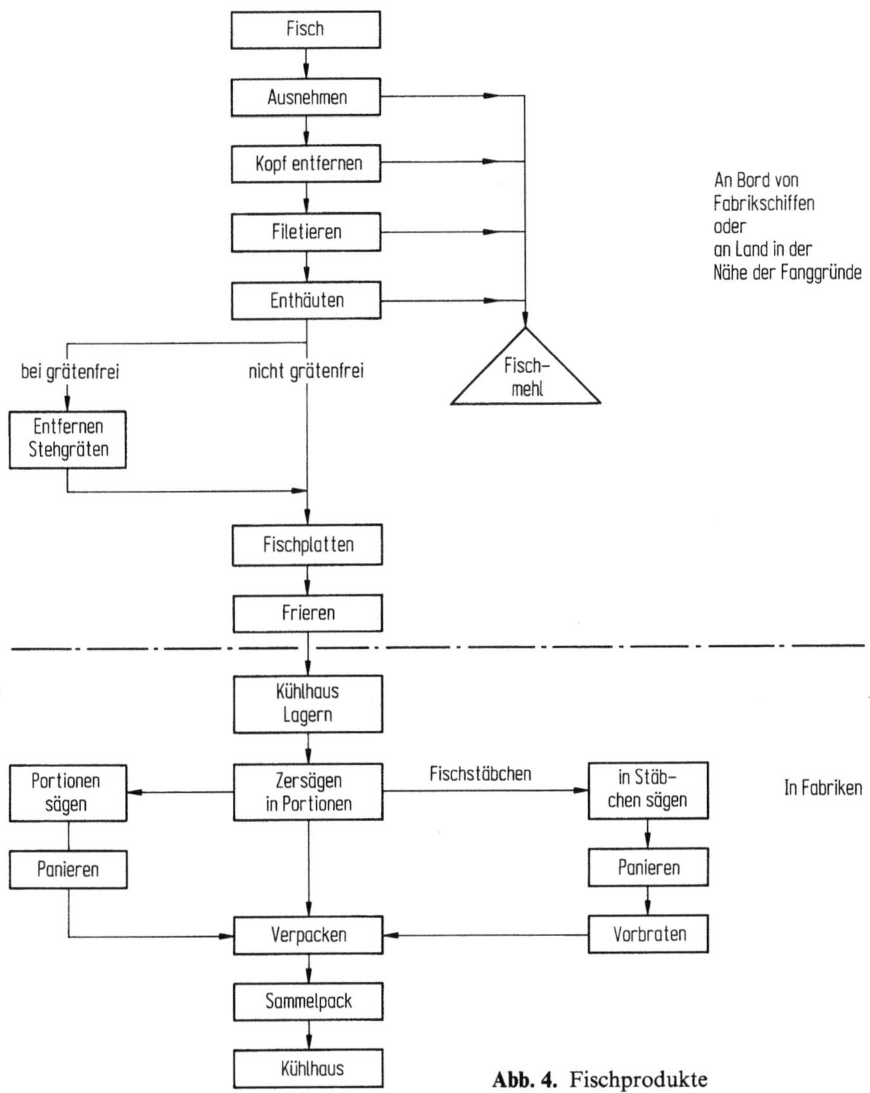

Abb. 4. Fischprodukte

Fischfabriken an Land. Dazu werden die Platten je nach gewünschter Größe zersägt; dazu sind oft drei verschiedene Sägevorgänge notwendig. Die hierfür benutzten Sägen sind Bandsägen mit sehr dünnen Bändern, oder auch Kreissägen, die zumeist mit Diamantstaub beschichtet sind.

Zur Herstellung von Fischstäbchen werden die Platten in Stäbchen gesägt, sodann auf Paniermaschinen paniert, heute meist vorgebraten (es gibt auch nicht vorgebratene Fischstäbchen), in Sammelpackungen verpackt und im Kühlhaus gelagert.

Andere Fischprodukte werden nur durch Zersägen hergestellt und in Sammelpackungen verpackt ins Kühlhaus gebracht; es handelt sich dann um Rohfischplatten, die von der Hausfrau direkt so verwendet werden.

Eine dritte Möglichkeit besteht darin, die gesägten Portionen zu panieren und ohne Vorbraten zu verpacken; sie können auch nur mit Flüssigteig versehen werden, müssen dann aber vor dem Frosten vorgebraten werden.

Eine Sonderstellung nehmen Schlemmerfilets ein, bei denen die vorgesägten Platten mit einer aus Würze (Fett und weiteren Zutaten) bestehenden zweiten Platte bedeckt werden, die bei Aufwärmen zum Fisch die geeignete Soße ergibt oder die gewünschte Aromatisierung bewirkt.

4 Pizzaherstellung (Abb. 5)

Zunächst wird ein ganz normaler Hefeteig hergestellt, wie er im Bäckereigewerbe üblich ist; dafür werden Wasser, Weizenmehl, Salz, Hefe, ein wenig Zucker und fast immer auch Fett verwendet. Man benutzt Öl oder ein anderes Fett; auch ist Schweineschmalz teilweise üblich. Sämtliche Zutaten werden in einem Kneter gemischt und vorgeknetet; das benötigte Wasser ist bereits vorgewärmt, um schnelleres Angehen der Hefe zu ermöglichen.

Je nachdem welche Charakteristik der gewünschte Hefeboden haben soll, sind hierfür zwei Verfahren gebräuchlich:

Das Preßverfahren

Hierbei erzielt man eine andere Struktur als beim Ausrollverfahren; beim Preßverfahren ist der Teig etwas kürzer. Hierzu wird der vorgemischte Hefeteig zunächst wie bei der Brötchenherstellung zu Ballen mit dem Gewicht vorgeteilt, wie man es später für den Pizzaboden benötigt.

Die vorgeteilten Bälle werden einer kurzen Vorgärung von etwa 15 min unterzogen und anschließend mit einer Presse so in die Backformen gepreßt, daß sich der Hefeteig gleichmäßig darin verteilt. Einen sehr dünnen Boden kann man so allerdings nicht erzeugen, da der Teig beim Preßverfahren reißen würde; nach dem Pressen kommt der Teig in das Hauptgärverfahren, wo er einer Gare von 30 min unterzogen wird.

Das Ausrollverfahren

Beim Ausrollverfahren wird der aus dem Kneter kommende Teig zunächst zu einer ziemlichen dicken Schicht von etwa 3–4 cm ausgepreßt. Der ausgepreßte Teig wird dann je nach Temperaturverhältnissen im Winter einer leichten Wärmebehandlung im Vorgärschrank unterzogen und im Sommer leicht gekühlt. Aus dem Vorgärschrank oder Vorruheschrank, je nach Temperatur, wird der Teig sodann auf die gewünschte Dicke ausgerollt, wobei mindestens 3 Teigausrollstationen und zumeist auch Querrollstationen notwendig sind. Es muß so sorgfältig ausgerollt werden, damit die Elastizität des Hefeteigs, die durch den Weizenkleber bedingt wird, nahezu entspannt wird.

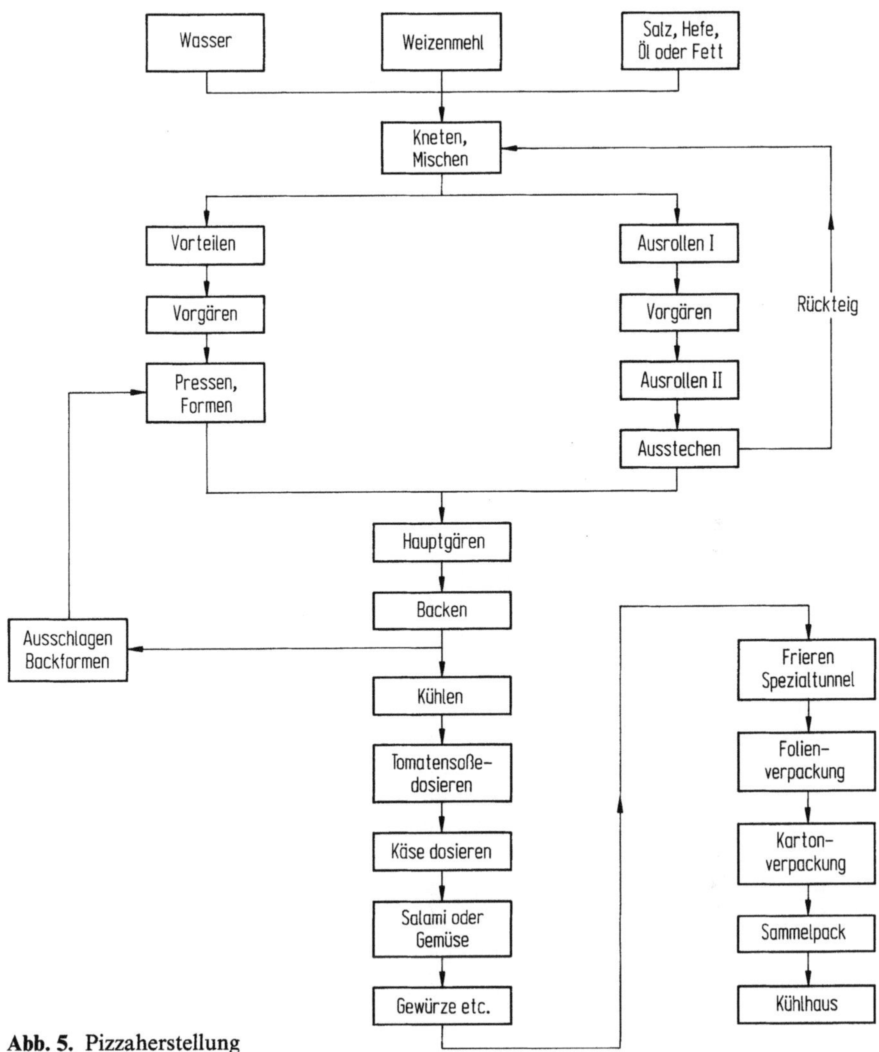

Abb. 5. Pizzaherstellung

Nach dem Ausrollen auf gewünschte Dicke wird der Hefeteig auf die gewünschte Größe ausgestochen; der dabei entstehende Rücklaufteig wird zum Kneter zurückgeführt. Dann erfolgt wie beim Fall 1 die Hauptgare, die dem Hefeteig erst die charakteristischen Geschmackseigenschaften verleiht und auch die Struktur des Bodens wesentlich beeinflußt.

Sodann wird der Teig in einem ganz normalen Backvorgang soweit gebacken, daß die Stärke abgebunden ist; durch den Backvorgang kann man die Feuchtigkeit des Pizzabodens steuern. Der fertige Boden muß vor der weiteren Behandlung gekühlt werden. Dies ist allein schon deshalb notwendig, damit sich die beim Backen gequollene Stärke in die bleibende Struktur verwandeln

kann. Sodann erfolgt das Belegen der Pizza, das teilweise auch vor dem Backen erfolgen kann. Hierfür gibt es verschiedene Möglichkeiten:
Sehr gebräuchlich ist das sofortige Auftragen von Tomatensauce als erster Vorgang; sodann wird zumeist der vorgeriebene Käse aufdosiert. Nach der Käsedosierung können je nach Rezeptur weitere sehr unterschiedliche Aufdosiervorgänge folgen. Hierbei kann es sich um mehrere Schritte mit verschiedenen Rohwaren handeln:
Salami oder Schinken werden in einem gesonderten Verfahren aufgebracht, können aber auch von Hand aufgelegt werden (bei der Handbelegung ist die größte Variationsmöglichkeit denkbar). Zum Schluß werden Gewürze, meistens Oregano oder Petersilie, mit einem Streuverfahren aufgegeben.
Nunmehr wird die Pizza fast allgemein in einem Spiraltunnel unter Luftkühlung gefroren. Eine Folienverpackung ist wünschenswert, um Austrocknen der fertigen Pizza möglichst zu verringern. Nach der Folienverpackung kommt die Pizza in eine Kartonverpackung, sodann in einen Sammelpack, wird palettisiert und schließlich zum Kühlhaus transportiert.

5 Sahne-Torten-Herstellung (Abb. 6)

Rohstoffe

a) Sahnebereitung:
   Schlagsahne 30% Fettgehalt,
   Sahnestandmittel, bestehend aus kalt quellfähigen Stärken, Dickungsstoffen, Gelatine, Aromabestandteile, z. B. Vanillin, Zucker, etwas Wasser zum Auflösen des Sahnestandmittels;
b) Für Bisquitböden: Weizenstärke, Weizenmehl, Eier, Zucker, Backtriebmittel, Wasser;
c) Für Bisquittränke: Zuckerwasser, Aromabestandteile, z. B. bei Schwarzw. Kirschwasser;
d) Fruchtfüllungen: Z. B. bei Schwarzw. Kirschtorte, abgebundenes Kirschkompott mit Zusatz von Schwarzw. Kirschwasser.

Herstellung von Bisquit

Die Rohstoffe werden miteinander vermischt und in einem Gerät mit Luft aufgeschlagen. Die fertige Bisquitmasse wird in Backformen, sogenannte Kapseln, gebracht und darin gebacken, kann aber auch als Band auf einem Stahlband aufgetragen und dann gebacken werden. Nach dem Backen werden die Bisquitböden aus den Formen entfernt oder vom Band in der gewünschten Größe ausgestochen und für die Weiterverarbeitung bereitgelegt.

Herstellung der Sahne

Die Sahne wird mit den anderen Bestandteilen gemischt und in einem Aufschlaggerät unter Zuführung von Luft auf etwas über die doppelte Menge aufgeschlagen. Die Standmittel können auch nach dem Aufschlagen in einem Extrabehälter zugemischt werden.

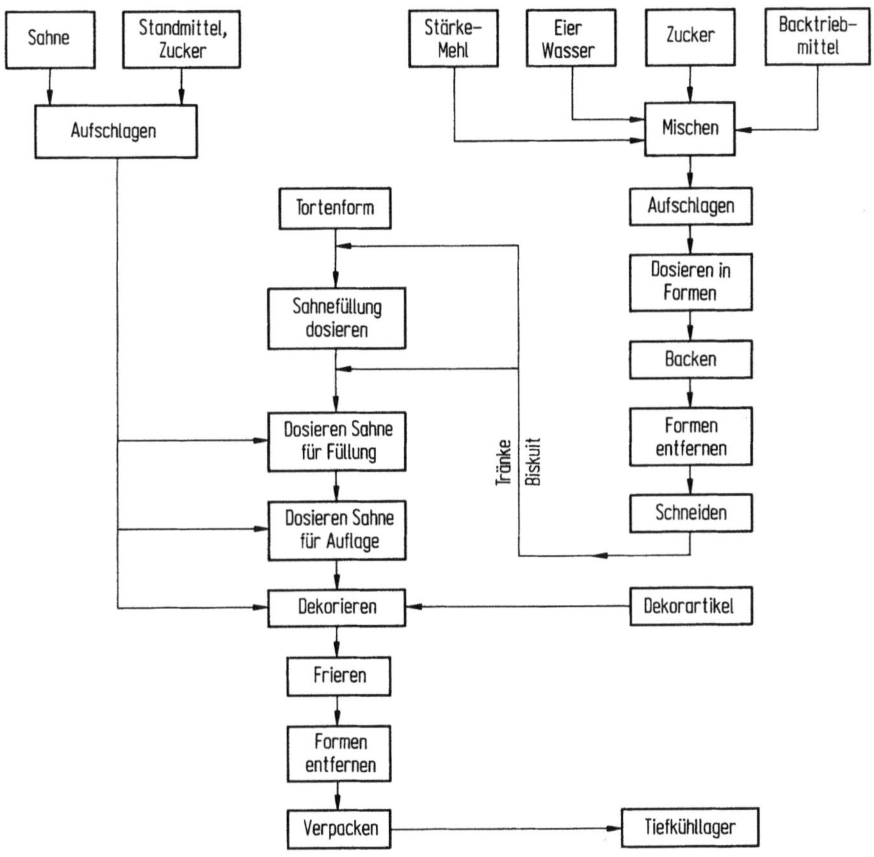

Abb. 6. Sahne-Torten-Herstellung

Herstellung der Torte

Im allgemeinen wird ein Metallring oder ein Kunststoffring zur Formung der Torte verwendet, in den zunächst ein Bisquitboden eingelegt wird, der zuvor mit Zuckerlösung und Aromabestandteilen getränkt werden kann. Im Falle einer Fruchtfüllung wird auf diesen Boden die Fruchtfüllung, z.B. bei einer Schwarzw. Kirschtorte, aufgetragen; sodann erfolgt die erste Sahnedosierung, die auf den Boden aufgetragen und so verteilt wird, daß sich zwischen Tortenring und Bisquitmasse noch eine Sahneschicht befindet, so daß der Bisquitboden später von außen nicht gesehen werden kann. Anschließend wird der zweite Bisquitboden mit oder ohne Tränke aufgelegt und erneut eine Sahnefüllung dosiert. Um eine glatte Oberfläche zu erreichen, wird durch die Begrenzung des Tortenringes die Oberfläche glattgestrichen. Erst dann kommt das eigentliche Dekor auf die Torte, das aus Sahnetupfen besteht, die leicht gedreht werden und zusätzlich noch andere Dekorartikel enthalten können wie

Schokoladenstückchen, geriebene Nüsse etc. Viele Möglichkeiten sind hier offen.

Nachdem die Torte im Ring fertiggestellt ist, wird sie gefroren. Danach werden durch leichtes Antauen mit Heißdampf die Ringe entfernt und die tiefgefrorenen, von dem Ring entfernten Torten in Faltschachteln oder anderen Behältnissen verpackt und einigermaßen luftdicht mit einer Schrumpffolie verschlossen, um Aromabeeinträchtigungen bei der Tiefkühlung zu vermeiden. Schließlich werden die Torten in Tiefkühllager gelagert.

6 Herstellung von Teil- und Fertiggerichten sowie Suppen auf Konzentratbasis (Abb. 7)

Diese Herstellung solcher Produkte mit Hilfe von Konzentrat wird in der Tiefkühlkost sehr häufig angewandt. Der Vorteil gegenüber Fertiggerichten nach der herkömmlichen Kochweise, die anschließend nur gefroren werden, liegt in der Gewichtsersparnis, da kein Wasser zugegeben wird. Zusätzlich wird der teure Kochbeutel eingespart und, vor allen Dingen wird besonders bei asiatischen Gerichten ein besseres Produkt erzeugt, da die Gemüsebestandteile erst beim Verwender fertig gegart werden und somit je nach Wunsch knackiger oder weicher gehalten werden können.

Zur Herstellung des Pastenkonzentrats, das alle wesentlichen Gewürzbestandteile enthält, werden miteinander Wasser, Fett pflanzlicher oder tierischer Herkunft, Gewürze, Fleischextrakt, falls eine Fleischbrühe nach rechtlicher

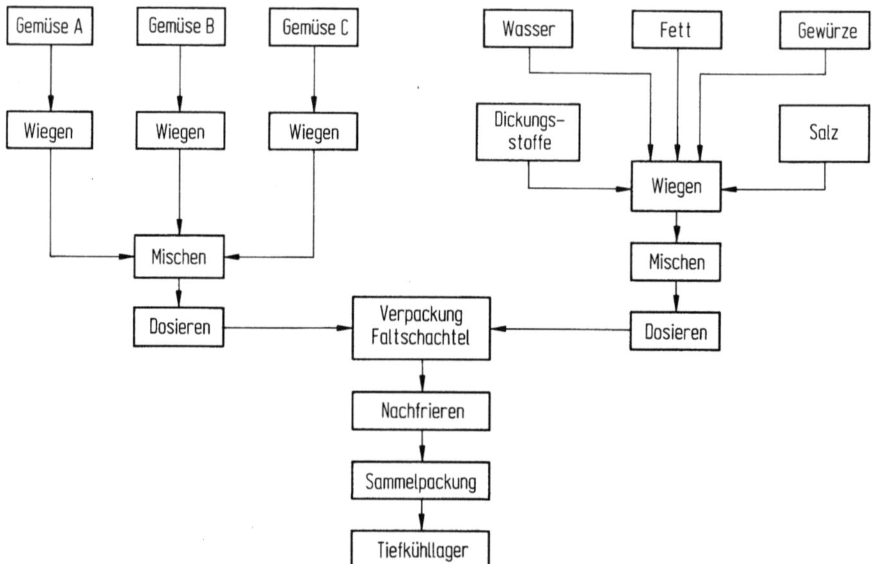

Abb. 7. Teil-Fertiggerichte und Suppen auf Konzentratbasis

Hinsicht gewünscht wird, Dickungsstoffe, die dem Produkt nach der Wasserzugabe die gewünschte Konsistenz verleihen sowie Salz etc. gut gemischt. Wasser wird nur insofern zugefügt, um ein pasteuses Produkt zu erzielen, das auch pump- und fließfähig ist.

Als weitere Rohwaren werden Gemüse, vor- oder unblanchiert, im tiefgefrorenen Zustand, einzeln gefrostet, verwendet. Die einzelnen Bestandteile werden abgewogen und miteinander in einem Trommelmischer so gut vermengt, daß sie eine homogene Mischung bilden.

Falls Fleischbestandteile notwendig sind, müssen diese vorher gekocht werden, da die kurze Garzeit beim Verwender nicht ausreicht. Das Fleisch wird nach dem Vorgaren gewürfelt und freifallend gefrostet, so daß es sich anschließend leicht dosieren läßt.

Die so vorbereiteten Konzentrat-Pasten, Gemüsemischungen und Fleisch werden einzeln abgewogen oder volumetrisch dosiert, in die geeignete Endverpackung, normalerweise eine Faltschachtel, gebracht, und in dieser nachgefrostet, um den Kälteverlust der tiefgefrorenen Gemüse und Fleischbestandteile, während der Herstellung auszugleichen. Nach dem Frosten werden sie in Sammelverpackungen verpackt und in das endgültige Tiefkühllager gebracht.

7 Literatur

1. van Arsdel WB, Copley MJ, Olson RL (1969) Quality and Stability of Frozen Foods. Willy-Interscience, New York
2. Jul M (1984) The Quality of Frozen Foods. Academie Press, London
3. Timm F (1985) Speiseeis. Paul Parey, Berlin
4. Tscheuschner HD (Hrsg) (1986) Lebensmitteltechnik. Steinkopff, Darmstadt
5. Hawthorn J, Rolfe EJ (1986) Low temperature Biology of Foodstuffs. Pergamon Press, London
6. Tressler DK, van Arsdel WB, Copley MJ, Woolrich WR (1986) The Freezing Preservation of Foods, vol I–IV, Avi-Publishing, Westport USA

Sachverzeichnis